U0302038

城市设计研究丛书
主编：王建国

现世的乌托邦
"十次小组"城市建筑理论

朱　渊　著

东南大学出版社
SOUTHEAST UNIVERSITY PRESS
·南京·

内容提要

"十次小组"是 20 世纪中叶在 CIAM 之后出现的具有革命气质与实践追求的城市与建筑设计的年轻团体。本书不仅是关于"十次小组"的专题研究著作,还是一部由此延展的相关城市与建筑关联的探索性专著。全书始于"十次小组"与 CIAM 的决裂与继承,将"现世的乌托邦"的核心论题逐步引入"十次小组"特性的"中介"之解。其中,"整体关联""社会对应物""CIAM 格网的分析工具""大量性""As Found"美学等,表述了研究的核心内容。最后,基于批判性重建,本书以"新毯式建筑"理念的提出,对未来城市与建筑之间的发展模式进行了进一步的探究。

本书适于城市设计及理论、建筑设计及理论、建筑历史等相关研究领域的专业人士阅读,还可作为高等院校相关专业本科高年级学生与研究生的教学参考用书。

图书在版编目(CIP)数据

现世的乌托邦:"十次小组"城市建筑理论/朱渊
著. —南京:东南大学出版社,2012.9
(城市设计研究丛书/王建国主编)
ISBN 978 - 7 - 5641 - 3405 - 1

Ⅰ.①现… Ⅱ.①朱… Ⅲ.① 城市规划—建筑设计—
研究 Ⅳ.① TU984

中国版本图书馆 CIP 数据核字(2012)第 058305 号

书　　名:现世的乌托邦——"十次小组"城市建筑理论
著　者:朱　渊
策划编辑:孙惠玉　　　　编辑邮箱:894456253@qq.com

出版发行:东南大学出版社
社　　址:南京市四牌楼 2 号　　　邮　　编:210096
网　　址:http://www.seupress.com
出 版 人:江建中

印　　刷:南京玉河印刷厂
排　　版:江苏凤凰制版有限公司
开　　本:787 mm×1092 mm　1/16　印张:28　字数:675 千
版 印 次:2012 年 9 月第 1 版　 2012 年 9 月第 1 次印刷
书　　号:ISBN　978 - 7 - 5641 - 3405 - 1
定　　价:69.00 元

经　　销:全国各地新华书店
发行热线:025-83790519　83791830

总序

　　近十年来,中国城市设计专业领域空前活跃,除了继续介绍引进国外的城市设计新理论、新方法以及案例实践成果外,国内学者也在一个远比十年前更加开阔而深入的学术平台上继续探讨城市设计理论和方法,特别是广泛开展了基于中国 20 世纪 90 年代末以来的快速城市化进程而展开的城市设计实践并取得了世界瞩目的成果。

　　首先,在观念上,建筑学科领域的拓展在城市设计层面上得到重要突破和体现。吴良镛先生曾提出"广义建筑学"的学术思想,"广义建筑学,就其学科内涵来说,是通过城市设计的核心作用,从观念上和理论基础上把建筑、地景、城市规划学科的精髓合为一体"[①]。事实上,建筑设计,尤其是具有重要公共性意义的和大尺度的建筑设计早已离不开城市的背景和前提,可以说中国建筑师设计创作时的城市设计意识在今天已经成为基本共识。如果我们关注一下近年的一些重大国际建筑设计竞赛活动,不难看出许多建筑师都会自觉地运用城市设计的知识,并将其作为竞赛投标制胜的法宝,相当多的建筑总平面都是在城市总图层次上确定的。实际上,建筑学专业的毕业生即使不专门从事城市设计的工作,也应掌握一定的城市设计的知识和技能。如场地的分析和一般的规划设计,建筑中对特定历史文化背景的表现,城市空间的理解能力及建筑群体组合艺术等等。

　　其次,城市规划和城市设计相关性也得到深入探讨。虽然我国城市都有上级政府批准的城市总体规划,地级市以上的城市的城市总体规划还要建设部和国务院审批颁布,这些规划无疑已经作为政府在制定发展政策、组织城市建设的重要依据,用以指导具体建设的详细规划,也在城市各类用地安排和确定建筑设计要点方面发挥了积极作用。但是,对于什么是人们在生活活动和感知层面上觉得"好的、协调有序的"城市空间形态,以及城市品质中包含的"文化理性",如城市的社会文化、历史发展、艺术特色等,还需要城市设计的技术支撑。也就是说,仅仅依靠城市规划并不能给我们的城市直接带来一个高品质和适宜的城市人居环境。正如齐康先生的《城市建筑》一书在论述城市设计时所指出的,"通常的城市总体规划与详细规划对具体实施的设计是不够完整的"[②]。

　　在实践层面城市设计则出现了主题、内容和成果的多元化发展趋势,并呈现出以下研究类型:

　　(1) 表达对城市未来形态和设计意象的研究,其表现形式一般具有独立的价值取向,有时甚至会表达一种向常规想法和传统挑战的概念性成果。一些前卫和具有前瞻性眼光的城市和建筑大师提出了不少有创新性和探索价值的城市设计思想,如伯纳德·屈米、彼德·埃森曼、雷姆·库哈斯和荷兰的 MVRDV 等。此类成果表达内容多为一些独特的语言文本表达加上空间形态结构,其相互关系的图解乃至建筑形态的实体,其中有些已经达到实施的程度,如丹尼尔·李布斯金获胜的美国纽约世界贸易中心地区后"9·11"重建案等。当然也有一些只是城市设计的假想,如新近有人提出水上城市(floating city or

---

　　① 吴良镛.建筑学的未来[M].北京:清华大学出版社,1999:8
　　② 齐康.城市建筑[M].南京:东南大学出版社,2001:4

aquatic city)、高空城市（sky city）、城上城和城下城（over city/under city）、步行城市（carfree city）等①。

（2）表达城市在一定历史时期内对未来建设计划中独立的城市设计问题考虑的需求，如总体城市设计以及配合城市总体规划修编的城市设计专项研究。城市设计程序性成果越来越向城市规划法定的成果靠近，成为规划的一个分支，并与社会和市场的实际运作需求相呼应。

（3）针对具体城市建设和开发的，以项目为取向的城市设计，这一类项目目前最多。这些实施性的项目在涉及较大规模和空间范围的项目时，还常常运用 GIS、遥感、"虚拟现实"（VR）等新技术。这些与数字化相关的新技术应用，大大拓展了经典的城市设计方法范围和技术内涵，同时也使城市设计编制和组织过程产生重大改变，设计成果也因之焕然一新。

通过 20 世纪 90 年代以来一段时间的城市设计热，我们的城市建设领导决策层逐渐认识到，城市设计在人居环境建设、彰显城市建设业绩、增加城市综合竞争力方面具有独特的价值。近年来，随着城市化进程的加速，中国城市建设和发展更使世界瞩目；同时，城市设计研究和实践活动出现了国际参与的背景。

在引介进入中国的国外城市设计研究成果中，除以往的西特（C. Sitte）、吉伯德（F. Giberd）、雅各布斯（J. Jacobs）、舒尔茨（N. Schulz）、培根（E. Bacon）、林奇（K. Lynch）、巴奈特（J. Barnett）、雪瓦尼（H. Shirvani）等的城市设计论著外，又将罗和科特（Rowe & Kotter）的《拼贴城市》②、卡莫那（Matthew Carmona）等编著的《城市设计的维度：公共场所——城市空间》③、贝纳沃罗的《世界城市史》④等论著翻译引入国内。

国内学者也在理论和方法等方面出版相关论著，如邹德慈的《城市设计概论：理念·思考·方法·实践》（2003）、王建国的《城市设计》（第 2 版，2004）、扈万泰的《城市设计运行机制》（2002）、洪亮平的《城市设计历程》（2002）、庄宇的《城市设计的运作》（2004）、刘宛的《城市设计实践论》（2006）、段汉明的《城市设计概论》（2006）、高源的《美国现代城市设计运作研究》（2006）等。这些论著以及我国近年来许多实践都显著拓展了城市设计的理论方法，尤其是基于特定中国国情的技术方法和实践探新极大地丰富了世界城市设计学术领域的内容。

然而，城市设计是一门正在不断完善和发展中的学科，20 世纪世界物质文明持续发展，城市化进程加速，但人们对城市环境建设仍然毁誉参半。虽然城市设计及相关领域学者已经提出的理论学说极大地丰富了人们对城市人居环境的认识，但在具有全球普遍性的经济至上、人文失范、环境恶化的背景下，我们的城市健康发展和环境品质提高仍然面临极大的挑战，城市设计学科完善仍然存在许多需要拓展的新领域，需要不断探索新理论、新方法和新技术。正因为如此，我们想借近来国内外学术界对城市设计学科研究持续关注的发展势头，组织编辑了这套城市设计研究丛书。

---

① 可参见世界建筑导报，第 2000 年第 1 期。
② 柯林·罗，弗瑞德·科特. 拼贴城市[M]. 童明，译. 北京：中国建筑工业出版社，2003
③ Matthew Carmona, Tim Heath, Taner Oc, Steven Tiesdell. 城市设计的维度：公共场所——城市空间[M]. 冯江，等，译. 南京：江苏科学技术出版社，2005
④ 贝纳沃罗. 世界城市史[M]. 薛钟灵，等，译. 北京：科学出版社，2000

我们设想这套丛书应具有这样的特点:

第一,丛书突出强调内容的新颖性和探索性,鼓励作者就城市设计学术领域提出新观念、新思想、新理论、新方法,不拘一格,独辟蹊径,哪怕不够成熟甚至有些偏激。

第二,丛书内容遴选和价值体系具有开放性。也即,我们并没有想通过这套丛书要构建一个什么体系或者形成一个具有主导价值观的城市设计流派,而是提倡百家争鸣,只要论之有理、自成一说即可。

第三,对丛书作者没有特定的资历、年龄和学术背景的要求,只以论著内容的学术水准、科学价值和写作水平为准。

这套丛书的出版,首先要感谢东南大学出版社徐步政老师。实际上,最初的编书构思是由他提出的。徐老师去年和我商议此事时,我觉得该设想和我想为繁荣壮大中国城市设计研究的想法很合拍,于是欣然接受了邀请并同意组织实施这项计划。

这套丛书将要在一段时间内陆续出版,恳切欢迎各位读者在初次了解和阅读丛书时能及时给我们提出批评意见和宝贵建议,以使我们在丛书的后续编辑组织中更好地加以吸收。

王建国

序言

针对现代建筑运动中一些关键性的重要历史事件和人物的研究，近年来国内已经有众多国外文献译著和相关教材进行介绍，但很显然，这些研究仍然欠缺系统性和完整性。对这些充满扑朔迷离的课题的关注和研究充满探索未知的魅力，也一直是我们工作室致力于建筑学学科发展建设的基本目标和任务。为此，我将朱渊博士学位论文定位于欧洲"十次小组"（Team 10）的城市建筑理论研究。

"十次小组"（Team 10）的城市建筑理论在20世纪建筑发展历史上具有重要的历史地位，针对20世纪现代建筑运动主张的大规模城市更新运动使得城市环境逐渐恶化的现实，来自国际现代建筑协会（CIAM）内部一批年轻人，包括凡·艾克、巴克玛、史密森夫妇、迪·卡罗、赫兹伯格等，对前辈建筑家倡导的现代建筑思想和理念产生质疑，并尝试从场所结构分析的视角来重新审视人类生存环境的建设问题。我曾经在《现代城市设计理论和方法》等著作中对之进行过较小篇幅的引介和剖析，国内也有过数篇相关论文，但总体上研究不够系统，掌握的资讯更是有限。朱渊在攻读博士学位期间不畏研究课题的理论深奥，勤于思考，刻苦钻研，开展了扎实而系统的研究，研读了大量关于"十次小组"的原版文献。在论文选题确定后，朱渊有幸获得国家教育部留学基金委的资助去比利时鲁汶大学联合培养，在比利时鲁汶大学导师布鲁诺（Bruno De Meulder）教授的指导下，他有条件近距离亲历调研十次小组在欧洲的活动场所和实践工程，同时进一步参阅了大量相关文献资料，为论文命题的本质性把握、学术探讨的技术思路和理论成果构建奠定了坚实的基础。

朱渊博士学位论文的主要贡献是填补了国内学界在"十次小组"研究领域方面的理论空白，使20世纪50年代到60年代世界现代建筑运动发展的历史脉络得以完整系统地呈现；其次，该书抓住"中介"的特定视角，对十次小组进行了较为整体的探析，并主张对现代城市呈现的多维、编织、流动、建筑城市化、城市网络化、"迷宫式的清晰"，以及形态构成等进行多方位的剖析，突破了传统编年史体系的研究常规，在研究方法上有所创新；书中关于"大量性"、"毯式建筑""批判性重建"等理论概念的研究则对我国当今的城市设计和建筑设计实践具有重要的启示和借鉴价值。

2011年朱渊完成了其博士学位的论文答辩，因其论文在该领域整体国内领先的学术贡献和撰写水平获得了2012年江苏省优秀博士学位论文称号。今天，我非常高兴地为朱渊论文的付梓出版撰写序言，欣喜地看到一代青年学者的茁壮成长，希望广大读者能够喜爱这本具有沉甸甸学术分量的论著，并从中了解和领悟20世纪50年代现代建筑运动发展中的风云变幻和丰富多彩。

王建国

前言

　　"十次小组"是20世纪40—80年代，从CIAM中脱离的一群青年建筑师组织理论研究与实践探索并行的松散团体，是一个具有革命气质与实践追求的城市与建筑设计的年轻团体，是CIAM后期的主要力量与现代主义时期主要的先锋性团体之一。他们自称为小型家庭式的团体，以共享成果，完善自身研究作为相互之间的交流维系。他们的理念、实践、教学、出版物在20世纪特别是下半叶对城市与建筑的发展起到了积极作用。

　　近年来，"十次小组"的城市与建筑实践与理念逐渐被广大学者重新关注。2006年，在荷兰代尔夫特大学（TU Delft）举行的题为"十次小组——活跃的保持现代建筑的语言"（Team 10—Keeping the Language of Modern Architecture Alive）的学术会议中，各种话题如：1972年和1981年之后有关神话创作（mythopoiesis）、巨型结构与结构主义（superstructures and structuralism）、1972年间的演替（shifts around 1972）以及1981年后的接收（reception after 1981）等成为大家讨论的焦点。2008年，在法国巴黎举办的"十次小组"展览，也进一步展示了"十次小组"的研究意义与时代价值。同年，中国华南理工大学建筑学院开始筹备"十次小组"的相关学术研讨与专题展览，并于2010年夏顺利举行。

　　有人会问，为什么在时代发展的今天又重新进入这　段历史？

　　对于该问题的答案是多方面的：

　　首先，作为上世纪中叶活跃在建筑与规划领域的团体，"十次小组"当年的全球影响力对今天众多城市与建筑理念的发展起到了积极的推动作用。国外的专家学者在历经半世纪之后，重新对其进行深入的探索与研究，即足以说明其重要价值。欧洲学者在对其核心成员阿尔多·凡艾克（Aldo van Eyck）、坎迪利斯-琼斯-伍兹（Candilis-Josic-Woods）、史密森夫妇（the Smithsons）等进行逐个系统研究的同时，还召开了数次相关"十次小组"的讨论会与展览，以进一步延伸其时代意义。但在中文的研究体系中，这方面的史料与拓展性的系统探索还相当缺乏。因此，以一种系统研究的途径进入"十次小组"，对我们重识其重要理念有重要意义。

　　其次，众多论题的关注与提出，如相关"十次小组"的理念辨析、"十次小组"对现代建筑的转译途径与策略、相同理念不同时代的意义延伸、"个体/群体"与"普遍/特殊"等两极属性的辩证思考等，将从实际操作层面为我们在不同时代建立全新的感性体会与理性思辨的认知框架。例如，怎样建立全面看待事物的世界观？怎样在不断发展的消费社会提供解决问题的途径？怎样诠释城市结构与活力？怎样在现实生活中提供乌托邦理想的生存空间等？对于"十次小组"的研究，将作为建立另一种分析策略与价值取向的着眼点，着重于思想特性的思辨与实践案例的研究，并在思维空间的不断交集中，建立过去、现在以及未来之间的通属关联，即一种持之以恒的原动力与发展的原型理念。

　　此外，"十次小组"是一个松散的团体，因此分散的个性化特征使研究个体不是一个集中表征的对象，而是一个多触角的发展脉络。繁杂的研究领域与不同的研究经历，使人们对"十次小组"的讨论呈现了百家争鸣的景象。在战后一系列关于"十次小组"的研究与出版物中，有人追随其现代性轨迹，有人集中于个体成员的探讨，还有人关注"十次小组"的理念在消费社会文化中产生的共鸣，并将其现代社会的映射和生态意识等，作为观察的视角之一。他们在日常生活领域进行的物质世界的关注，使其理论与实践理念更显朴素与真实，这让人们在其乌托邦理想中，逐渐加强了对事物本质的关注与意识。由此，在纷繁的视角切入中，确立具有时代意义的研究策略，将更有助于我们清晰认识"十次小组"的研究目的、时代意义与综合价值。

历史学家吉斯·沃克曼斯(Kees Vollemans)在与凡·艾克的争执中认为，"没有一个历史运动能够仅在其历史的背景之中加以讨论，之后不同时代基础上的理解同样重要，无论这一事件将怎样压制之后的历史……"(1975)。于是，在不同的时代，以不同的文化视角，不同的理解途径，寻求同样问题的不同价值观与推动力，将显得更具启迪性与开拓性。

由此，全书基于"碎片缝合—有序并置—层叠编织—逐层明晰"的研究序列与结构原则对其进行进一步的研究。

首先，本书通过对"十次小组"的本体研究，深入揭示了1950—1960年代现代主义运动的一段重要的发展历程，并从其发展事件、轨迹、人物、理念的深入剖析与梳理中，将原本处于零散的"十次小组"理念进行有机整合，建立基本的认知体系。

其次，全书基本厘清了"十次小组"的研究脉络，并着重分析了"十次小组"中众多具有重要价值的理念，如"中介性""大量性""毯式建筑""As Found"美学等。这些对城市与建筑发展的今天，仍具有重要的启示意义，并可在一定程度上为今日的课题研究开拓思路。

最后，基于"十次小组"的分析，本书以"新毯式建筑"的建筑理念与模型的提出，对未来城市与建筑之间的发展模式进行了进一步的探究，并希望以一种前瞻性的载体，从"十次小组"的个性研究出发，引发不同时代的共性预设，展望未来城市与建筑发展的有效结合，以待理论性的扩展与实践性的增强。

纵观全书，其主要特点可主要归纳为：

其一，突破综述编年体系的历史性研究。本书相关的"十次小组"研究在梳理、并置、批判、重构的基础上，表达了时代观念，阐述了特质化的研究导向，最终得到基于"中介"理念全新的价值评判与倾向。这是一种深入历史性研究的批判性尝试；一种跳出历史之外，具有时代意义的"过期"概念的切入视角；一种随着时代发展进行动态研究的认知策略；一种设计学科正确的看待历史研究价值与可持续性的具体探究。

其二，"中介"视角的切入与剖析。着手于"十次小组"庞大而复杂的系统研究，面面俱到式的综述系统已不能满足时代的需要。众多的小组成员、繁杂的设计项目、各异的学术理念及千丝万缕的内外关联的梳理，以主要特性——"中介"属性的归纳与切入，融为一条强有力的精神主线，贯穿于全文的研究序列，以展现"十次小组"研究的特定视角。

其三，时代的批判性剖析。本文在"十次小组"本体梳理的基础上，超出历史的维度，借以时间的跨越和超越本体的认知模式，以客观的时代眼光看待"十次小组"，并进行时代的批判与剖析，呈现了立体化、动态的分析模式与未来的发展预测。批判性剖析作为一种认知工具，从另一侧面揭示了"十次小组"研究的时代意义，并将理念与实践的认知，从多维视角进行完善与重建。

全书写作过程是一个从混沌与模糊向清晰与系统不断转化的过程。在这种清晰的建立过程中，同时伴随着对更多各种问题的进一步思考与探索。本书不仅着眼于对本体背景与研究态度的梳理，更希望在历史中寻求各种问题的时代新解，并期待伴随着社会的变迁、科技的进步以及人们意识的转变不断更迭、延展。

"十次小组"的研究是一个宽广的论题,欧美学者通常会选取其中的个别人物、事件或理念进行专题深入研究。本书以"十次小组"作为主要命题,可视为其研究在中文语境下系统化展开的初步尝试。而如何进行进一步的局部深入与拓展,将是在此基础上需为之进一步探索的生长点。

目录

0 绪论

这是一个新的起点,随之建立的是在建筑师的血脉中对模式、渴望、手工业、工具、交通模式和交流的认知与感受。这是社会自我实现的本质属性。对他们来讲,"建造"具有特殊的意义,是建筑师对个体与群体建造责任的体现,是对社会集中结构归属的内聚与耦合的关注。……在这种意义上,"十次小组"是一种乌托邦,一种关于现世的乌托邦,他们的目的不是理论本身而是结合实践追求,由此,现世的乌托邦才能得以实现。

——《"十次小组"启蒙》(*Team 10 Primer*)①

0.1 缘起

0.1.1 乌托邦与日常生活之间

在进行了 20 世纪的乌托邦追求与时代变革,人们将其理想化蓝图通过技术的革新,逐渐转化为日常生活的现实需求。走出乌托邦成为人们不断呼唤的话题。繁复而交杂的实践历程,让我们不断对其结果产生质疑。怎样在城市与建筑之间关联的基础上,看待不断延伸的乌托邦理想与日常生活现实之间的转化?人们追求的所谓"现代"在时代的不断发展中应具有怎样不同的对应物?怎样看待快速化的实践进程中,人们对日常性多维深思的缺失?当发展成为社会目标的同时,怎样将网络化关联在信息化、流动性与动态发展的今天,转变成为人们普遍关注的焦点?……

现代主义运动不仅代表了耦合与特性的彰显,还包含了各种特性的集合。文化、历史、行为、时间在各层面定义了相同概念的不同内涵。作为一种时代发展的产物,当代的"现代性"诉求,代表了时间变化中不同时期的"即时"需求。这种动态需求,包含了社会与文化的深层革命,艺术与美学的技术掌控,以及在历史批判基础上建立的过去、现在与未来理念的塑形。

---

① Alison Smithson. Team 10 Primer[M]. Cambridge:MIT Press, 1974. 以后提及此书时可用简略式.

建筑与城市的发展伴随了复杂与矛盾的话题。平庸与诗意的特性使适用、技术与美学在不断的交融中逐渐显现各自的理性与情感内涵，并在空间与场所中将各种社会表象与隐匿特质描绘成具有可识别的代码与信息。跳出理想化的乌托邦梦想，在生活中各种矛盾与张力无处不在：艺术与实用、先锋与大众、美学与日常、崇高与平庸、诗意化与政治化、理论与实践、内与外、公共与私密等，在这些多重意义之上，相互之间的关联与作用导致了人们长期以来的争论、疑惑、批判与重新审视。特别是在基本层面对各种基本问题的质疑：什么？怎样？为谁？为什么？……

事物的交集属性不断在生活中出现与演变。两极界限的不断模糊，让我们在深省中不断认识世界的多元界面。极端属性不断衍生的多样性归属，将逐渐与人们对发展与变化的态度吻合。当代城市与建筑实践在呈现万花筒式的膨胀同时，设计师以个性化倾向在自我价值的实现中，怎样面对大众权利与社会属性，怎样在纷乱的潮流中寻求最终的平衡等值得关注。而建筑师的责任在不同的时代也将受到不同评价标准的检验。

吉迪翁（Sigfried Giedion）在谈及柯布西耶（Le Corbusier）建筑时曾认为，这不是空间可塑性的问题，而是简单的联系与普遍性的关联之间的平衡。没有隔离的空间，内与外的隔阂将荡然无存。可见，一种第三类空间、模糊属性在非极性空间之间，理性而意味深长地保留了多重复杂的特性。当人们在乌托邦与日常生活中徘徊，现世的乌托邦在时代变迁中逐渐走进了人们的日常生活。理想与现实之间的距离在技术变革、社会革新以及观念更新的步伐中越走越近。变化与发展成为永恒的话题。动态平衡在发展中以"之间"的特质引领了多维交织的复杂系统，建立了城市建筑理想与现实之间"孔隙"性多样化的弹性网络。由此，"走出乌托邦"在成为一种口号的同时，也在其过程中展现了不断历练的日常生活在理想化空间中的更新与发展。

0.1.2 "十次小组"重塑

基于普遍联系与"之间"属性的当代城市建筑的思考，本书将目标聚焦于上世纪中叶出现的具有革命气质与实践追求的团体："十次小组"（Team 10），希望在对该团体的追溯中，找寻乌托邦与日常生活之间的启示力量。

图 0-1 "十次小组"家庭式的会议

1991 年，艾莉森·史密森（Alison Smithson）编写的《"十次小组"会议》（Team 10 Meeting）[①]中强调，"十次小组"是一个自治而独立的"家庭"，是一个松散的组织。他们在相互需求中，组织、建立与维系着"家庭"的关联（图 0-1）。随后她在文中写道："面对一些关注'十次小组'的学者，'十次小组'也将会问一系列问题：'为什么你们希望知道？'，'你们将怎样看待你们所知道的？'"而她的另一个问题也正提出了"十次小组"重释的意义所在："'十次

---

① 由代尔夫特教授 Max Risselada 协助出版。

小组'研究是否会有助于更新现代建筑的语言,使其重新具备传承的可能?"①

"十次小组"成员之一约翰·沃尔克(John Voelcker)认为,"十次小组"的思路极为简单,即"急人之所急"。所有人们在城市中遇到的实际问题,就是他们关注的问题。可见,日常生活的关注,在"十次小组"的理念与实践中占据了主要地位。也许这就是他们与当代引领世界主流先锋的建筑文化与话语之间的本质区别所在。当大多数建筑师得意于精彩的视觉冲击,并在"时代精神"的浪潮中不断憧憬理想时,或许忽略了一个基本的问题,即"什么是建筑师的角色?"这也正是艾莉森·史密森在《"十次小组"启蒙》中提出的首要问题,也许,这也是我们再次进入"十次小组"世界,进行重新探讨的主要动力之一。

《"十次小组"启蒙》开篇,艾莉森·史密森代表"十次小组"在将时代发展中的无限感激给予了不同领域的"领军人物"②之后仍旧认为,虽然他们在内与外的普遍性中,前瞻性地决定了一个时代的命运,但社会仍旧在陈旧的轨道中运作。一个需要"叛逆"的结构仍旧需要开启。于是"十次小组"充当了这个开启的角色③,并基于差异性的时代特性,补充了不同时期内在特性组织的连贯性。由此,伴随时代发展,新与旧之间的差异将基于原生的属性,产生节奏性的一致性,重新融入建筑与城市的再生。

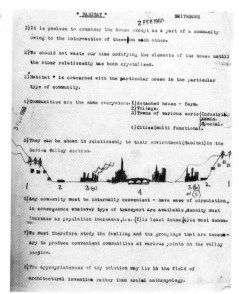

图 0 - 2 《杜恩宣言》

"十次小组"没有传统意义上的理论与学派。1954 年的《杜恩宣言》(*Doorn Manifesto*)(图 0 - 2),也只能视为 CIAM 与"十次小组"共同的产物,这也是导致荷兰与英国成员之间的矛盾之源④。"十次小组"涉及的并不是一种新建筑的诞生,而是希望在互动中将各自的研究方向融入其他成员的成果。CIAM 向"十次小组"的移交中,没有使《人居宪章》(*Charter of Habitat*)像预想那样最终完成,也没有正式文件与宣言发表。在经历了关于建筑与城市主流话题的详尽讨论之后,《"十次小组"启蒙》⑤最终成为由艾莉森·史密森执笔的较为正式的文献。在某种意义上,"十次小组"代表了一群年轻建筑师个体事业碎片状的缝合,也是建筑师潜在联系的真实表达。对他们来说,融入个性化要素的统一发展替代了个人化主题,成为其主要发展趋势。

在相关研究中,"温柔的地域主义"(soft-regionalism)⑥、"预示的新理性主义"⑦

---

① Alison Smithson,1991:15

② 包括毕加索(Pablo Picasso)、克利(Paul Klee)、蒙德里安(Piet Mondrian)、布朗库西(Constantin Brancusi)、乔伊斯(James Joyce)、柯布西耶(Le Corbusier)、阿诺德·勋伯格(Arnold Schönberg)、柏格森(Henri Bergson)以及爱因斯坦(Albert Einstein)。

③ Alison Smithson,1968:20

④ 见附录 1,"十次小组"会议。

⑤ 曾发表于《建筑设计》(*Architectural Design*)杂志。

⑥ Ellin 在文章 *Postmodern Urbanism* 中提到的。

⑦ Taverne 在文章 *Architecture without Architects* 中提到的。

(foreshadowingof neo-rationalism)、"人本主义"①(humanism)或"现代主义立场"②(situat-ed modernism)虽然不能精准地概括"十次小组",但也从另一方面表达了其潜在特质与来自外界的认知。本书的研究将突破停留于城市与建筑理念及实践的陈述,在分析中透视另一种看待城市社会问题的视角,从历史与发展中找寻永恒与变化的正解。

一些负面评价认为,他们的研究成果已经脱离了现今发展的主流。但是,通过对"十次小组"的解读,我们不难感受到,不仅在上世纪,"十次小组"的部分理念对一些乌托邦理想产生巨大影响,如康斯坦特(Constant Nieuwenhuis)的"新巴比伦"(New Babylon)、"建筑电讯派"(archigram)的"插件城市"(plug-in city)、弗里德曼(Yona Friedman)的"流动城市"(mobility city)以及丹下健三的东京湾设想等。在经历了大半个世纪的今天,我们仍能感受"十次小组"理念在城市与建筑发展中具有深远的启示意义。他们的"生长与发展"(growth and change)、"大量性"(the greatest number)、"构型原则"(configurative princi-ple)、"毯式建筑"(mat-building)等,在当代的城市化建筑、景观基础设施、开放形式,以及网络化关联的话题中,找到了同源的脉络。"十次小组"在吸收"乌托邦"新鲜血液的同时,以一种"日常性"的视角,从社会结构、关联、本质等方面,建立了自己的研究法则。他们以实践作为建筑师基本的角色使命,在理想与现实之间找寻恰当的结合点。

在这个具有革命性与实践性的团体中,许多我们熟知或未知的话题,在新时代的背景下,延展出特殊意义,发人深省。虽然狂热的赞许或强烈的批判在"十次小组"研究中并不是中心论调,但在不同时代,以不同的角度,批判与辩证地从历史中挖掘相同问题,将会得出更具时代启示力与研究前景的结论。这是研究的普遍规律,也是研究不断衍生发展的前提。基于时间维度的研究在过去、现在与未来之间找寻合适的对应法则,是在不断的发展中"多价"显现的发展规律,这对"十次小组"的研究尤显重要。当代城市与建筑的发展似乎感受到了这种潜在力量。近年来,关于"十次小组"的研究正逐渐被广大学者重视,如史密森夫妇的"平常性"(Ordinary)在 1997 年出版的《日常建筑》(*Architecture of Everyday life*)中成为关注的焦点,而坎迪利斯-琼斯-伍兹(Candilis-Josic-Woods)的"茎状"(Stem)与"毯式"(Mat)的理念在 MVRDV 与 FOA 的作品中,尽显城市化建筑的时代意义。

0.1.3 "中介"视角下的"实践乌托邦"的命题

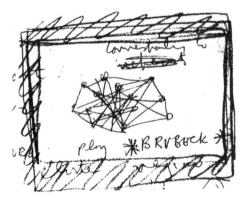

"十次小组"的回溯,牵引出的是像彼特·史密森(Peter Smithson)的"布鲁贝克图示"(Play Brubeck)图表(图 0-3)一样千丝万缕的关联。其中,非层级化的时间与空间点的表达,以及各种关联线形的多重交织,蕴含了复杂网路中交织的多维度开放整体。而"中介"视角的介入,在混沌中让我们可以逐渐理清思绪,认知"十次小组"的概貌。

关于"中介"理念,早在 19 世纪就已成为人们关注的话题。而"十次小组"成员凡·艾

图 0-3 "布鲁贝克图示"(**Play Brubeck**)图表

① Lefaivre and Tzonis, Aldo van Eyck Humanist Rebel
② Sarah Williams Goldhagen, 2000

克（Aldo van Eyck）则以一种哲学辩证的思考方式将其带入真实的生活与城市建筑的思考之中，并将其关注层面转译为一种模糊而真实的社会存在。该理念包括了许多相对概念的集中，如内与外、物质与精神、个体与群体、私密与公共等。"十次小组"成员在分享其哲学思辨的同时，将其注入日常实践与各自的理论研究之中。从各成员理论话题的展现我们不难看出，具有启示性的"中介"论题，在城市与建筑、乌托邦与日常生活的"中介"空间，凸显了成熟而积极的思辨态度。本书希望基于"十次小组"的研究，在城市与建筑的结合领域，以"中介"理念为论题的研究策略，展现乌托邦与日常生活的关联意义。

《"十次小组"启蒙》中对建筑师角色的关注，是从建筑道德的准则出发，进一步认知"十次小组"的理论与实践结合的主要途径之一。这也让我们逐渐了解如何在乌托邦的理想中，以一种职业化的社会责任感面对日益完善的日常生活需求。什么是人们日常生活中必要而又被忽视的问题？什么是建筑师应当关注的普遍问题？这是我们时下在狂热的建设热潮中需要面临与深省的问题之一。这种道德驱使下研究策略的确定，将有助于认知建筑与城市的发展状态，并在时代的变迁中不断被不同时代的人们所接受。因此，这种理想中的乌托邦梦想与现实中日常生活需求之间的平衡，对不同时代，不同地点，不同文化背景以及不同的对象来讲，都有着各异的结果。这些平衡点的确立，将促使我们在实践与理论之间找到相适应的平衡空间，以满足生存的需求，并预留发展空间。约翰·塞尔（John Searle）①在《社会现实建构理论》（*The Construction of Social Reality*）中认为人类的社会实践经常与文化道德的功能联系紧密，可见这种道德、文化与实践之间的关联将在不同层面具有时代的必然性与必要性。而戈德哈根（Sarah Williams Goldhagen）也在《现代主义期待》（*Anxious Modernism*）中提及文化、政治、社会尺度的相互关联对建筑现代主义影响。此外，希尔德·海伦（Hilde Heynen）教授在编辑的《乌托邦的回归》（*Back from Utopia*）文集中，重新审视了现代主义运动中的乌托邦在现实中的实际意义。她认为在经历了明显的现代建筑实践的失败之后，作为未来理想的乌托邦在建筑与规划层面的实施已不能完全说明其应具有的影响与作用。在她眼中，乌托邦的概念仍旧是一种在建筑的日常生活实践层面进行的一种批判性运动与活力的添加剂。

那么，基于"中介"视角的介入，什么是"十次小组"乌托邦式的挑战？

本书认为，"十次小组"对于乌托邦的理想始终保持着矛盾、含混的立场。一方面他们属于战后现代主义运动批判的理想型先锋，另一方面他们是理性、技术性现代建筑与城市实践的追随者。"新的开始"是他们在矛盾中维系的话题。《"十次小组"启蒙》中，他们强调与现状结合的状态与理念的乌托邦理想，并认为"现世乌托邦的目的不是为了将其理论化，而是为了实践建造的需求。只有通过建造，才能促使乌托邦的理想变为现实"。关于现代主义的批判，引发了"十次小组"关于建筑师本职的讨论。他们强调地域性技术、学科调节与相互配合，以及在城市与建筑维度进行国际化讨论的前提。从某种角度看，"十次小组"在技术专制与建筑先锋派乌托邦理想之间斡旋，调节着实践主义与理论之间的差距，并在地域与国际化之间找寻恰当的立足点。

对于乌托邦与现实生活之间模糊的链接，日常生活的实践与道德之间的话题无可避免。在现实生活中乌托邦理念的融入，将是一种理想建造与策略的实施过程。这是建筑师

---

① John Searle（1932—），美国的哲学家。

在整体协调的过程中应当被赋予的责任与义务。而"十次小组"所奉行的就是这种"技术性工作"(working-together-technique)的策略。这里的技术,不是纯粹的建造。他们的会议、出版物与教学等,充分说明了在道德与发展策略中,技术策略统领了他们在实践与理论研究中的主导思路。相同的技术原则,在批判的争论中找到各种现实可行的发展方向,相同的初始理念引导下的最终结果也会迥乎不同。例如,就城市化建筑的理念而言,史密森夫妇与凡·艾克在职业建造的生涯中基本放弃了巨型尺度的盲目实践。最初的理想化憧憬,如纳盖利(Nagele)的规划以及"金巷"(Golden Lane)竞赛等,在后期也基本没有加以普及。也许他们认为,在乌托邦的现实层面,脱离日常性巨构的幻想是毫无意义的徒劳。而坎迪利斯-琼斯-伍兹则以另一种理念,执著于发展他们对巨构的日常性理解下的实践意义。对于"十次小组"来讲,在现实与梦想之间寻求最终的平衡,在理论与实践中实现完美的嫁接,展现了时代发展过程中各种技术支撑下的多维度表征。

在"十次小组"乌托邦与现实之间的链接中,有两个细节值得关注。其一,"批判媒介"。他们关注于日常生活中的基本环节,如街道状态与儿童的生活等。他们将其视为一种审视的武器,一种对于忽视日常生活的现代化进程与现代性情景的实证性批判媒介,以此反思城市与社会的发展状态。其二,"传播媒介"。"十次小组"成员几乎无一例外地结合自身的职业生涯,以会议、出版物以及讲演的方式,在全世界的建筑教育领域中占据了显要的积极地位。其中以迪·卡罗(Giancarlo de Carlo)的建筑与城市国际实验室(international laboratory of architecture and urban design,ILAUD)最为瞩目。他们的教育活动在作为一种传播渠道的同时,编织了一系列教育网络。"批判媒介"在现实实践传播与教育"传播"中逐渐形成被人熟悉的网络化渠道。这也可以看做是他们在乌托邦与日常性的链接途径之一。

本书基于"中介"视角下现世乌托邦的研究,将在各种矛盾中寻求新的突破口。虽然对于这种模糊概念的清晰描述是一种挑战,但"十次小组"成员之间相似的时代背景与共同的理想追求,使他们在不断的交流过程中,保持对事物本质属性与理想化实践的共同热情。他们在"As Found"①原则的认知中建立共识,将生活与建造路径融合,在复合的社会状态中,以一种理想的表达方式,描绘不同关联相互动态制约与促使的平衡状态。这些特新的认知,将有助于我们以全新视角,逐渐揭示其"中介"属性。

0.2 研究途径与意义

0.2.1 关键词

由此,本书将基于以下关键词之间的链接进行具体研究。

1)"十次小组"(Team 10)

"十次小组"作为本书的研究主体,将成为一种历史实践与思想理念的载体,从其发展事件、轨迹、人物、理念的深入剖析与梳理中,建立基本的认知体系。本书以此为主要的出发点与脉络,引发对"中介"属性的思考,由此对现代城市与建筑发展建立启示性引导。

---

① 详见本书第8章。

2）"中介"（in-between）理念

该理念初始于一种游离在两极之间的矛盾属性,如内与外、黑与白、动与静、公共与私密等两极之间,是一种非内非外,非动非静,非公共非私密的状态;拓展于非两极但部分包含两极的领域。一种清晰的真实存在,一种边界与拓展空间的多元化交织的状态;延伸于多重要素介入及各"中介"属性叠加与协调的平衡状态,显现了网络化三维交织的空间属性。

3）现世的乌托邦

本书研究主要关注于"十次小组"在实践与理论中自觉与不自觉遵循的"中介"原则,试图将其原则着眼于乌托邦与日常生活的研究与实践中,寻求一种实践性乌托邦在日常性视角下的启示性策略与认知视角。这是一种源于生活结构自身的城市与建筑研究,为城市与建筑之间的认知层面探索了另一种"第三类"（the real third）①途径。这不是局限于乌托邦与日常生活两极间"狭窄"的范畴,而是一种多维要素相互作用后聚焦于两者之间的"矩阵"式表达。

0.2.2　研究范围

对于"十次小组"的研究,将以一种理论与实践的系统性梳理与启示性探索,代替编年史的编辑,希望在"现世的乌托邦"的"中介"视角下,以"发展与变化"为主要原则,藉以当代视角,对"十次小组"进行启迪式的批判,从而找寻历时性的研究策略,探寻一种启示性的研究策略——"中介"策略。

对于"十次小组"整体与其参与者个体之间的界定,往往会成为众多学者质疑的对象。其中模糊的关联似乎也形成一种"中介"性的交织特性。"十次小组"松散的组织与开放式的交流方式在为其理念共享带来可能的同时,也让人们对其相互间联系脉络的清晰认知带来困难。

藉此,本书将"十次小组"作为一个整体角色,以"中介"视角下的乌托邦与日常生活分析作为穿针引线的主轴,将小组成员之间进行有效串联。如相关"日常性"的概念,无论是凡·艾克对于孩童的关注,史密森夫妇对于"As Found"的研究或"都市重构"格网的表达,还是迪·卡罗关于公众参与的重视,均体现了共享理念下的不同表述方式。从"十次小组"其他成员的理念中不难看出,这种不断清晰的模糊性一直贯穿于整个小组的发展进程之中。此外,作为一种背景式的铺垫,对于 CIAM 及同时期先锋性小组的关注将作为"茎状"的支流,形成对"十次小组"理解与表述的另一种途径。

由此,"十次小组"整体与小组成员的个体之间互为关联对象。整体成为个体的话语环境,而个体的发展也增进了整体特色的延续。本书将以"十次小组"作为其成员个体化聚集的代言,结合对核心成员的重点分析与认知,以统筹化的集中,展现其整体性思路,以主体的呈现展示主流的启示意义。

0.2.3　途径

"十次小组"没有像"建筑电讯派"等小组一样具备权威的正式期刊,它缺乏较为详尽、系统、全面的会议与实践记载。但从各种相关期刊与论坛中,我们依旧能时常看到"Team

---

① Aldo van Eyck, 2008:53－54

10"的字眼,可见他们的影响在时代发展中经久不衰。如今,作为"十次小组"的初步研究,怎样确立他们在上世纪(1940年代至1980年代甚至1990年代中)对当代城市与建筑的理念与实践的启示作用,怎样在相似特性的发展时期找到启发性的思路与途径,将是历时性研究的主要目的。

图0-4 "十次小组"巴黎展览海报

对于"十次小组"的研究,对其小组内部网络化交错关联的梳理,在小组成员个人化的历程中寻求相互之间的意识与理念之间的联系,以及从具有实践意义的全新角度进行重新审视等,将是研究中面临的巨大挑战。本书希望在不断的认知与批判中,通过客观的评价与批判,逐级显现其现代研究的特殊价值。从某种角度上说,"十次小组"的研究挑战了传统历史的编年体系,特别是现代建筑历史的编年体系。他们自身可以成为独立的"历史学家",重写现代建筑的历史,并进一步地讨论传统与现代建筑之间并置的矛盾与共存的可能性。对于这种个体化的网络编织体系,从何种角度进行深入,怎样在时代变迁中寻求变化中的价值,将是"十次小组"研究的主要目标。

对于"十次小组"的研究,一条直线型历史脉络的梳理仿佛隔靴搔痒。他们相互交织的关联仿佛如史密森夫妇提出的"布鲁贝克图示"的表意一般,处于一种多层级交织状态,没有序列,只有空间与时间上的相互交错。这是一个复杂的系统,也是真实的存在。

此外,在整体脉络的梳理中,"中介"属性的分析与实践策略在概括"十次小组"特性的同时,逐渐显现了更为广泛而复杂的层级特性,并触及了总体价值观的框架性建构。因此,本书将在渐进式逐层深入与多维叠合的两种交集的研究方法中,以"十次小组"为着眼点,反思与清晰"中介"理念的框架体系。

笔者有幸参加了一次"十次小组"部分作品的研讨会及更新设计研究。这次经历在近距离的体验了"十次小组"作品的同时,也从时代角度重新审视了其更新与发展的可能。此外,通过2008年参观了在巴黎举办的"十次小组"展览(图0-4),也从另一渠道进一步加深了对"十次小组"的了解,并从侧面感受了"十次小组"的受关注程度。而与研究"十次小组"的专家学者,如希尔德·海伦、汤姆·艾维迈特、安德鲁·卢克斯(André Loeckx)等教授的交流,也更为直接地成为了本书研究的主要获益途径。

0.2.4 意义

"十次小组"是一个松散的团体,因此分散的个性化特征使研究个体不是一个集中表征的对象,而是一个多触角的发展脉络。繁杂的研究领域与不同的研究经历,使人们对"十次小组"的讨论呈现了百家争鸣的景象。在战后一系列关于"十次小组"的研究与出版物中,人们可能会在众多的论点中逐渐迷惑。有的追随其现代性轨迹,有人则集中于个体成员的探讨,且"十次小组"的理念在消费社会文化中产生的共鸣对现代社会的映射以及其中的生态意识等,也曾被人们作为观察的视角之一。例如,他们在日常生活领域进行的物质世界的关注,使他们的研究更显朴素与真实,让人们在其乌托邦理想中,逐渐加强对事物本质的关注与意识。由此,在纷繁的视角切入中,确立具有时代意义的研究策略,将更有助于我们清晰地认识"十次小组"的研究目的、时代意义与综合价值。

可见,研究框架性理论的确立只是进行深入探讨的奠基石,或者就像历史学家吉斯·沃克曼斯(Kees Vollemans)描述的一般,进入了一个激烈的语态之中。就像他在代尔夫特学院与凡·艾克进行的争执一般,"没有一个历史运动能够仅在其历史的背景之中加以讨论,之后不同时代基础上的理解同样重要,无论这一事件将怎样压制之后的历史……"(1975)。不同的时代,不同的文化视角,不同的理解途径,以及不同价值观与推动力的寻求将显得更具启迪性与开拓性。

作为初始目标,本书研究意义主要为:

1)作为现代主义时期重要学术团体之一,"十次小组"的相关理论与实践将对当代的城市发展起到延续与转译的启发式作用。

2)在乌托邦与日常生活层面同时涉及的基础上,相关"十次小组""中介"特性自觉与不自觉的关注,作为一种认识世界、分析途径的探索,一种对存在而忽视领域的重释,对当代城市的发展具有长远而教化式的启示作用。

3)建立发展与变化的观念,为同一概念找寻不同的时代意义,将从理性与系统的角度梳理作为演变过程中的延伸内涵。不同视角的差异与共通,在推进式的研究中,将会找到适合的结合点与互通途径。

4)"十次小组"所处的战后城市建筑亟待发展的年代与中国发展现状有着极为相近的状态。大量性居住、基础设施的建设、建筑师角色的深省等,这些共同关注的话题将在不同的语境带来不同的诠释。实践性乌托邦、基于日常生活的建筑与城市的发展、城市建筑与人类关联的进一步探索以及网络化复合的技术理念等,将在对"十次小组"的研究中得到进一步地诠释与启发式反思。本书希望基于对"十次小组"本体的批判性深省研究,为日后中国语境下的实践结合研究,提供有效的思维方式与认知策略,并为日后的研究开启一定的学术增长点。

值得强调的是,"十次小组"研究不仅是对"十次小组"不断"熟解"的过程,也是从某些视角对城市与建筑关联逐步切入与不断梳理的尝试。从历史中获取永恒而不断更新的时代意义与思维策略是本书的主题,以此将激发对城市建筑相关研究的关注与拓展。

0.3 相关研究综述

0.3.1 CIAM 与"十次小组"的出版物及研究

"十次小组"与 CIAM 之间一脉相承,而又最终走向了决裂。在其发展的道路上,我们不难发现,"十次小组"成员大多在 CIAM 10 会议之前,即以一种强烈的使命感,对城市与社会问题进行了质疑与探讨,希望通过讨论与实践避免矛盾的发生。

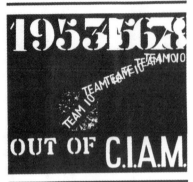

图 0-5 《脱离 CIAM 的"十次小组"》

1）CIAM 10 之前——"十次小组"的理论研究的前奏

1929 年德国法兰克福出版的 CIAM 2 会议的出版物《低收入阶层的建筑》（Housing for the Lower Income Classes）体现了当时学者对低收入阶层大量性建筑设计的关注与讨论；1933 年 CIAM 4 会议——雅典会议以功能城市为主题，出版了《一种城市规划分析》（An Analysis of City Planning），并提出了著名的《雅典宪章》。1937 年 CIAM 5 会议——巴黎会议在前次会议讨论的基础上，着重对社区的居住休闲进行了进一步讨论，并以《居住与休闲——邻里单元》（Dwelling and Recreation——the Neighbourhood Unit）为题，得出最终成果。此外，1947 年布里奇沃特（Bridgewater）会议出版的 CIAM 6 会议产物《当代建筑记录 1939—1945》（A Record of Contemporary Architecture 1939—1945），1948 年出版的《CIAM 格网》（GRILLE CIAM）以及 1952 年 CIAM 8 会议中讨论的主要议题《城市核心》（The Heart of the City）均包含了"十次小组"部分成员早期的一些观点与理念。

2）"十次小组"出版专著——自我实现的历程

作为一个松散的组织机构，"十次小组"内部事宜主要由艾莉森·史密森进行统一记录，并随后整理、保存与出版。这些成为日后大家认知"十次小组"的主要媒介。此外，大量相关其他成员的纪录、录音等也成与"十次小组"相关的基础资料。

其中，《脱离 CIAM 的"十次小组"》（Team 10 out of CIAM）中，以手稿的形式，为我们展示了"十次小组"成员每次会议讨论的内容（图 0-5）。这与《"十次小组"会议》（Team 10 Meeting）（图 0-6）一起，以不同的形式，呈现了"十次小组"在会议中召开的部分会议的文件纪录与个人之间的交谈内容。这些出版物让我们身临其境地感受了"十次小组"会议中各种观点白热化的交织过程。

图 0-6 《"十次小组"会议》

此外，《"十次小组"启蒙》（Team 10 Primer）是关于"十次小组"理念较为系统和重要的出版物。书中提出了"十次小组"形成的主要原因，以及建筑师在其中所充当的主要角色，并较为系统地概括了"十次小组"有关基础设施、大量性、流动性以及门阶理论等概念，让我们初步了解了"十次小组"研究的主要内容。

3）刊物——交流的场所

当然，在"十次小组"进行思想交流的过程中，各类型、语言的建筑杂志也相继记录了他们的思想的发展过程。如 1953—1963 年间凡·艾克（Aldo van Eyck）、巴克玛（Jaap Bakema）、赫兹伯格（Herman Hertzberger）等七人主要参与编辑的《论坛》（Forum）杂志；迪·卡洛创立的《社会空间》(*Spazio e Società 1975 - 2000*);以及 1960—1970 年代的《建筑设计》(*Architecture Design*);德国的《建筑学报》(*deutsche bauzeitung*);1950—60 年代的《大写》(*Uppercase*);《看看孩子们》(*Look at Kids*)等,均适时地记录了"十次小组"的发展动态与小组成员的实践成果。这些刊物的讯息较为直接地表达了当时人们对该小组各成员理念与作品不同的看法与讨论。

0.3.2 国外学者对于"十次小组"相关的研究与评价

首先,芒福德(Lewis Mumford)撰写的《1928—1960 关于城市的 CIAM 历程》(*The CIAM Discourse on Urbanism 1928 - 1960*)一书,以编年史的方式系统介绍了"十次小组"形成之前 CIAM 每次会议的主题和讨论的论题,并在最终说明了会议的转折点与"十次小组"的形成原因,让我们从历史的角度深入了解了"十次小组"的形成背景与主要内容。

同时,伊利诺伊技术大学的佩德雷特(Annie Pedret)教授在 MIT 学习时期撰写了题为《CIAM 和"十次小组"出现的思考,1945—1959》(*CIAM and The Emergence of Team 10 Thinking,1945 - 1959*)的博士论文,介绍了"十次小组"形成的始末。此外,她也通过题为《解析 CIAM 格网对现代建筑的新价值》(*Dismantling the CIAM Grid:New Value for Modern Architecture*)和题为《理论化社会空间:阿尔多·凡·艾克和"中介"领域》(*Theorizing Social Space:Aldo van Eyck and the Realm of the"In-between"*)的文章,介绍了与"十次小组"相关的具体理论,并进行了相关评述。

吉迪翁在《建筑与过渡现象》(*Architecture and the Phenomena of Transition*)中以时间为推动力,重述了在《空间、时间与建筑》(*Space,Time and Architecture*)中提及的"过渡空间"的理念。他在三种空间类型的讨论中,强调了第三类空间在独立与群体发展中的特性,并在最终以集群的形式,诠释了"十次小组"城市化建筑理念的发展对"过渡空间"实践意义。

而威廉·柯蒂斯(Willliam J. R. Curtis)则在回顾《自 1900 年起的现代建筑》(*Modern Architecture Since 1900*)中,将"十次小组"中个体特性以不同分类,融入不同的讨论圈层,以个性的凸显,介绍了"十次小组"在现代主义运动与建筑的发展中的脉络与意义。

其次,由荷兰建筑协会出版的《十次小组——一个现世的乌托邦》(*Team 10 - a Utopia of Present*)这是一本较为综合的介绍"十次小组"的出版物,该书以时间和会议为顺序,"十次小组"特色理念为主线,结合专家的评价和对在世"十次小组"成员的访谈,从多视角介绍了该小组的活动、观点、时间作品等,以全面、综合的视角为我们提供了较为详尽的信息。

此外,安贝尔农(Editions Imbernon)出版的《关于 CIAM 9 普罗旺斯地区艾克斯会议的现代批判,1953》(*La Modernité critique-autour du CIAM 9 d'Aix-en-Provence,1953*)是 2003 年让·吕西安·博尼略(Jean Lucien Bonillo),克劳德·马苏(Claude Massu)和丹尼尔·潘松(Daniel Pinson)组织的研讨会的最终成果。该书不仅介绍了有关 CIAM 9 会议内容以及"十次小组"的形成,也同时介绍了"十次小组"时期,罗兰·西穆内(Roland Simounet)、约翰·布瑞肯(John Habraken)、赛特(Josep Lluis Sert)和罗杰斯(Ernesto Rogers)等人的各种思想及理论。

汤姆·艾维迈特(Tom Avermaete)撰写的《另一种现代——战后坎迪利斯-琼斯-伍兹的城市与建筑》(*Another Modern—the Postwar Architecture and Urbanism of Candilis-Josic-Woods*)一书,从"十次小组"中迪利斯-琼斯-伍兹事务所的理论与实践出发,阐述了

"十次小组"的发展与迪利斯-琼斯-伍兹城市理论发展的重要联系,使人们深入了解了"十次小组"中部分成员的思想及理念。

同时,1957—1958 年在赫尔辛基成立的《蓝方》(Le Carré Bleu)(1958—2001)杂志一直关注着"十次小组"的发展历程。该杂志在研究"十次小组"重要实践的基础上,结合自身的城市与艺术理念,提出了对"当代建筑教条"(doctrine of contemporary architecture)的批判。

近年来,欧洲学者对"十次小组"进行了各方面的再次研究。如荷兰代尔夫特大学的瑞斯拉德(Max Risselada),巴比瑞(S. U. Barbieri),鲁汶大学的希尔德·海伦(Hilde. Heynen),以及凡登·西乌(Dirk van den Heuvel)对"十次小组"相关现代建筑的乌托邦理念以及史密森夫妇有着浓厚的兴趣。他们主要从存在主义与现象学的视角,研究建筑与日常各种媒介、要素之间的联系,以此增进建筑发展与城市发展之间的平行关系。

另外,由瑞斯拉德、海伦以及荷兰埃茵霍温大学(TU Eindhoven)教授博斯曼(Jos Bosman)合编的《十次小组》(Team 10)出版物,集合了主题会议中不同视角的文章,对"十次小组"进行了总体评价;而普林斯顿大学教授罗伊·科兹洛夫斯基(Roy Kozlovsky)在题为《CIAM 中的孩童:战后建筑论述代理与控制的商榷》(The Child at CIAM : The Negotiation of Agency and Control in Postwar Architectural Discourse)的文章中对"十次小组"与结构主义关系进行了深入研究。

作为建筑历史中十分重要的一环,众多建筑理论学家在现代主义发展的研究中,无不提到"十次小组"在其中起到的重要作用。如肯尼斯·弗兰普敦(Kenneth Frampton)的《现代建筑:一部批判的历史》(Architecture : a Critical History);戈德哈根和莱格特(Réjean Legault)合著的《现代主义的期待——战后建筑文化中的实践》(Anxious Modernism—Experimentation in Postwar Architecture Culture)等,均使"十次小组"的城市建筑理念在建筑发展历程中显示出其批判性特色与先锋气质。

除了"十次小组"整体,众多学者对"十次小组"中各成员本身进行了详尽地研究,如凡登·西乌与瑞斯拉德对史密森夫妇的研究成果《史密森夫妇——从建筑的未来到现在》(Alison and Peter Smithson—from the House of the Future to a House of Today)是对该小组重要成员史密森夫妇思想、实践的总结与系统的阐述;比利时学者弗朗西斯·施特劳芬(Francis Strauven)撰写的《凡·艾克:相对性的塑形》(Aldo van Eyck : the shape of relativity)以及赫兹博格和沃特曼(Addie von Roven-Wortmann)合著的《阿尔多·凡·艾克》(Aldo van Eyck)等均是对凡·艾克个人魅力的体现;而玛丽安·格瑞(Marianne Gray)对巴克玛的研究则通过《思考建筑》(Thoughts about Architecture)一书进行了系统的梳理与分析……他们通过不同视角诠释了"十次小组"对现代城市发展的重大意义,并以时代的眼光重新审视了"十次小组"在历史与现代产生的重要作用。其中,意大利学者克莱利亚·图斯卡诺(Clelia Tuscano)在 1990 年对十次小组成员进行的访谈,从近距离接近了"十次小组"的内核,让我们真实感受到他们真切的情感与态度。

2006 年 1 月 5 日至 6 日,在代尔夫特大学举行的题为"十次小组——活跃地保持现代建筑的语言"(Team 10—Keeping the Language of Modern Architecture Alive)的学术会议中,大家重点讨论了 1972 年间以及 1981 年之后有关神话创作,巨型结构与结构主义(superstructures and structuralism),1972 年间的演替(shifts around 1972)以及 1981 年后的接收(reception after 1981)等四个方面的内容。其中,代尔夫特大学的凡登·西乌(Dirk van den Heuvel)阐述了"十次小组"作为谜团的特性,波兰华沙的乔安娜·麦考夫斯基(Joanna Mytkovska)与福克索画廊基金会(Foksal Gallery Foundation)介绍了"十次小组"成员奥斯卡·汉森(Oskar Hansen)的"开放空间(open space)"理论等。

……

可见,对"十次小组"的关注仍在继续。

所有这些足以说明,"十次小组"的研究作为一段历史,一种现象,一丝灵感之源,已在其本体话语环境的欧美引起了足够的关注和较为深入的研究。

0.3.3 平行关注

"十次小组"的影响,不仅停留于本体论的深入,而且在其同时期各种话题如:乌托邦、日常生活、新粗野主义、巨构等,也涉及了世界各国相关的建筑与城市的研究。

其中日本"新陈代谢派"的主要影响者丹下健三、黑川纪章等受邀多次参加了"十次小组"会议。丹下在日本设计的广岛和平公园,黑川的银座舱体建筑与"十次小组"概念产生相互影响;列弗斐尔日常生活批判性城市理论以及对空间研究,在"十次小组"的会议上也受到了部分成员的极大重视;甚至同时作为 CIAM 领军人物和"十次小组"部分成员批判对象的柯布西耶,在对 CIAM 年轻一代的"十次小组"表达不满的同时,也在其晚期作品威尼斯医院中,深受"十次小组""毯式建筑"(Mat-building)理念的影响。

此外,在法国弗里德曼的"流动城市"、建筑电讯派、荷兰结构主义、情境主义国际、凯文·林奇和亚历山大的行为学等研究中,均可找到"十次小组"直接和间接的相互影响与脉络。

0.3.4 国内的研究成果

目前,国内对于"十次小组"的研究尚处于零星、分散的起步阶段,国内学者将他们作为一个重要的历史事件,以一种综述性手法,在相关的城市建筑理论书籍及文章中有所提及。其中,1987 年程里尧先生撰写的《Team 10 的城市设计思想》与 1999 年赵和生先生撰写的《"十次小组"的城市理念与实践》两篇文章,较为概括地阐述了"十次小组"的相关理论与主要的实践案例。

台湾学者阮伟明于 1977 年翻译的《国际十人小组》以及台湾詹氏书局出版的《近代建筑理论专辑》中,初步地介绍了"十次小组"的城市与建筑理论,并用实例进行了部分说明。

此外,众多学者在谈及城市规划理论的同时,提到了"十次小组"在城市规划中所起到的重要作用,如王建国教授在专著《城市设计》中论述了对"十次小组"的场所结构分析,张京祥教授在《西方城市规划思想史纲》中诠释了"人际结合"理念以及与"十次小组"时代相关的城市规划理念等。

近年来,众多国内学者在相关 20 世纪 50—60 年代现代主义发展历程及结构主义城市的研究中,逐渐对"十次小组"进行相关评价与研究,可见人们对此逐渐重视。但是,由于研究的非系统性,鲜有学者进行深入与辩证的思考。人们大多以综述性的方式进行介绍,而对于"十次小组"的了解仍处在一种"熟知而不熟解"的初步认知状态。

0.4 研究框架

结构策略:"碎片整合—有序并置—层叠编织—逐层清晰"

全文结构以第一章始于"十次小组"与 CIAM 的决裂与继承。遭遇与批判现代主义并举的"十次小组"在经历了自我深省与融合之后,独立于纷繁的先锋流派之间,占据了模糊而清晰的"中介"角色。作为论题之源,对于"十次小组"的分析主要集中于角色更迭与团体活力,让人们初识"十次小组"。

第二章将以"十次小组""内"(本体)、"外"(同时期团体与理念影响)以及"内"与"外"的结合的研究,对"十次小组"进行门阶性认知,并从不同视角进一步把握。其中,"关联"的矛盾调和、教育轨迹、出版物解析以及先锋性实证悉数成为本章分析的不同视角。

随后,作为支撑性观点,"中介"视角的介入在第三章从相对性、互给性、历时性以及多价性角度成为"现世乌托邦"的核心与缘起,并逐步带入个性化的"十次小组"特性"中介"之解。

随着"中介"理念的提出,第四章至第八章基于乌托邦与日常生活的共同关注,以"十次小组"的"整体关联""社会对应物""CIAM 格网的分析工具""大量性""As Found"美学的"中介"属性表征,阐述了乌托邦与日常性理念在"十次小组"研究中往复编织的过程。该过程在碎片整合与有序并置中形成本书的主体构架,以此寻求理论与设计实践的复合话语。

之后,基于"十次小组"本体的深入认知,全文第九章以批判性的重建,理解"十次小组"本体及其背后现象的本质意义,以强调在"中介"视角下对事物的分析态度和承上启下的批判立场,开启后续当代城市发展关联性的启示化讨论。

最后,作为启示性的延展,"新毯式建筑"理念在本书的提出,在编织与再编制的过程中,将"十次小组"理念与当代城市的发展进行了有效关联,旨在从"十次小组"的研究中逐渐对当代城市与建筑发进行层叠编织的策略性触角的延伸,使得最终研究的意义逐层清晰。

作为主要的编织的对象,"十次小组"在作为空间联系点、线、面属性的同时,将一张无形的网络编织为一个松散而系统的整体。其中值得关注的乌托邦与日常性的关联网络在于:

1)"十次小组"与 CIAM 的关联

2)内部成员之间理念与实践的共享与关联

3)建筑与城市的关联

4)发展与改变对于概念的变化与衍生起到的催化性作用

5)社会科学理念、人文哲学在城市与建筑的方法与理念关联的强调

6)技术理性、社会本质在城市建筑中的原型特色

在此,碎片化的编织,带来的是片段模糊至整体清晰的过程,是一种不断变化的"中介"多维度重组的研究方法与视角。

1

"十次小组"初识——角色的转承

对于关注"十次小组"的人们，我们不禁要问："你们为什么希望了解？""你们将怎样对待你们所了解的？""这些是否有助于现代建筑的语言的更新？是否值得继承？"

——《"十次小组"会议，1953—1984》①

1.1 从 CIAM② 到"十次小组"

1.1.1 CIAM 概述

从 1928 年瑞士的拉萨拉兹(La Sarraz)CIAM 1 会议到 1956 年克罗地亚的杜布罗夫尼克(Dubrovnik)CIAM 10 会议，再到 1959 年标志 CIAM 正式走下历史舞台的荷兰奥特罗(Otterlo)会议之间，CIAM 会议经历了三个阶段的发展过程③。

第一阶段(1928—1933)：现代主义

CIAM 1：拉萨拉兹(La Sarraz)，瑞士(1928)，

　　　　"拉萨拉兹宣言"(La Sarraz Declaration)

CIAM 2：法兰克福(Frankfurt)，德国(1929)，

　　　　"最低标准"(existenzminimum)

CIAM 3：布鲁塞尔(Brussels)，比利时(1930)，

　　　　"理性的发展"(rational lot development)

1928 年的法兰克福会议和 1930 年的布鲁塞尔会议中，社会主义倾向的德语国家在"新客观"派的影响下，以法兰克福会议"最低生存住宅"为主题，进行最低生活标准的研究；而布鲁塞尔会议有关合理建筑方法的主题，则探讨了怎样最为有效地利用土地和材料来决定建筑的最佳高度与距离。其中，"当代建筑问题国际委员会" CIRPAC (*Comité*

---

① Alison Smithson, Team 10 meetings 1953—1984[M]. Delft：Technische universiteit；Delft：Publikatieburo bouwkunde，1991

② 是指"国际现代建筑协会"(Congrès Internationaux d'Architecture Moderne)。

③ 弗兰普敦. 现代建筑：一部批判的历史[M]. 原山，等，译：北京：中国建筑工业出版社，1987：302

International pourla Résolution des Problèmes de l'Architecture Contemporaine）作为
CIAM 的执行部门，为 CIAM 会议的召开提供准备与支持。会议整体仍旧呈现教条主义
倾向。

第二阶段(1933—1947)：功能城市

CIAM 4：S. S. 帕特里斯号(SS Patris Ⅱ)(从法国马赛 Marseilles 到希腊比雷埃夫斯
　　　　Piraeus 的游轮上)1933 年，

　　　　"功能城市"(the functional city)

CIAM 5：巴黎(Paris)，法国 1937 年，

　　　　"居住与娱乐"(dwelling and recreation)

从法兰克福(1929)到布鲁塞尔(1930)，从雅典(1933)到巴黎(1937)，城市问题逐渐融
入综合性的思考之中。

在柯布西耶的个性统治下，CIAM 主题由建筑讨论延伸至城镇规划。1933 年的 CIAM
4 会议综合比较了欧洲 34 个城镇，最终形成 10 年之后发表的《雅典宪章》。雷纳·班纳姆
(Reyner Banham)在 1963 年认为这次地中海之旅(主题为"功能城市"的 CIAM 4 会议于
1933 年 7—8 月先后在 S. S. 帕特里斯号上进行)显然是在欧洲不断恶化的形势中一次令人
欣慰的解脱。但作为一种教条式的宣言，其内容很少涉及一些当前的实际问题。它所提供
的普遍性观点，在要求城市与周边区域整体考虑的同时，隐藏了狭隘的建筑与城市观念。
由此，CIAM 毫不含糊地与"死板的功能分区""单一的城市住宅""教条的规划导则"等紧密
相连。而这种美学上的偏好，却在当时逐渐使其他类型的建筑研究趋于瘫痪。

当然，尽管《雅典宪章》普及性的理论阻碍了建筑与城市研究的发展，但在其影响下，早
期的政治要求已被放弃。虽然功能主义仍旧是主要的基调，但"新资本主义"教化式观念基
础上的"理性主义"影响，并不亚于其实践的非现实性。这种理想主义态度于 1937 年在主
题为"居住与休闲"巴黎 CIAM 5 中就已经形成。在此，历史建筑的重要性不仅得到了认
可，城市所在地区各种要素对于建筑的影响也逐渐得到重视。

第三阶段(1947—1959)人居城市

CIAM 6：布里奇沃特(Bridgewater)，英国(1947)

CIAM 7：博格马(Bergoma)，意大利(1949)

CIAM 8：霍德登(Hodderdon)，英国(1951)

　　　　"城市核心"(heart of the city)

CIAM 9：普罗旺斯地区艾克斯(Aix-en-Provence)，法国(1953)

　　　　"人居宪章"(the charter of habitat)

CIAM 10：杜布罗夫尼克(Dubrovnik)，克罗地亚(1956)

CIAM'59：奥特罗(Otterlo)，荷兰(1959)

1947 年英国的 CIAM 6 会议作为第一次战后会议的重组，以 MARS(modern architec-
ture research group)(1933 年成立)为代表的英国成员，在瑞典詹姆斯·莫德·理查兹
(James Maude Richards)[①]"新实证主义"(New Empiricism)与吉迪翁"纪念性"的影响下，
试图逐步超越"功能城市"抽象的贫乏性。他们坚信："CIAM 的目标就是为了创造一种能

---

① 此人为《建筑评论》的编辑。

够满足人的情感及物质需要的实体环境"①。之后,这个议题在 1951 年于 MARS 主持的主题为"城市核心"(the heart of the city)会议中,作为"第五功能"在 CIAM 8 上得到的了进一步发展。在吉迪翁、赛特(Sert)②、莱热(Fernand Léger)③于 1943 年起草的《纪念性九点》(*Nine Points on Monumentality*)宣言中认为:"人们要求建筑物能代表一种可以满足更多功能需求的社会及社区生活,要求能满足他们对于纪念性、欢乐、骄傲和兴奋等的奢望。"

　　虽然老一辈 CIAM 成员对于公共空间的出现表示了极大关注,但他们却无力对战后城市产生的复杂性做出确切评价,由此导致了年轻成员的失望与不安。于是,决定性的分裂产生于 1953 年的普罗旺斯地区的艾克斯小镇(Aix-en-Provence)举行的 CIAM 9 会议。新一代成员,主要包括日后的"十次小组"成员,在反对老一辈"理想主义"的同时,对瑞典詹姆斯·莫德·理查兹的现代主义与吉迪翁提出的"纪念性"进行批判。他们在以复杂结构代替简单化模型的基础上组织 CIAM 10 会议,形成"十次小组"(Team 10),并于 1959 年宣告 CIAM 的彻底结束。

1.1.2 "十次小组"前夕

　　1)"年轻一代"的参与——从 CIAM 8(1951)开始

　　随着 CIAM 年轻一代的逐渐活跃,在 1951 年 CIAM 8 中,日后"十次小组"的年轻成员代表各自 CIAM 小组,在会中崭露头角。其中史密森夫妇所在的 MARS 小组提递交的MARS 格网(GRID);阿尔多·凡·艾克参与的荷兰"De 8"小组展出的纳盖利(Nagele)规划与研究;以及乔治·坎迪利斯(Georges Candilis)与伍兹(Shadrach Woods)领导下的ATBAT-Afrique 对于摩洛哥城市贫民窟(Bidonville)的研究等,在会议中受到极大关注。而凡·艾克以"历史背景下的核心"(the historical background of the core)为主题的孩童游戏场所的诠释,以及巴克玛(J. B. Bakema)关于"人与事物之间的联系"(relations between men and things)的论题,成为吉迪翁认为的 CIAM 8 中最值得关注的话题。

　　1952 年,CIAM 9 的准备会议——巴黎会议,对于新老转承起到了重要作用。在"CIAM 未来"(Future of CIAM)的讨论中,以柯布西耶为首的老一代认为自身教条的局限已不能适应发展的需求。由吉迪翁、柯布西耶和蒂里特(Jacqueline Tyrwhitt)④共同签署的声明希望将 CIAM 权力转交给年轻一代。声明中认为 CIAM 9 暂不适合进行这一"戏剧性的一步"。他们建议将 CIAM 9 作为突出性的转折,希望在 CIAM 10(预期 1955 年)进行最后的移交,并通过 CIAM 10 的举办考验年轻一代是否具有承担 CIAM 重任的潜质。⑤

　　2)"年轻一代"的崛起——锡格蒂纳(Sigtuna)会议(瑞典)(1952):《人居宪章》的提出

　　作为锡格蒂纳会议的主题,《人居宪章》('Charte de l'Habitat')的最初提出,可视为着眼于《雅典宪章》中四功能之一的"居住"(dwelling)问题进行的深化研究,进而取得对"居住"更广泛意义上的理解。但随着问题的深入,"居住"的讨论逐渐转化为对《雅典宪章》的

---

① Eric Mumford,2002:8
② Josep Lluís Sert(1902—1983),西班牙建筑师,1947—1956 年 CIAM 主席,之前为 Cornelis Van Eesteren。
③ Joseph Fernand Henri Léger,(1881—1955)法国画家雕塑家与电影制作者。
④ Mary Jacqueline Tyrwhitt(1905—1983),CIAM 委员会秘书,后为哈佛城市与景观建筑系的设计学院教授。
⑤ Eric Mumford,2002:218

否定,同时也伴随了 CIAM 年轻一代的崛起。

1952 年 6 月 25—30 日,锡格蒂纳会议虽然是 CIAM 9 的准备会议,但对于大部分年轻 CIAM 成员以及没有出席的 CIAM 执行成员,如柯布西耶、赛特、格罗皮乌斯和吉迪翁来讲,这次会议标志了新老成员交接的初始,并对日后"十次小组"的成立意义非凡。

此次 CIAM 会议首次以年轻成员为主,大部分为日后的"十次小组"成员,包括巴克玛、凡·艾克和坎迪利斯,以及对城镇规划进行重点讨论的意大利建筑师罗杰斯(Nathan Ernesto Rogers)和年轻的瑞士成员罗尔夫·古特曼(Rolf Gutmann)与居·曼兹(Theo Manz)。会上,坎迪利斯在巴黎组织的由年轻法国建筑师组成的新团体"巴黎青年"(Paris-Jeune),灵活地运用 CIAM 格网①(CIAM GRID),较早对社会、经济、物质、精神等方面进行综合讨论;而以年轻成员诺伯格·舒尔茨(Christian Norberg-Schulz)②为代表的挪威 CIAM 小组"挪威冰虫"(Pagon-Norway),发起了"我们为什么要加入 CIAM"的讨论。罗杰斯认为,"对于现代建筑的努力","我们的目标没有变,只是方法相应变化。""CIAM 不能制造规则,而应当寻求解决问题的途径。"

当然,"人居"(habitat)是由复杂现状和相互关联结合产生的主要问题。成员们很难明确其确切定义。但他们一致认为整体、和谐、理智和物质先行的环境是满足人们生存的前提。法国的 ASCORAL(Assemblée de constructeurs pour une renovation architecturale)小组提出的"居住"的整体性话题,包括家与其延伸的各部分,其中涵盖各种日常性的场所。坎迪利斯强调,"人居"理念代表了 CIAM 内部重大的思维变革,虽然其概念暂时无法明确,但年轻成员将在今后"更加人性的途径"中找到合适解答。同时,凡·艾克认为年轻成员作为 CIAM 活力的先锋派,可以担负赋予社会新形式的重任。会议最后,坎迪利斯代表的法国团体 ASCORAL 提议,CIAM 应尽快完成 CIAM 7 上提出的《人居宪章》的制定,以替代《雅典宪章》指导未来现代都市的发展。

作为老一辈的领军人物,柯布西耶认为《人居宪章》并不能看做是一个新的开端,而是一个对 CIAM 25 年来的总结。③ 如弗朗西斯·施特劳芬(Francis Strauven)所言④,《人居宪章》仍保留了老一辈 CIAM 的遗迹。但不可否认,由老一辈移交给年轻一代的关于人居的总结:"Charte du Logis"⑤,充斥了年轻一代的众多理念。

凭借其新鲜活跃的学术氛围,该会议被公认为 CIAM 重要的具有转折性的会议之一。会中年轻一代、新的成员以及学生代表得到了正式的参与与认同,并得以独立主持部分分支会议的机会。⑥ 大家公认 CIAM 需要新鲜血液来维持其活力,并认为与现实的结合是

---

① CIAM 提出的一种新的城市分析的模式,一种认知工具,详见第 6 章。

② 当时 CIAM 8 学生团体的代表,TEAM 杂志的主编。锡格蒂纳会议上,他的地位远不及已经声名显赫的 Candilis。

③ Le Corbusier to Giedion,April 8,1955(CIAM SG 43 – 55)

④ Francis,1998:263 – 265

⑤ 这是老一辈对自己的总结,并认为《人居宪章》是年轻一代全新的开始。虽然"Charte du Logis"可以看做是老一辈移交给年轻一代进行进一步讨论的基础,但有趣的是,其中归纳的 12 条与《雅典宪章》进行对比的想法中,部分如:"total habitat"、"relationship between the dwelling and environment"、"growth and change"等,均来自于年轻人提出的概念。可见这种老一辈的总结,可以看做是"Charte du Logis"向《人居宪章》过渡以及老一辈向新一辈移交的过程。柯布西耶在巴黎的 CIRPAC 会议上说明,"Charte du Logis"是老一辈 CIAM 成员的任务,要在 CIAM 10 次会议之前结束。由此,CIAM 10 会议也可以看做是新老成员心中默认的交界线。

⑥ 坎迪利斯主持锡格蒂纳会议的第六部分,仿佛"Team 10"会议的前身。

CIAM 缺少的主要问题。坎迪利斯认为随着 CIAM 9 老一辈成员的退隐，现代建筑第一次"革命"也将会随之结束。

3）"年轻一代"的转承——CIAM 9 会议，普罗旺斯地区艾克斯（Aix-en-Provence）（1953），《人居宪章》

1953 年 7 月 19—21 日，由日后"十次小组"成员组织与参与，3000 多名代表参加的 CIAM 9 会议在法国普罗旺斯地区艾克斯召开。这是"十次小组"成员独立的新起点。其中，巴克玛主持了"都市"主题分会；凡·艾克协助主持了"视觉艺术"（visual arts）分会；坎迪利斯协助主持了"社会项目"（social programs）部分。此外，本次会议中，众多研究团体如MARS，"de 8""Opbouw" ASCORAL 以及来自法国殖民地区的 GAMMA（Groupe d'Architectes Modernes Morocains）和阿尔及尔的 CIAM–阿尔及尔（CIAM Alger）等扮演了活跃的角色。会中大家学会在不同的个性理想与实践中达成共识，并由柯布西耶提出的"CIAM 格网"作为主要媒介，集中展现了相同标准下各自研究重点的多方位表达。

本次会议以年轻一代对《人居宪章》的撰写为主题，在对《雅典宪章》的批判上达成共识。当然，这也导致了新老一代分歧继续加剧。其中，新与旧的城市发展策略的交替导致了新老成员观点的背离。老一辈对于新成员提出的 CIAM 的未来："一种对应于特性需求的综合模型"①充满了疑惑。CIAM 9 的组织成员沃根斯基（André Wogenscky）②表示，《人居宪章》不能局限于四功能之一的"居住"③，而应当触及人们的整体生活，涉及生活的延续，从而表达柯布西耶"长期居住"（logement prolongé）的理念，以完善"生活格网"④（grid of living）的内容。由此，CIAM 9 准备会议讨论的众多居住相关问题⑤被确立为《人居宪章》需要解决的问题，而这些问题也在日后"十次小组"的研究中不断备受关注。

CIAM 9 会议上，年轻成员以"CIAM 格网"模式，在批判中展示了他们的研究成果。其中史密森夫妇以社会化研究为基础的"关联阶层"图表（hierarchy of association）⑥，以及"都市重构网格"（urban re-identification grid）完全否定了"功能等级"的划分。⑦ 而巴克玛代表 Opbouw 提出的亚历山大圩田（Alexanderpolder）项目以及与众建筑师合作的帕德瑞特（Pendrecht）地区规划，与 MARS 在伦敦的里士满公园（Richmond Park）项目一样，以功能集合的方式，反对"粗野"的功能分区。此外，AA 成员约翰·沃尔克（John Voelcker）、帕特·克鲁克（Pat Crooke）和安德鲁·德贝郡（Andrew Derbyshire）的"区划"（zone）设计（图 1-1），GAMMA 关于"大量性居住"的讨论（图 1-2），也深入探讨了理想与现实的问题。而来自阿尔及尔、昌迪加尔、撒丁岛以及牙买加的 CIAM 格网中关于地域环境与传统精神的陈述，也同样吸引了大众眼球。其中来自摩洛哥 ATBAT-Afrique，由坎迪利斯和迈克

---

① A complex model more responsive to the needs of identity//Kenneth Frampton. Modern Architecture, a critical history. London：Thames and Hudson，1980：253

② André Wogenscky(1916—2004)，柯布西耶事务所的协作成员。

③ "CIAM 参见 9 will not resume the study of . . .［the］four functions but will concentrate upon LIVING and everything that man plans and constructs for living"，参见 the CIAM Discourse on Urbanism，1928—1960。

④ CIAM Grid 中四个功能分区中的一个重要部分。

⑤ 其中包括"居住人行半径的主要问题""人居单元与环境之间的相互关联表达""隐私程度的重要性""不同年龄层团体之间的竖向关联的重要性""紧凑式规划的好处与连续的发散""城市核心相关的人居关联""历史连续性的表述途径"以及"理想人居的需求"，见：the CIAM Discourse on Urbanism，1928—1960，第 226 页。

⑥ 由他们的 MARS 成员 Bill and Gill Howell 一同准备。

⑦ 这与 MARS 在 CIAM 8 会议上提出的将栖居的类别转变为从乡村到都市的建议相吻合。

尔·埃克沙尔（Michel écochard）①阐述的名为"大量性居住"（habitat for the greatest number）的"CIAM 格网"受到了极大的关注。该格网在设计中以社会及文化现状的关注，击中了战后大量性需求的要害，与社会现实产生极大共鸣。史密森夫妇认为，这是柯布西耶在马赛公寓建成之后全新的思维方式和伟大成就。

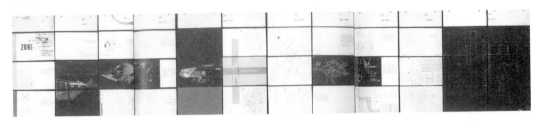

图 1-1　由 Pat Crooke，Andrew Derbyshine 和 John Voelcker 提出的"区划"（Zone）格网

图 1-2　由 GAMMA 提交的"大量性居住"格网

从会议的内容看来，CIAM 9 的讨论包括了正式的陈述与理论框架。这些各具特色的理论阐述，其共同目标在于加强居住者之间的相互关联以及建筑与环境之间的对话，并以此满足人们文化上的需求。不难看出，年轻成员已将日常生活要素作为城市与建筑研究的主要内容，并力图在理论化的基础上进行日常性实践，以寻求在理想与实践之间的契合点。

CIAM 9 会议可视为为日后"十次小组"逐渐成熟提供的一次转折会议。其中，新老成员之间的冲突与矛盾，促使了"十次小组"的形成，并逐渐确立其自身地位。年轻一代以英国史密森夫妇、荷兰的巴克玛、凡·艾克以及法国的坎迪利斯为主向 CIAM 进行挑战，并成为了"十次小组"的中坚力量。他们认为《雅典宪章》已不能满足现实发展的需求，单一功能缺乏城市发展自带的复杂性和整体趋势。对他们来讲，"整体化城市"（cities as totalities）是实践的唯一出路，艾莉森·史密森在《"十次小组"启蒙》（*Team 10 Primer*）中写道："……'去建造'对于建筑师的职责来讲具有特殊的意义，其中包含了对于个体与群体的建造诉求，也包括了其中从属的整体结构的完善与整合……"②凡·艾克认为，"……四个功能分区的网络不能涵盖生活中的全部内容……"，在此，"整体生活"（life as totality）可视为功能分区的第五要素，并涵盖了其他四部分的总和。他认为自己"在不知环境的情况下，不可能建造一

　　①　该论题于 1950 年代初受到了 Ecochard，Emery，Bodiansky 以及法国北非研究小组成员的关注。

　　②　Alison Smithson，*Team 10 Primer* 书中说道：to build has a special meaning in that the architect's responsibility towards the individual or groups he built for, and towards the cohesion and convenience of the collective structure to which they belong.

个五层楼的建筑"。他不能像现代主义的先驱那样无视环境去建造一栋独立的建筑。阿姆斯特丹孤儿院正是凡·艾克对城市模型在建筑层面实践的首次尝试。所有的方法都讲述了城市环境作为设计依据的原则与蓝本。建筑与城市的双重属性是其表达的重点之一。他认为这是一种在城市空间中迷失的特质。整体性的重要性在空间之间的关联中成为了首要关注点。

此外,巴克玛同样指出"功能分区"导致了重复与雷同,而事实上,地区的不同,文化的差异以及环境的变化,对同样问题的处理方式也将迥乎不同。"特性"(identity)是与物质以及社会环境紧密相连的要素之一。"整体城市"就是"完整生活"的代名词,其中包含了生物学、社会学以及精神上的各种需求。人类"特性"应是在城市各层级均有表现的一种能被视觉所确定的"特性"。他认为"眼睛是人际尺度的标杆",视觉印象对于"特性"的生成的作用直接而重要。"群体视觉(visual group)带有初次的情绪成分",而人的情绪将在环境表达中占据重要地位。此外,他还指出形式不能仅依靠于无休止连续重复表达基础上的"人类关联"(human relationship)以及"代码"与"类型"之间的相互表达,而是应当通过建筑与城市之间的反思,探求决定建筑与城市之间形式的要素。

总体说来,这次会议是 CIAM 巨大的转折点,也是"十次小组"出现的契机。在此,"所有的大门"向年轻的一代敞开(柯布西耶),为了保持其"连贯性"(吉迪翁),老一辈成员在其中充当了"黏合剂"的角色[科尼斯·凡·伊斯特伦(Cornelis Van Eesteren)]。此次会议的召开,表明了两种主要事实:其一,一些"年轻精英"在 CIAM 会议中逐步成为了中坚力量;其二,一群年轻成员即将成为"十次小组"的主角。

1.1.3 准"十次小组"

1954 年 1 月 29—31 日,CIAM 9 委员年轻成员①在荷兰小镇杜恩召开会议,以重申基于"山谷断面"(valley section)的"人际关联"的重要性②。会议主题由"居住"转向了"联系",即:"人居:相互关联的问题"(the habitat:problem of inter-relationship)。会中,"人居宣言"(statement on habitat)作为《人居宪章》的准备文件,在彼特·史密森借用盖迪斯(Patrick Geddes)的"山谷断面"(valley section)中将城市进行层级划分的基础上,藉以"关联尺度"(scales of association)图表进行展示(图 1-3)。巴克玛在"关联"的基础上诠释了与凡·登·布鲁克(Van den Broek)合作的鹿特丹林班(De Lijnbaan)商业步行街(图 1-4)中商业与居住共存的社区模式对"关联尺度"的表达,并以社会层面与视觉层面的协调,表述复杂的综合系统在城市层面的重要意义。

会后,"人居宣言"通常被称作"杜恩宣言"(Doorn Manifesto),并被视为"十次小组"成立的主要宣言。这也经常被视为"十次小组"革命性命题的转变。

随后,CIAM 10 会议委员会于 1954 年 6 月 30 日在巴黎会议成立。委员会主要成员最初包括巴克玛、坎迪利斯、彼特·史密森和来自瑞士 BBZ 小组的罗尔夫·古特曼。③值得注意的是,在此期间,"Equipe X""CIAM X"和"Team X"的字眼在正式与非正式的文字中

---

① 包括荷兰小组成员 Bakema, Aldo van Eyck, H. Daniel van Ginkel, Mart Stam、鹿特丹的社会经济学家 Hans Hovens Greve,以及英国的 Peter Smithson, Voelcker 等。

② MARS 成员 Denys Lasdun 几年后认为对于《雅典宪章》的批判"是英国与荷兰的成员不多的共识之一"。

③ 伦敦会议之后扩展后包括 William Howell, Aldo van Eyck, Alison Smithson, Voelcker, Shadrach Woods, André Studer 以及 E Neuenschwander。他们均为日后"十次小组"的主要成员。其中后三人工作于当时法国殖民地的北非摩洛哥和阿尔及尔的 CIAM 小组。随着人数的增加,荷兰、英国、法国三大阵营在"十次小组"中形成主导力量。

均被混用与相互代指①,由此可见,此时的"十次小组"(Team 10)已经被基本承认。

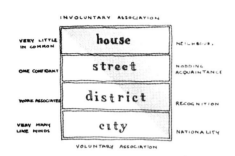
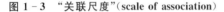

图 1-3 "关联尺度"(scale of association)

图 1-4 荷兰鹿特丹林班(De Lijnbaan)商业步行街

巴黎会议确立了"关联尺度"为主要的发展依据,希望在原型、普遍性与趋势中找寻联系的普遍原则。其间,在英国与荷兰成员就《小组说明》(*Instruction to Group*)②的争执中,凡·艾克补充提出了三点值得注意的"基本问题":

(1)"重要的门阶现实"(greater reality of the doorstep):即"门槛"(threshold),或是"中介空间"(the space of in-between)。这需要建筑师在设计中关注"个体与群体""物质与精神""内在与外在""整体与局部""永久与变化"等一系列相对性的问题。时间的变迁将赋予它们"双胎属性"。

(2)在复杂的表述中时间要素的积极意义,或是"发展与变化"(growth and change)。在此,时间的变化决定了居住单元及个体动态的发展特性。

(3)数量美学(aesthetics of number),一种在"动态平衡"基础上的重新发现,一种重复的美学。

经过了包括 1956 年 8 月意大利帕多瓦(Padua)在内的数次准备会议,大家一致确定 CIAM 10 的主要目标转向《人居宪章》的起草与 CIAM 未来的讨论之中。虽然《人居宪章》最终还是没有实现。但此次会议的召开,标志了准"十次小组"的初步成立。

1.1.4 "十次小组"的形成

最终,CIAM 10 会议在杜布罗夫尼克的现代艺术画廊举行。来自 15 个国家的 250 名成员参加了会议。其中荷兰的巴克玛、凡·艾克、法国的坎迪利斯、瑞士的古特曼以及英国的史密斯夫妇、豪厄尔夫妇(Bill & Gill Howell)、约翰·沃尔克代表了活跃的主要成员与未来的力量。

CIAM 10 会议以完成《人居宪章》为主要目的,讨论了"居住,关联的问题"(habitat, problems of relations)的议题。该会议计划包括:以吉迪翁为主的老一辈成员对 1928—1955 年的经验进行总结,以及年轻一代在大家递交的"格网"中梳理可以利用的材料③,最

---

① 详见 Sert Groups. Giedion and Tyrwhitt to all CIAM groups,1955
② CIAM 10 会议之前的导引,也作为 CIAM 9 会议的总结。
③ 这一支被分解为四个主题:1)有机整体(organic unity),由凡·艾克的"门阶"与史密森夫妇的"簇群"结合而来;2)流动性(mobility),史密斯夫妇提出;3)发展与变化(growth and change),荷兰派对于 instruction 补充的第二点;4)城市最为人居的一部分(urbanism as a part of habitat),由 Candilis 提出。

终合成《人居宪章》。

会议以"1928 一代"（老一辈）与"1956 一代"（新一代）的交接作为会议的主要内容,以赛特的《危机还是革命》(*Crisis or Evolution*)为会议的揭幕讲演,确立了对"人居的未来结构"(the future structure of the human habitat)问题的设立。他认为年轻一代"希望、可以,也必须进行指挥棒的交接"。

会议期间,35 个"格网"展板进行了展出①,其中大多围绕本国的地理环境、特殊的气候及传统做出了相应的理念分析与设计。如:来自加拿大的特殊极地人居生活讨论,美国的卫星城社区研究,奥地利的旅游与历史城市的长居人口探讨,以及芬兰的城市社区与社会经济关联和地下居住可能性研究等。

就其中"十次小组"成员的七幅作品而言,史密森夫妇在表达了不同层级之间不同建筑类型②表达的同时,以"人际尺度"与"簇群"作为主要论题,进行详尽诠释;而沃尔克的村落延展,豪厄尔与帕垂志(J. A. Partridge)的退休住宅等,实时关注了建筑形式与人口尺度之间的关联;凡·艾克在"城市的孩童:消失的特性问题"(the child in the city: the problem of lost identity)以及关于纳盖利(Nagele)的"孤立的栖居问题"(the problem of the isolated settlement)主题下,认为城市建筑师应重新将原则融入当前的政治与经济层面,以重塑社区生活;巴克玛则仍旧对鹿特丹 1949—1956 年的亚历山大圩田规划进行了展示。由此,CIAM 9 议题在 CIAM 10 得到了新一轮的拓展,并在"簇群"(cluster)、"流动性"(mobility)、"发展与变化"(growth and change)以及"都市与生活"(urbanism and habitat)的论题中逐步展开。他们以"将社会与视觉关联融入具体实践中"为目的,利用 CIAM 的方法工具,放弃理想化的憧憬,在具体的实践中找寻特定的解决方式。他们将自身定义为 CIAM 的基础上"社会与视觉关联的研究小组",以批判与实践结合的策略,缓解来自于新老交替的分歧与矛盾的凸显。

虽然 CIAM 字眼在 1959 年奥特罗(Otterlo)会议上还有所出现,并在老一辈的"不舍"中,决定缩小规模继续存在③。但对于大多数成员与团体来讲,杜布罗夫尼克会议已经是 CIAM 的终极谢幕。柯布西耶作为 CIAM 的主宰者,向年轻一代送上了他诚挚的祝福:"摆脱商人和极端分子,使 CIAM 在激情和理想主义中蓬勃发展! 好运! CIAM 的重生! ——您的朋友,柯比西耶。"④

1.1.5 CIAM 消亡

1959 年 10 月,《建筑设计》宣称"CIAM 于 9 月荷兰的奥特罗正式结束。"《建筑评论》在标题为《CIAM:奥特罗复活的终结》(CIAM: Resurrection Move Fails at Otterlo)一文中,以年轻成员⑤合举 CIAM 大写字母的标牌,见证了 CIAM 的结束(图 1-5)。而 CIAM 的支持者,如丹下健三(Tange)在《日本建筑师》(*Japan Architect*)评论道,"'十次小组'的乌托邦与意大利逃避主义的宿命论……只是现实理解的一部分","这将加剧人类与技术之间

---

① Eric Mumford, 2002:249-250
② Francis Strauven, 1998:267
③ Aldo van Eyck, 2008:273-284
④ 柯布西耶在 Dubrovnik 10 次会议中提议,1956 年 7 月 23 日。
⑤ 史密森夫妇、Voelcker 和 Bakema 合举,凡·艾克、Blanche van Ginkel 在标牌之下。

图 1-5 "十次小组"年轻成员举着带有十字架的 CIAM 牌子象征其退出历史舞台

的鸿沟,而这本身就是现实"。①

CIAM 的终结作为一个先锋性的时刻,在使命与宿命论的基调之外,还可在年轻成员的转承中视为另一革新轨道的运行。随着史密森夫妇12月建议取消 CIAM 称谓的提出,1957 年拉萨拉兹会议②上再次明确旧有的 CIAM 不再使用,而更名为"CIAM:社会与视觉关联研究小组"(CIAM:Research Group for Social and Visual Relationship)③。随后,1958 年 1 月,布鲁塞尔会议决定全新的 CIAM 会议于 1959 年 9 月在荷兰奥特罗的科勒-穆勒(Kröller-Muller)博物馆举行,即 CIAM'59 会议(而非 CIAM 11)。而 CIAM 在解体后第一次的全新登场,也标志了 CIAM 的彻底消亡。

CIAM'59 由巴克玛、坎迪利斯、沃尔克、意大利的罗杰斯、瑞士的阿尔弗雷德·罗斯(Alfred Roth)以及法国的安德鲁·沃根斯基联合组织。值得一提的是罗杰斯将简卡洛·迪·卡洛(Giancarlo De Carlo)④正式介绍给"十次小组",使其有机会在"十次小组"中发挥巨大作用。他在"当代建筑现状"的思考中,将现代建筑运动比作带有树叶、树干以及寄生物的大树,一个具有和谐要素的整体。而地域文化与现代性的结合,在他在意大利南部的马泰拉(Matera)村落与乌比诺(Urbino)实践中得到具体展现。

此外,在 CIAM'59 中建筑道德也逐渐成为年轻成员在建筑与城市领域关注的焦点,史密森夫妇与罗杰斯关于历史与道德的争论,引起了凡·艾克的共鸣,他认为居住包括了抽象与具体两层面,而他更倾向于对具体内容的集中阐述。他将建筑的基础价值与中世纪先锋派和艺术结合,以促使他在"奥特罗圈"(Otterlo Circle)的表述中以时间与价值的并置,激发对多维视角下城市状态的思考。这些在他之后展示的四个作品⑤中得以详解。

同时,与凡·艾克共同调研的人类学家赫尔曼·哈恩(Herman Haan)带来了"沙漠中生活"的照片。这个持续将近一个月之久,跨越 4000 多公里的征程,说明了即便在荒芜的撒哈拉沙漠地区,人们的生活模式也与城镇的生活一样,具有复杂的层级。这种层级正好从某一方面证明了史密森夫妇"联系尺度"的普遍意义。而那些沙漠中低造价的住宅作为可塑性的艺术效果,也为地域性表述带来新鲜活力。

CIAM'59 中,大家认为除文字与语言之外,成员之间思想交流及其他方式的联系,如

---

① 前川国男(Kunio Maekawa)也表示同样观点,认为"十次小组"疯狂的行为在他们需要 CIAM 的时候将其抹杀。
② CIAM'59 之前的准备会议,这是 CIAM 第三次在 La Sarraz 召开会议。第一次是 CIAM 1,第二次是 CIAM 10 之前的会议,都具有历史性的意义。
③ "Declaration of La Sarraz,September 2,1957",此外,1957 年 2 月,柯布西耶、吉迪翁以及蒂里特在赛特处所商议将 CIAM 继续维持下去,分设为三个部分:欧洲、美洲以及"东方"。
④ 1953 年加入 CIAM 会议的"年轻"的意大利成员。
⑤ 阿姆斯特丹的孤儿院、Jerusalem 的市政厅、Nagele 的三个学校以及一个他的学生 Piet Blom 的作品。其中最后的一件作品和孤儿院一起被其称为"走向组织化的 Casbah"(Towards an organized Casbah),见 Francis Strauven,1998:280-283。

直接的作品交流、间接的理念阐述等，促使了开放、包容、互动的建筑与城市理念的形成。相对于《雅典宪章》的追随者与罗杰斯关注的表现主义纪念性论调而言，"十次小组"倾向于一种"开放的美学"与动态结合的方式。这被艾莉森·史密森（Alison Smithson）称为"功能主义的生活延伸"。

最终，CIAM'59以路易·康的讲话作为共识："建筑是一种空间的营造。""都市的发展就是各种'需要'建立的过程。"

1.1.6 "十次小组"成立

1954年巴黎会议之后，蒂里特在第三期TEAM杂志中认为随着艾克斯会议的召开，年轻成员已足以胜任他们的工作，并希望得到CIAM主席赛特的全力的支持。由此，以TEAM杂志的编辑诺伯格·舒尔茨等为代表的年轻一代成了CIAM会议年轻成员的代表。

吉迪翁在1956年1月15日给凡·伊斯特伦的信中[①]，有意识地用一个看似轻描淡写的词语"Team Ten"，决定了后几十年年轻一代活动组织的名称。在坎迪利斯首先使用"Team X"之后，1954年9月该名称正式形成[②]。从此，人们将此名称作为那些松散的年轻一代成员的代名词，并将巴克玛视为他们的主要领导角色。

作为新一代成员的领路人，中年一代的罗斯和罗杰斯成为老一辈与年轻一代之间的中转层。一方面他们希望继续继承CIAM的各项工作，而另一方面，他们又将新一辈，如凡·艾克与迪·卡罗引入了CIAM中"十次小组"序列。这个序列就在荷兰的奥特罗会议——一个"十次小组"化的会议中，以"颠覆者"与"继承者"的姿态，见证了CIAM正式解体。[③] 之后，在柯布西耶的认同下，史密森夫妇将名称更名为"Team 10"。

1）"Team 10"名称意义

"Team"：CIAM的第一个年轻的团体[④]于1949年秋季在挪威奥斯陆成立，舒尔茨称其为TEAM，由此，TEAM在CIAM的语境中成为了年轻成员的代名词。而之后TEAM 10成为"十次小组"作为年轻一代继承的特殊称谓。

"10"：CIAM中的年轻成员在独立主持CIAM 10会议始末，以成熟的姿态，得到老一代的认可。

"十次小组"：本书倾向于沿用较为普遍使用的"十次小组"进行对"Team 10"的中文表述，而以CIAM"第十次"会议作为对"十次"的解释。

"十次小组"是20世纪40—80年代，从CIAM中脱离的一群青年建筑师组织的理论研究与实践探索并行的松散团体，是CIAM后期的主要力量与现代主义时期主要的先锋性团体之一。他们第一次以"十次小组"名字命名的会议始于1960年的巴尼奥河畔塞泽（Bagnols-sur-Cèze）。他们自称为小型家庭式的团体，以共享成果，完善自身研究作为相互之间的交流的维系。他们的理念、实践、教学、出版物在20世纪，特别是在下半叶城市与建筑的

---

① 希望解散已经老化的CIAM，并希望新一代的成员如"Team Ten"成为接替者。

② 当时只有Bakema，Candilis，Gutmann和Peter Smithson。之后Alison Smithson，Aldo van Eyck以及Bill Howell，Voelcker和Woods加入进来。

③ 1959年10月《建筑设计》中宣布CIAM正式解散。CIAM之后新的名称为：CIAM：Research Group for Social and Visual Relationship。

④ 其中包括由舒尔茨（Norberg-Schulz）选出的年轻成员代表：Howell和Candilis等今后的"十次小组"成员。

发展中起到了积极作用。

其实，对于"十次小组"确切的综合定义一直是个难题，其时间的起始，成员的界定，以及其主要的历程均较为模糊，并处于相互交织的状态。对于"十次小组"研究是否需要这种本身近乎不存在的界限，在其过程中逐渐明晰显现：即在"狭义"的严格中，寻求一种广义的范畴，以"十次小组"的整体语言，完善对本书研究范围较为确切的定义。本书将以"十次小组"核心成员的理念与相互链接为起始进行讨论，突出"十次小组"的主体特性表征。

然而，名称确立之后，仍旧经历了 CIAM X 与 Team 10 之间模糊的过渡阶段①。巴克玛认为应当改观现状，于是 1961 年 1 月 5 日他在巴黎与凡·艾克、沃尔克、史密森夫妇、坎迪利斯和伍兹一同签署了"十次小组声明"(Team X-Statement)。他们在肯定了 1956 年筹备杜布罗夫尼克 CIAM 10 会议的成员在 1959 年奥塔罗会议中作出巨大贡献的同时，将 1960 年的巴尼奥河畔塞泽会议视为真正意义上第一次独立的"十次小组"会议。

2)"十次小组"时间的起始

由于人员的不断更迭与非正规的组织形式，我们很难界定"十次小组"准确的起始。大部分学者基本以 1953—1981 年期间作为核心成员相互影响的重要时期。从最早的 1953 年年轻一代自己组织的"正式"会议(CIAM 9)到 1977 年最后一次"正式"聚会，虽然标志了"十次小组"活动的起始，但 1981 年灵魂人物巴克玛的去世，再加上凡·艾克与史密森夫妇矛盾的激化，导致了"十次小组"的最终解体。

3)"十次小组"成员解析

严格来讲，"十次小组"松散的组织形式和不确定的与会成员，导致了其成员界定的困难，"十次小组"的"核心成员"(inner circle)与"参与成员"之间没有明显的界限。但为了进行更有侧重的研究，本书将积极组织与融入"十次小组"进程的七名成员②纳入"核心成员"(inner circle)的范畴③并进行着重研究。他们包括：

荷兰建筑师雅普·巴克玛(Jacob Berend(Jaap)Bakema)④(图 1-6)；

荷兰建筑师阿尔多·凡·艾克(Aldo van Eyck)⑤(图 1-7)；

---

① 1960 年史密森夫妇编辑下的《建筑评论》(AR)中仍旧出现了 CIAM、Team 10 共存的模糊标题。

② 他们曾经试图将成员定义为 10 个，除了核心的 7 成员之外，还有 Voelcker，Erskine，Grung，和 Soltan。但是由于松散的机制与会议的需要，人员总是不断变化，核心成员最后只有 7 个。

③ 依据 Dirk van den Heuvel 和 Max Risselada 相关研究进行划分。参见 Max Risselada, Dirk Van denHeuvel, 2005：11。

④ Jacob Berend(Jaap)Bakema(1914—1981)，1914 年 3 月 8 日出生于荷兰 Groningen。毕业于阿姆斯特丹建筑专业学校(Amsterdam Academy of Architecture)。他在荷兰鹿特丹"Opbouw"小组与阿姆斯特丹的"De 8"小组中起到主要的作用。1948 年 Bakema 与 Johannes van den Broek(1898—1978)联合成立 Brinkman and Van den Broek 建筑事务所，日后的作品大部分以两人名义出现，1955 年为 CIAM 秘书，并协助 CIAM 10 会议筹备工作。

⑤ Aldo Ernest van Eyck(1918-1999)，1918 年 3 月 16 日出生于荷兰的 Driebergen，1919—1935 年居住在伦敦。在海牙的皇家视觉艺术学院(Royal Academy of Visual Arts)学习之后，于 1938—1942 年在瑞士苏黎世高工(Eidgenössische Technische Hochschule)接触国际先锋派。1946—1951 年，他搬到阿姆斯特丹在 Cor van Eesteren 和 Jacoba Bridgwater 下的城市公众部门的都市发展部门(urban development division of the city's Department of Public Works)工作。"十次小组"之前是"De 8"成员之一。他一生设计了大约 700 多游戏场地和包括阿姆斯特丹孤儿院、Pastoor 的 Van Ars 教堂在内的众多设计。他在"十次小组"中是擅长写作的主要成员之一。

英国建筑师艾莉森·史密森和彼得·史密森(Alison and Peter Smithson)①(图1-8)；

希腊籍法国建筑师乔治·坎迪利斯(Georges Candilis)②(图1-9)；

美国建筑师沙得拉·伍兹(Shadrach Woods)③(图1-10)。

图1-6 雅普·巴克玛(左)

图1-7 阿尔多·凡·艾克

图1-8 艾莉森·史密森
和彼得·史密森

图1-9 乔治·坎迪利斯

图1-10 沙得拉·伍兹

图1-11 简卡洛·迪·卡罗

① Alison Margaret Gill(1928—1993),1928 年 6 月 22 日生于 Sheffield；Peter Denham Smithson(1923—2003), 1923 年 9 月 18 日生于 Stockton-on-Tees。相遇于 Newcastle-upon-Tyne 的 Durham 大学建筑学院(school of architecture of the University of Durham)。1949 年结婚之后，在赢得了亨斯坦顿高中新校舍设计(Hunstanton Secondary Modern School)(1949—54)的竞赛，并在考文垂教堂(Coventry Cathedral)(1951)，"金巷"设计 Golden Lane(1952)以及 Sheffield University(1953)入围之后，在建筑界崭露头角。1953 年成为英国 CIAM 小组 MARS(Modern Architectural Research Group)年轻成员。同时，他们还是英国的独立小组(the independent group)成员，关注于建筑、艺术与日常生活的共通领域。CIAM 9 会议之后，成为之后"十次小组"的核心成员。

② Georges(Gheorghios) Candilis(1913—1995),希腊人。1913 年 3 月 29 日生于 Azerbaijan 的巴库(Baku)。1931—1936 年就读于雅典的综合技术学校，并在学习期间，于 CIAM 4 雅典会议上与柯布西耶熟悉，成为柯布西耶事务所主要的合伙人之一。1943 年开始在柯布西耶领导下的法国"ASCORAL"(Assemblée de constructeurs pour une rénovation architecturale)团体中担任主要领导。1951 年 Candilis, Shadrach Woods 和工程师 Henri Piot 一同成为摩洛哥 Tangiers 的"ATBAT-Afrique"团体的主要领导人。ATBAT-Afrique 是 1947 年柯布西耶组织的 ATBAT(Atelier des batisseurs)团体的非洲分部。1954 年，他回到巴黎，与工程师 Paul Dony，Piot，Woods 和南斯拉夫建筑师 Alexis Josic 共同组建 Candilis-Josic-Woods 事务所。

③ Shadrach William Woods(1923—1973),1923 年 6 月 30 日出生于纽约的 Yonkers。战后 1945 年于爱尔兰都柏林的 Trinity College 读人学与哲学。1948 年到巴黎在柯布西耶事务所寻求建筑相关职位。他与 Candilis 和工程师 Henri Piot 一同成为摩洛哥 Tangiers 的"ATBAT-Afrique"团体的主要领导人。1954 年与 Candilis，Josic 共同组建 Candilis-Josic-Woods 事务所。

图 1-12 1971 年图卢斯"十次小组"会议合影

以及后来加入的意大利建筑师简卡洛·迪·卡罗（Giancarlo De Carlo）[1]（图 1-11）。

除核心成员外，其他成员更迭不断，学术观点此起彼伏，各不一致。他们以会议聚会的形式展示作品以阐述自己的观点[2]（图 1-12）。基于对城市与建筑共同关注和不同层面的研究，他们经过相互的交流与启发，力求为各自的观点寻求新的突破口与个性。

就定义的核心成员来看，他们的活动始于 1928 年 CIAM 会议的初始时期，而 CIAM 就是大家聚会讨论的场所。学生时期，坎迪利斯即于 1933 年之后开始参加雅典的 CIAM 会议；而巴克玛与凡·艾克继 1947 年之后的布里奇沃特（Bridgewater）的"重新集合"会议后，开始参与随后一系列的会议与研究；史密森夫妇则在 1951 年的霍兹登（Hoddesdon）会议上与大家集体会面；而伍兹与迪·卡洛则在随后的会议中逐渐加入了核心成员的行列。

霍兹登会议（CIAM 8 会议）之后年轻一代成员建立了自身在 CIAM 的话语权，并于

---

① Giancarlo De Carlo（1919—2005），1919 年 12 月 12 日出生于意大利的热那亚，1930 年移居突尼斯完成初中与高中，1937 年回到意大利米兰，进入综合技术学院学习。1949 年在威尼斯获得建筑学位。他在埃尔奈斯特·罗杰斯（Ernesto Rogers）介绍下加入 CIAM，并同时邀请他共同担任 Casabella Continuità 的编辑工作。迪·卡洛在 1955 年 La Sarraz 会议之后正式参与"十次小组"的各项日程之中成为核心成员。"十次小组"期间，他组织了 Urbino（1966）和 Spoleto（1976）两次会议。并组织了第 14 届米兰三年展，并邀请"十次小组"成员就"大量性"问题进行讨论。1974—2004 创建"建筑与城市国际实验室"（the International Laboratory of Architecture and Urban Design, ILAUD），1989 年由于在 Urbino 的众多设计实践，被授予荣誉市民称号。1993 年获得英国皇家建筑师学会金质奖章（RIBA Royal Gold Medal）。

② 其中包括何塞·安东尼奥·科德奇（José Antonio Coderch）（西班牙）、拉尔夫·厄斯金（Ralph Erskine）（瑞典）、阿曼西奥·格德斯（Amancio Guedes）（葡萄牙）、Geir Grung（挪威）、罗尔夫·古特曼（Rolf Gutmann）（瑞士）、赫尔曼·赫茨伯格（Herman Hertzberger）（荷兰）、奥斯卡·汉森（Oskar Hansen）（波兰）、威廉·豪厄尔（William Howell）（荷兰）、查尔斯·伯理尼 Charles Polonyi（匈牙利）、布赖恩·理查德（Brian Richards）（英国）、耶日·索乌坦（Jerzy Soltan）（波兰）、奥斯瓦德·马提亚·翁格斯（Oswald Mathias Ungers）（德国）、约翰·沃尔克（John Voelcker）（英国）、斯特凡·韦韦尔考（Stefan Wewerka）（德国）等。

1956 年杜布罗夫尼克 CIAM 10 会议之后，成立名为"十次小组"的研究群体。1959 年的奥特罗会议之后，他们在没有正式宣布的情况下开始了全新的研究与实践历程。

1.1.7 CIAM 之后

当然，CIAM 的消亡不代表其影响力的结束。如赛特于 1960 年在哈佛设立了城市设计课程，希腊建筑师和联合国顾问康斯坦丁·杜克塞迪斯（Constantine Doxiadis）在杰奎琳·蒂里特（Jaqueline Tyrwhitt）的协助下组织和出版了有关"人类聚居科学"（science of human settlement）的杂志"Ekistics"，前 CIAM 成员欧内斯特·韦斯曼（Ernest Weissmann）参与了联合国于 1975 年在加拿大温哥华市关于"人类聚居"（human settlement）与"人居"（Habitat）的讨论等。许多前 CIAM 成员的活动一直延续到了今日。

"十次小组"与 CIAM 共同关心的"居住"问题，在《人居宪章》的筹备中，对日后"十次小组"理念的广泛传播与拓展产生了潜在的积极作用。其中埃克沙尔、坎迪利斯与伯德安斯基（Bodiansky）的北非实践，丹下健三的东京湾规划、桢文彦（Fumihiko Maki）的"族群形式"（Group Form）、日本的"新陈代谢派"（Metabolism）、多西（Balkrishna Doshi）和查尔斯·柯里亚（Charles Correa）的印度地域探索以及克里斯多夫·亚历山大（Chritopher Alexander）的模式语言等，在 CIAM 之后随着"十次小组"的延续，进行了多维的拓展，并伴随了反 CIAM 的鼓吹规划、自我修建、使用者参与理念的叠加。其中，标准化住宅和传统街道模式成为 CIAM 被批判对象和"十次小组"集中探讨的主要内容之一。特别是重复单一标准化"大量性居住"的理念，在简·雅各布（Jane Jacobs）的《美国城市的生与死》中成为批判的主角。

但是，英国对于 CIAM 功能城市的接受与转化，在 1950 年代传递给了许多发展中国家。在苏联和中国，CIAM 的功能城市被大规模地运用于 1950 年代。而在对 CIAM 的批判与反思中，多元化的崭新途径在反理性主义的主题下，为"十次小组"的发展，形成了纷杂的环境：情景主义"短暂实践（ephemeral event）"的利益；"建筑电讯派"（Archigram）对于大众文化与消费社会的庆祝；类型学家们（阿尔多·罗西（Aldo Rossi），乔治格·拉西（Giorgio Grassi）等）对于传统的城市规划的革命；文丘里（Robert Venturi）对非历史清晰的反对和对现代建筑复杂性与矛盾性的阐述等，充满了对历史先驱们的反讽式话语与革命性的激情。其中，巴西利亚的规划成为"功能城市"最大的牺牲品之一。

"十次小组"坚持认为，城市应是"体现社会关联的科学与艺术的建造"。在伍兹去世之后 1975 年出版的《路人》（*The Man in the Street*）中认为，城市本身就是学校，教与学的场所具有本质的一致性。他在柏林自由大学的实践中以开放式的网状系统，建立了相关的都市场所。而迪·卡罗的乌比诺实践也从另一方面证明了肌理的融合带来的与 CIAM 截然不同的模式。

但是，1968 年的学生运动很快将反 CIAM 的主题同时推向了对"十次小组"共同的批判。都市与社会变革的联系，在米兰三年展中受到了激进学生运动的冲击。随后，约翰·特纳（John F. C. Turner）在迪·卡罗的启发下，结合埃及建筑师基于地域性建筑的思考，在他的《穷人的建筑》（*Architecture for the Poor*）的论述下，建立了可利用的高技与自我建造的低技之间对于后者的日常化倾向。他们希望以地域日常性的实践对社会问题的解决展开进一步的研究与探索。

可见，CIAM 之后，"十次小组"以一种先锋性的姿态出现的同时，在其乌托邦的设想与日常生活的实践之间，进行了二十多年的不断讨论与实践，也同样在激进时代，逐渐体现了时间维度下不断更迭的角色错动。

1.1.8 "十次小组"之后

某种意义上,"十次小组"于1981年巴克玛去世之后基本结束。他是唯一参加了所有"十次小组"会议的成员。此后虽然大家仍旧相互交流与联系,但"十次小组"的会议从此结束。但是,他们的影响并没有消亡。其相关的教育影响在1990年代覆盖了欧洲与美国以及亚洲的印度、日本等。如1976年由迪·卡洛组织的"建筑与城市国际实验室"成为了新的传递与展现新思想的重要平台。

"十次小组"的解体,并没有说明其关注问题的结束,相反,他们所涉及的话题在上世纪为今天设定了一个预知的未来。当然,相同的话题在不同的年代虽然可以以相同的标题示人,但其意义已经有了本质的改观。

1.2 角色转承的"十次小组"初释

从"十次小组"成立到结束的历程陈述可见,作为一个时代传承的角色,"十次小组"在现代主义发展背景下,以一种僭越式的回归,体现了日常生活主题下对理想城市生活的不断探索历程。

1.2.1 僭越式回归

从巴尼奥河畔塞泽第一次正式会议,至1981年巴克玛的逝世,"十次小组"的讨论呈现与CIAM不同的组织模式。会中基本没有正式主席主持,方案与最终成果以一种"初始"（As is）的原型方式进行展示。这相比CIAM中统一化模式多了一些自由度与灵感空间。当然,由于组织形式的松散,相互之间研究课题的差异与冲突也随之逐渐显露,并导致了内部成员之间矛盾的加剧。

1963年前后,"十次小组"成员之间已跨越了相互合作的状态,继而追求如何相互融入对方的理论与实践的话语,以完善自身的发展,进行更为有效的交流。他们之间产生一种良性的、若即若离的相互关联,并将目标共同聚焦于"功能主义"批判之上的全新原则。史密森夫妇提出的取代功能分区（居住、工作、娱乐、交通）的"人际关联"（房屋、街道、区域、城市）,巴克玛在邻里结构塑造中提出的"视觉群"（visual groups）理念,坎迪利斯在北非提出的"大量性居住"以及凡·艾克的"数字美学"等,从不同角度提出了城市结构与日常居住问题的共同话题。也就是在不断的交流与影响中,他们相互之间的理念在不断的实践与研究中得以传播与应用。

"十次小组"希望以一种非雕塑化宣言去表达某种愿望,以应对当时存在的实际问题。从北极圈到地中海,从西班牙到匈牙利的实践中,耶日·索乌坦（Jerzy Soltan）、丹下健三与迪·卡罗为代表的三种观念成为了"十次小组"应对现实问题的主体策略与主要特性。首先,索乌坦认为全新任务应是一种道德层面的需求,这种无形的武器将持续以无形的方式,表达哲学、美学等不同层面的需求。其次,丹下健三认为"当今"技术社会不能解决城市与环境存在的问题。由于内在矛盾不能内在消减,社会秩序也不会在内部最终形成。"美学主义"往往产生于"逃避主义",从而形成抽象美学,一种凌驾于混乱社会之上的内在秩序。他建议"十次小组"成员应努力探寻混乱社会之下的潜在活力要素。这种"活力主义"是一种秩序回归现实社会的解构,以及对未来的重构。建筑的创造就是将所有功能、表述、材料和精神现实的矛盾进行重组的过程。这种"活力论"并不是一种地域主义或传统主义,而是一种普遍的原则与分析途径。第三,迪·卡罗认为为了确立改变现代建筑语言的程度,必须在包豪斯理性研究与柯布西耶的感性探索中找寻恰当的平衡点。其中,对现代建筑决定性的批判与更新可以成为"十次小组"主要的追随方向。他认为,"十次小组"应当在延展现代主义建筑语言的同时,关注怎样继承与发扬有价值的传统,而不是一味以康斯坦特或"建筑电讯派"为标杆,以决裂的姿态融入现实。现存矛盾的整合与新美学形式的探索应成为"十次小组"对于现代主义回应的主导方向。

史密森夫妇认为,乌托邦式的全新意图在社会现实中无法存在。其现实意义在于找寻社会结构中的重要节点并解决其中问题,而非白纸化的全新切入。这被艾莉森·史密森称作一种"新现实主义"(new realism)和新客观性(new objectivity)①途径。该思维模式抛弃了为福利社会不断抗争与妥协的官僚途径,并不再为毫无休止的犹豫浪费时间,而是对野蛮式的城市"白纸化"操作提出了强烈反对。他们在会议中只以最为有效与直接的方式面对直接暴露的问题与值得反思的关注点,以此向官僚社会浮夸的程序与表象形式进行最为直接的反对与抗争。在新的社会生活模式之中,建筑师的词汇逐渐融入"汽车时代",流动性与"齿轮"的转向为社会带来主要变革。但如伍兹所言,社会变革带来的建筑师对大量性等社会问题的关注,远比城市形式建造更有意义。他觉得消费社会的官僚机构似乎很难明白每个人都应当有自己的权利去享有适当的居住环境。

某种程度上,"十次小组"可以看作某次运动的代言,一面 CIAM 批判基础上进行城市与社会改良的先锋旗帜。他们以一种僭越式的激进,回归于按部就班的现实之中。在发展需求旺盛的年代,以冷静与前瞻性的眼光,审视存在的迫切的社会问题。

1.2.2 现代主义重塑

不难发现,对于这个延续了近半个世纪团体的重述过程中,很难回避另一个延续了一个世纪话题——"现代"。这是一次基于时代批判与启示下的解析与编织。这种现代的进程,建立于城市与建筑之间,体现了现实生活环境不断呈现的变化过程。

怎样在现代性的问题重重之时持续现代的步伐?"十次小组"年代的人们关于"现代"的研究,涉及了二战之后欧洲城市复兴的主要论题。现代的进程,体现了以历史与社会维度建立的城市与建筑中,传统的延续与变革下的现代性延展。这种从普遍性到特殊性的转移,为居民与使用者找寻了特定的发展空间,并在技术理性下的城市理念向社会文化积淀转变的历程中,开创了兼容并蓄的积极视角。

关于"十次小组"与现代关联的重释,还包含了"十次小组"具体实践过程中现代主义与传统人文环境协同改变的进程。在此,设计与社会理想之间的联系,体现了"十次小组"在自我道德的约束下,意识形态与实践、乌托邦理想与现实批判的逐步对接。这种乌托邦,是在特定的战后时期对理想化城市的憧憬,是道德驱使下对社会批判的理性而积极的行为。

1)"现代"之解

如果我们认同现代主义本身问题重重,那么我们应当怎样看待"十次小组"与现代主义的遭遇? 现代主义实践本身是否可以保持其特有的"先锋"活力?

---

① Alison Smithson,1968:1953 - 1962

首先，让我们先明确现代化（modernization）、现代性（modernity）与现代主义（modernism）之间的区分①。希尔德·海伦指出"现代化"是用来描绘社会发展的过程，其主要特性包含了一种技术的先进与工业化、城市化和人口的逐渐膨胀。而阶层以及递增的国力在大众交流、民主化与世界市场的逐渐膨胀中随之产生；"现代性"则是一种特定的时代特性，是一种个人的经历与态度，现代性表达了在变革与转化的连续过程中对生活态度的转变。当然，在不同的时代，从初始向未来的转变经历了不同的过程，如"十次小组"热衷的各种话题，在不同的时代，不同的背景下将产生不同的结果。这种现代化的经历将唤起对文化宣言与艺术运动形式的反馈。从广义角度来看，这些理论与艺术性理念的门类将使人们足以掌握一种变化的趋势，并能够在不断的发展中逐渐把握其发展规律。现代性包含了一系列社会经济发展过程中的要素与媒介，并被视为现代化与现代主义者的主观反映。换言之，现代性在某种程度上讲具有两个方面的特性：其一，指一种与社会经济相关联的客观；其二，指与个人的经历、艺术活动以及理论反思相关的主观。

　　现代化与现代主义，即以一种主观与客观的角色相互联系。关于现代性的讨论，基本可视为一种资本主义社会文明与现代主义文化之间关联的研究。在现代性的概念中，批判性的冲突体现了各种潜在的关联，蕴含了文化与社会之间相互适应的需求，一种开放式非独立性的整体。在此，不同的现代性概念将被加以区分，首先，在于对现代性中纲领性（programmatic）（也可视为长期性）与暂时性（transitory）的区分。就现代性进程来看，这是一种具有开创性的事业，其中蕴含了众多革命性的潜在可能。而处于现代主义发展开拓时期的"十次小组"就具备了这样的潜质与特性。革命性的时代精神激励他们在不断的开拓中发展他们活跃的思想与理念。这种进程化的概念从全新的角度审视了现代性，并在时代的变迁中逐渐完善现在与历史以及未来之间的潜在联系。这种长期的过程正完整说明了过程的复杂性与可行性，以及在长期的时间历程中逐渐转变的趋势。

　　此外，现代性还包含了瞬间性与即时性。如查尔斯·波德莱尔（Charles Baudelaire）所言："现代性是一种转瞬、短暂、偶发的半艺术，而另一半则是恒久而不变的。"②从现代艺术发展历程来看，这种转变存在不断着重强调的过程。对于现代性在建筑中的影响，这种双性并举的特性尤为重要。在"现代主义"运动中，可预知的进程是年轻一代设计者在时代进程中努力追求的方向，客观、理性、清醒而没有伪装与修饰。而从某种角度来看，暂时性是新建筑中的另一重要特性，一种即时而过时的属性。每一个年代，建筑师都会建立属于自己年代的城市，而每一瞬间性的个性都是一种革新的过程。由此，这种暂时性的属性，在城市与建筑的发展过程中，承载了转折性的关键属性，提供了作为历史变迁有效的坐标与基准点。这种转折的特性也是被班汉姆与史密森夫妇着重宣扬与强调的特性。从另一个角度来看，长期性与短暂性在现代性长期的变迁中相互产生影响。长期的发展可以看做是一种短暂转变的结合体，也只有短暂的转变过程的不断堆积，才能形成发展脉络与最终结果。

　　至此，现代主义在时代变迁中取得基于现代性发展之上的广泛意义。其中涉及了20世纪大部分建筑建造的实例。对于许多人，特别是那些试图与现代主义者进行力量权衡的

---

　　① Hilde Heynen，1999

　　② "Modernity is the transitory, the fugitive, the contingent, the half of art, of which the other half is the eternal and the immutable" Quoted by Matei Calinescu, Five Faces of Modernity. Modernism, Avant-Garde, Decadence, Kitsch, Postmodernism, Duke University Press, Durham, 1987:48

建筑师来讲，"现代运动"是一个特殊而极具争议的话题。CIAM 就是在不断的矛盾冲突与相互制约中不断发展并最终走向消解。其中各种意见之间的结合与相互冲突，在批判中凸显了年轻一代在不断的成长中的重要地位。在"现代主义不是风格而是一种观点"(not a style but an issue)①的呼声中，这些批判性的言论最终得到承认并推动发展。莎拉·威廉斯·戈德哈根(Sarah Williams Goldhagen)在她的文章《现代的概念重塑》(*Reconceptualizing the Modern*)中强调了现代主义运动的历史现实与复杂性。对她来讲，现代运功的普遍原则必定与文化、政治、社会维度相关，并在建筑现代主义发展的历程中起到主要作用。她称之为一种"新传统"(new tradition)，并成为革新的前提与主要基础。她的模型图表显示(图 1-13)，在政治维度，现代主义者们认为建筑与政治的关联，涉及了交互性的状态，以求全新的形式。这是一种民主与资本主义的倾向，而不是一种否定性的批判。在社会维度，新的建筑语言代表了一种时代精神与立场，这种时代精神(Zeitgeist)就是一种在工业化技术主导下，理性时代的发展趋势。戈德哈根的图表即说明了这种工业机器化的集中生产怎样形成建筑精神的内在关联。阿尔托、里特维德(Rietveld)、夏隆(Scharoun)及陶特(Taut)等十分困惑于机器的角色，基于对纯粹机器美学的质疑，他们认为戈德哈根是一种"情景化现代主义"(situated modernism)，一种试图为建筑使用者在合适时间与空间中提供社会与历史属性的方式。

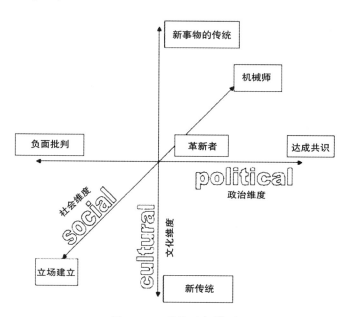

图 1-13　戈德哈根模型

可见，戈德哈根以这种现代主义来反对所谓的"非现代主义者"(non-modernists)与"反现代主义者"(anti-modernists)的论调。"非现代主义者"可以看做对现代主义运动的无意识，也可以看做是一种保守主义的倾向，他们不能接受变革的事实，权威与传统是他们心中唯一的标准。而"反现代主义者"则试图泯灭一切现代主义的痕迹，回到旧有的社区与个性

　　① Reference be made here to Anatole Kopp. Quand le moderne n'était pas un style mais une cause. Paris：Ecole Nationale Supérieure de Beaux Arts, 1988

的状态。他们将地域主义视为一种反现代主义的旗帜。可见,大部分"十次小组"成员可视为一种"情境化的现代主义者"。其中,史密森夫妇热衷于大众文化与消费模式的日常生活论调,凡·艾克致力于建立在传统文化与秩序下的大量性美学,坎迪利斯-琼斯-伍兹则在他们的地域现代建筑研究与大众建筑文化中不断地摸索与实践……他们竭力将设计本身附加于具体现实的具体人群之中。这并非仅是一种抽象的思维诉求,而是一种在社会、历史、文化以及特殊环境维度中的相互平衡。这似乎是他们的一贯作风,就像《"十次小组"启蒙》中所述的,将理论付之于实践是他们的终极目标。

2)殖民主义关联

在现代主义的发展中,殖民主义占据了其中重要部分,其中,"十次小组"部分实践与研究在殖民地地区也得到了充分体现。如坎迪利斯-琼斯-伍兹在卡萨布兰卡地区的建筑研究与实践,以文化背景与生活习惯为基础,进行了现代主义的革新与实践。虽然在几十年后的今天,生活状况的改变充分暴露了当时的设计局限,人们任意改造导致了建筑的满目疮痍。但是,这种开创性的实践,只有在殖民地地区才能如此毫无拘束地进行充分思考与表达。

殖民地地区的建设,为人们提供了自由想象与实践的空间。新领地中新设想,为新世界的建造,获取了全新活力。当然,这种新的思路与秩序的确立,不可避免地卷入了统治与专政的纷争,而这种历史环境下内部矛盾与冲突显得尤为激烈。怎样在纷杂的抗争中找到最终平衡是实践中永恒的话题。正是这种矛盾的显现,导致了解决矛盾的先锋派思想得到了现实的体现。殖民的过程经历了摧毁旧有秩序与重建全新社会的过程,而殖民也体现了在全新秩序干预的过程中,旧有体质重新恢复活力的可能。由此,新与旧的编织,在征服与统治中形成全新体系。"十次小组"正是在不断的争辩中,试图在没有严格禁锢的地区,塑造理想的现实。

在后殖民主义的理论中,现代主义作品与殖民主义实践之间的联系与启示正在被逐渐梳理。爱德华·赛义德(Edward Said)在"东方主义"(Orientalism)①中认为,欧洲殖民是一个内在自我认知的过程。他们通过征服了解不同的文化与地域,通过不断认知逐渐将自身转变为一种现代、先进、文明的化身。赛义德认为,东方主义代表了知识与实践的本体。东方的研究常常会被认为是另一种西方的再现,是一种神秘、奇异、过度、非理性以及外来的表征。对于欧洲的世界来说,也许所有的非欧洲就是一种否定的集合。

当然,东方的痕迹在西方人的研究视野中毫无疑问也是大量存在的,其中,柯布西耶在他的《东方之旅》(Voyage à l'Orient)中认为他所熟悉的东欧与土耳其的乡土建筑就是典型的东方痕迹的再现。在西方的研究领域,殖民研究在现代主义的发展历程中占据了重要篇幅。如柯布西耶对于阿尔及尔的迷恋,他以法国殖民的历程,将现代主义融入了当地的文化与社会。不可否认,殖民的历史,在摧毁与征服的同时,也为文化的融合带来了契机。无论怎样,这些建筑与基础设施在殖民地国家独立之后,成为国家发展不可或缺的发展基础。我们从坎迪利斯-琼斯-伍兹在摩洛哥与阿尔及尔的实践(图1-14),赫尔曼·哈恩(Herman Haan)与凡·艾克对撒哈拉建筑空间的迷恋(图1-15,图1-16),以及埃克沙尔与伯德安斯基关于"大量性居住"(l'habitat du grand nombre)问题的热衷(图1-17)不难看出,"十次小组"与殖民地区之间存在千丝万缕的关联。他们对这些殖民地地区的研究,并非停留于早期纯粹复制的理念,而是汲取其固有特性,以现代主义的干预,融入了殖民地区的复杂关联。

---

① Edward 在 *Orientalism* 文中所述(1978 年伦敦)。

图 1 - 14　坎迪利斯-琼斯-伍兹在摩洛哥与阿尔及尔的实践

图 1 - 15　撒哈拉民居

图 1 - 16　撒哈拉建筑空间

图 1 - 17　大量性居住研究

3）基于现代主义批判的先锋性

通常，"十次小组"的出现，被视为一种现代主义运动内部自我批判与革命的过程。但他们对 CIAM 教条的严厉批判，并没有使他们脱离现代主义运动的主旋律。相反，他们融于先锋派的批判，在现代性与先锋性之间的对决中，推进了现代主义的发展。

对于先锋派的描绘，我们可以将其比拟为不断潜入未知领域的侦察兵。作为一种隐喻，先锋派已经在 19 世纪被用于政治与艺术的领域，并被视为时代的引领角色。不同领域的表述代表了对其不同侧面的理解。最为传统的理解是其在艺术上的显著地位。雷纳托·波吉奥利（Renato Poggioli）在《先锋派理论》（*The Theory of the Avant-Garde*）中描述了先锋派历史、社会、心理学以及哲学的意义，并以四种特性加以表述：激进主义（activism）、敌对主义（antagonism）、虚无主义（nihilism）和悲痛主义（agonism）。其中激进主义代表了一种冒险的经历与动态主义，一种冲动，无视目标积极或消极的行为诉求；而敌对特性则是一种好战倾向的表露。先锋派就是不断在质疑中寻求出路，他们质疑传统，质疑公众，质疑权力机构。激进主义与敌对主义经常在这样的路径中达到虚无，这是一种漠不关心的纯粹主义需求，沉迷于虚无直至最终消亡。先锋主义者还时常将自身投入不断改变的过程之中，这也就是波吉奥利标榜的悲痛主义显现。

此外，在彼特·伯格(Peter Bürger)撰写的《先锋派理论》[*Theory of the Avant-Garde (Theory and History of Literature)*]中，视觉艺术的先锋派则被视为一种废除艺术自治的机构。他们的目的就是将艺术脱离日常生活，并否认其在生活实践中的艺术作用，使其对社会结构毫无影响。① 但就伯格看来，先锋派实际寻求一种新的生活实践，一种基于艺术的实践，从而为现存秩序制造一种选择。但这种建立社会生活的选择不可能基于经济理性与中产阶级的传统，而是来源于个体潜力的塑造与美学的感知。他们遵循"艺术融入生活"(Art into Life)的原则，强调反对传统的禁锢，并严厉批判艺术实践与日常生活的脱离。

可见，从某种意义上讲，"十次小组"就是这样一种新锐的先锋力量，至少在日常生活的关注层面，他们找到了绝对的共鸣。他们以一种激进和敌对的方式进行美学革命，敢于质疑现代主义的先驱与大众的传统价值取向。他们对传统价值取向的批判致力于日常生活真实的认知，而不是全方位否定一切的激进主义革命倾向。从先锋派的角度，他们与虚无主义与悲痛主义无缘。他们在探索中不断更新对现代主义美学的标准与论调，以推进现代主义的进程。

此外，部分的"十次小组"成员从政治层面，也可被完全的视为一种先锋派。例如在史密森夫妇和坎迪利斯-琼斯-伍兹的作品中，他们试图在研究大众文化与乡土建筑的模式中，消除建筑师的专业价值取向与普通大众文化感知之间的差距。他们希望藉以对早期现代主义的批判，建立在日常生活的现实中被忽视的相关内容。

4）乌托邦困境

从某种程度上讲，"十次小组"的回顾不仅是对一个历史事件的研究，还能从某种程度上唤起人们对今日生活的革命。这是一种历史先锋运动中进行的当代的启示变革。本书将在"十次小组"日常生活的具体实践与乌托邦理想追求的结合中，挖掘其理念与实践的革命性的启示意义。虽然他们被多方认为是早期现代运动的批判性先锋，但他们的双重属性仍旧确立了他们同时也是参与现代运动新时代的开拓者。在乌托邦式的思考中，他们融入日常生活细节，在扮演批判者角色的同时，也充当了参与与继承者的角色。这种双重属性确立了他们矛盾而统一的时代精神以及对他们进行研究的时代价值。

"十次小组"中的成员在很大程度倾向于对 20 世纪进行乌托邦式思考。他们认为只有以此代替一味的责难，才可为批判式的反思带来全新的血液。这种肩负社会责任感的理想追求，使他们在对现状反思的过程中，逐渐了解社会的日常基本需求，这也是我们在探索与实践中，触及社会深层的首要前提。

当然，我们也不能无视那些乌托邦的理想带来的实际问题与。如大卫·哈维(David Harvey)所言，空间乌托邦与现实往往不相符合，因为社会的发展过程是一个动态过程，是一个无法完全控制的过程。因此，这必然会引起现实与理想之间纽带的断裂。就算我们放弃那些消极的因素，承认那些乌托邦的理想一定能够成为最终理想的现实，但那些细节的描述也会冻结生活，并限制自由的生成。②

在现实的考量中，我们不能因为乌托邦路径的反向或繁杂而放弃乌托邦的思考与实现。其实，正是这种繁杂导致了乌托邦革命性的发生。因此，虽然乌托邦理想实现过程带来的弊病无法避免，但这是达成最终良好生活秩序与生活状态重要而必备途径之一。这也

---

① Peter Bürger，在 *Theory of the Avant-Garde* 一文中所述，由 *Theorie der Avant-Garde*(1974)翻译而来。

② David Harvey 在 *Spaces of Hope* 一书中提及。

正是"十次小组"在这个时代值得继续研究的原因之一。虽然该团体没有完美的结局,但其过程仍是时代前进中不可或缺的财富。他们对现实的挑战,对理想社会的大胆追求,正是各时代需要的精神与动力。虽然在建筑层面,某些现代建筑师认为他们过于幼稚与过分简单,但他们作为现代主义运动的批判者与参与者,在全面批判的基础上,建立了乌托邦的理想模型,并成为改造社会的武器。可见,对他们的指责与完全的否定可以看做是另一种幼稚的冲动,理性的重新评价将是能够重新找寻时代启示的唯一出路。

1.2.3 日常生活:渐行的基本社会话题

1) 日常性观察

1933—1945 年的战争促使欧洲的城市复兴成为聚焦的话题。单纯的现代主义模式化的建设,在临时解决了居住问题的同时,诱发了人们对日常生活美好的憧憬,日常生活的重建成为大家争相聚焦的话题。

战争带来的不仅是对日常生活的关注,还有对现代主义的批判。当孩童在街道游戏的同时,唤起了人们对战前汉弗瑞·斯彭德(Humphrey Spender)①关于"大众观察"(mass-observation)照片纪实的回忆。史密森夫妇即试图在"都市重构"格网(urban re-identification grid)②中重新找回其中原有的生活本质。史密森夫妇的好友亨德森在用摄影进行伦敦生活纪实的同时,其夫人朱迪恩·亨德森(Judith Henderson)也在战后"大众观察"中以"发现你的邻居"为研究课题,从日常生活中挖掘城市有效而本质的发展策略。

基于此,本·海默尔(Ben Highmore)在他的文章《现代性与日常性之间》(*Between Modernity and the Everyday*)中认为日常性是一种现代主义之前既有的人们的生活趣味。这代表了一种原始属性,一种对于环境改善的弹性固执。《1958 年的人,玩耍与游戏》(*Man，Play and Games of 1958*)③中描述的关于孩童跳房子的游戏,就直接表示了其中的趣味与意义。如亨德森所述,"这是一种在有限途径下产生的野蛮的谦逊",同时这也证明了一种保护主义的论调。我们可以认为 20 世纪的先锋主义者并不是技术理性扩张的拥护者,而是一种激进的保守主义者,是激进的保护主义的实施者。

欧洲的重建归终于一种秩序的建立,一种生命的延续,一种家庭传统角色的复出。重建过程中虽然存在激进的策略,但人们仍旧希望是一种建立在平稳基础上的变革。因此,凡·艾克在众多广场与建筑设计中,不仅关注街道、孩童、家庭等问题,怎样使日常生活的内容重新充满活力,也成为其不断关注的主要方向。

当日常生活重塑与其相关理念成为战后最为关注的话题之一时,重建的过程伴随着对现代主义强有力的批判与视角的转换。这些使日常生活逐渐在多维度的关注下重具活力。

日常生活的重建,旨在一种生活、家庭与传统的延续,一种秩序的回归,一种体系逐渐健全、完善与稳固的过程。当凡·艾克提及孩童在街道上戏耍的时候④,他已经将一种双重属性的疑惑,在图片与诗意的语言中做出了充分表达:全方位的日常化是否可行? 街道、

---

① Humphrey Spender(1910—2005),英国摄影家、画家、建筑师。他是以照片形式的"大众观察"(mass-observa-tion)进行资料搜集的先驱,1937 年加入"大众观察"小组。他的作品涉及日常生活的各个层面,包括:政治、宗教、街道、工业景观、公共住宅、市场、新建筑与发展、行为观察、运动、休闲假日等。

② 详见第 6 章。

③ Roger Caillois, 1958:82

④ 详见第 8 章。

孩童、滑索、溜冰鞋等游离要素怎样被组织于整体系统之中？什么是日常性最根本的革命？在重要与退化的要素之间，什么将被时代不断推动向前发展，或将推动时代的前进？可见，孩童、家庭、场所、居住等，在新时期需要全新的关注与诠释。

"十次小组"在融入了城市大量性建设的同时，以平实的眼光，记录了日常生活在城市中的变迁。"大量性"居住的讨论，没有在机械主义的论调中，忽视日常性的潜在推动力。孩童在街道游戏、街道的日常状态观察等，作为独特而有力的视角，在史密森夫妇的"都市重建格网"以及凡·艾克的城市游戏场的设计与研究中，得到了重点关注。这些日常性的重建，在 CIAM 秩序化的格网中，表述了在生活中随意捕捉的日常生活瞬间对城市认知的重要意义。

"人居"的革新，不仅是杜布罗夫尼克会议的主旨，也是艾克斯会议的设想。其目的在于推行一种与居住相关的全新建筑语言与模式。"十次小组"即希望将其与科学途径与社会问题相结合，在"发现"的基础上注入日常生活的关注。这种关注的视角可以看作是被制定的规则与人类行为之间的选择，是基于感性与主观性的理解。这种基于存在主义"整体生活"的追求，也正是史密森夫妇、亨德森和保罗齐对于"As Found"美学原则①的追求，一种"新粗野主义"的原则。这是一种谨慎的艺术；一种聚集、选择并付之于使用的艺术；一种将普遍的无知进行重新整合的艺术；而归根结底是一种创造性的艺术，进而创造一种非形式主义的建筑。这可以看作是一种伦理的美学态度，换言之，也可视为一种"真实性"，一种直白、诚实、原生的自我陈述。这正如史密森夫妇所言是某种神秘而"毫无修饰"的自然流露。例如，在对城市的街道观察中，古特金（Gutkind）从"As Found"的视角，认为建筑与街道扮演着不同的功能，相对于建筑的静态，街道呈现了动态要素。史密森夫妇的"都市重建"在对街道进行关注的同时，将其视角更多地投向街道中工人阶级人群的日常活动与孩童的嬉戏。"金巷"中的街道，体现了人在社会、生活中综合属性的叠加。他们在对"街道"的描绘中写道："你站在你的房屋外，你的街道中。"这里，他们完全将城市街道、住宅建筑以及日常性的生活融为一体。他们以"关联"这一"十次小组"的核心话题和现代性的介入，在日常性维度进行大胆开拓。彼得·史密森在回顾"十次小组"的出现中写道："……街道是生活中不可缺少的一部分，去创造另一种建筑从某种程度上说就是另一种街道、另一种场所的实践。或许这不是一种场所，但毫无疑问，这种生成的空间将是完美的，具有活力的空间，我们需要考虑的是到底什么是街道，或者是当街道不存在的时候，街道的等价物是什么。"

在 20 世纪先锋主义话语中，怎样在现代主义深陷困境时，坚持并寻求全新现代主义道路，成为"十次小组"关注的焦点。换言之，实践主义的先锋派怎样通过实践来证明自身的"先验性"与前瞻的实践论证，怎样保持前沿的时代特性，成为他们在日常生活的观察与探索中逐渐展现个性与追求的途径。随着日常生活成为欧洲社会现实的一部分，"十次小组"的日常实践与理论研究在一定范围内逐渐与先锋性小组理念进行了串联与嫁接。随着社会日常生活的不断成型，他们与当时先锋性网络之间产生了间接与直接的关联。

2）家庭

我们应当理解，"十次小组"对"功能分区"的批判，并不证明他们对功能分区的全面否定。他们只是希望得到一种非单一、非机械的结果，一种更有意义，更积极的网络化产物。

---

① 详见第 8 章。

他们希望建造具有"希望精神"(spirit of hope)的建筑。这不是现代主义时期英雄式的时代产物,而是一种建造平民化"希望"的过程,或是另一种"英雄式"的希望。这种希望出自于不断的"家庭"式的讨论与争吵之中。伦敦会议(1961)中,他们认为:"共同相处的原因在于相互之间的需要,并能在理解别人作品的基础上,完善个人的发展。……并试图在相互努力下,找寻新的开端。"由此,"家庭"式的交流与影响使他们在思想保持个性的基础上进行共享,最终达成"十次小组"基本的理念共识。

艾莉森·史密森在《"十次小组"启蒙》的序言中写道:"'十次小组'相互之间十分了解,……大家是一个整体的'家庭'"①"十次小组"成员在"家庭"式普遍联系的基础上,需要不同背景下不同观点的阐述。就如同史密森夫妇与亨德森夫妇、保罗齐(Paolozzi)夫妇(Eduardo 和 Freda Paolozzi)之间的家庭般联系一样,史密森夫妇最终由一个家庭("独立小组"independent group)转移到了另一个家庭("十次小组"),成为一种"家庭的延展"(extended family)②。作为一个松散的团体,家庭的自由特性体现于不同的会议与理念的陈述之中。他们希望在一种家庭式的环境下,不断相互补充。他们在保持一种精简的团体结构的同时,以高密度的讨论,激发与嫁接相互之间思绪的桥梁。而经历了相互之间的启示之后呈现的,便又是一种具有内在关联的百花齐放。1970年代之后,"十次小组"会议在逐渐走向成熟的同时,以更为亲和的方式,在其成员及其家属的共同参与下,以一种轻松的氛围,展开一轮又一轮的激辩与研究(图1-18)。

图1-18　家庭聚会般的会议研究氛围

"家庭",作为人居组织的单元,同时被"十次小组"这个家庭视为一个应当被关注的日常要素之一。家庭作为最小的社会单位之一,一方面是构成社会秩序的基础,一方面也是人们经常谈论的社会性话题。在此,家庭脱离了传统意义,成为广泛集合的概念,在日常生

---

① Team 10 Primer 中提到:"Team 10 know one another well enough not to get involved in our different person strengths and weaknesses-i. e.〔we〕are a 'family'"。
② Alison Smithson,1991:11

活研究中起到不可或缺的作用。

　　"家庭"的概念，从某种方面意味着巴赫金（Mikhail Bakhtin）①所指的"多重强化"（multi-accentuated）的紧密型与复杂性。这种表述足显他对家庭的社会性理解。"家庭"不仅是父母与孩童集合的概念，还应当是一种语源学上的暗喻：日常生活。家庭单元的讨论可以将我们从城市与建筑的社会思辨中，引入到更为亲密的日常生活空间。"十次小组"所关注的家庭内涵，希望在烹调、育儿、休憩等物质需求之上，融入"健康""游戏""交流"等意识形态与社会层面的关注，而这与伴随"十次小组"的现代建筑发展历程产生了直接的对应关联。

　　"家庭"，作为区域性的团体与网络，在 1957 出版的《东伦敦的家庭与血缘关联》（Family and Kinship in East London）②中，有着与史密森夫妇相同的研究对象：东伦敦的街道工人阶级社区的日常生活。大约同一时段，亨德森夫妇以摄影记录与人类学调研方面的双重出击，对该地区广大的工人阶层生活，进行了"大众观察"。史密森夫妇的"都市重构"格网，就以这些写实的照片，建立了全新的社会层级的框架。"家庭与血缘关联"就像"都市重构"以及雅各布斯的《美国大城市的死与生》中表述的那样，包含了地区特权，直接的人际关联，以及社会的自发形式。米歇尔·扬（Michael Young）与彼特·威尔莫特（Peter Willmott）在《东伦敦的家庭与血缘关联》中描述了孩童天真的游戏，老人悠闲的休憩和享受田园诗意生活的场景，与雅各布斯和史密森夫妇对于街道的观察，有着相似的对日常生活向往的内涵与情绪。这是一种街道式的家庭，一种社区关怀的稳定形式，一种利用社区人际联系的力量进行安全监督的手段，一种非暴力与非强制的方式。这种对于日常生活家庭的关注，反映了新的生活方式已逐渐掩盖了那些纯粹建立在人际社会交往之间的因素，凸显了一种关怀、交流、和社区的空间。

　　此外，"家庭"并不只代表相似性与统一性的集中。其中承载了争吵、矛盾与冲突。这不是一个简单的个体，而是一个能够共存不同要素的整体。因此，就史密森夫妇来看，家庭作为求同存异的载体，是社会整体性思维必不可少的元素。在他们的街道图片中即展示了各种异类活动与特性的可能。

　　而"家庭"，还可看做是 1950 年代爱德华·史泰肯（Edward Steichen）③组织的"人类的家庭"（the family of man）国际图片展览④中表达的一种全球意识与人性化的载体。在该展览中，主要推行了有关日常生活全球性的人性追求。展览将"人"作为日常文化的一部分进行展示，融入孩童、工作、爱等主题。其中包含了罗伯特·杜瓦诺（Robert Doisneu），多罗西·兰格（Dorothea Lange）等著名摄影师的作品。揭示了最普通的人作为生活中展示元素的理念。这些照片将一些日常性的要素（生、死、战争等）限定于平淡的日常生活之中（无名、重复等），在此，日常生活以意识形态的角色，不断调节矛盾与冲突，以掩盖不平等的系统化产物。可见"日常生活"应当在哲学与社会学的传统中进行相关的批判性研究。孤立的文化视角，仍是一种政治与理论上的守旧。"人类家庭"的展览即尝试以一种普遍的日常

---

① Mikhail Bakhtin（1895—1975），俄国哲学家、文学评论家、语言学家。

② 1957 年，Michael Young 与 Peter Willmott 同样研究了在东伦敦的工人阶级的生活状态以及战后政府部门对于社会住宅政策对于人们日常生活的影响。

③ Edward Steichen（1879—1973）美国（出生于卢森堡）的摄影家、画家、纽约现代艺术博物馆中摄影部门主任。

④ 这个展览在世界巡回展览了 8 年，经历了 6 大洲，37 个国家，其中大部分时间在欧洲的国家进行了展出。

性,证明地区性的差异以及特殊环境和栖居的特点,以此消除由于意识形态、经济、政治等方面的差异造成的不同特性的存在。

　　3)生活的多维融入

　　彼特·伯格在1970年代发表的关于先锋派的言论中,聚焦于割裂的艺术与生活的重组以及适宜的艺术融入生活。他认为艺术家不应孤立于高不可攀的乌托邦层面,而应完全融入日常生活层面,发挥其主要的先锋性特质。建筑不仅是艺术,还是艺术与生活实践的综合。对于"十次小组"面临的挑战,不仅是艺术的生活融入,更是在实证层面,包括艺术在内的多视角、多体系全面的先锋性生活化的融入。这种融入,表达了日常生活多维特性在日常性城市化实践中所处的角色与引导力。生活的多维融入,着重表现为以下特性:

　　其一,作为一面引导性旗帜,时刻提醒人们的生存环境、理想及实践的混乱现实,激发客观性思考带来的实证意义;

　　其二,警示过于陶醉现代主义运动的狭隘,开启另一条通往现代主义的途径,确立现代主义不可忽略与遗忘的内容。

　　其三,呈现一个涉及私密性、社会性、即时性及总体性的概念。这是一种全新的对旧有观念的革命。虽然其发展的方向纷繁多样,但却时刻体现了基本的"环境、居住与实践"的重要性。

　　日常性对于战后先锋派来讲是一种极大的挑战。例如,对"十次小组"来说,马赛公寓的诞生凝结了战前都市乌托邦的缩影,是一种适宜心境下的先锋实践,一种基于复杂与综合的集中表述。这种建筑与城市结合理念对日常生活的原型性表达,带动了人们对城市与建筑之间关联的重新思考。而伍兹在摩洛哥 ATBAT 的房屋建设,也正基于地域性气候、文化与肌理的全方位视角,展现现代主义在生活与日常文化中的具体表达。此外,史密森夫妇在"金巷"中"空中街道"的设想,在坎迪利斯-琼斯-伍兹的北非居住实践中,进行了有效的融合与大胆的实践。生活要素在城市发展的介入,打破了白纸化的乌托邦设想,在旧有的城市肌理与全新的城市功能需求之间,充当干预与调和的角色。这也正体现了史密森夫妇在与班汉姆(Reyner Banham)的共同研究中,提的"新粗野主义"内涵。他们在对现代主义进行批判式审视的同时,以让·杜布菲(Jean dubuffet)的"原生艺术"(art brut)理念,看待英国工人阶级生存的窘境与城市存在的状态。他们以平民主义的理念,集中显示工人阶级日常生活在现代主义实践中的思考与体现。在"街道"的研究中,他们认为社会性远大于功能性的需求。他们以一种先锋派的理念、平实的语言,表达真实的社会现实。

　　当然,除了独立要素,城市的群体性理念,在"十次小组"的日常性融入中,逐渐介入宏观与微观的编织之中。战前的乌托邦理念,在以一种全新的"理性"秩序进行都市化实践的同时,往往呈现新与旧之间无法跨越的鸿沟。凡·艾克在对战后荷兰城市肌理关注的同时,希望寻求恒久的人们生活状态的本质对城市发展的"对应物"。他从撒哈拉的道根(Dogon)民居中体会到的地域性特性的神秘与恒久,正是工业社会缺乏的重要因素。这种门阶的跨越,正是他所希望的在广泛的融入中,建立平衡的切入点。此外,在个体要素与群体编织的集合中,坎迪利斯-琼斯-伍兹的柏林自由大学,以空间化的"街道"来组织个体之间的关联和日常化的功能综合,从而取代城市僵硬的划分。而迪·卡罗则在乌比诺的实践中,以温和的姿态,展示了日常要素与地域特性的融合与并置。

　　可见,生活的融入,对"十次小组"是一种创造的契机。先锋派与日常活力的紧密相联,不是预先给定的艺术与建构形式的复兴,而是社会与文化形式的复兴。

2

"十次小组"门阶认知——
"内""外""内与外"

什么是真正的门？什么是门的真实存在？也许这种现实就是人们的行为与意识的进入与离开。这就是门，一种来与去的限定，也是遭遇与滞后的地方……

——阿尔多·凡·艾克①

对"十次小组"的认知，就好像在一道门中穿越。内、外、内与外之间的体验，将带领人们对研究本体产生不同感受。

本体与外围信息的关联认知是一种"网络化"的梳理过程。由此，对"十次小组"的认知将在事实呈现的基础上，重塑其中的潜在关联。这种认知不仅是轨迹追踪，也是在其基础上，缜密联系地建立与对未来的开口。

2.1 "内"——本体认知

2.1.1 "十次小组"认知图表

为了较清晰而系统地认知"十次小组"成员与其理念、实践之间的关联，本书以"十次小组"核心成员为主要研究对象，在"整体空间""社会对应物""CIAM 格网""大量性""如是美学"的分类中②，联系其主要理念与实践，找寻相互之间的综合关联。从图表（图 2-1，图 2-2）中可见，各要素之间并非单一性相互关联，而是以一种多元的链接编织形成网络。同一理念或同一实践，在不同理念的分类与成员之间，找到适宜的交集。正是这种交集，在"十次小组"内部相互之间的交流中，逐渐形成统一整体。

---

① Alison Smithson，1968：96
② 本书通过梳理，将"十次小组"主要理念梳理为这五类，并将在全书第 4 至第 8 章中详细讲述。

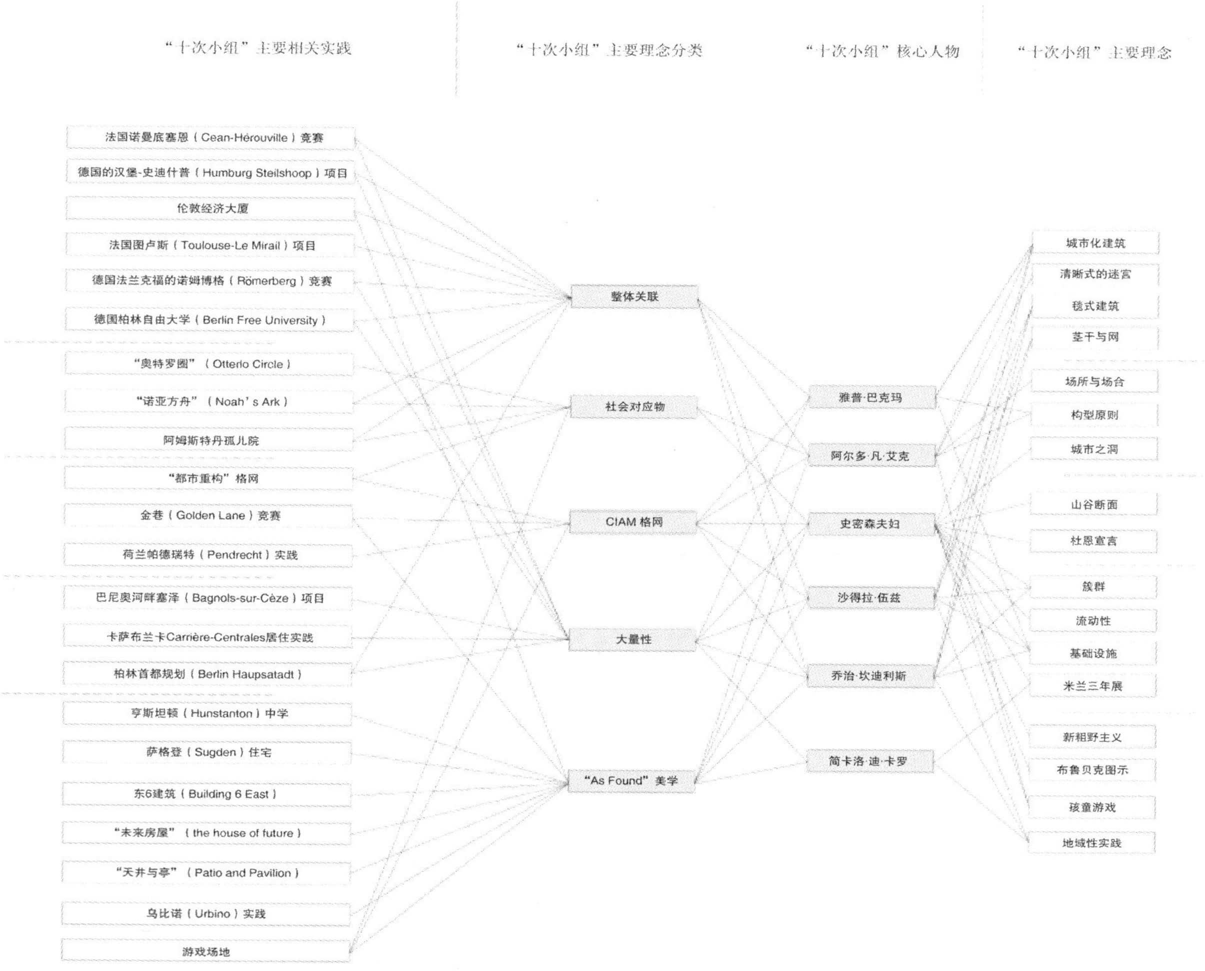

图 2-1 "十次小组"核心成员、理念与主要实践关联认知

"十次小组"主要相关实践　　　"十次小组"主要理念分类　　　"十次小组"核心人物　　　"十次小组"主要理念

法国诺曼底塞恩（Cean-Hérouville）竞赛
德国的汉堡·史迪付普（Humburg Steilshoop）项目
伦敦经济大厦
法国图卢斯（Toulouse-Le Mirail）项目
德国法兰克福的诺姆博格（Römerberg）竞赛
德国柏林自由大学（Berlin Free University）
"奥特罗圈"（Otterlo Circle）
"诺亚方舟"（Noah's Ark）
阿姆斯特丹孤儿院
"都市重构"格网
金巷（Golden Lane）竞赛
荷兰帕德玛特（Pendrecht）实践
巴尼奥河畔塞泽（Bagnols-sur-Cèze）项目
卡萨布兰卡Carrière-Centrales居住实践
柏林首都规划（Berlin Haupsatadt）
亨斯坦顿（Hunstanton）中学
萨格登（Sugden）住宅
东6建筑（Building 6 East）
"未来房屋"（the House of future）
"天井与亭"（Patio and Pavilion）
乌比诺（Urbino）实践
游戏场地

整体关联
社会对应物
CIAM 格网
大量性
"As Found" 美学

雅普·巴克玛
阿尔多·凡·艾克
史密森夫妇
沙德拉·伍兹
乔治·坎迪利斯
简卡洛·迪·卡罗

城市化建筑
清晰式的迷宫
毯式建筑
茎干与网
场所与场合
构型原则
城市之间
山谷断面
社园宣言
簇群
流动性
基础设施
米兰三年展
新粗野主义
布鲁贝克图示
谜题游戏
地域性实践

年代	国家	年	城市	主要内容	主要话题序列呈现
1950	荷兰,法国	1953	普罗旺斯	CIAM 9	CIAM 格网研究
	法国,英国	1954	杜恩,巴黎,伦敦	CIAM 10 准备	
	法国,英国	1955	巴黎,伦敦,拉萨拉兹	CIAM委员会会议	
	南斯拉夫	1956	杜布罗夫尼克	CIAM 10	"十次小组"出现
	法国	1957	拉萨拉兹	拉萨拉兹宣言	
	荷兰	1959	奥特罗	CIAM 重命名:Research Group for Social and Visual Relationships；CIAM 59(CIAM 结束)	
1960	法国	1960	巴尼奥勒	反对形式主义	
	英国	1961	伦敦	"十次小组"宣言,《"十次小组"启蒙》编著,"十次小组"目标讨论	基础设施与流动性讨论
	瑞典	1962	多丁霍姆	诺亚蒙特会议准备,《"十次小组"启蒙》在《建筑设计》发表	
	法国	1962	诺亚蒙特	城市基础设施与集群建筑的讨论	
	法国	1963	巴黎	关于诺亚蒙特会议的讨论及发表	
	荷兰	1964	代尔夫特	InDeSem 联合讨论	
	德国	1965	柏林	历史在设计中的意义	危机的出现
	意大利	1966	乌比诺	矛盾的激辩"动"与"静"的关联("十次小组""危机")	对历史、文化的关注
	法国	1967	巴黎	信念的重申:一个政治化的声音	大量性的讨论
	意大利	1968	米兰	艾莉森·史密森编辑的《"十次小组"启蒙》修订版在 MIT 出版社出版	
	意大利	1968		出版"米兰三年展""大量性"问题的讨论	
1970	法国	1971	图卢斯	福利社会的质疑(重申对政治环境改变的态度)	对社会、政治的关注
	美国	1971	伊萨卡	约翰·沃尔克去世	
	美国	1971–72	柏林	"十次小组"在康奈尔大学讨论	
	德国	1973	鹿特丹	矩阵论坛——柏林自由大学	矩阵讨论
	荷兰	1973	乌比诺	沙得拉·伍兹去世	
	意大利	1974	圣·马力诺和威尼斯	建筑责任:面向消费社会	
	意大利	1974–2000	斯波莱托	ILAUD	
	法国	1976	奔牛城	对历史意义的回顾	回顾历史,走向未来
		1977		"十次小组"的未来	
		1981		巴克玛逝世	

图 2-2 "十次小组"会议梳理图表

2.1.2　"十次小组"会议

"十次小组"会议①(图2-2)可视为"十次小组"这个松散的组织进行交流与展示的平台。这是一种聚会形式下,特定主题集中的自由讨论。某个成员在某一方面的进展将会促使一次研究性聚会的形成。1960—1968年从战后重建向福利社会发展的过程中,大量竞赛激发了全新概念的迸发。现有城市内城(inner-city)的发展,大尺度建筑项目、新综合体项目的研究、"大量性"维度下的城市与建筑关联等,悉数成为"十次小组"关注的焦点。从最初巴尼奥河畔塞泽(Bagnols-sur-Cèze)会议(1960)反形式主义的学术激论,到巴黎会议(1967)的社会政治论调核心;从诺亚蒙特会议(1962)的基础设施干预下城市集群的塑性,到"米兰三年展"(Milan Triennale)大量性问题的讨论,无不见证了"十次小组"多元化的焦点与特性。其中,诺亚蒙特、柏林以及乌比诺的"十次小组"会议见证了诸多问题的变迁。"十次小组"在保持开放性的自由与活力的同时,也出现了多次外因导致的危机。如:1966年的乌比诺会议,学生与居住者的民主运动导致了人们对"十次小组"的质疑;1968年由迪·卡罗组织的米兰三年展开幕式最终在争论与冲突下由学生与艺术家正式接管等,这些均标明了"十次小组"与外界接触中产生的矛盾。

1969—1977年,"十次小组"会议产生了显著的转变,大家重新回到"家庭式"的会议模式。他们在1971年图卢斯(Touleouse-Le Mirail)会议、1973年柏林自由大学的会议以及鹿特丹会议中对建成项目进行的集中讨论。凡·艾克、巴克玛与厄斯金(Erskine)合作的项目中居民参与及周边城市环境更新的相关讨论,对建筑师的职业作用与福利社会理想的关联意义产生巨大影响,并为"十次小组"实践带来了全新契机。1970年之后,建筑多样性被全面接受,"十次小组"成员厄斯金、迪·卡罗、赫兹博格等成为多样性全新话题的忠实继承者与更新者。而迪·卡罗在1970年代后期建立的ILAUD夏季学校以及《空间与社会》(*Spazio e Società*)等杂志成为了小组成员在建筑教育领域交流的平台。

随后,后现代主义运动的发起在小组内部产生较大影响,主要体现为小组成员与翁格斯(Oswald Matthias Ungers)的争辩。虽然翁格斯以积极参与者的角色,在美国康奈尔大学组织了著名的"十次小组"讨论会,但凡·艾克、迪·卡罗等仍对其研究方向表达了强烈不满。他们认为他的新理性主义研究逐渐脱离了"十次小组"的主题。此后,1977年的法国奔牛城(Bonnieux)会议及"十次小组"在IBA(internationale Bau Ausstellung)柏林会议的首次参加,逐渐使"十次小组"的主题转向城市肌理与历史的关注之中。

总言之,"十次小组"会议,基本以项目的形式融入乌托邦的理念与实际操作层面的设想。其中,大部分未能实现与可行性研究带来的并不是空想与漫谈,而是落实于现实与日常性的批判与质疑,一种自我与相互批判下的反思。他们以敏锐的眼光观察城市的问题,以苛刻的标准看待自身的成果。他们随时以"建筑师的责任"在建筑的实践与道德之间进行自我约束,并以先锋性特性下乌托邦式的图景,勾勒在现实生活中实际操作与人们触及层面的可行图景。

2.1.3　"关联"矛盾的调和

在"十次小组"的发展中,作为主要成员的荷兰(凡·艾克、巴克玛)与英国(史密森夫

---

① 详见附录1。

妇、沃尔克)成员的矛盾与交锋成为其主要的组织特色。而这种交锋与冲突,也为"十次小组"理念的成熟与完善,带来了活力之源。不难看出,两者之间理念的对立,集中反映了整体性与个体性之间的对立与融合,从而使社会关联在城市与建筑之间形成争议的原则与意识。辩争,在"十次小组"会议中成为一种反思的动力。

我们从其多样化的分歧中不难看出,关联的复杂性不仅使他们无法达成共识,也成为至今没有定论的主题。其中,凡·艾克始终以一种诗意的乌托邦,建立理论性的构架与关联,而史密森夫妇则保持对实践的责任,进行积极的批判性回应。

1) CIAM 导则(CIAM Instruction)与 CIAM 10

随着史密森的"关联尺度"的确立[①],凡·艾克为此提出了三点值得注意的"基本问题":"门槛现实""发展与变化"以及"数量美学"。但是这并未引起史密森夫妇及沃尔克的注意,他们认为这是不清晰的迷惑性陈述。由此英国成员与荷兰成员之间理念的分歧逐渐产生。

伦敦会议(1954)之后,史密森夫妇为 CIAM 10 准备的《小组说明》(*Instruction to Group*)在柯布西耶的认同与部分修改下,传发给其他成员,也随即受到了来自荷兰成员较多的不同意见。其中巴克玛对此提出了近 20 条不同建议。而凡·艾克则将其导则与 20 世纪的先锋派联系,并在蒙德里安提出的"确定性联系的文化"(culture of determined relations)[②]的理念下,从布里奇沃特(Bridgewater)到杜恩(Doorn)追溯其概念的发展,最终以全新的"另一种理念"(the story of another idea)[③]进行陈述与回馈。他在肯定"人际关联的阶层"的基础上,加入三条基本意见,并得到了巴克玛的支持。对此,英国成员以极为强烈的反馈,认为这些除了只代表其中四次会议讨论的一些模糊的综合,还完全丢失了前几年 CIAM 会议的研究成果。随之,他们以另一个版本的修改回应来自凡·艾克与巴克玛的"荷兰的补充"(Dutch supplement)。

CIAM 10 会议上,英国与荷兰成员之间的分歧逐渐鲜明。英国成员将"人际联系的阶层"视为建造环境的分类基础,以此区分不同的建造密度与建筑类型;而荷兰成员则将层级视为一种全面的看待与表达居住设计的模型。当英国成员在不同的环境中追寻不同的建筑类型的同时;荷兰成员则以一种几何性与普遍的语言与原则,建造全面的居住结构。英国成员更在意具体形态的对应,而荷兰成员则着眼于相互联系的建立。荷兰成员认为英国成员以一种归纳的方式,沉迷于情绪化的地域主义,希望以快速而实证性确立特性地区的结构性变化,是一种表象的追求;而荷兰成员自身希望在联系之间,开辟理想主义的演绎途径,希望在普遍的联系中,创造不同的系统,展开一种深层次的研究与探讨。

2) 城市与建筑之间

诺亚蒙特会议中,凡·艾克以其学生布洛姆(Piet Blom)的作品"诺亚方舟"(Noah's Ark)为例,在会上详尽的说明了"建筑化城市,城市化建筑"的理念,希望以"中介"视角,看待城市与建筑之间的关联属性。但其诗意的诠释,立刻遭到了以史密森夫妇为首的英国成员的极力批判。史密森夫妇认为,城市问题并非靠建筑本身可以解决,"十次小组"所追寻的城市系统,是一种自组织发展的开放性自由体,而非各种妥协下的集合体。综合功能的

---

① 巴黎会议中确定这个在杜恩会议中的理念为城市发展的主要方向之一。

② Francis Strauven, 1998:216

③ 详见第 5 章。

全面性,也将在不断的妥协中,丧失其特性表达的可能。沃尔克认为这是一个缺乏依据的"理想化思维模式"的比拟,是一种完全"想象的意向"。这使同为荷兰成员的巴克玛也开始怀疑:是否会在集中的密度化综合体中,丧失建筑的特性化而走向趋同?

但是,这种在大量性与结构研究基础上建立的城市化建筑网络,在凡·艾克看来,是一种城市发展的可能性,一种在事物之间作为"特性配置"的可识别形式。如坎迪利斯的城市贫民窟研究和伍兹的"茎""网"概念以及"毯式建筑"实践等,均以一种集中化的城市建筑的综合趋势,与凡·艾克的观点之间,建立了潜在关联。而史密森夫妇关于"金巷"中空中街道的构想以及罗宾(Robin Hood)住宅似乎也能证明,其实他们在柯布西耶的理念的引导下,共同持续了城市化建筑理念的发展与演化。①

3) 树与叶的比拟

当凡·艾克将建筑与城市的关联,介入树与叶的比拟中时,希望以总体结构的相似性,链接人造物(城市)与自然属性(树)之间本应具有的通属关联:树即是叶,叶即是树。这时,建筑即是微缩的城市,而城市则是大尺度的建筑。凡·艾克认为,城市只有在具有城市特性时,才可称之为建筑,而建筑也只有藉以城市般的视野,才能完成建筑的本质塑造。一种"中介"的理念,在"服务"与"被服务"、整体与局部,大与小之间,体现了城市与建筑之间的辩证联系。

这时,质疑声从史密森夫妇与亚历山大等与会者中不断传来。他们认为树与叶、城市与建筑之间是一个不恰当的比拟。发展过程中,城市与建筑将不会顾及对方而相互妥协。城市与建筑之间是否存在相互之间的可比拟性,是值得商榷的问题。史密森夫妇认为布洛姆的"诺亚方舟"仅仅是一场几何化的游戏。但是他们没有意识到,这种"标准化"结构的推出,并不是一种完形的建筑或城市意义,而是在整体中可任意截取发展的片段。这种模型,在不同的环境与境地,将呈现不同的表达形式。

总体看来,凡·艾克为代表的荷兰成员认为,"树与叶"的比拟是一种诗意的写照,一种城市结构的展现。而史密森则认为,城市是一种人造物,而树则是一种自然的产物。在这种诗意之上所需要考虑的实际问题远大于结构所能表述的问题。人们需要的是实在的居住,而非乌托邦式的"结构"。

4) "数字美学"的质疑

以"大量性"引发的"数字美学"的思考,作为凡·艾克结构主义与"构型原则"的主要研究议题,一直没有在艾莉森·史密森编著的《"十次小组"启蒙》中占有一席之地。她认为数字问题不是解决大量性问题的根本,只有"人际关联"基础上社会层级关联的确立才能解决这些问题。凡·艾克在以布洛姆的"诺亚方舟"进一步详解"数字美学"在城市与建筑的构型中带来的关联与美学之间的交织时,同时得到伍兹的肯定。然而,史密森夫妇认为这是一种完全教条式的"法西斯"逻辑②。这种相互交织的系统建立在功能与行为完全齐备的前提之下,缺乏私密性、灵活性与内在衍生与发展的可能。这种不断重复的展现,以及系统构型原则让他们感觉这是一种过于单纯、理想化而不能充分展现城市特色的组织方式。仿佛他们所极力批判的柯布西耶式的僵硬与死板,重新回到了"诺亚方舟"之中。

---

① 这与柯布西耶在1936年项目中的理念一脉相承。

② 这种评价使得凡·艾克十分惊讶,他没有料到"Noah's Ark"的介绍会带来如此大的反应。

坎迪利斯认为①,凡·艾克以一种绝对化的单一方式,切入多元化的复杂论题("大量性"),造成对其他潜在重要因素的无视。史密森夫妇的批判,也正是在此论题中,警示人们对于绝对性的盲从。他们将人们引入更为广阔的思维范式与社会复杂性之中,希望大家以一种多元的视角和层级化的方式,看待看似独立而实际有着千丝万缕的关联性主题。当然,在"十次小组"中首先触及"大量性"论题的坎迪利斯与伍兹也没有最终对此给予满意的解决途径,而最终归结为一种建筑师道德的准则,以控制项目的大小与规模。而凡·艾克在新西兰(1963)、澳大利亚(1966)的讲演中也同样认为,人们至今没有在"大量性"与"数字"的人性化中找到解决之路。

5)"山谷断面"之解

对于盖迪斯"山谷断面"(图2-3)的诠释,荷兰与英国成员呈现了不同的解释途径。史密森夫妇将"联系尺度"视为一种概念性框架和设计中的主要依据,并认为环境层级化的确立,应在相应的层级提供对应的居住类型,以此形成完备的理性化系统。而荷兰成员则以一种群集化的模式,视其为整体的居住模式。这种对层级存在的认可,不同于史密森夫妇关于阶层个体化对应物的创造,而是一种整体城市化层级之间相互编织的综合体的集中呈现。凡·艾克推崇的"诺亚方舟",巴克玛的"都市化建筑"以及"整体性",在他们对城市层级认知的基础上,以另一种视角与态度诠释了城市的存在与理想模式。同样,凡·艾克仍将其关联融入城市与树的相互比拟之中,以树的躯干、分支、细枝与树叶的层级,比拟城市包含的地区、邻里与建筑的相似性特征,希望在诗意化层面,引申相互之间的启示作用。

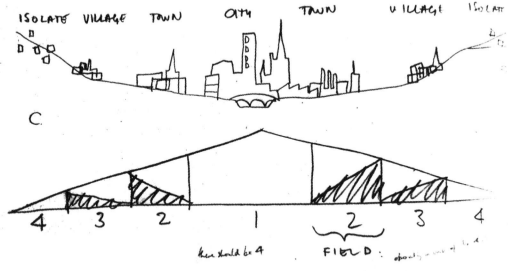

图2-3 盖迪斯"山谷断面"(valley section)

可见,史密森夫妇在城市至村落之间,以不同的特殊肌理诠释了"山谷断面"的意义。他们希望在一对一的"对应物"之间找寻直接而理性的思维连贯性与清晰度;而荷兰成员则从整体的区域与新城着手,以另一种方式解释层级的意义。他们以一种结构性的"单一"整

_____

① 在 Francis Strauven 与坎迪利斯的交流中(Delft 1981年10月),Francis Strauven, 1998:401

体,涵盖层级化的现实,在碎片化或层级化的整合中,探寻全新的"整体化"途径。在蒙德里安看来,这种存在于布洛姆理念中的新现实,呈现了一种清晰的结构,一种存在于整体与局部、复杂与明确、实体与空间(mass and space)以及形式与形式的对应物之间同性价值观的结构体系。

6)独立与包容

作为"十次小组"乌比诺会议(1966)的主要基调,"研讨会议而非作品荟萃"(a congress more than a work reunion)的主旨使史密森夫妇与凡·艾克之间对学者的邀请产生争论。史密森夫妇、伍兹等成员希望迪·卡罗只邀请与主题相关的学者,避免参与者的混杂与泛滥,以保持"十次小组"的原始特色。因此,他们对历史学家的参与持以坚决的否定态度。而思想开放的凡·艾克则认为这种内与外的"标准化"区分,将使"十次小组"流于狭隘,失去希望。凡·艾克支持邀请波兰建筑历史学家约瑟夫·里克沃特(Joseph Rykwert)参加会议,并在给迪·卡罗的信中写道:"我们的观点必须是批判的、包容的,并不是狭隘的、排外的……由此,对主题的控制不是问题,那些有意并有能力涉及这些主题的人们理所应当向前发展,那些反对者则应当依据自己的判断作出自己的贡献,这是我们唯一可以做的事情。"

被来信打动的迪·卡罗接受了凡·艾克的观点,却导致了史密森夫妇的缺席,取而代之的是四名其他英国建筑师以及一名历史学家的出席。史密森夫妇为这个"独立与包容对抗"的会议发来了一段简要的声明:"我们不是一个没有统一起点的团体。"

最终,会上部分"外来者"自我陶醉、"离题万里"的讲演,使"十次小组"决定在随后的巴黎会议中不再扩大规模,以此维持"家庭"式的会议规模与形式。

2.1.4 平台——主要出版物与杂志解析

除了会议,"十次小组"理念的发展与传播,伴随着个体的延展,在不同的出版物平台中,产生了深远影响。除了由艾莉森·史密森主编的《"十次小组"启蒙》将成员理念在其框架中一一选择性收录之外,英国成员在《建筑设计》与《建筑评论》中高密度的阐释与讨论,荷兰成员在《论坛》中活跃的批判与反思,以及意大利《空间与社会》的社会空间探索和《蓝方》期刊中对艺术、城市、建筑的综合关注,使"十次小组"理念与实践在出版物中相互传递,形成了强大的研究网络。

1)《"十次小组"启蒙》(Team 10 Primer)(1962)

1961年"十次小组"巴黎会议认为应着手将其成员理念通过出版物的方式进行总结。而《"十次小组"启蒙》(图2-4)以说明与评述并叙的方式,形成了最终成果。全文以"建筑师的职责"(the role of the architecture)作为前言,随后介绍了他们对"城市基础设施"(urban infrastructure)、"建筑集群"(housing group)、"门阶"(doorstep)研究的进展。艾莉森·史密森以一种拼贴式的剪辑,将小组成员对城市、建筑以及社会研究进行了整理与罗列。通过凡·艾克人类学特性的思考,巴克玛相关居住形式、人类行为以及整体空间的研究,加之艾莉森·史密森的社会层级、集群与适配性(appropriateness)①进行研究,"十次小组"认为建筑师的角色应是:提供城市内在的社会需求,为逐渐衰退的特性提供建造的对应物。凡·艾克同时提出相对应的问题:"如果社会没有形式,建筑师怎样建造其对应物?"

---

① 这是一种根本的思考的本质,也是一种语言的问题。

《"十次小组"启蒙》中暂时性的答案为："我们需要完成的是建造的意义，因此，我们需要不断地接近并建造它。"

此外，彼特·史密森从另一个方面说明了建筑师角色。他从柯布西耶的角度将机械主义的社会特性融入自身对城市的理解，特别是在城市基础设施的关注中，将都市交通与社区结构紧密相连。他提出以全新的变化适应不同功能，以全新的美学满足社会发展的不同需求。随后，城市基础设施与建筑集群在史密森夫妇的诠释下，描述了层级化的社会结构，并以城市密度作为讨论城市与建筑结合的基础，输出"毯式建筑""簇群"以及"变化美学"的讨论。这些在流动性的讨论中，以"布鲁贝克图示"（图 0－3）①的网络化设想，诠释了城市各层面之间的相互编织，以此呈现复杂的社会现实。

图 2－4 《"十次小组"启蒙》

最后，"门阶"概念的引申，使原本具有学术分歧的英国与荷兰的成员，在此达成了不同层面的共识。"门阶"对于史密森夫妇来说，是接近事物的"复杂性"与"流动性"的始端，而凡·艾克则基于"门阶"概念，表述了建筑与城市之间的关联属性。基于"门阶"理念，巴克玛认为人们应当学会在文字与设计之间建立彼此的交流。凡·艾克也希望在多重的编织中体现原有肌理的现实存在。

在此，"十次小组"学会了在理想与现实之间关注"中介"层面的实践与研究。其中包含了一种完全批判式的诠释以及与过去进行对话的双重意向，一种寻求事物本质的意愿。他们对社会的思考促使了他们对"how""why"以及"what for"的自问，也使他们在各种"门阶"前寻求与过去、现在与未来必要的对话与思考。

2)《建筑评论》（*Architectural Review*）（AR）与《建筑设计》（*Architectural Design*）（AD）——英国

"十次小组"年代，《建筑评论》与《建筑设计》（图 2－5，图 2－6）成为他们，特别是以史密森夫妇为代表的英国成员探讨城市与社会问题的主要平台。两期刊之间立场对立，却又相互关联。因此，两者的并置性陈述将更有利于深入的关联性理解。

《建筑评论》是英国现代主义的月刊，一个以英国古老传统为批判的武器，与政府重建政策相抗衡的论坛。1959 年约瑟夫·里克沃特认为《建筑评论》"也许是当时世界上最具影响力的建筑杂志"②。杂志主要目的在于建立建筑师与业主之间同样的视野与关注力度。他们希望从建筑有限的价值观延伸至与整个环境相联系的思考价值，并在模式与形式的限定与表现之间找寻出口。

《建筑设计》杂志主编克洛斯比（Theo Crosby）③在《建筑设计》与《大写》（Upper Case）杂志（1957—1961 年）中，集中编辑了相关"十次小组"的内容，其中包括 1960 年 5 月的

---

① 详见第 8 章。

② Joseph Rykwert 在"Review of a Review"一文中所述。

③ Crosby 可视为与杂志相关的关键性人物。他于 1953—1962 年担任《建筑设计》杂志主编。1950 年代，在当代艺术机构（institute for contemporary art）（ICA 与史密森夫妇同为"独立小组"（IG）成员，）展开充分合作，并随后在《建筑设计》与《建筑评论》中担当主编的重任，此外，在 Uppercase and Living Arts 的杂志中担任编辑工作。他在 AD 担任编辑时间达 8 年，与史密森夫妇是好友，1956 年设想"this is tomorrow"的展览。

图 2-5 "十次小组"时期《建筑设计》封面及讨论内容

图 2-6 史密森夫妇在《建筑设计》中的讨论

《CIAM"十次小组"》(CIAM Team 10)和《"十次小组"作品》(the Works of Team 10)的文章;1962 年 12 月的《"十次小组"启蒙,1953—1962》(Team 10 Primer,1953 - 1962)(最终于 1968 年编辑成书);1975 年 11 月《"十次小组"在诺亚蒙特,1962》(Team 10 at Royaumont,1962);以及 1991 年的《"十次小组"会议,1953—1984》(Team 10 meetings,1953 - 1984)等。其中,最为主要的参与编辑者艾莉森·史密森在"十次小组"理念平台的建立,关联的梳理甚至冲突的树立等方面作出巨大贡献。

相比《建筑评论》,《建筑设计》当时虽没受到太多资助,却成为年轻一代发表自我观点,进行先锋性革命的阵地。以史密森夫妇为主的"十次小组"成员在《建筑设计》中的参与凸显了年轻一代活跃的思维与自由氛围。《建筑设计》与《建筑评论》的论题在当时有着一定的交叉,同一文章经常会在两杂志之间重复报道。

早期《建筑设计》的影响来源于古特金(E. A. Gutkind)于 1946 年发表的《环境的革命》(*Revolution of Environment*)和 1953 年发表的《社区与环境》(*Community and Environment*)。他通过对全球各洲住区的调研,逐渐了解城市阶层在时代发展过程中起到的变化。并试图还原人们在环境模式中的价值体现。1953 年,他在《建筑设计》上撰写 6 篇关于"其他人是怎样生活的"(How other peoples dwell and live)的文章①,认为空间与时间的关系中,每一个认知单元(城镇、山村、街道或建筑)应当表达自己特殊的功能意义,而不是静态的形式重复。这对史密森夫妇在"十次小组"中推行的"人际关联"概念有着极大的启示作用。

1955 年,古特金与史密森夫妇在《建筑设计》合写《建造的世界:都市重构》(*The Built World:Urban Re-identification*),以关键词"特性"与"关联"说明了他们在社会中寻求的"联系"秩序。而古特金关注的流动社会特性,在 1952 年金巷设计中得到了集中体现,即:一种可被重新定义的特性。该设计建立了一种"街道甲板"(street decks)的秩序,展现了联系公共活动中心与私人花园的空中街道。

此外,古特金的影响,激发了史密森夫妇对"新粗野主义"的思考。他们从古特金理念中感受到全"新"意义。这不是存在于历史建筑中的形式,而是一种根植于现存居住类型中的形式,以此将建筑视为来自于生活的直接对应物。1956 年《建筑评论》中,班汉姆在"新粗野主义"中植入自己的理念,进行进一步诠释。他认为在 1954 年《建筑评论》刊登的史密森夫妇的亨斯坦顿中学(Hunstanton School)中,来源于柯布西耶的"天然混凝土"(béton brût)与杜布菲"原生艺术"(Art Brut)的综合属性让人们逐渐感受到"新粗野主义"真实的视觉表达。这是一种结构的展示,一种对材料积极的对待。

1957 年 4 月,"新粗野主义"虽然在《建筑设计》中发表,但却由于无法确立其由来,被视为一种对时代的反叛。他们认为史密森夫妇提出的"去创造一种现实的建筑",在没有解释"现实"到底是什么之前,造成了更多混淆。《建筑设计》认为"粗野主义"的三原则:无形式、真实于结构以及材料的"As Found"原则处于建筑的边缘,是一个不成熟的运动,并将在不久消亡。之后,《建筑设计》从另一个主题"技术与灵感之间的鸿沟"(the gap between technology and inspiration)阐述建筑师追寻两个主题:建筑哲学以及理论与实践之间的联系。文章认为理论从某种意义上可以看做是实践的保证,而"新粗野主义"的理论却没有起到类似的作用。

《建筑设计》认为,或许年轻一代建筑师会在现代主义的涌动批判和碎片的积累中逐渐找寻新的出路。但如今,人们无法逃避来自机械工业的影响与"威胁",人们还需要在现代技术的嫁接中填补之间的鸿沟。他们认为,建筑具有自身特性,不论是教堂还是茅屋,必定

---

① E. A. Gutkind 在 AD 杂志中多次提及。如:"How other peoples dwell and build:1 Houses of the South Seas." AD 23(Jan. 1953):2-4;"How other peoples dwell and build:2 Houses of Japan." AD 23(Feb. 1953):31-4;"How other peoples dwell and build:3 Houses of China." AD 23(Mar. 1953):59-62;"How other peoples dwell and build:4 Indigenous Houses of Africa." AD 23(May. 1953):121-34;"How other peoples dwell and build:5 Mohammedan Houses." AD 23(June. 1953):159-62; and "How other peoples dwell and build:6 Houses of North American Indians." AD 23(July. 1953):193-97.

会遵循这些真实的存在,忠实于"结构"。在此,《建筑设计》与《建筑评论》的观点开始逐渐接近,但《建筑设计》认为,建筑师与那些不清楚"As Found"理念的规划者之间仍旧存在着有待跨越的鸿沟。

在接受美国式的熏陶与洗礼之后,《建筑设计》逐渐将美国的大众文化带入欧洲的论题中,在"十次小组"批判 CIAM 的同时,史密森夫妇以一种接受与认知的方式,逐渐扩大了解。他们在古特金理念以及劳伦斯·阿洛韦(Lawrence Alloway)从美国带来大众文化基础上,逐渐建立自身对大众文化与交流网络的认知。1956 年,也正是 CIAM 10 会议召开时,史密森夫妇在《建筑设计》上发表题为《花园城市理念的一个选择》(*An Alternative to the Garden City Idea*)的文章。同年,"十次小组"在关注"人居"以及环境与居住问题的同时认为,个人化住宅已不能解决大量性问题,居住的形式应当在不同的层级设置不同的类型。特定的类型与联系,应适合于特定的场所、人与时间。由此,城镇建设应代表一种动态的过程,而不是静态的发展,一种保持一致与结合的有机关联。

1957 年,史密森夫妇在《建筑评论》发表了《簇群城市》(*Cluster City*)一文,以回应《建筑设计》中综合性社区的表达。文中说明此时的功能主义已不再是 30 年前机械化分割的意义,这里的"簇群"代表了一种"复杂、时常移动,具有清晰结构的紧密编织。这种编织会在各发展层面保持清晰可辨识。①"

艾莉森在 1958 年的《建筑评论》中的"流动性"(mobility)一文中认为"流动性"作为城市发展的重点,随之带来的道路与地形的"超大"倾向,将以一种独立角色,破坏社会结构,对城市发展起到反作用。于是他们在柏林都市规划(Hauptstadt Plan)设计中,将机动车系统与人行系统分置于不同城市层面。人与流动要素同时成为城市的景观要素。组织成一种新的系统。该系统表达了一种复杂、N 维度、多指代(multi-vocative)的系统,一种全新人性模式下集中的建造模式。他们关注的流动性,不仅在于个体化运动,而且涉及流动性社会的整体概念。

《建筑设计》与《建筑评论》之间的论题,代表了"十次小组"讨论的主题。这不仅可看做是一种历史与传统,英国与美国式的遭遇,还可以看做是两种理解城市交流理念的冲突。《建筑评论》倡导的城市原则归属于基于现存秩序下,信息处理的传统认知模型,具有线性的连续性特性。而《建筑设计》代表的链接认知方式建立了一种非线性复杂性陈述。这种认知地图,是网络化动态传播的结果,是各种单元之间的联系。集合,代表了这种关联思考的形式,一种在影印、打印与成像技术革命下,基于人的实践与意向的创造。这种联系性的逻辑,来源于对未预料的并置下的比喻与陈述策略,以及在重叠影像中形成的暗示性结合。这种关联性思考不是一种线性、渐进式、理性与决定性的思考模式,而是在创造性、循环式、圈层化的多维视角下,"新粗野主义"大众艺术的反馈。而由此带来的关联记忆是基于一种相似性信息的关联创造,而不是一种死板的分类。

可见,《建筑设计》与《建筑评论》在运用建造环境的历史与物质信息基础上,建立了传统与先锋性两种完全不同的认识城市的模型,一种在矛盾冲突中不断相互编织的展示平台。

---

① 一种从 Kevin Lynch 那里借用的城市意向,他们在 1954 年的 Ordinariness and light 一文中首次提及 Cluster city 的概念。

3)《论坛》(Forum)——荷兰(1946—1970)

作为荷兰设计者交流与观点冲突融合的平台,1946 年成立的《论坛》(图 2−7)①,从 1960—1970 年代,传播着荷兰从传统到现代的建筑潮流与城市理念。随着新老杂志的交替,全新《论坛》于 1959 年开始,由年轻成员负责编辑工作。

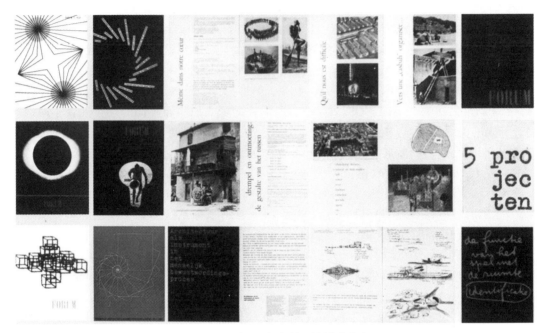

图 2−7 《论坛》杂志封面及讨论内容

1959 年—1963 年期间,《论坛》杂志以 20 多期集中的建筑与城市思考,成为与"十次小组"相关的重要期刊。其中,凡·艾克作为主要编辑者,以《另一种理念的陈述》作为新《论坛》的开篇,联系 CIAM'59 的相关论题。他以 1947 年以来 CIAM 新趋势,看待"人居"具有的双重属性——具体与抽象。他希望《论坛》在奥特罗会议中成为主要期刊,介绍"十次小组"的另一种理念。文中将时间作为对建筑与规划影响的积极要素,基于 CIAM 的追溯,以荷兰版本的"十次小组"理念,展现在凡·艾克概念框架中城市观点的陈述。在他看来,"十次小组"以传统文化、无层级及无决定性的思考方式,在"中介"理念和时间概念的结合中得以形成。由此,"另一种理念"的提出决定了全新《论坛》发展方向,并于 1959—1960 年的《论坛》中,以建筑与城市案例加以说明。其中,1960 年的《论坛》,以拉尔夫·厄斯金的"极地建筑"、赫尔曼·哈恩的撒哈拉居住特性报道、史密森夫妇的"大众建筑评价标准",以及巴克玛的凯里门兰德(Kennemerland)规划引发了《论坛》的另一个主题:"数字的美学"。而布洛姆的"村落化的城市居住"与凡·艾克的阿姆斯特丹孤儿院,则被作为一种"构型"设计的案例,在《论坛》中得以集中展现。

之后,从 1961 年开始直至 1963 年解体,《论坛》始终强调着构型途径下的设计原则。从赫兹博格解释的布洛姆新人居城市设计(1961.2 期),到凡·艾克的《实验性说明的互给

---

① 由荷兰长期的机构 Architectura er Aamicitia(A et A)建立,其中成员包括 Ger Boon、巴克玛、凡·艾克的朋友艺术教育家 Joop Hardy 以及赫兹伯格、阿珀恩(Dick Apon)等,共发行 19 期,Schrofer 为图形设计,赫兹伯格为秘书。

效应》(*the medicine of reciprocity tentatively illustrated*)(1961.4—5 期),再到《走向构型原则》(*steps towards a configurative discipline*),均以统一主题的方式从不同方面展示构型的实际意义。而其中主题为"可选择性栖居"(the alternative habitat)与"罗马大奖"(Prix de Rome)两期期刊,以及其解体之后的增刊(1967),均着重以实例描述了"另一种理念"的现实意义。

凡·艾克认为城市规划是一种在"白天与黑夜"①之间轮回的过程,是一个支持其他论题的平台,一种诠释城市生活复杂性的平台,一种涉及"中介"属性的论题。他将 17 世纪诗人托马斯·坎皮恩(Thomas Campion)的一句"她脸上的花园"(There is a garden in her face)发表于主题为"门与窗"的《论坛》杂志中,进一步阐述了他对"中介"理念的延伸与深思。他认为这种"人类现实的对应物"和"思维的对应物"形成了建筑与城市相互关联的影响。他将空间与时间融入场所(place)与场合(occasion),以"她脸上的花园"为启发,将建筑看作"人的意向"的结果,一种人工的作品,以此反思人的主动性思维之上意识行为带来的现实认知。

随后,《论坛》在奥特罗会议中以凡·艾克"奥特罗圈"(Otterlo Circle)的介绍,反思了"中介"特性。会上凡·艾克与路易·康的相知,带来了对"现实意义""现实存在"的共同关注的交流。路易·康希望在一种预定形式中,建立最终形式的意义。他认为建筑的生成是种自然性的过程。而凡·艾克则认为建筑是一种不同于自然性的艺术。他认为路易·康的"实现的瞬间"(moment of realization)不是康自己所推崇的自然发展的过程,而是一种建筑领域的飞跃。凡·艾克认为康的层级化"服务与被服务"的逻辑,将逐渐清晰于非层级的中介领域。

可见,在《论坛》的大量论题中,"中介"领域成为大家关注的主要话题。自 1952 年罗尔夫·古特曼与居·曼兹将其引入锡格蒂纳会议,"中介"理念引发了史密森夫妇对"门阶"论题的思考。随后,休·哈代(Hugh Hardy)与赫兹博格在凡·艾克影响下对"门槛与遭遇"(threshold and encounter)进行了深入探讨。凡·艾克在以非洲民居说明"门槛"的同时,史密森夫妇也以"台地建筑"(terraced housing)讲述了"门阶"理论。这种"真实的存在"被赫兹博格首先介绍入建筑的设计之中,得到了凡·艾克广泛赞同。他在《论坛》中强调这种融入时间与空间,协同整体存在的现实与意念,建立了一种意向城市。虽然哈代认为"中介"是一种多重融合、多阶层的领域,但凡·艾克依旧倾向基本形式上最大限度的融合,一种非阶层体系。他认为这种存在于感性与理性之间的理念,涵盖了人类的主要本性以及理智与情感的问题。这不仅不会限制个体的发展,还会在相互延伸中促进发展。他在《论坛》中强调,"中介"思想将作为真空中的导体,存在于人们的意识之中,从而建立一种人之本性的写照,并能被人自身所辨识。

然而,凡·艾克的构型原也受到了巴克玛的质疑。巴克玛从新墨西哥普艾布罗(Pueblos)民居的集合中得到"空间游戏"(a play with space)的启示,并将之与他关注的"总体空间"关联。这种"游戏"不仅是建筑与空间关联,而且希望满足更加广泛层面人类的需求,一种在人类行为视角下,建筑与城市的三维融合。他在强化支撑体系(support)与"可拆分单元"(detachable unit)的同时,认为建筑在为大量无名业主服务的同时,应尽量满足不同人的需求,而不是非层级化的均质肌理。在巴克玛的关注下,凡·艾克与赫兹博格将普艾布

---

① 新《论坛》封面以"白天与黑夜"为主题。

罗作为《论坛》另一期讨论的主题,并在乡土建筑的研究中,以"迈向构型原则"为主题,讨论"适宜尺度"和构型化的密度与模式。他们希望在时间维度下,建立"发展与变化"的多价性构型原则,以此将强有力的建筑形式,回应于大量不适宜的复杂性问题的集合之中。

《论坛》虽然是荷兰成员为主的交流场所,但却受到了相当广泛的普及。凡·艾克与巴克玛受到了来自全球不同国家的邀请进行讲演。由此,《论坛》在"论坛理念""论坛时代"等理念性的传播中,逐渐成为"十次小组"理念进行展示与交流的主要媒介之一。

4)《蓝方》(*Le Carré Bleu*,*international journal of Architecture*)(1958—2001)——内与外的结合

1958年,CIAM赫尔辛基成员借用蒙德里安的构成原则,以"蓝方"为名,组办了建筑杂志①(图2-8)。该杂志以一种介于整体与部分之间的双重内涵,在22 cm×22 cm的开本中,进行建筑城市的评论与当代艺术研究。其内容主要涵盖"建筑形式""社会功能"与"建设性结构"三方面。其中,一些在《蓝方》中首次呈现的作品,如坎迪利斯-琼斯-伍兹的柏林自由大学、迪·卡罗的乌比诺校园设计,以及巴克玛的鹿特丹带状中心步行街等,均在发表不久之后实现。

图2-8 《蓝方》杂志的封面与讨论内容

---

① 主办人为Arne Jacobsen,成员有Aulis Blomsted、Eero EeriKäinen、Reima Pietilä以及Aandré Schimmerling。后来加入Keijo Petäjä以及哲学家Kyästi Alander。

面对"退化的功能主义"以及"过时的学院派",该杂志以对反人性化的批判为主要基调,希望以一种革命性的干预,成为新观点讨论的新平台。其中,"居住""数字美学""形式的和谐"以及"艺术的结合"等,切入了"十次小组"的核心话题。1958—1961 年间,迪·卡罗、坎迪利斯、奥斯卡·汉森等"十次小组"成员成为他们交流网络中活跃的因素。他们的代表作品,如坎迪利斯-琼斯-伍兹在奥特罗提出的"居住的建议"、巴克玛的"建筑与新社会"(Bagnols-sur-Cèze, 1960),使该杂志主要话语转向了社会、建造与自然肌理,并对事物与尺度之间的关联产生兴趣。而迅速展开的"开放"形式与"艺术实践"的讨论,逐渐展现"大量性"的社会表达。

1962 年,新的《蓝方》移交给法国成员①。虽然总部仍旧在赫尔辛基,但全新的纽带与实践,一种实事性的革新、重建与城市蔓延的话题,以不同的视角,对当代建筑的教条带来新的反思。《蓝方》在流动性与可变性之上,与层级和结构结合,寻求城市建设的解决方式。其中,部分主导话语,建立于对坎迪利斯-琼斯-伍兹在图卢斯、卡昂、法兰克福、柏林以及拉密堡(Fort Lamy)的讨论,带来了全新环境系统的定义,以此建立坎迪利斯倡导的人类全新环境和系统的弹性表达。此外,布洛姆的"孩童村落"、阿瑟·格克森(Arthur Gilkson)的"结合居住单元"等,实现了建筑与社会结合的表达,并对当代的居住理念产生影响。而这些基于实践的理念,在 1960 年之后,成为建筑教学、讲演与讨论中的主要议题。

1968 年之后,在新成员伊迪斯·奥吉姆(Edith Aujame)等加入的基础上,《蓝方》逐步增加了公开特性,将自身融入审视艺术、环境、政治、经济与社会问题的不同角色。成员在不断的公开讲演与研讨会中,组织了大量问题的论坛,并在案例与实践的审视中,创造适宜环境的开放形式。他们在对巴克玛的"开放城市"的主题中,具体分析亨宁·拉伦(Henning Laren)的挪威特隆赫姆(Trondheim)大学、赫兹博格的比希尔中心(Central Beheer)、厄斯金的贝克墙(Byker Wall)以及迪·卡罗的在意大利特尔尼(Terni)的马堤欧地村落(Matteotti Village)实践等,以一种"模型化"的论述讨论当代的生活品质。在工业化技术生产的提升中,《蓝方》以迪·卡罗的"实践建筑"定位自身的实践意义,在根深蒂固的社会意识中,汲取伦理道德的因子,实现全球化的人类发展。

1970—1980 年代,新时代建筑的兴起,引发了现代主义运动的衰退,而《蓝方》则依旧遵循变化与发展的原则,寻求全新的意义与广泛的合作,如与巴克玛(1979—1981)、凡·艾克(从 1984 起)的合作等,直至 2001 年杂志的最终结束,这种广泛的基础与交集,足以说明"十次小组"内部与外延的交织影响在学术空间的不断成熟。

5)《空间与社会》(Spazio e Società)(1975—2000)

1975—1976 年,《空间与社会》(图 2-9)仅为法国同名期刊②的意大利语副刊。在经过一段时间与法国编辑的磨合之后,迪·卡罗于 1978 年正式将其发展为意大利独立期刊,并以此平台展示自身的建筑理念,该期刊在保持 22 年不间断发行后,至 2000 年第 92 期结束。

如果说法语的《空间与社会》是以社会的角度,切入建筑与城市领域的探索,那么迪·卡罗的版本则是以建筑与城市的视角,看待社会问题,寻求社会价值在城市与建筑中的显

---

① 由坎迪利斯-琼斯-伍兹公司的坎迪利斯,Schein 以及 Schimmerling 组成巴黎编辑部。后来陆续加入 Lucien Hervé(1963),Philippe Fouqey(1965),Denise Cresswell(1966),和 Alexis Josic, Shadrach 伍兹(1967)。

② 编辑为列斐伏尔(Henri Lefebvre)与科普(Anatole Kopp)。

图 2 - 9 《空间与社会》杂志封面

要地位。

在期刊的编辑中，朱莉安娜·巴瑞科（Giuliana Baracco）起到了重要的作用。作为长期与迪·卡罗合作的伙伴，巴瑞科虽然不是建筑师，但却通过不少文章翻译，如莱特的《民主何时建立》（*When Democracy Builds*）以及佩夫斯纳（Pevsner）的《现代设计的先锋》（*Pioneers of Modern Design*）等，始终保持对建筑、环境与社会的敏感性。迪·卡罗希望该期刊以一种社会与文化的定位，将其影响力从建筑界扩散，逐渐成为包括社会、空间、文化等方面广泛涉及的杂志期刊，同时对第三世界国家的发展与人类学特性进行了深入探讨。

《空间与社会》坚持不懈地在实践型设计中，着眼于人类空间与环境资源之间的关联，游离于自然与人工、物质与符号的思辨之间。他们认为，传统建筑试图以抽象的时间框架，在完成与使用中凝固建筑，不受到外来干预的改变。但基于社会连续性与变迁的视角，建筑的使用应使空间转变的积极要素融入日常性的生活之中。他们希望在对城市与社会的基础与细节的探讨中，形成自身对建筑与城市的立场与策略。

2.1.5　教育轨迹

CIAM 的参与经历，"十次小组"会议的讨论，项目的实践，以及出版物的影响，使"十次小组"成员逐渐在建筑教育领域被人们所关注。全球众多知名大学均留下了"十次小组"成员教学与讲演的足迹①。其中,"十次小组"成员共同参与的教学实践主要为迪·卡罗组织的"国际建筑与城市设计实验室"(ILAUD)(或者 ILA&UD)(international laboratory of architecture and urban design)夏季学校,以及翁格斯组织的康奈尔建筑教学。

"参与"作为"十次小组"的工具,不仅停留于对文化抗争的基础上形式逻辑的超越,也在教育中得到了充分的体现。对于他们来说,参与的加强,足以说明其在全球的影响力。建筑与社会规则如何联系,怎样在资本主义完善阶段,在矛盾中寻求合理的替代物,怎样以时代的民主进行形式化的塑造,均是他们在参与中集中关注的问题。

作为一种教学的参与,他们时刻以自身的经验,与别人分享其存在的意义与社会价值。他们以对当代现实的关注,向权威挑战,在经历中创建自我的教育系统。对于迪·卡罗来说,混乱并不是一种无序,保持学术的动态活力,具有保持自我的学术独立,避免深陷学究的时代意义。

凡·艾克、巴克玛、伍兹或是坎迪利斯的个人教学生涯不仅是一个个体的事件,而且还是一种群集效应,串联了在社会需求与重塑中的整体意义,一种在现代主义危机之后的民主对教条的挑战。凡·艾克所说的"人道主义的开端"(Humanism is just beginning)正说明了"十次小组"在社会系统中,文化与人类属性对形式的影响。

1) ILAUD

1964 年,迪·卡罗的乌比诺实践,以一种城市阅读,成为"十次小组"中首次以场地启动的设计方法的尝试。而 1970 年凡·艾克的阿姆斯特丹纽尔市场(Nieumarket)的改造,以相同的研究思路,介入了更新、参与、重新利用等各种话题。ILAUD 可视为以"阅读"作为主要方式的研究实验机构,一种在实践性的交流中,全球性的交流媒介。

作为"十次小组"讨论的延伸,迪·卡罗在主编《社会与空间》的同时,于 1974 年在乌比诺组建了 ILAUD,延展了"十次小组"在建筑教育领域的空间与影响。

ILAUD 是以欧洲与美国的大学为基础,共同组建的国际研讨机构,主要以夏季学校的形式为主。其建立初始动机在于以不同地域文化的参与视角看待物质环境的转变对建筑

---

① 巴克玛:1964 年成为荷兰代尔夫特理工大学建筑系教授,于 1965 年担任德国汉堡州立学院教授,并同时在美国哥伦比亚大学以及康奈尔大学访问讲学。

史密森夫妇:彼特·史密森在 AA 学院以及 Bartlett 学院任教,并于 1978—1990 年在 Bath 大学任教授。1980 年代,史密森夫妇还在代尔夫特、巴塞罗那、慕尼黑讲学,并在 ILAUD 的教学中出版一系列刊物。

凡·艾克:在荷兰的建筑界具有不可低估的地位,其中荷兰结构主义的代表 Piet Blom 与 Hertzberger 出于他门下。1954—1959 年,他以构型原则的传播,在阿姆斯特丹建筑学院讲学,1966—1984 年为代尔夫特理工大学建筑系教授。他于 1990 年获得 RIBA 皇家金质奖章,1994 年他与其夫人共同获得荷兰 BNA-kubus. 由于《论坛》的出版,凡·艾克受到各校邀请于各地讲学,其中他以访问教授身份在美国的宾夕法尼亚大学、圣路易斯华盛顿大学、哈佛大学讲学,并在赛特的邀请下,到新西兰与澳大利亚讲学,并受桢文彦邀请,在日本进行讲演。此外,耶鲁、伯克利、伦敦、奥斯陆、罗马、新加坡、巴黎等学校均成为他发表言论的场所。

坎迪利斯:在其学生的要求下,坎迪利斯于 1965 年在巴黎 École des Beaux Arts 开设了课程,并同时在各国担任访问教授。

伍兹:1967 年,伍兹在耶鲁大学进行讲演,并于次年至 1973 年成为哈佛大学设计学院建筑系教授。

迪·卡罗:在 Ernesto Rogers 的引荐下,迪·卡罗参与 CIAM 并在 1956 年之前担任 Casabella Continuità 编辑工作。他在组织了 Urbino(1966)与 Spoleto(1976)两次"十次小组"会议之间,于 1968 年协同组织了第 14 届米兰三年展,并在 Spazio e Società(1978 - 2000)杂志编写期间,建立"国际建筑与城市设计实验室"(ILAUD,1974 - 2004)。同时,他还在威尼斯建筑学院任教,并在美国的耶鲁、MIT、UCLA 和康奈尔大学进行精彩讲演。1993 年,他获得 RIBA 皇家金质奖章,并在许多学校获得荣誉博士学位。

与城市设计理念的影响。该机构试图以全新的研究方式与设计技巧,激发来自不同学校与国家的学生与教师之间文化的交流与互动。其中主要活动在乌比诺,之后转向锡耶纳,并也会在其他成员院校的城市流动。这个夏季学校聚焦于教师与学生专注的某个专题,通过海报的形式进行传播,从而达成广泛的关注。每年70名左右的毕业生使ILAUD的教学十分兴旺。

第一届夏季实验室于1976年的9—10月在乌比诺举行,有来自MIT、巴塞罗那、苏黎世、奥斯陆、鲁汶以及乌比洛的学校参加,之后共有三十多所学校陆续加盟。此后至2003年,每年均有举行,主要在乌比诺、锡耶纳、圣·马里诺(San Marino),1997年以后主要在威尼斯。迪·卡罗在康妮·亚利尼(Connie Occhialini)的协助下,一直担当总体组织的角色。而对于约1000多名学生的指导,基本以"十次小组"成员为中坚力量。如坎迪利斯、厄斯金、凡·艾克、巴克玛、赫兹博格、瑞玛·皮蒂拉(Reima Pietilä)等,均以不同的方式,参与到积极的教学之中。其中彼特·史密森则与迪·卡罗一样,默默无闻地扮演着重要的角色。他以各种小型案例的介绍,旁敲侧击地讲述一系列的城市与建筑问题,并在《意大利理念》(*Italian Thoughts*)(1993)中进行了充分表达。"十次小组"成员在设计上的一致信念,使ILAUD教学在一段时间得以保证。而ILAUD也可视为迪·卡罗版本的"十次小组",以一种开放式的突进,面向全球的学校与学生,寻求全新理念与革命的声音。他们在继承了CIAM遗产的同时,在一个教学的平台,共同讲述了"十次小组"的理念。艾莉森·史密森指出,1966年"十次小组"乌比诺会议规模的扩大,也可视为ILAUD的序曲,两者之间,形成潜在的动态关联。

在ILADU年鉴以及《意大利理念》中,史密森夫妇以众多图纸上的设计以及关于意大利城市理论性文章的分析,阐述了对城市特性,生活本质及思辨性研究的启示。其中,"拼贴的门"(Collages' Gate)(乌比诺,1978)、卡莫里门(Porta Camollia)(锡耶纳,1983)、圣玛丽亚德拉斯卡拉信塔(New tower,Santa Maria della Scala)(锡耶纳,1986—1987),圣·米尼亚托(San Miniato)(锡耶纳,1988—1989)等项目,以及对于"聚合化秩序"等理论的研究,成为他们在意大利历史城市的肌理分析中逐渐反思并付之于现代主义实践的成果。他们将历史中的形式语言视为"新粗野主义"美学追求和建筑创作的灵感起源。全新层级在原有层级的叠加中起到强化作用。

当然,由于网络化的不断延展,ILAUD最初确立的话题,即:领域、参与与重新利用,在迪·卡罗的发展中,强调以一种阅读的方式,诠释物质环境的意义。他们认为,"社会的转变,不会在物质空间留下错误的印记。"而"阅读"也可"通过在物质空间印记的定义,通过不断地从分支中提取、陈述、秩序化以及重整,寻求对今日的重要意义"。这是一种在过去与未来之间的"阅读",一种对于复杂社会的积极回应。由此,ILAUD以"实验性设计"(tentative design)的理念,以多重的可能性,在建筑本体之外,通过实验性审视与正误的判断,找寻新的平衡点。而这种新的平衡点即来自于对过去与未来联系的阅读,以及对真实世界的认知。

2)"十次小组"在康奈尔

1971—1972春季与冬季学年,在组约州的伊萨卡岛(Ithaca)的康奈尔(Cornell)大学担当教授之职的翁格斯组织了一个较为广泛的"十次小组"讨论会。他邀请"十次小组"的12

名成员(图2-10),以一种接力的方式共同辅导四与五年级学生的课程①(图2-11)。

图2-10 "十次小组"成员在康奈尔

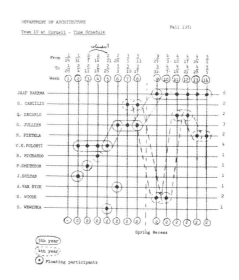

图2-11 "十次小组"成员以一种接力的方式共同辅导四与五年级学生的课程

其间,"十次小组"成员结合自己的实践作品,讲述了现代建筑与传统设计的实践关联。彼特·史密森在题为"建筑作为城镇建设——另一种感知的慢速发展"的讲演中,将城市的认知作为讲演的主题,认为"连续的历史性""更新"等在新技术的背景下,逐渐成为人们关注的主题,也成为城市设计的主要前提。伍兹则以"十次小组"会议对其作品的影响为主线,谈论建筑与城市之间的关联。他认为相对于城市的建筑化,"十次小组"更倾向于建筑的城市化特色。在康奈尔的讲演中,技术、社会科学,以及与社会和政治相关的越战、冷战和环境污染也同时成为他们十分关注的话题。巴克玛在一系列不少于14次的讲演中,对"建筑城市主义"(Architecturbanism)、奥特罗会议等进行了详细解说。其中关键话题主要涉及"设计方法论""以关注现有场地取代开发场地"以及"模数+区域,开启决策过程"等。

2.2 "外"——先锋的实证性

> 伴随着技术无法抗拒的发展,以及在毫无意义的社会生活中可能应用的不断失败,一种现有社会体制无法抑制的新人类之力正日益增强。
>
> ——盖伊·迪波衡(Guy Debond)
> 《国际情境主义》

当"流动城市"(mobile city)、"插件城市"(plug-in city)、"新巴比伦"(new Babylon)、"新粗野主义"、"非停留城市"(non-stop-city)等理念在一些人名或称谓之间跳动,如:尤纳·弗里德曼(Yona Friedman)、"建筑电讯派""超级工作室"(superstudio)"建筑变焦小

---

① 巴克玛辅导了不少于6个星期的课程,Polónyi辅导了4个星期,Pietilä辅导了6个星期,而其他人则在Cornell度过了1~2个星期。由于计划的安排,至少有2名成员待在自己的住处没有参加课程。

组"(Archizoom)①"独立小组"、康斯坦特、"十次小组"以及国际情景主义(Situationist International)(1957—1972)等,我们本能地会将相互个体之间一一对应。但上世纪城市蓬勃发展时期,城市、建筑、艺术等多领域的交错与繁荣,带给我们的是相互交织与互融。理念之间的内在关联使一一对应的诠释失去了意义。孤立地看待"十次小组",使我们失去了时代的语境。我们很难将这些先锋性的乌托邦在"十次小组"的脉络中剥离,因此,在对"十次小组"自身构架与脉络清理的基础上,对大氛围"语境"的认知,能进一步帮助我们理解"十次小组"先锋之实证属性。本书将着重于对与"十次小组"有所关联的"新巴比伦""插件城市"以及"流动城市"进行"外围"剖析。

2.2.1 从"新巴比伦""插件城市""流动城市"到"十次小组"

1)前述

"什么是新巴比伦?一种社会的乌托邦?一种城市设计?一种艺术视觉?一种文化的革命?一种技术的征服?或者是工业时代实际问题的解决途径?"康斯坦特认为,新巴比伦对这些问题均有触及。1960—1961年,在凡·艾克、康斯坦特联手获得 Slikens 奖项的演讲中,凡·艾克对康斯坦特评价道:康斯坦特与他探索着不同的方向,康斯坦特经历着世界上很少会发生的事情。但是,没有他的研究,许多事情将不会改变。他强调艺术与建筑之间的结合中,开拓了广泛的领域。

对于"建筑电讯派",班汉姆认为:"'建筑电讯派'是理论上短暂的时代,但却在制图法上形成了箴言式的长久影响。"在"建筑电讯派"相关理念的表达中,我们不难发现,所有乌托邦的城市理想凝结了他们对生活的思考与60年代经济社会日常性的反思。自他们的"生活城市"(living city)及"插件城市"等作品开始,即已将碎片化的要素,结合为复合、动态的社会装置,进行空间探索的实践。他们以实验性的基调,在建筑与技术之间找寻与生活的结合点。似乎"所有的东西全部成为了建筑"②他们从水与电力对城市、建筑、环境的责任,到基础设施的建设,以及流动性的主题,显示了技术、经济、文化、艺术同时膨胀的年代"规划建筑师"的角色与关注的焦点。其中"插件城市"以其时代的产物,讲述了与"新巴比伦"相似的网络化城市巨构的设想。

而对于康斯坦特的"新巴比伦"与"建筑电讯派"的"插件城市",同时期弗里德曼以其相近的"流动城市"主张,讲述了在城市的乌托邦中建立的另一种城市情境。弗里德曼在对"流动城市"进行宣言式的开篇中讲述,"……在拥有亿万的居民的今天,至少需要300年才能以汽车的发展满足人们流动的需求。如果汽车是一种奢侈品,而建筑必不可少,那么怎样为人们建造一个理想的庇护所?"于是,在传统建造技术与未来的城市发展之间,"流动城市"的概念孕育而生。

2)关联

康斯坦特在国际情境主义的文化脉络中,希望尽量在功能主义建筑装饰之后避免空虚中的迷失。他在不断重申自己将远离毫无艺术角色的机械功能主义的同时,表明也不会痴

---

① 1966年建立于意大利的佛罗伦萨的设计小组,包括建筑师 Andrea Branzi,Gilberto Corretti,Paolo Deganello,Massimo Morozzi;和两个设计师 Dario Bartolini,Lucia Bartolini。他们与 Superstudio 一同建立了"Superarchitecture",赞同在建筑设计中波普文化的积极作用。

② 来自于 Peter Blake 在 Archigam 中的感叹。

迷于 CoBrA① 与机械主义对立的艺术运动,而是在相互之间寻求自我实现的空间。在个人艺术与机械主义的批判中,康斯坦特藉以 CoBrA 关注的心理空间,探寻"新巴比伦"的"空间的连续"(spatial continuity)与"空间与时间的统一"(time-space unity)的发展方向。"新巴比伦"在新技术发展的基础上,与"十次小组"一样,放弃了"功能主义"简单的清晰,主张在结构的有效性与流动性中建立复合的清晰。那些明确定义的物体将逐渐在发展中经历模糊与再清晰的过程。径直的路径也将变得蜿蜒,抽象的视觉秩序也将变成各种感官感知下发散性的发展过程。

我们可以将"新巴比伦"视为由众多具有不同功能分区互相连接而成的个巨大网状结构,这个宏伟的空间建筑网络通过焦点状支柱与地面固定,理论上呈放射状覆盖地球表面。所有居住、消费、娱乐等空间被全部悬挂起来,地面则预留作为交通和公共集会的空间。康斯坦特设想这种由极轻的建筑材料构成的空间网络并非单层空间,而是由多层交错组成。空间网络顶部作为停机坪、绿地、广场和运动场,取代了传统城市中 80% 建筑面积和 20% 自由面积。由此,建筑占用的地表通过空间结构被 100% 甚至 200% 的归还。将"集中制作"(collective creation)与"情境"(situation)结合,促成"整体城市"(unitary urbanism)的概念(图 2-12~图 2-14)。

图 2-12 "新巴比伦"中关于整体城市的展现-01(Larger yellow sector 项目)

图 2-13 "新巴比伦"中关于整体城市的展现-02   图 2-14 "新巴比伦"中关于整体城市的展现-03

康斯坦特的"新巴比伦"在《建筑电讯派》(*Archigram*)第 5 期(1964)(图 2-15)发表的

---

① "CoBrA"(1949—1952),欧洲先锋派小组,是哥本哈根(Copenhagen)、布鲁塞尔(Brussel)和阿姆斯特丹(Amsterdam)的缩写组合。该小组由 Karel Appel,Constant,Corneille,Christian Dotremont,Asger Jorn and Joseph Noiret 于 1948 年 11 月 8 日在巴黎 Notre-Dame 咖啡馆成立。他们在对超现实主义批判的同时,对现代主义与马克思主义也有所关注。

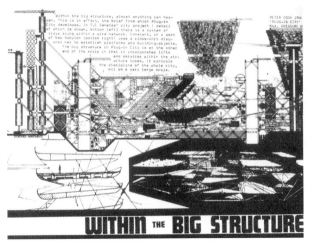

图 2 - 15 "新巴比伦"在《建筑电讯派》(Archigram)第 5 期发表

同时,彼特·库克(Peter Cook)的"插件城市"与其同页展示。他们对巨构有着相似的偏好。其中"插件城市"可以看做是相对"新巴比伦"的另一种表达。两者在相同的时代,相似的影响下,建立了自己的实验性模型。他们以一种现代主义先锋派的角色和乌托邦式的方式,在城市面临大量性问题的同时,讲述着同样的"城市化"意图。两者同样以巨构的方式,找寻连续的流线,试图在功能的混合,界限的模糊中定义一种集合化的连续城市模型,并同时映射弗里德曼"流动城市"的思维轨迹。"十次小组"相关"城市基础设施"与"建筑集群"的讨论,正以同样的乌托邦理念,不同的形式表达,展现了对于城市的理想化图景。从史密森夫妇的"金巷设计"(图 2 - 16)到柏林都市规划(Hauptstad Berlin)竞赛(1957—1958)(图 2 - 17),以及巴克玛与凡·德·布鲁克(Van den Broek)的特拉维夫(Tel Aviv)城市中心设计(1962)(图 2 - 18,图 2 - 19)和坎迪利斯-琼斯-伍兹的柏林自由大学(图 2 - 20,图 2 - 21),无不充分阐释了在"集合"与"连续性"的整体中,城市乌托邦整体属性的诉求。流通的连续性,功能的混合以及城市的层级性与复杂性,均以一种初始的状态加以表述。

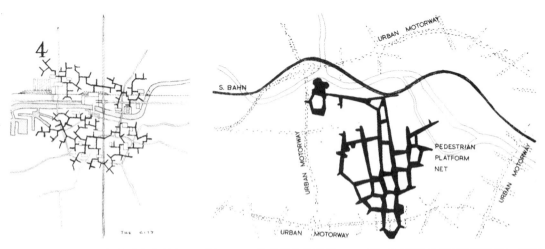

图 2 - 16　"金巷设计"在城市中的肌理　图 2 - 17　柏林都市规划(Hauptstad Berlin)竞赛总平面肌理(1957—1958)

图 2-18 特拉维夫(Tel Aviv)城市中心设计(1962)

图 2-19 特拉维夫(Tel Aviv)城市中心设计总体模型(1962)

图 2-20 柏林自由大学总体鸟瞰

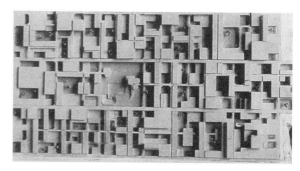

图 2-21 柏林自由大学整体肌理

1963—1994 年间,康斯坦特与彼特·库克(Peter Cook)在建筑先锋派"十次小组"的驱使下,进行进一步的延伸性尝试。相似的理念,体现的是不同的形式表达与空间体验。"插件城市"以一种实证主义的理念回应了"新巴比伦"高度理想化的存在主义先锋派倾向。两者共同以宏大而疑问式的态度,面对明日的城市化。康斯坦特在与凡·艾克的结识中,对"生存理念"(ideas for living)产生共识,进行合作,并在 50 年代完成了一系列作品。库克则在史密森夫妇的影响下,进行着先锋性的探索。"生活城市""插件城市"等理念,无不与"十次小组"的乌托邦构想有着千丝万缕的联系。

"十次小组"以一种实用性、多重性的原则,感染着康斯坦特与早期的"建筑电讯派"。"新巴比伦"与"插件城市"可视为在空间组织与城市文化肌理的特质之上,建立的从微观到宏观的转变。他们认为技术的改变将使城市向空中逐渐发展。"十次小组"与"国际情境主义"以及"建筑电讯派"的共通之处在于他们将城市明天的希望,融入城市的现在与过去,以及理性的延展与文化的多元化之中。康斯坦特、"建筑电讯派"与弗里德曼一样,希望以另一种肌理的空中叠加,在与过去完脱离的基础上,创造全新城市形态与老城之间的关联。而"国际情境主义"与"十次小组"则希望以一种类考古的研究,创造新城与老城之间的有机结合。

3)异化

可见,康斯坦特与凡·艾克以及库克与史密森夫妇之间在若即若离中平行发展。"建筑电讯派"希望在巨型结构乌托邦的塑造中,脱离史密森夫妇"新粗野主义"影响,并在对现代主义批判中,以一种理想结构,创造另一种城市图景。他们以一种网络化的渠道,在"十次小组"的城市脉络基础上,创造更为激进的"建筑电讯"式的城市。其中一方面带有凡·艾克与巴克玛的影响,另一方面又时刻展现"新巴比伦"的特性。在此,康斯坦特扮演了一种融入环境与日常生活空间的角色。而这种基于巨构城市乌托邦的构想，还是如同班汉姆所述"粗野主义"一般，在"成型的建造"（building-in-becoming）理念下，以集中式的理念，交互式的单元，流畅的交通性链接，创造了另一个世界。他们在柯布西耶阿尔及尔奥布斯（Obus）（图2-22，图2-23）底层全面架空的影响下，应对城市快速发展的历程，逐步探讨实施的可能。虽然两者中一个是建筑标准化的建构（"插件城市"），一个是空间仪式化的处理（"新巴比伦"），但作为60年代乌托邦的理想，他们在融入了日常性思考的同时，以人的行为、空间体验的变化为起始，在城市内在特性中，表达了城市的物质与文化特性。他们使建筑与空间在生活与年代的变迁中逐渐得到认可，呈现科学化的构

图 2-22　柯布西耶阿尔及尔奥布斯（Obus）理念

想。"建筑电讯派"的宣言表明，市民与城市环境之间的联系，将加速意识、社会与自由的发展。而"新巴比伦"与生活城市的模型，将激发人们全新的挑战与生活进程，将时间与情景融入城市的变迁，从康斯坦特与凡·艾克短暂的合作还可看出，"十次小组"强调的人际关联的结构与康斯坦特无视现有城市结构的理念格格不入。而弗里德曼则在CIAM 9中，希望"十次小组"在"流动性""发展与变化"的主题之下，能够出现一些实例以证明其流动性的设想。他认为，新巴比伦与其发展的"空间城市"（spatial urbanism）产生了千丝万缕的关联。此外，彼特·库克的"插件城市"逐渐被参加"十次小组"会议的日本先锋派所接受。丹下健三、黑川纪章、矶崎新等在"新陈代谢"的冠名中，藉以巨构的设想，在东京湾设想（1960）、空中簇群的概念中，以长久性结构，支撑短期性单元的设想，带动了"插件城市"的广泛影响。相比较而言，"新巴比伦"则像在装配（Kit-of-parts）原则下构架的堆积与迷宫状态。其关注的重点不是复杂的结构，而是大量预知与不可预知空间的堆积。"新陈代谢"与"插件城市"则是以另一种装配的概念，解释在"生活城市"的创造中，可识别、可变换的动态城市发展。

图 2-23　柯布西耶在阿尔及尔奥布斯（Obus）实践的理想图景

总体看来，"国际情景主义"与"十次小组"以理想化的概念，与过去及现在发生某种关联，而"建筑电讯派"与康斯坦特则是以未来的描绘作为主要的理想诉求。

2.2.2 游弋与秩序:"巨构"乌托邦

1960 年代的文化变迁,伴随着西方浅层的"集体无意识",使建筑师、城市规划师与艺术家充分接触与融合,对社会制度、人类发展及日常生活带来的困惑进行全面革命。功能主义的泛滥与消费阶层的逐渐建立,使人们不得不以另一种生活态度对待现实与未来的生活。而一群基于人本思考,具有共性的乌托邦意象,在技术、艺术、城市、建筑、社会的全面思考中,为城市带来全新途径。单一化的城市与建筑本体的营造,已不是理想国度的最终归属。过程中不同因素的交织,成为他们关注的本质问题。弗里德曼认为政治、社会、事件、语言、技术、标准化等话题超过了建筑本身。

康斯坦特在通过"新巴比伦"乌托邦阐述其理念的同时,曾以一种激进与预知的态度,融入社会现实的批判。他认为面临快速发展,城市需要通过大胆的设计激发走向激进变化的动力,这是一种结合社会、艺术的另一种生活方式的规划。而技术的发展,在解决了基本城市问题的同时,为乌托邦城市的意向提供了条件。其中,"巨构"成为人们在面临相同社会、文化、人文问题的同时,呈现着对城市未来相似的选择。无论是康斯坦特的"新巴比伦"、建筑电讯派的"插件城市"、日本的新陈代谢派(如丹下健三的东京湾)、史密森夫妇与班汉姆共同热衷的"新粗野主义",还是弗里德曼的"流动城市",人们都不约而同地将目光转向"巨构"。或者说在人们对于未来的期待中,"巨构"成为在多维度发展的序列中最终汇聚的共同方向。"实验性""先锋性"似乎在巨构年代找到了某种归属,以期待在不断跃进与变迁的时代与技术发展的洪流中,找到未来城市生活状态的社会对应物。

作为一种观念变迁与批判的年代,人们的活动与艺术实践为建筑与城市实践起到推波助澜的作用。这里的"巨构",已不再停留于物质层面的结构与体量的展现,而是结构与思想认知层面全面包容的感知与综合表述。"新巴比伦""插件城市"从"十次小组"的"层级关联"与巨型尺度中的基本组件"空中街道"开始,找到了拓展方向,分别从水平与纵向维度找寻城市的发展空间。

伴随着战后大量城市重建的需求,包括"十次小组""建筑电讯派""国际情境主义""独立小组""建筑变焦小组"与"超级工作室"的新一代年轻建筑师在质疑现代主义发展窘境的同时,逐渐反思与批判一些现代主义信条,并对基于盲从的城市发展格局进行反思。他们在革命性与日常性结合的基础上,以艺术、生活、城市、建筑结合的视角看待现行的城市状态。其中包括了对文化商业化的反思,对时尚介入的期待,对广告杂志的迷恋,对中产阶级"反文化"的诉求,以及对工业化带来的城市发展状态变迁的预期等。

其中,国际情境主义针对 CIAM"功能分区"导致的人类社会关联的疏离与异化,提出了全新的城市概念——"个体城市"。该理念倡导每个人均有参与城市的权利与自由,从而追求建立于极度自由之上的休闲生活。他们在以"游戏的人"①(Homo Ludens)(man the player)概念,主张人在自由选择中,不断为自己创造境遇。他们认为城市与生活之间没有教条的秩序与结构,只有境遇的不断改变。由此,"新巴比伦"中"整体城市"(unitary urbanism)的构想,对城市与自然界限的模糊进行了写照。而这种全新的城市主义将"存在于

---

① 荷兰历史,文化理论家 Johan Huizinga 在 1938 年的著作 *HOMO LUDENS,a study of the play element in culture* 中讨论了文化与社会游戏要素的重要性。他御用"游戏"理念,来进行游戏空间的定义。虽然他不认为游戏会转变为文化,但是他认为游戏是产生文化的首要而必要(非足够的)的前提。详见第 8 章。

时间之中，是暂时、紧急、转换、动荡、迅速的实施与满足的活化剂"。① 这种城市更像一种迷宫式的游戏场。可见，"巨构"的社会特性，在情境主义的倡导中，不再是一种对城市的威慑与压迫，而是一种休闲与轻松的游憩中，带来的空间体验与生活方式的改变。

而康斯坦特则将更新的结构技术，用于大量性的结构发展中，并在欧洲许多大城市地图上，进行了实验性的研究（1963—1969 年）。他将欧洲城市引入巨型结构的表达，在社会、文化、人类行为与意识的基础上构建基本的日常轨迹。他认为建立于这种地理心理学（psychogeography）上的环境、行为与建筑的建

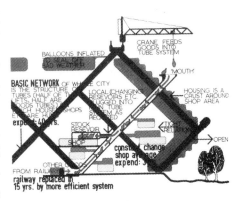

图 2-24　建筑电讯派的 A 型巨构与基础设施的结合

造，才是真正接近本质的研究途径。"我们必须发展'整体城市'、实验性行为以及多样化政治宣传，以及环境的建造，这样才能被充分地完成。"从"巨构"的特性来看，相同的理念，在不同的发展模式下，展示了截然不同的方向与内在属性。从柯布西耶的阿尔及尔实践开始，就已经在"巨构"的族群中激发了乌托邦的前景。其中，"建筑电讯派"在 A 型巨构中，组建了可拆卸的结构单元，并以各种流通的渠道联系于各巨构之间，保证了人们生活的便利（图 2-24～图 2-26）。这种"插件"的概念，不仅体现于单元的拆卸，而且以城市空隙中的插件行为，展示了作为巨构综合体的新城与旧城之间的交错关联。"新巴比伦"则是在一种"戏剧化"的结构体系中，忽略结构的细节，迎合城市发展总体形态的演变趋势，建立非"插件城市"般生活模式的集合。该理念以不同的路径，进行复杂空间的储存与激生，展示在非理性"游牧"心态比拟下生活的发展状态。康斯坦特在各种城市如巴黎、阿姆斯特丹、鹿特丹、安特卫普等城市进行了"新巴比伦"的建构式意象（图 2-27～图 2-29）。试图找寻一种可实现乌托邦的存在依据。从"插件城市"与"新巴比伦""游戏"式的先锋派理念可以看出，他们对消费社会劳动力自动化共同的认可，同时代表了对

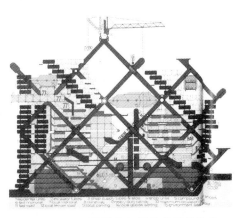

图 2-25　A 型巨构与插件单元的结合

高度自动化生活方式的认同。人口膨胀、土地利用以及建筑多样化的普遍社会问题，为他们带来了思想的活跃与先锋性。"建筑电讯派"认为与社会、经济紧密集合的先锋性将创造可行的理想城市。他们希望以"实验性"代替"先锋性"。但康斯坦特认为，社会性的认知不同于军队式的先锋派，社会性的先锋派并不存在。在文化景观的影响中，康斯坦特基于社会空间的关注，将一种大众、人造环境作为艺术媒介，以群集化与机械化的设想投入城市的运作，形成超级的硬件体系与社会空间的储存库，最终走向结束。而库克则将更多精力投入对微观个体性物质与信息的关注，更多以实证主义大胆求证。他以开放性姿态，在巨构

---

① Constant，1960 年 12 月 20 日在阿姆斯特丹的"Unitary Urbanism"中提及，未正式出版。

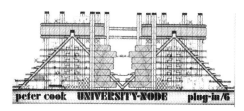

图 2 - 26　"插件城市"的总体印象

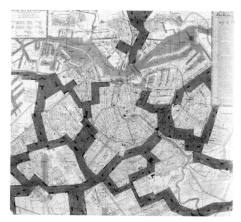

图 2 - 27　阿姆斯特丹的"新巴比伦"理念

城市硬件与软件化服务的空间中,自由组织流动装配式空间。

"插件城市"就像玩具式的搭建,以一种插接行为,创造城市的多重可能性。而这种可能性在创建巨大的 A 型结构的同时,将不同的预知空间与之延续性结合,在内外空间之间找寻互换的可能。该理念希望以休闲轻松的方式,寻求最终的城市构型。而"新巴比伦"则是一种纪念性的输出,在巨大的复杂综合体之间,建造航母式的替代城市。相比较新巴比伦水平向的延展,"插件城市"则是在水平向基础上,寻求垂直向拓展的尝试。基于"十次小组"理念,"新巴比伦"凸显了内在层级的复杂性,一种空间叠合基础上的水平蔓延。而"插件城市"则希望将预定的空间在预定的结构之间进行自由而有秩序的结合,而不是像新巴比伦一样无组织的空间流淌。

可见,非秩序化的"巴比伦"以一种史诗般的气质,在"游牧式"的空间中生成。它以空间的交织,提供不同层面的路径与交织的潜在可能。人们以"预知＋发现"的模式,在游动中探寻空间属性,在交结的密度空间中,进行"游戏"式的游弋。这是一种非功能倾向的综合体。"插件城市"则是在秩序化的空间组织中,实现在城市中插接与功能化的秩序;"插件城市"在纵向说明了"城市"的运作状态与流动方式,而"新巴比伦"则在水平向建立了一种连续心理剧的背景,以陈述其发展的可能。可见"新巴比伦"着重于社会空间艺术化的创造,而"插件城市"则是一种自组织系统下的工业秩序化的产物。库克认为,社会的空间属性可以在网络化的空间流动中,以网格化的空间呈现"居住城市"的生成逻辑。

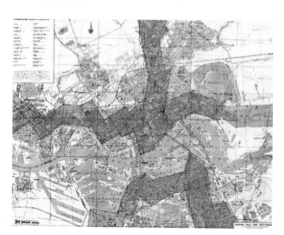

图 2 - 28　鹿特丹的"新巴比伦"理念

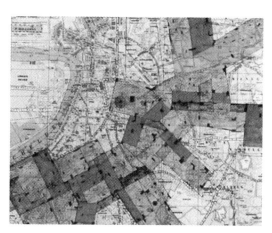

图 2 - 29　安特卫普的"新巴比伦"理念

在"新巴比伦"与"插件城市"之间,前者是一种城市未来状态的假想;后者则是在明确的结构细节中进行的建造性阐述。相比较康斯坦特理论性阐述的策略,库克则是一种实证性的认知体系。"新巴比伦"是一种遥远的乌托邦,而"插件城市"则是一种可实现的先锋探索。在同样"系统性"的挑战中,前者呈现感性、非商品化与集合社会的属性,而后者则试图以信息、消费与分子化空间进行表述。

而弗里德曼的"流动城市"(图2-30~图2-37)则在现有城市的层级之上,建立了另一个层级。他以一种持续"变化"的眼光看待城市生活,希望以一种"廉价与流动"(cheap and mobile)的全新体系替代"昂贵与非弹性"(expensive and inflexible)的旧有城市肌理。他希望将不可预测与无规则特性时刻融入城市的发展之中,而不可预测的特性将使其本体起到自我决定与自我制约的作用。

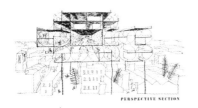

图2-30　传统街区"流动城市"剖面

图2-31　绿地上的"流动城市"

图2-32　巴黎上空的"流动城市"

图2-33　"流动城市"在传统
城市中的肌理

图2-34　横跨街道的
"流动城市"

图2-35　水上的"流动城市"

图2-36　纽约滨水"流动城市"

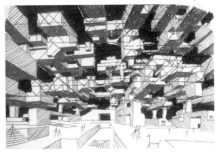

图2-37　1980年代早期呈现的流动空间

作为一种流动的乌托邦,弗里德曼认为当代城市受到了三种不同转变的制约:其一,集中的心理转变:一种对孤立与集中的不同倾向;其二,生理转变:在心理、时间要素的影响下,人们生活的生理需求发生的不断变化;其三,技术转变:技术的革新带来的机械化增值,带来的个体性的分散。由这三大转变带来了城市主要特性的产生：其一，独立的个体化的城市特性；其二，集中设施的城市公共生活。而这些均是一种不可预测的城市特性。

弗里德曼与康斯坦特的区别在于，弗里德曼的理念是一种无秩序与原则下的另一种感知。他认为对信息的完型不是由单方面完成，而是在信息的给予者与信息的接受者之间的相互理解中完成。在他的作品中，不断出现如"流动性""发展"和"变化与生长"等"十次小组"提倡的各种理念。而康斯坦特则是以一种领军式的主导，获取人们的追从。

关于"十次小组"的"巨构"，从1950年代史密森夫妇的"都市重建"开始，英国的"独立小组"①及"建筑电讯派"将史密森夫妇视为与传统决裂的先锋与楷模。直至1950年代至1960年代，"粗野主义"成为以史密森夫妇为代表的"十次小组"主要的研究方向，史密森夫妇借用盖迪斯的"山谷断面"，首次形成了在城市功能分区批判基础上的都市"巨构"，一种意识层面阶层的重组。虽然此时的重组仍旧停留于阶层的划分，没有脱离层级化的桎梏，但随后基于"新粗野主义"之上都市建构理念，传达了在传统街区全新介入的存在状态。如1952年的"金巷"设计，在伦敦市中心试图建立"之"字形迷宫般的模式，将不同社区以一种复杂的联系方式进行串联，最终以图像化的拼贴进行表达。之后，在同一理念的延续下，他们与彼特·西格蒙德(Peter Sigmond)合作的柏林都市竞赛中，悬浮的第二套城市网络"自由、无规则的提供了步行体系下随机的空间路径模式。"②而这些将"流动性""网络城市"与现代战后城市叠合的运动系统，以不断延续的特性成为在康斯坦特眼中"新巴比伦"的乌托邦图景。这种模糊阶层化的"巨构"，寻求全新的城市发展模式，从而建立新城与巴洛克老城之间的插接式联系。这种联系在1960年代"建筑电讯派"的"插接城市"中，得到了集中而完善的设想与体现。

这些存在于"基础设施"中的城市策略，促使建筑师与规划师为不可预测以及不断变化的生活提供了基础支持。如史密森夫妇所述，其空间系统的建立是"一种框架式的结构，就像一个排水主管，以待所有要素的链接。"③此外，作为基础设施的建设，建筑与景观之间已经没有了明显差别，甚至建筑可以看做是一种景观的形式，成为社会问题发生的主要媒介。"十次小组"成员如史密森夫妇、坎迪利斯-琼斯-伍兹、巴克玛试图在柯布西耶的巨型结构中进行"整体城市"的策略延伸，为主体结构提供自由的装置、引导以及组织过程。标准化、复杂的以及可置换的要素，为城市的不可预测与流动性创造了基础。这些实验性的策略主导了1950—1970年代的研究理念，而新巴比伦成为这种实验性传统中较早的一部分。它在"十次小组"的主要概念之上，回应主流策略，以一种革新的方式改变了主流的轨迹。"新巴比伦"在其延续之下，进行了艺术性而休闲化的延展。随后，坎迪利斯-琼斯-伍兹于1970年代提出的"毯式建筑"与"茎状""网状"城市理念，在链接乌托邦"游牧"式"新巴比伦"与城市插接式的理性巨构之上，建立了一套时代发展中的可行策略。他们在网络化空间实践的基础上，融入城市的社会与文化肌理，以柏林自由大学的建成，表述乌托邦的理想性实证。

可见，从"十次小组"城市结构的重组，到"新巴比伦""插件城市""即时城市"的意象，再到"十次小组""毯式建筑"的乌托邦实践，以不同路径描绘了"巨构"的乌托邦年代，基于城

---

① 简称：IG，1952—1955年，存在于伦敦的"当代艺术协会"(institute of contemporary arts(ICA))，其中包含了艺术家、建筑师、画家、雕塑家、作家、评论家等，以对流行的现代主义的批判，形成文化的价值趋向。

② Peter and Alison Smithson，在 *Architectural Design* 杂志中的 *Mobility* 一文中提及(1958.10)。

③ Alison and Peter Smithson，在 *Architectural Design* 杂志中 *Human Association* 一文中提及。

市、艺术、人文等一系列要素融合下，可视与不可视要素组合的"巨构"理想与憧憬。

2.2.3 日常性的回归

1951 年霍兹登（Hoddesdon）会议上，吉迪翁简述："一系列艺术家希望以一种实际的形式表现说明社会的发展，并将其进行简要的塑型。"

如其所言，人们在充满希望与生命力的未来图景中，建立了一系列乌托邦意向。而设计者在塑造"先锋派"模型与生活范式的同时，也将自觉与不自觉回归日常生活的主题。这些"空想"建筑师与团体将自我意识形态建立于日常生活的价值体系之中，在 60 年代的政治与意识形态中，渗透了从乌托邦向日常生活的回归，形成了一股个体化的团体网络。彼特·库克认为，他们的作品就是为了让人们在实现自我潜力的同时，走出自我困窘，成为消费社会中的日常性要素。他们在"即时城市"（instant city）的建造中，以帐篷、完整结构及灵活拼装的支撑构想，创造可以拆建的城市模型，甚至像气球一样漂流的运动状态。他们以波普式的拼贴展示生活瞬息万变的场景（图 2-38），使城市在愉悦的生活氛围中激发灵气。

图 2-38　波普式的拼贴

受到"建筑电讯派"艺术手段与思想来源的影响，"独立小组"在史密森夫妇①、班汉姆的主导下，通过"当代艺术协会"，发展以既有材料进行拼贴与再度诠释的艺术形式，以发展存在于现实生活中的"As Found"美学。而国际情境主义则在"游戏"式的倡导下，提出"心智地图"（Psycho-

图 2-39　"国际情境主义"提出的拼贴式的"漂移"

geography）、"漂移"（dérivé）和"异轨"（Détournement）②概念（图 2-39），利用现有艺术和现代技术建构一个完整的城市环境，以此认知"整体城市"（Unitary Urbanism）与未来生活方式之间存在的本质相互依赖的关系。而具有情景主义血统的"新巴比伦"，基于"整体城市"的概念，集中城市机械主义发展与人口膨胀的特性，将规模化的日常生活转型为新巴比伦关注的焦点。自然与人造物之间界限的模糊，以及技术与机械主义的发展逐渐成为康斯坦特眼中全新的自然动力。列斐伏尔认为在新巴比伦中，康斯坦特以一种对迷宫式空间的使用摆脱了以分工为基础的功能主义。而且其中介于公寓综合体和城市之间的适宜尺度，

---

① 史密森夫妇在成为"十次小组"核心成员之前，是"独立小组"成员。
② 异轨表明了艺术家以众所周知的媒介要素，重新利用，建立一件新的作品，而传递与原始不同的信息。

使列斐伏尔看到了公共和私密之间的愈合，从而促使新社会变得更有希望。他所阐释的"使日常生活成为艺术"仿佛在这里找到了归属与展现。大众日常生活中逐渐开启的动态发展趋势，在"整体城市"概念中逐渐建立基于时间维度、动态、非模式化与固定的发展"模式"。

在"新巴比伦"中，我们发现"十次小组"的思考方式在此得到了集中展示。从对花园城市理念的反对，到对传统设计过程的废除（总平面向细部设计的过程），无不体现了"十次小组"强调的人的意识、社会层级以及日常性要素对城市与建筑发展的主导意义。从史密森夫妇1953年提出的作为基本要素的"空中街道"表明，人与功能之间的适宜联系模式很难被明晰。社会群体是空间"松散"组织的产物，而不是既定的模式，建筑师需要提供的是一种开放式的结构，以适应不可预料的变化关联。城市的内在生活会在多维层级的综合体中不断延展，形成流动性的模式。这种线状的多维延展将联系的层级编织于连续的转变中，以表达人与人之间的真实关联。

除此之外，基于"巨构"的"新粗野主义"的理想，已明确对前先锋派的批判，坚持平常和现实主义的态度，以现有的原始而真实的自然属性，作为创作遵守的原则。他们将住宅、街道、游戏场地看作满足实际需要的日常生活场所，以现有材料的拼贴表现设计意象，展示强烈的波普性与日常性。

作为康斯坦特的好友，凡·艾克认为对日常性非正式的生活模式的关注，应在城市的发展中更强调不同模式产生的显现与隐晦意义，而不是显著的城市秩序下直白的表达。他的游戏场所就是很好的实验场地。康斯坦特 1956 年关注的"游戏氛围"（Ambience of Play），正标志了新巴比伦空间组织的开始。席勒（Friedrich Schiller）①的游戏理论认为，人类在生活中会受到精神与物质的双重束缚，从而失去理想和自由。于是人们利用剩余的精神创造一个自由的世界，它就是游戏。这种创造活动，产生于人类的本能。"新巴比伦"正以一种游戏的主旨态度，携带"国际情境主义"的"漂移"理论，批判城市生活，特别是建筑空间布局的凝固性。它使人们在游戏般的城市生活空间和公共空间中感知本身的真实欲望，进而从消费社会迷人的虚假景观的迷惑和干扰中自我解放。"新巴比伦"中人工控制的环境，根据人们的情绪和意愿变化，在不同空间控制不同的采光、色彩、气候、环境的嘈杂声，勾勒了一个连续、灵活的流动空间，形成一个寻求变化和游戏的城市。康斯坦特拒绝在其中融入现实人的活动与社会环境结构，希望在通属的概念中，完成其"新巴比伦"的作品。凡·艾克则在阿姆斯特丹孤儿院设计中持续游戏场所的意义，以不同路径的网络化编织，在迷宫中建立清晰的人本属性。

作为欧洲20世纪中期重要的社会文化思潮，国际情境主义在影响欧洲先锋派艺术的同时，融于"十次小组"千丝万缕的关联之中。他们以日常性理念为基础，对城市进行了社会性批判。人们的日常工作、休闲、生活空间中的建筑、街道、流动等成为他们关注的主要对象。他们汲取列斐弗尔相关日常生活批判的理念，以代替商品社会的"景观社会"与日常生活的关注，并转换为存在于瞬间艺术化的"日常生活的革命"。在此，"景观社会"形式即是所谓的"空间"。这里的空间不仅是我们传统意义上、地理环境意义上的物质空间，还特指社会景观的空间组织形式，特别是城市环境，一种日常生活中起重要作用的"心智地图"的关系空间。他们将现有城市理解为动态、联合与多元化的神秘与自发性发源，以适应永

---

① 德国诗人和哲学家历史学家、剧作家(1759—1805)。

恒的流动性。在城市梳理中,情境主义者们发现城市的多元化使居住功能的单一性逐渐减弱。城市成为社会、文化、艺术与都市化的实验场所。由此,激辩的空间实践与政治、艺术的批判,试图将空间与时间化为动态、可转变的整体。一个无层级、无官僚的整体化网络,将个体融入了社会生活的创造性之中。乍眼看来,国际情境主义似乎无情地拒绝了过去与未来,但其实他们的观点,大部分来源于理想化的前现代主义(pre-modern)时期。过去的重要经历为他们提供了社区生活与经验的真实模型。他们最为直接的评价在于建筑从一种预设的形式转为短暂的形式,潜藏在其中的是一种自发的非几何中心化的意义。

具有相同时代背景和人物关联的"十次小组",借用班汉姆对于"建筑电讯派"的评价,对自身进行描述与深思。虽然"十次小组"的理念基于房屋的保存,而"新巴比伦""流动城市"与"插件城市"则基于框架性建构与房屋的流动性。但"十次小组"对于"居住"意义的理解仍建立于日常性建筑模式下,各种层级(建筑、街道、地区、城市)的不断延伸与扩张。可见,在不同的表述方式下,两者之间蕴含同样的原则,一种结

图 2-40　杰克逊·波洛克画中体现的"随意型美学"

构性联系的原则。史密森将其之间的关联结合于杰克逊·波洛克(Jackson Pollock)画中体现的"随意型美学"(random aesthetic)中(图 2-40)。如"国际情境主义"特德波(Debord)1957 年所言阐述:"整体化城市的重要的因素不是房屋本身,而是建筑的复杂构成,在建造情境中,集合众多要素,建立相关联或相独立的环境。其中,实验性城市空间的发展伴随着人的情绪化结合的过程。……那些呼唤全新自由建筑的先行者们应当知道,新建筑发展不在于自由、诗意的线性与形式。而在于与它们所联系的房屋、走道、街道氛围的渲染。"[1]

在此,我们不妨用格林大卫·格林(David Greene)描述"建筑电讯派"的言语来描述"十次小组",即:"他们认为的建筑可能……不仅在于建筑的形式与语言,还是对概念扩张图景化的憧憬。"[2]社会的变革与技术的探索为他们带来新的希望。

2.3　"内与外"——"十次小组"定位认知

对"十次小组"的认知,不仅在于其内在发展序列与属性的梳理,还在于从不同时代,不同视角对其历史地位的剖析。"十次小组"在以其特有历史时间节"点"显示其转承特性的同时,也以其延续的"线"状连续呈现了多维度的影响。

建立于不同时代的对"十次小组""内"与"外"的认知研究,在基于时间点概念的基础上,以"确定时间段"(静态)与"发展的时间脉络"(动态)两种视角,包含了以下内涵。

---

①　Guy Debord 在"Report on the Construction of Situations"一文中提及。

②　Greene,在 Concerning Archigram 一文中提及。

2.3.1 组织"内与外"的关联跨界(横向)

从"十次小组"的本体认知到同时代与其相关联团体的对比研究表明,"十次小组"以一种整体网络化脉络中的节点特性,在成员的关联、理念的交织以及事件的相互影响中,以"内"与"外"的诠释,展现了组织结构与研究领域的跨界影响。

"十次小组"作为一种联系的纽带,在将老一辈 CIAM 成员与先锋派"独立小组""建筑电讯派"等进行组织性链接的同时,以传统、现代及先锋性理念,在"十次小组"会议中,融入各领域学者(城市、建筑、历史、人文等)的讨论和"内"与"外"的交织中。其先锋性的特质,在各种"内"与"外"的组织中,以一种适宜的尺度,引导其认知、辨析、创造的延伸性发展。

此外,我们从其核心成员与会议成员角色属性的组成可以看出,成员的多元角色,带来了"十次小组"发展的多元属性:

先锋派艺术方面:作为英国"独立小组"主要成员的史密森夫妇带来的艺术影响,以及凡·艾克与康斯坦特的交往带来的建筑与艺术的相互碰撞,为"十次小组"的先锋性与学科的内外跨界带来有效的铺垫。

建筑教育方面:在 ILAUD 学校担当主要负责人的迪·卡罗、在英国 AA 教学的彼特·史密森,以及在荷兰代尔夫特理工大学教学的巴克玛与凡·艾克,为小组内外学术流通与互动建立了互通媒介。而其杂志的不断的编辑,也架起了一座学术桥梁,产生广泛影响。

工程实践方面:除了坎迪利斯-琼斯-伍兹在前期柯布西耶的领导下进行的大量城市与建筑的研究与实践,巴克玛、凡·艾克、史密森夫妇以及迪·卡罗在欧洲各地的实践,为其理论的证明提供有效途径。同时,他们与同时代建筑与城市实践之间的关联凸显了具有"十次小组"思辨的集中展示。

组织形式方面:其组织形式的松散与灵活性,带来了每次精心选择的与会成员与会议主题的良好契合。而这种主题性的变化,不仅使"十次小组"内部关注点产生迁移与更新,也使"十次小组"与外界的交流呈现多元化的展现。

可见,"十次小组"的成员组织特性,在一种核心扩散的内与外的层级编织与交互中,以组织、学术、教育、实践的内与外的跨界,呈现一种动态的并置,为上世纪现代主义的革新带来新鲜血液。当然,这种组织与关联属性的松散也带来了"十次小组"个性的纷杂,很难从表面体现其鲜明的特色,但正因为该特性,让人们能够从一种非此非彼、已知与未知、恒定与变化中,感知其不断变化的动态特性。

2.3.2 多"点"定位下的"线"性演进(纵向)

作为一个特定的历史时段,"十次小组"的时间跨度可视为一段历史脉络中的一个节点,以转承与延续的共同属性,并将其自身融入与凸显的方式置身于社会的变革与发展之中。历时近 28 年,"十次小组"以承上启下的作用和个体方式对群体起到延续性的转承作用。

从其内与外的跨界属性可见,"十次小组"的历时阶段,沿袭了包括其前辈 CIAM 在内一系列的时代特性,并以一种前瞻性与批判的眼光,对时代问题进行诊疗。同时,他们试图将先锋派的乌托邦理想融入现实,并以"点"的影响脉络,牵引"线"的关联引发的网络化关联。我们从"粗野主义"的发展、"新陈代谢"学派的提出、大型城市综合体(如交通枢纽建筑）的不断演化、城市层级的多维度与多视角的划分等可以看出，"十次小组"以潜移默化的影响力，点引了城市与建筑众多方向的发展。虽然其时代发展并不成熟，且众多理想化的蓝图仍旧停留于纸上，但由于其组织形式的灵活带来了广泛影响力，且参与人员相互之间便利的沟通，引发了学术、实践、教育等多维度的汇集碰撞，因此他们以集散的形式，延续与跨越地展现了各层面产生的近期与远期的交叉影响。例如，史密森夫妇对城市层级的划分，引发了人们对城市混合结构的思考；坎迪利斯-琼斯-伍兹的"茎""网"概念，呈现了现今网络城市思考的雏形。而他们的"毯式建筑"与凡·艾克的"城市建筑化，建筑城市化"的理念，也为如今建筑与城市的交融发展，带来了启示性的作用。而且，史密森夫妇提及的"As Found"美学的意义，不仅在持续发展的地域主义建筑中，潜在引导了对于传统要素进行汲取、转化的策略，也在广泛的城市与建筑的设计中，启示人们对现实存在本质属性的基本认知原则。他们关于ILAUD的教学理念，仍旧在现今的欧、美，甚至亚洲高校中，以延续性的改良，指导城市与建筑的教学思路。

当然，在"点"激发的发展过程中，相同的概念，在不同的时期，特别是在当代城市的发展中，产生了不同的概念与更为广泛的理解。如：

"流动性"由最初的机动、人行交通的强调，引申至人口、物质、信息的流动；

"大量性"在以解决大量性人口基本居住问题的同时，也以大量的人流、物流、信息流动的理念，展现了信息社会发展的可视与不可视要素集合的城市发展特性；

"格网"理念，也以一种信息的汇集与整理的方式，在数字化的信息时代，形成了影响要因数据分析的处理方式与策略；

"门阶"属性则以城市与建筑的协调发展为契机，藉以思维模式的启示，展现了一种设计与思维策略。

总体看来，"十次小组"在承载了"转折点""激发点""联系点"等多重"点"特性的同时，从不同的维度，不同程度的影响力，将在历史的"线"性演进中，激发多条线索的城市与建筑的发展轨迹。相同的概念，在未来的城市发展中，将以不同的角色与概念，融入城市发展脉络。

3

"十次小组"解析——"中介"理念之策略导入

> "艺术既不是关于自然属性的客观印象,也不是关注精神的主观的意义,而是一种在事物本质属性与事物人文属性之间的联系——一种'中介'形式的诉求。"
>
> ——马丁·布伯(Martin Buber)[1]

3.1 "中介"理念

在海与陆之间,凡·艾克以形象化的生活经历,为我们展示了一幅魅力的图景:当我们赤脚走在沙滩上,涨潮、潮落的潮水时而淹没脚背,时而退回大海,展现的是一种动态的"中介"属性的现实存在。这在人们的介入中得到的是心理与现实之间的互通。(图 3-1)

图 3-1　海滩的中介性表达

哲学自"语言学转向"[2]后,从思维方式上实现了"从两极到中介"的变革。中心论在多元化的论调下,逐渐被共存、交流与融合所取代。两极相对立模式的消解,使人类从两极对立、非此即彼的思维方式中解放出来。这种"中介"属性的诉求,将最

---

① Ligtelijn and Strauven. *Aldo van Eyck*：*the child*，*the city and the artist*，p.53

　"*Art is neither an impression of objectivity concerning nature nor is it an expression of subjectivity concerning the spirit. It results from and manifests the relationship between substantia humana and substantia rerum—the in-between acquiring form.*"

　　　　　　　　　　　　　　　　　　　　　　　　　　　　　　　　　　　——*Martin Buber*

② "语言学转向"是用来标识西方 20 世纪哲学与西方传统哲学之区别与转换的一个概念,即集中关注语言是 20 世纪西方哲学的一个显著特征,语言不再是传统哲学讨论中涉及的一个工具性的问题,而是成为哲学反思自身传统的一个起点和基础。换句话说,语言不仅被看成是传统哲学的症结所在,同时也是哲学要进一步发展所必然面对的根本问题,由于语言与思维之间的紧密关系,哲学运思过程在相当程度上被语言问题所替换。

终引领人们走向事物的本真属性,即一种非极端化的事实存在。借用胡塞尔的"本质直观论",在普遍性与抽象性之间,"中介"理念最终呈现了具体、直观的属性,即现象＝本质,具体＝抽象,直观＝普遍,感性＝理性。这种等号的连立,不是为了表达两者之间表象的等价评估,而是为了强调两极之间建立的一种普遍性存在与不同维度的嫁接,从而以差异与参照的途径,在短暂、间隔、游离……之间形成特定的场所。一切在场与不在场之间留有的空隙与弹性属性,将在"对立"的关联之间建立对事物"空隙"属性的中介性关注,以探讨从不同的维度接近事物本质的不同途径。

"中介"世界,存在着一个二元对话的结构。这种结构体现了两种不同的特性:其一,是严格的二元对立格式,如存在与不存在、理性与非理性、你与他、方与圆、现象与本质、心与物等,之间不存在明显的中介状态;其二,是人类社会存在的程度化对立,如冷与热、内与外、高与矮、传统与现代等,在两极之间存在着相对性的中介状态。而这些"对立"的关联,组织成立的层级与关联的锁定,将最终体现事物的真实关联,并以一种现实存在与内在属性的展现,反思事物的真实存在。

3.1.1 语义

凡·艾克所述的"双胎现象"就是基于"中介"理念不断的演进中,被不断揭示的实际存在。这种"中介"属性体现了一种差异性固有的空间印记。在"隔离与接近"(separateness and towardness)中寻求最终的平衡状态。

"中介"概念可追溯到拉丁语的 *medius*,而新拉丁语中则是表述了"中间"的意义。其潜在内涵首先涉及了"与两极属性相同距离"的空间意义;其次表述了一种"媒介"与"中介"意义;而进一步的意义则表达了基于数字的比例与意义的和谐。我们在理解"中介"概念的同时,可以将其看作是一种承载两个个体或者承载两个整体的平衡区域。[①]

海德格尔将"中介"的概念联系于"间隔""空隙"与"距离"等概念,并在其文章《建·居·思》(*Building Dwelling Thinking*)中将"开放性"(openness)作为辨识差异性的入口,将一种干预与调和的空间属性介入事物的链接属性之中。这种"中间"(between)空间属性的概念已脱离了纯粹量度距离上的中间概念。对于人来说,空间不再是眼前的整体事物。"这既不是一种外部客体,也不是内在的经历"(海德格尔 1954),这也不是存在于某处或某空间的简单意义,而是一种在开放性的存在中,由差异性导致的空间干预的"双面性"存在。

3.1.2 矛盾性的永恒

根植于西方的思维,古希腊的哲学家们希望在不断的运动与变化,以及矛盾对立物的联系之间,发现一种基本的永恒特质,成为一种确立世界真理的途径。

希腊哲学家赫拉克利特(Heracleitus)认为:"真理存在于矛盾之中,并形成和谐的整体。"任何"现象"可视为在永恒的现实中,不断暂时性改变的集合。如他所言:"世界的和谐在于反向的弹性之中……一对事物可以是整体,也可以不是全部,两者在不协调中达成一致。而和谐也是不和谐的表现。"[②]对他而言,两极之间与其说是一种矛盾性的差异,不如

---

① Ereoges Teyssot 在 *the topology of thresholds* 一文中提及。

② Heracleitus,1931:489

说是一种永恒的相互流动过程,"所有事物都在不断的相互传递。"① 这是一种物质的连续流动与相对持续性的表达。凡·艾克以赫拉克利特所说的一句话,作为他在《建造房屋》(Building a House)文中的主要线索,即:"人们不能两次踏入同样的河流。"而这种流动性与差异性的概念,在日后逐渐成为凡·艾克对时间与空间,场所与场合之间进行辨析的主要依据。时间作为流动性的事物,在不同的空间,不同人的意识中创造了不同的场所意义。

可见,矛盾辩证的立场基于动态的联系,成为一种链接的有效方式,形成具有"中介"意义的永恒特性。这种永恒,存在于瞬间片段的排列与拼贴之中。在此,矛盾的意义成为一种"模糊"而"模棱两可"的"中介"属性。赫拉克利特将这种相对概念的结合,描述为一种第三类的现象。这种"真实的第三类"也成为众多学者关注的有趣现象。

3.1.3 "真实的第三类"

以凡·艾克对马丁·布德②描述的关于哲学对话的理解,"部分人"(part of man)与"作为部分的人"(man as a part)被视为一种"中介"的诠释。作为一种"双胎现象"(twin phenomenon)的分离,这是一种"真实的第三类"③的表述。在凡·艾克看来,"'真正的第三类'是一种真正的对话,一个真正的拥抱,一个在人之间的真正的双重属性"。④ 这里的"第三类"可看作建立在"狭窄的边界"(the narrow borderline),包含了两极属性的双重属性。这种"真实的第三类"表面游离而非确立的特性,是一种不可取代的桥梁式链接。这种"中介"不是一种狭隘的个体态度,也不是一种中立的彼此妥协,而是在整体之上,"两者"之间相互触及的真实存在。布德认为,"'中介'领域不是一个临时的权宜之计,而是一个真实的场所,是人类之间事件相互传递的信使"。建筑要成为人性化的产物,对于"中介"领域的关注不可或缺。

在马丁·布伯的《我和你》(I and Thou)中,"我和你"或者"你和我"是一对具有相互性与整体性的存在。这是在真实的存在中的相遇,没有任何相互之间资格化(qualification)与对象化(objectification)的问题。"在'你和我'的相遇中,无限与普遍性是一种真实的存在"。各种描述性语言,如"会面""对话""交互"以及"互换"等着重表述的真实行为与潜在意义,展现了个体与个体间的相互作用与相互关联。就"个体"与"群体"而言,孤立性视角,非整体性切入,很难把握事物之间的复杂联系与发展前景。这种整体性是一种相互关联的综合存在。所以,一个"整体人"的存在就是"个体"与"群体"之间在另一种维度中的存在,一种"真实的第三类"的维度。以布伯的一句话描述这种"中介"属性:"在主观性的另一面,在客观性的这一面,这是我与你会面的狭窄边界上的'中介'领域。"⑤此外,除了"对比""对话"等描述性的论调外,凡·艾克对"中介"的理解还以一种诗意的赋格诗(fugal),成为链接人们心中的理智与情感、精神与欲求的导体。这是基于时间的维度,在"此刻"与"下一刻"之间寻求诗意的嫁接。这种模糊的概念,调和于"开放"与"闭合"、"空间"与"实体"的纷杂对立中,强调某时某刻共存的现状。就如同呼吸的进与出,也如同镜中成像中的相互审视,

---

① Alison Smithson,1982

② Martin Buber,1878—1965,奥地利-以色列-犹太哲学家。他对宗教的自我意识、陈述性的关联以及社区等理论都有研究。其中在《我和你》(I and Thou)中提出了著名的"对话性的存在"(dialogical existence)的合成理念。

③ 马丁·布德所言的"the real third"。

④ Aldo van Eyck(ed.) 2008:53-54. Ligtelijn and Strauven. *Aldo van Eyck*: *the child*,*the city and the artist*

⑤ Aldo van Eyck(ed.),2008:68-69 Ligtelijn and Strauven. *Aldo van Eyck*: *the child*,*the city and the artist*

"中介"本体在非此非彼的模糊中,逐渐建立相互之间的潜在关联。

在"两者"之间的对话中,马丁·布伯提出:"一方应当让另一方了解相互支撑存在的重要性,这也是一种人性化的体现。"①

3.1.4 "门阶"——一种循环的门槛与边界

> "我们如今能够假设'限定'(limit)与'门槛'(threshold)之间概念性的差别为:'限定'扮演了必要的重新开始的角色,而'门槛'则是最终无法避免的变化定义的确立。"②

什么是"门"? 从带着铰链的平面到多维空间拓展,门的空间已逐渐模糊与多样化。"穿越"的动作同时经历了"进"与"出"的过程。"门"作为出口与入口并置的要素,体现了物质与非物质特性,并在扩展的"中介"领域,逐渐成为现实存在中值得关注的现象。

除了身处"之间"的过渡状态,我们不妨将"中介"领域同时视为对不同目标点和不同层面的起始或入口。这种"起始"脱离了内与外的概念,处于动态交织的点与空隙之间。本雅明(Benjamin)强调:"门槛与边界有显著的区分。门槛是一个区域,变化、通过、衰退或是流动都融于其中。"可见,"中介"作为门槛的特性,在包含了边界属性的同时,以一种动态的特性超越了边界。"中介"以边界为核心,在不同作用力的驱使下,向两极或多级蔓延与扩展,并在不同的时段,不同的驱动力,不同的强弱对比下,形成不同的瞬间状态,以表达对"两极"(或者多级)特性的涉及程度。

可见,对于"中介"领域的关注,为人们进行事物特性研究提供了另一个"门槛"与反思空间。这种真实而容易被人们所忽视的存在,以一种"真实的第三类"的角色,在扮演"模糊"属性的同时,真实描述了存在于事物之间的网络化关联。

门槛的存在,作为一种社会现实在哲学层面的延伸,被纳入"十次小组"的讨论中,成为具有广泛意义的思绪开端,并随着"时间"维度的注入,引申为"门阶"的思考。

对"中介"理论的理解,引发了凡·艾克、史密森夫妇,以及赫兹博格等"十次小组"成员对城市与建筑发展中关于"门阶"的思考,并延伸了"狭窄边界"的意义。他们将其拓展于理论与建造层面的实证,并将相互之间的关联归属于多重意义的平衡与发展。当然,"门阶"概念不能囊括所有的"中介"领域,因为后者包含了更为广泛的意义,包含了一种在互惠基础上的适宜尺度与数量概念,一种在时间发展的基础上认知领域与技术领域的不断协调与延伸。史密森夫妇在《大写》中将其视为回归事物本质根源与认知"城市与社会要素"的开端。他们在机械主义社会发展的进程中,以日常生活中器具的革新作为审视社会发展的视角,在现实与未来之间,以弹性与流动性的原则找寻信息传递的媒介。同样的建筑,在不同

---

① Martin Buber, Gleanings(New York: Simon and Schuster, 1969). 原文为:"The unavowed secret of humanity is that we want to be confirmed in our being and our existence by our companions and that we wish to make it possible for us to confirm them, and . . . not merely in the family, in the group assembly or in the public house, but also in the course of neighborly encounters, perhaps when we or a neighbor steps out of the door of their house or to the window of their house and the greeting with which they greet each other will be accompanied by a glance of well-wishing, a glance in which curiosity, mistrust, and routine will have been overcome by a mutual sympathy: the one gives the other to understand that each affirms the other's presence. This is the indispensable minimum of humanity. "

② Gilles Deleuze, Felix Guattari(1987)

环境与使用意义下,评价标准将以多价性呈现,并以此确立不同时间、环境与文化中的多元表达。

《论坛》杂志以凡·艾克的《另一种理念的陈述》出发进行"中介"性讨论。随后,古特曼和曼兹在1952年锡格蒂纳会议,史密森夫妇在艾克斯会议中,均进一步强调了"中介"领域的重要性。他们以"门阶""门槛"的概念增强了对两极之间存在空间的比拟。休·哈代随后以"相遇"作为比拟,建立建筑的人性化与多元化的"中介"属性。他认为这种"相遇"的场所不是一个"阻碍的壁垒"(barrier-impediment-partition),而是事物相互叠加、重塑的场所。两者或多者的同时在场在入口的"门阶"区域建立了必要的关联。

作为一种预备与转承,"门槛"式的"中介"特性在现实的存在与不断演化中,承载了客观到主观的能动性转化,以及在不断的演化中相互作用在层级关联中不断延伸。作为一名建筑师,凡·艾克认为边界与门槛的存在不会建立相互之间的隔离,不同领域之间的合理分割,往往最终汇于一种交叉与循环的联系当中。建筑是一种开放性的艺术,而不是封闭的艺术。他提出"以各种开放式的空间,创造一种闭合性"。两极之间应放弃相互之间的否定,换以积极包容的态度,面对互给而循环式的边界特性。

3.2 "中介"模型解析

为了便于更好地理解"十次小组"的基本特性,本书希望从其多样化特性的归纳与总结中,藉以"中介"模型理念的切入,形成主导性的思路序列,并以此逐渐呈现其纷繁特性下的主旨性串联与分析策略。基于此,"中介"理念将成为"十次小组"研究的主要线索与途径,在本文的逐层展开中,扮演特质化的灵魂角色。

3.2.1 "中介"特性

"中介"可视为在"二元对立"的基础上,批判而真实看待现实世界的思维模型,感性与理性交织的情感模型,模糊与清晰之间摆渡的空间模型。"二分对立"下的二分法,在对一组矛盾进行解释的同时,随着"后-"(Post-)学理论①的介入,逐渐形成对立价值的重新审视。

传统意义上,"中介"性描述了两极之间的存在特性。其本意指代两极属性之间的空间特性,即在一对"矛盾"或两极概念的叠加基础上,产生介于中间状态的"真实的第三类"。这是在具备两极特性的同时,自组织形成的具有复合性特征的"中介"特性。而这种本身具有某种"边界"属性的存在,在一种没有边界限定的范围内,涵盖了两极的部分属性,并以同时存在的叠加特性与不在场的时差性交互,形成该领域的基本特性。

在现实存在与理想化的描述中,"中介"内涵的拓展表达了不同层级,不同属性共同叠加之后产生的多维领域的存在。藉此,其范围的叠加已非局限于两极之间,而是延伸至多层面,无层级的空间叠加,一种具有原始代码、即时重组的全新空间的"整体"。该"整体"概念,脱离了传统单一多元化的描述,而是一种在截取事物多个"边缘"属性的基础上,逐层叠加的动态构型,是一种不断更新、变化与演进的过程。在"变化"成为永恒主题的当代社会,从静态向动态的变迁,成为网络化联系不断完善与更迭的前提。其中,时间要素的介入,在提供了过去、

---

① 如后结构主义、后现代等,寻求对本体属性批判性的重构。

现在与未来串联性层叠的同时,以"变化与发展"的角度,建立了不断显现的历时特性。

对于"中介"性状态的先验性理解,是一种平衡状态的预期,一种"动态平衡"。但社会现实的变化,个性彰显的需求,已不再仅停留于"平衡"的终极目标。某种意义上,集中个性的表述,也可看做是在打破"平衡"的同时,建立的另一种"中介"状态。而该"中介"状态,是在"平衡"的基础上,对于"极性"触角的延伸,以突出中介领域在不同时代,不同环境下的多项度表达。

可见:

"中介"的存在可看作在动态的变化中,对片段结合的多维度进行多元交互联系的场所与分析模型,也可看做是不断接近事物本质的"模糊"存在与"多价"属性拓展下的思考策略。其不断演化的过程,呈现了一种以"模糊"与"外围"的思考模式,对事物的核心"矛盾"与"复合"内涵进行多维思考的原则与特质。

"中介"概念,已不再局限于空间概念本身,而是一种广义的思维模式与策略模型,一种以多价属性为前提的动态、即时、多价的研究准则,以探寻事物真实性的整合模式与关联梳理。在此,笔者认为"中介"属性作为一种思考工具模型,在多重演进与变化的过程中,不断体现了以下特性与内涵,即——"相对性、互给性、历时性、多价性"。

1)相对性

无论在物理还是哲学领域,或者是正式还是非正式的记载,相对性很早就已成为人们思维的媒介。

在爱因斯坦提出相对论之前,"相对性"已成为科学研究的焦点①。从公元前 5 世纪古希腊赫拉克里特的"对立统一"理论开始,描述了自治与相互关联的特殊系统,即一种无阶层的统一整体。文艺复兴时期早期,尼古拉·库萨(Nicolaus Cusanus)建立的全新世界观,在传统的整体与多样性的反思中,认为世界是一个无限的有机体,其多样性与相对性也是普遍性的集中体现。他认为个体的存在是基于另一相对主体的映射,一种在不同"镜面"下产生的不同曲度。虽然库萨没有将相对性建立为普遍原则,但之后,"相对性"在维科(Giambattista Vico)的历史学、洪堡(Von Humboldt)的语言学以及歌德(Johann Wolfgang von Goethe)与布莱克(William Blake)的诗歌中以不同的维度进行了发展。

现代哲学的相对性中,伯格森(Henri-Louis Bergson)②的时间哲学与胡塞尔(Edmund Husserl)的现象学成为相对性理念的主要代表。胡塞尔在同时反对 19 世纪末的主观主义与物质科学的客观主义同时,认为从"相对性"的特性出发,从事物自身角度讲述本体的意义,将有助于逐渐探寻事物的本质属性。这不是将事物的全面把握建立于消极的感知,而是将主观与客观之间相互结合,在多样性系统中产生多重连续的呈现与预示。他认为的"本质还原"(eidetic reduction)即希望从不同的角度,以不同的可能性,揭示不同的连续性。例如,我们从城市与建筑的发展策略来看,先天条件的优越或缺陷,不能成为判断其最终成功与失败的绝对标准。其原始的缺陷也许会成为其发展的初始动力与成功的主力因素。而优越性也可能将在时间的发展中,逐渐被消解,成为非优势化的普通条件之一。

---

① 从西方古希腊文明起,无论物理与哲学的领域都涉及了"相对性"的讨论。而奥地利物理学家与哲学家 Ernst Mach 就在爱因斯坦提出相对论 20 年之前,在其文中出现了相对论的讨论。

② Henri-Louis Bergson(1859 年 10 月—1941 年 1 月)法国哲学家,其主要的哲学思想是对 process philosophy 的思考,一种"becoming"或者"being"的本体论的思考。

因此,在两极或者多极的变化中,绝对化的极性属性不再充当主角。内与外、多与少、传统与现在、整体与局部等相关意义在不同的参考系、不同的时段,具有不同的含义。现实的多样性在现代科学的指引下表达了相对性的多重内涵。凡·艾克在现代科学与艺术发展的基础上,认为当代科学的发展已不再是独立课题的延伸,而是人与自然相互作用下的发展历程。时间、空间、物质与能量作为密不可分的要素形成统一的整体。他所认为的"空间-时间-物质-能量"(space-time-matter-energy)连续统一体①概念的建立,表述了事物原始物质收缩与扩张的内在规律。这种相对性的连续统一体在宏观与微观的世界共同表达着统一体的概念。主观与客观之间密不可分的关联,在日常性的社会现实中共同揭示了内在现实的外在成像。同样,在建筑与城市的关联中,"内在世界"的延伸,充当了两者之间嫁接的角色,凡·艾克就试图在主体与空间、主体与主体、时间与空间中寻求"场所"与"场合"、"多重内涵"与"迷宫式清晰"②的相对性意义。可见,非绝对性在相对性的实证中,以"模糊"的关联,阐述了真实的存在。

　　2) 互给性

　　"互给性"在不同层面的分类中,具有不同的属性的诠释:其一,"普遍互给性"(generalized reciprocity),可以看做是不受限制的共享与给予的过程。一种不求回报的过程;其次,"平衡与等价互给性"(balanced or symmetrical reciprocity),是一种以期待回报达到的平衡交互。平衡状态的互给,将会在适当的距离中找寻适度的关联准则;其三,"消极互给"(negative reciprocity),是在陌生的"两者"之间,建立的最低信任度与最大的社会距离。这可以看做是较为普遍的相互之间的存在状态。③此外,另一种"道德互给"(moral reciprocity),涉及了人们在非物质与非现实层面进行的非理性化互给。在城市与建筑的领域,基于非物质层面的互给,潜在地起到了主导作用。

　　此外,在不同特征的"互给性"中,两者之间的互给,逐渐转化为多者之间的叠加与多维关联。互给性突出了在多者中的任意两者或任意多者之间,相互促进的作用与反作用。"两者"④的出现呈自觉性互补的状态,如《论坛》中所言,"这就仿佛是药剂与病毒之间的作用,病毒的扩散将与解药的效力一样同时存在与并存"。如马丁·布德讲述的主观与客观之间的关联,层级的叠加,已不再是单纯的几何累计,而是在互给中强调相互依存的全新意义的产生。这是在相对性的基础上,建立的极性特质在相互渗透与反应下不断编织的全新物质性与非物质性的表达。以凡·艾克的"双胎现象"的互给逻辑描述:"人是建筑的主题与客体,人的主要任务就是在主题与客体的角色中,相互提供彼此的不足。"⑤可见,从对立面分析进行自身理解,将是"互给"过程的可靠途径之一。

　　在当代的社会阶层中,社会、伦理、规则、文化人类学、心理学等不同领域的相互融合,排除了积极与消极状态之间的隔阂。互给性的潜在意义,指代了在不同的社会存在要素之间,不断"分裂""结合""分裂＋结合"的现象叠加。可见,"中介"领域的"互给"属性,从物质

---

①　概念的引发来源于德国科学家 Werner Heisenberg 的 Quivering Absolutes。

②　详见第 4 章。

③　以上的互给特性,主要为经济学中交换系统与市场之间的关联。作为"中介"性的联系,本文试图以此启示在各种关联之间可能产生的互给状态。主要概念来源参见:http://en.wikipedia.org/wiki/Reciprocity_(cultural_anthropology)。

④　"两者"用以指代广义的交互对象,并非真正两个对象。

⑤　Aldo van Eyck 在 1948—1961 年中的作品中提及。

与非物质层面，基于各要素的相互作用，构建了以相互之间不同张力的联系为主要原动力的审视态度与思维策略。

基于"互给性"基础上建筑与城市交集共享的双重空间的建立，以一种延迟的状态，为两者提供了一种预备与等待的入口。这种入口以一种进入状态的延迟，为两者带来了互惠的可能。

3）历时性

"中介"领域非层级的并置与重叠，不可避免地将时间作为主要因素，并在导入建筑与城市的发展与构型的设计原则中，成为创造各因子连立与共生的主导因素之一。"中介"属性的"历时性"，在时间的持续与流动中，呈现了"十次小组"提及的"发展与变化"的主要特性，一种变化的视角下不断更新的理念。

伯格森关于时间的研究①，试图克服人与自然科学之间的两分法，建立现实世界之间的联系，从而回归"知觉的瞬间数据"（immediate data of consciousness）。他在自然科学与哲学中认为：时间是一种自治、机械化的过程。抽象、多样、无限基于牛顿空间中的均好式时间概念，并不是时间的本质属性。"真正的时间"（real time）具有完全不同的属性。其持续过程将在不断连续的层面，以多向度重叠方式相互渗透，形成不断生长的非规律性过程。其中，没有明显的界限，没有明显的倾向，也不是单纯与数字联系的概念。这种持续性，表现为"纯粹的多样性"（pure heterogeneity）②。而这种多样性经历的不是任意性的过程，而是连续的表达过程。其间，事物不是机械的并置，而是在时间的流逝中，相互串联成不可分离的连续型整体。这种持续的阶段以时间的历时性说明了一种连续的自组织过程。

除了主体与客体、整体与局部，以及瞬间与变化的意义，伯格森有关时间"持续性"的概念表述了过去与现在中确定性与自由的概念。他认为，"持续性"是不可延展与多样混杂的状态。某一部分不能在相互影响的前提下，并置成为独立部分的延续。"中介"的历时性，就是在这种"持续"的变化中，呈现了不同时间基于事物本体的不同状态。

我们从蓝天组在维也纳的煤气罐改造（图3-2）中可以看出，在"历时性"的时间轨迹中，"现在"概念并非孤立，而是一种联系过去与未来的结合点。现实的存在是不可分割的流动性与变化，因此"过去"与"现在"形成了不可分割的整体。该项目在煤气罐主体持续存在过程中，以"过去"的记忆串联与"现在"的连续，建立具有多向度超越性的四维延展。他们将前瞻的意识与"现在"相互联系，以过去或未来的感知描述"现在"的存在。他们将自然视为空间、时间、物质与能量联合的整体，在相互之间形成纯净的相互关联。

图3-2　蓝天组在维也纳的煤气罐改造中现代住宅与煤气罐的并置

4）多价性

在马丁·布伯的"我"（I）与"你"（Thou）之间，事物的发展处于非单向性因果的发展序

---

① 伯格森在主要哲学基础对 Duration 的思考。这也是他的博士论文 *Time and Free Will：An Essay on the Immediate Data of Consciousness* 中的主要内容。

② H. Bergson 在 *Time and Free Will，an Essay on the Immediate Data of Consciousness* 一文中提及。

列。自远古就建立的相对性空间概念，并不完全显现抽象、单一与连续的属性。空间概念在抽象于空间实践的同时确立的关联属性，同时表达了非中心化的多样性。赫兹博格在《论坛》中，从法国的阿尔勒（Arles）圆形剧场（图3-3）、意大利的卢卡（Lucca）广场（图3-4）以及中国的客家土楼（图3-5）中得到多样性的启示，以此形成"多价"意义：相同的形式与尺度可以在不同的环境，建立不同的表现结果。

图3-3　法国的阿尔勒圆形剧场

图3-4　意大利的卢卡广场

图3-5　中国的福建土楼

此外，我们以凡·艾克对于家的理解，也就能看出单一概念的多价延展。①

(BUILT HOMECOMING)		(ARCHITECTURE)
A home for existence	:	the spiral of reality
A home for man	:	the interior of existence
A home for past and future	:	the interior of the present
A home for gathering experience	:	the interior of the mind
A home for awareness	:	the interior of vision
A home for twin phenomena	:	the in-between realm
A home for idea	:	inside imagination
A home for dialogue	:	a bunch of places

　　赫兹博格在《论坛》中以"多价"②概念，描述了"多重意图"（multipurpose）导致的事物

①　Aldo van Eyck，2008：51
②　Hertzberger H. 于1962年在 *Flexibility and polyvalency* 一文中提及。

复杂性与可塑性本质。在此提及的"多价性",可看作是对单一"功能主义"的批判,这是在时间突进过程中功能的异变与重叠。对他而言,"多价"表明了形式本身的清晰与持久性。时间与建筑之间的关系在于对建筑临时尺度的认知,即在不同时刻以不同角度阐述建筑之间的区别。这种基于"历时性"概念上的"多价"显现,在突破事物自身物质属性的同时,以多重维度,激发了处于"中介"与动态发展中的事物在单一与多样性之间蕴含的"多价性"转化。

赫兹博格于1964—1965年设计的荷兰代尔夫特达古恩(Diagoon)实验住宅(图3-6,图3-7),就以"半成品"可变性的概念打破了现代主义建筑的一元特性。他在结构主义的理性基础上,以错动的空间,使单一性表面蕴藏了多元可能,并随着时间的推移,满足人们不断变化的不同居住形式的空间需求。他以一种"可阐述建筑"(interpretable architecture)作为"多价"的代言,在空间与时间维度进行多意义的表述。

图3-6　荷兰代尔夫特达古恩(Diagoon)实验住宅　　图3-7　达古恩实验住宅平面

此外,建筑和城市基础设施在扮演重要的城市干预角色的同时,超越了单纯的传统功能。流动、标识、聚集、网络编织的"多价",成为一种在不断更新的"即时"特性下,多元汇聚的"中介"场所。

由此,建筑与城市的关联在突破了单一性的同时,在"空间可能性"(spatial possibility)的结构主义哲学探讨中,以多元化的实践,在时间维度追求互换性的可能。相同的空间功能在不同的时期,扮演着不同的角色。在此,各要素之间不是简单的串联,而是并联与串联结合的状态。时间作为"调节剂",在"互给"中协调"多价"功能的相互更迭。

3.2.2　"中介"之发展层级

在社会现实与城市建筑的研究中,"中介"特性在不断的深入与延展层面,可看作三个主要基本层级的递进过程:

1) 层级一:两极之间(图3-8)

传统"中介"意义的始端,源于两极之间:内与外、黑与白、整体与局部、群体与个体、开与关、过去与现在、乌托邦与现实……。极性的确立是"中介"领域定义与描述的基础,其意义与内涵,以一种建立于相对性的直接联系,对"中介"属性进行确立与评价。在此,两极属性之间相互叠加与影响的权重,在一定程度上决定了"中介"属性的不同倾向。

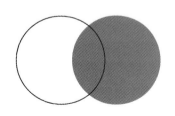

图3-8　层级一

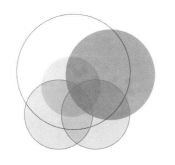

图 3 - 9　层级二

2）层级二：多价叠加（图 3 - 9）

随着联系因子数量的不断增加，"中介"领域的内涵同时产生了不断的延展。两极属性已不能满足"中介"领域多元化的扩展。

首先，在两极的各极性之间，存在一个或多个要素成为联系两极之间的媒介，而这种媒介与两极之间形成的关联，就形成了多价性的网络框架。我们可将其视为一种外在干预式的建立过程。

其次，在每个极性的各子系统中，各自延伸的分支，在其他的领域将会形成交集。而这种外在交集带来的关联，将与本源之间形成整体的框架体系。在这种体系中，本源的极性因子又同时会成为其他网络框架的外在因子。因此，这种互给式的多价叠合将最终促成整体的集中体系。我们可以将这种组织的过程视为内在演化的组织模式。

可见，内与外之间的相互作用，将最终形成多价性的认知框架。

3）层级三：多维动态关联

在此，我们借用史密森夫妇的"布鲁贝克图示"[①]（图 3 - 10）进行多维动态的关联表达，其中包含了两个层面：

其一，极性要素的动态交织形成了不同发展方向的延伸。在此，不妨借用"Screentone"[②]图像的形成过程，比拟该"中介"领域的基本形成（图 3 - 11），即：带有不同或者相同肌理、形式矢量与位图的两极图像，相互叠合（或者旋转叠加）。其叠加的错动、比例，成为主要的影响因子，创造另一种视觉、艺术、空间或心理上的综合映像。

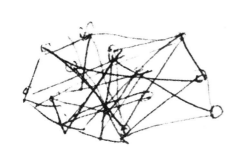

图 3 - 10　层级三

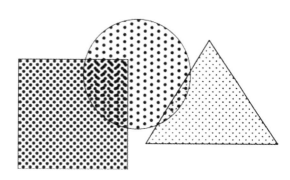

图 3 - 11　"Screentone"图像

其二，在引入时间概念的基础上，看待关联与变化的发展趋势。过去、现在与未来均为相对概念。在多价叠加基础上建立的动态结构体系，将是"中介"属性全新而有现实存在意义的认知途径。这种状态，会在不可预测的轨迹中不断发展，在不同的时代给予不同属性的定义。多层级的交织、层叠，在不同的形态、透明度、渗透力、空间位置的影响下，呈现多层级的空间三维的交织状态。这种"中介"领域的形成，不再是单纯的叠加，而是在空间矢

---

① 详见第 8 章。

② 也被称作"Zip-A-Tone"，一种在图画中赋予肌理与阴影的计算机技术，通过透明性的叠加、旋转等方式，创建另一种图示的显现。参见：http://en. wikipedia. org/wiki/Screentone。

量联系的过程中,产生的无阶层综合体。史密森夫妇的"布鲁贝克图示",正形象地说明了在空间化的"中介"领域,相互之间最终联系方式的变化与状态。其中点、线以及产生的面与面之间的相互交织,形成了现实的"真实"存在。在此,时间作为隐性的叠加要素,使"中介"的空间状态以不断的拓扑变形达到最终动态平衡。可视与不可视因子的相互作用,在整体的中介领域起到显性与隐性的相互支配作用。

进而,一种稳固的网络化系统的不断成熟,体现了一个或多个单维与多维系统的不断交织状态,各自自成体系却相互关联。"多维+多维+……""一维+多维+……"的中介状态,成为该层级主要的呈现方式。

4)未知的开放层级

以一种动态与发展的眼光,可知与不可预知占据了相同的比例。该层级的出现,不在于表述某种存在,而是在"中介"模糊领域未知的发展状态,预留"开放性"的思考空间。

"中介"特性三层级的递进式分析,帮助我们建立了对"中介"领域不断变化与复杂特性的逐步认知。当然,真实的世界,不局限于三层级之一的某一层面,而是在不断交合中的动态发展。对于极性事物中介领域的分析与认知,需要以三层级意义整合的延伸,完成在不断变化中两极之间"中介"意义的内涵。作为看待现实的世界观,层级化的认识与梳理,在清晰思路的同时,有助于全面感知体系的逐步建立。

3.2.3 "中介"模型之"形式对应物"特性

"中介"领域是否具有具体和可以遵循的形式?

从"中介"层级的分析可以逐步清晰,不同的复杂程度在不同的层面,表述了不同类型形式的拓展。单一性、多元化层级的递进,在形式表述中,体现了不同维度的思考价值。在此,我们以"十次小组"中"社会对应物"(counter-form of society)[①]的启示,尝试建立"中介"之"形式对应物"的主导概念。

"社会对应物"强调的不是针对性的具体存在,而是在"两者"或"多者"之间调和的产物。这也可以看做是物体在镜中成像形成的与本体之间相互对话的整体。这种非此非彼,而又彼此兼顾的特性,在"中介"概念中成为其形式与"对应物"生成的基础。在此,我们可以将"形式对应物"看作主观意识与客观存在的结合下,真实现实中另一客观的对应表达,并被人的主观意识所反映。这种形式的对应物,不仅体现一种外在的形式化,更强调一种内在联系性。形式的存在在"中介"领域的扩展中,以实体与虚体的建造,形成多层级之间综合体的编织。

在此,涉及"中介"特性的具体"形式对应物",首先应建立已经存在,并起到结构支撑作用的构型系统。系统中每个构型的对象具有恰当与完备的配给设施,确保在现有肌理的结构中,为重要因素的介入预留必要的空间与场所。在现有系统中,动态的主体结构具有完备的特性与交互场所。这种交互与置换的预留,建立了"来"与"去"、自我独立与相互关联的系统。每个预留的场所又可以看做是下一个具有完备配置的系统的开端。而"中介"模型就在各种"点"与"点"之间的联系中形成了最终的相对稳定状态。这种点与点之间的意义在于系统与系统、系统与子系统等之间连立与分形的过程。而最终的"中介"形态,就是在这种不断延伸、开放式的动态平衡中逐渐形成。所谓的"大型"与"小型"的结构已经不存

---

① 详见第5章。

在相互附属的关系,而是一种在"中介"环节的镜像中的相互影响。

可见,"形式的对应物"是对现实反思基础上逐渐成熟的可见与不可见的关联。也可视为不断发展与变化中"现实"的对应物。

在此,我们姑且将这种应对于"现实"的"形式对应物"归纳为以下特性:

1. 不是等价性的统一,而是不同密度的复杂统一体;

2. 不是隔离的区块,而是深层关联的结合体;

3. 不是抽象隔离的形式化系统,而是在历史的关联中形式语言的延续;

4. 不是纯粹客观、中立、非主观意义的立场,而是人们的主观意识与客观存在之间的交织结果。

由此,"中介"模型,以另一种世界观与认知观导入,反思全新的本体论,开启对人与事物之间全新关系的认知方式。不同于相对主义①的相对性概念的是,"中介"空间的模糊并非混乱,而是在事物普遍联系与相互关联中,建立复杂而有序的另一种系统,一种有形加无形,非明确的有序。对于"十次小组"的研究,不在于重蹈柯布西耶式的绝对性逻辑下的激情,而是以一种潜移默化的"中介"属性在非阶层化的阶层之间确立相互之间的联系,从而诱发跨越传统层级之间多维交叉的发展,并在内省与外在干预的双重作用力下,最终达到不同现实的"动态平衡"。

3.3 "十次小组"角色之"中介"解析

本文对"十次小组"的"中介"认知,将立足于其本体的"矛盾"与"模糊"特性的探索。这种"矛盾"或"模糊",并不是一种对立,而是在相互批判与辩驳之间的包容与和谐。我们也可将其视为"十次小组"本体特性"对应物"特性的描述。

"中介"的认知,可视为一种源于本源而反向辨析的思维推进与深层拓展的有效途径。

3.3.1 继承与决裂

从 1954 年 9 月"Team X"名称②的正式形成,到 1956 年吉迪翁对"Team Ten"名称轻描淡写的提及,以及之后经历的 CIAM 与 Team 10 的模糊阶段③,再到 1961 年"十次小组声明"的最后签署。我们可以看出从 CIAM 向 Team 10 的转变,是一个扬弃与并进的双重过程。

源于 CIAM 的"十次小组"以一种决裂的姿态构建自身平台,并建立了对现代主义建筑进行讨论的年轻一代的全新理念。但实际上,"十次小组"与 CIAM 的决裂也受到了部分 CIAM 主要成员的支持,其中吉迪翁与格罗皮乌斯起到了关键作用。CIAM 8 会议决定"在尽可能多的国家建立年轻的团体,以此来延续 CIAM 的工作……"。CIAM 10 会议上,吉迪翁认为应当让年轻成员摆脱 CIAM 的负担,获取完全的自由。

---

① 相对主义主要特征是片面地夸大事物性质的相对性,抹杀其确定的规定性,取消事物之间的界限,从而根本否定事物的客观存在。在认识论方面,相对主义夸大人们的认识的相对性,把相对和绝对完全割裂开来,否认相对中有绝对,否认客观的是非标准。相对主义是诡辩论的认识基础,由于它把一切都看做是相对的、主观的、任意的,取消了真理和谬误的客观标准,因而为颠倒黑白,混淆是非大开方便之门,成为进行诡辩的最应手的工具。

② 见第 1 章中"十次小组"名称由来。

③ 1960 年史密森夫妇编辑下的《建筑评论》(AR)中仍旧出现了 CIAM Team 10 共存的模糊标题。

充满活力与责任感的"年轻一代",在"老一辈"的鼓励下①,从独立举办会议②,到最终"十次小组"的正式形成,无不体现了"矛盾"与转承的重要角色。这不仅是时代的延续,还是观念的继承与开拓的开始。CIAM 消亡与"十次小组"的出现中产生的重叠与灰色时期,也是老一辈与年轻一代关系紧张与相对独立的时期。虽然格罗皮乌斯对"年轻一代"支持的建议最初受到了 CIAM 老一辈的极力反对③,但他始终认为:"年轻一代能够看得更远。"当然,他也客观地认为,CIAM 的移交还是一个长期的过渡过程。就如蒂里特表述的柯布西耶相关意见一般:"年轻一代的成熟是一种自然的演进,而非一蹴而就的突变。"格罗皮乌斯坚信这不在于年龄,而在于经验。人们需要的不仅是 CIAM 9 或 CIAM 10 成员的影响力,而是两代人的合力。

如博斯曼(Jos Bosman)所言④,在这个"灰色"的历史时期进一步研究"十次小组"的出现与 CIAM 消亡历程,不难发现他们在相似与矛盾中产生了千丝万缕的联系。吉迪翁认为,1950 变革的年代,当"年轻一代"在会议中对 CIAM 旧有的理念进行批判;当"十次小组"成员着手以踌躇满志的蓝图弥补《雅典宪章》的不足;当"功能分区"被史密森夫妇以盖迪斯(Patrick Geddes)"山谷断面"(valley section)式的"人际关联"进行抨击与替换时,"十次小组"的许多观点,如"毯式建筑"中的"开放式"(open-ended)风格,"簇群"(cluster)概念等,仍基本源于 CIAM 主要的论题。会中,吉迪翁以《空间、时间与建筑》(Space Time and Architecture)中的观点,阐明城市中时间与空间的转化改变了城市的意义。设计者应当学会在"动态场域"(dynamic field)中,链接各种作用力,以一种复杂而弹性的系统,批判静态的死板划分,以一种开放与可持续的性征,形成各种因素相互制约的活力场所,来满足不同类型的需求。坎迪利斯-琼斯-伍兹设计的柏林自由大学正延续了这些基本理念,为今后的发展留有充分的余地与出口。此外,他在《建筑与过渡现象》(Architecture and Phenomena of Transition)中,更为细致地阐述了坎迪利斯-琼斯-伍兹与凡·登·布鲁克与巴克玛的重要意义,并认为他们在实践中功能分离的分析方法,仍旧没能逃离 CIAM 的影响,我们仍旧可以将"十次小组"视为 CIAM 的片段性延续。

然而,在此同时,"十次小组"却宣称他们正沿着与 CIAM 迥乎不同的道路背道而驰。他们的教育与实践的理念与基础,来自于对 CIAM 与其《雅典宪章》的批判。他们对 CIAM 的质疑基本在于对平面规划原则的否定。1968 年迪·卡罗主办的米兰三年展中,学生运动的抗议表明建筑设计与社会转型之间的关系只是口号式的宣言,与实践具有很大距离。随后,迪·卡罗也在 1970 年代认为 CIAM 的城市原则是"最为野蛮的经济活动的文化借口"⑤。凡·艾克甚至认为 CIAM 从未融入 20 世纪真正的结构性的思考之中。他认为与相对性、整体性等思考模式相比,CIAM 仍旧停留于机械式的臆断之中。CIAM 关注的机

---

① 作为 CIAM 副主席的柯布西耶以全权代表的身份,在 Candilis 讲述了 Team 10 的主要意图之后,发信给主席 Sert 道:"The elements established by Team 10 are reasonable and perfectly acceptable."并说明,1956 年的 CIAM,应当从基于年轻的一代,进行变革。并希望将年轻的一代称作 CIAM Ⅱ,而年老的一代为 CIAM Ⅰ。他从批判到支持的转变,为"十次小组"的成立起到了不可磨灭的作用。

② 准备 1955 年 9 月于 Algiers 举办 CIAM 10 次会议。后因 Algers 独立战争的爆发而取消。在之后的中间 La Sarraz 会议之后,决定最终的 CIAM 10 会议在 Dubrovnik 举行。

③ 1952 年的 5 月 9—10 日在巴黎会议上 Rolf Gutmann 和 Theo Mans 在会议上的提议。

④ Jos Bosman 在 Team 10 out of CIAM 一书中提及。

⑤ Kenneth Frampton,2002:278

械性工业生产在意识形态层面的缺失，决定了其命运的终结。那些希望为实践赋予社区基础理论的规划师们，试图将 CIAM 主流理念"功能城市"引导下的贫民区和高速路规划作为批判对象，进行社区建设与地区特性的展示。① 而"十次小组"则希望在《空间、时间与建筑》《我们的城市能否生存？》（*Can Our Cities Survive?*）以及《城市核心》（*The Heart of City*）之外求独有的建筑理论之路，一条更为开放、复杂的研究途径。在此，形式与空间不从时间与功能的概念中产生，也不是一种隔离的情绪化，而是一种非直接的曲折途径。"十次小组"在社会作用力的研究中，以突破性的"格网"作品，回应老一辈的"训教"（instructions）②。

　　虽然《雅典宪章》所推行的城市模型在战后成为城市发展模式的主宰，如印度（多西，科里亚）、拉丁美洲以及中东地区并没有产生完全否定的声音，且 CIAM 的继承者们试图追求全新更有效的城市形态，在利益与美学中寻求城市发展的平衡点。但这种对城市要素的压抑，破坏了城市被认知的可能性。史密森夫妇提出的"城市重构"格网中各种层级下的房屋类型③、沃尔克为现存村落设计的房屋类型，豪厄尔带来的城市居住类型，巴克玛的亚历山大圩田项目，以及凡·艾克的纳盖利和游戏场地的设计等，以不同视角，对 CIAM 讨论的问题进行了有力的补充。这些建筑与城市层面的开放性与复杂性，以"特性"（identity）、"发展模式"（patterns of growth）、"簇群"（cluster）以及"基础设施"（infrastructure）作为主线，在《"十次小组"启蒙》中全方位展示一种开放性和近乎"迷失"的矩阵状态。从"CIAM 格网"④的比较与转译可以看出，这是一种非秩序化与开放性的分类原则。他们将"意义"作为现代建筑语言融入城市与建筑的探讨与发展之中，在流动与时间的内在性基础上，表述在时代变革时期具有突破性的链接。"十次小组"将"中介"特性作为了解城市与世界的工具与主要的观察视角，在"有机综合"的基础上，以无形的社会与文化要素融入 CIAM，建立语汇的全新解读。

　　1970 年代，柯林·罗在翁格斯⑤组织的康奈尔大学的"十次小组"讨论会上认为，"十次小组"如果试图在反对《雅典宪章》的同时认为 CIAM 与他们的研究毫不相干，就失去了本体理论发展的本性与基础。⑥ 因为"十次小组"的成果并不能让他信服为独特、具有识别性的产物，而是一种 CIAM 的后续的发展。事实上，在 1960—1968 年"十次小组"的讨论中，

---

①　1960 年代—1970 年代之间，这些倾向和 Oscar Newman 在《可防御空间》（*Defensible Space*）中对于传统住宅聚集的批判试图改变战后 CIAM 模型的现象，这些包含了许多美国组约的城市发展项目，这与 Sert 在美国的影响大有关联。

②　在"Minutes of the CIAM Meeting of Delegates at La Sarraz, 8.9.10 Sep"中，记录了 CIAM 10 中需要讨论的关于居住的主题：相互关联（interrelationship）。某种程度上，城市功能之间的关联与功能本身一样重要。如：居住与其在城市中延伸与结构的关联；不同的社会流动性与表述的关联；居住与环境的关联，密度与体量的关联，或密度与空间的关联；建成体量与体量之间的空间的关联，或新的宗教与机械文明发展下环境之间的关联等。

③　1. Burrows Lee Farm：在 Surrey 独立的乡村小屋；2. Galleon Cottages：小村庄的延伸；3. Fold House：在大型的村落中个体住宅类型的填充；4. Close Housing：作为郊区新城一部分的群集居住；5. Terraced Houses：在大城市的工业郊区建立的紧凑式建筑综合体。见 Francis Strauven，1998：267。

④　见本文第 6 章。

⑤　1965 年受邀参加"十次小组"会议，之后，经常参与"十次小组"的会议讨论。作为当时 Cornell 大学的建筑系主任，他于 1971—1972 组织了 Team 10 研讨会，并邀请大部分成员进行讲演与学生作业的指导。Ungers 早期的研究于 1950—1960 年代致力于"新粗野主义"（new brutalism）与"结构主义"（structuralism）但在他日后的研究生涯中主要集中与"新理性主义"原则和类型学研究。

⑥　Colin Rowe 和 Fred Koetter，在 *Collage City* 一书的第 4 页中提及。

似乎没有脱离 CIAM 的论题。如 1962 年的诺亚蒙特会议,基本是 CIAM'59 的延续。与此同时,柯林·罗汲取"十次小组"批判功能城市的相关理念,在《拼贴城市》中表明了对城市多样性的诉求。之后,柯迪斯(William J. R Curtis)①在他的"左翼现代主义的批判"(left-wing critique of modernism)的分析中认为"当'十次小组'成员希望将技术人性化的同时,带来了人们对于范式理论化的质疑:对街上的普通的人来讲,结构与平面的深入只是一种对于基本的隔离和现代建造方式的复杂诠释。"②

总体看来,作为一种肯定的延续,或者是批判性的继承,"十次小组"在自觉与不自觉中,传递着不可分割的双重信息。

3.3.2 "内"与"外":相对角色的转换

舒尔茨在 1963 年撰写的《建筑意向》(*Intentions of Architecture*)中认为,"意义"(meaning)作为"十次小组"研究中的中心语汇,被凡·艾克视为主要论题。这不是一种刻板的特定意义,而是开放性的实践过程。查尔斯·詹科斯(Charles Jencks)与乔治·贝尔德(George Baird)在 1969 年写道:"将概念与感知结合,也就是压缩两者的意义,而不是延伸。诗意的诠释存在于一种未定义与多重含义的坚持之中。"可见,一种重叠意义的衍生说明了一种"中介"特性的存在。于是,以开放的视角,将"十次小组"与 CIAM 和同时代先锋派③的关联,更有助于我们对"十次小组"的理解。

相对于 CIAM 的"僵化","十次小组"的相对"活跃"使他们在乌托邦与现实之间来回跳跃。同时代"建筑电讯派"的"行走城市""插件城市"……;"国际情境主义"的城市"乌托邦"构想与拼贴式的解读,弗里德曼的"流动城市",康斯坦特的"新巴比伦",以及桢文彦的"群集形式"(group form)和班汉姆讨论的"巨型结构"(megastructure)(图3-12)等,均以一种巨浪式的冲击与大胆设想,在理想的城市、建筑以及人们的日常生活之间与"十次小组"产生了不同程度的交集。无论是史密森夫妇的"空中街道"与弗里德曼的"流动城市",还是史密森夫妇的"簇群"与桢文彦"集群形式";或者坎迪利斯

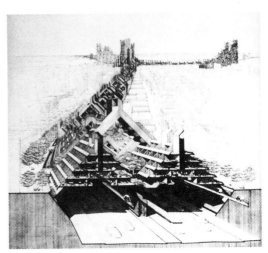

图 3-12 班汉姆讨论的"巨型结构"

-琼斯-伍兹的"毯式建筑"与班汉姆的"巨型结构"之间,均能感受相互之间的交织与碰撞。

当然,实践性的"十次小组"以一种真实建造者的姿态,在接受乌托邦理念冲击的同时,不会拒绝来自 CIAM 关于"人居"根本问题的思考与挑战。社会的基本问题是他们确实关

---

① 1948 年出生,英国著名的建筑历史学家,主要集中于 20 世纪建筑研究,著作有 *Modern Architecture Since 1900*。

② Wiliam J R, 1996:555

③ 如前文提及的"建筑电讯派""独立小组"、意大利佛罗伦萨的"超级工作室"和"建筑变焦小组"以及"情境主义国际"等。

注而亟待解决的问题。对社会真实现状与关联的关注，是他们在颠覆与开拓之间需要遵循的目标，由此，在 CIAM 与同时代先锋性团体的缝隙中，"十次小组"以一种"内在转承"与"外在融入"的角色，游离于两者之间。这种缝隙的填充，使他们以一种"相对性"特性，同时扮演了双重角色，并在角色的转换中，逐渐完善处于"中介"状态中"非此非彼"又包含彼此的特有属性。

3.3.3　作为建筑师

除了在时代变革中的矛盾与分歧，以及在时代进程与内外角色转换，另一个不能忽视的是"十次小组"作为建筑师角色的现实。

艾莉森·史密森在《"十次小组"启蒙》中写道："……'十次小组'是一种乌托邦，而且是一种现代的乌托邦……"在对建筑师的职责与角色的阐述中，她认为建筑师把握的是将理论注入实践的最大可能，而不是单纯理论或实践的操作。将建造结果与过程思路相延续，是建筑师的基本责任。"只有通过'建造'，才是将乌托邦的理念融入现实的基本途径；一种服务于个体或群体责任的实现；一种迈向集群结构的整合的最终义务。[1]

传统社会中，社会、宗教、政治经济、政府管理在人与整体的空间联系中，起到了决定性的作用。而现代社会提供了人个体与整体社会接触的机会，一种对生活个体评价的权利。"十次小组"认为，体量的建造，就是以技术的方式，在物质、心理、美学的环境下，基于个体的理解，在空间中定义个人化倾向的过程。这是人们在物质的配给（墙，柱……）中，不断融入、创造事物内在性的过程。于是，建筑师的角色，被视为个性与总体社会空间相互间的斡旋。

对空间的专注，并在建筑与城市之间找寻理念的实践空间，是"十次小组"成员作为建筑师在社会生活方式中主要的目标与途径。伴随着建筑规划师与规划建筑师角色的转换，巴克玛在 1956 年提出的"规划的建筑"（architecture by planning）与"建筑式规划"（planning by architecture）理念中表示，这些不仅是建筑与城市本体之间的斡旋，也是在不同时代与发展中，处于社会复杂性综合认知中，模糊的界限与跨界的城市状态。主动与被动、积极与消极地利用简单要素，创造理想化空间、个体化总体社会空间结构以及生活态度，是在现实的物质性与非物质性之间不断探寻的建筑师的使命。在理想化实践的过程中，认知者与认知对象之间动态的关联，将影响其最终的结果。建筑师自身的立场在认知的过程中起到了决定性的作用。巴克玛在 1961 年的《蓝方》中认为，建筑师应擅长在各种矛盾中，如，自由与独裁、均质与层级化、集合与混杂、结构与装饰、建筑的功能与功能主义等之间，把握最后的裁决。[2] 建筑师应在社会的内在需求中，建造逐渐减少的特性对应物。

"十次小组"的建筑师角色，可以看做是技术变革的人性化趋势，是艺术美学在日常生活中的再现，是道德价值在社会现实中的不断挖掘，是社会与人文要素在模式追求中内在性的显现，是各种不同矛盾的中和与平衡。人与人造物之间的联系，是他们在自身角色与理论关注中的共通与交集。

由此，社会问题与政治局势，作为一种推动性要素与时代诱因，赋予了他们作为建筑师的时代责任感与使命感。不断扩张的社会抗争影响下明确的政治立场，以及对福利社会项

---

① Alison Smithson，1968：3
② Alison Smithson，1968：30

目设计委托的经历,特别是社会住宅及校园综合体的设计,体现了"十次小组"作为建筑师应当具有的明确而坚决的社会责任与立场。及时对社会问题的关注构筑了建筑师工作意义的必要前提。① 巴克玛在美国校园访问之后,带来了对于建筑师责任的进一步反思:"模板机器的喧闹声比比皆是,频繁报道中许多亟待解决的问题在外围徘徊,校园的问题并没有解决……","……设计应当极力解决周边那些社会底层人民的问题……","……廉价房屋、高密度环境,是解决整个城市问题的重要途径……"。② 同样,艾莉森·史密森以"全球眼光,地区行为"(think global, act local)阐述了社会的官僚机构在福利社会中的桎梏。而伍兹则以一种反讽的对比,在先进的技术与简陋的居住条件之间激发人们对于社会的思考。

"我们正在等待什么? 等待神奇武器装备下新一轮的武装进攻? 这些通过空气传播的讯息是否会通过神奇的晶体装置被我们获取,并深深地根植于我们原始状态的住区之中? 我们的武器变得越来越成熟,我们的房子却越来越简陋,这就是发达的文明社会最终的决算表? 我们为什么要等待?"③

虽然他们的部分激进化思考陷入了思维的绝对化,掩盖了城市复杂矛盾的存在,但社会现实带来的建筑师的危机感与进一步的反思,在"十次小组"巴黎会议期间一直成为不可忽视的主题。这种"社会性建筑师"的倾向,在他们乌托邦的理想与日常性的实践之间,形成了主要的道德准则。

3.3.4 "松散"与"聚合":"十次小组"组织形式启示

"一个松散组织",这是"十次小组"对自己和外界对他们共同的评价。这不仅体现其组织形式的松散,还体现于各成员关注点的差异与侧重。

柯林·罗认为"十次小组"缺乏理论上的整体性耦合,这与威廉·柯迪斯(William J. R Curtis)在《自 1900 年之后现代建筑》(*Modern Architecture Since 1900*)中对"十次小组"不同成员理念的分析方式不谋而合。柯迪斯以不同的分类,将"十次小组"中主要成员分散至不同的主题:其中坎迪利斯主持的 ATBAT 在摩洛哥的实践以及柏林自由大学,与史密森夫妇的"金巷设计"一同成为"集中式居住"主题下的主角;在英国,史密森夫妇关于"社会现实主义"(social realism)的思考,以及"As Found"理念的影响,与当时英国建筑师斯特林、丹尼斯·拉斯登(Denys Lasdun)等,在"建筑与反建筑"(architecture and anti-architecture)的论调下共同产生巨大影响;而凡·艾克则成为柯迪斯 1960 年代推崇的著名的建筑师,与费恩(Sverre Fehn)、皮蒂拉夫妇(Reima 和 Raili Pietilä)、迪·卡罗、科德奇(José Antonio Coderch)一同在文丘里所述的"矛盾性与复杂性"中,承担了"1960 年的批判与延展"(extensionand critique in the 1960s)④的角色。此外,一些 CIAM 的年轻建筑师虽然不是"十次小组"的成员,但却在之后对"十次小组"发展起到了巨大的作用,其中除了古特曼,还有格龙(Geir Grung)、阿尔内·克尔斯莫(Arne Korsmo)以及来自维也纳的赫伯特·普拉德(Herbert Prader)和弗兰兹·费林格尔(Franz Fehringer)等。

---

① 1967 年在"十次小组"Urbino 会议中内部的危机之后,在巴黎会议中的"restatement of convictions"表述的两个重要观点与倾向之一。

②③ Team 10 Meeting 1953—1982 巴黎会议。

④ William J. R. Curtis 在 Modern Architecture Since 1900 中的另一副标题。

"十次小组"的组织，在核心七成员的基础上，以休闲的讨论氛围和前瞻性的思路，结合实事与城市发展的现状，确立每次会议的研究主题，并同时选择邀请与会成员。在其"核心"的组织下，他们建立每次都不同的"松散"形式与宽松氛围。而其"松散"背后，带来的是形式的灵活性与会议交流的高效性。相关主题与相关专家学者的精心安排，以及不同领域与学科的补充性支撑，带来的是在"松散"背后有序的补充与协调。这种"松散"的组织与理论研究形式，也可以看做是一种多触角式的开放式联系系统，也只有这种松散，才能真正体现他们最初追求的目标：以其他成员研究的领域，补充自身的研究，追求个体与整体全新的起点与共同发展。① 例如，亚历山大（Christopher Alexander）作为"十次小组"诺亚蒙特会议的受邀成员，在与凡·艾克进行城市树形的争论中，以计算机辅助的方式，引入人文理性的研究分析方式。他在建筑与地区之间不同层面的组织中，以平实的日常性方式，在"十次小组"中起到了潜移默化的影响作用。最终，他在对"建筑树形"反思的基础上，提出了"非树形"②的理念，描述了城市的"半网格"（semi-lattice）特性，强调了人工城市需要在传统城市中汲取的半网格系统。

再如，詹科斯（Charles Jencks）认为，建筑作为一种语言，体现了结构性基础的重要性。他在《建筑的现代运动》（*Modern Movements in Architecture*）中涉及的社会与情感尺度的"多重性"不可避免地沿袭了"十次小组"倡导的"多重意义"的概念，并在建筑主流思潮中占据主要地位。

此外，文丘里在与凡·艾克的接触中，认为他们之间的共识建立了他对于古典主义认知的需求。他在奥特罗会议中说道："现代建筑过于关注与过去的不同，而很少关注现在与过去之间的关联，哪些是永恒与不变的特性。"③他认为折中的"复杂性"与"矛盾性"使他对古典层级性原则建立了全新概念。当然，不同于文丘里，凡·艾克认为历史不是一个记忆的仓库，而是一个积累人们经历的容器。历史特殊形式的回应，不在于全面的照搬，而是内在性的融合过程。而史密森夫妇在此也表示，这种"内在性"，是在所有的历史语言与感觉同时全面涌入时，一种不需要以特殊形式反馈的历史形式，这才是最为值得关注的特色。其历史意义的"恒定"（constant）与"持续变化"（constantly changing）成了"十次小组"的永恒话题。

可见，城市肌理的解读、人性化的理解、社会现实主义的追求、社会整体性的考量……无不成为"十次小组"成员在一系列非正式的"松散"会议之后不断多次"聚合"的表达与共识。不同的国家、不同的文化、不同理念中的实践，流露的是在理想化与日常性之间实证主义的追求。他们在多触角的粘连中，不断地以"呼吸"的进与出的交互状态，保持自身的独立特性。

3.3.5 乌托邦与日常性

乌托邦④，在被莫尔（Thomas More）理解为理想王国之时，代表了没有纠纷的至美一

---

① 在 *The aim of Team 10* 一文中提及。
② "A City is not a Tree"，发表于 *Architectural Forum* 1965 年 4—5 期。
③ 文丘里在《十次小组》启蒙》中借用凡·艾克的"Otterlo Circle"发展其对于建筑语言发展的可能性。
④ 乌托邦（Utopia）是关于"理想社区"（ideal community）的统称，源于 1516 年 Thomas More 描述的大西洋的一个虚构的小岛，占据了一个看似社会—政治—法制系统完善的系统，一个建立理想社会的国际社区和文学艺术中描述的虚构的社会。"乌托邦"同时也被视为一种无可能实现的消极的状态，并引申为其他的状态，著名的包括"dystopia"。乌托邦的理想强调的是对于理想社会的追求，一种在功能社会的向往。

切。如今,乌托邦在更广泛的意义中,描写着想象的理想社会,一种试图将某些理论变成现实的尝试。乌托邦往往也被用来表示某些美好的,但是无法实现的(或几乎无法实现的)建议。当在时间与空间维度诠释乌托邦的同时,其意义会在矛盾与对峙中逐渐明晰,这些矛盾就如"时间内的生活与时间外的生活""个体的自由与标准化的一致性""革新与传统""创始与复制"等。

从另一角度看,由先锋派聚集的乌托邦家园,也是一种建立于日常生活的精神家园。希尔德·海伦认为,乌托邦的先锋派代表了两种鲜明的特性:其一,"不在家"(not at home)①,一种军队式勇往直前的先锋性战斗历程。其二,"生活的艺术"(art into life),是在艺术自治中的逾越,是基于艺术与生活实践的认知。② 而这两种先锋派的特性,建立了英雄式的雄壮与婉约气质的结合,最终归结于乌托邦与日常生活的诉求。

基于《雅典宪章》的反思,"十次小组"着眼于乌托邦理想与日常生活现实之间的博弈,以实践说明抽象理念背后的具体内涵。其源头根植于日常生活之中,阐述了一种回归本体要素的理念,一种在历史中反思的基本策略。其中,时间维度的改变与发展、数字美学等理念展示了动态发展观基础上"另类"的思维模式。这种"另类"是一种回归,一种本源性的思考,一种乌托邦回归于现实的理想图景。就此理念,凡·艾克在《论坛》杂志中,以项目的展示,说明了对问题思考的变化与发展。其中,帕德瑞特(Pendrecht)、亚历山大圩田项目以及布洛姆的"诺亚方舟",即以城市与建筑结合的方式,讨论了城市中居住问题的解决途径。

在此涉及的乌托邦,在于从城市的日常性出发,找寻积极与消极的尺度意义,以彰显社会内涵。对于保罗·利科(Paul Ricoeur)③来说,乌托邦具有与时代联系的开放性。乌托邦的建构就是可理解的社会生活与建筑之间构型模式的确立。建筑复杂秩序的潜力彰显了乌托邦的意义,反之亦然。

建筑最早作为一种构型原则,一种乌托邦模式的描述,出现于意大利建筑师与理论家阿尔伯蒂(Leon Battista Alberti)(1404—1472)中④,而凡·艾克,则在"十次小组"中突出展现了"构型原则"在建筑与城市相互之间的关联意义。整体与个体之间的关联性虽然没有被冠以"乌托邦"的名衔,但蕴藏于整体的个性化潜在意义,却逐渐显现。这种整体与个体之间的意义,揭示了整体系统中以日常性个体要素为主导的"联系"意义。其中,不断的自我更新与完善建立于历史与未来的交织审视之中。当代乌托邦正是在这种历时性的链接中,寻求实证的重组可能。从《"十次小组"启蒙》中谈及的"建筑师职责"可以看出,具象的形态意义,已不能满足社会与人文环境的需求。乌托邦作为社会的想象,更专注于社会的发展和不断更新的城市理念。建筑与城市在建立社会空间物质秩序的同时,以"中介"的两极要素,在场所与行为之间找寻了一种具有识别性的对策。人们在将其展示为可识别整体的同时,表达了一种批判性继承的物质性结构。

从人类学的角度出发,建筑师需要在不同的乌托邦理念中,服从于各种规则的传递,不断重新梳理社会职责的意义。人作为社会变革中的主体,在城市与发展中同时扮演主动与被动的角色。乌托邦理想在人类发展的进程中承载了发展与变革的时代意义。其中,个体

---

① Christopher Reed 在 *Not at home*，*the suppression of domesticity in modern art and architecture* 中提及。

② 见 *Negotiating Domesticity* 在 *Spatial Productions of Gender in Modern Architecture* 中的描述。

③ Paul Ricœur，1913—2005，法国哲学家，擅长现象学与解释学的综合陈述；诠释现象学。

④ Albevti 在 *Utopia and Architecture* 的第 11 页中提及。

在建立群体结构的同时,建立了整体的内在关联与外部延展。这种联系如弗朗西斯·施特劳芬(Francis Strauven)所述,是"十次小组"成员表述的各自基本与原型化的形式。基于对乌托邦的理解,整体与局部之间的意义在于形式与关联之间的转译,史密森夫妇与巴克玛认为,建筑与城市形态的建立在于与生活的对话,是一种时代的对话。对于他们而言,"乌托邦"是与"逃避主义"截然相反的全面性关注的结果。

基于对现世乌托邦的理解,与"十次小组"同时代的列斐伏尔(1901—1991)、情境主义国际等表述了他们对日常生活与乌托邦的理想契合。他们将包括建筑与城市在内的社会生活视为一种马克思主义的批判历程。列斐伏尔认为情境主义国际的今日乌托邦,建立于基于时间变迁下的整体性理解和全面化社会生活的融入。弗莱德曼的"可实现乌托邦",在今日就得到了部分的证明。如他在1960年代设想的地球上几大洲之间的链接以及欧洲各国之间的快速流通已经形成。英法海底隧道、欧洲高速火车等,将整个欧洲变成一个大城市。这些在相对于1960年代的明天,也就是今天成为了现实。

"十次小组"成员在乌托邦的日常生活批判中,反思城市的生存状态,以生活日常性的关注,启发对城市的"适度"变革。"空中街道""巨构建筑"以及"城市化建筑"的构想等,即试图从基本生活层面出发,勾勒城市乌托邦的理想蓝图。在此,城市的结构、形态与人们的生活状态以及社会内在属性紧密相连,建构了基于日常理念的城市发展策略。"日常生活美学化"与"生活实践的革命化"思潮在先锋派乌托邦的设想中逐渐占据主导力量。瓦尔特·本雅明(Walter Benjamin)将"世俗启迪"描述为在日常生活中感知神秘,以此成功链接了这两种思潮。而列斐伏尔则以日常性最普通的特殊,最社会化的个体属性,以及最明显的隐匿特性,在形式的可辨、功能的确立、结构的印迹中,将一种基于中介属性的思考,融入社会基本特性的发展之中。

在美化的乌托邦理想中进行日常性思考的"十次小组"受到列斐伏尔的影响,在思想与理念、乌托邦与未来的参与、诗意与神秘这些微妙的区别中,找寻改变世界的原始动力。与"国际情境主义"的绝对性不同,他们遵从的是一种渐进式的过程,是真正直袭日常生活的潜在意识形态的个性化体验。

3.3.6 一种常态的建立

在乌托邦与日常性的交织中,批判与重建将促使一种实践秩序的建立,一种存在于现实中的实践秩序。城市总体矛盾的堆积,将在现实批判中形成革命性秩序。现有存在的秩序可视为既有的规范与正统,而对其展开的分析与批判将带来乌托邦实践的可能。同样,日常性与乌托邦之间的交锋,也可以看做是两者延展与并置的递进过程。乌托邦与日常性的定义与批判,以及实践方式的转变,将带来不同本质存在的变革与转向。

在相对性的语境下,两者之间的本体并非乌托邦式的全景理想,也非日常生活的独立描绘。而是:

一种基于日常生活优化的理想社会;

一种批判社会的革命性城市图景;

一种碎片缝合与结构性主导的渐进式突变;

一种动态的关联中不断演化的城市内在性变迁。

实践的乌托邦与理想的日常性在互给中建立了以下特性:其一,基于现有自身秩序彻底改变的有效批判途径的相似性；其二，在消除正统的革命基础上，建立的理论上的整体乌托邦式的实践。"十次小组"在以乌托邦的理想途径进行主题与客体之间评价与批判的同时，以另一种日常性维度的楔入，带来城市、建筑、社会、人类等各层级革命性的转变。这是一种基于过去与现在，整体与局部之间关联的转变。这种转变不完全是一种虚无与构想，而是在实证与结构的基础上建构的相互干预的整体性表达。卡尔·曼海姆（Karl Mannheim）①认为，乌托邦是在积极与消极的尺度下，可以建构的基于意识形态的相互平衡，一种社会生活的模式。同样，列斐伏尔所认为的日常生活批判，也可看做是在日常生活的表意符号实践基础上，将实践创造性地与空间理论结合，提出的关于现代城市空间日常生活的理论范式。在他看来，日常生活在具有压抑属性的同时，也隐含着否定、变革和颠覆的潜能。"十次小组"就是在平衡"乌托邦"的前提下，激发了"日常生活"的潜能，以一种非神秘的色彩，打破正统，揭露隐含其中的意识形态的遮蔽性，恢复人的本真需求和欲望。

就乌托邦而言，"十次小组"在对其积极的对抗中，强调了基于低层与"As Found"物质性的真实实践途径；这种途经，可以在实践中达到另一种稳固的状态；这种稳固，在相互的融合之中，已经无法清晰辨识乌托邦与日常生活的界限，而介于这种模糊，我们可以将其视为一种开放与普遍的乌托邦，另一种平衡，另一种常态。这种常态，将逐渐消解结构主义对建筑与社会的隔离产生的副作用，使建筑与城市状态在纯粹的文本阅读与形式自主中脱离，产生非纯粹描述层面的信息呈现。

当然，这不是一个完形的终结，而是不断动态演化的开启与延续。

3.4 "十次小组"辩省——现世的乌托邦

> "事实上，需要指出的是我们以非学院派、非形式化为至上信条。我们的目标是神圣而现实的。"
>
> ——乔治·坎迪利斯（Georges Candlis）②

置身于纷杂的"十次小组"理念之中，体会到的是一种对机械化的激进式背离与原型化的批判式重释。诚然，时代的变迁，带来的是视角的技术性转化与潜在的更新式突破。活跃的深省带来的多维度交织，使"十次小组"轮廓逐渐清晰，特性逐渐鲜明。其潜在的启示性突破，在隐性的基础结构中，保持了持久与恒定性征。在剥离历史性怀旧与技术性局限之后，豁然眼前的是社会内在结构属性的反思与城市和建筑外在形式表达的不断交织。在此，史密森夫妇指代的"关联尺度"似乎可适宜的描述这种"模糊"的动势。这种交织可理解为一种在非此非彼的中介领域，探寻在内在恒定与持续变化、理论性与实践性、已知与未知之间，跨越时间与空间的理论性实证历程。

（1）非此非彼

本书研究的中介领域，是在对绝对属性的质疑下，进行的间隙领域的探索。

这是一个非此、非彼的中介状态；是在相互联系下，不断彰显个性的积极过程；而不是

---

① 匈牙利裔德国社会学家（1893 生于布达佩斯，1947 逝世于伦敦），以《意识形态与乌托邦》（*Ideologie und Utopie*）构架"知识社会学"（sociology of knowledge）。

② Adrian Forty，2000：255

在相互妥协中，不断相互削弱的消极状态。

（2）理论与实践

乌托邦理念与日常化实践之间不断进行"弹性化接近"①的描述。

"十次小组"在以社会现实为对象，以建造为目的的乌托邦理念、设想与主题下，在不断的实践与讨论中，相互影响，形成一系列开放性思维触角的预留，引发在不断的发展中相互再碰撞的可能。

（3）内在恒定与持续变化

时间维度下，内在组织结构与外在变化相互之间向心与离心化的网状编织。

这是在过去、现在与未来的断点串联中，寻求恒定的内在轨迹与要素"插入"式的组织过程。

（4）已知与未知

在乌托邦与日常层面并置中，基于已知与未知的结合，寻求乌托邦理念的前瞻与日常生活层面的实践之间以及各自内在的探索轨迹。

以下的第4章至第8章节关于"整体关联""社会对应物""CIAM 格网""大量性""As Found 美学"的研究序列经历了一条从建造的乌托邦理想向日常性转化的历程。在"十次小组"的话语中，理想化的乌托邦并非纯粹脱离现实的梦幻，而日常性的"发现"也不会流于形式与平庸。"中介"理念的引入与贯穿，将"十次小组"理解为具有先锋气质的社会观察与实践者。他们将日常性的观察融于乌托邦的思考，将理想蓝图在现实实践中进行解构与剥离。这种实践，将伴随着时间变化，在即时与恒久中，以不同的角色，呈现不同的表现形式。

下文五个章节将以各要点详述的并置，展现对"十次小组"的主要理念与实践的辩省过程。

---

① 在不断的远离与接近的往复过程中，总体相互接近的过程。

4

整体关联：迷宫式的清晰

> 这是整体化的能源时代——整体城市化……
>
> ——J. B. 巴克玛[1]

4.1 "整体性"

作为"十次小组"关注的话题，"整体空间"（total space）表达了生活与城市发展交集产生的状态。巴克玛认为现代人在选择自身生活模式的同时，应当在整体生活的统筹中，寻求个体与整体生活之间的协调。"整体空间"中个体性日常生活模式的融入，将带来当代生活开放式城市的展现。他认为结构孤立的传统城市是一种封闭、独立的社会模式，是一种"惧怕整体性"的社会模式。新型的建筑与城市模型应当建立于开放与相互关联的系统中，一种"总体空间"的调和。只有这种不断变化的"整体"形式才能支撑当代社会日常生活的基本需求。

巴克玛认为二次大战之后建筑的主要目标是社会品质的建立，而非纯粹物质条件与抽象美学的追求。他认为："人们的居住方式决定了社会的综合归属性（cohesion-belong-ing）。"建筑师应当清楚认识，未来的文化模式是一种集中参与的大众文化。他在1949年《论坛》中以"新永远社会化"（new is always social）为题，强调了对抽象空间中建筑人性化的关注，并认为时代正从"过程化"向"成型"迈进。"我们以建筑衡量空间就像我们以'小时'和'天'衡量时间一样。"[2]联系的开放性表达比建筑属性及合成特性更有意义。

巴克玛于1953年完成的鹿特丹 Lijnbaan 项目突破了 CIAM 孤立的功能分区，追求社会关联与选择最大化，完成了最早商业街理念的实践。他在1961年卡昂（Caen-Herouvil）和图卢斯（Toulouse-Le Mirail）项目中以多层级的"整体性"，结合坎迪利斯-琼斯-伍兹的"网状"理念进行实践性研究，体现结构的最小化与开放性。同时，"分离"（split）被巴克玛视为在"整体性"中与"网状"具有相同意义的话题，他在1960年的《论坛》的《帝王的房子在分离中成为3000人的小镇》（*An Emperor's House at Split Became a Town for 3000 Peo-ple*）中通过对公元300年基于宫殿发展的戴克里先（Diocletian）城市历史的回顾，强调了长期稳定的城市结构与短期要素之间分离与结合的协调在时间变迁中的平衡。他所认为的

---

① J. B. Bakema, 1981:140

② Jaap Bakema, 在 *An Emperor's House at Split became a Town for* 3000 *People* 一文中提及。

持续了百年的结构与不同时代的对应表现正应对了后来约翰·哈布瑞肯(John Habraken)提出的"支撑结构"(support structure)与"可拆分单元"(detachable unit)理念,将逐渐改变人类之间的关联形式,使建筑在为大量性平民服务的同时,能尽量满足不同人的需求。

同时,"弹性"与"流动性"成为"整体结构"中的重要因素,以强化与持续社会关联与选择的最大化。设计在关注空间流线的同时,将整体性视为不断变化的主体目标,在转变的过程中随着人们的需求与渴望不断地变化。伍兹在关注巴克玛"分离"论题的过程中,在

图 4-1 《路人》封面

《路人》(the man in the street)(图 4-1)一书中进一步以"一个城市……可被视为一栋建筑"(a city … may be thought of as a building)为题,阐释建筑与城市之间关于变化、衰退、维持与置换的问题。而基于"整体性"的"建筑—城市"的关联论题在"十次小组"中,逐渐以伍兹的"毯式建筑"(mat-building)、巴克玛的"分裂"以及"中介"理论进行各角度分述。巴克玛将其理念以"建筑化城市"(architecturbanism)为理想化的整体空间,从宇宙论的宏观哲学看待生活最为基本的人类存在与居住的基本意义。他延续 CIAM 对人居的关注,试图以革命性态度渗入城市发展的途径,希望在"邻里单元"与"视觉群集"之间找寻城市发展中的秩序原则。当然,虽然其中大量的单一重复带来的单元要素与视觉效果在当时取得了秩序化的清晰结构与大量复制的基本原则(图 4-2),在当时为城镇规划与发展引领了一条可行之路,但如"生长住宅"(the growing house)(图 4-3,图 4-4)等理念的实施早已不能满足当代多样化发展的需求。

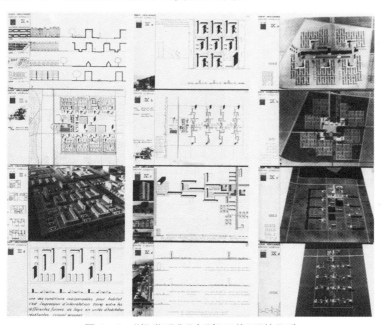

图 4-2 "视觉群集"中"邻里单元"的塑造

巴克玛认为,城镇结构的演化基于社会结构的演化,社会结构的演化在人类对现实存

在意识不断转化中持续进行,而其中部分的意识,来源于空间品质的保证。他将建筑与环境结合的调节要素分为高、中、低层,以此建立适于居住特性居住模式,并在个性化的居住模式中,建立"总体"生活模式。他从新墨西哥普艾布洛(Pueblos)总体性的传统聚落中获取"空间游戏"的启示。试图以"游戏"的状态将建筑融入整体化空间体系的关联,在空间联系中展现各种最主要的人类需要(图4-5)。

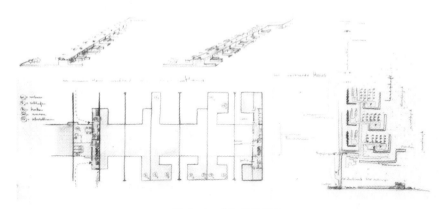

图4-3 "生长住宅"

图4-4 生长单元发展的邻里与城市

图4-5 人体化比拟的城市空间

4.2　迷宫式的清晰

作为整体特性的表述,凡·艾克早期研究"迷宫式的清晰"的理念,体现了城市整体空间的特质性体验。他认为威尼斯的行走体验为清晰行为路径的逐步形成提供了迷宫式的图底,并在集中了同质的行为与准则的同时,揭示了简单表象中的复杂性。

在城市与建筑的研究中,凡·艾克以中介属性为引导,让人们在不断的重复中,体验不同收获。对经历路径的逐渐清晰,也逐渐改变人们心中的认知状态,使人们在感知一个状态的同时,参与到另一个状态的进程之中,这就是对"迷宫式的清晰"的最初感受。而这种感知的逐渐清晰,也是碎片集中重组的过程。这是一种经历了初始的混乱、迷惑、无定形和无组织的过程后,在不断体验中的逐渐明晰,一种自我网络联系逐渐清晰的过程。

其中,范围随时的转化,造成了即时的迷宫式清晰的意义。空间影响使蜿蜒的运河、街道与小桥形成的长距离或短距离的感受,在不同的迷宫式体验路径中展现不同意义。在一系列暂时的路径印象形成一个可以认知整体的同时,我们即可说其迷宫式的清晰逐渐显现,而相似类型的迷宫式经历在相互串联中将逐渐清晰。该清晰不是即时性清晰,也不是建立于迷乱与非形态意识,而是长期不断显现的过程。

凡·艾克以圣马可广场(Plazza San Marco)与圣若望及保禄(Santi Giovannie Paolo)之间的游走为例(图4-6),描绘了在广场、街道等各路径与目标点之间的行进过程。不断变化的广场与街道尺度,在清晰的人类思维中,进行相互碰撞,让人们逐渐辨析漫长道路与漫长行走的区别与意义所在。也许人们在进入广场的瞬间恰恰回到了出发的起点。当人们同时面对两种状态的时候,会感觉矛盾与模糊在不断放大。于是,迷宫式的清晰随时包含了各种不断变化的矛盾状态。希腊的圣托里尼(Santorini)岛、威尼斯、西藏村落的自然

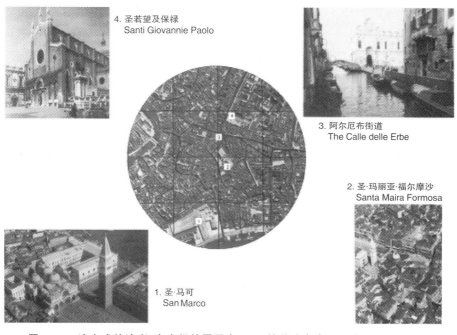

图4-6　迷宫式的清晰:在中间的圆图中1—4的关注点表述了路径的途径过程

肌理,即在模糊的存在中,编织了一种无序中的有序系统。每一方面会随着对应面的变化而需要重新诠释,而使其对立状态逐渐衰减,将相互之间由对立转向联系。当迷宫式的影响被时间范畴的瞬间真实状态影响时,经过多次重复的体验,就会被理解为一种单一的复杂状态,这就是"迷宫式的清晰"。

图4-7　威尼斯作为引导要素的广场空间

在凡·艾克眼中,迷宫式的清晰仿佛使人们从原点出发,回到了原点,人们在行进过程中逐渐在多重的可能中找到唯一的有效路径。在威尼斯古城的体验中,笔者逐渐体会到在"迷宫式的清晰"中迷宫与清晰之间关联不在于相互之间的序列化与程序化,而在于漫步中思维与记忆的提示对人们认知程度不断深化的促进作用。威尼斯巷道中的漫步,是迷宫式路径在记忆中不断梳理的过程,街道的主次与尺度完全失去了"标准化"先验的联系与评价准则。主要道路不经意生存于建筑间狭小的夹缝之间。匀质的肌理中,可识别的标志物不再是建筑与实体,而是广场与其他多要素限定下不断涌现的空间呈现(图4-7,图4-8)。当然,我们在迷失中感受的仍是秩序的存在,街道的尺度已不再是判断其主要与非主要、通畅与尽端的标志。往往人们习惯性判断下的道路尽端展现的是河道的横流,而不是继续前进的序列。也许这就是水城的意义,指引水路交通目标的街道往往会比指引人行交通的街道从尺度上更具标识性(图4-9)。而正是这种水路的阻隔(图4-10),会使人们在众多曲折蜿蜒的道路中,确立最终趋向唯一的最佳路径。往复的过程中,人们在广场,尺度、记忆以及习惯的不断适应中,产生迷宫般肌理的清晰呈现。

图4-8　威尼斯河道与广场的结合让人们清晰感受方位与路径的清晰标识

图4-9　水道在威尼斯重要的标识作用

图4-10　道路的尽头是河道,起到了阻隔与限定道路唯一性的作用

这种清晰的过程在"十次小组"理念中体现了外部整体统一，内部繁杂而清晰的特性。如本章介绍的"毯式建筑"的空间流线组织，簇集城市、网状结构的各层级变化等，让人们在察觉事物之间必然联系的同时，理性地认知相互的关联与辨识度。其间包含了各种"双胎"属性的呈现，如"大建筑小城市"（large house，little city）、内与外、整体与局部等。同时，瞬时性将伴随迟缓、记忆、接受、关联以及连续空间体验的相关属性的聚集，表述一系列建筑或城市整体形态与内涵。

4.3 "总体人"的辩护

在约翰·赫伊津哈（Johan Huizinga）关于游戏人"神秘化"（Mythopoiesis）要素的讨论中，强调的是想象对概念成型的作用。而"十次小组"在乌托邦理念的实践中，以人文主义与存在主义体现了一种日常神秘属性的"异化"。这种"异化"，是亨利·列斐伏尔在日常生活的批判中提及的马克思主义"总体人"[①]概念的异化，是其日常生活批判理论的理想。

"总体人"，强调的是人与自然之间具有的一种总体性的历史联系。不理解人与自然的总体性实践关联，就无法理解人类的起源与本质。这种起源于"个体"的"总体化"是在整体化个体的多元复合操纵下，各种具体的整体之总体化的变迁过程。列斐伏尔认为，孤立的研究物体，是思维的"初级阶段"。辩证的整体性方法"应当从孤立的存在物中看待事物的全部"。"十次小组"的"整体性"原则，似乎遵循着从个体向整体进行的蒙太奇拼贴过程，这里的个体，不仅是建筑要素的个体，而且也是影响建筑与城市的各种经济、政治、社会、道德、人类行为及空间生产的不同"个体"的集合。其中，人作为重要因素独立于自然，但又同时与自然保持着不可分离的联系与至上的统一。

如巴克玛所述，城市具有分离本质。而这种分离本质，正基于各种矛盾的综合，最终完成主体与客体的统一。从"整体性"角度看待城市，是一种在日常生活基础上，秩序、艺术在含混中不断清晰的统一过程，是自发性与人工性的不断协调与互融的过程。

迪·卡罗认为，建筑与城市始终与人相关联。其中，建筑可理解为整体中的一部分，其形成是在时代与社会中转变的复杂的动态过程。建筑不能改变整个社会，但可以引导方向，传达一个可以表达空间转变的物质形态。他认为设计的过程就是阅读城市的过程。该过程通过主要作用力的挖掘，将引发应对与转化方式的出现。他摆脱惯例，找寻解决问题的特性方式，并在基础研究之上进行解决方式的探索。如他在马泰拉（Matera）（1959 年在奥特罗会议上进行了交流）和米兰（1953—1955 年）设计的建筑，虽然由于其特殊手法受到了功能主义的质疑，但正是这些处理，使他的个性更加鲜明：其一，与历史接轨。迪·卡罗以实践证明城市历史与肌理在其设计中的主要角色。基于城市历史与肌理的新建筑语言与老建筑结合在他的实践中毫无突兀。如马佐波（Mazzorbo）实践（图 4 - 11，图 4 - 12），看上去每一个部分均为现代语言，而整体则是以地域化风格融入城市之中。而在乌比诺的教育大学的会堂，则在传统肌理与地形中，以特有的处理，融入其中（图 4 - 13～图 4 - 15）。其二，合理化弹性。为了适应当代人的生活，建筑可变性在设计之初应得到相应体现。如果建筑能够接受变化的考验，那就会变得更加长久。在城

---

① 刘怀玉，2006:76

市规划与建筑设计中,规划原则并非一成不变,而是在随着时间的变化不断自我更新与修复。如他在1958—1964年的乌比诺规划中,对开放空间的足够重视,暗含了众多的转化可能。又如扩特瑞尔-马特迪(Quartiere Matteotti)住宅(图4-16～图4-20)设计,其定位于为未来居民的设计。为了增强设计中弹性的合理化,他邀请未来有意向入住的居民进行共同参与设计,由此,可变性与弹性成为该设计的主要特征。迪·卡罗的主要研究方法,以"十次小组"一贯主张的理念,集中于对人本身的关注,在改变了生活的同时改变了城市。

图4-11　Mazzorbo实践的居住类型

图4-13　融入传统村落中的乌比诺教育大学(玻璃圆弧建筑)

图4-12　Mazzorbo实践中基于城市传统要素的新语言与老建筑的结合

图4-14　乌比诺教育大学礼堂

图4-15　乌比诺教育大学屋顶

哈希姆·萨尔基斯(Hashim Sarkis)[①]在《复杂性的矛盾前提》中指出,整体结构中社会性作用下的复杂性现象,将是现代空间的本质属性。空间的"虚"与"实"不再是空间本身的表达,而是空间作为社会要素显现的实际意义。德国的社会学家乌尔里·伯克(Ulrich Berk)认为,"复杂性"在个体化与普遍性结构中的表现,将使社会面临不断自我消减的危机。这种复杂性是大型结构适应个体需求及地区性职能的保证,并将个体行为转化为整体。不断更新的建造理念在技术发展的支持下,将运用不同材料、建造、思路等,寻找不同时代的复杂性与适应性。这种复杂性与适应性,正表述了在"总体人"的概念中,各种要素

----

① 哈佛大学风景园林及建筑城市学教授。

集合的过程对"整体"特性的不断凸显与消减的矛盾性过程。

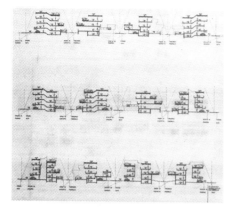

图 4-16　扩特瑞尔-马特迪住宅剖面

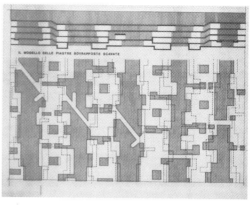

图 4-17　住宅平面肌理

图 4-18　住宅相互间关联

图 4-19　住宅区街道

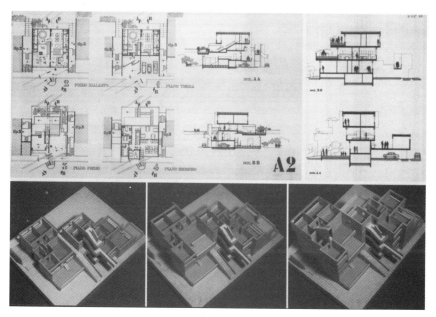

图 4-20　住宅单元模型

4.4 "茎干与网":整体的关联城市

4.4.1 街道的关注

史密森夫妇在1955年"关联模式"的陈述中表明:"在紧密编织的社会中,一种潜在的安全感来源于相互之间的联系,这从街道状态简单的表达中就可看出其端倪。当40户人家面对一个开放的空间的时候,这个街道就不再仅仅是入口这么简单,而是一种社会的表达形式。在这种'贫民'式的街道中,房屋与街道之间的简单关联逐渐显现。"①

从柯布西耶的马赛公寓到史密森夫妇的"金巷"设计,再到坎迪利斯的阿尔及尔的实践,充分体现了人的公共活动在居住环境中的重要地位。其中,街道作为建筑与城市的联系,呈现了两者关联下流动性的重要角色。街道成为"十次小组"大部分成员在城市要素中关注最为紧密的要素之一。他们一直试图以特殊的形式来替代普通的道路,以改变城市的生活方式与城市形态。在现代主义运动的初期,道路仅被限制于城市构架的建设之中,而战后关于道路的讨论逐渐转化为城市与道路之间的互补性原则。相对于柯布西耶对街道的认知,"一种沟渠般的、裂缝般狭窄的通道",坎迪利斯认为街道的活力需要通过恢复街道的生活而得到实现。

关于"街道"的研究,主要集中于1955—1956年主题为"街道怎样建构空间与城市的实践"的讨论中。在《建筑评论》的两部分:《义愤》(*Outrage*)(1955)和《反击》(*Counterattack*)(1956)中,编辑肯尼斯·布朗(Kenneth Browne)、戈登·库伦(Gordon Cullen)、吉姆·理查德(Jim Richards)与伊恩·奈恩(Ian Nairn)对其中"市郊乌托邦"(subtopia)现象(suburb与utopia的结合)进行探索。他们希望通过注入显著的街道特性完善空间实践与城市感知。他们认为现代元素的融入,如:道路系统,广告以及全新的建筑类型,能够强化城市的空间特性。另外,其他关于街道的研究主要包括林奇1960年发表的《城市意向》(*The Image of the City*),1962年的《场地设计》(*Site Planning*),以及受到极高评价的1964年的《道路的景观》(*The View from the Road*)。

简·雅各布斯在《美国大城市的死与生》(1961)中关于街道的评述与"十次小组"产生了潜在的一致性。文中提及的"街道眼"(street eye)似乎就是一种街道内在固有安全感的体现。后来奥斯卡·纽曼(Oscar Newman)的经典著作《可防卫空间:通过城市设计预防犯罪》(1972)正是受其启发并将街道眼概念拓展到领域所有权和由此产生的防卫责任感。雅各布斯关注的人们之间各种复杂的交互活动,如孩童在公共空间中嬉戏玩耍、邻居在街边店铺前散步聊天、街坊在上班途中会意地点头问候等等,似乎与凡·艾克和史密森夫妇关注的城市问题产生了交集。这种"城市的芭蕾"(Street Ballet)似乎就是"人际关联"与"都市重构"中希望引起关注的焦点。而作为城市的天性②——多样性的表现内容,这种活力之源体现了"As Found"③特性在城市中不可或缺的影响力与催化力。

---

① Alison and Peter Smithson 在 *Urban Structuring* 一文中提及。

② 简·雅各布斯在《美国大城市的死与生》中说明:多样性是城市的天性(diversity is nature to big cities)。

③ 详见第8章。

此外，康柏特·德·劳恩（Chombart de Lauwe）①于1950年代提出的"社会人文学"（ethnologie sociale）成为坎迪利斯-琼斯-伍兹作品的主要模式基础。在"生态描述"（description écologique）的基础上，康柏特·德·劳恩在物质与社会基础上展开了巴黎居住区历史发展的调研，并仔细分析了不同历史轨迹下不同居住类型的发展。这是社会整体性结合的主要方式在"因素统一"（factors of unity）基础上的整合，以此挖掘日常空间中的建筑（如学校、电影院、图书馆等）如何在发展过程中确立街道属性，怎样在街道主要功能基础上完善最终聚集的功能。虽然各种建筑的功能不相吻合，但它们日常实践的角色蕴含了一种潜在的关联，成为城市发展的主要结构与动力。

当然，这种街道的属性似乎与史密森夫妇提出的"空中街道"产生矛盾，人们无法信服于"空中街道"中以单侧街道诠释一种社会性与现象学下的双侧街道带来的潜在机能。该观点在弗兰普敦的《现代建筑：一部批判的历史》中也加以说明。可见，街道作为一种城市发展关注的要素，不仅在于其联系与流通的功能属性，更重要的在于其内在属性的多样性以及不同环境下内在特质的转化意义。对"十次小组"来说，街道的非物质属性，从某种程度，更为强势地影响了最终形式。

4.4.2　从街道到"茎干"

基于街道的关注，"十次小组"试图在其中找寻合适的模式，以带来城市发展的主要推动力。坎迪利斯-琼斯-伍兹将街道视为一种路径，一种轨迹，一种具有与生俱来的功能属性，将其理解为线状的城市基本结构要素，在全新的城市与建筑系统中找寻全新意义的对应物。

街道作为一种城市的主要结构，至少具有两种我们已熟知的属性：其一，根据不同的道路属性（机动车，人行等），确立不同宽度，以区分不同的城市层面；其二，街道作为一种主动的积极要素，将促进城市与建筑的发展。街道的合理组织，将确立建筑与景观的不同发展框架。介于城市与建筑之间的模糊属性，街道将带来城市模式的改变与形态的变化。由此，基于1955—1956年《建筑评论》中讨论的街道外在形式特性的明确，与凯文·林奇（Kevin Lynch）《城市意向》中空间实践与体验，坎迪利斯-琼斯-伍兹以"茎干"（stem）的概念，赋予道路"物质特性"与"空间实践"的双重意义。

坎迪利斯-琼斯-伍兹希望在更广义的文化与社会构架中，透过空间的本质属性，建立一种在物质与社会参数调和的基础上，具有不同历史特殊性的城市网络构架。同时，这种构架作为联系日常性要素的脊柱，将建立都市的基础架构。在聚集了集中设施的"茎状"表达中，伍兹将"茎干"作为城市的结构，融入日常生活实践之中（图4-21，图4-22）。由此，他在1960年《建筑设计》中发表的《茎干》一文，以一种对战后城市文化逻辑、韵律和实践的挑战，表述一种设计原则。在此，一种动态的变化与发展的结构孕育而生，成为"十次小组"主要的关注目标。

①　保尔·康柏特·德·劳恩（Paul-Henry Chombart de Lauwe）被视为法国城市社会学的奠基人。

图 4-21 康柏特·德·劳恩 1952 年的
巴黎街道研究，不同服务设施被
揭示而相互比较

图 4-22 伍兹绘制的关于多重茎干
的拼贴图，"茎干"被视为不同的日常
生活相互关联的结构

作为"茎干"的图示诠释，最具说服力的是图中拼贴式的表达（图 4-23）。该图表达了两层含义，其左下角线状城市的鸟瞰的图片，说明了"茎干"概念对现有的街道路径结构的捕捉。在此，"茎干"作为一种装置，建构了居住与建造的实践，形成最终形式。图上方则以一种完全不同的视角对"茎干"内涵进行诠释。从图片中的市场、街道、广场的照片我们可以看出，"茎干"具有一种适合于会议、交易、游戏等集中场所的社会特性。

此外，图片中部的技术性拼贴与结合，蕴含了"茎干"结构物质与社会结合的综合特性。在此，"茎干"不再仅为道路，而是一种路径的轨迹。"茎干"需要的是一种确切的形式，一种"建筑体量"与"功能集中"的

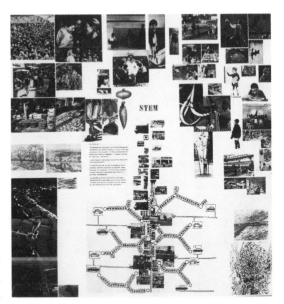

图 4-23 "茎干"中不同方面的不同关联

综合表述。对于坎迪利斯-琼斯-伍兹来说，"茎干"的两面性正表达了其真正内涵。作为一种建筑形式、空间实践与都市结构的表达，"茎干"将街道的传统意义融入了都市设计的全新理念。就如坎迪利斯-琼斯-伍兹所言，"茎干"就像携带了城市基因的信息线，在不断的编织中，完成城市的重组与结构的再现。

作为概念的实践，1961 年法国诺曼底的 Cean-Hérouville 竞赛（图 4-24～图 4-27）以及 1962 年的西班牙毕尔巴鄂（Bilbao）实践（图 4-28～图 4-31）中，"茎干"结构作为一种

基本的组织要素,满足 10~15 年中人口的增长与密度的增加。其中,结构被分解为不同的层级,以适应不同的阶段,不同的发展历程。他们希望以一种串联式的基础结构和理性化的状态,串联商业、文化、教育以及休闲、服务等设施等。他们将"茎干"中的设施主要分为两种,即居住与辅助设施,或如路易·康分类,即服务与被服务设施。

图 4-24　法国诺曼底的 Cean-Hérouville 竞赛中结构　图 4-25　法国诺曼底的 Cean-Hérouville 竞赛整体鸟瞰

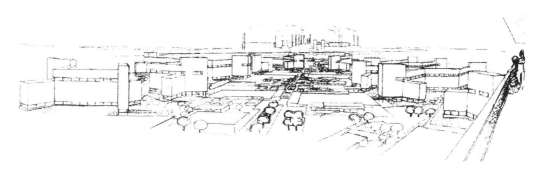

图 4-26　法国诺曼底的 Cean-Hérouville 竞赛街景

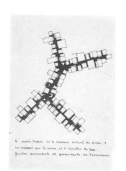

图 4-27　邻里单元的"茎状"结构中的人行、车行路径

在此,"茎干"概念决定于大小、数量、设施的特性及建筑的发展规模。其中最为鲜明的特征即在体量之外,线状特性的显现。而这种线状的结构中,集中了不同速率与日常性的空间实践所聚集的"流动性"特性,并由此分置成为不同层级。这与史密森夫妇的"金巷"方案类似,将公共的线性空间,化解为"空中街道"。这些不仅作为居住的入口,也成为主要的基础结构,将建筑的空间与日常活动相结合,链接公共空间与私密空间。

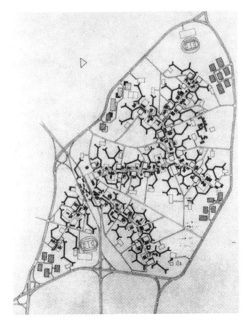

图 4－28　公共设施的"茎"状结构代表了城市的发展方向　　　**图 4－29　多功能聚集的邻里发展模式**

　　此外,在 1966 年德国的汉堡-史迪什普(Humburg Steilshoop)项目(图 4－32,图 4－33)与 1967 年法国巴黎的邦鲁-卢维尔(Bonne Nouvelle)项目(图 4－34～图 4－37)中,坎迪利斯-琼斯-伍兹以"另一种传统"阐述"茎干"的重要性。他们将全新的道路结构与现有的街道格网重叠,形成另一种共存状态。同时,除了街道,另一种开放空间也随之一同融入,以层级加以区分,更加明确了房屋与街道及花园之间的空间属性。在此,"茎干"作为城市肌理重新理解的标识,结合了传统与现代之间不同的社会属性。

图 4－30　西班牙毕尔巴鄂(Bilbao)规划整体模型-01　　　**图 4－31　西班牙毕尔巴鄂(Bilbao)规划整体模型-02**

图 4－32　德国的汉堡-史迪什普项目模型

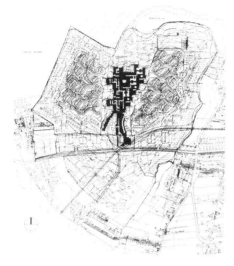

图 4-33 德国的汉堡-史迪什普项目平面

图 4-34 "茎干"发展与"光明城市"对比

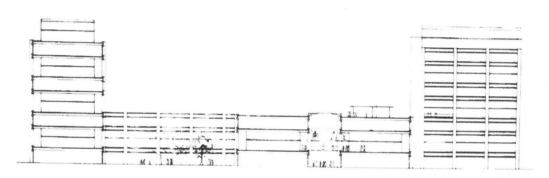

图 4-35 剖面展示了"茎干"与周边建筑之间的关联

图 4-36 "茎干"的透视效果

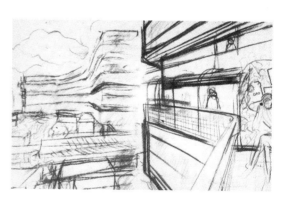

图 4-37 "茎干"周边建筑的效果

　　关于"茎干"中社会属性的融入,是"十次小组"成员面临的共同话题,如史密森夫妇设计的伦敦的经济大厦(1960—1964)(图 4-38～图 4-40),就是在伦敦的传统肌理中,进行的现代主义探索的案例。他们通过垂直的分区,以完全步行的线性广场联系不同的城市街道,在当时形成极具社会属性的建筑与城市的联系空间。他们在广场底层设置机动车的交通，形成另一种"茎干"意义的表达。

图 4 - 38　经济大厦城市中的肌理

图 4 - 39　经济大厦建造前后广场的变化

图 4 - 40　经济大厦广场内景

　　由此可见，空间实践与形式之间产生的联系，直接产生了最终的"茎干"结构。不同的都市形式，可能产生相似的实践，而不同的实践也可能源自相似的都市形式。通过"茎干"空间的重组，人类尺度与人类价值将在都市功能的重建中，逐渐清晰。

4.4.3　从"茎干"到"簇群"

　　为了更大程度地建立城市发展的空间差异度，坎迪利斯-琼斯-伍兹开始将"茎干"概念从对公共空间的强调逐渐向城市肌理演进，形成从"茎干"向"簇群"的发展。这种从街道属性的发展向整体城市网络的递进，将应对更大程度的空间差异性与公共与私密空间的转化。这种差异性，很大程度上来源于现有的城市肌理。在史密森夫妇理解的"簇群"中，传统城市中从中心向边缘发展的模式已不复存在。其特性在图卢斯(Toulouse-Le Mirail)(图 4 - 41～图 4 - 45)项目中尤为凸显，不同层级的"茎干"组合，建立了结构由公共向私密逐渐转化的过程，并在转化中形成公共与私密之间连续与多样化的城市肌理，从而导致了最终"簇群"的形成。

　　在坎迪利斯-琼斯-伍兹的非洲乍得拉密堡(Fort Lamy)的库温特-圣特-马汀(Cuvette Saint-Matin)设计(图 4 - 46～图 4 - 53)中，"茎干"成为联系公共与私密之间的"空间街道"，并随着不断的细分与渗透，以街巷的形式延伸至城市的肌理之中。他们认为，从"茎干"向"簇群"的转换，不是一种新建筑的形成，而是在城市肌理中一种复杂而可被划分的系统的建立。

其中,包含了基础设施的确立与汇集,并预留了发展空间。在街道与建筑之间,公共领域的私密性转化,形成了城市要素双重属性的弹性化特征。社会本质不仅决定于细胞性要素的形态与地位,而且是个体与群体之间的关联。一种将无序的聚集转化为秩序化居住整体的过程。

图 4-41　新城与老城之间的关系

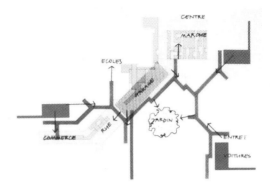

图 4-42　停车场、集中功能、"茎干"花园、房屋之间的平面关联

图 4-43　城市结构与现有绿地结构之间的关联

图 4-44　公共空间在该系统中的运用

图 4-45　公共空间与建筑单元之间的关联

图4-46　非洲的库温特-圣特-马汀实践中左侧为欧洲的设计,右侧为传统非洲城市肌理,中部为"茎干"结构的链接

图 4-47　整体模型(左侧为传统非洲城市,右侧为全新设计部分)

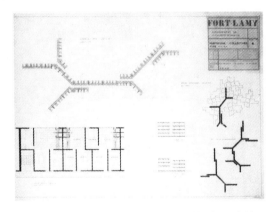

图 4-48　"茎干"中带有"空中街道"高层建筑
的平面与剖面

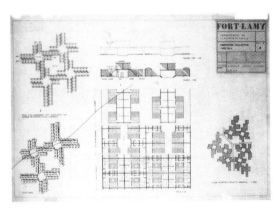

图 4-49　"茎干"中带有巷道与小广场的低层
建筑的平面与剖面

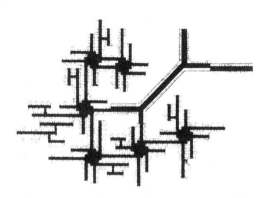

图 4-50　高层与低层建筑的结合形成的结构

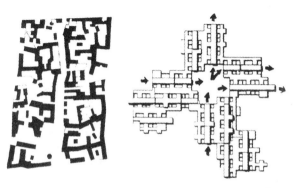

图 4-51　传统居住建筑肌理与现代建筑肌理的比较

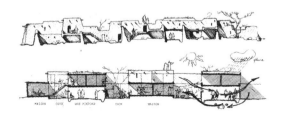

图 4-52　传统建筑(上)与现代建筑(下)剖面对比

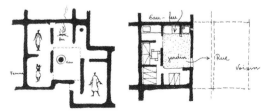

图 4-53　传统居住建筑类型分析以及与街道之间的关联

　　在法国图卢斯为 10 万人规划新城的项目中,坎迪利斯-琼斯-伍兹以"茎干"的概念,引导整个城市设计的主要框架。他以现有城市的绿化结构作为"茎干"结构发展的主要依据,并将居住单元镶嵌其中,以"空间街道"为主要特性,整体组织不同层面的流线发展(图 4-54,图 4-55)。虽然该项目由于政治与经济的原因,最终没有完全实现,但由"茎干"概念引发的"簇群"结构与景观结合的发展,在其日后德国波鸿(Bochum)大学规划中也得到了充分展示(图 4-56~图 4-58)。

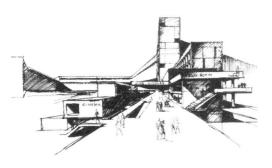

图 4-54 法国图卢斯(Toulouse-Le Mirail)实践中多功能聚集与空中街道

图 4-55 城市肌理中开放与封闭空间的模型编织

茎状结构的强调

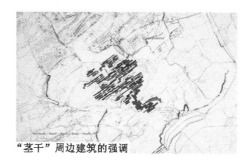

"茎干"周边建筑的强调

"茎干"周边环境的强调

图 4-56 德国波鸿(Bochum)的大学规划

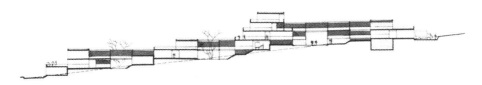

图 4-57 德国波鸿(Bochum)的大学规划剖面

图 4-58　德国波鸿(Bochum)的总体平面(原图中黄色为人行步道,红色为集中功能)

4.4.4　网:"茎干"的拓扑发展

随后,坎迪利斯-琼斯-伍兹将对传统城市的理解,逐渐转向开放空间与格网结构的重建。所有相似的体量与形式在不同的空间,表述了不同的意义。现代的开放空间品质已不再决定于开放空间与建成空间之间的已知联系,而是在于一系列不同表述的明晰过程之中。实体与虚体之间、连续的开放空间之间、物质形式与色彩之间以及基地与整体的建造之间的关联,成为整体城市研究中不可忽视的逐层清晰的过程。现代建筑的社区、自然的关联与空间的连续性,成为坎迪利斯于城市层面关注的主要特性。他在对"集中"(collective)重新理解的基础上,认为开放与自由的进入,成为城市主要公共结构的基础特性。而自然景观要素的融入,与建筑围合方式的改变,将决定空间的连续性在人们行为与空间组织中的重要意义。他认为,公共空间的建筑意义,不局限于传统的城市肌理,而在于建造体量与自由空间之间的和谐关联和空间性需求,这是决定城市发展的内在与外在的主要结构。

由此,除了空间性作为"茎干"的主要决定要素,组织城市的传统方式"格网",也成为贯穿"茎干"实践之中的关键。而这里的格网,不再是传统意义上城市发展的基础,而是另一种植入性的积极设置。其中代表了三种基础特性:

其一,在不同的建筑类型与城市密度的前提下进行的城市要素聚集的能力与可实施性;

其二，在整体结构不受影响的基础上，依据不同类型、密度与程序进行不同维度修正的可变性与弹性；

其三，随着时间与密度的不断改变，城市发展的开放性与可持续性。

基于网格化的建立与特性的发展，"茎干"在城市的肌理中，以主体结构与路径为主要原则，逐渐形成网络化形态，进一步演化为"网状"城市概念。在康柏特·德·劳恩提及的"社会人类学"理念中，城市肌理成为网络化城市形成的初始条件。相互关联的物质与社会要素，在各种日常性的城市细节（街道、商店、标识、车库等）组织中，相互作用成为实体与虚体融合的编织化网络格网。他认为，这些网络化的语言，不是单纯静态的人造物，而是动态发展的结构网络，这种肌理呈现于普遍性的要素之间，呈现了一种相互的适应、转化与发展。这是一种连续性与更新、长期性与变化协同发展的过程。作为对《雅典宪章》解除社会关联的回应，坎迪利斯-琼斯-伍兹与"十次小组"成员以重新编织的态度，在城市与建筑之间找寻显现与隐匿的有效途径。凡·艾克认为这种重新编织的过程，不仅引起城市结构的分离，还会造成社会象征性的剧变。他以"大与小"之间的辩证逻辑，在其"构型原则"中，以另一种方式解释了关联重组的过程与途径。

图 4-59 法国的奥尔奈-苏斯-博伊斯项目的细胞化单元重置

1962年，伍兹在《蓝方》第三期以"网"为题，通过介绍毕尔巴鄂社区的案例（图4-28～图4-31），进一步阐述了"茎干"概念的演化。对于坎迪利斯-琼斯-伍兹而言，网络化城市的发展，如凡·艾克的"构型原则"，首先体现了从"细胞"向"簇群"发展的历程。他们将构成元素化解为基本单元，以此寻求水平与垂直的集合规则。这些不仅是空间的集合，而且是公众与私密空间的重建。其重建过程不在于几何形式的表达，而是一种行为的表述及建筑与空间的物质化呈现。从"细胞"向"簇群"的发展表述了城市肌理的拆分、秩序化与重组过程。1960年法国的奥尔奈-苏斯-博伊斯（Aulnay sous Bois）（图4-59）项目在细胞化单元重置的过程中，以公共空间为核心组织"细胞体"，并聚合为"簇群"。而"细胞"之间空隙以绿化与景观加以填充，组织紧密的组织单元。伍兹认为，"网"的建造不仅是流线系统的建立，还是一种环境的创生。同时，这也是在小规模个性表达的基础上大尺度秩序的建立途径。这不仅是一个技术工具，也是建筑的诗意选择。在此，"网"状结构放弃了枝杈状的比拟形态，在矩阵中以非中心化趋势，寻求系统的复杂性与多样性表述。这种拓扑化的形态变革强化了"网"的无中心特性，也放弃了"点"在城市中的统治要素。

此外，对于城市肌理的重建，"网"结构还表现为"编织与填充"（Mesh and infill）的发展策略。在1962年法国的塞维尔（Sèvre）（图4-60～图4-62）和瑞士日内瓦前小学（图4-63～图4-65）的设计中，坎迪利斯-琼斯-伍兹以区别于"茎干"线状模式的面状网络化簇群，探索从单元起始的变化与发展模式。他们以细胞单元的重组建立了一种灵活的水平而垂直的可变格网。该网格在结构预留的基础上，建立了随着时间发展的变化需求。赫兹伯格在《论坛》中以题为"门槛与遭遇:形态的转承"(threshold and encounter: the shape of transition)(1959)的文章阐述了基本单元重组的可能性、相互联系与变化单元。其中,单元形成的不同"缝隙"式的转换与模糊空间,成为在秩序与网络中进行关联的链接,展现了一种空间化填充的特性。如游乐场、休息广场等公共空间及半私密半公共领域,就在这些三维的缝隙中逐步形成。这些空间的形成,不仅使单元化的重组多元化与特性化,而且也赋予其无限的变化以及发展与适应的自由。更为重要的是单元重组对城市带来的肌理重组意义,成为赫兹博格与基普·哈代等集中强调的关注点,这些成为补充功能主义缺失属性的联系特性。

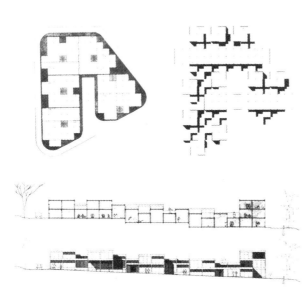

图 4-61　外观

图 4-60　法国的塞维尔(Sèvre)项目的平面与剖面

图 4-62　屋顶

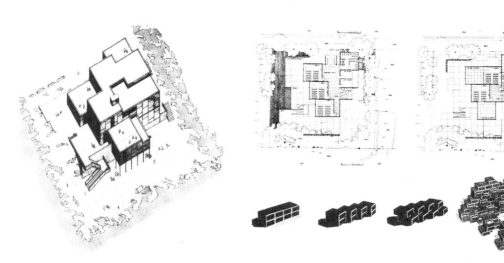

图 4-63　瑞士日内瓦前小学总体轴侧　　　　图 4-64　平面与模型的生成

　　于是,基于"网络与填充"策略,伍兹在 1962 年的先锋性杂志《蓝方》中以"网"的概念,提出了以空间实践为基础深入传统城市肌理的研究策略。他认为:"建筑与城市互为各自

图 4-65　孩童在空间中的游戏

一部分，与场所组织与人类活动紧密相连。建筑过程开始于在给定的场所与时间中的组织思考，然后建立联系的系统，最终达成弹性表达。"①对于战后城市中心论的思索，伍兹认为一种非层级化的城市肌理与系统在时代变化中，应替代原有的城市格局。而这种整体，将比各种部分要素的总和更为积极而有机。坎迪利斯-琼斯-伍兹的"网状"概念试图将各种实践与规程编织于连续的补丁式的城市肌理之中。而"茎干"则作为一种连续性的组织要素，成为"网状"理念形成的基础。他们在各种结构的分析中阐释：

点状＝同中心（静态的、固定的）
线状＝线性中心（一种自由的量度）
网状＝初始非中心，多中心（全方位的量度）②

在此，"网状"被视为比"茎干"更为单一性的系统。该系统在集合了不同活动要素的同时，组织与建立了网络化的流线与平行化的支撑体系。他们在无限的发展空间中，基于时间的变量，揭示其弹性的变化，并在不断的适应与改变中，进行自我修正。

随后，网状的城市形态在坎迪利斯-琼斯-伍兹的法国图卢斯的商业中心、德国法兰克福的诺姆博格（Römerberg）竞赛以及之后的柏林自由大学的实践中，逐渐形成艾莉森·史密森提及的"毯式建筑"的发展模型，并对当代城市化建筑与网络化城市的发展起到积极的启示作用。

4.4.5　作为都市文化模型的连续性

随着城市建设与社会科学理论的发展，战后的城市批判被逐渐推向前沿，并转向了对于孤立建筑与城市肌理脱离的批判。坎迪利斯-琼斯-伍兹试图在当时"无力的现代主义"之中找寻有效的城市存在方式。与某些现代的批判家不同，他们不希望将传统置身于现代主义运动之外。法国的城市历史学者弗朗索瓦·肖艾（Françoise Choay）认同文化性是一种能够集中体现城市发展的特性之一。虽然坎迪利斯反对将文化模式视为一种城市改良的方式，但他认为，城市与文化的结合，有助于在城市历史中找寻城市形态的启迪，从而对城市的未来加以预期。他认为他所定义的"都市"概念，即是肖艾建立于空间组织之上的"都市文化模型"概念。他的观点可视为现代主义运动中都市文化主义之改良主义的体现。这两种倾向的结合表明了另一种现代的意义。他以一种共时和历时的角度阐述了传统城

---

① Woods，"web"
② Woods，1960:181
Point＝concentric(static，fixed)
Line＝liner centric(a measure of liberty)
Web＝non-centric initially，poly-centric through use(a fuller measure)

市意向对未来城市的作用力,而这种基于传统的外在与隐性特性的表达,孤立与联系的综合,也正体现了在文化的交织与并置中整体性的把握原则。

由此,他们在实践之中将对现有的居住形式与城市结构的研究,视为一种全新城市结构展示的基础。这并非是对现有城市结构与形式的套用,而是以此为原则生成另一种结构模式,一种在日常性的文化与城市肌理中,达成的建筑与城市之间紧密的连续性关联体系,以期待该体系结构成为城市设计与发展的指导性代码。"十次小组"对城市的态度受康柏特·德·劳恩、列斐伏尔及其他社会学家影响,将不同功能的联系、传统城市肌理的延续及流动性视为城市可以延续的内在系统加以延展。

此外,"十次小组"对于城市长久性要素的理解在一定程度上对城市设计起到了引导与推动作用。他们认为城市项目不是一个独立的整体,而是在城市肌理中碎片的缝合。对于碎片的理解,一方面,布朗(Denise Scott Brown)认为并非对城市进行无序碎片的处理,而是对整体性起到支撑作用的碎片集合;另一方面,"碎片"涉及了布鲁诺·佛特(Bruno Fortier)所说的"断裂"(rupture)的概念。他认为 CIAM 提出的现代主义原则试图将城市的新与旧脱离。在塔夫里(Manfredo Tafuri)看来这种破坏性的举措成为战后城市重建的主角。

对此,"十次小组"认为,这种断裂在城市的发展中,应是一种基于"连续性"上的断裂。其中包含了两个方面:其一,包括 1954 年奥特罗会议上提出的城市发展应在城市肌理中进行具体建筑化的发展意图,罗杰斯(Nathan Ernesto Rogers)于 1940—1950 年代在 *Domus* 和 *Casabella* 中认为,"现存环境"能够在现有城市中找到,并通过"语言学转换"(linguistic transposition)应用于城市设计之中。意大利建筑师维托里奥·格里戈蒂(Vittorio Gregotti)认为,"对罗杰斯来讲现存的社会环境并不是一种风格化的事物,更重要是以一种当代文化的眼光与历史产生对话,以此开启特殊的政治与社会环境。"[①]对于罗杰斯来讲,历史的陈述是记忆与创造之间的重要载体。他认为连续性不是单纯文字上的转化,而是对历史城市文脉的重新考量;不是单纯的历史形态的模仿,而是内在关联的演化。

此外,另一种"连续性"则是一种潜在的隐藏意义。如史密森夫妇所述的"关联尺度"认为,不同的社会态度和人群之间的联系造就不同的建造环境,借用盖迪斯"山谷断面"(valley section)的层级[②],史密森夫妇认为:"人们不能通过历史的群体、街道、广场与绿地等,在原有环境中重新找回自我特性,因为这些要素表达的社会现实已经不复存在。"[③]罗杰斯就"伦敦街道研究"与史密森夫妇进行了讨论。他认为虽然定义街道的肌理已经被破坏,但街道的主要结构仍旧被保存。如果为了完整地改变城市,或为了更好地适应战后的社会现实,那么合乎逻辑的理念就是应当建一座新城。他认为这将会更加忠实于建筑的表达与历史城市的逻辑。坎迪利斯-琼斯-伍兹则在罗杰斯与史密森夫妇之间找寻适当的"中介"空间,认为"十次小组"的任务并非使城市对过去屈从,也不需要一套全新的现代主义框架,而是在过去之间找寻适当的张力空间:即在传统的物质形式、居住者的空间实践与历史的城市使用者之间的有效结合。伍兹写道:"对于任何的城市专家而言,历史与历史的缔造者对城市的连续性十分重要,没有一个团体,民族与人民可以在没有历史延续新环境下生存,建

---

① Vittorio, Gregotti, 1989:2-3
② 详见第 6 章。
③ Newman, Oscar, 1961:68

筑形式的历史缔造者也是其重要组成之一。"①

于是,坎迪利斯-琼斯-伍兹对日常生活空间实践(居住者在工作与居住、商业、教堂之间)表达了他们更为关注的城市"连续性",一种城市形态与系统,一种城市居民行为实践基础之上的文化的"连续性"。"新的城市并非沙漠,其中充满了旧有的城市的系统、结构与态度,为使新旧之间相互契合,我们在需求的基础上修正革新。"②在此,他希望在新旧事物之间找寻现有结构、空间实践及物质表现的连续性。他在《茎干》(1960)中写道:"基本的原则在于,城市的所有衍生物全部来源于城市,而不是一种自给自足封闭的整体,不是一个与社会相割裂的孤立的事物。"③由此,坎迪利斯-琼斯-伍兹的设计中,最为关注的是"怎样更新与延续我们的城市"④,而不是与现存的环境实行决裂。这是一种在"中介"状态包容的过程。这种态度可理解为一种介入式的设计方式,一种有效更新的干预过程。

4.4.6 物质形态与空间实践

对于街道"茎干"与"网"状的重新整合,以及物质形态特征与空间实践的结合,在坎迪利斯-琼斯-伍兹的研究中起到了主导作用,他们将其视为来源于日常性的空间实践,这不是一种单纯视觉空间的转移,而是文化与社会逻辑的日常性反思,一种实践与形式的反思。

"城市的实践主要是组织的过程,实际也是建筑实践的过程。城市通过细微的建设进行组织机构的关注,并在组织秩序的基础上进行设计。……组织原则的考虑将会对秩序起到促进作用,他们将是动态的,表现一种对变化的适应性与接受变化的能力。"⑤

伍兹认为这种"茎干"与"网"系统不属于已经存在的某一种系统之中。它们以更为强大的活力与相互关联,制定了可以普遍遵循的拓扑秩序,使相互之间关联形成一种新活力的来源。这是一种支撑性的系统,一种超越了视觉与空间上的全新纪念性拓扑结构,一种超越了战前 CIAM "空间区域"(spatial zones)的分析方式。我们将这种新的功能性区域概念视为一种新的内涵:"zip-a-tone"⑥,一种弹性的平面叠加,而不是一种体块或者其他单一形态。

基于对"分区思想"(Zoning mentality)的批判,伍兹将"茎干"视为一种对功能理论的另一种可能性。这不再是空间上的意义,而是一种人类流动性的阐述。伍兹在《网》中将时间视为"茎"与"网"中超越三维的重要因素。这不是简单的流线意义,而是一种网络化的环境,一种建立广泛新秩序的媒介,并将在小尺度上进行个性化表达。这不是单纯技术化的手段,而是建筑中一种的诗意表达。如凡·艾克认为:"不论空间与时间表达什么,场所与场合表达意义更为深远。""时间与空间是开放与内敛的,由此是可进入的……空间需要暂时与瞬间的空间意义,"⑦他将吉迪翁的"空间、时间、建筑(space/time/architecture)"融入他的空间陈述之中,更为人性,强调了空间的尺度概念。

在深层的意义中,凡·艾克的诗意表述与伍兹的网概念形成了潜在联系。人的尺度成

---

① Shadrach Woods,1975:85
② Shadrach Woods,1975:85
③ Woods,1960:181
④ Woods, Shadrach,1964:1-11
⑤ Woods and Pfeufer,1968
⑥ Screentone 是为绘画赋予材质与遮蔽的计算机绘图技术。来源于 http://en.wikipedia.org/wiki/Screentone。
⑦ Aldo van Eyck,1966:120-129

为"茎干"的主要立足点之一，其中包含了空间的大小、步行速度、两点间的距离等要素。他认为"速度的量度就是距离的表达，而距离的量度表述了时间的意义。"伍兹在大量的关于"茎干"的陈述中认为，茎干的人性概念与尺度无关，无论是大尺度的环境还是个人的小空间，均没有空间上的限制，并将建筑、建筑综合体以及城市的聚合物之间的界限打破。他认为，凡·艾克回应了文艺复兴时期人文主义建筑师阿尔伯蒂（Alberti）的观点，认为"建筑就是一个小城市，城市就是大的建筑"。他同时认为在任何人类栖居的场所，人类的环境应与各种场所与场合有关。虽然这种绝对而文学化的城市建筑观念遭到史密森夫妇在内许多成员的质疑，但这种对建筑与城市尺度上的整体考量成为"十次小组"中主要的城市建筑理念。伍兹认为，建筑师应当打破"建筑"与"城市"之间的界限，建立一种"各种尺度下的环境联系"。凡·艾克认为"城市化建筑与建筑化城市"之间的本质区别只在于空间尺度的差距。两种尺度之下，人们的行为意义远大于空间的抽象认知。如柏林自由大学与阿姆斯特丹孤儿院两者源于同样的设计原则，采取了不同的方式，其中孤儿院详述了建筑的特性，以支撑活动性的可能，而另一个则是以"微型城市"极大地展示了选择的可能性。

此外，迪·卡罗在伍兹发展的理念中也起到了重要作用。他在 1960 年代的乌比诺实践中，基于对城市肌理的关注及材料与几何形式的探索，以另一种独特的方式形成了与"茎干"的契合。所有建筑、街道蕴含动态肌理及潜在变化的可能。一种可持续的关联将新概念与欧洲文化历史要素的结合，表达了新时期对城市发展的诠释方式。1963 年，迪·卡罗将他在乌比诺实践中的分析方法用于都柏林（Dublin）大学组织的校园设计竞赛之中，其规划理念与伍兹的"茎干"理念形成了明显呼应，这仿佛源于同一"系统"，形成一种"服务于各层面复杂的社会关联"。该系统以一条主轴联系各种设施，如步行系统、服务设施等；另一条主轴建立公共与私密，特殊与普通之间的层级与用途，呈现了"时间维度之上建构的空间与社会关联"。

4.4.7　流动性与灵活性

1964 年，伍兹以另一种物质化的"弹性的纪念性"（plastic monumentality）进一步诠释了他对功能区划的反对。他认为"建筑不能来源于一种与功能毫不相关的区划设想……"。他认为我们存在的空间不再是欧几里得式的三维空间，而是一种与时间紧密结合的四维空间，这使人的个体与之外的所有事物在不同时间产生联系，形成一种完全开放、无阶层性的整体，一种时间要素影响下的动态系统。CIAM 8 时期讨论的总图（master plans）、中心（centers）以及文化性纪念（cultural monuments）的主题已不能适应复杂的社会结构需求。1950 年代末伍兹关于"茎干"以及其衍生概念"网"的"流动性"思考，引入了一种全新设计概念以应对现代社会动态发展的需求。追本溯源，柯布西耶关于"步行建筑"（promenade）的理论，对"茎干"概念的形成起到了启迪性作用。其中对社会关联的关注超越了美学成就。

在伍兹的《路人》中，"茎干"概念摆脱了静态概念，趋向日常生活的流动性与复杂性。史密森夫妇于 1953 年发表的《建筑师年鉴 5》中关于"金巷"设计的阐述中认为："这种街道的概念已非现实街道的概念，而是一种高效的集合空间，履行着重要特性与内敛性功能的属性，以此实现重要的社会生活可能。"传统城市中街道与建筑形成了对应的制衡关联，建筑的界面定义了街道属性，而现代城市是一个网状系统，一种非中心的阶层化整体。建筑界面与街道已完全相互交织,形成了整体。限制与约束在全新意义的复合中,脱离了静态的传统,形成在相互要素影响中的动态结合模式。在众多伍兹的项目中,流动性显现了主导地位。而"灵活性"伴随着"流动性"的意义,成为"十次小组"对实践的主要追求。其中,巴克玛的"分离"理念的核心即希望将两种尺度的永久性要素进行合理地结合,形成特有的设计策略与方法。这种特殊的设计方式在柯布西耶 1930 年阿尔及尔的奥布斯项目,以及一些战前事件中初现端倪。

伍兹没有阐述"茎干"理念与"十次小组"其他成员有何许关联,也许他认为个人的理念来源于集体的讨论与研究,而非个人成果。但他仍旧承认,路易·康给了他莫大的帮助。伍兹许多包括"茎干"在内的观念来源于路易·康 1953 年的文章《费城规划》(*Towards a Plan for Philadelphia*)所言的:"建筑就是一种街道,街道的设计就是关于运动的设计,这不是关于速度的问题,而是更多关注了秩序与便利的问题。"文中路易·康用"水"作为运动模型的建筑比喻,将"河流""码头""运河""船坞"作为特殊特性描述流动性的层级特点,并同时将"服务"与"被服务"空间在建筑的层面中加以诠释。文中,全新系统作为建筑与城市的表述,解释了层级意义与流动性品质。伍兹像路易·康一样并不关注一个特定的建筑来满足机动车、机器、官僚效率,由此来保持与延续人际关联与社区意义。他们认为其中系统的建立更为重要。"服务与被服务"之间的关系是路易·康的主要观点,而"茎干"和"细胞"则是伍兹与之相关概念的延续。1961 年在关于图卢斯(Toulouse-le-Mirail)项目的声明中,坎迪利斯-琼斯-伍兹强调了线性系统及线性与流动性之间的关系。他们将线性结构作为开放的端口,没有尺度,并可以按照自己的意愿改变方向。在随后有关"网"的文章中,他们对于中心化的反对论调促使了网络系统的形成,他们认为,"点是静态、确立的,线是一种自由的量度,而非中心化的'网'是一种全方位的量度"。

当然,相比而言,路易·康将服务与被服务空间的拓扑关系融入三维的垂直要素之中,而伍兹更强调水平线性要素。可见,从"茎干"到"网"转变的理念,伍兹在强调了空间实践动态属性的同时,仍未脱离平面化的局限。空间性的多维延展,在其"茎""网"发展实践中,仍旧在时代的发展脉络中呈现多重的生长潜能。

4.4.8 干预与改变——面对传统中恒久要素的现代视角

随着"发展与变化"在"十次小组"大多成员中成为共同关注的主题,1961 年伍兹在文章《茎干》中重申了物质要素与非物质要素的重要性,并研究了路径作为城市要素起到的积极作用。在《路人》中,他认为恒久性要素的发展与变化的研究是基于城市理解的结果,这不是一个静态过程,而是一种建造、修复、再建造的过程。而这种恒久性要素在城市发展过程中一直起到灵魂作用,成为城市发展与变化的推动力。城市发展中碰到的流动性、大量性生产以及大众消费问题,将在城市发展与变化中,在长久性要素与全新城市发展之间找寻新的平衡点。在此,支撑结构在物质要素与空间实践中,成为城市发展中研究与发展的基本特性。

坎迪利斯认为,法国实践中新房屋的建设经常完全脱离城市的肌理。这也是在建筑设计过程中时常被忽视的问题,于是,与城市隔离的孤立建筑成为了人们批判的对象。康柏特·德·劳恩在巴黎住区的调研中,运用史密森夫妇提出的"都市重构"中相似的概念:邻里(neighbourhood)、城市街区(urban block)、建筑(building)和街道(street),并将其组织为物质属性与空间实践的结合，形成"日常景观要素"。他认为，邻里社区内的结构要素通常具有物质性与社会性的双重属性，其中街道就是其中重要的属性之一。康柏特·德·劳恩认为在巴黎的城市肌理中交织的社会与空间服务编织的网络均是街道属性中重要的内容之一。这与街道的结构性与服务属性关联紧密。这些关于城市的批判一方面被认为是抨击战后破坏性规划逻辑的有效武器，一方面被认为是一种指导未来建筑与城市设计的主要原则。

坎迪利斯认为"十次小组"走到了两种都市研究的十字路口：一种是在居住与建造的实践基础上社会人类学传统下的城市思考，另一种则是将现代建筑视为一种材料的表达和空间特性的塑造。他认为，"十次小组"的城市研究策略在于现有城市物质要素表达基础上，对不同空间特性理解下空间实践的集合。因此，现代传统都市实践的振兴来源于对城市环境、结构与空间实践目标的思考。他们关注城市的结构要素，力求在城市发展的历史中找寻一种长期稳固的特质，以此注入现代城市的发展之中，以干预与改变成为城市发展的动力机制。他们在现存的历史调研中找寻都市基础模型的机构与模式，以探寻城市历史发展中，对恒久性要素与结构的认知，并将其视为城市规划中的活力体现。

4.5 "毯式建筑"

为了更形象地理解"网"状结构在城市与建筑中的意义，艾莉森·史密森在 1974 年撰写的《如何理解与阅读"毯式建筑"：建筑的主流应当向毯式建筑发展》(*How to recognize and read MAT-BUILDING：Mainstream architecture as it has developed towards the mat-building*)中，以坎迪利斯-琼斯-伍兹网络化城市构架为原型，架构"毯式建筑"概念，诠释了网状城市化建筑理念的发展轨迹。在她的描述中："'毯式建筑'可被视为一种优化的集群，其中，功能对结构起到了积极的支撑作用，而个体在一种基于相互关联的模式和发展变化可能性的全新秩序中得到解放。"[1]

4.5.1 编织城市

如蒙德里安所述，"特殊形式的文化已经结束，一种被确定的关联性文化逐渐开启。"[2] 随着"连续性"成为 CIAM 10 会议中普遍关注的问题，众多建筑师逐渐意识到城市中联系意义在社会中的重要角色。1950—1960 年代对 CIAM"功能主义"的批判中，"关联""簇群""发展与变化"等成为"毯式建筑"发展中关注的话题的同时，也成为在进行"毯式建筑"辨析与设计过程逐步被认知而确立的原则。城市中的功能混合，人性尺度、单元连续性等因子，为"毯式建筑"提供了物质环境中被认知的评价标准。

艾莉森·史密森认为，"毯式建筑"是一种集中情境的缩影。各种功能的集合增强了肌理的编织特性，个体在秩序建立的过程中，获取了全新自由。柏林自由大学(1963—1974年)、威尼斯医院(1964 年)等相继遵循"毯式"足迹，在城市结构与基础设施的建造中逐渐成形。如哈希姆·萨尔基斯(Hashim Sarkis)所言，"毯式建筑"是在土地的复合利用、项目

---

① Smithson, Alison, 1974:573-590

② Francis Strauven, 1998:94-95;109-122;139

的混合实施以及规模与尺度之间量度的中和。

艾莉森·史密森在《怎样认识与阅读"毯式建筑"》一文中认为,柏林自由大学的建成,标志了一种重要建筑思路从此诞生。"一个水平的物体,相互编织……一种密度或者扭曲的成长……一个矩阵的形成。"史密森夫妇认为,"新事物应当在现存的联系、使用、运动、静止、喧嚣等各种模式中加以考验,藉此发现建筑形式模式的存在[①]",这种从原有秩序与关联中建立的全新秩序,展现了形式的生长、缩减与改变过程。

"毯式建筑"作为一种综合信息的载体,其本身在具有建筑特性的同时,从一定程度上,承载着城市编织的功能,并体现于"路径"与"空间"要素的交织中。如法兰克福的若姆博格竞赛作为一个城市化综合体,以平行与垂直步行系统相互编织作为"路径",院落、天井在内的自由活动与聚会场所作为一种与实体对应的空间"虚体",建立了建筑本体的"毯式"编织。而建筑自身对城市的开口及对历史街区肌理的延续,在一种不可视的"路径"与空间"虚体"中,建立城市化建筑构型。由此,"毯式建筑"以一种网状的系统,在传递与处理综合信息的同时,形成内与外相互联系的载体。

作为城市与建筑联系的媒介,"茎"-"网"-"毯式建筑"之间,存在不可分离的血缘关联。其中,柯布西耶与朱利安(Jullian de la Fuente)的威尼斯医院设计,就是在威尼斯的城市网络中,建立的"茎""网"交织的综合陈述。虽然朱利安认为威尼斯医院要比"毯式建筑"更为复杂。但不可回避,坎迪利斯-琼斯-伍兹的"茎""网"结构、凡·艾克与布洛姆(Piet Blom)的"组织化卡什巴"(organized casbah)[②]以及"中介"理念等,给柯布西耶与朱利安的威尼斯医院带来了全新启示。"毯式"理念,代表了建筑与城市另一种共存状态。在威尼斯现有的历史肌理中,他们试图找寻现代要素的介入方式与共处互动原则。形式不再是静态表达,而是动态延伸、对位与并置的过程,显现了时间与地点之间的来回切换,以及新、旧信息在整体系统中共存、更迭、交替演绎与异化的过程。信息的叠加,使全新意义呈现自我更新及个体与整体的"中介"性互位。其中,"街道""院落"成为各单元串联的主题要素。艾伦·柯尔孔(Alan Colquhoun)认为:"城市就是建筑,而医院就是这些建筑的延伸[③],这种延伸,是开放式的"毯式"特性与城市进行交接的主要方式。如其所言,选取威尼斯医院任意一个片段,都可使其与威尼斯产生紧密的关联。内与外、上与下、整体与局部之间延续了相同的基因,以建立全新的构。空与实、层级的透明性,在整体的关联中产生了不同网络化关联与相互之间的响应。边界性的模糊在"毯式"属性中,凸显了建筑与城市的模糊界域。可见,在"空中街道""组织化卡什巴"及"茎"与"网"的影响下,威尼斯医院的"毯式"意图在城市的更为广泛的层面深受影响。

此外,法国图卢斯的商业中心(1963年)与汉堡-史迪什普竞赛,同样以"茎""网"结构的编织形成最终的"毯式"形态。其中,前者以一种全新都市肌理,表述战后城市全新理念的实践。坎迪利斯-琼斯-伍兹将商业中心机动车流动性与大型消费的时间逻辑,作为主要的影响因子,决定了建筑的全新肌理、节奏与建筑空间。5×5格网的建立,形成了垂直流线、服务核以及开放空间的基本原则。"毯式"主体,以垂直交通与底层道路及停车空间叠

---

①　Smithson, Peter, 1973:58

②　Casbah 是一种阿拉伯式的宫殿,大多建造于沙漠地区,可视为一种复杂的内在结构。

③　Alan Colquhoun, 1966:221

图 4－66　汉堡-史迪什普竞赛中的巴克
　　　　　玛设计平面

图 4－67　模型鸟瞰

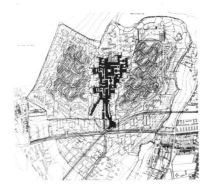

图 4－68　汉堡-史迪什普竞赛中坎迪利
　　　　　斯-琼斯-伍兹项目平面

图 4－69　项目模型

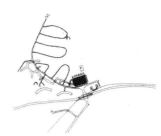

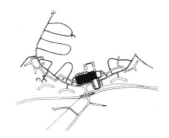

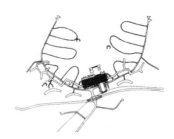

图 4－71　汉堡-史迪什普竞赛史密森夫妇设
　　　　　计的发展过程

加,建立"毯式建筑"水平延展下的垂直联系(图4-55)。而汉堡-史迪什普竞赛(图4-66~图4-72),作为"十次小组"对基础设施与大规模流动城市的对应物,体现了各种要素集中的结合。史密森夫妇、巴克玛以及伍兹试图在其项目中建立了简单的道路等级,希望在或多或少的传统的肌理中,建立"空中街道"的全新意义与一种变革的街道属性。该属性在赫兹博格的达古恩(Diagoon)的实验性住宅中逐渐显现,这就如凡·艾克所强调的双胎现象所述,在活力与宁静中找寻适当的平衡点。

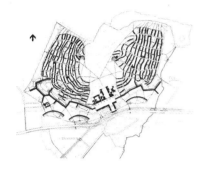

图4-70　汉堡-史迪什普竞赛史密森夫妇设计平面　　图4-72　汉堡-史迪什普竞赛史密森夫妇设计模型

如果我们将柏林自由大学视为"毯式建筑"的典型,将柯布西耶的威尼斯医院视为"毯式建筑"的延续,那么凡·艾克"构型原则"下的孤儿院[①],则可视为"毯式建筑"的另一分支。他的灵感来源于柯布、蒙德里安(Mondeian)、保罗·克利(Paul Klee)、阿普(Arp)、康斯坦丁·布朗库西(Constantin Brancusi)等艺术家的创作,也来源于康斯坦特"新巴比伦"中的游戏、流动与连续变化,以及CoBra、风格派(De Stjl)一种自发与内省式的陈述,以寻求的建筑、艺术与生活的革命。孤儿院被凡·艾克视为三种特色的集中:其一,几何特色的古典;其二,流动变化的现代性;其三,北非出行对于地域建筑的感悟。该建筑位于阿姆斯特丹城区与郊区边缘的地带,在整体性把握的同时,以"结构主义"的"构型原则",建立一种建筑与城市之间开放性的全新秩序。如凡·艾克所言,事物之间的关联要比事物本身更为重要。而关联就是一种自身存在的表达,就像柯布西耶对于威尼斯医院的说明:"我只是跟随着威尼斯的存在而存在,并没有创造任何附加。"

对于"毯式"的编织,蒂莫·海恩(Timothy Hyde)从"毯式建筑"(mat-building)、"毯式建筑群"(mat-buildings)到"编织化的建筑"(matted-buildings)的演变[②],说明了从个体到群体,从静态到动态的操作转向。而这种特殊的组织策略在各种尺度重叠,水平并置与异化重复中,以一种"迷宫式的清晰"诠释了从建筑到城市编织的演化与共时。

4.5.2　密度

艾莉森·史密森强调,适宜的密度(density)"不仅是对生活与服务的评价标准……还是满足人们日益增长的文化需求的标志"。[③]

---

① 详见"社会对应物"章节案例。
② 可参见Timothy Hyde的相关文章。
③ Smithson Alison等,1970:161

从"茎"-"网"-"毯式"的变迁,我们不难发现,"十次小组"在对城市整体化研究的基础上,同时以一种密度化的转变,支撑"毯式建筑"的内在特性。虽然"毯式建筑"低层高密度的表象呈现,掩盖了其内部结构的发展趋势与值得关注的特性,但这种"迷宫式"的"毯式"特性,在外表重复的肌理中,显现了比形态更重要的城市化建筑关联,并在史密森夫妇奉行的"人际关联"中,体现了一种更为复杂而真实的存在。这种"复杂性"来源于社会层级之间的相互重叠与交融。而空间的连通性与弹性,造就了空间塑造物的复合特性。在此,"毯式"本身是建筑与城市、公共与私密、自身结构与基础设施的"中介"产物。一种集结社会分散要素的载体。

图 4 - 73,图 4 - 74　凡·艾克在海牙设计的 Pastoor van Ars 教堂

如艾莉森·史密森所言,柏林自由大学试图将传统城市的空间与功能密度,付之于战后城市的重建与现代主义的转变之中。她同时将凡·艾克在海牙设计的帕斯托-凡-阿斯(Pastoor van Ars)教堂(1970—1973)(图 4 - 73,图 4 - 74),自己设计的柏林首都竞赛(1958)(图 4 - 75)和科威特 G 规划与示范建筑方案(urban study and demonstration building)(1970—1972)(图 4 - 76～图 4 - 80),以及柯布西耶的威尼斯医院(1964)(图 4 - 81～图4 - 86)同时视为"毯式"密度特性的表达。"毯式建筑"的暗喻角色表明:城市已不再简单被视为建筑聚集的场所,而是一种被有机编织,供社会有序发展与人们正常生活的网络。由此,"毯式"比拟不仅是楼层、面积、高度等数据化的显现,而是一种密度功能的表达,一种在"实"与"虚"之间动态、即时转化的标度。艾莉森·史密森认为这是一种在数字与可识别之外另一种城市与建筑关联特性的表达。而这种密度化的形式在不同表达中,讲述着不同的生成逻辑。艾莉森·史密森在阿姆斯特丹孤儿院与自由大学的比较中指出,前者在其"构型原则"的基础上,建立了结构主义传统中,相似单元的并置、复制与同构,而柏林自由大学则是在成型的结构性网络基础上,呈现的不同的社会空间单元的交织。孤儿院与柏林自由大学的"毯式"表达可视为两套不同的逻辑,即:外在秩序化重复与内在秩序化编织两个截然不同的指导思路。我们似乎可以从路易斯·内文尔松(Louise Nevelson)的绘画作品(图4 - 87)中可以得到启示,"毯式建筑"的组织原则倾向于非同构性的空间与社会单元的网络化集合,一种潜在的秩序化表达,一种置身于环境与现实之间有效的联系秩序。其表达的"外在相似性"中蕴藏了多元化的内在复杂性与多样性。

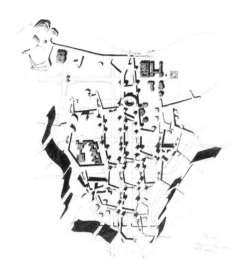

图 4 - 75　史密森夫妇柏林首都竞赛平面

图 4 - 76　史密森夫妇向科威特国王展示

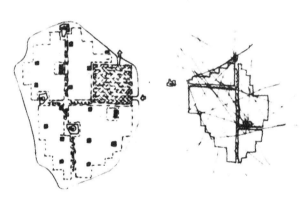

图 4 - 77　主要建筑的首层平面与结构

图 4 - 78　（伊斯兰教的）宣礼塔在"毯式"
　　　　　格网中的分布

图 4 - 79　整体模型

图 4 - 80　通向宣礼塔的长廊

图 4 - 81　威尼斯医院在威尼斯城市中的肌理

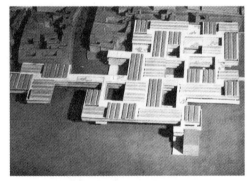

图 4 - 82　威尼斯医院整体模型

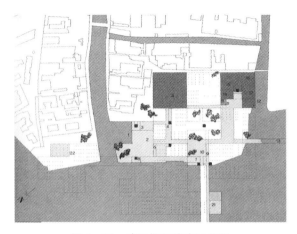

图 4 - 83　威尼斯医院底层平面

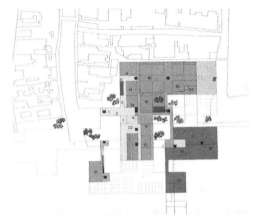

图 4 - 84　威尼斯医院 2a 层平面

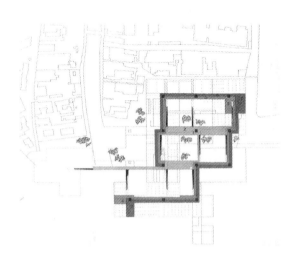

图 4 - 85　威尼斯医院 2b 层平面

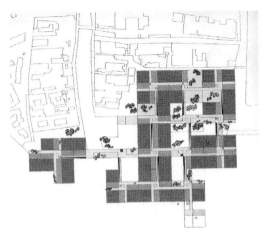

图 4 - 86　威尼斯医院 3 层平面

图 4-87 内文尔松的绘画的相关启示

图 4-88 巴斯学院鸟瞰

此外,彼特·史密森在《意大利思考:史密森夫妇》(*Italian Thoughts:the Smithsons*)中强调的"密度",涵盖了"空"(empty 或 void)与"实"(full 或 solid)的概念。其中,"空"不仅显现于空间概念,还体现了"事件"与"空间实践"的缺失;而"实"则不仅反映于建筑实体,还表现在"空无"的空间中人类的聚集。不同的物质与非物质的"密度"属性,最终综合形成"密度"的综合存在。其中,"内"与"外"的界限逐渐模糊,并将最终由密度高低来决定其内与外的属性。在史密森夫妇的巴斯(Bath)学院(图 4-88,图 4-89)的设计中,建筑的"内"等价于高密度围合空间与表皮,而"外"则是在低密度空间显现中相对属性的表达,其密度属性构成一种"内"与"外","空"与"实"交错编织的产物。

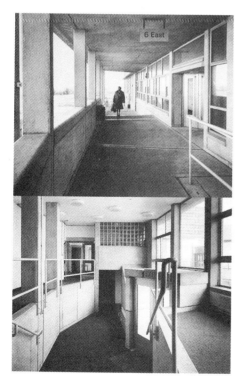

图 4-89 巴斯学院室内高密度的空间变化

作为空间与社会结构的探索,"十次小组"成员同时对城市存在逻辑进行研究,如:坎迪利斯与伍兹对乍得与卡萨布兰卡居住和建造实践的调研;史密森夫妇对科威特老城及伦敦工人阶级邻里中心的关注,以及迪·卡罗对意大利历史城市肌理的解读等。他们试图在传统的城市肌理特性与现代的"毯式建筑"之间找寻本源性的密度关联属性的链接。可见,密度是"毯式建筑"中一种不可回避的多层面建造与功能编织,一种出自传统城市肌理、社会传统的再现,一种内在结构制约下模糊的清晰属性。相互关联、适配与实践过程在多要素并置的过程中显示了一种无限制的网络式建筑逐步形成的过程。

当然,基于实际的操作,"密度"问题在超越形态的基础上,也同样接受批判性的探究。1964年,伍兹的法兰克福方案表达的理念在迪·卡罗的乌比诺住区规划中再次得到体现。其中,详尽的地形学的研究希望将更为丰富的空间融入居住重组的策略之中,而不是机械地通过易地开发原则解决居住问题。藉此,"十次小组"真正实现了与"光辉城市"完全对立的命题。其中提出的有关重新利用房屋的问题,在当今的住宅问题研究中形成了主要的讨论方向。他们认为:高密度的重新建设从时间上看,通常需要花费

50 年的新建，才能弥补由于拆迁带来损失。这样，就会比重组安置花费更多的费用，时代的发展与我们生活的环境逐渐不相符合，全新文明的居住理念是新时代发展所亟须关注的问题。

"毯式建筑"的出现可视为"建筑城市化"与城市的"室内"革命。这不是独立个体的话题，而是在城市内与外的思索中，城市作为建筑框架及物质与目标的体现。如凡·艾克同时关注的"建筑化城市"与"城市化建筑"的辩驳，城市与建筑本身是不能分离的个体。由此，密度特性可视为在城市与建筑之间持久性的特征，并不随规模的变化产生内在实质性的异变。

4.5.3 占据

森佩尔（Gottfried Semper）在 1860 年撰写的《实践美学中的技术与建构艺术风格》（*Style in the Technical and Tectonic Arts or Practical Aesthetics*）中认为，源于肌理编织的建造法则，将定义社会的空间属性。在肌理的编织中，重点不在于它们所处的场所空间本身，而是他们作为一种空间产物的意义。这是一种空间"占据"（appropriation）的意义，一种由"异己"向"本己"转化的过程，一种在不断的转化中进行多维考量与联系性接入的过程。"毯式建筑"正是在历史的时代维度中，蕴含了建筑的"借代"意义。

在森佩尔看来，建造的肌理需要经过不断的"占据"与"再占据"（reappropriate）才能完成最终特性的表达与展现。柏林自由大学即可看作日常性城市要素（街道、广场、桥等）的植入与建筑要素并置的综合体。"占据"可视为一种"将日常性转向诗意层面的阶梯"①，一种密度化平面延展与"紧密编织的模式"（close-knit patterns）。

1959 年奥特罗会议上，"十次小组"成员奥斯卡·汉森在《建筑的开放形式——大量性的艺术》（*the Open Form in Architecture—the Art of the Great Number*）中希望将建筑使用者的建造与居住实践作为研究的起始。他在批判建筑师对居住者忽视的同时，提出了"开放形式"（open form）的概念，并认为主观与客观要素之间的结合，不会消减相互之间的影响。这是一种事件的艺术表现，一种对主观要素的深度评价，是建造环境成型的最终目标。二战之后，环境的影响在"十次小组"的研究中占据了重要的地位，成为应对福利社会与消费社会的主要因素。由此居住者的参与逐渐成为"十次小组"讨论中的热点话题。在柏林自由大学中，公众参与被视为一种对建筑设计提前的预支。"毯式建筑"不仅是生活表达的有效方式，一种服务的装置，而且还是一种显性文化的灵感再现。②

当然，"毯式建筑"不仅通过语言或者风格的适应进行传递，也通过物质性的显现表达一种簇群化的物质性和相互联系的空间。"十次小组"成员热衷于将传统肌理适配于个体与群体占据的轮回之中，以此适应变化的需求。艾莉森·史密森认为这种过程在城市中表达为一种发展的需求，一种相互之间变化的机能。巴克玛提及的"分离"概念强调的城市肌理在历史维度下不断剥离与变化的过程，即是在此过程中的必要途径。他将历史视为一种持久性的要素，并认为持久性要素应与临时性要素共存，将增强系统的持久性，引发其恒久意义。

迪·卡罗在意大利海边城镇意大利里米尼（Rimini）的重建研究中（1973）（图 4－90～

---

① Alison Smithson，在 *How to recognize and Read Mat-building* 文中提及。
② Alison，Peter Smithson，1970：161

图 4-95)，利用抽象的网格模式以及现存的城市结构，抵消了现存城市的模糊性与随意性。作为秩序中的干预，单轨列车车站周边的活跃节点，和在没有开发的土地上安排的线性紧凑的低密度，被独立于整个网格尺度之外，基于各自精心安排的每一个细节，融入它们各自的逻辑中。此外，他在里米尼的圣·朱利亚诺(San Giuliano)邻里住宅设计中推行的一套建筑系统，使居住者在动态的生活中保留改变和延伸他们住宅的权利与可能。

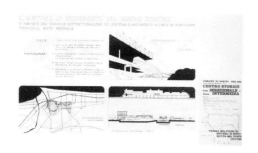

图 4-90　意大利里米尼(Rimini)的重建研究中轨道系统

图 4-91　意大利里米尼(Rimini)的新城市中心

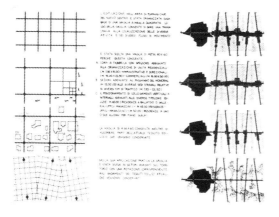

图 4-92　意大利里米尼(Rimini)城市格网的说明

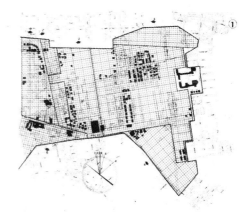

图 4-93　意大利里米尼(Rimini)城市格网的扩充与系统化

图 4-94　格网中的城市

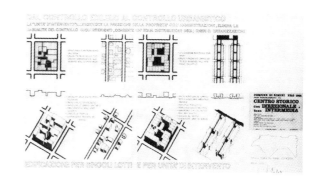

图 4-95　格网中的城市单元

　　在科威特城市规划研究中(1973)(图 4-76～图 4-80)，清真寺城市作为"适配点(fix)要素"的确立，在日常生活元素的碎片整合中，成为反映城市特性的基本途径。在 40 度转角的格网中,清真寺成为互为对景的控制要素组织了城市的肌理。而"室内通廊"成为"毯式建筑"筋脉的同时,也起到视觉的通廊作用。在编织化的"毯式"结构中,每一片"毯"由通廊编织于城市之中,使"毯式"空间呈现可交互的空间特性。而历史要素如码头、集市、清真寺等,则在保护的基础上重新融入全新的城市肌理编织。

可见,"毯式建筑"的营造,旨在文化、现代人与物质空间的相互关联,将一种城市肌理融入空间建造的平台与实践结果。在此,"毯式建筑"被视为一种空间实践的适配器,以现代的内在性结构驱使,将可变要素作为可置换与更新的前提,并在改变、破坏和重新定义中,将现代科学作为发展动力,推进主导要素的行为与空间肌理的融合与变革。

作为"毯式建筑"说教式的典范,柏林自由大学与法兰克福诺姆博格(Römerberg)项目以鲜明的特色表达了"再占据"过程。藉以转化的平台作为"秩序"的携带媒介,"毯式"系统将现有城市的关联模式与形态特性在全新建造实体中进行重组与表达。这里的"毯式"形态不是形态本身,而是一种在现有的环境中读取信息和与现实与肌理不断接近的过程。

4.5.4 德国法兰克福的诺姆博格竞赛

法兰克福诺姆博格竞赛(图4-96～图4-100)作为"毯式建筑"重要实践活动之一,在强调网络化联系与空间编织的过程中,以一种"迷宫式的清晰"在市政厅与教堂之间提出了"微缩城市"(city in miniature)概念。在二战损坏的中世纪市中心重建项目中,他们以一种纵横向"迷宫式"的城市结构,应对社会复杂性与多样性。商店、公共空间、办公室、住宅的综合设置,以及双层地下车库与服务设施的集合,形成一个与现场历史肌理产生对话的三维综合体,为中世纪城市提供了现代正交的对应形式。这种看似"随意"的基础设施理念在1958年弗里德曼的《流动建筑》中初现端倪。这无疑也为坎迪利斯-琼斯-伍兹的诺姆博格设计打开了思路。该思路在阐述了以城市维度看待另一种建筑发展模式的同时,也为柏林自由大学的设计奠定了理论与实践的前提。该项目在六层的矩

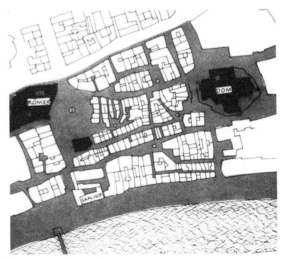

图4-96　法兰克福诺姆博格竞赛改
造之前的城市现状

阵系统中,以垂直联系打破传统步行系统,在空中街道基础上,建立传统街道肌理上的全新步行系统。这种多层系统依据流线原则,在该地区建立了第二套结构系统。他们以"路权"(right-of-way)作为主导理念,将通属的街道特性作为连续的建造形式,提供"发展与变化"的全新可能。

图 4 – 97　战火过后的场地

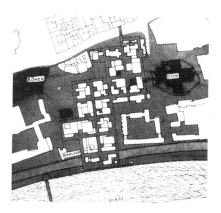

图 4 – 98　法兰克福诺姆博格竞赛设计

图 4 – 99　法兰克福诺姆博格竞赛设计模型

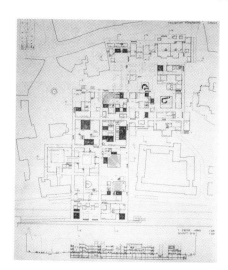

图 4 – 100　法兰克福诺姆博格竞赛设计平面

可见，法兰克福诺姆博格项目受益于弗里德曼"流动城市"的乌托邦理想，也吸取了凡·艾克对于社会的深层次思考。该"毯式"理念试图在"迷宫式"的层级中找寻"清晰"而具流动性的表达方式，从而达到"十次小组"对社会、文化、城市肌理全面综合强调的实践表达。这不仅是对"光辉城市""白纸"(tabula rasa)式规划的批判，也是对"开放城市"合理化交通(将机动车置于合理层面，去回应城市文脉连续性)的革新。对伍兹来讲，汽车相对步行来说扮演了次要角色，因此被置于底层空间，以着重渲染多层级空中街道在城市中的编织状态。

除了建立复杂而规矩的网格系统，该体系还试图解决与现存城市肌理界面的干预与冲突，以模数化的规划形态构成，为那些游离的空间确立精确场所,并在新与旧之间进行实体化干预尝试。同时,历史与居住的连续空间作为人行系统,在新与旧之间的各种角度形成具有穿透力的影响。市镇广场、教堂广场、老城以及河流的堤岸等均成为人们流动性入口。无论从新入旧或从旧入新,通过各种方式建立的连续行走空间,编织于老城与新"城"之间,以一种参数化的系统还原传统的城市空间体系。

可见,该项目以一种全新联系与流动性的彰显,一种秩序而合理化的进程,一种非怀旧与非激进的态度,融入对现代与传统的并置之中。在此,"发展与变化"成为一个适度的主题,一个致力于肌理与环境匹配与互动发展的策略,一个在历史与现代对话的前沿,城市肌理再创造的"毯式"实践。

4.5.5 德国柏林自由大学

在法兰克福诺姆博格竞赛基础上,坎迪利斯-琼斯-伍兹延续其"毯式"与"微缩城市"理念,融入德国柏林自由大学设计之中(图4-101)。该项目不仅与其之后设计的苏黎世(1967)和图卢斯(1971)学校一脉相承,而且对之后1964年柯布西耶与朱利安设计的威尼斯医院起到了潜在影响力。虽然法兰克福的复杂性原则在柏林逐渐改变(相同的肌理在不同地形环境中的契合度质疑)。但自由大学的"诗意"潜质在法兰克福的基础之下逐渐被挖掘。

该项目作为为数不多的"毯式建筑"建成作品,以法兰克福的理念,在柏林的近郊,完成了容纳3600名学生的大学综合体。在凡·艾克主张的"建筑即是城市,城市即是城市"与巴克玛的"建筑城市化"的影响下,坎迪利斯-琼斯-伍兹将自由大学综合体视为一座小型城市,以"部分整体化"(pars-pro-toto)原则,在城市中找寻对生活的重新编织与整理途径。他们认为,清除阻碍与混合原则不能完全满足现代城市发展的需求,集群与个体的脱离将使集群本身失去意义。在均衡、水平延展的"毯式"结构中,公共与私密空间联系的重要性无可替代。列斐伏尔与爱德加·莫兰(Edgar Morin)[①]

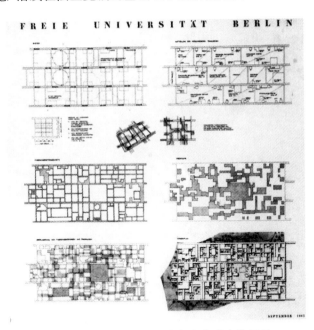

图4-101 "毯式"肌理在自由大学中的展示

认为战后城市私密空间正有逐渐消亡的趋势。由此,柏林自由大学试图在"毯式"的格网中,建立个体与群体、宁静与活跃、孤立与交互的交织型群体。

自由大学的影响在其发表初期十分显著。全世界许多建筑在该时期均出现了与其某种相关与不相关的相互影响。该理念甚至影响了柯布西耶对大规模规划、可塑性及全新纪念性概念的理解。我们可以从其威尼斯医院的设计中感受到或多或少的相似性与关联。除了这些广泛而举世瞩目的影响,"将物质、社会及环境完全融入居住系统"成为该设计系

---

① 法国当代哲学家与社会学家(1921—)。

统的重要目标。也许,该建筑的建成意义超出了其乌托邦式最终目标的诉求。从现代角度来看,其系统表达虽在自由大学之中并未极致完美,但作为理想的实践,已经获得了其应有的成功。

在史密森夫妇的描述中,"毯式"的"网状"结构,作为一种肌理的编织,建立了建筑本体与环境之间的联系。开放空间与路径两者的综合,形成了该建筑内部主要的联系要素。坎迪利斯认为,该项目意义已超越了大学其本身。建构系统与环境、行为之间的空间联系与形态关联成为设计的最终目标。柏林自由大学带来的路径与空间叠合,造就了垂直矩阵的肌理。各种内街、广场、桥、坡道等线性要素(图 4 - 102~图 4 - 104),串接了大量建筑与城市要素,如办公室、报告厅、图书馆、老人室等。可见,基础设施的建造作为线性要素,成为串联的主要途径,形成在城市与建筑之间的"中介"媒介与肌理。

图 4 - 102　自由大学室内 - 01

图 4 - 103　自由大学室内 - 02

图 4 - 104　自由大学底层街道与建筑、
庭院的相互交织

在艾莉森·史密森眼中,凡·艾克的帕斯托-凡-阿斯教堂与柏林自由大学似乎延续了相同的血统。它们均在正交的网络中,以街道、广场、走道等要素的交织,建立了城市化的建筑理念,体现了"毯式建筑"的主要特性。森佩尔关于建造源于编织肌理与社会空间的定义,并非表面物质形态的表达,而是"一种空间自我生产与占据概念的宣扬"。坎迪利斯-琼斯-伍兹认为,"毯式"编织,不仅是日常生活要素(街道、广场、桥梁等)的链接,还是日常性诗意的体现,一种对建造肌理的借代过程。随着福利社会与消费社会的日益成型,"毯式建筑"的密度属性也将成为居住环境的首要因素。

当然,也许伍兹已意识到将一个概念从一处移植到另一处,会在环境的改变下产生不同效果。柏林自由大学的概念源自法兰克福的竞赛设计,但由于城市肌理的变化,和相同概念的延续,形成了牵强的理论支撑与诠释。作为一个柏林近郊的小镇达勒姆(Dahlem),其城市肌理与法兰克福市中心环境大相径庭。相对于法兰克福的诺姆伯格来讲,柏林小镇显然缺乏了复杂环境,而这作为方案的主要特色的初始动力,在此显得说服力有所欠缺。此外,作为"微缩城市",理想化城市与社会层级关联的缺失,使法兰克福到柏林的嫁接仅是

"技术上"空间灵活性的转移,自由大学内在复杂性并没有在理想的"自由"边界中得到有效的释放与外在链接,仿佛一个理想化的家园在现实生活中被强制性拼贴与缝合。其内在肌理的融合不能掩饰边缘僵硬的衔接。虽然从最初的图纸可以看出,设计者希望以一种格网化的肌理限定,决定自由大学的形态与特性(图4-105),但其秩序化格网的臆断,对城郊环境的入侵,最终成为人们批判的焦点。

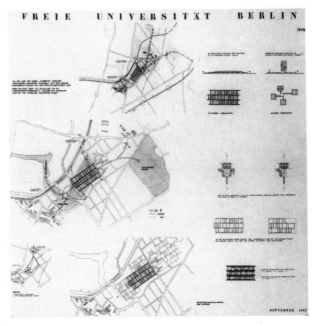

图4-105　柏林自由大学周边设计的周边相适应的城市肌理

从今日的环境来看,柏林自由大学似乎成为了一个庞然大物,这与坎迪利斯-琼斯-伍兹最初法兰克福的设计意图似乎背道而驰。在如此休闲的环境之中,随着大学这套紧张结构系统的介入,其高密度的综合体与周边环境成为了一对尖锐的矛盾。如果说法兰克福竞赛设计成果可以理解为关于城市整体性的完美表达,那么柏林自由大学则是设计师为了实现自己的设计意图、了却一个心愿而进行的一场牵强附会的实践。虽然其建成意义巨大,即以其实例证明了"毯式"理念的可行,但其结果却似乎使其陷入了尴尬境界。之前,伍兹在《路人》一文中希望大学的建成将周边居民的生活融入学校的氛围,并积极地改变其原来生活模式,但最终结果却因为这种超乐观的思路使其陷入了环境决定论的困境,并简单地认为环境的改变必定会改变人们的生活,这就像其他的"十次小组"成员一样,认定建筑的流通系统模式是控制社会变革的主要因素,但事实并非理想化。

具有讽刺意义的是学生们比较反感的不是建筑外形与建筑平面,而正是伍兹追求的那种灵活的使用性和变化与发展的可能。这种"灵活性"并没有打动他们,相反使他们感到了不安与不适。他们觉得这种概念是一种强加的概念,而不是相互参与的结果,他们无法接受在一个专制的过程中所产生的民主的结果。他们认为柏林自由大学是一个没有完成的建筑,至少在加强社会民主及"社会关联"与"最大化选择"的意图之下是一个失败的作品。如伍兹自己在《路人》中所述:"过程的错误不是在于规划本身,而是在于我们自己……没有民主的过程,就没有最终开放的社会……我们视其为美好的憧憬,却行使着相反的行径。"①

从学生声音中我们不难发现这与伍兹的自身观点是相互矛盾的。"街道中的人们就是城市真正的建造者,设计师的任务就是要反映他们的意图。"但这种相互参与的过程在1960年代是难以想象的。如果伍兹的生命能够延续(他于1973年因癌病早逝),也许会将今后的重点转向公众参与的结合,而这正好在"十次小组"的另一个成员迪·卡罗以及拉尔夫·厄斯金(Ralph Erskine)实践中得到了很好的展示。

---

① Shadrach Woods,1975:11

可见,作为法兰克福诺姆伯格理念的具体实践,柏林自由大学建成之后说服力的缺乏遭到了多方面的质疑。情境、环境的脱离致使其内部组织结构关联的完善也无法完美实现整体性联系。使用者无法真正感受其原始设计意图,这使该建筑产生的巨大影响与最终使用效果形成了明显反差(在凡·艾克的阿姆斯特丹孤儿院中也遇到了类似问题)。

对于自由大学的讨论,其他"十次小组"成员在 1973 年的会议中畅所欲言,进行了不同角度的阐述。首先,凡·艾克对自由大学空间概念在结构系统中的次级地位产生质疑。他认为任何对于立面清晰的解释与定义——立面设计、内部墙体和门口等都已消失,空间变得十分单薄,如院落功能更像是一个采光天井,并非意向中的院落。此外,面向院落的立面与面向外面世界的立面手法相同,缺乏层级化的划分。而一些防火门在划分了内部街道的同时,没有在任何视觉设计上处理,从而对公共空间的塑造造成一定的负面影响。这让我们不禁回想阿姆斯特丹孤儿院中院落中介空间的设置,在内外的空间流动中,体现了建筑要素(墙、空间、柱)"向内"与"向外"的不同处理①。

此外,迪·卡罗认为矩阵或网格是一个知识的建构,一个抽象、概念的模式。虽然这的确对材料、空间、各自之间的程序以及他们各自之间的逻辑组织非常有益,但这个抽象模式并不适合决定结构形式和空间构成。

但史密森夫妇认为,这些缺憾相对于自由大学给人们带来的建筑城市发展的乐观前景与启示来说无足轻重,因为他们"创造了一种建筑的语言……一种可以生长的工业化建筑,也只有这样才可以蜿蜒的,小心翼翼的顺着指引并走进内部街道,就像在英国的小镇巴斯(Bath)中古典建筑的元素一样,可以支撑小镇结构和全新感知。"

可见,作为 1960 年代的大胆实践,柏林自由大学对于流动性、灵活性的研究与实践,以及整体结构的最终展示无疑为人们提供了一条全新的设计思路。其中,进程与系统的强调取代了一味的形式决定论,而这种最低程度的设计思路也提供了一种最低程度的肯定。适当场所的选择表达了对强制性大体量纪念性的反对。分离概念在已知与未知、简单与困难、肯定与犹豫、决定性与非决定性、可操控性与推测性以及准确的定义和未涉及领域之间找到了恰当的平衡点,这就是"中介"特性所追求的一种最终的选择,一种新与旧之间的相互置换与平衡。

如果说笛卡儿在一个混乱的时代提供了一个清晰的参考系统,创造了革命性的历史价值,那么柏林自由大学恰恰在那个年代也扮演了这个角色,并将其影响力延续至今。

4.5.6 汉堡-史迪什普住区设计与卡尔斯鲁厄

在柏林自由大学和法兰克福史迪什普项目之后,坎迪利斯-琼斯-伍兹对 1960 年代早期僵硬的"城市"边界进行反思,希望在一种相互融合中建立建筑与环境的对话。

作为 1971 年卡尔斯鲁厄项目之前的探索研究,继 1961 年汉堡-史迪什普竞赛之后,1966 年的深化设计彻底放弃了功能主义的教条,以"U"形界面向自然开敞,增强了僵硬的城市与自然之间的对话,从而建立建筑系统对城市的开口(图 4 - 106,图 4 - 107)。史迪什普的重要性在于完全脱离了图卢斯实践中功能主义的局限,将基础设施融入其中。该设计不仅没有放弃对传统街道的肌理,而且还以街道的线性特性延续了林阴系统。这不仅在周边环境中建立了对应基点,还提供了对未来发展可能性的预见。

---

① 详见"社会对应物"章节中阿姆斯特丹孤儿院案例分析。

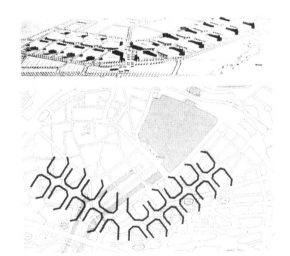

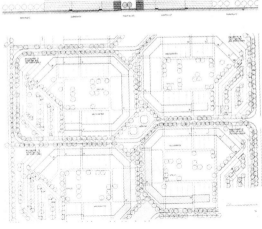

图 4 - 106　汉堡-史迪什普规划中建立的 U 字形单元　　　　图 4 - 107　U 字形单元的基本单元

　　整体系统作为一种建立在第二套系统上的水平与垂直的综合体,虽然在建造时期不能完全行使其预期功能,但作为对未来的预设,该系统以一种模糊的空间链接了不同的城市要素,建立了发展与变化的潜在可能。作为渗透性的介入,广场、老城、河堤等成为步行系统的融入媒介,从新到旧或从旧到新,留存于不断蔓延的生长模式之中。边界的模糊与公共基础设施的建立,为公共与私密之间建立了清晰而相互融合的关联。此外,作为社会的对应物,街道的脉络延续成为他们在新设计策略中关注的焦点,"茎干"概念以一种精神与空间上的连续传承了街道作为基础设施和城市构架的原则,并以一种城市延展与对未来城市发展的脉络走向,建立了总体发展走向。就像在卡尔斯鲁厄项目中,设计者将"活跃的街道"(active street)与"宁静的院落"(tranquil courts)融为城市第二系统的特性。

　　1971 年的卡尔斯鲁厄项目作为德国新城市的探索,将各种居住、文化、商业、教育的混合功能集于其之。其中,首层被用于人行的公共用途,二层是包括学校、康复中心以及文化娱乐设施在内的公共设施。作为两万五千人的小镇,该设计作为新的居住模式的探索,原有的街道活力与花园的宁静得到了有效结合。在整体化的系统中,伍兹将巴洛克式老城的肌理在动与静的融合中以全新的机动系统造就公共空间间隙中"公共性表达空间"的时代显现。伍兹认为这种城市大型基础设施介入式的形态改变,不仅是一种现实对应物与基础设施的经济表现,而且还是基本人性需求的时代表达。在《路人》中,他对卡尔斯鲁厄评价道:"在德国,这样的更新项目用于替代不卫生的巴洛克的城市。这种新的城市结构的塑造,在限制了机动车向城市中心汇集的同时,也以边缘停车系统联系了主动脉的城市系统。建筑内部融入了多个内部的花园,并便利于人行与车行的链接。教育、文化、商业、居住等,在建筑中形成一种非自我的组合。该项目试图建立一种城市中心与边缘链接的模式,以街道活力与庭院静谧的模式共存。"[①]

　　①　Shadrach Woods,1975:141—145

4.6 "巨构"——实践的乌托邦

随着"茎"与"网"结构及"毯式建筑"理念的输出,"十次小组"的整体化理念以一种"巨构"特性,呈现了一种的实践性乌托邦趋向。

4.6.1 "巨构"的出现到"巨构年"

1964 年被班汉姆称作巨构年,桢文彦可视为将此类已出现的建筑类型称作"巨型结构"(Megastructure)的第一人。此外,《建筑形式》(*Architectural Form*)杂志也以"巨型城市"(megacity)与"大规模结构"(macrostructure)对此进行描述。从"Megastructure"词义来看,其中"Mega-"表示巨大,而"-structure"可以视为对"基础设施"(infrastructure)的描述,因此,这种"巨型结构"可视为一种城市巨大基础设施的建筑化表达,或是建筑作为一种城市要素的体现。这成为荷兰建筑师尼古拉斯·哈布瑞肯(Nicholas Habraken)认为的城市中巨型的"支撑结构"。

从柯布西耶的阿尔及尔设计开始,"巨构"在城市中,逐渐成为一种营造方式。桢文彦则在 1964 年的《整体形式调查》(*Investigations in Collective Form*)中,从技术环境的支撑、多功能的结构以及公共基础设施的投入等角度对"巨构"特性进行概括。他将"巨型结构"定义为"一种由现代技术支持下,承载了城市各种功能的大型结构。从某种程度上讲,这是一种城市景观"。他同时在丹下健二的巨型实践中认为,这种结构适应于巨型的结构中,并满足了快速变化的功能单元的适配。虽然他将"巨型结构"视为"合成形式"(compositional form)到"集群形式"(group form)的过渡形式,并被认为是长期结构与临时插入单元的结合。但"巨型结构"在其延展意义中,仍旧具备了"集群形式"所具备的特性空间与结构要素在综合体中聚集的综合意义。其恒久性要素与短期要素从表层城市与建筑的表现,转化为多面型深层结构的表征。在"巨型形态"或"集群形式"之间,前者主体结构与具有生产潜力的要素之间的关联建立了模型化的最终形态,而后者来自于要素本身的影响力将对地域性的特性产生巨大影响。

如同一切时尚的潮流,"巨构建筑"希望将一切时代的元素集于一身,"模数""延展性""插件"等,虽然作为一种先锋派的理想,但在表述了人们对城市与生活革命向往的同时,呈现了一系列非现实性的理想。"十次小组"希望在这种理想主义的乌托邦中,找寻现实生活的结合点与存在方式。

图 4 - 108　特拉维夫的规划设计平面

图 4 - 109　特拉维夫的规划设计总体模型 - 01

图 4 - 110　特拉维夫的规划设计总体模型 - 02

作为柯布西耶的受影响者，巴克玛于1963年设计的特拉维夫（Tel Aviv）的规划设计（图 4 - 108～图 4 - 111），将巨型尺度的运用作为一种假象方式，为现有的发散性城市注入规律性的秩序。这种理念显然对"十次小组"强调的"邻里"与生活适配性是一个巨大冲击。人们已无法感受真实日常生活中的空间尺度与原则，而是一种与城市的交通，层级结合的综合体系。这种与城市间的高速公路、基础设施相结合的景象，成为普遍的城市

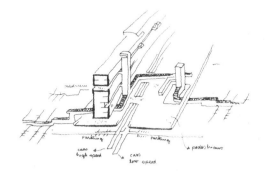

图 4 - 111　核心结构的剖面分析

景观。当然，在其极力推崇巨型结构作为大都会景观的心理"适配"时，史密森夫妇开始怀疑其结构的可行性，并提出了"开放城市"（open city）的概念。他们在柏林竞赛强调了永久的城市"废墟"①概念，这似乎与城市公共政策有关，也仿佛与 1962 年的梅林（Mehring）广场设计及 1966 年的米尔顿·凯恩斯（Milton Keynes）的总平面紧密相连。在梅林广场项目中，史密森夫妇将"开放城市"定义为一种大型的城市区域概念。这是一种以"地堡"（landcastles）纪念性为视觉中心和"适配"（fix）感受的都市概念。他们认为不同等级的交通网络编织不同结构尺度的城市结构，对于"拥挤、安静、宁静"的贵族式的土地运用，将增强不断增加的创造性追求。

4.6.2　"巨构"的乌托邦

当然，"巨型结构"乌托邦式的登场，或多或少引起了人们多方位的关注与恶评。超大尺度引发的长时间修筑，使结构在完工之前已脱离了时代需求与潮流。从某种程度上讲，对柯布西耶巨型尺度设想的追随，也就是对他们所强调的城市和谐景观的丢弃。他们重新创造的巨型结构城市体系，对原有城市肌理产生强烈冲击，或是消极回应。"巨构"仿佛以一种返祖式的回归，重现于现代主义英雄式的乌托邦之中。这也许就是在乌托邦的理想中无法避免的充满激进色彩的结果。这也是"十次小组"在历程中不断力图改变，或是力图将日常性逐步融入的原因。作为建筑与城市的巨型的结合，这种结合的产物是在建筑无法领悟的层面，解决大与小、设计与自发、永久与暂时之间的问题。

"巨型结构"通常被视为一种乌托邦理想的实证性研究。马尔多纳多（Maldonado）所

---

① "废墟"是指 20 世纪中加速了的运动与变化无法与现存的城市结构模式同步发展。

称的"当今老式乌托邦"(old utopians of the present day),是一种接受传统观念的乌托邦形式。"巨构"的乌托邦对于"十次小组"来说已经脱离了形式上的意义,而是一种社会结构的目标。无论是作为一种城市的基础设施结构,还是城市景观的一部分,如柯林·罗、肖艾(Francosie Choay)等人所述,一种社会的乌托邦承载了他们对城市发展中主要结构的追求。在他们眼中,"巨构"就是一种实现乌托邦的理想城市。在麦施特里德·施物浦(Mechthild Schumpp)(1972)看来[①],城市乌托邦主要具备三个主要特性:其一,是在恒久与暂时之间形成的代谢特性;最后是城市技术化的幻想;而其中间状态即是以"流动的休闲人群"的概念,铸造未来城市的模式。这不仅将之后工业化生活定义为一种休闲的生活,而且也同时与弗里德曼与"建筑电讯派"中各种理念的"巨构"产生千丝万缕的联系。例如在弗里德曼的"流动城市"中,流动性成为"巨构"中主要的特色,一种短暂与永久之间"发展与改变"话题的延续。

同时,艾莉森·史密森在《"十次小组"启蒙》的"城市基础设施"讨论中,以大量篇幅,讲述了"流动性"在城市巨型基础设施中不可忽视的重要意义。"巨构"从某种程度上是城市流动性理想化的追求与革新,一种对城市效率的思考。史密森夫妇的柏林大都会研究即从某种程度上展现了巨型结构对于城市流动性的协调作用。

4.6.3 "总体建筑":系统化巨构

面对这种"巨构"的乌托邦理想,迈克·米切尔(Mike Mitchell)和戴夫·鲍特韦尔(Dave Boutwell)提出近乎疯狂的"综合城市"(comprehensive city)理念(图4-112),并非认为"巨构"即是真正明日城市,而是以一种态度阐明其思想启示的可能性,即一种开放式巨构年代培育出的多重情景的选择。"巨构"所要延续的概念不是这种非理智的形式再现,而是一种"综合"观念在城市与建筑中的结合属性。

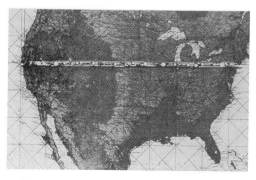

图4-112 中部横穿的"综合城市"的巨构

可见,随着城市基础设施的流动性与"巨构"的联系,"巨构"与"十次小组"的"毯式建筑"之间仿佛是不可切割的联系体。在其意义的不断延展中,建筑与城市之间的意义逐渐模糊。而"巨构"也从具体的形式,转变为城市网络化的内与外之间的联系体与媒介,一种非视觉化广义聚集的意义。"mage-"的概念逐渐从数量上的大转化为系统的复杂性与多价性,而"-structure"在表达基础设施的同时,也逐渐成为城市与建筑之间"结构性"要素的体现。由此,"巨型结构"的延展逐渐表现为一种多价性与复杂性的结构性社会对应物。这种对应物不再是形式、体量上的视觉冲击,而是编织状态下建筑与城市的综合陈述。巴克玛的特拉维夫中心规划、坎迪利斯-琼斯-伍兹的图卢斯城市设计和法兰克福诺姆博格等为我们展示的不是规模与体量上的"巨构",而是大与小之间潜在的"巨构"本质。

巨型结构的适应性在功能非单一化的城市及区域发展的今天,已经显得格外受人瞩

① SCHUMPP, Mechthild,德国社会学家,著有《城市乌托邦与社会,社会层面的乌托邦城市意义改变》(Stadtbau-Utopien und Gesellschaft. Der Bedeutungswandel utopischer Stadtmodelle unter sozialem Aspekt, Gütersloh 1972)。

目,其原因并不在于其超尺度的外表与大而全的功能构架,而在于社会性与便利性满足了人们日常生活的需求。在网络化的信息时代,城市的构架已脱离了尺度的限制。在凡·艾克看来,这是一种没有层级、多元叠加、万花筒式的系统,系统之间需要相互之间的熟悉与认可,从而形成多重结合的整体系统。这些系统之间存在着相互之间的支撑。而这种大型的系统结构、基础设施,将在人们的日常生活中,建立城市日常生活的对应物。这种相互之间的联系,不仅仅在于相互之间的吸收,也在于空间与肌理中相互适应的可能。

为了避免《雅典宪章》中僵化的出现,保罗·索莱利(Paolo Soleri)沉迷于一种疯狂式的人造生态景观的塑造(图4-113),希望以一种零消耗的全生态可持续性,构筑梦幻的理想巨构。"巨构"仿佛成为建筑师在正统的现代主义运动中,城市与建筑之间建立理想家园的立足点。但是彼特·霍尔(Peter Holl)却认为,"巨构"在破坏了城市肌理的同

图4-113 保罗·索莱利相关的生态景观的塑造

时,流露了自命不凡的自我标榜和不合时宜。史密森夫妇则以丹下健三的波士顿港区的"巨构"为例,认为紧凑的交通与结构的结合,限制了其系统发展的可能,就仿佛人们通常会在巨构预设的选择与资本主义自由的市场经济中深陷迷茫。如同克里斯·阿贝尔(Chris Abel)在《建筑设计》杂志中对柏林自由大学的评价一般,这种未来城市复杂模型的缩影,在各种活动的交织中,很难在不破坏自身组织体系的基础上,进行自由的扩展与延伸。可见,一种适应性,自组织与生长的结构,应当在循环生长的系统中,争取非控制性的自由。"新陈代谢派"与弗里德曼在巨构城市的理想中,不约而同地对城市双层互不干扰而相互叠合的系统产生兴趣。原有城市的秩序与非秩序与另一个空间体系中的"巨构"和谐共存。

上世纪人们对"巨构"的理念,强调了在各种要素聚集下,视觉上的巨型化冲击。而当代的"巨构"理念,已从视觉上的体量冲击,逐步转变为层级化编织的网络整体化"巨构"。这不是一个具象形态,强调的不是实体表达,而是在整体系统下,不断相互介入的状态。城市的再生过程,成为由自身建立的符号和消费转化的另一种符号共同再织的过程。其"巨构化"的编织,表述了都市性、地域性及时间性的编织过程。其中包含了建筑与人的居住、工作、环境之间的编织,瑞士建筑师贾斯特斯·达辛登(Justus Dahinden)在《未来城市结构》(*Urban Structures for the Future*)中认为:"全新城市的发展应当是社会与城市结构的重新结合……因此,当代城市规划的各种大型紧缩式的巨构应当代替大面积的蔓延,形成各种城市现象的层叠式的'包裹'。"

可见,当代巨型结构的意义已不在于其体量的震撼与形式的突出,而是一种"即时城市"快速更新与清晰化的"巨构"网络系统。这是一种整体思维的认知方法,一种连续思考的操作方式。所有与外界决裂的思维方式必将导致最终成果的局限性与非持久性。"巨构"将在现代技术影响下,在集中形式与特性中,最终回归于简单居住、行为模式以及普通环境构架的统一;而在时间的定义中,"集群"属性将成为网络化结合的变革结果。换言之,集群化与多重复合的产物将取代单一性标准,成为社会对应物的基本原则。

由此,我们似乎可以引用1968年《革新建筑》(*Progressive Architecture*)中"总体建筑"(omnibuilding)的理念取代"巨构"称谓。克里斯·阿贝尔认为,大尺度的建造,应在少一些

的意外与多一些的人类思考中,突出风格的一致。这就如菲利浦·约翰逊一般将"总体建筑"视为对古代纪念性建筑回归性的"巨构"。当然,有些"巨构"虽然没有超型的尺度,却以一种文化冲突异军突起,呈现了一种文化巨构。如蓬皮杜中心的出现,则体现了一种在环境中凸显的"巨构"化突破的思想呈现。它以"巨构"式的冲击力,解释了一种外在的矛盾性与内在的适应性。而作为可适应性的"巨构",其最终将在自我完善中,逐渐消失"巨构"的概念,应验预言式的"自我解构"。

4.7 结构主义塑型

结构主义是 20 世纪社会科学与人类学实践中思维与分析的实践模式。从人类语言到文化实践,结构主义在大型系统的分析中,进行相互联系与功能之间的建立。索舒尔(Ferdinand de Saussure)在结构语言学中对潜在原则的追求,以原则模型化的语法,抛开表层现象,在深层结构中探寻事物的本质意义。列维·斯特劳斯(Claude Lévi-Strauss)则以四种途径,将结构主义延伸至更为广泛的领域①。

在结构主义向建筑渗透的过程中,亚历山大建筑模式语言的发展,对城市形态与建筑形式的形成,进行了非常规化的诠释。建筑空间的规则化与模式化以及结构的清晰,成为建筑追求的主要目标。

结构主义试图创造一种调和的自然生成法则,而这种自然法建立于潜在的真实结构的树立。这种结构,在"十次小组"对"功能主义"批判的基础上,表现为对"真实"生活的关注,一种基于多领域结合下,普遍性语言的建立,或是系统意义潜在逻辑的思考。

4.7.1 规则与行为

虽然"十次小组"并未提及其主要理念受到结构主义影响,但他们的理论与实践无不自觉与不自觉地扮演着"结构主义"角色。其中,凡·艾克关于"构型"原则与"双胎现象"的概念与列维·斯特劳斯的理性结构二元对立的现实理论产生共鸣。他以结构性的理解对历史进行探究,并与结构主义者一样,在历史事件与纪念式的流动中,关注各种生成的模式。

总体看来,"十次小组"的特性基本归属于以特性、归属及邻里为主的社会科学研究范畴。从某种形式角度来看,其特性被浓缩为一种"簇群"(cluster)象征性的讨论,一种基于社区形式不断变化的潜在层级结构下构成的"相互链接的美学",一种开放式(open-ended)的结构美学。"十次小组"成员试图在对日常生活的关注中,以双向并举的方式探索社会矛盾解决途径:其一,以结构式严谨的社会科学性的研究方法,创建完整的结构语言。其二,在日常生活研究之下追求诗意的表达。于是,在理性与感性"矛盾性"支配下的研究方式成为"十次小组"在转换过渡型的结构完善中,相关居住问题研究中的主要特征。

1980 年代"功能主义"批判时期,列斐伏尔阐述的日常生活危机,及超现实主义与存在主义的结合,唤起了建筑师的共鸣和抗争(如康斯坦特的新巴比伦等)。他试图在"快速发展下奇迹般的繁荣"与同时发生的"日常生活与艺术的强烈批判与建立"之间,以"鲜明的对照"找寻问题的焦点。同时,他认为,那个年代只有绝对敏锐的触觉才能体会与感受这些

---

① 其一,结构的分析检验了文化现象中的未意识架构;其二,将基础结构中的要素视为"关联"(relational),而不是独立的物体;其三,专一于系统的参与;最后,提出普遍性原则,解释潜在的现象模式的组织。

"边缘性"的日常生活问题。而"十次小组"恰恰具备了这种敏感性与时代性。从凡·艾克与 Cobra，字母派(Lettrist)、国际情景主义及康斯坦特之间无间的交流，到史密森夫妇与英国的"独立小组"的共识，说明了"十次小组"将生活中的艺术、色彩、空间作为紧密结合的要素，与建筑与城市结合，在先锋性和日常性之间形成了角色的重叠。

结构主义在索舒尔(F. de Saussure)语言学的基础上，将社会与心理学现状作为语言学中复杂系统联系结构的比拟，并将文化与子文化看做一种网络化的关联。在此，关联的模式比要素本体更为重要，并会在不断的延伸中相互改变。在斯特劳斯人类学的研究中，联系的模式在"基本的结构血缘"中均有表达。二元对立的概念，在相互作用中起到互惠的作用。而这种双重性的结构在现实存在中，将导致双重社会结构的形成。

结构主义提倡的对立成分的提取、分离与再次对立的形成，证实了"中介"性理念的重要意义与主要特性。结构主义反对事物的孤立思考，提倡揭示事物本质内部的潜在联系，即一种人类意识的控制。作为一种思维方式的革命，关联特性在日常生活中已成为了普遍现象。就像"中介"理念普遍存在于生活与事物的相互联系中一般，事物的存在是许多"状态"的集合体，每一个状态都是一条众多事物组成的链接。在进行事物历史比较的同时，事物之间的关联成为"结构主义"关注的主导。而"十次小组"也正是在这种特殊的语境下产生了对于城市中政治、经济、环境、人文之间的重点关注，逐渐形成一种"语言"化看待世界的方式。他们在对"存在主义"有关"个人"存在的批判中建立了以"相互关联"为中心的网络化认知环境。奈杰尔·亨德森(Nigel Henderson)的伦敦街道生活的照片(图 4-114，图 4-115)，凡·艾克的阿姆斯特丹儿童游戏场的设计(图 4-116，图 4-117)，坎迪利斯阿尔及尔建筑类型的研究，史密森夫妇与约翰·沃尔克(John Voelcker)的社区规划等，均在环境的认知中，寻求现实存在的真正价值。"结构主义"不是一种单纯传统意义的哲学学说，而是在事物动态进步与发展节奏上"联系"的不断的更新与形变。在"十次小组"对于社会的认知中，整体与局部之间互为前提，如迪·卡罗所述的"空间与使用者之间联系的总体性"，及坎迪利斯提倡的"整体大于部分的总和"等，他们以"结构主义"为主导研究方式脱离了研究本身的局限，并认为只有"关联"的理解才能有助于深刻而本真的认知。

索绪尔指出："共时和历时'现象'毫无相同之处：一个是同时要素间的关系，一个是一个要素在时间上代替另一个要素，是一种事件。"而"十次小组"则在"共时"的基础上，融入了"历时"的要素。在探讨"共时"要素关联的基础上，以一种乌托邦式的前瞻设想，反思现存的实际问题。他们以"历时性"眼光，在"改变与发展"的主题中寻求问题的现实与乌托邦之间的解答。索绪尔认为结构主义的一个无处不在的法则是："结构主义者的最终目标是永恒的结构：个人的行为、感觉和姿态都纳入其中，并由此得到它们最终的本质。"1950 年代中叶，我们仍旧能够看到"十次小组"对普遍性及无政府主义的复杂与矛盾的方式，以及对城市肌理的理解，并不仅限于历史的构成。他们始终将注意力集中于时代的发展之中，并始终没有放弃现代主义的理想。这被看做是一种历史的辩证，一种历史的机构，一种连续的出现的状态。凡·艾克关注的相对性表明了他对于文化与"文明"遗产的不信任。他从中世纪的肌理与非洲道根(Dogon)村落的调研中得到演绎结论，试图将人工与工业化的产品进行结合，以体现相互之间过去、现在、将来之间不变的憧憬以及"连续性"特质。他认为，一味地沉迷于过去的情感和对未技术决定论的憧憬，均是一种静止与线性的时间维度的局限。

STREET  STREET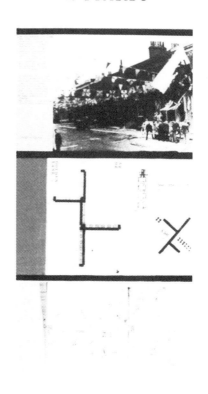

图 4‑114　伦敦街道生活的照片　　　　图 4‑115　日常生活在板式建筑中"空中街道"的转化

图 4‑116,图 4‑117　阿姆斯特丹儿童游戏场的

　　1960 年代,随着众多学科与"结构主义"发生交叉。结构主义从语言学拓展到各个学科。"结构主义"所感兴趣的是事物背后的联系意义,而不仅是事物本质。"十次小组"即在视觉观察为基础的"As Found"美学的观察中,超越事物本身,找寻事物之间的意义与关

联。任何生活中的行为、文化、抑或即时的瞬间,都将被视为一种可转述的"语言"来解释或创造城市要素和人们现实与未来生活状态的可能。斯特劳斯认为社会是由文化关系构成的,而文化关系则表现为各种文化活动,即人类从事物质生产与精神思维活动。这一切活动都贯穿着一个基本的因素——信码(符号),不同的思想型式或心态是这些信码的不同排列和组合。他通过亲属关系、原始人的思维型式和神话系统所作的人类研究,试图找到对全人类(不同民族、不同时代)心智普遍有效的思维结构及构成原则。他认为处于人类心智活动深层的那个普遍结构正无意识地发生作用。其结构主义方法主要有如下原则:

(1)对整体性的要求;

(2)整体优于部分;

(3)内在性原则,即结构具有封闭性,对结构的解释与历史的东西无关;

(4)用共时态反对历时态,即强调共时态的优越性;

(5)结构通过差异而达到可理解性;

(6)结构分析的基本规则:现实的、简化的、解释性的。

在规则与行为,或在理性与感性之间,"十次小组"以结构主义的二元对立在两者之间试图建立复杂性与矛盾性并存的综合。他们以一种批判与审视的姿态,以复杂性与矛盾性的眼光,对当时普遍性理念加以质疑,试图脱离绝对性的视角,并以不同的角度加强各层面之间的联系。他们保持对时代的敏感与历史的反省,以一种历史辩证逻辑建立自己的判断逻辑。凡·艾克的相对性立场就反映了历史与文化特性。他通过对文化和"文明化"(civilizational)层级的质疑,以城市真实现状的分析代替普遍性原理的盲从。他将过去、现在与将来视为"连续性"上的各点,希望在时间的线性发展中定义恰当的逗点,以此满足在过去与未来之间合理适配。①

由此,"十次小组"对于日常生活的关注可总结为一种无止境的反复过程。他们在行为与准则、感性与理性之间,以一种本质性的回归,创造"总体生活"的价值内涵。这是在史密森夫妇和亨德森城市调研的基础上,得出的城市普遍现象的探究与事实呈现。这种"As Found"美学强调从现象中找寻事物本质,以此激发对事物本源的活力再现,从而建立一种不被任何形式流派所束缚的,真实存在的"被找寻的"建筑。这可以看作是一种道德基础上美学的延展。这是一种对真实、坦白、鲜活本质的自我表达,一种解除了层叠的修饰之后"透明性"的显现。

4.7.2　荷兰结构主义

虽然凡·艾克宣称并未受到结构主义影响,也没有任何的"结构主义"的词眼出现在他的论著中,但是他的作品中,却流露了与结构主义潜在的一致性与共鸣。在凡·艾克纳盖利村落(Nagele Village Project)(1947—1953)、纳盖利学校(1954—1956)以及阿姆斯特丹孤儿院(1955—1960)设计及理念的影响下,荷兰的新建筑运动中逐渐出现"新阿姆斯特丹学派"(New Amsterdam School)。这就是被广泛认同的"荷兰结构主义"(Dutch structuralism)②。这种"荷兰结构主义"倾向着重于相似性的重复之中系统化秩序的延伸。布洛姆在阿姆斯特丹建筑技术大学的展览"结构"(structure)中,着重讲述了这个概念,并试图从法国的结构主义中找寻荷兰的影响。

---

① 这些观点出自凡·艾克在"step towards a configurative discipline"(*Forum*,1962 年 8 月)中集中进行的阐述。

② O. Bohigas,1977:21-36

作为一种秩序的原则，"荷兰结构主义"在对结构形式进行面饰化呈现的同时，建立了关联坐标系下秩序的延续，这是一种自治的形式下，层级组织中，"民主社会结构"（democratic social structure）在规则设立下进行制度化的革新。当然，"结构主义"并没有被看做是一种完美的设计准则，其最终的意义，将在广泛层面建立于非中心化与两极之间互利联系的观点之间。我们可以在凡·艾克与列维·斯特劳斯之间找到二元对立与相对性之间的共识，但似乎这并非荷兰结构主义的主要特性所在，而是关注几何化的结构网络与不断重复的结构模式的展现。

其间，凡·艾克的阿姆斯特丹孤儿院设计、布洛姆设计的"诺亚方舟"（Noah's Ark），以及赫兹博格在城市设计中进行的邻里中心的设计，即试图在建造的体块中，建立不同的理性层面之间相互的交织与整合，以此对应不同的主题。其中，该理念于1966—1967年代尔夫特的蒙台梭利（Montessori）学校中得到实现，并随后在荷兰阿珀尔多伦（Apeldoorn）的中心毕赫尔（Beheer）办公楼设计中，以令人印象深刻的理念实践，表述其理念弹性的实践价值（图4-118～图4-120）。该办公建筑从"整体化"概念出发，在"迷宫"式的空间结合中，以"网络化"街道、走廊式空间使整体在离心式的象限整合中，体现城市—建筑的网络化整合。

图4-118 毕赫尔办公楼总体鸟瞰

图4-119 毕赫尔办公楼室内空间

图4-120 毕赫尔办公楼室外平台

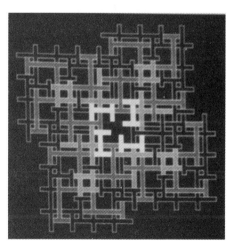

图4-121 "诺亚方舟"区域化平面

图 4 - 122 "诺亚方舟"整体模型

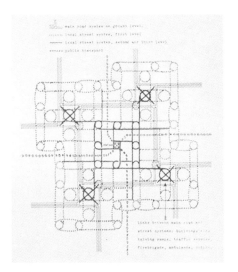

图 4 - 123 "诺亚方舟"中两组相反的风车组织而成的内部结构

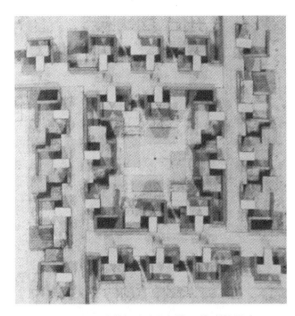

图 4 - 124 "诺亚方舟"中单元的建筑排布

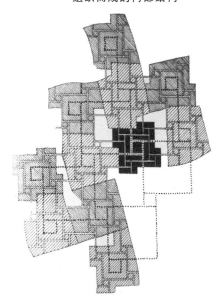

图 4 - 125 不同的"诺亚方舟"单元组织而成的区域性簇群

　　而布洛姆的"诺亚方舟"则以一个由 70 个组团(容纳 1 万～1.5 万人)结合而成的巨型尺度"城市综合体"的形态(图 4-121～图 4-125),展现了城市多重功能在四层街道网络的编织下形成的网络化雏形。该设计在其 1960 年阿姆斯特丹西区实践的基础上(图 4-126),进行了更为系统化的呈现。两者交通化的结构与城市交织状态,在城市化建筑与建筑化城市的概念下,打破了城市与建筑的界限,将开启与围合建立于复合系统之中,以一种全新的姿态诠释对城市状态与人类生活模式的探索。虽然史密森夫妇对建筑与城市间的相互比拟强烈怀疑,但作为新社区模式的探索,布洛姆将城市的发展建立于多维联系的综合延续之中,展现了时代的批判性与"乌托邦"的城市理想在人们的生活模式中转变的

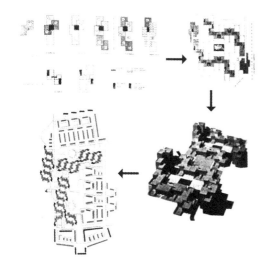

图 4-126　1960 年布洛姆在阿姆斯特丹西区的住区实践

可能。

此外日本"新陈代谢派"建筑师黑川纪章在参加"十次小组"的诺亚蒙特会议之后,受到布洛姆"诺亚方舟"的影响,于《新陈代谢派诉求》(*the Pursuit of Metabolic*)一文中,承认了在凡·艾克影响下的"新陈代谢"探索之路。而桢文彦,则在与凡·艾克的合作讲演[①]中,建立了对"集群形式"(group form)的初步概念,并在凡·艾克"构型原则"的联系中,不断整合城市与建筑之间的结构性关联。而随后的柯布西耶与朱利安的威尼斯医院,以及"毯式建筑"理念与自由大学实践,也在"结构主义"的影响下,秉承了传统的城市肌理中,非中心化的现代构型的原则,在理想化的城市状态层面,结合人的邻里需求,产生了广泛延展。

4.7.3　整体性与特性

这种双重、矛盾性的对应(科学论与自发论的结合),以及不断出现在双重性之间的平衡,说明了"十次小组"的工作状态与他们研究的基础论调。

这里的整体性,对他们来说是一种"人际关联"或集中生活的状态。"十次小组"将其理解为一种交互性的基础原则。从生物学维度向社会人类学维度的转化中,他们以一种结构人类学的思路,看待整体性原则在结构主义维度对个体相互之间的链接性粘贴。而从另一角度看,继承于结构主义语言学中的解释性意义,如:关联系统、二分法等,说明了整体性在不同层级对其结构性的不同影响。在广义的层面,这种"整体"的综合体中的重要的因素,取决于城市规模的复杂性。[②]

特性,作为"十次小组"中主要的词汇之一,是事物存在的基础性要素。一种可视的人与人类之间关联研究的开端,CIAM 9 会议上史密森夫妇"都市重构"的重新审视,证明了"特性"成为了反对 CIAM 功能主义的意识形态与抽象的理想主义的武器。这在坎迪利斯、伯德安斯基以及伍兹的 Carrières Centrales 规划(1953)中成为核心词汇。而凡·艾克对于人类个体尺度研究也试图从单纯的表象中揭示其内在本质。他们的研究看似是一种非直接途径,而这些也正能够说明"十次小组"对"发展"的理解与长期性的研究策略。

当然,这种结构性的特性也存在着模糊的意义:如个体还是群体、等价还是唯一等。其实,特性关注了一种多元化的结构,而非单一的孤立状态。相比较空间(space),特性更倾向于场所(place)的讨论,因为就空间而言,这似乎是一种模糊的无法界定的维度,是一种较为抽象的概念,而特性则是倾向于一种即时的空间指证,一种特定场所的诉求。由此,对于"特性"的把握来说,"场所—时刻—建筑"(place-moment-architecture)比吉迪翁所述的

---

① 1961 年,华盛顿大学,St Louis。
② 出现于 1954 年 10 月发表的 *Doorn Manifesto* 一文中。

"空间—时间—建筑"（space-time-architecture）更为贴切。

对这种双重矛盾的概念角度而言，"十次小组"在现代主义运动，突破了对抽象的认识，不断向空间物质性转换。林奇的"城市意向"似乎与"十次小组"特性持有相同关注点，也同时与史密森夫妇提出的"簇群"产生共鸣，关注于物质非本体下的普遍关联。

总体说来，继功能主义之后，对城市的研究主要集中了两种途径：其一是社会科学的模型研究，并寄希望于结构主义语言学经验的总结；其二是激进的主观臆断以及 20 世纪城市诗意化的研究。"十次小组"的倾向则介于两者之间，寻求一种矛盾与复杂性的综合。现代主义的运动试图将多重的学科进行并置研究，而"十次小组"或许可视为较早进行"多重学科"探讨的团体，将各要素其进行整合，寻求城市的真正意义。

4.7.4 结构主义批判

在结构主义方法与原则运用中，叙事性特点在系统化特性与功能叙述中，以有限的原则诠释了无限的实际存在与可能。潜在的原因、非意识意图与非个性化动力，取代了个体化意识与选择，成为结构主义关注的焦点。这是一种个体化消亡和非个性化系统建立的历程。个体不再源于传统社会存在的代码，也不再控制其中的精神生活与现实实践。由此，结构主义也可视为一种"反人性化"的分析方式。索舒尔以一种全新原则与"符号学"（semiology）语言，建立了结构主义认知的全新秩序。斯特劳斯将结构人类学置身于符号学领域，对包括人、动物、时尚、食物、建筑、医药、文学等，以代码与系统标识进行分析，并以符号学代替了结构主义的意义。随着结构主义向符号学的扩张，"后结构主义"旗帜下的德勒兹（Gilles Deleuze）的"精神分裂分析"（schizoanalysis）、德里达（Jacques Derrida）的"解构"（Deconstruction）、福柯（Michel Foucault）的"谱系论"（genealogy）以及克里斯蒂娃（Julia Kristeva）的"符号分析"（semanalysis）等对此进行了强烈抨击。结构主义中那种统一、整体与原则化，成为人们对人性化诉求中批判的目标。

1960 年代，法国的结构主义者在"生理化"与"技术化"之间融入秩序的认知。法国建筑与城市规划师菲利浦·布东（Philippe Boudon）认为如此将有助于将外来原则与其内在的"生理化"本质相结合，一系列简单词汇将被融入深层次的反思。如：方法成为方法论，类型作为类型学，建筑符号成为编码。话语式语言，辩证式的对话、社会制度化、建筑句法、图标性、标识性或者索引性符号设计等，在"后结构主义"中转向，成为归属于"后现代主义"语言的活跃要素。如同福柯的谱系学中所述，程式化的一致性和规律性完全是一种"虚构"表现。因此，"十次小组"以"回归历史"和过程性重读作为对"结构"性原则的表达。他们在日常生活层面，以一种现象的认知，在理念与实践中对社会表层事物，进行对应性的阐述，并同时以"茎状"与"网""毯式"等概念的具体实践，在各种现象之后，挖掘本质的属性，以自上而下的原则性指引自下而上的细节表达，以一种"中介"状态，在秩序化的原则与行为之间，找寻恰当的平衡点。

4.8 基于"毯式建筑"整体性的实践性批判

继"十次小组"之后，"毯式建筑"虽然没有以华丽的口号与绚丽的包装继续发展，但在时代的发展中，作为当代的词解，"场""域""矩阵"等词语已在不自觉中印证了"毯式建筑"内涵在不同时代的延续与拓展。"毯式"关联，在城市土地的有效使用、建筑规模、形态与弹性以及混合功能等方向显示了广泛而长远的影响力,并在时代的变迁中,不断以不同的形式与完善的结构触及建筑、城市与社会等各层面。

彼特·史密森认为"十次小组"的成长实质在于"另一种敏感———一种对城市,对人际模式,对集中的建造形式的敏感。"①在城市不断蔓延的今天,"毯式建筑"的含义,从城市中心、边缘到各种性质的交界地带,呈现了一种建筑与城市肌理交互的开放结构。当代"毯式建筑"很难局限于某种特定形式或倾向的定义。艾莉森·史密森仅以一种不断发展的概念辨识"毯式建筑"在城市发展中呈现的密集、多层级以及复合特性。人们在对具体建筑功能进行研究的同时,逐渐发现虽然当代建筑发展很难以某种具体"容器"化性征应对具体的建筑类型,但非形式化的相互关联与内在结构承载了主要的识别性征。因此,建筑师的责任即是在基于内在秩序的生成之上形式的创造。

亚历山大·楚尼斯(Alexander Tzonis)和利恩·勒费夫尔(Liane Lefaivre)认为,在一段时间内,柏林自由大学对建筑的发展起到重要作用。他们在《超越纪念性,超越 Zip-a-tone》(*Beyond Monuments, Beyond Zip-a-tone*)中指出,这种"毯式"的建筑与城市形式,起到了另一种"纪念性"的意义。本书认为这是一种平民化的组织与纪念,一种脱离了孤立的"纪念性"表达。该纪念性以"中介"模式,在"内"与"外"之间创造过滤般多层延展的环境,表达了一种开放式的通属系统。如威尼斯医院中的"外"已不再仅仅是环境本身,而是在组织的肌理中,不同的"内"能够体会的包括光、影、空气流动等不同"外"来的直接与间接的反映。

此外,布洛姆以"结构主义"描绘了联系的城市结构与功能之间的潜在关联的同时,对建造形式、使用与文化意义的血缘延续产生质疑。就如塔夫里对建筑的质疑一般,脱离本质的形式追求,已经很难找寻乌托邦的理想与意义。结构主义影响下"毯式建筑"重现与转化的意义在于脱离怀旧与乌托邦双重禁锢的环境的建立,而"迷宫式的清晰"则描述了其中潜在的规律与组织原则。从视觉影像到组织关联,从形式塑造到城市的行为意义,"毯式建筑"逐步在城市的更迭中,编织全新的意义。

基于"毯式建筑"在当代的理解,斯坦·艾伦(Stan Allen)在对时代的理念进行转化的同时,认为当代的"毯式建筑"呈现以下五个特性:

(1)由坡道与贯穿的空间建立的浅层而密集的剖段形式;

(2)大型的开放性屋面的集合属性;

(3)城市与建筑相互穿插流动的设计策略;

(4)重复与变异的微妙互动;

(5)时间要素在城市建筑发展中积极的协调要素。

可见"毯式建筑"涉及了从室外到城市不同层面的层级性与统一的连贯性。除了建筑层面,"毯式建筑"对城市规划的主要意义还在于在建筑师赋形与秩序化责任的基础上对未曾开启的城市生活空间进行全新的空间定义。"毯式建筑"脱离了比喻性、代表性以及纪念性的特征,超越三维意义,赋予时间不可或缺的地位。该系统超越控制系统的意义,在开放性空间建立个体之间的联系,体现了非视觉性意义的内在传输与异化过程,"毯式建筑"内部个体属性决定了与周边环境联系的必要性,其功能与实践在影响空间质量的同时,体现了在集中聚集与全新自由开放性系统中游弋、生长、消减与变化的可能。"毯式建筑"的属

---

① Peter Smithson 在 *the Slow Growth of Another Sensibility*：*Architecture as Townbuilding* 一文中提及。

性来源于间隙的空间意义以及在形态塑性中建立的空间不可预测性。"毯式建筑"的过渡性不仅在于孤立的点、线、空间之间的联系,且由相互关联编织成一套整体的网络效应。

随着"毯式建筑"逐渐向"毯式城市"的延伸,"毯式建筑"概念逐渐转变为某种城市化趋势的代名词。"毯式"意义在"茎"与"网"的概念中逐渐形成层级化的网状系统。城市基础设施在不断交织与流通中,建立了不断成熟的城市网络。史密森夫妇认为,"毯式建筑"不是怀旧的产物,而是对传统城市空间与实践的现代结构重组的整体把握,是全新要素介入当代城市肌理的主要实施策略。"毯式"系统不断自我更新的过程,是一种由"迷宫"向"清晰"的动态协调与系统转化的过程,并在不同环境中体现了不同的表达形式。这不是一种水平向的平铺,而是作为内与外"入口"的体量性层级,是建筑片段之外的规律性延续。

可见,随着技术的发展,"毯式建筑"作为一种认知与实施的模型,不仅是一种形式与风格的外在表现,而且还是一种秩序化与分析的有效途径。这是一种对现象的认知,一种特定思维架构的展现,而不是对局部语言的关注。

本书认为,当代"毯式建筑"以一种理想化的整体系统形式,带动了建筑与城市协同发展的实现可能,并以空间适应性、系统逻辑性与弹性、流动性,以及微观城市化等属性实现了横向与纵向多维发展的可能。

首先,作为空间的适应性,其形式特色支持了多样性活动,并预留了"插件"的可能。空间的合理利用与适应性为未来造就了空间上"加"与"减"的余地。这种空间的预留,在密度的拓扑形变中,产生"实"与"虚"的转化,并最终保持一种整体平衡与可持续的延展。其空间属性,也将在时代的变迁中,汇集不同要素的影响因子,逐渐产生动态适应性。不同技术、时代的实施性策略展示不同的空间专属。

其次,系统的逻辑性与弹性,在理性与感性之间建立着某种平衡。拓扑学的概念打破了欧几里得的几何原则。弹性的关联,打破了强势的主导性与鲜明的层级性。内在的逻辑性以一种强有力的潜在结构,支撑着"随意"的表面特性。"混沌"与"非精确"的特性,在一种"矩阵"的主轴中,产生纷杂的变换可能。可见,一种相对的灵活性与弹性,在内在支撑与外在表现中,体现了技术的发展、社会的变迁与文化的差异带来的内与外的关联性差异与整体性协调。

再次,"毯式建筑"的当代发展,也表述了流动性属性。作为主体与客体之间的联系,信息的汲取与流动,产生的是互动的基础。而内与外、公共与私密、实与虚等之间的交互,在"中介"领域的传递中,通过空间、流线、材质的组织,体现了物质与非物质的流动性体验。此外,在时间要素的叠加中,不断变化成为永恒的主题。在时间的持久性影响建筑与城市演变的同时,社会的变迁、技术的发展也同时成为一种连续性的作用要素。发展与变化,在"流动"的本质中,体现的是时间维度下整体与个体发展的协调与互动过程。

最后,在各种因子连立交织的网络化过程中,引发了微观环境的建立。这种微观环境是介于本体与周边环境之间的过渡间层,这种间层体现了各种联系网络进与出的端口。正是这种端口环境的塑造,为今后预留了有效的发展空间。这种微观环境在保持本体属性的同时,也同时吸纳了环境属性,在一种混合的状态下呈现自组织的完整性与开放性。

当然,作为一种链接整体与个体的载体,"毯式建筑"的形式化批判,在被视为网络化城市雏形的同时,随着时间的变化,在不同时代一直成为人们关注的焦点。主要为:

首先,整体塑性与形式感,造就了一种既定统一的形式原则。目前而言,复杂性大于灵活性,因此,在城市与社会发展迅速的今天,空间与结构的预留,包括日常生活中不同因素在不同时间的干预,并最终可能造成系统的破坏与整体性的削弱。

其次,如凡·艾克与迪·卡罗所言,这种格网的系统,最终决定了结构、空间与规模化进程。而矩阵或网格是一个知识的建构——一个抽象、概念的模式。虽然这的确对材料、空间、各自之间程序及逻辑进行了有益的组织,但这个抽象的模式并不适合决定所有的结构形式和空间构成。①

最后,在城市发展多元化的今天,"毯式建筑"的实施策略应极力摆脱整体化的旧制,"碎片化"的整合,将更适用于土地集约化的原则下,由人们生活方式的改变带来的建筑与城市协同发展的需求。基于"中介"理念,信息化的过滤与集中,将对其个性的彰显与削弱起到积极的作用。

当然作为一种理想化的建筑与城市结合的形式,该系统没有程式化的规则可循。在第四维度要素——时间介入的基础上,其生长与发展路径多元而不可预测。"毯式建筑"承载的建筑或城市功能的特殊性,如基础设施、景观绿化等,将最终赋予其自身不同时代不同意义。如今日柏林自由大学图书馆的扩建,就以一种时代语言,阐述了整体可塑性与形式逻辑在多元化的今天呈现的时代意义。

---

① 1973 年 4 月在柏林召开的 Team 10 会议中提及。

5

"社会对应物"：社会属性的内外辨析

"如果社会没有形式，建筑师怎样建造其对应物？""我们需要关注的是建造意义，以此逐渐地接近社会真实的意义与建造。"

——阿尔多·凡·艾克[①]

当建筑师为大众设计的同时，一连串问题在《论坛》中被提及："建筑师是否能设计足够形式以对应社会现实？什么是社会的对应物？这是否是一个可触及的形态？如果社会没有形式，建筑师怎样建造其对应物？"

5.1 另一种理念

"对于我来讲，过去、现在与将来在我的脑海里是连续的统一体，如果不是，那么我们的创造物就缺乏时间的深度与连续性的眼光。……时间在其中担当了适合角色去进行重新协调，以此得到不断分割中的本质意义。"

——阿尔多·凡·艾克

作为对战后 CIAM 共五次会议（从 1947 年 Bridgewater 会议至 1956 年 Dubrovnik 会议）的一种凡·艾克式的综述性批判与反思，"另一种理念"以其详尽的阐述，在《论坛》第一期（1959 年 9 月）发表（图 5-1）。这可看作是以凡·艾克为代表的部分"十次小组"成员对 CIAM 时期，现代城市规划的贫乏与单调的宣言与挑战。他们希望建立一种在意识与非意识之上的理论性基础，并以批判的方式，在理念的不断成熟中，讲述"十次小组"的成长历程。

"另一种理念"的理念，可简要地理解为在 CIAM 功能主义批判基础上，一种长久以来成熟的生活模式中的"关联"意义。凡·艾克将这种"关联"定义为蒙德里安提出的"确定关联的文

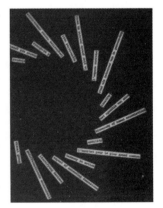

图 5-1 《论坛》主题为"另一种理念"的封面

---

① Francis Strauven, 1998:394

化"(the culture of determined relations)。在此,这种理念包含了对生活基本要素的追求,一种非层级化,非定性方式的思考。而"空间""核心""特性""人际关联""城市规划的建筑与建筑规划的城市""流动性"以及"变化与发展"等,同时成为其讨论的主要问题。其中主要包含了"十次小组"对 CIAM 10"介绍"(instruction)中的三方面内容:

(1)"中介"特性;

(2)时间作为城市发展的要素;

(3)数字的意义。

凡·艾克认为在传统的理念中,另一种概念存在于对传统概念的转向与社会的乐观主义之中。他所强调的建筑建造成为艺术的过程,也是一种在日常性理念中不断革新的过程。其中凡·艾克对孤儿院的表达,强调的是情感功能主义(emotional functionalism)的诉求,而非单纯的技术统治论的表达。其孤儿院意义已不止其本身,而是一种诗意建筑潜在意义的回归,是另一种理念不断发展的过程。他将其乌托邦式的理性概念集中于模式的展现与表达中,在潜在的荷兰结构主义理念基础上建立了另一种不同于 CIAM 的功能主义。凡·艾克从非洲部落道根(Dogon)人们的生活状态中得到启示,认为机械的工业化社会作为一种狭隘的功能主义的结果,不能提供足够的生活需求。来自生活的启示与借鉴将着眼于特定环境与具有特殊需求的人群,并对形式本身进行另一种阐述。

在城市与建筑之间的"中介"领域,绝对性是一种相对性的写照与比拟,进以说明事物的相对属性。由此,凡·艾克在"另一种理念"中,试图建立一种"情感功能主义",以弥补技术功能性的诗意贫穷,从而将社会层面的要素提升为必要话语基调。这种人文的回归,作为融入历史讨论的基础,成为建立"新现实"的主要前提。当然这并不是一味的怀旧,而是在"时间"要素的基础上建立的对"变化"的应对策略。"中介"空间的引入,成为建筑理想形式的对应基础。在他将"中介"模糊性融入建筑与城市的理解中时,已逐步将多要素交织的变化视为必要的讨论基础。

作为反映理想城市模型的理念,"另一种理念"关注的是变化与永恒的相对意义,其理念影响下的凡·艾克孤儿院即试图将空间与时间融入具体的关联形式之中,以表达场所与场合的差异性。吉迪翁认为,不论空间与时间意义何在,场所(place)与场合(occasion)表述了更加深入而具体的意义。在涉及了更广泛的与人相关的多元与被认知场所的同时,城市环境将变得更适宜居住。城市作为人在个体与群体现实中相互结合下的社会对应物,将在多价的城市特色中形成非中心化的网络化现实。

5.2 "奥特罗圈"——时间的对应物

凡·艾克在 1959 年 9 月 11 日荷兰奥特罗会议上提出的主题为"By Us,For Us"的"奥特罗圈"中,表达了建造环境在对"我们"自身完整的表达中,时间差异与社会本质要素的内在延续性的联系。欧几里得(Euclidean)空间与非欧几里得(non-Euclidean)空间的差异性思维方式,成为他极力阐述的"奥特罗圈"中基于时间意义的主要焦点。在涉及科学、艺术、人类学及物质世界等多领域交叉的同时,凡·艾克从另一角度阐述了一种线性与非线性、标准与非标准之间的表达。人从本质上具有相似的需求与特性,虽然其文化差异与背景互不相同,但他们具有在整体与局部之间相同的关联。建筑意义即在于将人的价值转译到空间中去表述需要被忽略或者被强调的部分。

5.2.1 "奥特罗圈"

"奥特罗圈"(图5-2,图5-3)曾经经历了一次修改,而我们通常看到的是修改后的版本。从图中可见,新版本的左圈①中包含了三种传统的建筑类别:

(1) 古典:"永恒和静止"——公元前438年雅典卫城的帕提农神庙(Parthenon)。

(2) 自发性建筑:"核心的乡土"——11世纪的新墨西哥的普艾布洛(Pueblo Arroyo)聚落。

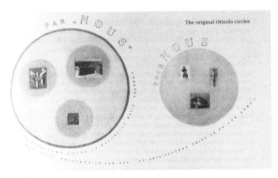 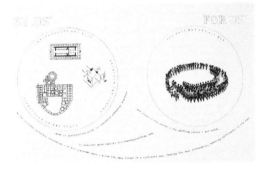

图5-2 最初的"奥特罗圈"　　　　图5-3 最终的"奥特罗圈"版本

(3) 现代:"改变与运动"——1923年凡·杜斯伯格(Theo Van Doesburg)②与建筑师凡·伊斯特瑞(Cornelis Van Eesteren)③关于"反建造"(Contra-Construction)的私人住宅(Maison Particulière)项目的轴侧并置④。

案例的列举,并没有在相互之间造成某种限制与约束,而是在自发性与现代性中,表述了互补而不可分割的城市与建筑相互关联的内在牵引力,一种时间变迁中非形式化"by us"的永恒意义。其中希腊的神庙代表了自我的静态,一种静止中的秩序,一种单一性的处理方式。而住宅则表达了多样性与相对性。前者代表了经典的平衡,后者则是动态的平衡,一种数字的美学。而新墨西哥聚落则代表了乡土特性的建筑,代表了集中的行为在建造形式之间的延伸,一种谦逊的、非建筑师作品的群体行为在建筑形式上的改变。这些不是建筑师个人态度的表达。建筑的理念、建造过程以及最终形式塑造,强调了源于生活的理想化的表达。如凡·艾克所言:"我们可以在任何时间、任何时代的任何地方找到自我。我们可以以不同的方式做不同的事情,感受不同的差异性,并对此产生不同的回馈。"左圈以"建筑重新整合的基本价值观"为主题,阐述了他将"十次小组"与中世纪先锋派在视觉艺术领域进行关联的成果,体现了"by us"在不同时期的表述形式。

右圈则展现了一群来自委内瑞拉的奥里诺科河(Orinoco)盆地的卡亚坡(Kayapo)印第安女性围成一个没有封闭的圈尽情舞蹈。这个不断聚合而不断迁移的中心动态结构,表达

---

① 最初的版本中,左圈中为雅典卫城的Nike庙,阿尔及尔撒哈拉的Aoulef的居住群落以及Van Doesburg的轴测图,右圈为三个青铜时期的雕塑。

② 荷兰风格派立体主义画家。

③ 荷兰建筑师与城市规划家,1923年起为风格派成员,1930—1947年为CIAM主席。

④ 帕提农神庙代表了一种个体独有的秩序,一种自我静态的协调,凡·杜斯伯格的绘画代表了多样性与相对性,一种动态的平衡,而Pueblo Arroyo则是关于乡土主义的表述。

了一个关于"for us"对个体与群体的意义,强调了人类与社会、人的个体与总体以及相互之间不可分割的两极现象。

"奥特罗圈"试图以建筑形式两极化的综合,回避折中主义、地域主义及现代主义问题,使两极化概念成为不可分割的整体。过去与现在,个体与群体在"中介"领域成为人们寻求平衡的主要媒介。凡·艾克在"奥特罗圈"中描述的时间维度下的不断变化是一种常数,是人们继续生活的基础。这种中介双胎属性下的乌托邦设想,决定了个体要素在模糊概念下的平衡状态。其"新现实"(new reality)理念联系了开放的社会,强化了城市与建筑的实践意义。在此,建筑内在意义在于相似性之间建立的互给性关联,也是人们的活动编织于建筑要素之间的结果。内与外,开与合没有明显的界限,没有反义的内涵。

可见,该图示主要涉及了两层层面:其一是建筑领域的空间形式,其二是人类社会的联系领域。它们在表达建筑空间形式与社会理性领域相联系的同时,仍旧保持各自的中介立场。巴克玛认为建筑是社会结构的实践性表述,而不一定是人类行为的三维陈述。建筑应是社会的"对应物",一种在两种领域之间的结合产物。

5.2.2 历史中的"形式"

作为社会的观察者,"十次小组"逐渐学会在历史中看待空间与事物的真实性。孤立的看待社会,已非真实化的社会体现。

"中介"属性的逐渐清晰在对于"十次小组"的研究中,逐渐表明了城市与建筑、理想与现实、传统与现代以及日常性与乌托邦属性之间"模糊"与真实属性的确立。凡·艾克在"奥特罗圈"中表述了古典、现代以及地域文化集合形成的综合圈层,希望在寻求相互之间"中介"性影响的同时,建立一种潜在的网络化关联。其中,古典的"静态与永恒"、现代的"变化与运动"、古代的"乡土性"并置于同一圈层中,应对当代生活的复杂性与多样性,并与右圈卡亚坡印第安人跳舞形成的圈相互呼应。这种由舞蹈形成的扩张与缩小的圈,组织形成了一种开放的螺旋状圈层。这种不断收缩形成的圈层变化,正突出了建筑所需要应对的"恒定与不断变化"的社会规律。而这种社会现实的写照,不仅是对过去的深省,还是在其基础上对现代主义与传统意义交集的关注。

凡·艾克对古代艺术与20世纪先锋派的热衷,来源于未来主义的兴起,并通过其杂志 *Minotaur* 介绍了对道根(Dogon)文化的解读。在与众多历史学家及艺术家[①]的不断交流中,纷繁的艺术视角使其逐渐关注事物表象背后所呈现的深层内涵,从而揭示其多维的充实内涵。其中凡·艾克追寻的是各种"不和谐存在"的相对概念下建立的"中介"性和谐的存在。他在各种相对特性,如"思想与事实""主观与客观""理智与情感""普遍性与个性""运动与静止"等对应中,建立了一种并置的无层级联系。他在先锋派的运动中,回溯古代艺术的魅力,将现代主义视为不断发现的历史中人类基本联系的桥梁。在奥特洛会议中,凡·艾克表示:"在不断的发现中找寻更新的事物,并将其转译至建筑中,从而得到新的建筑——一种真正的当代建筑。"所有5000年前原始的居住,表述了同样的院落、围合、光线与黑暗的转瞬,以及同样的日常生活的基本需求。在此,深深影响了凡·艾克建筑观点的

---

① 历史学家包括如卡罗拉·威尔克(Carola Welcker)、吉迪翁的妻子等。艺术家包括让·阿尔普(Jean Arp)、理查德·路斯(Richard Paul Lohse)、乔治斯·万陶格鲁(Georges Vantongerloo)、阿尔伯特·贾柯梅蒂(Alberto Giacometti)、特里斯坦·查拉(Tristan Tzara)及康斯坦丁·布朗库西(Constantin Brancusi)等。

在于其永恒的特性与温和的寂静。而这种温柔的特性,或者说一种"中介"非极端性的呈现,将潜移默化地进入人们的心灵世界与周边环境。

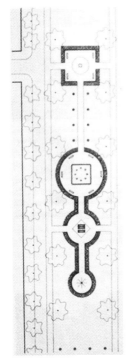 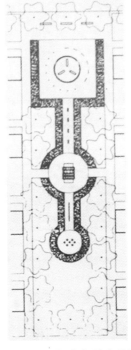

图 5-4　瑞迪奥沃设计平面　　　图 5-5　曼兹-达-考斯霍夫设计平面

　　至此,从远古的日常形式中得出的有机与几何特性的结合在凡·艾克建筑中逐渐形成主要的追求目标。尤其在其阿姆斯特丹的游戏场所中得到了突出的展现。这些简单而静止的形式被赋予的不是单一的功能,而是在不断的形式输出中,建立的促使孩童产生不同想象等多重用途。其中瑞迪奥沃(Radioweg)(图 5-4)游戏场(1949)在路径保留的基础上,结合几何的完形,形成了有机的拟人化特性。曼兹-达-考斯霍夫(Mendes da Costahof)(1960)(图 5-5,图 5-6)以及达克大街(Dijkstraat)的游戏场设计(图 5-7,图 5-8)则以完形的比拟,建立了城市中几何严谨与生态比拟之间的结合点。此外,在阿姆斯特丹孤儿院的作品中,他以古典平面、流动性现代空间及传统形式三种主要特性的结合表达,建立了各种肌理的调和下形成的不同的表述方式。可见,凡·艾克希望追求的不是在发现传统的基础上的重述,而是在不断的评价中,提取永恒的要素与语言,并付之于建筑的表达与时代的再现。他在追寻形式基础结构的前提下,在给定的环境中赋予全新的时代意义。同时,基于当代文化及建筑语言的句法结构,他结合相对性的世界观,在非层级的秩序中,打破中心与边缘化的界限,建立互给性在中介性中被赋予的时代内涵。就他看来,功能主义重归于层级化,回避了真实的社会问题,没有为当代社会带来真正的社会对应物,特别是社会的大量性问题没有得到有效解决。现代建筑在遭遇当代社会复杂性的同时,应回归于人类各历史时期的实践与地域性的传统要素找寻答案。由此,传统文化中的中心化诉求,逐渐演变为"开放的中心"(open centre)或多中心(polycentrality)特征,通过对位与切分,切入不同主题,并在层级逐渐消减的同时,找寻形式与对应物的平衡。

图 5 - 6　曼兹-达-考斯霍夫设计效果

图 5 - 7　达克大街设计前现状

图 5 - 8　达克大街设计后效果

5.3　"场所"与"场合"——时间的内在协调

"无论空间(space)与时间(time)意义如何,场所(place)与场合(occasion)将表达更多,人们意向中的空间就是场所,而在人们意念中的时间就是场合。"①

——阿尔多·凡·艾克

5.3.1　场所与场合

凡·艾克在 1947 年布里奇沃特(Bridgewater)会议中首次将现实的功能关联,融入现代主义城市与建筑之中。蒙德里安的理念中特殊形式文化的结束与决定性关联文化的开启,以一种诗意与艺术化的"空间"与"时间",及"场所"与"场合"的对应,为城市的

---

① 凡·艾克在 1960 年《论坛》中提及。

发展与建筑的表述方式,引导了革命性的途径和特殊意义。"空间与场所""时间与场合"以及"场所与场合"的相互意义,成为以凡·艾克为主的"十次小组"成员在城市与建筑的发展中内省化的关注。城市与建筑,作为微观世界的载体,承载了各种联系的矛盾、连续、中介等特性。

时间与空间代表了一种抽象化的意义,而场所与场合则代表了一种真实的存在。场所与场合的缺席,将导致特性的丧失与孤立的产生。在不同的平台建立的场所,将使其意义更为明确。新的城市化建筑理念,将各种不协调的音符组合为一种被关注与促发的原始力量,在空间与时间、主观与客观、物质与能量、运动与停止、宏观与微观、意识与非意识等相对性的意义中表述了对于世界观的不同价值体现。

凡·艾克将史密森夫妇于 1953 年在艾克斯会议上重点提出的"特性"视为存在于原型要素多价性的转变之中恒定与不断变化的部分。这是在清晰了解场所与场合意义的同时,表达的一种持续、记忆以及参与性的意义。这将伴随时间的变化,在社会对应物的发展中产生内在本质的变化与飞跃。在场所与场合的联系中,我们可以看出,"空间与时间是内在开启的,由此以便于深层次的触及。……场所需要时间的意义,而场合也需要空间的内涵。"[①]此时,"时间"作为一种不可回避的要素,贯穿于场所特性的确立之中。

1)场所

空间,仿佛是各种可感知的形式总和,一种在事物之间的场域与容器。而柏拉图描绘的"场所"意义首先在于事物的一种秩序性的存在,其次在于对空间内在差异性进行确立的唯一属性。"场所"是一种物质性与唯一性的事物,是对特定地点的回应,一种多元、具象、暂时的概念,是"不断形成"(becoming)的载体。而"空间"则是一种抽象,同质的概念。

作为人意识中的空间(space),一种具体化与真实化的空间,其特性来源于各种联系属性的现实表达。其真正意义,在于各种"双胎现象"结合于同一种形式中的整体意义。越多两极现象的调和,将会带来越多人们心理上的安适。可见,场所的意义建立于对事情序列的预设在特定场合的表达。

2)场合

如同场所作为物质性空间的存在一样,时间也同时作为一种媒介,证明了场所的存在。爱德华·凯西(Edward Casey)指出,场所与时间仿佛是一对双胞胎,但并非同卵双生,而是异卵双生的双胞胎。[②] 两者之间具有相同的属性,但没有相同的性别。在柏拉图的描述中,时间存在于转变与成为之间,是一种永恒的变化。在现实的存在中,不可预测的碎片状作为时间的集合,建立了一种松散的"场合"的集中形态。

我们可以在时间维度看待空间的意义(一种长或短的概念),同样也可在场所的维度看待时间的意义(过去、现在,以及未来)。作为人意识中的时间,场合是一种非物质空间,归属于具有时间意义的两极之间,如恒久与变化、新与旧等。事物并非处于绝对的静止,而是时刻处于记忆与不断的参与之中,并强调了决定性与自发性的结合。

"十次小组"对"场所"与"场合"意义的关注,在迪·卡罗、厄斯金和凡·艾克的研究中逐渐成为重点。相对于史密森夫妇场所的客观评价,迪·卡罗将场所的地形分析可视为分

---

① Aldo van Eyck 在 *Labyrinthine Clarity* 一文中提及。
② Edward Casey 在 *Getting Back into Place* 一文中提及。

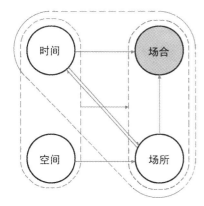

图 5-9 "时间"、"空间"与"场所"、"场合"之间的关联分析图

析的另一途径。他在乌比诺(1964)实践中对场所的细节分析,成为"十次小组"中对此方式的首次强调。此后,凡·艾克的城市更新、新市场(Nieumarket)以及阿姆斯特丹的项目(1970),显示了与其类似的方法与途径。他们希望在社会参与与现有肌理的复制转换中,找寻可行的途径。

凡·艾克将时间融入人类学的视角,将过去、现在与未来在人们内在的意识中视为一个连续状态。在人们意识与"时间"的影响中,"场合"是一种在人们记忆与参与中"场所"特性的表达(图5-9)。可见,时间作为一种永恒的变化,成为场所与场合形成中,不可缺少的链接要素。

5.3.2 时间的持久性

自凡·艾克在《另一种理念》中强调了城镇规划中时间要素的积极作用,时间逐渐成为"十次小组"成员关注的焦点。1954年凡·艾克在对史密森夫妇的回信中讨论了关于连续性变化的论题,并赞同巴克玛的观点:建筑应当能够承受时间的洗礼,并在改变中维持固有特性的存在。时间在建筑层面的弹性表达应被视为一种积极要素,我们应在现实中发现持久与暂时的存在。由此,实践将决定人的活力、需求、欲望与脆弱,一种强势的门阶现实。

在涉及城市—建筑的场所、场合以及"中介"领域的拓展意义之前,时间维度下的持续性、记忆及预测等,不仅会延伸其图像的内涵,而且会在实践层面进行实证性推论。场所的依附性与全面性在对场合的理解中,起到了重要作用。

时间概念的意识,在"十次小组"的理解中,并非普遍性概念,而是在特殊地域与场所的汇集下即时性概念的延伸,一种向永恒的转化。这不仅是对过去静态理念、历史、文化的延伸,也是一种记忆性的保留。然而,当下的实践与"成为与即将成为"仍旧在众多层面处于隔离化思考与封闭状态。

从时间的内在性来看,"现在"作为链接"过去"与"未来"的媒介,并非是在绝对的"是"与"不是"之间限定性的界限,而是在意识层面传达过去与未来时间跨度的实践。这是在"持续"的过程中,包容性与排他性之间往复的过程。"当人们全面的实践与参与,当联系的意识成为主导并延伸了感知的时候,将会在记忆与预测中,逐渐渲染其中的透明性与深度内涵。由此人们将会意识到'持续性'"①,这就是一种"时间深度"的表述。

时间作为一种"持久性"的维度,展现了场所的即时性与持久变化。这不仅是对过去动态属性的持续,也是一种记忆的载体,展现于现实持久性的物质属性中。如建筑、城市的肌理、人的生活轨迹以及相互关联等。作为非固定的属性,持久性表现为一种透明而复合的记忆与参与,表述的是一种持久性的意识,一种时间维度的深层意义。

凡·艾克将时间作为城市与建筑发展的重要干预要素,与亨利·柏格森的时间理念相结合,进一步深入时间的"持久性"。时间的持久性使过去与未来在"现在"中找到了汇集的焦点,一种链接与换乘的动态点的确定。而这种动态点的确立,在"持久性"的表达中,带来

---

① 凡·艾克对于时间的概念,源于法国哲学家伯格森关于时间的"持续性"的讨论。

了对场所认知的建立。"十次小组"认为建筑普遍问题在于落入"抽象"而"主观"的窠臼,造成视觉感知的局限:"抽象",忽视了时间的透明性,呆板的掌握时间特性;"主观",忽视了人的主体,仍保持了其抽象性。而建筑应当在时间与空间中找寻持久性的内在意义,建立基于特定空间与时间,即特定场所与场合的发展可能。

由此,情感与理智联系的控制,在时间与空间的开启中逐渐化解了之间的界限。脱离单纯视觉感官而注重内在意义的评价标准,成为场所与场合认同下趋同的标准。在不断的参与中,空间记忆帮助人们进行信息的重叠,场所之间的信息在不断显现中,进行实时更迭。相似信息在相似背景中经历着"迷宫式的清晰"。在超越视觉意义的同时,孤立的个体很难在人的记忆中留下深刻的记忆,单一场所的特性不再孤立,而是形成网络化的整体。由此,参与、记忆以及精神关联成为以一种持久性影响场所的重要因素。史密森夫妇在艾克斯会议上提出的"意识单元"(appreciated unit)就是在对场所及基本生活要素全面理解下的意义,而非瞬间理解的拼贴,是一种超越了"视觉群体"层面的内在理解。由此,特定的场所应被赋予特定的意义,从而体现时间持久性的内在意义。

此外,持久性作为一种"适配"要素,决定了建造项目的主要特性。短期的即时要素,也在一种不断的改变中,呈现一种不确定的变化。不确定性作为多元与自由选择中"模糊"的表述,代表了个体或者群体的暂时性。这种暂时性,代表了不断变化的本质属性。在"十次小组"对相对性研究的同时,文丘里同样以"要模糊,不要清晰"和日本的"新陈代谢"主张,表明了建筑界对暂时性的意识,呈现了不断革新的概念。暂时性在融入对形式与非形式意义不确定思维方式的同时,将城市与建筑的功能、形态及相互之间的联系,以一种短期的时间观念定义其模糊的未确立属性,并逐渐以"即时性"确立事物的本质属性。从乌托邦的理想,到日常生活的基础实践,人们将经历各种不同的"即时"要素带来的环境塑造与观念的改变,并通过各种"即时"要素的拼贴,成为持久性的主要构架与实质内容。

由此,人们对事物日常性的认知,在即时性模糊不断积累的过程中,以持续不断的变化,在意识单元链接的基础上,阐述了一种恒久性的表达。如空间在特定要素定义的前提下,形成场所的片段特性,而片段特性在时间范围的限定下,在场所与时间的叠加中,以场合成为人们感知自身真实存在的社会现实。"十次小组"即试图将各种乌托邦的理念,在时间维度融入现实生活的真实场所之中,进行片段的累计,形成持久性的现实表达。

5.3.3 时间的内在性

由此,"时间开始成为开启建筑的重要的因素"。

相对性的概念,让我们逐渐开启对过去认识的重要性,这不仅让我们关注于事物多样性的认知,且将时间的内在性,注入建造过程,并在各种基本内涵的积累与混合的创造性实践中,将过去融入现在与未来。

在此,时间的透明性,同时开启于记忆的机械化意义与时间维度中预期的可能。在相对性的意义中,记忆与预测将指代场所与关联的意义。其中场所需要时间的内涵,而场合设置内涵的内容。空间与时间由此在"互给"中,以场所与场合的方式,逐渐相互链接。

在凡·艾克眼中,我们可以将建筑看作视觉感知下抽象与武断的产物。抽象在于其否定了时间的透明性,以节拍式的韵律处理问题;武断在于对最终主体的忽视,从而保留了抽象性。可见,建筑应在时间与空间之中,以一种视觉的联系对周边环境进行人性化的处理,并以一种视觉的持续化,代替瞬间性的意义。时间与空间的内在性超越了单纯的空间内在属性,囊括了实践的潜在意义。由此,真实的实践、同时性及连续性,建立了感性与理性的联系。

时间的内在意义不在于历史与过去的重述,而是一种"经历"的堆积。这种"内在性"表达了一种现实的真实存在。"内在性"在"十次小组"中虽然没有成为一句口号式的宣言,但在他们的理念与实践中,时刻表达了空间的内在性与人文主义的关联。

在空间和场所之间,"十次小组"关于"中介"属性的思考,体现了普遍性与特殊性的差异。时间要素在过去、现在与未来的序列中决定了空间意义在特殊场所的特定表达。场所体现了长久性与即时性的双重意义。这在时间要素作用下不仅表现为地点的转移,而且还体现了历时性的变迁,包含了人文特性的记忆与参与的融合。

"空间的内在性""时间的内在性"等是以凡·艾克为代表的"十次小组"成员在城市的研究中,一种看待社会现实的全新视角。他们将这种全新社会现实,回归于另一种"天真"。这并非一种田园牧歌式的憧憬,而是在日常性层面深层而基础的需求,特别是以孩童的视角看待基本的问题。在他看来,"如果城市不是为孩童而设计,那也就不是为市民而设计,如果不是为了市民而设计,那也就不是城市。"时间的"内在性"在记忆性与参与性的示意中,表达了一种空间的永久与暂时意义的集合。时间与空间在一种人性化的立场中,形成了相互之间的支撑网络,并在其中表述为场所与场合之间意义的结合。场所的记忆与参与性,建立了一个真实而全面的空间视角,一种横向关联的空间属性。如"城市化建筑,建筑化城市"的理念,在模糊歧义与意识性的建立中,逐渐在场所的空间内在性中形成一致。

那么,如何将具有"内在性"的时间与空间融入建筑的思考?

建筑可视为调和人性与世界关联的产物,一种存在于人与自然规律之间灵感的凸显,建筑建立了人们生活的社会肌理,建筑是与自然相关的物质与精神的产物。场合出自于场所人性的表达,而建筑则在场所的时间性中,以一种感性与理性的方式存在。在时间维度,空间成为真实的场所,一种现在与转瞬的意义所在。历史成为集中的记忆,在时间维度成为生活现实。建筑将在创造场所的过程中使时间表现为多重意义的透明性。其潜在结构在不同的环境,不同的视角下,表达了不同的形式与意义。

在此,"中介"属性的"真实的第三类"不是涵盖一切的万能属性,而是处于两者之间,又通向彼此的存在,处于主观与客观之间的领域。当建筑为该"空间"赋予具体形式的同时,具体空间将"激发对于任何一方重要性的意识"。场所可以看做是空间的体现,而这种体现不仅在于设计者的意图,更基于使用者的意志。建筑只有关联于使用者的意识,才能成为真正的建筑。

在人意向的空间中,时间作为空间实践的要素,在"十次小组"对城市与建筑的考量中,成为城市内在性表征的向度之一。单一化节奏的传统时间概念,已不能延续当代发展的需求,凡·艾克将时间置于相对性的理念中,视其为一种意识性的时间,一种在人的主观作用下持续的过程。因此,时间在城市与建筑的研究中不是一个转瞬即逝的点,而是在过去与现在,现在与未来之间的交集的时间跨度。由此,时间成为一种具有透明性的要素,可以在过去、现在与未来之间找寻能够接近的路径,并以意识的主观性体验现实中"存在"的感觉。

在"超越视觉"的主题中,意义、记忆与预期建立了时间概念在建筑中的重要地位。"迷宫式的清晰"说明了在非视觉、人们的意识之间,同样的场所携带不同的记忆和不同的内涵,产生了不同的经历与影响。在时间的语境下,人们从未进入过相同的场所。作为"人性化的特征",单一的场所具有与其他场所或要素内在关联的潜在意义。史密森夫妇的"明日房屋"(The House of The Future)(图 5 - 10)设计就是在建筑现在与未来之间的对话,而"天井与庭"(Patio and Pavilion)(图 5 - 11)则是在现实中,记忆与人意识拼贴式的产物 ①。此外,迪·卡罗在乌比诺第二教育大学(Ⅱ magistero)建筑的改造中(图 4 - 13),以一种现代的理念,融入历史的记忆中,传承时间维度下,历史与现代的对话。

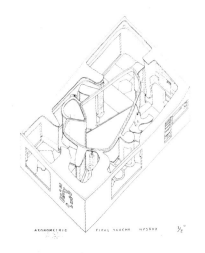

图 5 - 10 史密森夫妇的"明日房屋"轴侧　　　　图 5 - 11 "天井与庭"展览实景

5.4 "构型原则"——适应化秩序

　　"深深的热爱现实中的事物,就是在宏观的世界中将他们视为一种微观表现。只有这样才能获取一种普遍性的现实的表述。"

——蒙德里安(Piet Mondrian)(1937)

　　作为"十次小组"的重要成员,凡·艾克以一种审时度势的冷静,表达了与众不同的关注视角与研究态度。20 世纪的 40 年代初期,"人类学"的体验使凡·艾克着手专注于"原始"文化的研究,以及在此文化根源基础上产生的建筑形式永恒性的体现。1959 年的奥特罗会议中他独树一帜地表述了自己对人类"永恒性"(timelessness)的关注。他认为,当代建筑师面临的任务在于"提供城市'内在'的社会需求,重塑逐渐消亡的特性对应物",以此建造"一种适应于大多数人生存的场所。"这种建造的过程,不在于形式的模仿,而是一种人类多样性形式语言中结构性要素的发展。他将"门槛""双胎效应""内与外""城市建筑"等模糊的双重属性融入大量人类形式塑造的主体框架之中,以激发当代城市的发展,并力图将其付之于城市哲学思考之中。这从表面看似乎与主流思想相脱离,其本源意图却与"十次小组"的永恒性、广泛性的思考模式保持着潜在对应。

　　但是,所有原则及概念的集合是否对社会形式起到了全面理解的作用? 社会行为的参与及自然的结合是否是持久的社会对应物的重要参数? 怎样在社会对应物之中找寻理想的社会与现实之间的差异并建立合适的桥梁? ……这些问题的提出,表明了"十次小组"看

---

① 详见第 8 章。

待与研究问题的方式,并在"构型原则""门阶理论"或是空间的内在属性中表述了主要内容。

"构型设计"在 1960 年代成为荷兰阿姆斯特丹建筑学院的主要传播理念,并在"大量性"问题的探讨中起到了意识引导作用。虽然凡·艾克最终逐渐放弃构型原则的强调,而只是在"大量性"问题中让学生选择自由的发挥余地。但赫兹博格、布洛姆以及祖培·德·沃尔夫(Joop de Wolf)的讲演,无不流露了他们对"构型原则"的推崇,并最终形成了"新阿姆斯特丹"学派①。

5.4.1 迈向"构型原则"的第一步

1951 年巴克玛与 Opbouw 团体共同设计的鹿特丹的帕德瑞特(Pendrecht)邻里社区(图 7 - 1),以"构型原则"为基础,建立了邻里核心的扩扎与蔓延。

布洛姆在 1960 年进行的阿姆斯特丹西区设计中(图 4 - 129),以不同的居住类型为范本,建立了建筑与城市群体之间的实践型理想与现实探索。接着,他在 1962 年"诺亚方舟"的设计中创造了阿姆斯特丹与哈勒姆(Haarlem)地区之间城市设计的模型化解读。

由帕特·克鲁克、安德鲁·德比以及约翰·沃尔克在设计的"区划设计"(1952—1953)(图 1 - 1)将 6 万人居住的社区建立于 6 个层级之中,以超越"视觉组团"的意义,链接于连续的结构之中,形成一种城市层面组团相互对话的"中介"领域。他们在重复与相互联系中建立了全新的集合要素,以此在大与小的组团之中进行弹性尺度的表达,以适应大尺度规划的主要特征。

史密森夫妇的柏林首都规划(1958)项目,则在中心商业区建立了独立的日常步行系统的基础设施,以建立多层级公共行为方式的独立性与自由性。他们在随后 1959 年进行的伦敦调研中,为了避免城市"金字塔"式发展的趋向,将高密度与低密度的地区统一于"均质化"的概念之中,形成统一的整体。

此外,丹下健三 1960 年的东京湾规划在中心发展的主流之外,以一种特色的城市结构为基础,建立了人们日常性的反思与重组,从而找寻全新的城市发展模式。他们在线状发展的基础上,以树干式的结构特征,组织东京湾的内部链接,以三层道路系统构成树干,并在"叶"部考虑大规模建筑建设的可能。

众多的案例说明,在大规模与大量性的基础上,"十次小组"进行的"构型"化原则的实践代表了一种在混乱与秩序、整体化与均质化之间非层级与非中心化系统的整体诉求。

5.4.2 "构型"意义

艾莉森·史密森在《"十次小组"启蒙》中写道:"革新就是去发现新的事物,将这些转译成建筑语言,就能够获得全新建筑 ——一种真正的当代建筑。建筑历程阐述了一种即将被不断发现的人类价值转化为空间体验的过程。不同地方的人具有相同本质。虽然他们具有不同的文化与社会背景,但他们具有相同的感性思维。当代建筑就是在时代的变迁中不断寻觅什么是我们逐渐失去的差异,什么是我们永恒的共同点。"

在 1950 年代晚期,凡·艾克的阿姆斯特丹孤儿院以"迷宫式的清晰",将各种单元联系在连续的屋顶之下,追求"家庭"式单元序列的相互关联。1960 年前后,城市的发展使凡·

---

① O. Bohigas,1977:21 - 36

艾克足以证明建筑师作为独立个体已不能满足大众社会城市现实发展的美学的需求。他认为："我们寻找的是未知的构型原则。这很难向众人阐述，因为在 20 世纪没有人真正了解其中的真谛。这个原则至今不属于我们——大量性人性化的艺术并未使我们迷茫的前奏变得清晰。无论是建筑师、规划师还是其他任何人，我们对于巨大的多样性一无所知，无能为力⋯⋯我们已经丢失了我所认为的'动态的平衡'（harmony in motion），以及数字的美学。"① 凡·艾克将这种缺失解释为一种乡土风格的丧失造成的文化空白。该时期他的众多作品均指出了现代建筑在风格与场所特性的逐渐消除。他认为战后的荷兰规划是无组织的典范。除了提供在 1959 年奥特罗会议批判与"功能城市"提倡的所谓有组织、无法居住、无可辨别的大量场所之外，其他一无是处。他认为如果没有地域文化的调节，就无法满足社会的多样性。由此，他对社会自身的真实性产生疑惑："如果社会没有形式，那么怎样能够创造出它对应的形式呢？"

同样，人类学家露丝·本尼迪克特（Ruth Benedict）认为："现代科学发展过程中，整体构型的研究重要性，逐渐强调了个体部分之间的连续性。格式塔心理学宣称在简单的感知过程中，没有分离的个体能够解释整体的体验。将感知分解为不同的客观碎片远远不够。过去经验所提供的主观的结构与形式，将成为重要的难以被忽视的要素。整体决定个体，不仅是相互的关联，而且还在于本性的意义。"②

社会对应物的意义，在于对事物原型特性的强化。而这种强化方式，在于不同舞台各种基本模式不同方式的陈述。这强调了在大型尺度范围内，更为广泛的交流可能性。凡·艾克认为，城市特性高密度的表达，将是建立全新城市空间的前提，并将在城市空间的编织中，形成一种"城市室内"的环境。而这种肌理化的结构特性，将在不同的等级之间，促使设施系统进一步完善，完成个性的凸显。同时，这种要素的集中形式，将产生比基本要素更为强大的"入口"，一个通向另一个更高层级的入口。

可见，"构型"的意义，在于大量性离散的各要素组织成为一种集合的状态，获取全新意义的过程。就如同格式塔心理学一样，客观存在的碎片叠加与结构的确立，不是主观臆断的结果，不是一种形式上的聚集，而是整体原则性结构中，基于美学、尺度、变化等内在规律性的完形转化。

《论坛》中，凡·艾克以一种不确定的开放式原则，通过对"十次小组"其他成员的作品的研究，如汉森的纪念碑、史密森夫妇的半圆形台地式建筑（terraced crescent housing）、厄斯金的"极地城市"（polar city）以及约翰·沃尔克的"区划设计"等，认为建筑与城市之间的结合，或许有一种相同的原则可循。即一种在纳盖利（Nagele）村庄与阿姆斯特丹孤儿院中所呈现的某种形式、秩序、构成的原则。孤儿院中，"中介"空间组合下进行的"数字美学"的表达，展现的不是一种自组织的内在系统，而是一种场地组织的结果。在"互惠的良药"（the medicine of reciprocity）的意义中，凡·艾克解释孤儿院设计表达了一种相对性。这种相对性不在于一种次要层级对主导原则的服从，而是一种"簇群"状要素之间的相互作用。这种相对性的概念致使"双胎现象"出现，形成一种两极属性互补的动态系统。这就是凡·艾尔所说的一种没有层级、纯粹的相互之间的联系，一种建立"新现实"（new reality）的基础。就孤儿院而言，这就像一种传统聚落的现代表达，一种现代理性肌理在城市中的延伸。

---

①　Alison Smithson，1968：12
②　Aldo van Eyck(ed.)，2008：161

凡·艾克的学生布洛姆以这种"构型原则"处理两极特性,建立相互之间的紧密联系。在阿姆斯特丹建筑学院的学生期间,他的"诺亚方舟"建立了一种"微型城市"的表述,并在奥特罗会议中被凡·艾克作为主要案例进行宣讲。凡·艾克将它与其他案例结合,在"另一种理念"中讲述了一种复杂的、赋格曲(fugue)①般的结构。随后,《论坛》中题为"走向构型原则"(steps towards a configurative discipline)(1962)一文,诠释了在"构型"基础上进行的各要素集中组织下的意义转化。他试图在格式塔理论基础上建立一种城市与建筑之间的联系,用以解决"大量性"带来的全新城市结构的塑造。巴克玛以"支撑系统"和"分散系统"的研究,认为在"支撑系统"联系于必要的基础设施基础上,可以依据不同的需求与行为,表达不同的附属形式与空间特色。凡·艾克则在相似结构之间找寻整体与局部之间的关联,探索了一种全新的城市肌理。同时,这种相互结合的整体可以继续层级式结合,形成更大的簇群,建立"多样化"与"多节奏"的肌理。

从1961年开始,"构型原则"在"另一种理念"的陈述中成为一种主要的认知与设计手法,直至后来成为具有代表性的以荷兰建筑师为主的"结构主义"理念。

5.4.3 辨析

凡·艾克在《走向构型原则》叙述的开端提到:"建筑的困惑与艰难,不在于社会投影下的错误障碍,而是建筑与规划者拒绝延伸人们在内与外之间建立形式的真理。"

图5-12 丹下健三的东京湾设计(1960)。这是一种表达了东京城市延展的水上城市。该设计对今后巨构城市发展起到了启示性作用

在构性原则的叙述中,奥特罗圈与阿姆斯特丹孤儿院成为凡·艾克主要的陈述对象,希望在不断增强的乌托邦表达中建立全新的动态社会现实。作为全面的建筑与城市思考原则的提出,"构型原则"以动态而复杂的探索表明,这种建筑实践的新原则比正统的现代主义传递了更多的对于人类居住的全新关注。这不是一种风格的建立,而是对实践不断完善的诉求。基于对《雅典宪章》功能性分离的批判,"构型原则"在整体性中建立了过去与现在、整体与个体、传统与现代等各种"双胎现象"之间的关联。

1)非形态肌理与可理解结构(amorphous texture and comprehensible structure)

在要素的不断重复中,凡·艾克希望以一种清晰结构进行一种"基础设施"的建立,以此形成可以被迅速把握与理解的对象。这种"基础特性"的建立,在史密森夫妇基础设施"适配物"的研究中,已建立了初步的构架。丹下健三、槇文彦及黑川纪章等推崇的"巨型结构"(图5-12~图5-14)与布洛姆"诺言方舟"之间存在的潜在联系,试图将大与小的城市要素通过"构型"原则进行编织。他们希望在统一的原则中

---

① 复调乐曲的一种形式。"赋格"为拉丁文"fuga"的译音,原词为"遁走"之意,赋格曲建立在模仿的对位基础上。主题的进入比较自由,可采取各种不同的形式,如扩大、缩小、倒影等。

寻求中介尺度下城市与建筑结合的可能。这种相互交织的结果，超越了形态决定论的意义，并在非形态的肌理中，以一种可理解的结构主导下的"动态平衡"揭示了初始要素对城市特性形成的重要意义。例如在大量性美学的研究中，这种内在结构的缺失，将导致城市的内在动力无法得到有效地展现。

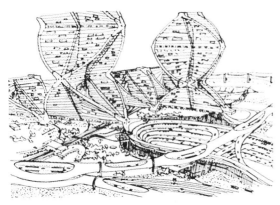

图 5-13 黑川纪章的 Helicoids 项目（1961）。他希望在发展东京 Ginza 地区的同时，将人们的日常生活融入巨构之中

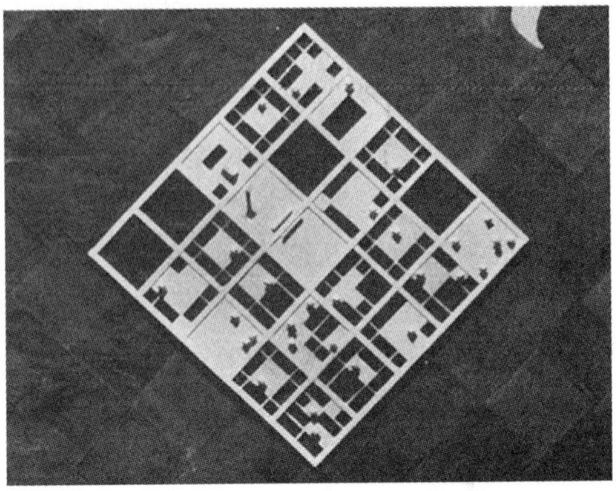

图 5-14 黑川纪章的"农业城市"（Agricultur-ality）（1961）。这是一种与农业关联的"毯式建筑"

布洛姆的作品即展示了城市应当具有的相互联系及存在的状态。在城市特性与居住形态之间，各要素之间存在着边缘的模糊性与相互介入，其结构最终决定了特色的形成。建筑类型、实施途径、服务设施集合的整体共同创建了各自之间即时的对应形式。各要素仿佛在相互之间重新定义，如房屋成为街道的一部分，而街道也成为建筑的组成。在这种非形态肌理与可理解结构中，集合化的趋势，建立了全新城市生活的构型。暂时与永久性的状态，对城市要素进行了重新的定义与紧密的网络化集中。

2）适宜尺度（right size）

作为一种强调相对性的尺度选择，场地适宜尺度的选择，在大与小、多与少、简单与复杂、整体与局部、开放与闭塞之间，强调了一种不断变化的标准与特定场合结合的最终形式。"适宜"的概念中，没有绝对的大小，而在于合适的空间尺度是否达到适宜的场所尺度的需求。因此，这里的尺度没有真正的大小、繁简之分。场所的特性显现于不同的相似性与相同的相异性。"中介"性的意义决定了"适宜尺度"在不同的领域相似或不同的特性显现。在适宜的概念中，各种城市混乱与附属特性——一种多样化的单调，是适宜尺度缺失的集中表现，并引发了对"多重绝对反义消减"（devaluation of various abstract antonyms）的反思。

在城市化建筑与建筑化城市的理念中，各种相对属性的集中，削减了城市与建筑间的层级性。但这种相对性的两极特性并不代表特性与价值的相互削减。在构型原则中，"相似性"作为潜在的主要特性，在不断的重复中不会丧失本质属性的初始模型。层级化的重叠过程将不断建立全新的构型平台，并以"数字美学"的建立，形成全新的构型意义。多样化与复合化的构成将与场所建立实际的联系。这种复杂形式的建立将在紧密的编制中不断清晰，并在非混杂与超尺度引导下，形成了单纯为人们聚集建立的场所表达。

涉及具体问题，如何在整体中定义局部的意义？城市意义与居住构型将在哪些层面加以结合？城市的层级对应的相应复杂度是什么？……

多样化特性将在非中心化的过程中逐渐跳出传统层级的概念，在多中心的空间化联系中逐渐显现。在当代视角下，这种元素的汲取，包含了对即时要素在序列原则下的即时影响。就如房屋与街道之间肌理相互融合的状态一般，它们之间的相互影响与时间推移中的行为变化，将使其相互关联在逐渐变化中平衡，最终达成交织对应物。

3）数字美学（the aesthetics of number）

基于瑞士画家理查德·保罗·路斯（Richard Paul Lohse）有关数字美学内涵（图 5 - 15）与刚果巴库拉（Bakuba）肌理材质（图 5 - 16）的启示，凡·艾克将韵律与节奏付之于城市与建筑的论题之中，以寻求导致多重性的平衡状态。他试图将相似与非相似的原则融入讨论的环境中，以揭示导致多元平衡的主要特性。其孤儿院（图 5 - 17）与纳盖利（Nagele）项目（图 5 - 18，图 5 - 19）可视为一种基于数字美学的集中实践。

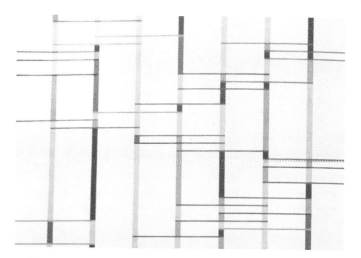

图 5 - 15　瑞士画家理查德·保罗·路斯有关数字美学内涵　　图 5 - 16　刚果巴库拉（Bakuba）肌理材质

图 5 - 17　阿姆斯特丹孤儿院

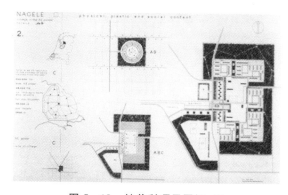

图 5 - 18　纳盖利项目图纸 - 01

凡·艾克认为，数字问题通常通过建造元素的标准化，相似与非相似的重复，以及韵律的发觉，克服单调状态。随着数字问题的深入，这种"标准化"与"重复"，已经不停留于机械化的简单整列排布，而是在基本结构确立的基础上，不断递变"标准化"弹性"重复"的演变过程，是一种相互影响与相互作用的结果。人们不用担心由于强调某者而造成对他者的缺失，就像个体塑造形成的群体特性的减弱，以及单一性的建立造成多样化的缺失等。

CIAM 9 会议中,坎迪利斯强调了对居住"大量性"（habitat pour le plus grand nombre）的关注。而"大量性"也逐渐与"数字"意义产生潜在关联。布洛姆的"诺亚方舟"作为百万人大型城市项目的实验,讨论了城市间另一种相互关联的方式。在向心性广场与离心性风车两种系统的叠合下,展示了以相互链接的"簇群"空间肌理为主要特性的城市结构。布洛姆的设计,不仅在于对城市的重塑,其关键在于对城市问题的整体化的思路表述。

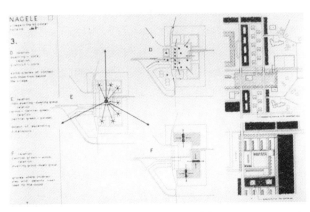

图 5-19　纳盖利项目图纸-02

为了更形象地表述,凡·艾克以树形展现了城市与建筑之间的关联,一种整体与局部的有机联系。其中,生命的活力在根、茎、叶的内在关联中,暗含了建筑、城市以及人之间的关联,即一种城市、生活的现实状态。树状的城市比拟虽然在亚历山大的《城市并非树形》中受到了质疑与辩驳,但这种以发展的眼光看待的城市复合性与有机性,这种"树就是叶,叶就是树"之间的相互比拟,成为"整体"与"局部"之间合适的代言。这是一种建立于"动态平衡"基础上的大量性美学。"数字美学"的意义在于通过相似与非相似要素的重复,找寻在节奏与韵律的平衡中克服单调的结果。人们没有二者择一的困惑。在"中介"性的概念中,两极概念的同行成为必要的平衡条件。

斯坦·艾伦以当代视角分析,"数字美学"脱离了建筑的风格与表象的意义,在一种体量与虚无的两极之间基于"中介"属性的确立,带来两者之间相互转化中相似性的思考,从而形成一种基于"相似性"的编织网络。这种"多孔"的特性,表明了"中介"空间与"两极"节点等价的重要性。由此,形式不再取决于几何图案的控制。凭借内在的关联与肌理的控制,"数字美学"将贯穿于生活模式的浓缩与形式语言的创造之中,最终反映了城市和建筑系统与日常生活的建造结合。这也为今日数字技术下"毯式建筑"的发展,提供了美学基础。当然,这种美学的标准,不是一种绝对性的存在,而是具备了多元化的可能。否则,人们将无法逃离"数字美学"的教条对人们框架式的思维制约。

4）城市可变性（urban transmutability）

如果我们将城市看作一个复杂的整体,或者是一个对都市在时间与空间中的存在起到决定作用的特定机制,那么短期的突变与长期介入的改变,将以一种常态,贯穿一种构型原则的延续中。城市作为一种人工综合体,经历一个连续而长期的变化过程。而在对此的应对中,改变作为破坏的方式,将决定城市的发展。人们往往在对不断改变进行理想化憧憬的同时,实质经历着破坏的历程。改变中对承受力与动态特性理解的缺失,将导致最终的破坏。

城市本身是一种含混的整体,个体要素的变动决定了整体的可变性。各要素流动性的组织将减缓相互之间的削弱,减少"功能麻痹"（functional paralysis）的可能,并减缓机械的停滞。在秩序与混乱之间,人们无法通过消减混乱而增强秩序,反之亦然。因为传统观念中引导的秩序并非绝对的真正秩序。秩序与混乱是同一负面的要素,并不是一种词面意义上的正反对立。城市与社会中显现的负面特性,并非单一化地由秩序或混乱导致,而是由两者非协调、非合理化组合引发。

城市组成部分的可变导致了城市整体的可变性。一个要素的改变,将加速、延迟或对其他部分产生阻碍等影响。而这种不一致来源于都市生活的本质。流动性的特性组织造成了城市功能的不同。从而避免了相互之间影响的消减、机制的停滞以及人类的消极反应。

在《论坛》中赫兹伯格提及的"弹性与多价性"认为,建筑就像是一部乐章,需要不同的演奏者不同的定义。他在两个罗马剧场的演变中,找到了在基础"构型"原则下的多价性演变历程,其中阿尔勒依托罗马时期剧场向小镇的演变,以及卢卡向大市场的发展,均在强烈的"拱券"形式中,结合特殊的功能演变,产生了多重的功能变换。

可见,以各种动态、可变的构型原则看待城市,将会发现全新空间、结构和城市建造的可能。丹下健三在东京湾的项目中说道:"城市的空间秩序会在其发展过程中愈加丰富,这不仅是一种秩序的空间,更是一种自由,或者是一种无序的空间。我们应当在自由中寻找秩序,或在秩序中寻找自由。由此创建当代城市的新空间组织。"①

5)流动性对构型原则的影响

凡·艾克认为,交通是交流的方式之一,而交流又是流动性的特性之一。如今,流动性不再是城市生活的唯一属性,这是"人际关联"的重要属性之一。城市将会变得更具磁性,并随着网络状态的密度与广度不断扩张。丹下健三所说的当代生活变化的速度与尺度,需要我们建立一种新的社会秩序来进行维系。具有长期效应与决定意义的历史性要素与短期的日常性要素的结合将引发一种在发展与变化中的平衡。而这种大都市化的特性,在桢文彦与大高真人(masato ohtaka)关注的"群集形式"(group form)中认为,丹下健三的巨型尺度是在一种长期与短期效应之间的选择。

当建筑师希望建立城市新空间秩序的同时,他们不仅在于建造各种鸿沟之间的桥梁,还在个人选择的限制之下进行时代系统的决定。也许他们在最初就选择了错误的前提。在"开"与"合"的论调中,丹下健三对社会、经济、美学以及历史的批判所建立的开与合的"中介"空间,建立了城市与建筑之间的联系、对话与融合。史密森夫妇也在此建立一种城市化的共融,并十分巧妙的用"基础设施"的主题加以延续。他们在柏林与伦敦规划中以一种"微型结构",即"适配点"的关注,铸就了对"日常生活"的空间关注。

凡·艾克认为,城市的有效变化取决于城市各种流动性是否被完整地认知。虽然流动性包含了运动、生长与改变各个方面,其中几个方面值得进一步地关注:

(1)人们运动穿越中,城市环境的感知与情感的影响。这表明不同的路径与不同的速率造成了综合的内在影响力。

(2)基于自然属性轮回的使用与改变,以及功能意义对人的潜在影响。其中包含了季节,白昼以及人的年龄等。

(3)自然与人的生活节奏之间的联系,自然与城市生活进程之间的联系造成的影响。

(4)与个人及群体相关的居住、邻里以及城市的改变(希望值的增加或许导致可能性的下降)。

(5)尺寸、地点、种类、形式以及功能等各种城市要素的变化,如速度、时间、场所的变

---

① K. Tange,1961

化及相互之间联系与作用等。

6）特性机制（identifying devices）

1956年杜布罗夫尼克会议上，"十次小组"提出了"特性机制"的概念。他们将其视为一种决定性的机制与特性的核心要素，一种远大于满足物质层面的结构性特质。

在城市层面，多重联系的特性机制需要建立更大尺度的全面性理解。而这种"特性机制"可以是一种全新或历史的人造物，或者是一种自然赋予的特性。从"图示"层面可见，这种可识别的装置在传统意义上显示为教堂、广场、城墙、港口等要素。但更有意义的是一种视觉层面之外的意向。这些往往也是最能深层表达"人际关联"的具体意义。建筑、城市、街道、村落等将在其基础上建立更为广泛的意义。没有"特性机制"的特殊指意，建筑将不再是建筑，城市也将不再是城市。这种特性的识别系统将会在全新的构型系统中自然符合于共享设施，并以特殊方式进行表达。而其秩序的建立将在更高层面，建立更具识别性的整体。

当代城市网络状的发展趋势中，可识别性的意义已经从个体价值的挖掘逐渐转化为一种普遍价值的联系。个体价值将在普遍价值的基础上，作为网络中的节点，在逐渐系统化的结构关联中，保持自身意义。对此，史密森夫妇在其提出的"簇群"的概念中，以不同层级的关联性找到了与凡·艾克"特性机制"的共鸣。而巴克玛也在"发展与变化"中，也强调了在这种"特性机制"理念下的特殊意义。

威廉·凡·博得赫拉芬（Willem van Bodegraven）在1952年CIAM会议中认为，我们需要建立一种恒久性的结构与形式。这种永久性在遵循内在属性的同时，同样遵循整体与局部之间的协调与发展规律，并在不削弱其基础特性的基础上及时发展。这说明整体特性在个体的组成中保持由始至终的贯彻，并在改变中保持连续性。由此，城市被视为一种层级叠加的动态系统，是一种多价、永恒的系统，并包含多重子系统。其中一种子系统的意义将对其他系统起到支撑作用。其内在的结构特性将包含组织特性，反之亦然。这种大型的系统不仅要在自身的体系中能够被解释，而且还要在日常生活中做出即时反馈。

5.4.4 "诺亚方舟"

布洛姆的"诺亚方舟"（图4-124～图4-128）在阿姆斯特丹与哈勒姆之间建立的百万人的城市结构，主要集中了两种叠加的主题：即向心的广场与离心的风车状模式的叠合。在这种庞大的立体化离心与向心的结构模式中，他以多重层次的联系，回应路易·康的"服务"与"被服务"相互交织的状态[①]。布洛姆希望建立一种编织化的层级系统，将功能集中化的城市内部特性，以一种高度集合的城市肌理，形成相互之间的强化与完善。向心与离心的自组织形态试图说明居住的空间组织可能。相互之间的联系与链接，以及网络化组织将建立有机、密集而层级化的空间脉络。建筑、步行、一级街道系统，二级街道系统等，成为了最终具体化的清晰的网络。这种建筑、簇群、区域、邻里以及地区的多层级的设置，逐渐形成"诺亚方舟"最终的结构体系。

凡·艾克认为，这种"构型"化的语言，重点不在于外在肌理化的可视形式，而在于一种内在应对"大量性"系统化理念的生成。时间作为一种美学的要素，在这种巨构中，成为一种矛盾解决的要素。例如交通在此不再是一种分离的要素，而是一种强烈的长期与结构相

---

① 路易·康于1959年在Otterlo会议中提出的关于层级调和的策略。

互协调的整体结构中的特性元素（或可称之为启动要素），并将形式依附于结构的建立之上。这种肌理的编织，可看做是在"构型"的基础上，对理想城市状态及另一种城市网络化的社会形式对应物的表达。

凡·艾克将"诺亚方舟"与丹下健三的"巨构"概念，特别是东京湾规划进行对比，认为东京湾这种局部附属于整体的结构，并非完全"构型"原则提倡的非层级化的原则体现。在此，时间作为一种城市形式建立的影响要素之一，成为各种层级特性策略的考虑要素，一种可改变与可发展的形式要素。这种改变与发展的性征，不仅表述了可延展与可变换的特性，还表达了一种持续动态发展的过程："持续的保持与持续的变化"。在此，都市结构的"构型"属性作为一种"特性装置"伴随着不同的轮回规律进行自我修复与调节。如果改变是一种绝对，那么在布洛姆展示的"构型"原则中，适应于多样性的意义而不发生改变的原型化结构的塑造，是其理念的本源性观念，而主要特性的变化也不意味着逐渐的消失。

在"诺亚方舟"组织性的结构中，"特性机制"被赋予特殊意义——物质或空间，即"实"与"虚"的意义。而在虚与实之间，特性机制起到了强有力的串联与叠合作用。"没有这些，房屋将不再是房屋，城市将不再是城市。"作为一种构型结构，特性装置也将以集中社区基础结构的形式形成对应关联。

5.4.5 阿姆斯特丹孤儿院

凡·艾克眼中，建筑化城市与城市化建筑的相互转承，带来了复杂性与矛盾性之间的转化。

这是一组建筑的构成，一个组合的群体，一个在两极之间徘徊的实与虚的综合体（图5-17）。日常的城市空间，被放置于这个建筑的"微型城市"之中，引领着内与外，以及内外之间空间特性与流动。运动、游戏、手工制作、音乐与阳光、绿地与空气等被同置于这个"微型城市"之中。整体与局部、集合与多样、大与小、多与少、开与合、持久与变化成为空间联系的结合体，并转化为日常生活与行为中的真实体现。这些要素的集中，在一种结构与建造原则下，建立人与人之间的联系。"空间连续""结构表述""人体尺度"等均成为孤儿院设计中的主要构想。这种"中介"空间的表达，超越了"剩余物"的概念，形成一种空间的真实存在，一种建筑进行交换"呼吸"的场所，一种在视觉上模糊而直袭要害的现实。这种空间的塑造与表达，在孤儿院中，以孩童的日常活动编织，形成一种"意向"中实质空间的存在。

孤儿院设计提供了约 125 名年龄从 0～20 岁孤儿的活动场所。8 个单元中，每一个由穹顶式的天花覆盖，为不同年龄的孩童提供相互独立而又联系的可能。每个单元之间，为各种特殊时间下共同活动提供了内置街道，便于孩童之间的相互嬉戏。由此，内部街道成为一种中介属性的显现，而建筑本身成为中介要素定义下的实体。这不仅是对"场所"与"场合"的连续中转或无限延缓的表达，而且还是对当代空间连续性的脱离与空间隔离的消融。

街道，在该建筑"外"与"内"属性的交织中成为一种"特性机制"化的"结构"属性。这种"中介"空间的陈述，在同时表达室内空间内在与外在属性的同时，也消减了两极之间的绝对性。这种街道的属性被凡·艾克视为一种"延迟"的过程，如同史密森夫妇的"空中街道"一般，表达了在时间维度"延迟入口"的概念。凡·艾克在室内与室外采取了相似的街道处理方式，以模糊的驱动表达方式激发孩童的行为与活动，保持与室外一样的活力。而内院作为一种室内外的调和要素，成为从室内到室外的缓冲。其灯光的设置也在一种"街道"的氛围中让人体会内与外之间的共鸣(图5-20～图5-25)。

图5-20　孤儿院单元室内-01

图5-21　孤儿院单元室内-02

图5-22　孤儿院内部街道-01

图5-23　孤儿院内部街道-02

图5-24　"内"与"外"

图5-25　孩童的游戏空间

　　此外,作为室内的单元,其内部空间成为在内聚、透明、穿透的演变中逐渐形成的内与外直接与间接交流的场所。孩童在室内层高、墙体高度等要素的变化中,感受一种室内外双重叠合的空间乐趣。在整合的系统中,各种属性处于平等的地位,没有真正的中心,也可处处视为中心。街道作为一种联系的元素,比各单元实体显示了更为重要的作用。该项目延续了阿姆斯特丹儿童游乐场无层级的概念,在各种两极的概念之间,找寻平等的现实对应物。于是,一种结构构型的理想空间在"中介"要素的引领下,逐渐在孩童的活动以及人的基本行为的考量下,成为一种具有自组织特性的"微型复杂结构"。

在奥特罗圈中"By Us, For Us"的标语下,阿姆斯特丹孤儿院建立的是三种在相对性理解下的集合:其一,是一种集中了永恒与静止的经典;其二,是变化与运动的现代;其三,是集中地域性传统的自发性建筑特色。对凡·艾克来说,最为有效的意义在于多样性的表述,这不仅是传统与经典建筑的集合,而且还是现代性的表达。

图 5 - 26 阿姆斯特丹孤儿院的屋顶设计

当然,作为一个有争议的建筑,孤儿院的设计受到了来自于不同方面的质疑与批判,维安德(J J Vriend)认为这种来自"卡什巴"(Kashbah)灵感的诗意空间组合并非为孩童设计(图 5 - 26),并认为来自东方庭院的启示与荷兰气候及环境不相符合。而众多学者也认为这种"功能"化笛卡儿坐标下的建筑形态的形成是一种很平常的"非寻常"概念,仿佛是 CIAM 教条延续的表达。

当然,虽然质疑声不断,但作为一种时代的产物,罗伯特·马科斯韦尔(Robert Maxwell)在伦敦大学的建筑系演讲中认为,孤儿院的设计在当代功能主义领域中另辟蹊径,是对现代建筑思考的典型案例。其真正的意义是在现实物质化要素与流线实用性基础上,对其社会与心理意义上的活化作用,一种视觉与非视觉意义上的秩序的思考与表达。

5.4.6 "构型原则"之反思

然而,"构型原则"在被凡·艾克坚信为塑造大量性问题社会对应物的原则的同时,受到了来自史密森夫妇的强烈质疑。他们认为这是一种僵化、教条、法西斯式程序的假设与强加。但凡·艾克仍旧坚信该原则在实践中的系统性与"中介"启示意义。他于 1968 年受邀参加主题为"大量性"的十四届米兰三年展,并宣称西方文化与大众传统的背离不能适应大量性的需求。他认为布洛姆的"诺亚方舟"即是赋格曲形式下城市个体与群体对应物的集中展现。

可见,构型原则不是一种全新的未知原则,而是随着时间变化不断更迭的秩序。在其形式化的外表下,建立的是一种在"中介"的模糊与清晰之间,源于事物本质复杂性的基本原则的表达。城市作为孤立对象的观点已不能适应生活的需求。数量的堆积使大量性面临了某种原则下进行秩序化的复杂问题。而对于这种秩序化的选择,凡·艾克热衷于以一种非此非彼的状态,在对建筑进行诗意追溯的同时,对形式的内在性,强调多重意义和"模糊"的形式。

凡·艾克在中介领域进行结构性的阐述中,以"奥特洛圈"中传统的结构性,表述了无层级的句法组织形式。他希望开放性的中心模式在不同层面得到不同的关注，而非存在于单一中心的层级系统。在不同情形下，相同的结构将以不同的形式进行表达。不同于路易·康的"预形式"（pre-form），凡·艾克孤儿院先验性的形式概念，是在不断的空间探索中，逐渐形成的。

这就如同桢文彦以及杰里·哥德堡（Jerry Goldberg）在1962年提出的模型交通系统中反思城市社会的特性有以下几点：

（1）各种机构与个体之间的矛盾与共存。

（2）城市物质结构史无前例的发展与密集化的转变。

（3）技术的发展与扩张化的交流手段对城市结构中地域形式与特定实体的刺激与推进作用。

（4）随之而来的大城市化的多细胞系统。

由此可见，他们认为机动交通系统必须在严格、多层级的基础上满足城市的多细胞特性。由此带来的足够弹性，将满足类型的变化与使用的密度。这种模型系统遵循于信息集中的原则，是数据与概念反馈的集中表达。这种系统是一种开放的连续细胞体，承载了连续扩张与不断的重新定义。其特征主要在于：

（1）在相互联系基础上各种活动的集中建立的大型细胞网络。

（2）在核心区周边低密度地区形成的一定规模网络将建立各细胞之间的联系。

（3）各种大与小的系统成开放式状态，以满足独立的扩张与收缩。

（4）联系细胞之间由缓冲的"中介"空间填充，以此定义每一个细胞的可能，提供道路扩张的路径。

（5）两种系统在相互融合的空间中建立相互渗透与关联（如停车区域）。

这些相互叠加的系统将适应于当代城市不同尺度的轮回变化。其中小规模网络类型的物质结构将比大型核心系统更容易进行自身或来自外力作用的改变。因此，流动性与变化的特征决定了不同层面（广义、狭义……）的建造形式和持续时间。小规模网络系统成为大规模核心系统之间相互联系的媒介，以此完成传递的需要。大与小、小与小规模细胞结构相互叠合的区域形成了"中介"空间，以缓冲应对变化的可能。由此，各种规模"树形"系统的建立，在不断交叉的过程中，形成了系统化、多层级的交织状态。1962年桢文彦与大高真人合作的社区墙（a community wall）（图5-27）即希望在人们的活动空间与城市空间之间的过渡形态中，展现一种大与小尺度交织的网络状态。

当然，"构型原则"作为一种基本原则的引导，在不同的时代，以不断更新的状态，表达着不同的原则。形态与结构之间的生成逻辑，已不再局限

图5-27 桢文彦与大高真人合作的社区墙

现世的乌托邦

于两者之间平衡中的互动。某种外在的干预导致结构的不断改变,也将成为形态变化的主要因素。形态的意义,也不再局限于"诺亚方舟"与孤儿院中视觉的"秩序化"与整体化。相反,这种视觉形式上大型整体性的追求,会在已知与未知的现实中,形成发展的桎梏。在此过程中,尺度的转变,不仅停留于一种视觉上的感受,还将在心理与未来预期中不断磨合。尺度的相对属性将在城市变化中不断地进行自我调节。例如,随着网络化特性城市的不断形成,城市尺度将存在于现实与虚无之间。其范围与大小在现实和心理的共同影响下,在不同人,不同时间,不同场合,呈现不同的意义。

5.5 城市之洞

城市发展,如同人的一种正常的生存状态,在诗意的空间与场所中,保持着良好的秩序、控制与规则。城市密度的控制,将是一种城市人性化的考验。这种控制以某种秩序的存在,极力保存城市的潜力,并不会对周边环境造成影响。这就是史密森夫妇所述的"一种理想的平静"(calm as an ideal)。而"城市之洞"即是在向这种理想的"城市平静"发展中遇到的城市问题之一。

"城市之洞"来源于对城市中心衰退、工业的废弃、历史街区"规划式"的消失,以及全新"乌托邦"对城市肌理忽视等城市问题的反思。此外,这种"洞"的存在,还代表了一种不相适配的存在模式与状态。或是一种在人的视觉范围以外造成的社会、文化的消极趋势。作为城市消极的对应物,"十次小组"将其视为一种城市存在的普遍现象,在各种不同的类别与机制中,进行区别地分析与研究。

建筑与城市的介入,作为一种改善载体的集中,以另一种语言,基于"城市之洞"的出现与发展,创造了一种适宜的语言。而应对这些"城市之洞"的策略,不在于一味的修补与填充,而是一种理性的分析、实施与预留。

城市之洞,以一种现实与意识性集合的隔离方式,体现了人的意识中,场所信息的缺失、时间意义的中断和场合的不适宜。这种"空洞"的存在,使城市失去了被全面理解与重生的动力,处于一种支离破碎的片段之中。但是,原有的碎片仍旧附带着历史的信息,将在"空洞"中游离而积极地存在。

对于城市核心来说,如果代表了一种肌理的延续,那么其发展原则,则取决于一种城市初始目标的确立,以及城市形态赋予的城市功能强化的途径。这种空间建立的过程,是在集中化拥有、使用与认同的基础上的共识。这不仅取决于一种形式的力量,而且还是在群体与个体、过去与现在、集中与分散等基础上的批判式所体现的动态过程。

对于史密森夫妇设计的伦敦罗宾汉花园(Robin Hood Garden)项目(1966—1972)来说(图5-28~图5-34),中心绿地的设立形式,不仅建立于对英国城市中心18世纪摄政时期广场的回应,也是一种对"非压力区域"(stress-free zone)的保护姿态。历史遗存被意识化的保留于绿地形式的中心,而周边的居民在享受中心的内在性的同时,也与周边的城市交通环境相融合,并以各种视觉的可能性(图5-29),接触更为广泛的视觉范围。

图 5-28　从南面看罗宾汉住宅

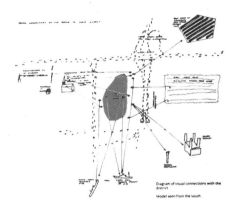

图 5-29　罗宾汉住宅与周边城市之间的视觉关联

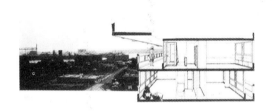

图 5-30　从建筑看城市街道

图 5-31　内部院落

图 5-32　沿走廊看城市中心

图 5-33　罗宾汉住宅外景

图 5-34　单户住宅入口

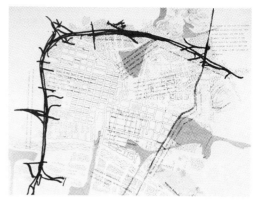

图 5 - 35　该图展示了格拉斯哥城市中心充满了城市之洞。原本是火车站与广场，而之后是高速公路，随后成为了城市之洞

图 5 - 36　城市中作为城市之洞的绿地系统

　　史密森夫妇认为，柏林城市之洞代表了一种开放的、联系的神秘场所：如在英国的格拉斯哥（Glasgow）（1976），绿化概念成为应对城市之洞的主要策略。格拉斯哥的城市交通发展，即寻求着相互修补的途径。原有毁坏的城市火车站与现有城市高架的介入，使城市在新旧共存的基础上，通过城市绿带的编织，成为全新的城市肌理（图 5 - 35，图 5 - 36）。而1957 年柏林大都市规划，则是在一种开放性的肌理中，以编织性的多层肌理和积极立场，回应战后城市的"城市之洞"，从而创建大型城市广泛而全新的建造与适应范围。此外，英国伍斯特（Worcester）历史街区中的城市之洞，在肌理遗存的基础上，成了复兴的启动要素。

　　在此，"城市之洞"中的要素，不再一味被视为消极要素，而是以休憩状态，解释城市之洞的现实状态与潜力。所有的"空洞"，需要通过现有城市肌理与全新要素干预的相互编织加以修补与复兴。

　　当然，我们还可以将"城市之洞"理解为一种城市中意识虚空（void）的领地与状态，一种处于潜力化的消极与潜在积极并存的空间，一种从兴盛走向衰退的空间，一种对未来具有无限预期的空间。这些"空虚"的存在作为一种社会对应物，只暂时存在于各层面重叠的疑问之中。城市途经连贯性的缺乏，使这种城市的空虚以一种相对静止的状态存在于城市之中，以期待外来的推动力的发展，一种城市功能与城市未来乌托邦式的重现与推动。如今，德国鲁尔区的成功改造，就是一个出色的城市之洞的修补案例。该项目将城市带中各种类型的"空洞"以更新的理念，连成规模化的复兴网络。"洞"与"洞"之间在修补中，形成联系的纽带，并以发展的眼光、时间的意义和摆脱消极的积极态度，看待与利用区域之洞的发展潜力。

5.6　参与：非定形的设计对应物

　　在伦敦的"生活与艺术的并行"（parallel of life and art installation）的展览开幕中，彼特·史密森以"协调与均衡的脱离"（doing without harmony and proportion），将另一种思维方式和一种非形式驱使的模式，带入了"十次小组"的思考。由此，"十次小组"在均衡形式批判下的"无形式"(without form)与"非定形"(formless)之间,强调了对非形式建筑对应物的追求,一种脱离形式枷锁的关联梳理。当然,这种非形式并非否定了形式与设计的意义,而是聚焦于对非形式驱使的关注。其中,空间、场所的联系,关联性的建立,是超越形式的另一种"形式"意义,一种形式形成的基本要素。

在此,这种非形式化的秩序在"十次小组"中表现为凌驾于一切组织性之上的形式再现,并在参与性结合的设计基础上,以道德价值与个人化因素在"十次小组"的讨论中与"簇群"和"格网"等同样居于重要地位,深入范例式的表达之中。这种非"学术化"的诉求,也恰好在"十次小组"反对形式教条的特性中,得到了适宜的生存空间。在各种要素(政治、地理、文化差异等)参与的基础上,"十次小组"成员从凡·艾克到伍兹将其视为一种建筑建造的工具,在放任与霸权的设计风格之间找寻适当的平衡,以民主更新的方法支撑城市与建筑的基本结构,以此建立形式之上的相互关联。

基于社会与空间组织活力的相互关联,建筑并不是独立的个体,而是在城市、区域具体化的基础上社会的综合表现。萨马萨(Fancesco Samassa)在对迪·卡罗资料的整理中,以题为"建筑不是一种建造"(a building is not a building)一文,认为他是一名"无政府主义的建筑师",不断突破组织原则与系统中的循规蹈矩。迪·卡罗在乌比诺实践中将大学作为社会的模型,处理教师、学生、环境之间的关联,以一种城市化的眼光联系学校内部各要素之间的关系。在此,"混乱"作为一种首要的组织形式成为"十次小组"思维策略的同时,为建筑师在城市与建筑的现实探索,提供了一个具有共识的原则,一种通向不同形式构型的统一基调。这种"混乱",强调了各要素参与的全面性与多视角,希望在超越形式或建造等单一的驱动原则下,进行全方位突破。其中凡·艾克在阿姆斯特丹的纽尔马克(Nieuwmark)广场项目(图5-37,图5-38)以及厄斯金在英国贝克(Byker)的项目中,即以一种非纯粹理论性组织方式进行参与的操作流程。

图5-37 纽尔马克广场设计

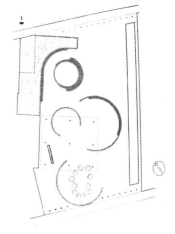
图5-38 纽尔马克广场设计平面

可见,建筑与地区的发展以一种社会的营造方式,从"权威设计"(imperative design)向"过程设计"(process design)转变。作为一种设计方法,迪·卡罗的意大利米拉诺(Mirano)医院、凡·艾克的孤儿院以及史密森夫妇在杜布罗夫尼克会议中的贡献均反映了"参与"在"人际关联"新的层级与单元中作为认知建筑与城市的基本意义。而伍兹的柏林自由大学在迪·卡罗看来,作为一种完整的集合,即缺乏对于参与要素接纳的弹性空间。参与作为一种设计的手段,需要人们在使用中重新发现,并预留发展与改变的可能。没有事物可以恒久完备。参与的不断磨合,将是完备的必经之路。

在某种程度上这种参与超越了形式的逻辑,在"十次小组"的教学中起到了重要作用。建筑与社会之间的联系成为他们在教学中试图使别人信服的关键点。他们在关注社会与当代意义的同时,反对英雄式的阐述与乌托邦的倾向。他们对学院式教育的反对,不在于对新的教育制度的标榜,而是希望在强调城市与建筑的社会性同时,加强相关关联之间的强化与突出。他们视其为一种骨架式的结构,用以支撑建筑与城市形式上的表现与追求。

可见,这里的参与,以一种多层级要素的全方位考量,在城市与建筑的发展中,扮演着重要角色。参与来源于日常生活的认知,也让人们更为清晰地了解自己的选择。当然,参与的过程与对参与的导向型依赖,均是在实践中面临的挑战。如何以一种过程设计和绝对的敏感与关注,强化一种社会对应物的意识,并在"学术"领域注入"非学术"的思考,将是在实证中,对学院式教育的批判与修正过程。而这种"非学术"要素,逐渐成为重要的考量因子,出现在理论与实践的双重轨迹之中。

6 "CIAM 格网"：
现实特质转向的分析工具

"'格网'是一个工具，一个思考的工具①。"

———柯布西耶

6.1 "CIAM 格网"

6.1.1 格网的提出

二战之后，随着大量的城市新建、重建及发展实践，各种问题被不断提出与整合。设计者们逐渐认识到，城市发展过程中需要关注的不仅是《雅典宪章》提到的四大功能分区（居住、工作、娱乐、交通②）等问题，还应涉及社会学、地理学、人类学等各种相关因素的综合实践。于是，柯布西耶与"建筑复兴制造联盟"（ASCORAL）（Assemblée de Constructeurs pour une rénovation architecturale）③通过对现代人居社区的关注，对城市发展模式进行系统化梳理。他们认为，现今面临的最大困境并不是建筑师与规划师在各种可预知层面遇到的无序与过量的困扰，而是如何建立起一种能够清晰思路、简化过程的城市分析系统。而这也可以看做是"CIAM 格网"形成的主要推动力。

于是，柯布西耶及其"建筑复兴制造联盟"成员在 CIAM 6 会议（Bridgwater 1947）中首次提交了系统化的"CIAM 格网"。该系统作为一种"雅典宪章实践"（the Athens charter in practice）的框架，减少了由于成果表达的无序带来的理解困难，方便了沟通与交流，为设计者的城市分析进行了模数化规范。"格网"在提供了一种图示化直观分析平台的同时，也逐渐形成一种对城市进行分析、归纳、展示与表达的方法。由此 CIAM 会议希望各小组成员能够通过各种"CIAM 格网"的研究，进行最为便捷与清晰的交流与讨论。

此后，柯布西耶与"建筑复兴制造联盟"在此基础上，于 1948 年提到的关于"雅典宪章实践"的议题，包括了"城市规划"（urbanism）和"美学"（aesthetics）两个重要层面。就"城市

---

① Le Corbusier 在 *Description of the CIAM Grid*，*Bergoma 1949* 一文中提及。
② 最初于 1928 年提出的城市功能要素中，只有居住、工作、娱乐三者。CIAM 4 之后，交通要素作为对前三者的联系要素，加入功能城市的组成。
③ 其中包括 Pierre Winter，André Sive，Pierre Jeanneret，Vladimir Bodiansky，André Wogenscky，Jean Alaurent，Roger Aujame，Georges Candilis 和数学家 Robert Le Lionnais。

规划"而言，会议认为应当对当前社会呈现的城市问题进行"循环式集合"(cyclic ensemble)，其中包含了一系列人们关注的主题，如生活设施、邻里单元、城镇更新与持续发展以及柯布西耶提出的农业、工业，相互置换、国家规划、洲际联合等各种不同尺度、层面的研究方向。

6.1.2 "CIAM 格网"

具体而言，"CIAM 格网"是一系列 21 cm×33 cm 小图表组织而成的系统化坐标系，这是基于"功能城市"的一种理性的城市分析工具。其中，X 轴包含了居住（living）、工作（work）、娱乐（cultivation of body and spirt）、交通（circulation）四大功能，并赋予了不同的颜色。绿色代表居住，红色代表工作，蓝色代表娱乐，黄色代表交通，白色代表各种的混杂；Y 轴则被赋予了与各种功能相关的城市与建筑发展的九种要素，即：环境（environment）、占地（occupation of the land）、体量建造与周边环境使用（volume constructed and use of ambient spaces）、设备（equipment）、伦理与美学问题（ethic and aesthetic）、经济与社会影响（economic and social influences）、法规（legislation）、财政（finance）、实现平台（stages of realisation）等。[1]（图 6-1）由此，"格网"在 X、Y 坐标之间各要素的相互参与交织中，成为 CIAM 会议相互信息的传递与交流的有效途径。作为认知的角色，人们将其视为"雅典宪章"的实践，并希望其成为一种真实的实践工具。

"由 ASCORAL 发展的'CIAM 格网'已在 CIAM 7 会议中被正式接纳为一种现代规划的工具，一种分析、综合、表达和阅读的工具"[2]柯布西耶认为该系统作为城市认知阶段的有效工具，不仅确立了视觉化的分析框架，而且建立了分类化的表述模式。该体系不仅是城市功能的分析手段，而且也是理解与现实建构的重要途径。笛卡儿坐标系统下的各要素的分析不仅为我们提供了各种可能因子的综合，也为科学地评价城市带来了全新的思维范式与规则。这是一种真实的分析与抽象世界的工具，一个测量的标杆。"格网"将真实的存在抽象于二维的坐标之中，强调将动态的事物转化为静态的表达秩序。作为一种分析的工具，CIAM"格网"成为一种展现预知认知性的框架，一种普遍性的分析手段。对于"格网"的认可，可以看做是一种工具的使用，一种秩序的类型，一种价值的体现，一种特殊的看待城市的视角与方法。社会数据的采集以及图表的展示成为城市分析中重要的补充与表达途径。

6.1.3 实证历程

柯布西耶强调，整体环境的认知将改变整个城市面貌、社会结构以及视觉感官。由此，"CIAM格网"作为一种理性的环境认知的标准化工具，成了 CIAM 会议的主旋律。老一辈成员将其视为各要素之间相互比较的有效媒介。柯布西耶认为，"格网"提供了一条建立现实价值观的途径，是现代城市认知论下的"功能城市"得以实现的必要分析手段。城市发展过程与影响因子往往与"CIAM 格网"内容的修改密切关联。

作为一种分析与展示的模式，1947 年提出的"格网"概念早于 1929 年 CIAM 2（法兰克福）的"最小住宅单元"(the minimum dwelling unit)的展览中初现端倪（图 6-2）。法国哲

---

① Le Corbusier 在 *Description of the CIAM Grid*，*Bergoma 1949* 一文中提及。

② 在《实践中的雅典宪章》中提及。

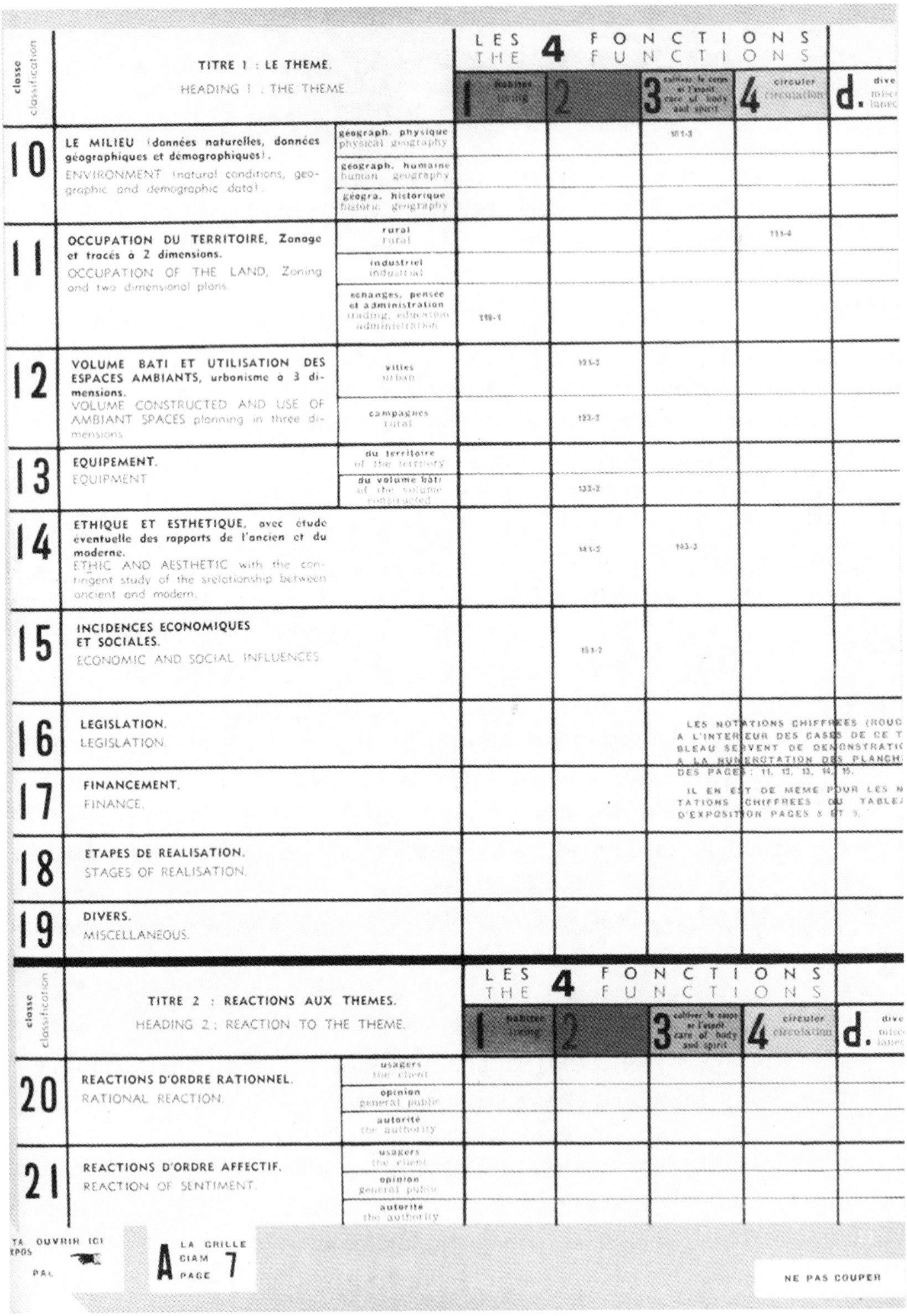

classe classification	TITRE 1 : LE THEME. HEADING 1 : THE THEME.		LES **4** FONCTIONS THE **4** FUNCTIONS				
			1 habiter living	2	3 cultiver le corps et l'esprit care of body and spirit	4 circuler circulation	d. divers miscellaneous
10	LE MILIEU (données naturelles, données géographiques et démographiques). ENVIRONMENT (natural conditions, geographic and demographic data).	geograph. physique physical geography			101-3		
		geograph. humaine human geography					
		géogra. historique historic geography					
11	OCCUPATION DU TERRITOIRE, Zonage et tracés à 2 dimensions. OCCUPATION OF THE LAND, Zoning and two dimensional plans.	rural rural				111-4	
		industriel industrial					
		echanges, pensee et administration trading, education administration	118-1				
12	VOLUME BATI ET UTILISATION DES ESPACES AMBIANTS, urbanisme à 3 dimensions. VOLUME CONSTRUCTED AND USE OF AMBIANT SPACES planning in three dimensions	villes urbain		121-2			
		campagnes rural		122-2			
13	EQUIPEMENT. EQUIPMENT	du territoire of the territory					
		du volume bâti of the volume constructed		122-2			
14	ETHIQUE ET ESTHETIQUE, avec étude éventuelle des rapports de l'ancien et du moderne. ETHIC AND AESTHETIC with the contingent study of the srelationship between ancient and modern.			141-2	143-3		
15	INCIDENCES ECONOMIQUES ET SOCIALES. ECONOMIC AND SOCIAL INFLUENCES.			151-2			
16	LEGISLATION. LEGISLATION.				LES NOTATIONS CHIFFREES (ROUG A L'INTERIEUR DES CASES DE CE T BLEAU SERVENT DE DEMONSTRATIO A LA NUMEROTATION DES PLANCH DES PAGES : 11, 12, 13, 14, 15.		
17	FINANCEMENT. FINANCE.				IL EN EST DE MEME POUR LES N TATIONS CHIFFREES DU TABLE D'EXPOSITION PAGES 8 ET 9.		
18	ETAPES DE REALISATION. STAGES OF REALISATION.						
19	DIVERS. MISCELLANEOUS.						

classe classification	TITRE 2 : REACTIONS AUX THEMES. HEADING 2 : REACTION TO THE THEME.		LES **4** FONCTIONS THE **4** FUNCTIONS				
			1 habiter living	2	3 cultiver le corps et l'esprit care of body and spirit	4 circuler circulation	d. divers miscellaneous
20	REACTIONS D'ORDRE RATIONNEL. RATIONAL REACTION.	usagers the client					
		opinion general public					
		autorité the authority					
21	REACTIONS D'ORDRE AFFECTIF. REACTION OF SENTIMENT.	usagers the client					
		opinion general public					
		autorité the authority					

TA OUVRIR ICI EXPOS PAL

A LA GRILLE CIAM PAGE **7**

NE PAS COUPER

图 6 - 1 "CIAM 格网"内容

图 6-2 CIAM 2 的"最小住宅单元"展览中的展板展示

学家奥古斯特·孔德（Auguste Comte）将其视为 20 世纪初期神学、玄学发展之上实证论（positivism）的突破。而这种实证论在 CIAM 的展板中，表现为绝对科学与经验主义事实之上的方法论的探索。会议提出的对现实问题及房屋类型的探究，表明了另一种与抽象和形而上背离的实证道路。

CIAM 4 会议开始，这种标准化的展示在从雅典到阿姆斯特丹的展览中，以 1.2 m×1.2 m 的标准化展板，提供了 30 多年间城市的发展历程，并见证了城市发展科学性的研究途径。虽然质疑之声此起彼伏，如 CIAM 秘书吉迪翁将其视为现代建筑跨越瓶颈的障碍，是 CIAM 超越理性主义，进行人性化推广的羁绊。但是，由于其简洁的表达形式与便于理解的统一化系统，部分成员仍旧认为"格网"是一种非常重要的理性分析参照系与基本的评价标准。于是，"格网"在 1947 年趋于成熟。

值得注意的是，"格网"概念在成为认知工具的同时，作为一种空间秩序的认知策略，与"十次小组"成员在 CIAM 4 会议中讨论的"演变的城市格网"（evolutionary urban grid）产生潜在关联。"演变的城市格网"说明了一种不断变化的结构性概念，并以此发展"全新可塑性感知"（new plastic sensibility）与"新的美学语言"（new aesthetic language）①，以表达城镇发展中适应于生活与空间表达的适应性，保持城市特性的活力与动态结合。这种理念的延续，为"十次小组"的实践，如坎迪利斯-琼斯-伍兹的图卢斯项目、史密森夫妇的柏林都市规划以及巨构等起到了积极的启示作用。而"格网"中潜在的空间秩序的特色，则被理解为具有建构特质的空间理解与体量分析的双重属性。

批评学家保罗·艾美瑞（Paul Emery）认为，这种理性工具的建立，不仅将建筑融入了一种广泛的文化矩阵之中，而且在 CIAM 中，建筑不再是一种基于理想原则之上的独立属性，而是涉及不同人类存在的建造表达。CIAM 将建筑视为一种在更广泛的社会、精神、地理等其他领域中他律的事物。而 CIAM 2 作为一种建筑意义的拓展，将经济、社会、文化以建筑的名义进行探索与研究。

作为标准化的表达，老一辈成员希望研究成果能真实反映"解析的严密"（analytical rigor）与"科学倾向"（scientific orientation）。虽然吉迪翁认为新的现代建筑已超出了狭隘的局限，CIAM 应当超越理性主义的规矩，着眼于现代建筑精神气质的统一角色，但标准化的诉求仍是 CIAM 会议过程中不断需求的目标。

可见，"CIAM 格网"的出现，在满足了老一辈理想的同时，也成为今后 CIAM 年轻一代成员（大多为"十次小组"成员）关注与批判的标准。我们从"CIAM 格网"的表达可以发现，Y 轴的各项内容和 X 轴多重因子的相互关联，已足以容纳不同规模的信息，百余张图板的分析框架，规定了不同规模的城市必须关注的相同规模的问题，它们虚位以待，让人们期待着纵横交错的焦点迸发出的灵感与信息。因此，标准化的准则确定了城市分析的必要因子，也让分析内容更加翔实与令人信服。"CIAM 格网"作为根植于纷杂学科之间的发生

---

① CIAM 4 会议中由摩洛哥和阿尔及尔小组成员在 Commission Ⅱ 中提出。

器,将建筑融入了"真实"的思考之中,形成分析与设计的互惠依据,并以一种具体化的建筑与城市发展要素的汇集,获取城市与建筑在"真实"存在中进一步深入的分析、理解与实证认同。

6.1.4 CIAM 的理性批判

虽然"CIAM 格网"是一种面向实证进行全面集合的方法论,但是,最终仍旧呈现了抽象化的趋势。从各种数据、事实的呈现来看,虽然"CIAM 格网"的运行机制试图远离绝对化的美学原则,但最终仍旧很难脱离综述与抽象的局限。他们认为,人类与社会特性与建筑原则一样,可以在总结、分析的基础上,进行控制性地理性分类。

如 1929 年法兰克福展览中,恩斯特·梅(Ernst May)的"最小化生活"(minimum life)、沃尔特·格罗皮乌斯(Walter Gropius)的"社会化的最小单元",以及柯布西耶"最小化房屋"的讨论认为,在认知事物特殊性与复杂性的过程中,建筑是一种可以在理性分析与抽象原则中,进行总体描绘的事物。

但是作为一种矛盾的产物,理性的原则化虽然是一种系统化的清晰分析工具,但在快速化抉择与理性的归纳中,失去了最初复杂性综合考虑的初衷。CIAM 的理性,似乎在建筑他律的众多要素的原则中,逐渐失去了对建筑复杂性的考证,陷入了形式化的教条之中。科尼斯·范·伊斯特伦(Cornelis Van Eesteren)认为,以功能为基础的城市分割本身存在着天生的不足,而随之产生的"格网"的系统,也就很难脱离源于基础架构的局限。这种规则化的理性,也同时对特殊的人居环境的融入提出了新的挑战。

可见,"CIAM 格网"在经济、政治、文化的维度对城市与建筑进行具体化与实证性认知的同时,却在对应的复杂性系统化处理中,陷入了再一次的抽象与简化的悖论。

6.2 变革

随着人们对《雅典宪章》的不断质疑,包括"十次小组"的年轻成员在内的众多人士,在"格网"化的实践中,逐渐以批判与变革的角色,对格网不断进行多层面地革新化发展。

6.2.1 分类的质疑

在对"CIAM 格网"的批判声中,人们逐渐对其基于"功能主义"的分类方式表示质疑。赛特(J. L. Sert)认为这种盲目的理想化,将逐渐呈现理性局限的主要特征。其中有些人提出一种根据居住尺度产生的分类方式:"住区、区域、城市、地域"(the quarter, sector, metropolis and region),以取代功能分区的四种类型。而以史密森夫妇为代表的年轻一代,以及 MARS 小组成员认为,这种机械、僵化的分类,可以转变为一种简单、多样性与活泼的表达形式。他们提出是否可以在"功能分区"的基础上,以另一种方式作为补充,即"村落、市场中心或邻里中心、城市内区划、大型城市、大都市"。他们认为这种分类方式的变革,将有助于在不同国家的不同尺度中,进行等量的比较。

CIAM 8 会议中,MARS 小组提出将栖居概念转化为一种在大型区域之中综合的整体,并试图以一种社会地理的分类方式,即"场所、地域、区域"(place, region, district)取代"CIAM 格网"(图 6 - 3),这一想法在瑞典锡格蒂纳(Sigtuna)会议(1952)中受到 ASCOR-AL 的支持。MARS 认为,将所有要素集中于一种随意的纵横相交的均质的格网之中,本身就是从形式上对现实复杂性的否定，在某种情况下，应当考虑一种“部分具有弹性而部分严格的标准化的模式”。杰奎琳·蒂里特(Jacqueline Tyrwhitt)认为，严格定义的“CIAM 格网”，可以在某种自主的基础上进行大胆革新。

此外，来自葡萄牙的 Batir 小组成员则以一种经验与归纳的方式，进行了另一种“格网”式的表达(图 6-4)。他们认为人们可以在分析的过程中，筛选最为重要的因子，以不同的特殊性认知优良的人居环境建立的重要条件。

MARS GRID Standard arrangement of panels: TOTAL DIMENSIONS 198×84CM OR 78×33IN: EACH PANEL 33×21CM OR 13×8½IN

THE REGION	THE PLACE	THE CORE: LAYOUT	THE CORE: EXPRESSION	THE CORE: SOCIAL LIFE	THE CORE: REALISATION
1A Scale Level, Mean Temp, NAME OF PLACE, Country, North Point, Population, Wind Rose, Architect	2A 3 DIMENSIONAL PLAN OF AREA	3A 3 DIMENSIONAL PLAN OF CORE	4A SKETCH OR PHOTOGRAPH	5A DAYTIME Buildings and land in use	6A THE CORE IN THE PAST
1B GENERAL INFORMATION	2B LAND USE AS PLANNED IN AREA	3B LAND USE AS PLANNED IN CORE	4B SKETCH OR PHOTOGRAPH	5B EVENINGS Buildings and land in use	6B THE CORE 30 YEARS AGO
1C MAP OF REGION	2C COMMUNICATIONS AS PLANNED IN AREA	3C COMMUNICATIONS AS PLANNED IN CORE	4C SKETCH OR PHOTOGRAPH	5C SUNDAYS Buildings and land in use	6C THE CORE AT PRESENT
1D MAP OF DISTRICT	2D PHOTOGRAPH OF AREA (or blank)	3D PHOTOGRAPH OF CORE (or blank)	4D SKETCH OR PHOTOGRAPH	5D SPECIAL OCCASIONS Buildings and land in use	6D PLAN FOR THE CORE 10 YEARS HENCE

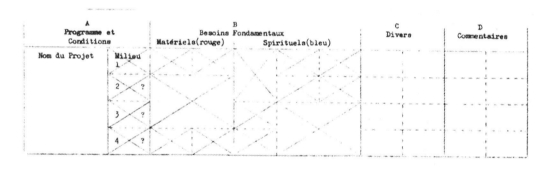

图 6-3　MARS 格网内容

图 6-4　Batir 格网

然而我们不难发现，似乎这些批判的理念在改变了题头与结构的同时，仍旧保持了一种柯布西耶式的普遍化模式。当然，在这些分类的方式中，虽然他们没有以另一种分析的方式对“CIAM 格网”进行全面否定，但这些质疑之声，在“CIAM 格网”之上又添加了一份复杂度的考量。

6.2.2 CIAM 9 的格网

随着质疑之声的日渐密集,年轻一代成员在 CIAM 9 会议中,以不同的自主途径,将 CIAM 的格网作为一种批判的工具,融入对城市与社会不同主题的思考,由此将"CIAM 格网"的变革推向了高潮。其中主要的实践"格网"的展示为:

CIAM 阿尔及尔(CIAM-Aliger)小组的"麦哈迪恩贫民区"(Bidonville Mahieddine)格网(1953)(图 6-5)①基于殖民地地区城市与建筑的研究,试图在城市贫民区中找寻一种活跃的要素,以多学科交叉的深入方式,通过对气候、人口结构、宗教、尺度与美学等方面的研究,汲取另一种不同的设计灵感。

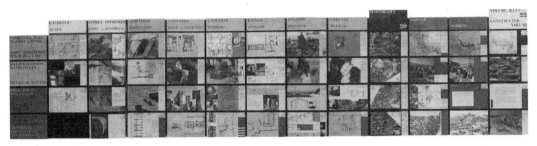

图 6-5 CIAM 阿尔及尔(CIAM-Aliger)小组的"麦哈迪恩贫民区"(Bidonville Mahieddine)格网(1953)

"摩洛哥现代建筑师小组" GAMMA(Groupe d' Architectes Modernes Marocains)小组展现的"大量性居住格网(habitat du plus grand nombre grid)"②(图 1-2)则以一种对大量性问题的思考,寻求在贫困地区人居问题的解决方式。坎迪利斯希望在日常生活中,找寻建造的依据,并在传统与现代的碰撞中,展现现代主义的主要命题。

帕特·克鲁克、安德鲁·德贝郡和约翰·沃克尔为 AA 学院答辩准备"区划格网(zone grid)"研究 (图 1-1)在城镇、乡村以及两者之间找寻区域的发展模式,并对人口的偏见、建筑形式多样性的局限以及土地的过分消耗作出了具体分析。他们将人口的多少与城市规模相结合,确立了不同区域不同建筑形式的可能。

此外,荷兰鹿特丹的 Opbouw 团体的"亚历山大圩田地区格网(Alexanderpolder grid)"(图 6-6)则在鹿特丹西部的 Alexanderpolder 地区,进行了新区建设的研究,以补偿城市发展的不平衡状态。其中,与邻里单元规模相关的居住形式、建造高度以及空间塑造,成为该格网中的主要话题。巴克玛在风格派的影响下,对其离心式空间形式产生主要影响,并由此淡化建筑与城市的界限。

其中,对"CIAM 格网"的"功能分区"基础起到重要颠覆作用的是史密森夫妇提出的"都市重构格网(urban re-identification grid)"(图 6-7)。他们基于盖迪斯的"山谷断面"(valley section)理念,结合实地的研究照片,以房屋、街道、地区、城市的层级,对伦敦东部的工人阶级邻里中心进行了研究。他们希望以"金巷"设计传达"空中街道"的城市建筑的理念和人文主义的关注。

---

① 其作品的创作人员中,建筑师:P. A. Emery, M. Gut, J. Lambert, L. Miquel, L. Ouhayoun;规划师:de Maisonaeul, J. Wattez,建筑学生:R. Simounet, L. Tamborini。

② 主要成员有:Victor Bodiansky, Georges Candilis, Michel Ecochard, Henri Piot, Shadrach Woods。

图 6 - 6　荷兰鹿特丹的 Opbouw 团体的"亚历山大圩田地区格网（Alexanderpolder Grid）"

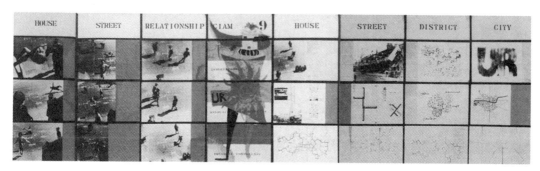

图 6 - 7　史密森夫妇提出的"都市重构格网（urban re-identification grid）"

　　可见,设计者们对不同地区、不同思考层面与不同现实问题以图式方式进行了表达与回应。但很明显,他们并没有脱离"CIAM 格网"的轨迹。虽然他们认为这种笛卡儿坐标的分析系统存在一定问题,但怀着对 CIAM 前辈的尊重,他们仍旧以旧有的形式框架为基础,大胆注入不同的批判式理念与全新研究策略,开创了批判与革新的新起点。

6.3　来自盖迪斯的启示

　　1950 年代,伴随着"CIAM 格网"的发展与革新,"十次小组"理念主要受到了来自三方面的影响:其一,建筑与城市空间的相互依赖及其中社会秩序的影响;其二,脱离数据与图像的抽象模式,倾向于社会生活与城市肌理的研究方法论;其三,基于前两者之上的对 CIAM 最小生存单元普遍原则的批判。简言之,"十次小组"将一种生活化的城市概念融入了基本的讨论基调之中。"十次小组"借用苏格兰生物学家、城市理论家帕特里克·盖迪斯（Patrick Geddes）(1854—1932)的城市理论,建立了自身对"CIAM 格网"的认知。

　　1890 年代,盖迪斯对城市物质环境与城市社会空间之间的相互依赖作用进行研究。在他以生态学为基础的社会-空间研究中,社会秩序决定了社会空间的创造与利用。"十次小组"即在其"山谷断面"理念的基础上,以一种城市社会的视觉分析视角,形成自身的城市理念。

6.3.1　从"山谷断面"到"生命符号"

　　史密森夫妇在"十次小组"早期会议中认为,CIAM 的老一辈成员对房屋、组团、社区、核心问题的关注,不足以解决四个主要的功能问题,而其更重要的在于分析视角背后思考模式的变革。

为了进行具体地表达，"十次小组"借助盖迪斯理论，在"杜恩宣言"中以"山谷断面"的形式加以陈述，并强调了三方面的重要意义：

其一，人类社会结构特征的表述；

其二，该结构基础建筑性干预的模型；

其三，作为引导建筑师脱离普遍性，着眼特殊性的概念工具。

虽然盖迪斯"山谷断面"的出现，并未针对城市规划的主导理念，但"十次小组"的杜恩宣言却在其理论基础上表达了人类从农业社会向现代商业社会转化的规律与特性。

身为生物学家的盖迪斯一生关注于环境影响下生活之间的相互关联，而这些关注也支撑了他在城市理论与人类城市环境上的研究。两个出自他手的著名图表——"山谷断面"和"生命符号"以图示化语言表达了他对于城市的理解和对城市与环境改善的期待。其中"山谷断面"描绘了理想化的地域—城市的环境，而"生命符号"则强化了怎样实现理想环境的建筑措施。

"山谷断面"是一个从高处山区向低缓平原蔓延，再通向海岸的纵向切面（图6-8），一个代表了山谷类型的集中，从鸟瞰角度看去，扇形的河谷指向了河湾。对于这个图表的诠释，盖迪斯在底部描绘了一系列自然属性的事物，即一群代表了被普遍接受的职业形象化图示，而职业的顺序也随着不同的地坪高度与自然状况依次排列。他认为，如果这些职业能够在自身环境中和谐共存，那么人类社会就会在这种栖居模式中，顺应这种自然山谷的态势和谐共存。

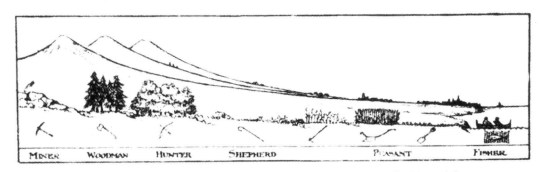

图6-8　"山谷断面"从山区向海滩的不同环境，有不同职业类型与之对应

从人们的生活方式来看，高处山中为独立小屋，随着高度的不断下降，人们的栖居模式逐渐形成规模化的群居，直至他们在海滨形成大都市的生活圈。而那些大城市最终由一些聚落与独立和非固定的混杂职业者组成。整个剖面盖迪斯以四个阶段表述了人类发展与社会变革历程：狩猎、田园生活、农业以及向商品社会的转化。

值得注意的是，这里的"山谷"对盖迪斯来讲不是一种规划概念，而是一种理想城市模型的转化历程，一种经历了人类革命的时代变革。现代的不同区域，可根据山谷原则进行转化，成为山谷剖面中某个阶段的模型。对于盖迪斯来讲，整个山谷剖面就是一个完整的城市，一个地区性的城市。对于这种城市区域来讲，其中的大城市不仅是历史性革命的末端，而且是地区性城市更新的开始。从各种比较来看，注入了文化精神的山谷区域中心促使理想地区化城市的再次成型，并引导了他的第二个图表形成"生命符号"。

1927年发表的"生命符号"（图6-9）表达了三维的螺旋状态在二维的投影，一种盖迪斯对人类发展与进化过程的表述。每一个进化的过程从左上角象限逆时针旋转，最终达到右上角，随后新的一轮进化开始。在左上角的象限中，生活可以理解成"场所"（place）、"工作"（work）以及亲属（folk）组合而成的九种要素的集合。在其相反的象限中，生活已不再是对环境本能的反映，而是一种艺术与科学的结合。盖迪斯将其图标融入人类社区与社会包括城市在内的各种类型的发展之中。他认为，在规划的领域中，这种图表可以看作区划的工具。在图表中心，"城镇"（town）、"学院"（school）、"修道院"（cloister）和"现实城市"（city in deed）是在城市发展过程中迈向高层级进化的四个重要台阶。盖迪斯认为任何"城镇"都会经历这样的轮回历程，当市民在反省自身与环境之间关联时，就进入了"学院"式的思考，并在"修道院"环境中完成理想的主创性，在"现实城市"中实现最终理想。其中，决定性一环在于"修道院"的层级。在这个通俗化的术语中，包含了普世的、技术性的活动，以及修道院、寺院与隐士所能提供的个人的深省与反思。盖迪斯希望将文化与教育下的城镇变为真正城市的催化要素与模型。"生命符号"中"修道院"要素就决定了"现实城市"的主要特性与社会文化秩序。

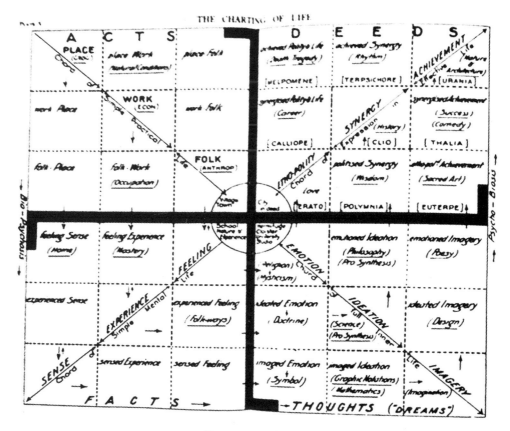

图 6-9　"生命符号"

就此，在柯布西耶与盖迪斯之间，我们似乎可以看出他们之间的潜在联系：

其一，柯布西耶认为环境的认知在从小到家中厨房，大到城市乃至世界均有着不可忽略的意义，这与盖迪斯在早他 60 年前（1881）的图表中"领域、占据与机能"（territory, occupations and organisms）三种主要类型的结合理念不谋而合，他们均认为这些概念适用于个人到整个社会的各层面。

其二，对于"认知工具"的看法，他们也达成了共识。盖迪斯的"生命符号"被其称作是"思考的机器"或"思维图表",并认为这可以帮助人们去分析复杂的现象与世界。"生命符号"中的轮回、关联涉及了人类居住的基本问题,而这些问题触及了物质社会与非物质社会的神秘与信仰。对于盖迪斯而言,这不是线性上升的过程,而是一种螺旋上升的趋势。例如,孩童在城市贫民区的街道上游戏,指代了"生命符号"中城镇"的内容,而孩童在开放绿地进行活动,则涉及了"现实城市"的层面。总之,盖迪斯关注于城市的每一个细节,并希望加以改进。

对于盖迪斯理念的解析,蒂里特①、艾瑞克·安东尼·安布罗斯·罗斯(Eric Anthony Ambrose Rowse)(1896—1982)等起到了主要的作用。1947 年蒂里特、芒福德和兰卡斯特(H. V. Lancaster)共同发表了重要著作《帕特里克·盖迪斯在印度》(*Patrick Geddes in India*)。1949 年他们在"规划与地区重建协会"(association for planning and reginal reconstruction)(APRR)主办下编辑了 1915 年盖迪斯撰写的《演化中的城市》(*Cities in Evolution*),并随后在 1951 年于《城镇规划学会杂志》(*Journal of the Town Planning Institute*)中发表题为"山谷断面:帕特里克·盖迪斯的意向世界"(The Valley Section: Patrick Geddes' World Image)的文章,集中阐述了基于"生命符号"的盖迪斯理念。

6.3.2 基于盖迪斯理念的"都市核心"

二战之后,CIAM 被重新召集,试图在文化与城市肌理联系的基础上,重新建立城市社会的新秩序。在赛特与吉迪翁和费尔南的·莱热(Fernand Léger)共同发表的《纪念性九点》(*Nine Points on Monumentality*)(1943)中认为,城市的无秩序将导致一堆杂乱,而这种秩序建立于对时代精神与集中情绪的表达与传递。

由此,CIAM 8 会议以"城市核心"为主题,强调无论大小规模的城市,其核心力量不在于一种高雅与权贵的象征,而在于人们集中的活动行为与集中情绪的物质化彰显。芒福德认为 CIAM 8 正着手确立四大功能分区之上的所谓第五城市功能:"城市核心"(the core of the city)②。由此,城市核心成为更加广泛意义上的社区焦点。而在英国 MARS 小组成员的推动之下,"核心"成为促使社区成为真正社区的主要诱因,并在会议中提供了决定核心内容的五个层级的关联:"村落"(village)、"邻里"(neighbourhood)、"城镇"(town)、"城市"(city)以及"大都市或者多级城市"(metropolis or multiple city)。这种理念,即来自于盖迪斯对城市中不可或缺的文化与文明以及城市肌理在视觉与物质上的关注与表达。这种表达的过程,即是一种在城市肌理中,集体行为与社会秩序的表达,也可视为这种第五要素的主要特性:社会秩序的表达。

柯布西耶认为,"核心"超越了地理意义上的中心概念,是一种社会的场所,是主观与客观之间联系的交集。巴克玛在《人与事物之间的关联》(*Relation between Men and Things*)中写道,人与事物之间的关联在被认知的同时,"核心"意义在于不同的主观与客观之间的

---

① 英国的规划师与城市理论家(1905—1983)。她最先是历史艺术家,后转向景观与城市规划的研究,1941 年加入英国的 MARS 小组,1947 年参加 CIAM 7 会议,1949 年成为 MARS 编辑、Maxwell Fry 的助手,1951—1964 年成为 CIAM 的秘书,1947 年后与吉迪翁成为交流最为广泛的挚友之一,她先后在纽约的新社会研究学院(New School for Social Research in New York)(1948)、耶鲁建筑学院(the School of Architecture at Yale University)(1951)、多伦多大学(the University of Toronto)(1951—1955)和哈佛大学(Harvard University)(1955—1969)任教,在多伦多期间,与 Marshall McLuhan 合作研究,1956 年在希腊与 Constantinos Doxiades 成为 Ekistics 运动的一员。

② Eric Mumford,2002

联系与行为的综合。可见,"事物之间的关联重要性大于其本身。"①

在《城市核心:迈向城市生活的人性化》(*The Heart of the City: Towards the Humanization of Urban Life*)的诠释中,蒂里特、赛特和罗杰斯(E. N. Rogers)共同确认了盖迪斯所指的"核心"作为物质与非物质的多重意义,并成为"使城市成为城市"(made the city a city)的主要推动力。在此,"核心"的议题不仅是吉迪翁提出的"个体的集合"(an aggregate of individuals),还呈现于来自于不同学者的评论。② 这些在盖迪斯关于城市研究中均有所提及并展开了相关研究。③

6.3.3 "杜恩宣言"④

图 6 - 10 金字塔形式的城市结构

CIAM 8 会议虽然不是在现代主义城市理论上的转折性会议,但在此期间活跃的年轻一代大多成了"十次小组"的成员。关于城市"核心"的理论在之后的发展过程中也逐步成为他们的批判对象。MARS 部分成员,如史密森夫妇则跟随盖迪斯"山谷断面"概念,发展了"关联尺度"的理念,并与"十次小组"成员共同于 1954 年发布了"杜恩宣言"。他们认为在不同层级阶段的不同类型建筑应当与不同层级的环境相结合,并赋予其现代性的解读。他们强调建筑应当依据不同的环境,反思与回应周边的地理与人文环境。

我们从"杜恩宣言"中"十次小组"对"山谷断面"的重新诠释⑤(图 2 - 3)可以看出,盖迪斯山谷地区的断面草图在史密森夫妇的现代诠释下,展现了人际联系与社会层级之间的重叠。金字塔形式的城市结构被划分为不同"人际尺度"的单元。底部代表了中心低平的平原化城市尺度,从底部向顶端的过渡中,尺度规模逐渐减小(图 6 - 10)。金字塔低层的普遍层级体现了城市边缘与非城市化地区的影响区域。

史密森夫妇关于"人际关联"的讨论,在盖迪斯的理论基础之下,进行了时代性的阐述,并将其发展为普遍性的城市理念。史密森夫妇与盖迪斯的人际关联之间的区别在于:从村落到大都市类型的转变,史密森夫妇更倾向于聚焦更小的单元,将个体的建筑与城市并置,从而在各种程度上强调家庭与个体的重要性。

可见,全面理解"杜恩宣言"中联系尺度的意义,就是将城市的每个层级视为一个综合体的认知方法。城市自身是由多个综合体组成的综合尺度。相比较而言,"功能分区"则只

---

① Eric Mumford,2002

② 意义在于是一个"艺术汇集的场所"(a meeting place of the arts)(柯布西耶)、一种"社区集中记忆的存储"(the repository of the community's collective memory)(理查德 J. M. Richards)、"身体与精神的愉悦……深省的自然表达"(natural expression of contemplation... quiet enjoyment of body and spirit)(罗杰斯 Ernesto N. Rogers)、"自发性生成的摇篮"(background for spontaneity)、"发展进程的感受"(feeling of processional development)(菲利浦·约翰逊 Philip Johnson)和"集中思想与社会精神的表述"(expression of the collective mind and spirit of the community)(蒂里特 Jaqueline Tyrwhitt)。

③ J Tyrwhitt,J L sert,E N Rogers,1952:168

④ 见附录 3。

⑤ 不知是否凑巧,1954 Doorn 宣言,也是盖迪斯的诞辰百年纪念。

是一种对于城市估量式的划分，体现了一种毫无一致性的内在关联。

6.3.4 秩序建立与特质转向

从"山谷断面"到"杜恩宣言"，从盖迪斯到"十次小组"，城市层级化的分析与对应建筑形式的表达在系统化的同时，强调了不同尺度层面之间秩序的建立。

1943—1944 年，APRR 的社会学家露丝·格拉斯（Ruth Glass）在盖迪斯理念的影响下调研了英国伦敦东区的绿贝斯诺（Bethnal Green），其目的在于对城市规划者需要关注的社会问题进行调研，同时考证社会问题与物质问题相同的研究价值。可见，自 1940 年后，城市社会的秩序成为在英国对现代城市重塑与考量的重要标尺。城市规划师与社会学家的合作，成为在盖迪斯理念风行时代的共识。而"十次小组"英国成员对盖迪斯理论的关注，带动了"十次小组"对城市规划与社会研究的共同关注。

"山谷断面"强调了各种不同尺度下复杂性的共通。每一个层面被视为一种"特殊复杂体"组成整体，而不是隔离的独立单元。各种人居类型的表达不仅反映了社会的组成，还反映了建筑与城市基本的物质呈现。图表在概念与历史的范畴，建立了社会结构以人居建造形式之间的关联。这是一种人类社会发展中普遍的特性，一种非时间性与地域性的普遍性意义。而"十次小组"则在此基础上，融入了特殊特性。

作为社会与城市秩序的标志，"十次小组"将"山谷断面"视为链接独立人居组团的原则与秩序，这种秩序被进一步理解为各种规模、不同层面复杂性的人际关联。这样，盖迪斯提出的从简单到复杂性社区的历史性革命，被"十次小组"视为不同尺度与规模的当代人类栖居的散布原则，这也就是"十次小组"以社会秩序为基础提出的替代 CIAM 功能联系的"关联尺度"模型（图 1-3）。由此，盖迪斯的历时性概念被"十次小组"融入具有比较性的同步尺度之中，从概念上将小规模的社区融入具有层级性的大型整体之中。这种人际关联层级的展现（房屋、街道、地区、城市），虽然注入了社会人文的影响因子，但却是一个完全功能化，具有明确层级结构的社会空间的城市秩序。这种关于城市的分析决定了"十次小组"与CIAM 完全不同的对于现代城市与建筑的认知路径。"十次小组"在补充 CIAM 的社会城市秩序，并以此替代过于绝对化、无层级、无复杂性可言的功能分区理论的同时，认为物质形态的环境层级不足以定义人在环境中的地位。他们提出的街道、地区等概念并不是一个实际的社会存在，而是需要在全新的社会中找寻的等价的对应物，也就是新的建筑形式与城市空间的创造，并以此应对不断改变的社会现实。他们在传统的分类方式与不断发展的社会现实之间找寻必然的联系与替代关联，以此找寻不变的标杆，从而完善城市与社会的秩序。

可见，"山谷断面"对"十次小组"来说，明显成为在人类社会与物质环境的相互作用中形成的全新社会与城市秩序的标志，以反映社会组织的现实。这些恰是被 CIAM 所忽略的重要组成部分。他们希望以一种全新的建筑形式与城市空间，对应不断改变的社会现实，以证明理想化城市层级之间的必要关联。

沃尔克的"区划"设计，试图作为一种研究的媒介来证实"人际关联的层阶"（hierarchy of human association）作为一种设计原则的可能。他在城市尺度中，不仅将邻里单元赋予空间的多样性，还希望建立一种严谨的结构融合。而史密森夫妇在"山谷断面"的不同区域对应了不同的建筑类型，并在随后的拉萨拉兹（La Sarraz）会议上，用"农庄"（burrow lea farm）——独屋（isolate）、"折叠房屋"（fold houses）——"村落"（village）、"村舍"（galleon cottages）——小村（hamlet）、"封闭房屋"（close housing）——"城镇"（town）以及"台地房屋"(terraced houses)——"城市"(city)等相互对应的具体形态(图 6 - 11~图 6 - 15)进行了概念表达①,以此建立盖迪斯图表中社会空间秩序的对应关联。约翰·沃尔克认为,在 CIAM 10 会议的展板中,从独立住宅到乡村、城市作品的展出,均充分展现了"山谷断面"中不同层级的建筑需求。凡·艾克之后也对史密森夫妇的"封闭房屋"与"台地房屋"产生兴趣,在开与合的韵律中(图 6 - 16),找寻"一种卡什巴(casbah)式的组织"。此外,他还协同布洛姆以另一种新的城市的研究:"村落化的城市居住"建立了一种城市肌理,并说明了在一种韵律下,以构型原则建立的"数字"的美学表达。可见,史密森夫妇在"都市网格"中以一种全新方式表述了城市复杂性与全新城市关联的理解。而这种垂直的关联系统最终发展为多重关联的系统,在整体与个体之间找寻潜在的关联。社会、道德的群体与分支,在不同的层级间找寻到可行的认知原则。

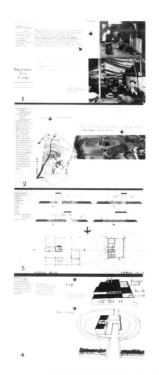 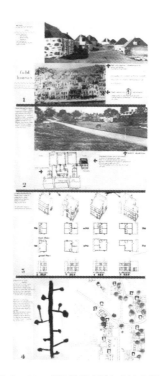 

图 6 - 11 "农庄"与"独屋"的对应。应对了"山谷断面"中的山林中的环境特点

图 6 - 12 "折叠房屋"与"村落"的对应。其中花园与建筑的设置是其中主要单元

图 6 - 13 "村舍"与"小村"的对应。这是在"村落"与"小镇"之间过渡式的排屋类型

---

① A. Smithson, Team 10 Meetings, 22 其中,展示的相对应的"十次小组"的作品是 James Stirling 的"Village" housing, John Voelcker 的"village" housing, 史密森夫妇与 Theo Crosby 的"town" terrace house 以及 Colin St. John Wilson 和 Peter Carter 的"city" housing。

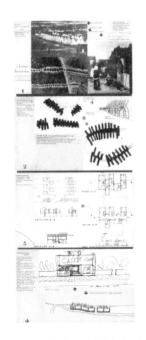
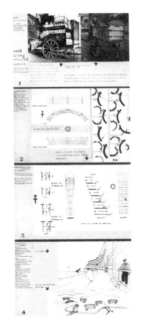
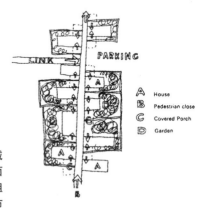

图 6 - 14 "封闭房屋"与"小镇"的对应。相邻近的建筑限定了封闭的步行空间,并形成组团。该组团在闭合中形成集中的肌理

图 6 - 15 "台地房屋"与"城市"的对应。退台式的建筑面向南面,保证采光,而 180 户组织而成的单元公寓代表了城市居住的模式

图 6 - 16 组团的开合结构

　　可见,这种不同层级建筑形式的秩序化,也正应对了史密森夫妇对于"特质性转向"(shift to the specific)的需求。不难看出,"十次小组"在以另一种秩序替代 CIAM 的同时,也对普遍规律性作出质疑的姿态,我们从其特定层级建筑形式的研究、不同案例中具体人类行为、照片资料的展出,以及他们在特定现实中提及的不同应对策略可以看出,这里的秩序,已脱离了 CIAM 中的普遍秩序,而是在特质性的研究中特定秩序的展现。

6.3.5　生态层级的融入

　　作为一种梳理与比较的工具,"CIAM 格网"强调了在不同环境与文脉中建筑设计的普遍原则。早在 1881 年,盖迪斯就发展了相似的统计图标,希望在生物、人类生活与环境中找到普遍性的关联。他认为这种有效的表述途径,在城市、村庄、单个建筑、个人甚至是民族之间建立了普遍性的原则。他希望在特殊性的分析与观察中找到普遍化的传递方式,虽然"十次小组"对普遍规律的遵循持有异议,但仍旧在相似原则中找到了适宜的立足空间。他们认为普遍性的原则不适用于不同的特殊情境之中,特质性的追溯需要在不同的对象中找到不同的对应策略。如在史密森夫妇"金巷"设计中,亨德森的照片被视为格网中"精神建筑",并在"格网"中表述了建筑师的不同视角。在此,视觉上城市生活的记录被转化为空间中人类生活的符号特征,阐释了不断的演替过程。他的妻子——人类学家朱迪思·斯蒂芬(Judith Stephen)认为这种特殊的集中数据的方式取代了过时的现代建筑图标式的印象,表达了随机的数据集合下空间逐渐显现的过程,以表达人在城市空间中的关系。这与盖迪斯有着巨大的差别。对于盖迪斯而言,对于城市社会视觉上的观察归结于对社会与城

市秩序的尊重,并最终将建筑与城市在保护与还原的范围内进行操作。其生态城市理论为建筑师在社会空间中的责任与地位提供了有力依据。而"十次小组"则采取比较弹性的策略,关注于特定的调研结果,而不倾向于城市与建筑普遍原则的追求。

"十次小组"认为,APRR 对于绿贝斯诺(Bethnal Green)地区调研的"诊断图示"缺乏对城市信息的综合评价。虽然其图示表达了特定地区特殊的调查结果,但其数据的抽象表达仍旧停留于一种普遍规律的阐述。而"十次小组"则选择以社区与人际联系的特性为依托,在特定时间、场所表达特定问题。他们试图以一种全新的生态视角将每一个问题作为特定的时间、地点中唯一的关联而进行整体看待[①]。"山谷断面"的生态描绘意味着社会组织与建筑城市空间的物质表达,表达了人居与环境是否协调的重要依据。该图表以生态规律为媒介建立了社会结构与人居建造形式之间的联系,成为一种超越时代与地域的人类发展中的主要特质。

此外,致使"十次小组"将生态学理念融入城市的主要原因还在于对社会协调性诊断的需求。盖迪斯认为城市是"生活适应性的系统"(a system of life-adaptations)[②]。他认为只有完全与环境适配的条件才足以创建大型城市,而基于生态融入的成功与失败的准则取决于社会学家进一步观察与全面细节分析的普遍性结果。由此,随着照相技术的发明,图片化的分析逐渐成为城市与社会学家研究和进行细节分析的主要方式。同样,APRR 也依赖照相的技术捕捉城市的社会—人类特性。盖迪斯有关印度城市社会空间的调研充分展现了图片作为资料分析基础的重要性。"十次小组"正是抓住了摄影技术带来的便利性,使其成为城市生活重要品质分析的重要途径。虽然詹姆斯·斯特林(James Stirling)指出相机的镜头局限于一点而丢失了全部,整体框架才是局部意义存在的主要基础,但对于盖迪斯来讲,特殊细节与模式的关注,恰恰才是"山谷断面"普遍性理想实现的主要依据。同时,"十次小组"也将"CIAM 格网"视为特定研究对象的总体框架,协同特定视角的关注与研究,转化为普遍的城市发展规律,以此回避总体与局部之间的矛盾与相互制约。

当然,在早期生态理论批判中,社会学家沃尔特·法瑞(Walter Firey)认为单纯的城市环境研究仍不足以得出特定的结论,因为在空间—社会的联系中,文化与社会及相互关联将成为决定城市形态与使用的主要因素。由此,"十次小组"将社会价值融入空间与环境品质之中,并将其视为物质环境重要因素。盖迪斯的"山谷断面"以及视觉分析的途径使"十次小组"将建筑与城市转向社会的维度之中。

6.4 史密森夫妇的"都市重构"格网

就"CIAM 格网"而言,老一辈成员视其为一种比较与分析的工具,而以"十次小组"为主的年轻一代,则对其处理战后现实问题的能力表示怀疑。他们认为在面对城市多元化的特性而言,"CIAM 格网"模式呈现了无法回避的局限性。由此,史密森夫妇结合盖迪斯"山谷断面"理念,在"关联尺度"的基础上,提出的"都市重构"格网成为具有代表性的转折点。该"格网"融入摄影师奈杰尔·亨德森的图片与其妻子在伦敦东区绿贝斯诺居住区调研的大量一手信息,以图片的方式,展现了另一种城市分析策略与推进途径(图 6-17)。出于一

---

① Alison and Peter . Smithson 在 *The Theme of CIAM 10* 一文中提及。
② Patrick Geddes 在《社会观察》中提及。

种尊敬,史密森夫妇遵从柯布西耶提出的"发展格网而不去摧毁它"的原则,沿袭"格网"的形式框架,提出了全新的城市构型概念。

　　"都市重构"格网将伦敦东区的都市生活(孩童的游戏等)与他们对于该地区更新的设想("金巷"设计)在图表中左右并置,试图以城市细节生活的视觉捕捉,说明在城市空间中另一种理念的介入方式。该"格网"以平实的邻里日常生活启示性的展现,批判来自现代主义浪尖上纪念性的诉求;以一种不断发觉的动态过程,替代柯布西耶式现代建筑的永恒性。这种不断发觉的过程,造就了空间意义的不断更新,并以层级思路的切入表述了一种与CIAM完全不同的分析策略。

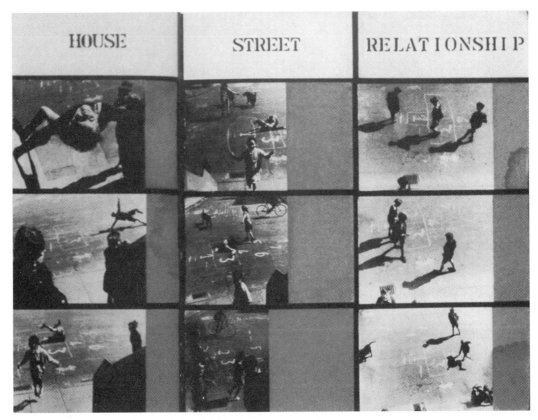

图 6-17　调研的信息通过照片形式进行展现

　　对于该格网的阐述,作为 MARS 成员之一的蒂里特递交的"MARS 格网"(图 6-3)和同为 MARS 成员的史密森夫妇的"都市重建"格网,均与盖迪斯关于城市生活与社会—建筑途径的关注产生了不可分割的联系。盖迪斯的理念在很大程度上激发了"十次小组"对城市研究多视角的关注。这些似乎涵盖了"十次小组"早期的全部内容。就史密森夫妇"都市重构"格网来看,左边照片与右边设计似乎有着因果的联系,史密森夫妇认为其中包含了设计逻辑与潜在依据。他们认为亨德森的照片让他们意识到了社会空间与现实生活联系的重要性。并在设计中阐述,"都市重构,是人与社会、建筑以及城市重新建立联系一环。'金巷'中宽大而连续的人行步道,将建立全新的城市肌理。"

6.4.1 "关联尺度"

在社区的概念中,"人际关联"(human association)、"人类集群"(human collectivity)以及"公众生活"(communal life)成为"十次小组"从语义学向人类学、从生物学向社会学转译的途径,并希望由此建立个体与群体之间的关联。在大尺度的范围内,社区成为"整体性"中的重要因素。"十次小组"视其特性表现为特定人在特定地点的特定关联意义。

1955年史密森夫妇就伦敦拜罗街道(Bye Law Street)的"关联模式"写道:"街道不仅表达了一个入口的意义,还是一种社会表达的空间。""关联模式"的城市要素,是一种涉及不同人居类型与复杂程度的层级表达。各种层级的形式以相应的生态特性表达了对应的建筑形式。在此,"城市、地区、街道、住宅"可以理解为"大的群体、群体、小群体、个体"的递变过程。其中,史密森夫妇认为:"街道是物质联系的社会(physical contact community),地区是熟知的社会(acquaintance community),而城市则是理性的社会(intellectual community)。"在"人际关联"的图表中,层级的变化与人们熟知程度的变化对社会层级的认知起到了引导作用。

"关联尺度"以"房屋、街道、地区、城市"的纵向分类方式,打破了横向的功能分区原则,在社会层级中,包含了功能叠合与并存状态。在从大到小的层级之中,逐个包含了各种不同功能的交织与复合。在当时来看这是一种对城市与社会分类方式的革新,一种思维方式的变革。

当然,由于时代的局限,这种源自于生态理念的分类方式并没有在城市的"关联"中,探寻到真正对应物的显现,而是仿佛潜入了另一种隔离化与理想化的困境。如"金巷"设计中"空中街道"的提出,虽然希望将人们的交通、交流与休闲空间在建筑与街道之间,建立一种"中介"空间,但空中层叠而重复的通廊式"街道",在应对了"关联尺度"的原则之时,流露了一种单调性的缺憾。

6.4.2 从绿贝斯诺到金巷

从1950年起,史密森夫妇通过多次对亨德森在伦敦绿贝斯诺地区家中的拜访与周边的调研,掌握了大量关于街道生活的一手重要资料,并使他们逐渐认知了"特性"与"关联"的内涵。他们在之后的"金巷"(golden lane)(图2-16～图6-22)项目中以概念化模型加以了具体化的重述。他们认为全新的生产、交通模式和生活需要全新的居住模式。从某种角度看,"金巷"设计作为展现史密森夫妇乌托邦思想的具体表达,是"十次小组"早期实践成功与失败并举的案例之一。该设计在对已被大量接受的现代建筑模式、柯布西耶的"光辉城市",特别是对功能城市的僵化分区进行现实批判的同时,对城市层级进行了革命性的尝试。在史密斯夫妇提出的"房屋、街道、地区、城市"层级中,"房屋"在"金巷"设计中表达了家庭的居住单元;"街道"是一种单侧、宽敞的廊道系统,并在空中形成人们的公共交流空间;"地区"与"城市"则被认知为具有明确定义目标以外的地区。可见,在乌托邦的理想之中,并存着一些不确定与非成熟的因素。就其原型(绿贝斯诺和拜罗街道)来看,史密森夫妇将其视为一种时代发展中不断变化的产物,而且在不同的时代,相同的原型基因之上,产生了不同的形式表达。

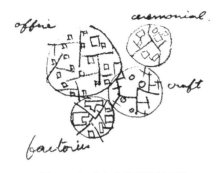

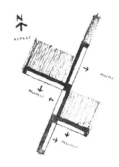

图 6-18 "金巷设计"中不同
区块的集合

图 6-19 "金巷设计"中街道结
构显示的"簇群"结构

图 6-20 "金巷设计"中
"空中街道"的模式表达

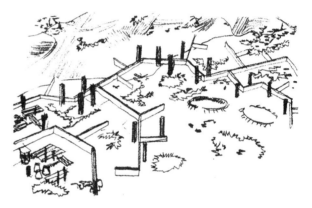

图 6-21 "金巷设计"在城市
肌理中的展现

图 6-22 "金巷设计"中"空中街道"在城市肌理
中与竖向垂直交通的组织

作为对 CIAM 功能批判的转译,史密森夫妇将城市街道的肌理融入"空中街道"(图 6-23~图 6-25)的模型之中,呈现了一种真实生活体验下的特定结果。这种多层的连续,表达了真实的复杂人际层级的社会综合体,一种对社区与邻里的解读。① 他们希望在重新构架城市结构的基础上,对日常生活街道模式进行革新,即一种城市基础设施的变革。"金巷"街道将英国工人阶级道路中传统的儿童游戏、公共交流、大型集会以及大规模社交的需求融入"甲板街道"(deck street)的形式之中,希望从人类社会性与心理出发,对街道形式进行传统与现代之间的转译。这种"空中街道"理念的出现,也许与史密森夫妇和艺术家杰克逊·波洛克(Jackson Pollock)的接触有关。彼特·史密森后来说道,和他的交流激发了设计的灵感,"更加自由、复杂且更容易理解

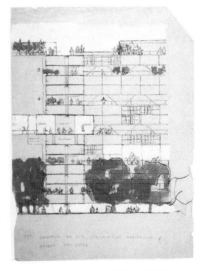

图 6-23 "金巷设计"剖面

---

① Alison Smithson 在 *The emergence of Team X out of CIAM* 一文中提及。

的'秩序'被提出与发展"①。

在此,我们不难发现一个有趣的事实:所有的图片全部来自工人阶级的社区和平实的日常生活,是一种大众文化的展示。其中孩童成为图片中的主角,全然为一副最基本的日常生活状态(图6-26)。但这种基本的日常性结合史密森夫妇的格网研究,转化为一种乌托邦城市的代言,而且所有的照片在脱离了原始状态之后仍真实地反映了"乌托邦城市"所代表的未来城市的状态。

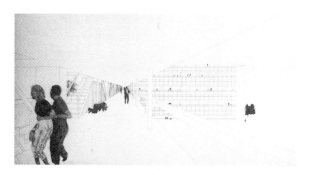

图6-24 "空中街道"意向

图6-25 该图表达了在工人阶级住区,新建的公寓在城市肌理中的展现

图6-26 日常生活的图片

当然,其局限性也是显而易见的。如"金巷"中"空中街道"显然也不会拥有像拜罗街道所拥有的街道后院的意义。原本拜罗街道中作为公共活动空间的双侧街道,在"金巷"中转化成的单边街道模式使其合理化程度与场所感的生成受到了的质疑。此外,"金巷"在无休止的延伸中,虽然表达了对柯布西耶"光辉城市"鲜明的批判,表达了对于现有城市肌理重叠的理念(图6-27),但是那种枝杈般而又具规律性的异形在反对全面拆除、支持小面积开发的同时,对城市肌理的破坏作用不亚于柯布西耶的"光辉城市"。从其等轴投影图中不难发现,新作品与原有城市肌理的交接处也出现了一连串难以调和的矛盾。1961年,"金巷"构想在杰克·林恩(Jack Lynn)、艾弗·史密森(Ivor Smith)以及弗雷德里克·尼克林(Frederick Nicklin)设计的谢菲尔德(Sheffield)公园山(Parkhill)住宅区得以实现的时候,立即让人们感受到空间甲板与地面街道之间毫无联系的延续使其"合理性"的街道概念陷入了理想与现实之间差异的尴尬。而他们设计的罗宾住宅(图5-32～图5-34),则继承了"金巷"的

① Peter Smithson 在 *the idea of Architect in the "50 s"Architects* 中提及。

血统,在 20 年后完成了"空中街道"的实践。但其板式
的孤立存在,在建造初始,就一直处于质疑与争论之中。

其实,当"十次小组"致力于多层级城市追求的同
时,史密森夫妇已意识到了这种概念的局限性,并认为
六层以上的人群失去了与地面接触机会。于是在 20 世
纪 60 年代普遍采用了"低层高密度"作为住宅普遍的运
用的方式。这种批判的意识在其"封闭"与"折叠"的住
宅模式的探讨以及 1954 年杜恩宣言的"生态"原则①中
得到了加强。

图 6 - 27　枝杈的肌理与城市的关系

6.5　理性的重塑

在 2001—2002 年的英国展览中,史密森夫妇将"都市重构"中的图片与文字信息与法
国的建筑师迈克尔·埃克沙尔(Michael Écochard)的摩洛哥卡萨布兰卡城市肌理并置,藉
以说明"格网"对城市认知的重要意义。我们从这两个"格网"的再现可以看出:

其一,视觉观察与社会学事实统计方法共同成为城市研究的主导途径;

其二,"特质性转向"在城市特定研究中,具有相对于普遍性的实践与诠释意义。

在此,视觉观察与社会研究说明了城市的多样性。不同城市的复杂程度基本相同,只
不过其特殊性将不断发生转变。柯布西耶认为这种格网的研究让建筑师开始关注城市的
具体问题。其中展示的信息不再是二维图片或者文字,而是三维城市生活的探究,一种精
神建筑的分析与建造过程。

6.5.1　日常性"设想"

1952 年,在为 CIAM 9 准备的瑞典锡格蒂纳的会议中,巴克玛提出的建筑环境全新的
创造,在法国建筑师安德鲁·沃根斯基(Andre Wogenscky)的提议下,转向了对具体实践
与空间日常性的关注。1950 年代,日常性作为一种对实践检验的标准,融入了对平凡性与
具体性的思考,并将社会、地理、经济现实等视为一种抽象的参数,体现于坎迪利斯所说的
"具体性的基础"(concrete bases)之中。坎迪利斯-琼斯-伍兹认为,"十次小组"提出的日常
性关注不是抽象的理论,而是在我们平常的生活中遇到的全新而真实的问题。这不是一种
怀旧式的复古,而是追根溯源的文化与空间的重塑与演进。

史密森夫妇在"都市重构"格网中,强调了"假设""关联成分"(associational compo-
nent)、"物质成分"(physical components)的不同信息。这些预示了一种过程性的可能。他
们认为"假设"可以作为一种强调日常空间实践的前提,是一种环境与城市、物质要素与空
间社会的关联。"关联成分"即成为在空间实践中作为自我证明的有效路径。如史密森夫
妇所言,街道的认知不仅是一种物质上的确立,还是非主导性社会特性下的全新平衡。对
于人与环境的特性的把握,既是街道、建筑、广场等实体上的认知,还是一种日常联系的建
立。这种"关联成分"的建立是在日常建造环境中最为本质的特性,是一种可以表述、转换
的重要组成。"平淡(ordinary)与平凡(banality)不代表其客观性的消失,相反这些才是全

---

①　人类的居住应当与周边的景观紧密结合,而不是孤立的事物置身其中。详见附录 3。

新艺术灵感的源泉"①。

同样,在坎迪利斯-琼斯-伍兹"GAMMA 格网"关于北非摩洛哥城市贫民窟的研究中,其"设想"被描述为一种"内聚的亲和力"(domestic intimacy)与"高度完善的集中力"的结合。这种私密与集体生活的结合与居住本身的"联系成分"产生了紧密关联,日常性实践成为一种对于建造环境的专业与多重意义的介入。由此,建筑与城市的评价标准不再只是建筑层面的美学、伦理、秩序,还加入了对建筑师在日常实践中的考验。他们试图将艾特拉斯(Atlas)山区小镇原有的居住模式,融入当代生活模式的研究之中,在边缘、空白与被人忽视的角落,找寻一种原始动力。作为一种"日常性的认识论"(epistemologist of the everyday),这里体现的是一种非线性、非连续性的节奏特性。由此,城市与建筑领域的研究将会转向于一种非普适性的特征,找寻一种在日常性的轨迹中重新秩序化与转向的可能。

这两个格网的提出,可视为对建造环境不同途径的融合,而两者之间的共同之处在于均以当代人类学与社会学的研究视角,作为"格网"的主要依据。与 1937 年开始的"大众观察"(mass observation)相比,人类学家朱迪思·亨德森在社会学家 J. L. 彼得森(J. L. Peterson)的"发现你的邻居"(discover your neighbour)的研究中,融入了空间参数对社会影响的案例分析,并在街道的研究中,以交流、聚会、匿名性与平等性,激发了史密森夫妇对于揭发街道活力的设想(图 6-28)。而 GAMMA 格网的提出,融入了工程师、城市规划者、摄影师等对地域建筑调研居住状态的主要成果,呈现了对于城市与建筑的综合性追求。

从这两套"格网"的呈现我们不难看出,在这种秩序化的表达框架之中,隐藏的是另一种潜在的未受拘束的日常秩序的建立。如海德格尔的"框架设定"(enframing)(德语:gestell)的概念,建立了一种"常备服务"(standing reserve)的系统,集聚可用资源与信息,在日常环境与实践中,完成了城市与建筑之间要素的储备。如史密森夫妇所言,"对于'平凡'的重识,将开启平凡事物对创造性活动活力再现。"②在此,日常性事物的观察,不仅是一种研究领域,而且是建筑秩序、原则与目标建立的前提。

可见,日常性作为实践策略在"十次小组"的"格网"中成为一种实证性的论题。"城市的结构不是一种几何化,而是人们活动的组成。"③城市环境作为一种复杂与矛盾的不确定要素,以中介特性展现了"二分法"所链接的综合、双性与矛盾特性。这种事实的陈述在非时间限制、重复、自然生活节奏的日常性,与常新、即时改变、技术决定、世俗的习惯之间形成"中介"特性,在城市中房屋、街道与地区等"常量"分析中成为必不可少的重要因子之一。

从绿贝斯诺街道上孩童的游戏,到伦敦东区的衰败,所有的日常性照片无不反映了技术性的城市重塑的语言与城市生活视角之间相互切入的状态。这些看似随意的照片拼贴,以及"粗糙"的片段记录,正表达了史密森夫妇提出的"As Found"理论。这些都是在希望被引入建筑领域的同时,生活与建造紧密结合的主要手段。克洛斯比(Theo Crosby)在编辑的《大写 3》(Uppercase 3)中,以"解决整个视觉沟通领域的问题"作为主要的研究对象,在史密森夫妇的草图中描述了"内在"要素作为城市发展模式的实际意义(图 6-29),让读者在阅读中感受了无限自由的发展空间。亨德森的社会纪实照片定义了一种在"孩童游戏的非约束组织"(uninhibited organization of the children's games)下的"可行的模式"(valid

---

① Smithson Alison, Smithson Peter 在 the Ordinary and the Banal 一文中提及。
② Smithson Alison, Smithson Peter, 1990
③ Woods Shadrach, 1964:180

图 6-28 街道中人们的生活状态与活力分析

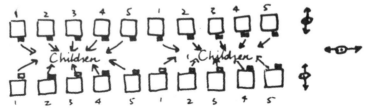

图 6-29 图中说明:"小车与电话并不能说明与新的生活有多接近。当你在街道中行走时感到愉悦,就不需要这些了。"该图展现了孩童在邻里间的关照中能自在地游戏

pattern),"一种更为自由的组织"(a freer sort of organization)①。这种来源于约翰·赫伊津哈"游戏人"中关于"游戏"哲学的表达,展现了从孩童的角度进行的社会现状分析的视角,一种在技术之外社会实践的切入方式。

6.5.2 空间实践

在坎迪利斯-琼斯-伍兹格网之中,源自于法国哲学家梅洛-庞蒂(Maurice Merleau-Ponty)的空间实践理念,对此产生了深远影响。他们认为这是一种在人与自然之间组织联

---

① 参见 1960 年 *Caption to Henderson photo on foldout* 一文。

系之中，自发形成的社会与空间意义。这种实践的意义，将居住视为非自发性的生成，一种社会文化系统中的特性表达。如坎迪利斯所言，"'空间实践'不是一项孤立的行为，而是在目标性设计、房屋的建造、邻里的研究、城市的规划基础上，集中生活行为的结合。"

空间实践被视为在个体教育与经验协调基础上，整体文化系统特性中的重要组成部分。从 GAMMA 格网中可见，艾特拉斯山区村庄日常生活中的空间实践，在卡萨布兰卡的城市贫民区的不同环境中得到了全面再现。可见这种具有持久性的居住与建造的空间特定，具有在不同环境中相互移植的基本特性。其中，从传统建筑向城市服务设施的转化就是最好的说明（图 6-30～图 6-33）。而史密森夫妇在"都市重建"网中，也试图通过街道日常生活的调研，将人们的基本生活特性融入全新的建造环境与系统之中，通过另一种街道进行表述。

图 6-30　传统山区民居的肌理

图 6-31　传统山区民居的肌理在现代城市中的表达

图 6-32　Atlas 山区特有的院落民居的肌理

图 6-33　Carrirres Centrale 项目中基于传统院落的现代表达

当然，这种空间实践并非静态。随着文化的转变，其实践性将产生变迁与演化。"十次小组"关于"变化""流动性"与"发展"的理解，并不停留于抽象的实践，而是根植于建筑本质在居住与建造文化中的集中体现。

此外，坎迪利斯认为，广泛的文化特性系统与特性实践之间的联系具有双面性。实践决定于广义的文化系统之中，反之，文化系统又是社会实践的结果。两者之间存在着"互给性"的弹性关联，并随着时间变化呈现了一种"历时性"的表达。

可见，不论是"都市重建"还是 GAMMA 格网，其关注的论题不仅是简单的物质性支持，还是空间实践中框架性的本质结果。这种实践，是在广义的物质文化范围的交叉与融合基础上的特性表达。

当然,空间实践的深入并不代表物质品质的忽视。相反,在具体形态要素与文化特性两方面,格网进行了集中展现。传统的建筑形式、建筑的集中形态与开放空间特点在新建建筑中得到了物质性与感官性的重现。而其中文化特性在这些物质性的再现中得到了革新式的传承。这种居住实践的变迁带来了对居住文化意义的改变。这种文化之间、性别之间、人与人之间、内与外之间、公共与私密之间的关联特性在此得到了广泛融合与再现。坎迪利斯-琼斯-伍兹认为这种空间实践不仅是在给定容器中的填充过程,还是一种具体化、资格化与根植化的物质性转化。

可见无论是物质还是非物质的转化,"格网"中空间的实践均表现了一种与战前 CIAM 会议恒久性相对立的改变的美学。环境的塑造存在于不断的变化(重建、转译)之中。开放性与动态的发展观成为城市与建筑在变化的环境中协调发展的主要动力。

6.6 反思

建造环境认知的重要性,随着被巴克玛提及,在锡格蒂纳会议确立为一种认知论的策略,融入了日常生活的领域之中。而这种超越了抽象的空间实践,同时也成为建立于普遍性之上的特殊性和非现实主义之上的现实理想。这种基于日常性的分析方式,是"十次小组"对城市与建筑的认知中建立的全新分析框架与趋势,并将其融入了居住文化、都市文化以及休闲文化的交织当中。

作为一种思维工具,一种"革命性的框架","CIAM 格网"的研究将 CIAM 从 20 世纪早期现代主义建筑理性与决定论的认知体系,转向了中期与社会现实紧密相联的实证主义之中,从而将现代建筑自治、静态而普遍性的理念逐渐演变为不断变化的结构方法。我们从"CIAM 格网"讨论的细节中不难发现,格网不仅呈现了一种标准化城市与建筑的思维秩序,也呈现一种广泛涉及的批判式评价。这为城市与建筑的发展,突破了本体论的瓶颈,以一种权威而标准化的方式开辟了交叉融合的新思路。

然而,在格网的研究中,质疑之声认为:"建筑师是否转变为信息的采集者?""建筑师是否在以另一种方式延续一种英雄式的现代主义研究,以此创建一种现代建筑与城市的普遍规律? 或者他们在批判白纸化的现代建筑建造环境的同时,在建造自身的另一种'白纸化'环境?"英国的社会学家露丝·格拉斯认为,如今社会学家成为了业余的城市规划师,城市规划者变成了业余的社会学家。在他们不专业的领域,他们以一些简单、重复的方式去面对复杂问题。可见,对于格网的批判,不是靠单纯的反对,而是依靠历史的采集去完成一种填空的任务。虽然柯布西耶认为,不同的环境可能会具有相同的秩序与原则①,但建筑师仍应以不同的社会特质去满足不同层级的需求,而非以英雄主义的抽象概念来满足所有的大众需求。

作为一种层级化的分析工具,CIAM 的变革与演化,在"十次小组"部分成员的实践中得到了充分的体现,但以凡·艾克为主的荷兰成员仍旧认为无层级的整体化城市理念,才是城市与建筑发展的必由之路。其实,换一个角度去看,两者之间在表面的矛盾中,并没有

---

① Le Corbusier 的 *Description of the CIAM Grid*,第 172 页:"There is the environment of a kitchen and the environment of a continent. But the environment affects the organization of a kitchen just as much as it does the organization of Europe, or even the world"。

产生本质性的差异。史密森夫妇提出的"都市重构"层级的区分,正以一种对城市隔离的批判,进行整体层级的分析,而这种层级正具有凡·艾克所推崇的城市化建筑的意义。无论从史密森的"金巷设计"还是柏林大都市规划,无不流露着城市与建筑之间的整合。而这种整体基础上理性的层级分析,也正是在实践中,基于理想化模型与日常实践之间的"中介"道路,一种开放性的整体体系。

6.6.1 差异的整合

哥伦比亚大学艺术历史教授罗莎琳德·克劳斯(Rosalind Krauss)将"格网"视为一种现代的艺术装置。她认为对于"格网"的现代分析,面临着许多艺术家们的质疑:这是否是一个通向普世(universal)的阶梯,一种标准化的途径? 通常这些艺术家并不十分关心具体事物,而只感兴趣于某种系统框架的形成。

由此,"格网"的发展引发了柯布西耶和史密森夫妇观念的差异:其一,是史密森夫妇对于细节的关注和柯布西耶追求混乱中总体秩序的不同取向;其二,是一种精神性建筑的表达和具体形象展示之间的协调。换言之,其区别在于格网生成的目的到底是为了创造一个包含各种回应要素信息的具体特定形式,还是构建一个更为广泛、普遍的城市秩序。

其实,这对突出的矛盾决定于建筑师们对系统的认识与使用途径。

就柯布西耶而言,如果"格网"确实是一种精神的构造物,那么这必将是一种结论式的论调。如果"格网"能够在笛卡儿坐标系中产生由照片、规划和设计所创造的精神空间,那么至少对于柯布西耶来说,"格网"不应仅是二维图纸性表述,甚至不局限三维空间的表达。可见,柯布西耶式的思维方式决定了一种片断集中的精神空间的生产过程。

就史密森夫妇看来,"格网"系统是通过视觉感受进行"明确倾向"(shift to the specific)的策略,这种对细节的关注,也可视为一种对日常生活大众文化的关注,更是对社会各阶层的关注。"都市重构"格网中,亨德森的照片可视为对绿贝斯诺地区城市生活的写照,每一张照片截取了原有环境的片断进行有机排列,力求表达普遍意义的城市生活。这使史密森夫妇从中感受到城市生活中最具感染力的内容——城市空间之间的联系,这也成为他们设计中的灵魂要素。这样的设计理念与手法,不仅在金巷设计,而且在伦敦金融大厦等项目中也得到了进一步的体现。

格拉斯在阐述社会学家与规划师角色的互换论点中认为:"他们之中有许多人具有 19 世纪乌托邦社会形态的背景,以及盖迪斯和芒福德的社会观。这种自治的社会观有助于寻求关于因果机械论的释辞,提供从简单、单一、到复杂、多元的秩序准则。"可以看出,格拉斯的思想从某种程度上汲取了柯布西耶有关"格网"的理论;即格网系统是一种思考的工具,所有心中问题将在眼前安静地展现,所有不同的论述背景也将在眼前一一呈现,这种背景的环境小到一间厨房,大到一片大陆,但是其中所反映的结构性准则,不会随着规模的大小而改变。

可见,"思想工具"的理念倾向是该系统可以被认知的主流观念,而就全球化的设计格局而言,"细节倾向"在广泛标准化的思维结构中层层发散,并在不同的认知差异中,充分展现格网系统的实践魅力。

6.6.2 "CIAM 格网"的预期:从静态到互动的分析工具的发展

在普遍原则与特殊观察之间,"十次小组"基于 CIAM 原则的归纳,以一种特殊性的回归,打破普遍性的教条,试图在不同的环境、文化、社会联系与不断跟进的技术发展中,找寻社会关联与特殊个体对象的适应性。当然,这种关联的变化,是一种动态联系与互动的过程。由此通过对象特殊性的观察,便于在不断的演进中,总结特殊对象的发展规律,以完成不同尺度下各种原则性的提炼。这种普遍性与特定性之间的转化,经历了从广义层级的普遍性向特定尺度普遍性的演变过程。

作为一种信息的转换媒介,该系统通过网格化的形式建立了各要素之间发展联系的可能性,为统筹考虑复杂的城市与社会问题提出了简化途径,为城市的重建与复兴提供了良好的分析模式,也为今后格网系统的延伸与发展创造了具有跨时代意义的革命性范本。

为了更加直观地转化分析成果,该系统除了理性而规则化的分析之外,各种带有详尽信息的技术性图纸、照片等也从人们可以清晰认知的角度进行了充分展示,增强了"CIAM格网"的辨识度,减小了运用的局限。人们在面对错综复杂的对象时,可以从容地把握对象的本质与对象之间的脉络,在一种简化、综合的系统中,得出初步结论,从而适配不同的解决途径。可见,这种转换器的特性,消除了人们理解上的困惑,进而理性地组织起人文、技术、公众等各方面因子之间的联系。

当然,柯布西耶与ASCORAL并不希望坐标系内相互的碰撞是一种叙述性与连续性的解读,而希望是一种持续发展、具有跳跃性的秩序建构。无疑,各种"CIAM格网"的表达的确做到了富有激情的城市阅读。GAMMA格网、"麦哈迪恩贫民区格网"、"区划格网"等均让我们感受到了那种重组的魅力。照片在各种格网的表达中成为一种研究的重要元素,活跃于整个长卷之中,如GAMMA格网中设计者用总体鸟瞰照片表达对原有居住肌理的关注(图6-34);用人行路径中自制木塔的特写反映质朴的宗教膜拜的象征性,体现社区文化的特色与设计灵感(图6-35),由此形成最终建成作品与原有肌理的对比。这也充分体现了理性的分析结果和对原型深层结构的表层叙述。而CIAM-Alger提交的"麦哈迪恩贫民区格网"流露的片段重组结构,在标准化的格网框架中体验了思考过程和游离于这个长卷中的整体秩序(图6-5)。

图6-34　鸟瞰图展现的城市肌理　　　图6-35　人们的行径路径中代表宗教崇拜的自制木塔

作为设计与分析双轨之间相互编织的工具,"CIAM格网"被视为经济、社会、政治整体集合中的理性方式。同时CIAM还将设计视为各种要素统筹集中的角色与行为,一种在混乱的影响要素堆积基础上,信息秩序化的途径。

"CIAM 格网试图……将来自各建筑师、城市规划师、经济学家、生物学家、社会学家等各方面专家的批判进行标准化统筹。"①柯布西耶认为,"CIAM 格网"是在集中式的信息重叠与环境深入认知的基础上,进行的全新设计分析的尝试与突破。

随着互动技术的发展,带来的是分析理念与行为的变化。CIAM 分析工具带来的笛卡儿坐标式的理性思维模式在发展的今天,表现为一种动态、多维空间的探索与互动过程。在这种互动的分析格网中,照片、拼贴等多重分析途径的合并成为格网展示中的主要特征。现代技术提供了各种包括标准化、重复、大量性、预制以及工业化的可能。但日常生活作为一种非政治化、自发的、不断改变的日常现象,使人们在其中以一种平凡的眼光察觉到其持久而规律化的特性。人们由此成为自身的建筑师,以抵抗来自现代化对日常性的逐步替代与蜕变。列斐伏尔认为,虽然每个人都是日常生活的专家。但置身于日常生活之中的专家与学者,似乎都希望将自身凌驾于日常生活之上去思考。因此,互动的意义不仅在于建筑师与他人之间,还在于建筑师与设计者在自身的专业角色与平常性角色之间平等的对话与互动。

为了分析不断发展的城市因子相互之间的影响,CIAM 为城市的认知带来了较为科学的理念与手段。但二维的笛卡儿坐标系已不能满足各种因子相互交织的网状结构。正如史密森夫妇表达的"布鲁贝克图示"状态,城市中网状空间交织结构使得各种因子在成为城市制约要素的同时,也成为在不断的发展与变化中的不确定要素。人们无法再以静态的理解方式认知与揭示城市中的复杂问题。点(要素)与线(关联)之间的拓扑变化,将导致最终整个系统的改观。互动性的城市评价模型系统在时代发展与技术更新的时代成为城市认知的全新格网的代言。互动性的数据更新将引领设计者在交织的影响因子之中找到较为科学的交互手段,以一种三维,或是多维的模型认知城市。

如同屈米(Bernard Tschumi)在《曼哈顿脚本》中宣扬的将人的体验加入建筑思维之中的理念,这些重组将照片作为一种对城市环境纯粹性主题阅读的媒介,为设计扮演着隐喻的角色。当然,这种元素的展现并不需要完全秩序的排列,其电影蒙太奇式的描述所阐明的最终形式也许更加贴近真实的思维进程。片断的独立、组合与串联在表达了个体诉求的同时,也体现了作者体验的不同空间概念、叙事结构与意义片段的罗列秩序,从而为组合秩序的多样性创造可能。

这种广泛性的关联,在其同时期"建筑电讯派"已经在"生存城市"的展览中表述了建立于交流意义上的广泛联系。其中动态与静态、语言与非语言、信号与符号,以及听觉视觉上的各种途径在不同的城市层面形成了多维联系。②(图 6 - 36)在他们的"生存城市"中,个人性与集合性的活动表达了城市的真实动态。在丹尼斯·克朗普敦(Dennis Crompton)的"城市集合"(city synthesis)模型(图 6 - 37)中,一种信息化集成的系统,展现了计算机时代城市的主要特色。人与机器的结合,展现了复杂技术对日常生活重大的改变力量。

---

① 参见 1949 年 1 月 *l'Architecture d'Aujourd'hui* 中的特别补充。

② 参见 1963 年"living city"中的"Gloop 4 Communications in Living City＋Static Communications ＋Motile Communications＋Verbal and Nonverbal Communications＋Signs＋Symbols＋Watch it Happen＋Listen to the Sound＋See it Flow"一文。

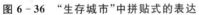

图 6-36　"生存城市"中拼贴式的表达　　　　图 6-37　丹尼斯·克朗普敦的"城市集合"模型

现代社会对信息的处理,将会是在各种信息处理工具下的一种更为复杂的过程。格网系统的认知不是强调一种纯粹化的工具使用,其深远意义在于让人们在现代图像化的信息综合与社会认知过程中能够感受到不同程度的启示,从而使得最终成果在日常生活维度更具说服力与内在逻辑性。

7

"大量性"：恒定的动态陈述

> "当代建筑反映了今日社会的精神，人们所处的社会将时刻面临'大量性'问题。人的尺度保持着一致性，但是，人不是神也不是国王，而是任意的一个人，其数量的聚集使其更具力量。"①
>
> ——乔治·坎迪利斯

城市的快速发展与人口的激增，在带来城市繁荣的同时，也逐渐出现"大量性"问题。在此，所谓问题，在积极与消极的两方面，为城市经济、文化的发展与社会的转型，呈现了不可回避的现状，也激发了人们对未来生活模式的思考与畅想。怎样在混沌与秩序中建立"大量性"需求的社会对应？怎样以理想化的城市乌托邦，还原对社会与日常生活原始的思考与真实？怎样在过去与现在之间建立恰如其分的链接，以此对未来的发展预留开放的接口与潜在趋势？……在"十次小组"的思考中，呈现了对这种现实问题的探索与研究。这不仅在上世纪，现今城市的发展也面临着同样的问题与困惑。

7.1 现代主义发展的"大量性"需求

二战之后，1945—1975 年，欧洲人民生活水平随着工业化大发展与经济腾飞不断提高。在此"黄金 30 年"以及之后的石油危机导致的经济下滑中，现代主义运动一直影响着城市与建筑发展的轨迹。在人口激增政策（家庭津贴、减缓赋税、房屋补贴、廉价交通等）的影响下，"大量性"在现代主义发展过程中成为人们的关注点。房屋与基础设施的需求逐渐成为不可回避的问题。此外，随着工业化的进程，大批农业人口向城市集聚，带来了大量的建筑需求。

为了解决居住拥挤、卫生设施缺乏以及功能不合理的问题，欧洲福利制度在城市发展中对"大量性"人口居住水平的提高起到了至关重要的作用。政府的特殊基金带来了家庭的补贴、工资水平的提高、带薪假期的延长、休闲与消费水平的激增，为城市的进一步发展铺垫了一个良好的社会环境与成长氛围。除了现代化家用电器与设备的普及，家庭小汽车数量的激增也为城市解决"大量性"问题带来了全新挑战，这不仅是对新建道路基础设施的

---

① Tom Avermaete，2004：119

革新与突破,也是在发展公共交通,缓解交通压力上进行的集中式研究。

面对"大量性"问题,首先面临的是建筑师对此问题的进一步认知与关注。让·普鲁威(Jean Prouvé)在柏林技术大学的讲演中认为,相比较日常生活中技术的革新,如自行车、飞机、汽车等,建筑似乎已经远远脱离了时代的脚步。他认为人们在日常生活中对"大量性"问题的解决,似乎在建筑与城市环节之间出现了脱节。自 1910 年欧洲城市与建筑的革新以来,"大量性"成为建筑师与设计者①主要的关注与研究对象。随着科技进步与日常生活状态的改变,巴克玛认为"正在改变的人"(changing man)作为设计者主要的服务对象,成为空间品质与环境质量关联之间的主要考量媒介。这种不断改变的进程,是一种全新未知的构型原则。随之,"大量性"在不同时代,呈现了不同的表述形式与基本原则。

总体看来,"十次小组"对"大量性"的关注,可视为对以下两方面具体的研究:

其一,在城市大量需求的房屋建设基础上,居住集中形态的研究与家庭居住单元的革新;

其二,在现代化发展与快速城市化的进程中,汽车时代带来的城市基础设施能力的提高与公共交通的发展。

由此,本章将集中居住与基础设施的辨析,体现流动性的基本意义。

7.2 "大量性"之多样性辨析

7.2.1 多样性

基于对北非海边大量城市移民在"都市近郊贫民区"(bidonvilles)的聚集带来的众多城市问题的研究,摩洛哥"都市服务中心"(Service de I'Urbanisme)主席迈克尔·埃克沙尔(Michael Écochard)提出了"基于大量性城市建设"(urbanisme et construction pour le plus grand nombre)的讨论话题。他与规划者和社会学家等不同领域的学者在对摩洛哥当地居住文化进行真实的民族特性研究的同时,对都市近郊贫民区进行了多领域交叉的集中调研。他认为在公共基础设施极度缺乏的表象中,蕴含了一种长久的地域化居住模式,一种来自于移民传统的总结。他结合美国的邻里聚集规划模式,将传统模式与现代生活相结合,以 9000 居民为一邻里单元,每一组团配备各种服务设施,并将 8×8 的格网单元作为个体院落编织于邻里发展之中,形成有序的发展模式。

坎迪利斯基于此对 CIAM 的北非分支 ATBAT(Atelier des Batisseurs)进行了进一步的领导。之前马赛公寓建设的参与使他对原本北非传统居住的水平向延展,充满了将其功能垂直化置换的意向。他将 8×8 的格网单元从地面转移到空中,以一种空中院落的方式在多层中展现地域特色。在与伍兹的合作下,他们展开了两种院落类型的研究:其一是"塞米勒米斯"(Semiramis),即一种由公共走道链接的一系列以"墙院"(wall patios)为主要特色的居住单元的垂直向叠加;另一种,"蜂窝"(Nid d'abeille),即一种从原始体量中派生出的"墙院"组合(图 8-57,图 8-58)。在卡萨布兰卡中心(Cerrières Centrales)开发的邻里居住设计中,两种类型的发展产生了不同结构表达,体现了开放与闭塞、阳光与阴影之间的

① 例如,伯利奇(Berlage)、托尼·加尼尔(Tony Garnier)、柯布西耶、格罗皮乌斯、乌德(Oud)、吉瑞特·托马斯·里特维德(Gerrit Thomas Rietveld)等。

转换。其现代与传统的结合打破了单调的意义,呈现了特性表达。

随后的 CIAM 9 会议中,同样以柯布西耶领导的 ATBAT 小组在摩洛哥地区展开了"大量性"概念的实践,并在随后发表的《今日建筑》(I' Architecture d'Aujourd'hui)杂志中,他们希望以一种全球性的眼光定义在"大量性建设"(built mass)与"自由空间"(free spaces)之间的关联。埃克沙尔也同时指出了全新"大量性设计"在格网与肌理之中呈现的重要意义。其中,卡萨布兰卡的"蜂窝"庭院住宅设计视居住为日常生活的要素,将日常的传统居住文化融于现代建筑体系之中,体现了经历千年的居住习惯不断演变的发展历程。

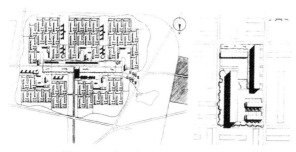

图 7-1　荷兰帕德瑞特(Pendrecht)
实践中单元重复的"大量性"

在荷兰,众多研究者在战后城市重建中寻求"大量性"居住的全新理念。其中,邻里单元概念在荷兰帕德瑞特(Pendrecht)实践中(图 7-1),以巴克玛为主的 Opbouw 小组建立了五种不同的建筑单元,并为大、中、小不同规模的家庭单元提供了风格派(De Stijl)的基础空间特性。如巴克玛所言,每一种空间模式以动态流动从建筑与建筑之间渗入建筑与单元之间。一种韵律性的结构将不同层级的结构关联表达为一种等价的流通。1949 年 CIAM 贝加莫(Bergamo)会议中,古迪翁认为一种艺术化的结构在城市规划中得到了具体展现。由此,非单一功能的邻里组团成为当时解决"大量性"居住问题的简洁而层级化的手段。

同时,凡·艾克及荷兰小组"de 8"在荷兰北部圩田(Noordoostpolder)地区纳盖利(Nagele)项目中(图 5-18,图 5-19),将村落视为"空间中的空间"(a space in space),使其中的内在空间在防护林的引导下建立自身独立的系统。他们以一种系列化的建筑带形式,完成了一种"数字美学"的表达。凡·艾克在此概念中受到理查德·保罗·路斯(Richard P. Lohse)的启发,并在《论坛》中声称:在进一步的现代形式语言的探索中,路斯提出的数字美学的意义,并不是一种对相同或相似形式的简单重复,而是在大量性的重叠中对适宜平衡的追求。人们通常面临的顾此失彼的困境,在路斯看来,已不再是矛盾。个体与群体、单数与复数、动态与静态之间已脱离了对立特性,形成一种多元的特色和随之产生的思维视角。在此,个性化成为普遍性的规律,静止是动态之间的适配点,而重复最终将走向动态平衡。古迪翁认为,当建筑面临大量性问题时,应当在形式中赋予抽象艺术的成果。在他看来,路斯抽象的要素集合,成为解决城市与建筑大量性问题的艺术之源。

此外,凡·艾克受到非洲部落手工艺品如巴库巴(Bakuba)的针织以及祖鲁(Zulu)珠饰品的影响,将"数字美学"付之于艾克斯会议中的"居住大量性"的研究。他认为"数量"带来的问题,完结于最终的"动态平衡"。在建造要素标准化的进程中,"大量性"问题将会在个体与单元要素不断的重复中,以不同的形式得到最终表述。时代发展中对应的重复问题也将得出不同的形式结果。

可见,1953 年艾克斯会议之后,人们在城市、建筑、艺术等方面,对"大量性"数字问题进行了相应的研究与实践。其多样性简言之在于:

其一,埃克沙尔关于城市网格的建立中城市肌理的重建;

其二，坎迪利斯关于建筑体量的中居住模式的弹性表达；

其三，巴克玛基于人口统计与风格派原则的城市形态研究；

其四，凡·艾克基于艺术视角下的"数字美学"研究。

7.2.2　分歧

"大量性"虽然在《"十次小组"启蒙》中没有被归纳为一种特定概念加以强调，但在"居住组群"（grouping of dwelling）的主题中展现了"十次小组"三个核心成员巴克玛、凡·艾克与坎迪利斯关于大量性问题处理的"数字"观点。虽然史密森夫妇对于"数字"与"大量性"没有较为深入的研究，但他们在"层级关联"中，以"居住族群"展现了社会组织形式的量级现状，并在层级之间，留下了"中介"鸿沟等待填补。他们反对建筑单元的复制以及巴克玛的"视觉组团"概念，希望以"理解性单元"（appreciated unit）作为人类栖居的一部分。他们认为社会的耦合不能仅靠建筑组织，还应依赖"交流的便利与簇群的松散"（looseness of grouping and ease of communication），留出适当的空隙，形成弹性空间。

从坎迪利斯-琼斯-伍兹对数字问题的研究来看，"茎状"与"网状"的发展体现了数字美学在"发展与变化"主题下的延伸；而巴克玛则以建筑单元在大尺度项目中的表达，如北里格登（Leeuwarden North）、凯里门兰德（Kennemerland）、思迪施普（Steilshoop）、乌分（Wulfen）以及在埃因霍温的项目，以不同方式展现数字化形式的不同表述结果。

凡·艾克则在纳盖利的学校设计中，以层级递变的原则，以三个房间为一组，形成四个以中庭为中心的组团，由此将其规律拓展为小镇的结构特征。他还将小镇视为一种开放式的中心，周边由建筑组团形成建筑带围绕，并以开放的广场为核心链接每一个建筑组团。该项目可视为凡·艾克作为"构型"设计方式的开始，一种聚焦于城市新肌理的培育途径。此后，在阿姆斯特丹幼儿园中，凡·艾克再次展现了"数字"控制对建筑结构性的影响。他的学生布洛姆也深受其影响，在一系列作品中以数字的复合变化展现复杂性与纯粹性。之后，凡·艾克以"建筑城市化"与"城市建筑化"的构想，在"迈向构型原则"中阐述了一种基于建筑与城市关联的个性化"大量性"原则。这种城市与建筑肌理的表述方式，体现了在面临"大量性"的问题中，整体与个体之间结构相似性的表达。他认为个体化特性在不断重复与相互作用下逐渐增强。在组织的簇群中，特性将重新得到展现与强化。这些被选择的基本要素会在相关联系的编织中逐渐显现，并在逐渐的层叠中形成新的城市空间与肌理。"所有的系统之间应具有相似性，由此相互之间的结合与影响的结果将会被视为一种简单的复杂系统 ——一个复合的、多节奏的、千变万化的、永恒的被广泛理解的系统"①。

当然，凡·艾克建构的大量性数字基础上的动态平衡在"十次小组"中并不是唯一的选择。总体看来，两种不同的"数字"策略在"十次小组"中平行发展：

其一，是以史密森为主，基于城市肌理与道路结构基础上交通结构的变化对"大量性"数字的理解；

其二，是以坎迪利斯、巴克玛以及凡·艾克为主，基于不同建筑体量的组合对其之间内在结构的理解。其中，坎迪利斯在图卢斯的"茎状"发展策略、巴克玛的乌分项目以及布洛姆的"诺亚方舟"成为构型设计原则的缩影。

史密森夫妇认为巴克玛强调的城市与建筑的整体性过于教条与极端。他们认为，要素

---

① Aldo van Eyck 在 162 年第 3 期 *Forum* 杂志中提及。

的层级分置将更加有益。而对布洛姆，史密森夫妇则毫不留情地认为，这与"十次小组"所追求的背道而驰。艾莉森·史密森认为这种结晶般的结构，完全是一种教条的德国"法西斯"式的成果。他们在质疑凡·艾克作为建筑师道德责任的同时，对凡·杜斯伯格以及凡·德·莱克（Van der Leck）等同样进行了抨击。而彼特·史密森则认为荷兰成员所涉及的数字化解释，是"一种新古典主义""风格派的形式主义"以及"简单的观点"①。可见，史密森夫妇似乎对荷兰风格派几乎进行了全盘否定。此外，也有其他成员在"数字"问题上对坎迪利斯与巴克玛的项目提出了质疑。其中，科德奇（José Antonio Coderch）对这样大型尺度的项目能否被个人设计者与设计团队所控制表示怀疑；此外，凡·艾克关于"树"与"叶"的展示，在诠释"大量性"问题的同时，受到来自亚历山大的"半网格状"数学模型下城市状态的挑战②。

可见，关于"大量性"的关注，"十次小组"内部呈现了不同的理解与表述方式。总体而言，整体性的非层级化与层级性之间的辩驳，成为应对"大量性"问题的不同思路。当然，这种看似矛盾的双方，在不断的调和中，呈现相同的对于日常性居住的共同关注。

7.3 "大量性"特质解析

7.3.1 "大量性"的综合原则

柯布西耶组织的刊物《今日建筑》在1945年第一期中说明："最伟大的时代需要一种新的建造与综合精神的活跃。""设计者与建设者、建筑师与规划师、工人与技术工人、工业家与投资商"应遵从"逻辑、巧妙、敏感、高质量"的理念，完成"时间与空间完美的和谐统一。"其中，整体联系成为解决"大量性"的主要途径。

1945—1949年，柯布西耶与ATBAT③合作，"十次小组"成员坎迪利斯、伍兹等参与的综合性居住实践马赛公寓，即演绎了一场智慧的集中展示。在早期的建设中，当时的"城市重建与规划部门"〔Ministry of Reconstruction and Urban Planning（MRU），建立于1944年11月6日〕旨在基于功能主义的基调，对建筑进行有效控制。他们举行了设计竞赛，希望降低建筑造价，形成具有推广性的成熟模式。这种制定于"综合理论"原则之下总体控制总则，如乔治·格罗莫特（Georges Gromort）所述，是一种"在任何的建筑类型中都足以胜任的类型与准则"④。这种态度在1950年代持续代表了当时的主流思潮，并以此刺激了关于大量性住宅的建设。如罗·卡特林（Loi Courant）（1953）在其影响下，试图为低收入人群建设的典型案例包含了单亲家庭与多单元的住户等多种类型的考虑。

---

① Alism Smithson，1991：139-140

② 亚历山大作为"十次小组"1962年诺亚蒙特（Royaumont）会议的受邀嘉宾参与讨论。

③ ATBAT是一个专门为马赛公寓设置的由建筑师、工程师组成的多学科交叉的团体，于1947年由Le Corbusier、工程师Vladimir Bodiansky以及André Wogensky等组成。见Marion Tournon-Branly的"History of ATBAT and its influence on French architecture"，Architectural Design，January，1965：20-23；Jean-Louis Cohen，"The Moroccan Group and the Theme of Habitat"，Rassegna，No. 52：The last CIAMs，1992：58-67。其中该项目的成员包括：Georges Candilis，Shadrach Woods，Ionel Schein，Guy Rottier，Jerzy Soltan，André Studer，Roger Aujame以及工程师Nikos Chatzidakis。

④ Georges Gromort，Essai sur la théorie de l'architecture，Vincent Fréal & cie，Paris，1942（collection of lectures from his theoretical classes at the Beaux-Arts school of Paris）

1947年布里奇沃特会议上,CIAM重申:"物质环境的建设应满足人们精神与物质的需求,从而激发人们精神上的成长,以获取较高的环境质量。"其首要任务是"美化建筑语言",也就是将"社会理想主义、科学规划和可以使用的技术完整结合,以保证从社区到个体建筑所有层级最强的人际与科技标准的结合"。

在"大量性"成为法国建筑师大量实践中主要专题之一的同时,无论是柯布西耶的昌地加尔的规划,或埃克沙尔(Écochard)的北非殖民地区实践,基本遵循了两个共同的原则:

其一,社会特性与物质特征是规划的必要条件。随着城市艺术被全面融入现实之中,社会特质与物质特质两方面成了值得关注的要素。首先,社会与建筑的调研,用以了解"社会群体"日常性的现实状态;其次,两者结合的系统性分析将建立城市最基本的需求,其中最重要的是不会失去基本权利与发展力度。

其二,关于历史与时间的思考。形成看待城市的辩证态度。一方面人们将城市的发展归结于城市生活的发展;另一方面在范围确定的前提下进行多层级的细节探讨。

当然,埃克沙尔承认,这些只是一些理想化的设想,试图为一些实际的问题找寻一些静态的解决途径。

7.3.2 大规模制造

1956年,史密森夫妇在《建筑设计》杂志上发表了《一种通向花园城市理念的选择》(*An Alternative to the Garden City Idea*)的文章,认为"十次小组"在关于"人居"讨论中的多重联系存在于居住与环境之中。他们认为单个建筑,如1927年斯图加特的魏森霍夫住宅群(Weissenh of Siedlung)(图7-2,图7-3)实验性探索已不能满足"大量性"需求。当今的建筑形式应满足生活交流的模式,城镇提供的联系模式应尽量满足每一个体的空间、时间与特色的需求。"社区"研究并不是一个纸上的抽象概念,而是生活中人与人之间的"关联"。因此,城镇规划是一个动态发展与变化的过程,而不是一种静态的规划结果。史密森夫妇认为"大规模生产"是源于生活的认识形态,其中包含了原则、道德、目标、愿望、生活水平等各方面的问题,其中保持了对社会干预问题的时刻关注以及契合自身的生活节奏。

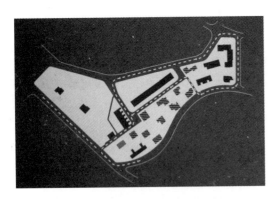

图7-2 斯图加特的魏森霍夫住宅群
实验性设计总图

图7-3 魏森霍夫住宅群中包括柯布西耶、
密斯等建筑师设计的住宅

次年,史密森夫妇在对新城镇类型的研究中,以"簇集城市"(cluster city)理念,在《建筑评论》中认为,他们虽然保留了功能主义的特点,但这与30年前的机械主义的"功能主义"已经大相径庭。与柯布西耶棋盘式巨大的轴向城市相比,他们选择了另一种反向途径:

"我们所追求的是一种复杂、非几何性的结果。我们更看重'流动'而不是'测量',我们应当通过建设形式建立建筑与城镇规划之间的联系,由此建立具有广泛意义的变化、发展、流动以及社区的活力。"[①]他们关于"簇集城市"的观点确定了一种"紧密编织、复杂、动态聚集(moving aggregation)但更具明确结构特性的城市状态。"

对于大规模制造而言,在适应不断变化的需求,与建造大量性需求的居住环境中,数量的集中决定了新形式的质量。形式在秩序与结构建立的同时,确立了一系列不确定和自发的空间,为其组织结构的发展带来了潜在可能。这些空间的缺失,将导致整体系统的僵硬与无生命力。"十次小组"强调的"大规模"制造,不仅是传统意义中工业化带来的不断重复,还是在城市空间联系与人们各种生产、交换、消费、交流、服务等活动中,对城市发展的综合表达。这些活动与关联的分析,在综合性的表述中扮演了有意识与无意识并置的决定性控制作用。坎迪利斯-琼斯-伍兹基于传统肌理与日常生活实践的北非实践,史密森夫妇的层级化"簇群"编织,以及前文提及的"毯式建筑"的塑造,均可从某种意义上认为是在应对"大量性"的问题中,进行大规模制造的不同途径。

7.3.3　消极与积极

现代主义发展时期面临的"大量性"问题,在"十次小组"看来是面向大众的基本问题,也是在日常生活层面需要及时关注的焦点。在此,"大量性"不是一个消极的因素,而是一种在建筑与城市层面被重新建立的概念与起点。亚历克斯·琼斯(Alexis Josic)认为,"当代文明最为基本的问题是大量性生活的组织与传统的决裂。关联与行为的改变,将世界融入了无法避免的尺度转化之中。"[②]面对"大量性"问题,"十次小组"时常在数量聚集化的特性中,找寻"大量性"作为非消极状态的意义。在坎迪利斯-琼斯-伍兹对大量性的研究中(图7-4),"大量性"已不再停留于数字化的给定前提,而是不断为之努力革新的方向。他们一贯性地将"大量性建筑"(architecture for the greatest number)视为城市与建筑研究领域的主要话题。在他们看来,各种大量性活动充斥了生活的各方面,如大量性生产、大量性分配、大量性消费、大量性住宅、大量性教育以及大量性娱乐等。可见,在城市与建筑面临的大量性问题的大背景下,各种大量性活动在城市与建筑发展中,形成了各种大量性的社会、文化等背景环境。

在此,"大量性"代表了一系列的产品链接、要素重复及各种完备产品中相似性的表达。这些表达的盲目与平庸,也同时会带来建筑与城市环境品质的降低。因此,在现代主义初期对单调重复的批判中,"十次小组"似乎逐渐找到面对"大量性"需要解决的主要问题。他们在社会与文化的脉络中,逐渐缝合已经或者即将断裂的脉络,希望将一种消极而趋向简单的运作,转化为具有一定现实复杂性、弹性与可操作性的日常生活表达。从坎迪利斯-琼斯-伍兹在马赛的700套低租金住宅(法国,1959)以及在马提尼克岛(Martinique)的巴拉塔(Balata)建造的500套住宅(1957)可以看出,相比较其外在的形式,"大量性"成为现代主义发展中基于日常家庭生活的不断革新的主要干预角色之一。数量在当代建筑与城市的研究中,成为主要的关注焦点与发展对象。这些"大量性"实践主要思路不仅来自于与建筑相关大量性文化与生产的关联,而且来自于模糊与矛盾的对立中,对待生活的重新审视与反思。

---

① A & P Smithson 在 *Ordinariness and Light* 一文中提及。
② Tom Avermaete,2004:130

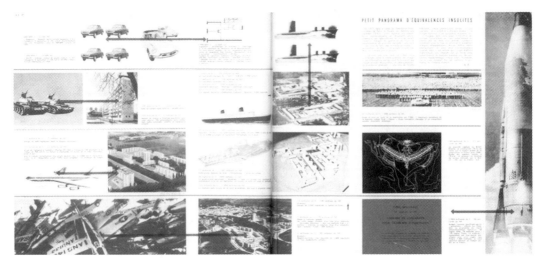

图 7 - 4　坎迪利斯-琼斯-伍兹从各方面对"大量性"的研究关注

7.3.4　静态与动态场所特质的并置

作为当时的社会现实,人口激增与人类可用空间的减少导致了人类的忧虑与困惑。现代化进程导致居住与生活理念的极大转变。列斐伏尔认为,战争的洗礼与现代化发展的进程,改变了基本的生活理念,也逐渐改变了人们看待世界的态度。法国《都市》杂志对现代化进程与"大量性"居住之间,进行了不同角度的探讨。其中包含了在流动性、居住与空间意义阐述,以及从"大量性"视角,对场所意义的重新定义。

对于流动性的空间意义,现代化的发展起到了全新的启示作用。如克里斯汀·罗斯(Kristin Ross)所述,战后法国正以一种全新方式,迈向全新城市流动性的建设之中。经济秩序的保障,个体自由的替换,思维更新,以及功能置换等成为物体与信息流动性对建筑与城市的主要影响。

坎迪利斯-琼斯-伍兹认为,"流动与发展的特性,对过去的价值观、人们的生活与家庭概念产生巨大改变"(1959)。人居领域中,现代化打破了传统小型组织形式与个人化的思维框架。如柯布西耶所言,明日人类将成为"游牧"的人群,即处于一种不断流动与空间置换的状态。而这种流动性也从另一方面揭示了"大量性"的动态表达,也促使城市与建筑设计者以一种空间动态变化的观念,看待主体在不断的置换与流动中,目标的可变型与弹性的多重可能。在对传统城市要素价值的批判与思考中,现代化的演进,为城市要素如邻里、街道等,提供了另一种社会与物质领域的动态诠释。环境的平衡状态,在现代化的不断演化中,强调了地域场所与全球领域之间的弹性所在。空间意义在全球化与技术的革新中,呈现了不同的应对"大量性"的方式。

于是,场所不再是由地域文化与环境影响下消极载体,而是一种积极创造的全新概念。技术的发展,为人们提供了在独立空间中弹性塑造的可能。这让人们以各自日常生活的经验,创建自身建构的空间。可见,对于解决"大量性"的问题来说,不仅需要沿袭传统建筑价值中可延续的标准,还需强调可改变的可能。就建筑师而言,对居住的重要责任之一是在保持场所特质性发展与变化的基础上,考虑"大量性"复制的可能。而这种复制不是一种固定模式的简单重复,而是在预留可更改的弹性空间的基础上,进行"半成品"的重复,以便不同的人在相同的潜在空间,发挥其个性化空间建构的潜质,组织具有多样性与复杂性的空间塑造。

7.3.5 人性化与地域性的需求

坎迪利斯-琼斯-伍兹在《今日建筑》中发表题为"重新思考的问题"(repenser le probléme)的文章中指出:全新解决问题的方法应是帮助人们适应不断发展的时代。这个时代是一个剧变、转变与创造的时代,一种创造全新方式进行生活与思考的时代。在这个大量性问题显现的时代,解决途径不应脱离人们原有的特性与个性。由此,文中将"人性化"(humanism)与"地域性"(regionalism)视为驱动性理念与要点。

战后,班汉姆在"新粗野主义"(new brutalism)的重述中,将"人性化"作为一种浪漫手法应用于与阿尔瓦·阿尔托等建筑师相关的地域性建筑设计理念之中,并在 CIAM 8 的"城市核心"讨论之后,逐渐使其成为城市领域衡量城市与社会发展水平的重要标准之一。随着"地域性"被视为"人性化"的重要表现之一,"人性化"与"地域性"同时成为城市中解决大众需求与"大量性"中出现的城市机制问题的良药。"十次小组"成员在北非的建造,迪·卡罗的乌比诺实践,以及凡·艾克对北非传统民居的研究,最终带来了人们对"大量性"问题的重新思索。巴克玛在提出的整体化城市与史密森夫妇所追求的"As Found"原则,无不在面对"大量性"问题中,对自身提出了一种面对大众社会的有效途径。斯特林认为地域性的尝试,是大众社会发展的有效途径,而保罗·鲁道夫(Paul Rudolph)则认为大众文化,将成为地域性实践的主要障碍。当然,有些人也认为,人性化与地域性也是现代化发展的主要障碍。

就"十次小组"而言,在特性集合的过程中,人性化与地域性的话题,不是一种现代化的形式与模式,也不代表作为功能的居住意义,而是折射了一种"人居文化"的形成。其中,"人性化"代表了日常行为及对居住实践与传统的反馈,是一种根植于日常生活实践之中的特质与推动力,而"地域性"则代表了更为广泛程度的居住模式的延续,一种在物质与人文景观的组织中,强调的人居文化的再现。

在城市的发展中,"十次小组"强调在传统与现代之间的协调与相互的制约。居住文化不是传统的附庸,而是在不断的变化中协调新与旧之间关联的主要途径。各种矛盾在最终结合中建立的全新关联,将在现代化进程与大众文化的结合中,找寻恰当的平衡点,并让人们在不断增强的社会尺度之中,找寻人类尺度的本质特性与恒久性。伍兹认为,"我们的首要目标不是空间中物体的制造,也不是空间的闭合,我们关注的应是场所的组织与今日居住的模式,从而建立明日居住拓展性的可能。"[①]人们对于居住问题的探究以及物质化的表达将成为建筑与城市设计中的主要前提之一。

可见,这里的"人性化"与"地域性"的需求,是一种将居住文化融入现代主义运动之中的话题。在居住概念的非标准化诉求中,强调了空间的组织、功能的明确、变化的弹性以及非标准化概念的特质性与非决定性。在此,人性化强调了人的主题与居住实践,而地域性则代表了更为广泛的地域界面的居住文化的表达。

---

① Woods 在 *Dwellings Ways and Places* 一文中提及。

7.3.6 网格化与类型化

在"十次小组"早期"大量性"居住的实践中，人性化基础上居住社区与环境的建立，不仅呈现了非物质性的人性化与地域性追求，还是在设计层面"网格"与"类型"相互之间联系的最终产物。"网格"是一种基本秩序框架的建立，而"类型"则是在层级与集中特性之上，普遍性的表述。两者共同包含了特殊性与多样性的意义，一种在多样性与变化的同时，涉及不同倾向的共存状态。

网格，作为一种结构性框架，是各种矛盾集合的场所。在坎迪利斯与伍兹人居实践的途径中，网格承载了各种多样性意义并存与发展的可能，表达了一种将特殊性转向普遍性的结构系统。虽然当时网格的表达从某种程度上表现出秩序化背后的单一，但各种不同的建筑形式、居住类型以及空间组织，在这种秩序之上，呈现了面对"大量性"问题提出的效率最大化与可操作性。其积极价值在于，网格中的多样性表述了一种在普遍秩序化之上不断变化的潜

图 7 - 5　单元与"大量性"重组

在可能。而类型的多样化，也带来了在相同与不同之间的嫁接与组合。从早期埃克沙尔对穆斯林 8×8 的网格单元可以看出（图 7 - 5），基本单元中包含了 2 间房间与庭院的多重组合。而这种类型的可变性，为网格的广泛延伸，提供了组合的构型基础，并在私密空间与集中领域，建立了不同尺度中联系的差异性与多样性。

在塞米勒米斯（Semiramis）建筑居住的研究中，ATBAT 以居住单元的组合，以及公共与私密之间重新定义的两条路径说明了建筑类型的形成与组合。并将早期埃克沙尔的单元实践，从水平向垂直方向转移。这种多层建筑组合的形成，在早期柯布西耶式的高层建筑批判的基础上，让穆斯林的庭院向空中发展，并通过组合，成为穆斯林社会大量性居住问题的巧妙的解决方式。其中"庭院"作为一种特殊传统文化的转译，成为链接居住文化中链接私密与公共空间的重要一环。人们居住活动制约下的空间形成，成为他们倡导的日常生活实践的主要成果。

图 7 - 6　史密森夫妇关于居住在个体与群体之间的转型分析

当然，这种网格与类型化的概念，在城市居住发展的今天，基于不同的文化背景、环境以及社会现状，显现了不同的发展可能和实践意义。从史密森夫妇关于居住在个体与群体之间的转型的理念中可以看出（图 7 - 6），"居住"意义在环境的网格（乡村）与自身形成的网格（城市）中，呈现了本体内涵的质变。在融于景观与自身成为景观的转化中，景观意义从自然向人造物转向，而居住意义也从个体行为向群体行为转化。网格的内在属性在发生质变的同时，也将在数量激增的人造物体系中，形成内在属性（类型、特性、形式等）的改变。

可见,在特殊性与普遍性、个体与群体领域、秩序与多样性的"矛盾"之间探索的"中介"途径,说明了在解决"大量性"的过程中,社会属性与地域人性化在秩序的网格建立中,呈现的基于日常生活实践的从单元向集群发展的弹性变化与发展趋势。

7.3.7 日常性

在对法国大规模粗放式的城市发展批判中,康柏特·德·劳恩(Chambart de Lauw)将对城市传统肌理的关注融入对战后城市发展的反思过程中,以此逐渐理解未来建筑与城市发展的特性与原则。而这种原则的显现,也将在日常生活的社会实践中找寻具有说服力的证据。在列斐伏尔眼中,现有环境的分析与描述将作为一种设计的"肌理"。这种肌理在涵盖了城市形态与物质表达的同时,将在空间、文化等非物质文化的领域中,建立伦理与符号在城市中的发展脉络。

作为日常性的特性,伍兹认为对城市中无法估计要素的关注,将对空间的发展,起到潜移默化的作用。这些往往会在既定的前提中,为城市与居住的发展,开拓全新思路。而这种"无法预计"的特性,也是在日常生活的属性中,建立于"非连续"属性之上的基本特性。往往"大量性"也就在各种"无法预计"与"非连续"的基础上,逐渐建立"未知"基础上的"已知"。这种"已知"的建立,强调了人在环境中的自我改变与环境改造的同步历程;强调了基于人类活动的城市结构的形成;也同时强调了生活在城市中所有的人作为建造者的角色创造出的"不可预估"的价值。

于是,在大量性居住属性中,社会与物质属性之间的关联,成为"十次小组"研究的主要方向。建筑师在进行环境建造的同时,不仅应当提供完备的基本设施,而且不应在居住中注入过多的预设。在日常属性的类型中,人居经历了一场真正进化的历程。居住的环境可以在适配、消除与重新适配的过程中不断发展,让居住者成为自己的建筑师。而居住,作为一种日常性的实践行为,在城市与建筑的关联中成为其基本结构的支柱。

在基础设施确立的基础上,网络化与流动性特性,使建筑在日常性的体验中,逐渐融入城市与建筑、人工与自然、个体与群体的综合效应之中。在此,日常性居住的演进,在触及城市与建筑领域的同时,也体现了社会性与物质性的紧密联系。这不专属于任何单一的社会或物质性,而是处于"中介"状态的重新审视。

7.3.8 十四届米兰三年展

1968 年 5 月 30 日—7 月 10 日,十四届米兰三年展在迪·卡罗的组织下,以"十次小组"成员为主要参与者,讨论了"大量性"的主要议题。该展览认为机器与工业时代的"革新力量"在本世纪早期被融入了先锋派的思潮,但其初始动力已经耗尽:"今天,我们从实践中知道,机器与工业主义不仅不能驱除阻挡和谐社会道路的邪恶,也不能将建筑与产品转化为强大动力,重塑不良环境。实际上,除了一些有益的收获之外,它们同样产生了一些异常事件,危及了我们的环境,而且比以往来得更加迅速与猛烈。"1950—1960 年代,"大量性"已成为迪·卡罗研究中的中心话题。受他邀请参加米兰三年展的成员[①],以一种网络化的讨论,进一步对其问题进行时代的探索。会中来自于新理性主义、左翼马克思结构主义以

---

① 成员有 Arata Isozaki,Aldo van Eyck,Op't Land,L. Chadwick,A. Gutnoff,Archigram,Alison and Peter Smithson,G. Kepes,R. Giurgola,S. Woods,UFO,Hans Hollein 等。

及敌对势力的破坏(图7-7,图7-8),更说明了意大利当时的发展状态与"大量性"问题讨论的必要性。

图7-7　学生的抗议海报

图7-8　迪·卡洛与学生之间在场外的交流

图7-9　大规模居住日常生活的研究拼贴

图7-10　《路人》中关于大量性的讨论

　　该展览希望通过强有力的手段来审视和明确与各种空间组织与形式相关的普遍与特殊目标,并探究形式、类型相关的显著问题。其中包括"城市设计的新尺度,大规模生产,社会群体新行为,流动性的增加、快速退化以及物质本体探究的新道路"等。

　　对"十次小组"来讲,该三年展提供了对"大量性"主题以全新视角重新审视的机会。伍兹和乔吉姆·费法尔(Joachim Pfeufer)在沿袭早期CIAM和"十次小组"线路的基础上,对人居问题继续讨论,并在随后出版的《都市化关系每个人》(*Urbanism is Everybody's Business*)中以大规模居住日常生活的研究和批判性审视,参与到建筑的物质属性与社会实践之中(图7-9)。在随后的《路人》中,伍兹也以对大规模城市发展的问题,进行了图片的展示与分析(图7-10)。他认为这些缺乏特性并孤立的社区,在快速的大规模发展中,呈现了人性化缺失、服务设施不足等各种社会问题。

　　展览中,矶崎新关于"领域性的巨大转变"(macro-transformations of the territory)的

讨论：NER团体（前苏联团体）与"建筑电讯派"的"物质环境变革"的话题；罗穆尔德·朱尔戈拉（Romualdo Giurgola）、彼特·布莱克（Peter Black）、大卫·奎恩（David Crane）、唐·林登（Don Lyndon）提出的"基于城市服务设施的城市转化"（the transformation of the city through urban services）以及乔治·尼尔森（George Nelson）的"大量生产"（production for big numbers）从各种不同角度，补充了"十次小组"对"大量性"的理解，并在时代发展中，多维度地探讨了城市与社会面临的实际问题。而"都市事件概念的改变"①"夜间景观"（nocturnal landscape）②也让人们产生了极大兴趣。

此外，凡·艾克关于"大尺度与小尺度相比较的重要性"始终强调看似"不相关"的要素在"大量性"文明中的重要性，例如自然环境、次要对象、非连续性的生产、想象的自由等。而史密森夫妇关于都市事件及非视觉的"都市装饰"话题中，展现了城市主题及事件影响下的转变，以及一些看不见的装饰（从高空的留痕到小汽车、马匹、降雨以及季节等）。他们在"城市的婚礼"（wedding in the city）中，融入了"装置与装饰"（devices and decorations）理念、城市肌理与事件，以暗喻城市的一种婚礼式庆典的礼仪与更新的方式。其中，基于圣诞研究的"事件装饰"（decoration by events）的主题，成为城市实践中的另一种关注模式。

这些重新评估历史环境氛围和探索建筑形式变异化的"非中心化"论题，对事件的诠释提供了最为关键的部分。而由迪·卡罗、电影导演马可·贝洛奇奥（Marco Bellocchio）以及画家布鲁诺·卡罗素（Bruno Caruso）组织与设计的另一个值得注意的"年轻人的抗议"（protest among the young）展现，反映了巴黎游行事件的真实写照：一个带有人行铺装、路障以及年轻指示者的法国街道，伴随着"米兰＝巴黎"和"巴黎歌剧院＝米兰三年展"的横幅，表达了米兰抗议者的思考。

米兰三年展在对"平庸"进行批判与评论的同时，也对"大量性"问题的革新者进行了批判。他们希望以多视角的阐释，在不同时代对"大量性"问题进行多维度探索与思考，以待各种关注视角对其问题研究的多元化深入。

7.4 "大量性"居住实践

7.4.1 "大量性"居住的关注

在居住与城市的联系中，城市对居住的影响，与居住对城市的反作用，同样成为"大量性"问题的主要关注。在对日常"大量性"肌理进行思考与梳理的同时，革命性思考的缺失，将对问题的解决无济于事。"大量性"建造、空间创造与关联的重新连立，将在不同层面成为"大量性"问题解决的重要途径，并将在不同时代与不同环境中，产生不同的方式。

于是，"大量性建筑"（housing for the greater number）在1952年伯德安斯科（Bodiansk）向"联合国经济及社会理事会"（U. N. economic and social council）（ECOSOC）提交报告中成为主要论题③。从"CIAM格网"的提交可以看出，大量性的关注是快速城市化的发展

---

① 作者是休·哈代（Hugh Hardy）、马尔科姆·霍尔兹曼（Malcom Holzman）、诺曼·费法尔（Norman Pfeiffer）。
② 作者是捷尔吉·凯派什（Gyorgy Kepes）、托马斯·麦克那尔蒂（Thomas McNulty）、玛丽·奥蒂斯·史蒂文斯（Mary Otis Stevens）。
③ Cohen 在 1992 年第 2 期 Rassegna 杂志的 *Moroccan Group* 一文中提及。

中国家面临的主要问题之一。GAMMA 关于摩洛哥的城市分析,对卡萨布兰卡的伊斯兰信仰与新建筑的结合进行了分析与实践,提出"人居"代表了一种建筑的思想革新过程。这是在柯布西耶城市理念基础上进行的地域文化和传统的结合。CIAM 9 会议上,MARS 年轻成员以及法国的北非代表认为,"居住"(dwelling)和"人居"(habitat)是两个不同的概念,"人居"更倾向于一种"长期的社会与个体的交流,一种相互之间的权利与义务",而这种长期性,也就是"大量性"所需面临的极大的挑战。史密森夫妇和豪厄尔斯(Howells)坚持认为人居"应与基础的人类关联相结合"。此外,荷兰成员也对此发表了相同的观点,认为社会的综合性将带来"交流的区域"(area of contact),这有助于"在修复与改变的相互关联的基础上开拓新的层级可能"。之后,英国成员与荷兰成员的相似提议被整理为"人居权利"(right of habitat),一种面临"大量性"居住问题中的基本问题。

在全新居住理念与城市变革的基础上,"十次小组"将视角聚焦于现代主义技术与理念发展基础上居住理念的变革与城市建筑结合的探索。居住问题作为各种规划链接中的重要一环,使居住建筑设计在人居尺度、技术及基础设施之间起到了调节的重要作用。战后居住的发展,使技术在大、小不同的复杂途径中,贯穿于生产、环境与日常生活各方面。

在坎迪利斯-琼斯-伍兹的各种实践中,对家庭的关注不仅停留于基本现代化设施的建立,而且作为一种空间的塑造,全新的合理性、舒适性及现代居住的理念,也得到了充分的体现。其中,家庭作为日常生活的主要单元,成为"大量性"研究中的主要对象。围绕家庭产生的各种现代化设施的发展,如交通(小汽车与公共交通)、通讯(电话、网络)、能源(电、气)等,以最小单元的集中表达,成为城市发展的终端与的缩影。

当然,孤立的对居住与家庭的建造,不足以解决"大量性"问题,各种公共设施建造的介入,也是问题解决不可或缺的要素。而社会住宅在解决大量性居住问题中,也起到了重要作用,从 1950—1959 年,法国的居住单元从 70 000 套增加到 310 000 套,而其中大部分为社会住宅。就算在本世纪的荷兰等发达国家,大量的政府廉租房与社会住宅仍旧是解决大量性贫困及外来人口居住的主要手段。

7.4.2 都市化层级的演进与市郊居住模式实践:巴尼奥河畔塞泽项目

1960 年代,当工业化发展将现代主义传送到"地域化"与"原始"地区的同时,城市与乡村之间的关联也开始发生变化。如坎迪利斯-琼斯-伍兹重点实践的巴尼奥河畔塞泽(Bagnols-sur-Cèze)和塞恩(Cean)逐渐转变成工业中心。而与此同时,农业人口向城市的迁移,也导致了都市"大量性"问题的产生。

由此,"十次小组"认为,城市形态的改变,已不足以应对全新城市的发展现状。乡村意义与都市居住实践的改变,才是解决问题的关键。而乡村的居住实践,相对来说,在产生巨大影响的同时,也面临着巨大挑战。土地人口的丧失,导致了乡村居住模式实践的逐渐退化,并使法国在战后提出了"返回土地"的口号。他们认为,保全国家特性的主要方式在于乡村居住模式的保留与回归。可见,在城市居住模式趋同的趋势下,人们将关注点转向了乡村的居住特性。传统的城市与乡村的意义,正逐渐发生转变。乡村不再是一种相对于城市的消极意义,而是在现代化进程中,全新居住模式的重新定义下,都市网络中的重要元素。而乡村的都市化,也在"大量性"居住模式更新的前提下,逐渐发生转变。

在巴尼奥河畔塞泽小镇的项目中,作为城市的延伸,都市白领工作模式的介入引发了坎迪利斯-琼斯-伍兹对乡村土地意义的重新思考:什么是在都市与乡村结合中适宜的居住模式? 突发性的人口迁入,将会导致怎样的复杂城市问题的发生? 由此,在生态、地形、基础设施,以及现有景观特色与阻碍等分析的基础上,总体规划将巴尼奥地区在原有基础层级与全新介入层级叠加的基础上,形成了具有多元特色的城市延伸。乡村特性(地理、文化、物质结构原则)的保留与全新邻里单元移植的综合,形成了全新的乡村居住模式。

此外,在进行都市与乡村重新定义的进程中,坎迪利斯-琼斯-伍兹提出了"郊区化"(suburbanization)的意义。而这种市郊化的存在,正是在土地人口向城市迁移的过程中,人口滞留形成,也就是在城市发展中发生的城市边缘的现象。这种现象的产生,也将导致居民区聚集的城镇形成。由此,在城市郊区扩大的过程中,另一种居住模式的定义,将在"大量性"问题解决中重新开启。他们认为,城市与地区的整体性思考,将带动都市边缘地区的发展。都市、郊区、乡村地区之间相互的关联,将成为重新看待都市郊区问题的重要基础。在布瑞斯-瑞莫蒙特(Bresse-Revermont)项目中,该地区问题的思考,不再是城市形态的重塑,而是在物质层面与非物质层面的重新梳理。

图 7-11 一种由农村向城市发展的不同密度变化的城市状态

他们似乎潜在地遵循了史密森夫妇提出的层级关联意义,将其分析目标锁定于层级之间的空间,将城市与乡村两层级之间,作为他们的研究对象。他们将乡村凌乱的村落进行全新梳理,并以基础设施与服务相互联系,在边缘地带组织另一种特性城市的生成,并同时激发另一种居住模式的诞生。他们将建筑集群的语言发展为适应于农业发展与传统居住模式的另一种密度与开放性的规划。这是建立在农业经济、商业活动、基础教育、医药及社会服务保障全民基础上的全新城市化地区(图 7-11)。由此,一种现代化的乡村与传统的城市化形象在适宜的地区、适宜的社会条件,以及适宜的人口特色中逐步形成。而这种"大量性"居住的建立,为人们关注的城市与乡村之间,建立了逐渐明了的模糊界面,使层级化的社会关联在"中介"领域的逐渐关注与建设中,转向非层级化(或逐渐模糊化)的整体性都市秩序。一种全新的秩序与平衡,在居住模式的不断演进与发展中,逐渐向动态与多元化发展。

7.4.3 "大量性"居住实践:卡萨布兰卡

从"十次小组"成员在 ATBAT 的北非实践以及日后的 GAMMA 实践,我们不难感受一种来自于地域与人性化基础上,现代主义运动中"大量性"的主要解决途径。在此,"人居"概念已不再是城市与建筑中附属的概念,而是代表了继 CIAM 7 之后建立的日常生活实践的认知方式。在锡格蒂纳会议中,坎迪利斯认为人居意义(图 7-12)包含了以居住为中心的广泛城市物质与非物质环境的范围。这不仅是专业所定义的居住内容,而且还在各尺度层面包含了地理与社会层面共同组织的结果。人工与自然、社会与技术、物质与精神之间,人居代表了社会

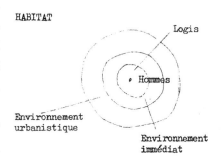

图 7-12 坎迪利斯认为人居的意义包含了围绕居住为中心的广泛城市物质与非物质环境的范围

大众在广泛的基础上,建立的不断发展的居住内涵。如史密森夫妇所言,强有力的自由度,与面临的实际问题结合,使北非成为极佳的实践与研究的实验室。而这种尝试,带动了北非现代主义运动的发展和"大量性"问题的探索。

1953 年,坎迪利斯与伍兹为主要成员的 ATBAT 在卡斯布兰卡的穆斯林居住的探索,成为在"大量性"居住的探索中的典型案例。

在摩洛哥人口激增的时代,法国的殖民政策导致了摩洛哥经济结构的变化。众多乡村人口转变为城市人口,这使大众的房屋需求大量增加,而其中 85% 人口为穆斯林人口。如迈克尔·埃克沙尔所言,由于建造速度赶不上人口激增的速度,造成了城市中"贫民窟"的出现。以卡萨布兰卡为例,"城市贫民窟"聚集了 30 万的人口。由此,基于日常性的"大量性"成为他与 ATBAT 提出的首要问题。因此,在有限的经济框架内,结合穆斯林传统,找寻适宜的居住单元成为解决"贫民窟"与"大量性"问题的基础。

坎迪利斯与伍兹认为,过时的建造环境与大量性房屋的缺乏是当时城市的主要问题。流动性单元的理念,在居住的形式、实践与意义中,让他们认识到,居住环境是现代化进程中,传统与现代之间的矛盾与关联主体。因此,全新环境的塑造,展现了现代形式不断融入与演化的过程。这种研究与实践并进的过程,使北非实践,在"大量性"问题的处理中,不仅表现为一种对居住技术的支持,而且还是居住建造在现代化过程中的不断革新与实验。他们在矛盾中,试图找寻一种结合的道路,在源流中挖掘可持续的现代性介入的个性化居住模式,以满足特性化需求。从卡萨布兰卡的居住单元到城市总体集合的形态可以看出(图7-3),其环境的建立不是一种形式的随意表达,而是确切而具体的居住条件的认可与关注,一种从传统意义中挖掘居住模式的现代化拓展。他们认为"建造环境是居住与建造空间实践的框架、物质要素与结构"。"新形式"的创造并非完全传统也非完全现代,而是在新与旧之间的弹性转化与理性形式的再现。Carrière-Centrales 设计中的拼贴式展示即在新与旧的并置中显现了人居成型的主要原则(图7-13)。

图 7-13　拼贴式展示在新与旧的并置中　　图 7-14　阿尔及尔的泰拉德
　　　　显现了人居成型的主要原则　　　　　　　　（Terrade）项目实践

此外,组织化单元围绕"庭院"的中心单元类型,形成解决特殊性与普遍性之间,"大量性"与现代化发展的集中表达。坎迪利斯与伍兹在将庭院以相互之间半层的差异在空中堆积。这样不仅获取庭院的特殊高度,且在立面形成动态的肌理性转化。而作为祈祷空间的庭院,以及来自于传统"卡什巴"中转译的巷道,成为在公共与私密空间之间的有效载体。

这里巷道空间的转化,同时与 1952 年史密森夫妇"空中街道"的概念产生共鸣。史密森对城市街道空间在私密与公共空间之间的特性产生极大兴趣,并在 1955 年《建筑设计》中将艾特拉斯(Atlas)山区的传统建筑类型与卡萨布兰卡的建筑类型并置,认为该项目在对"蜂窝"建筑类型进行转化的同时,在传统与现代、公共与私密之间的探讨与实践为现代建筑的发展产生了巨大影响。

　　随后,相似的理念在 1955 年阿尔及尔的泰拉德(Terrade)项目实践中(图 7 - 14),得到了重新尝试。其中,庭院不仅成为单元的要素,而且被组织在集中形式之中,成为在建筑中横向与纵向发展的空中单元。在此,应对"大量性"的居住意义在特性的表达与环境的建立中,显得更加明确。公共、半公共以及私密空间在廊道与庭院的组织中,呈现了对传统转化与变化的转型与多样化选择。

7.5　簇群

　　1956 年杜布罗夫尼克 CIAM 10 会议上,"簇群"(cluster)被首次在会议上提出(图 7 - 6)。在其分会议中,"簇群"理念以对事物独立属性的批判,将各独立社区发展为一个显著的整体结构。其中一种新秩序将分散的社区合为一个整体簇群。这种簇群代表了一种"集合",一种关联模式,一种基于人类活动与意向的思考结果。这种思考不是线性、程序化、理性或决定性的思考,而是产生并利用重现、自省、轮回的特性进行开放式的"新粗野主义"[1]的定义。该理念以一种多视角的结合,替代"房屋、街道、区域、城市"等孤立的概念。一种连续式的记忆在信息相互串联的基础上进行,而不是类似于标准化网格或树状结构的表达。史密森夫妇认为,对应任何的居住形式,均有相应的"簇群"以此对应。其中前文提到的"闭合""台地"等聚合建筑类型的思考,即以一种生长的概念,阐述了"簇群"的基本特性。

　　1957 年,史密森夫妇在《建筑评论》发表了《簇群城市》(*Cluster City*)一文,说明此时的功能主义已不再是 30 年前机械化分割的意义,而是当时以"簇群"代表的"一种复杂、经常移动的,具有清晰的结构的紧密的编织。这种编织会在各发展层面保持清晰可辨识。"[2]他所关注的流动性,不仅在于汽车等个体化运动,还是流动性社会的整体概念。其中道路系统成为柯布西耶所倡导的城市结构,一种从甲板街道住宅向都市重建的转变。如今,他们的关注点逐渐转向了流动、机械主义与建筑自身的服务之中。路易·康在他的费城中心研究中曾描述了城市街道、桥梁的"停-走"(stop-go)系统在对"流动性"服务组织的基础上的"簇群"特性。在访问了美国之后,史密森夫妇在 1958 年《建筑设计》中发表了《致美国的信》(*Letter to America*)的文章,希望将"簇群"在"As Found"理念中进行进一步的全新诠释。[3] 呈现一种非传统理性的国际化展示。

　　在此,关联、层级、缝合、演进四部分将着重阐释"簇群"的主要特性。

---

[1]　详见第 8 章。
[2]　一种从 Kevin Lynch 那里借用的城市意向,他于 1954 年首次在 *Ordinariness and Light* 中提及 Cluster City。
[3]　Peter Smithson,1958:135 - 141

7.5.1 关联

作为一种表达了另一种生活状态与生活模式美学的评价,层级化关联决定了"簇群"的基本意义。"簇群"在涉及街道、城镇、城市等各层级形态的同时,在不同层级表达了更多的类型联系。在此,建筑不再是个体化的单位,而是与城市各要素关联的结合单元。这是"城市作为整体"理念下所具有的网络化城市的雏形。史密森夫妇坚持认为每一种潜在的关联蕴含了一种建筑的模式,而每一种建筑模式则会产生一种联系形式。艾莉森·史密森提出的"箭头图表"(图6-10)就直接反映了从"村落"到"乡村"、"城镇"以及"城市"的演进过程(图6-12~图6-15)。杜恩宣言的关联图表即反映了城市形态与人际关联之间相似的联系。

为了解决"簇群"之间的联系,将多个社区组织为一个整体,"十次小组"以"特性机制"(identifying device)作为手段,联系不同层级以延伸、更新现有的肌理状态,从而展现层级不断延展的过程,即一种理想化的层级编织。该系统将随着时间变化,形成理想与现实不断契合的发展进程。

其中,街道作为城市中建筑展示的场所和社会的结合体,同时也是"簇群"中的重要因素,结合了各种建筑功能与人们的日常生活,形成线性的城市要素。街道在结合建筑的同时,形成区域性元素,表达了城市中的簇群概念。在此,线性要素串联下的建筑与空间集合不再是城市的主要要素,"特性"作为建筑与人行为的综合表达,成为"簇群"中需要理解的重要层面。传统意义的街道是孩童接触外面世界的第一步,也聚集了人们的日常性活动,是"簇群"表达的主要网络。在史密森夫妇的概念中,传统街道已不能满足多层级的城市生活需求。于是,"空中街道"与建筑群体形成了统一网络,在大量性活动中为社区提供其特有属性。可见"人际关联"中街道组织下的区域层级在不断被赋予其基本特性的同时,也为整体的发展起到决定性作用。

杜恩宣言中认为的对"人际关联"之间的理解将每个社区理解为一个特殊对象,以理解不同社会关联导致的不同结果。我们从史密森夫妇提出的"人际关联"图表可以看出,不同的城市层级,显示了不同人与人之间的关联性。从独立"房屋"到城市"层级,人们从相互隔离、非主动性的相互关联,逐渐过渡到一种紧密而具有多重共通性的联系,并从某种层面决定了城市在发展过程中的不同状态。他们认为,不同规模的"簇群"与城市交通结合方式有所不同,不同社区应表达不同的层级要素。在此,从建筑、街道、区域到城市,不同层级的表达并不是为了分类说明城市状态,而是为了以不同的关联方式表达一种应对城市问题的思维方式。

7.5.2 层级

在史密森夫妇的德国柏林首都规划和汉堡 Steilshoop 的规划中,"流动性"(mobility)、"倒置的轮廓"(inverted profile)、"发展与变化"(growth and change)以及"绿带"(green zones)在建构发散城市的同时,构成了主要的城市形态与特征。步行与车行系统隔层分置的理念试图使两者流线更为自由,并在交汇部位以垂直系统将两者之间进行有效联系。由此,不同类型交通的分离在成为最大程度流动性形成的主要措施的同时,以分离整体的集合,造就了层级叠加的城市形态,一种与传统城市密度倒置的形态特征,一种中心低密度的城市中心格局。这种格局的不断扩张,形成了多中心或无中心的总体城市网络结构。

"流动性"作为城市发展的重点,其新时代自由标志之一是机动车的使用。随之而来的道路与用地逐渐扩张的趋势,将以一种独立角色,打破原有的社会结构,对城市发展产生重大影响。柏林都市规划中机动车系统与人行系统的分置,使人与流动要素同时成为城市的景观要素,而非独立的破坏性系统。1949 年,他们认为杰克逊·波洛克(Jackson Pollack)在画中展现了一种全新系统:复杂的、n 维度、多指代(multi-vocative)的系统,使城市走向了一种全新人性模式下的集中建造形式。

史密森夫妇的伦敦杰姆大街经济大厦设计(图 7 - 15～图 7 - 17),即以一种层级的空间营造,组织形成当时具有代表性的簇群系统。弗兰普顿认为,该"簇群"化项目的建设,为当时的社区结构提供了一个崭新途径。行人的流动性,在城市与建筑交界的"广场"中,找到了另一种"街道"的感觉,并有效地起到了城市街道前后的链接作用。而城市肌理与实际分层功能的考虑,使密斯式的风格以"新粗野主义"的理念,融入传统的城市肌理。这仿佛与凡·艾克的观点不谋而合,即在建筑设计中找寻一种规划师的职责,在城市肌理的呼应与严格的建造技术之外,在传统中找到变化与发展的对应物。

图 7 - 16　步行平台 - 02

图 7 - 15　史密森夫妇"经济大厦"中的步行平台设计 - 01　　图 7 - 17　步行平台 - 03

在 1950 年全新的城市憧憬中,城市的"簇群"生长(图 7 - 18)携载着"空中街道",联系建筑与建筑、人与人之间的活动与关联,将不同的活动分置于各种层级。在全新流线与联系的理念上,地区特性与模式被赋予全新意义。这种以人行优先的链接体系激发的全新秩序,在城市中找寻其可能的生存、发展与变化空间。可见,"层级"继"关联"之后,成为"簇群"理念中又一关键词。如交通节点在扮演城市节点角色的同时,编制了一套复杂而巨大的网络,以应对城市发展中相互"关联"的确实性。火车站等枢纽在"簇群"的网络中不再是终点站。大型的中转中心,各种类型的流动性要素,在"簇群"网络中寻找各自的位置与路径,就好似网络中不断编织的节点,将不同功能在不同层级的节点中进行多层级的编织与扩张。

　　当然,整体系统的介入,虽然为城市的平衡发展建构了全新理念与多维空间的交织,但新"建筑"与旧有城市肌理之间似乎引发了新的矛盾与冲突。这种巨构体量在原有城市肌理空隙中找寻生存空间的同时,其"顽固"和具有冲击力的新生,无疑对城市带来了巨大影响。流线分离、流动性最大化、城市模式的发展与变化、城市中心形态的改变,以及绿地系统随之的形态更新等,为"簇群"概念带来具有革命性的探索。

　　从史密森夫妇与 CIAM 10 会议中提出的五种状态(isolate,hamlet,village,town,city)可以看出,随着与城市距离的接近,其编织密度更为紧密,人们生活之间的频繁接触几率更大。城市肌理的密度在距离的变化中形成一定的变化与规律,而建筑模式也同时表明人们希望以一种理性的思维去看待生活问题,并希望使之更为有序可循。

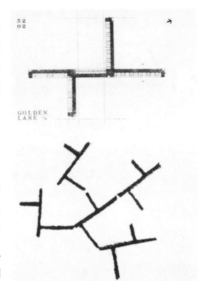

图 7-18　城市的"簇群"生长携载着"空中街道"的理念

7.5.3　缝合

　　在具有流动性的"簇群"发展中,"自我实现"逐渐成为城市中各种碎片的发展规律。这在路易·康的费城研究中被视为运动原则,并最终决定城市肌理的形成过程。

　　在城市基础设施的建设中,高速道路系统成为高速与低速系统的叠加产物(图 7-19)。于是,不同层级的交通系统可以在相同的地点共存,并各自换乘各自的链接系统。这充分说明不同要素在城市统一的空间中缝合的重要意义。"缝合"在此体现了高效的秩序化对接的过程。

　　在各种城市基础设施的空隙间,各种弹性要素,如"绿廊"(greenways)成为具有弹性、填补空隙的软性介质。其中容纳了人们日常生活的休闲、运动等各种活动功能。这种减震作用的灰度空间,成为基础设施之间有效的填充剂,也直接强化了城市开放空间形态特征与走向,成为"簇群"的主要组成要素之一。

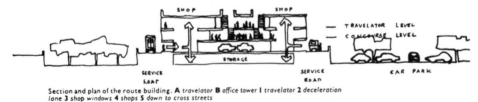

Section and plan of the route building. A travelator B office tower 1 travelator 2 deceleration lane 3 shop windows 4 shops 5 down to cross streets

图 7-19　城市基础设施剖面。其中高速的道路系统成为高速与低速系统的叠加产物

　　除了视觉的物质性,与人类活动相联的生活本质,在非视觉的非物质层面,也为"簇群"的形成,提供了必要的内在前提。与日常生活相关联的活动与空间实践,在史密森夫妇提及的层级化集合中,呈现了不同的表述形式。在应对大量性行为的过程中,传统与现代、城

市与郊区、车行与步行等，以一种复合的对应物，表达了多样化特性的混合中呈现的层级化交织状态。街道作为日常活动的重要场所，以及能够提供多重活动功能缝合的媒介，在坎迪利斯的"茎状""网"和"毯式"理念、巴克玛的特拉维夫中心、布洛姆的"诺亚方舟"，以及史密森夫妇"金巷"枝权般的系统中，以不同的组合方式与意义，为城市内部肌理的整合与"簇群"结构的搭建起到了支撑作用。它们在水平与垂直方向，以逐渐形成的整体性展示了粘贴与编织的缝合作用。

可见，作为一种城市特殊对应物的出现，"簇群"以不同的状态出现在城市中心、城市边缘、城市与城市的集合、任意两者或两者以上结合的群体之中，以及不易被人发觉的城市内部的"缝隙"之间。其中，碎片整理的方式，将随着时代与技术的发展，表达不同层面的干预程度，并在不断的演进中，表达不同的"缝合"概念。

7.5.4 演进

"十次小组"谈论的"簇群"系统不是自身隔离的系统，而是一种在系统设施完善的基础上建立的预留性网络构架，一种由"中介"模型建构的动态系统。传统的个体标识性，在这里转化为一种整体的网络系统的建立。其中，全新的城市模式，在这种特殊的系统中，呈现不同的景观意向。面对"大量性"问题，"簇群"在集中与分散中，找到一种弹性的存在模式进行城市编织。单一的中心已经消失，"多中心"或"无中心"成为"簇群"在演进中的主要特性。人口聚集的压力点，呈现均质而不断变化的状态。"簇群"中要素的介入与消除，将决定其压力点的偏移与张缩。

由此，不断演进的"簇群"将以"入口"与"开端"的角色，使城市各子系统在不同层面进行编织。非中心化特性最终使"簇群"本身形成包括时间维度在内的四维空间系统。每一单元的结构特性在对自身单元进行补充的同时，对其他相关系统同时起到积极作用。而这种内在的组织关联，将使各"簇群"中个体对自身结构有所认知与优化，并在不断的自组织中，呈现相对的发展与平衡。

对于当代城市发展的意义而言，建筑与城市本身均可视为不同尺度的"簇群"个体。相互关联的"中介"状态，将对最终形态的认知与构型起到体验与决定作用。凡·艾克的"城市化建筑"与"建筑化城市"的相对理论，在"簇群"的演变与成型中逐渐成为"中介"立场下辩证的支持。"簇群"在凡·艾克的"中介"视角下，比史密森夫妇自身的理解呈现更为宽广的意义。史密森夫妇认为"簇群"是在明确的总体结构下组织每一个分支的推导，是一种将部分融入预设整体的原则，而不是由分支组织整体的反推，这个观点显然具有时代的局限性。随着时代的发展，"簇群"打破整体结构的预设，与地域性肌理结合形成开放式的综合聚集的单元组合。

当然，"簇群"的秩序与范式的确定，并不能完全揭示生活的全面性与真实本质。随着时代的发展与变迁，秩序将不断被打破，范式也将不断被更新。真正的秩序将成为一种非视觉化的潜在秩序的表征。人们需要的是层级的明确与关联的清晰，网络状社会的发展趋势不再是支状而平面化的延伸，而是空间点线之间的动态平衡与相互关联的稳定。由此，"十次小组"时期的"簇群"概念在时代演变中从平面化为主的联系逐渐演变为空间与时空之间的关联，视觉的感知已不再是决定性的要素，有线（限）与无线（限）的关联、日常生活与理想化的空间转变成为真正的主角。

史密森夫妇的汉堡思迪施普项目中网状的形式特性，蕴含了无中心、适宜生长与开放性的结构倾向。其中,整体规划带来的两种不同类型建筑的生成,即:沿环边的"闭合住宅"与两条分支道路边的"台地住宅",在层级分明与发展趋势明确的基础上,结合道路、建筑与服务设施,在一种预设的秩序中进行延伸。随着"簇群"特性的演变,这种初始的可预期的生长方式,在不断的发展中,将随着影响因子的不断改变,呈现一种非预设秩序化的演进模式。初始的层级角色将在不断发展中,以可视与不可视的关联缝合,呈现非层级主导下的开放式关联系统。其初始层级相互之间的渗透与叠加,将以一种"模糊"性的"中介"关联,组织形成最终的"簇群"表述。

可见,"簇群"在"十次小组"城市与建筑的概念中,已经脱离了视觉上的形式理念,而是希望以一种广义的联系,面对"大量性"与大规模的发展带来的秩序的模糊与重构。作为联系的网络,"十次小组"时代的"簇群"概念在经历了"特性"与关联属性更迭的同时,将逐渐以一种网络化的城市脉络,组织建筑与城市相互依托与密不可分的关联。

7.6 流动性

7.6.1 "流动性"关注

"大量性"问题在静态存在于现实的同时,也以一种动态流动的属性成为城市的主要特色。而"流动性"也以此成为城市发展中逐渐凸显而亟待解决的问题。在整体社会结构的系统中,"流动性"不仅涉及道路系统的组织,还成为一种介入建筑类型的特殊结构分支。

"流动性"的关注,可追溯于"十次小组"对《雅典宪章》功能分区的批判。"交通"作为联系要素,其僵化的独立性在城市复杂性与多元的变化中仍不能满足多层级编织与系统性梳理的需求。"十次小组"对"流动性"的深省,不仅建立于城市基础设施与城市整体性活力之间的相互制衡,而且对深层城市总体社会、空间、人口的流动性特征,留下了广泛的思考空间。

"十次小组"认为城市的发展是再组织的过程,也是建筑的重组过程。城市将通过各种小型结构的生长完成最终的重组。这种基于交互与流动基础上的重组,将以一种动态的方式适应与接受变化。他们将对于建筑师而言的"流动性"归属为四类,即:

运动:不同速率变化的现象;

时间:第四维要素的展现,在短时间内进行改变;

经济:快速的均衡分布,为大量性生产与消费创造潜在的契机;

房屋:表达了城市人口简单而无疑的流动性。[①]

这里的流动性,是城市与建筑的内涵。城市与建筑的外形不仅取决于形式的外在性,而且表述了文化多样性变迁,一种城市内在的逻辑与历史。

彼特·史密森在 1958 年《致美国的信》中,以全新的"As Found"概念,审视了美国建筑中坚守的"广场与'理性'建筑"的原则。史密森夫妇认为,一些积极的社会弹性因素的注入,其关键在于"簇集、发展、变化和流动性"[②]。史密森夫妇在 CIAM'59 的会议上,用"关联""簇群"以及"流动性"的概念着重阐述了"伦敦街道研究"的内容。在此,流动性的讨论并非局限于个体的自由流通,而是社会整体的运动,一种在碎片整合基础上整体流动性的社会诉求。从柯

---

① Alison Smithson,1968:92

② A & P Smithson 在 *Ordinariness and Light* 一文中提及。

布西耶畅想的甲板式街道，到史密森夫妇的"都市重构"，再到之后人们关注的建筑内部空间流通及各种服务设施的建立，无不以一种整体的自由，表述流动性的主要内涵。

1955年8月9日CIAM会议上，"流动性"成为讨论的焦点主题之一。其论题包括：其一，人作为行为者在流动中观察世界的兴趣焦点；其二，房屋中流动要素，如走道等成为社会要素的可能性。拉萨拉兹CIAM会议上，丹尼斯·拉斯登（Denis Lasdun）在《1957年建筑年鉴》（*Architecture' Yearbook 1957*）中关于《MARS小组1953—1957》（*MARS Group 1953—1957*）文中写道："如果在30年前，创造新技术是CIAM急切关注的问题，那么现在人们关心的问题则是如何在创造居住形式的基础上促进人际关联的发展。"[1]在此，人们追求的是一种整体性，一种"大量性"的集聚中，从建筑到室外空间的连贯与统一，而非集中于设计空间视觉可塑性的表达。于是，1956年杜布罗夫尼克的CIAM 10会议上，史密森夫妇以"社会秩序"与"环境"关联为主要讨论焦点，指引基于"流动性"的全新设计途径。

史密森夫妇在《大写3》（*Uppercase 3*）中认为，"流动性"成为时代主题的同时，突破了"功能主义"中的交通层面，包含了社会与物质性的意义。这种自由的意义在于保持社会的集合属性。"流动性"在强调了基本道路流动属性的同时，揭示了社会、空间流动，社会整体的动态属性，以及对社会的改变力量。在"传统静态建筑"的原则中，流动性在被冠以"流线"特性的同时，借助城市基础设施，形成建筑与城市互动。"十次小组"认为街道在"簇群"概念中成为起到引导作用的主体，并与路易·康的"停与走"（stop and go）（图7－20）中城市的不断变化与流动概念产生共鸣[2]。这种"运动秩序"虽然看上去并非城市表达的最佳方式，但这种流动的秩序化思路在城市"流动性"中，起到了预见性的启示作用。史密森夫妇在伦敦街道的研究中，以五点特性展示了"流动性"研究的主要方向[3]：

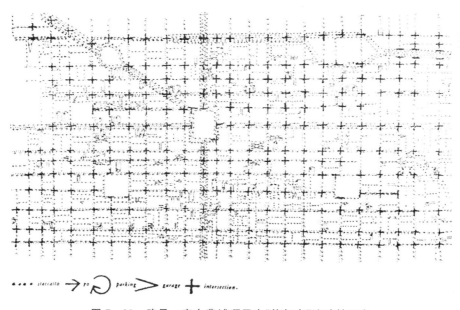

图7－20　路易·康在费城项目中"停与走"流动性研究

① Peter and Alison Smithson，1953：5
② 史密森夫妇发现了路易·康的佛罗里达的作品之后，邀请他在第10次会议上进行了主要的讲演。
③ 在*Uppercase*中提及。

（1）运动的模式（pattern of movement）：街道模式的建立对现有交通网络与建筑的影响。

（2）关联（association）：城市高速路的建设形成了社区结构，并在经济允许的基础上建立相互之间的关联。

（3）簇群（cluster）：金字塔式的密度转化，将在流通性的梳理中，形成分散的簇群。

（4）特性（identity）：道路经过的地区将以不同的"适配点"（fix）意义获取不同的特性。

（5）发展模式（patterns of growth）：随着适配点的建立，永久或暂时的发展策略将在流通性建立的过程中逐渐形成。

1961 年在建筑师、艺术家等创办的《激浪派》（*Fluxus*）①的刊物中，乔治·马修斯（George Maciunas）将现实中存在的永恒波动与持续运动的非物质性经验与敏感心灵聚焦，成为 CoBra、情景主义国际（SI）等先锋派运动的主要话题。杜尚（Marcel Duchamp）、John Cage 等对于日常生活中机械、气流、水等话题的动态思考，说明了生活中网络化非单一性的流动状态。《激浪派》所关注的即是"十次小组"关注的物质与精神两个层面，也是"新事物在旧环境"中的问题。

史密森夫妇觉得，某种"适配"理念需要在城市概念中引入并逐渐确立，是由环境与未认知空间所确立的"大型"（支配性）要素。由此，艾莉森·史密森在 1958 年《建筑设计》中以"流动性"为题，阐述了在城市设计中"流动性"的重要意义。因为这种支配性要素，会致使地理与文化结构的转化，并打破原有的社会结构。

同年，在柏林都市规划中，他们将此概念与机动车的流通融入统一的系统，形成不同的视觉实践。机动车成为人们俯视的一种景观，而行人则是一种人们在仰视的过程中穿梭于电梯、平台之间流动的物体。这是一种城市新景观的突破与实践。于是，一种新秩序如同杰克逊·波洛克（Jackson Pollock）的绘画表达，随之产生一种复杂、多维、多重呼格（表达了不同称谓）的特性。城市秩序包含了所有的机动车辆、机械主义以及服务共同融入的理想社会体系：一种全新人类生活模式与集中建造形态的感应。②

7.6.2　物质性与非物质性

流动性的物质性与非物质性③，是将各种自由要素进行整合的理念，是社会化与组织化的工具。"流动性"不仅关注于道路本身，而且还希望在街道基础上，完成社会结构的改变，从而解决碎片化与社区问题。城市关联性的变动将导致城市网络的变化，即"流动性"的产生，从而完成形式与人类相互之间的关联匹配。对笛卡儿美学的批判，将在时代文化的不断发展中，促使"流动性"的"改变美学"的产生。

凡·艾克认为，"城市之所以是城市，建立于各种运动状态、人、机器以及自然的各种节奏的集合。而其结合的状态，首先是矛盾的平定，接着是专制性的强调，最后产生不充分的表达"。可见，流动性的存在是在各种要素互动下的集中体现。"运动适配"下的都市流通系统，导致了社区结构形式的产生，并基于整体网络化的变迁，形成外在关联与内在潜力的释放。

---

① Fluxus 概念来自于 George Maciunas(1931—1978)，艺术家、建筑师、作曲家、设计师。
② Helena Webster，1997:98
③ Team 10 Primer，p.51 中讲述为社会性与物质性，本文倾向于物质性与非物质性的讨论。

随着物质与非物质属性关注的不断整合,对于"流动性"中场所及人类之间相互联系的研究,在"十次小组"话题中逐渐从理论走向了实践。他们不仅视其为一种技术性理念,而且还将其视为人类与当代城市之间强有力的价值关联。流动性在凡·艾克"另一种理念"的陈述中[①],与史密森夫妇一样,以物质与非物质两种方式进行表达:

其一,作为一种表象的物质形态,"流动性"表示了物质性的流动中,街道形态、流线形式以及对大型运动造成的影响。

其二,变化作为一种流动性的非物质性表达,无论是事物新与旧之间的流动,或是旧有事物中全新事物的创建,均代表了在"中介"理念之下,两极之间的相互转变的流通。

综合看来,"流动性"的关注在从物质性向非物质性转化的基础上,可以从以下三个方面进行理解:

(1)生态属性:代表了人们生活中所依赖的环境的改变。表明了一种背景环境在自然与人为驱使下,不断变化的普遍规律。

(2)人类学属性:社会、经济、政治、心理、文化等要素在影响人本身的同时,反映了流动性基础上人的精神意义。人们在不断演变的"流动性"环境中生存的同时,与自然产生相互之间的关联,并促使流动性影响范围的不断延伸与扩张。由此,人类特性的变化也不断促成了人的流动行为与意识。

(3)技术属性:交通、换乘的技术与途径和可预制性带来的"流动性"可行性,以及技术带来的革新,将促使"流动性"在时代的发展中,得到充分的表达。

当视觉感受与建筑表达在以柯布为首的 CIAM 中起到主导地位的同时,纳吉(Moholy-Nagy)则在 1928 年的《新视觉》(*The New Vision*)中认为:"建筑的视觉表达已不再是建筑与城市发展中起决定地位的因素。当代生活的发展节奏需要生物适应与影像技术对视觉信息的记录。"在此,"动态的持久性"(constancy of motion)是定义现代特征及视觉要素的主要角色。在相对论影响下的空间革命,使"流动建筑"成为空间-时间的现实[②]。在此,流动性已不是停留于概念化的独立系统,而是实施与使用过程关注的集合。城市基础设施与空间特性应在与建筑流动性的相互配合中,完成城市流动性的整体转型。"城市交互"(city interchange)作为一种流动性模型展示了对动态城市网络化特性的研究与追求。这种"变化"的世界观使城市、环境及流线变化成为城市的主要特性。

7.6.3 组织性

在凡·艾克的"构型原则"中,"流动性"被融入多重形式的组织之中。

凡·艾克认为,任意性流动将导致形式、美学及内在组织的综合混乱。芒福德关于瑞本(Radburn)规划[③]的评述揭示了动态系统的重要意义,并使波兰建筑师马修·诺维奇(Matthew Nowicki)受到影响,并于 1950 年提出与凡·艾克相似的"城市是树叶"概念。虽然此概念受到亚历山大"城市并非树形"的强烈抨击,但对城市动态属性的组织化与系统化均提出了前瞻性设想。这种结构的组织意义,在各种日常性要素的聚合下,形成系统的"结

---

① Aldo Van Eyck(ed.),2008:260

② Moholy-Nagy 在 *Vision in Motion* 中提及。

③ 1929 年,汽车时代的小镇规划,其理念在引入英国之后受到霍华德与盖迪斯的拥护,虽在流动性与机动停车方面受到强烈质疑,但仍旧成为日后众多社区建设的模型。

构"。作为一个具有生命力而不断变化的系统,除了"结构",其中还存在着不断运动、代谢、出入的变化。简·雅克布于 1960 年代初发表的《美国大城市的生与死》同样将城市、街道及建筑作为社会关联的机器,编织于整体结构的流动属性之中。

作为一种组织性系统,流动性的动态属性在新陈代谢运动中得到进一步阐述。新陈代谢运动的黑川纪章将希腊建筑师季米特里斯·皮吉奥尼斯(Dimitris Pikionis)设计的通往雅典圣庙道路,以及坎迪利斯-琼斯-伍兹在法国图卢斯附近设计的"茎状"概念新城,与日本相关道路进行综合分析,认为"流动性"已充分融入了城市的设计之中。他在 1964 年《建筑世界》(Bauwelt)杂志中认为在新城代谢理论的魅力中,生命就是运动。在流动中街道就是建筑。菊竹青训(Kiyonori Kikutake)同样认为,建筑是一种新陈代谢的产物,简单的功能主义静态理论已不能满足动态现实的需求,可更替的功能与空间比形式思考更具意义。人性空间与服务功能的组织与结合将赋予人们生存的自由与选择。

同时,"建筑电讯派"基于城市综合要素发表了关于建筑与城市的流动性关联。丹尼斯·克朗普顿(Dennis Crompton)在"城市综合"(city synthesis)(1964)中写道:"城市就是居住的有机体,具有多重属性,城市的混杂功能由自然的机械主义相结合……。今天的'信息城市'比柏林自由大学更加接近自然属性。"

在城市综合属性的基础上,流动性以一种不断更替的组织原则,表述了系统结构从静态向动态的转变过程中,多层属性的层级划分与流动性。

7.6.4 历时性

1941 年,吉迪翁在《时间、空间与建筑》中,将爱因斯坦的空间与时间概念与建筑相联系,视其为建筑的重要"物质性"要素之一,并由此以一种相对的动态属性,打破建筑与城市的绝对性的静止观点。"十次小组"对"流动性"的理解也在时间维度,进行了进一步分析。

从某种方面看,流动性具有在设计干预与改变的基础上,从历史中挖掘空间变化与流动特质的属性,具有一种随着时间变化,理解城市发展的历时性意义。坎迪利斯-琼斯-伍兹认为,"随着时间的变化,每一个城市就像每一个生命体,在不同要素的影响下,呈现一系列的形态变化。战争、社会变动、改革、巨大的灾难,或是一系列政治、经济、社会变化的积极要素将会对城市产生各种影响,……都市生活的变迁决定了城市的发展与变化"[①]。这种与发展、变化链接的都市化历时性的理解,不仅是历史城市特性的专属,而且还是一种普遍性的"诊疗工具"(diagnostic tool),在实践中成为一种积极的研究与实施策略,一种在各层级发展中进行改变与发展的普遍性工具。该理念在"茎与网"的发展中作为主要概念进行延展。

"十次小组"认为,历史与文化的历时流动性,以一种连续性存在于现有城市环境的联系中。意大利建筑师罗杰斯(Nathan Ernesto Rogers)认为这种连续性体现在对城市肌理的预设与语言的转化之中。他希望从与历史的对话中,以当代的文化,开启特殊的文化与社会环境的连续性。记忆与创造,在一种历史与文化的联系中,担负着纽带的作用。在此,这种连续性不仅存在于形式之中,还以史密森夫妇的"关联尺度",表述层级的连续性在时间的变化中产生的不同意义。而坎迪利斯-琼斯-伍兹则在历史与全新的现代干预之间,找寻时间流动性下,新与旧、分离与结合之间的"中介"结合,以此找寻适当的动态平衡。

---

① Woods 在 web 一文中提及。

7.7 基础设施

随着城市"流动性"特性的形成,基础设施在其链接中起到了典型的支撑作用。

传统上,一些大尺度、恒久不变的事物,如河流、隧道等作为城市的特性结构,帮助人们对城市进行全面的认知,使大量的初始混乱在基础设施的辨识中建立秩序。现代主义初期,我们暂可把功能分区中的交通视为基础设施的代表。但在现代的城市发展中,尤其在面临大量性问题的同时,基础设施扮演了更为重要的梳理与重建的角色。其中,系统性、流动性、复合性与高效性的需求,在城市快速发展中,对基础设施的建设提出了更高要求。而基础设施的建立,也为相适应的建筑与城市形态提供了有利依据。

在史密森"可识别单元"的理念中,整体性的细分不仅是一种"视觉群体"的肢解,而且还是在社会联系与人类的再聚集中,逐渐形成的单元要素。每一个细分的单元,自身也将建立自己的基础设施,提供不同尺度的需求。在更普遍的情况下,基础设施的集中,不仅是社会性的表现,还更多表现为政治、技术、文化等各方面的写照。

1962 年诺亚蒙特会议中,"十次小组"成员就基础设施与建筑集群的问题展开讨论,认为基础设施作为支撑集群形态的主要结构,存在着两种发展趋势:其一,当基础设施概念延伸至建筑之中,其系统发展潜能即被激发,但最终形态仍处于未知;其二,"集中形式"理念中,所有要素将直接联系于最终预设的形式。这两种发展的趋势在全面理解集群的范围内,起到了良好的引导作用。于是,基础设施与"集群"成为紧密联系的讨论对象。而这些也是直指"大量性"问题的关键话题。

就怎样将基础设施融入现有的城市肌理的问题,史密森夫妇的剑桥、伦敦与柏林的研究,迪恩(Dean)与理查德(Richards)的伦敦 Euston 火车站发展规划,以及维瓦克(Wewerka)关于"绿阴大道建筑"的提案(图 7 - 21)成为基础设施在解决大量性问题中普遍关注下的实践表达。

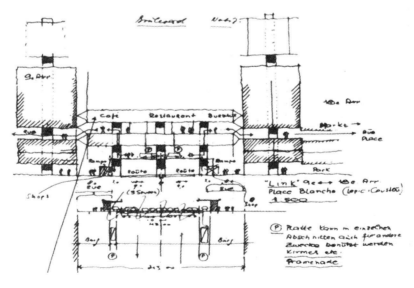

图 7 - 21 "绿阴大道建筑"的提案

《论坛》中,史密森夫妇认为一些原则的把握,将有助于更广泛地认知基础设施建设下的社区联系。

(1) 发展道路与联系系统,组织城市基础设施,实现在建筑层面上流动性与运动的双重结合。

(2) 认知"流动性"的疏散(dispersal)特性,重新思考与接受密度模式与功能设置,以此建立新的交流方式。

(3) 理解与使用"废弃"(throw-away)技术层面提供的可能性,建立不同功能循环变化下的全新环境。

(4) 在机械化的大批量生产中,找寻全新的美学意义与适用性。

(5) 找寻新的解决方式,解决大量性房屋问题,在 20 世纪技术的范围内显现居住的舒适、安全、非制度化特性,克服"文化过时"(cultural obsolescence)现象。

(6) 建立对人体没有危害的环境。过去的立法与规划着眼于卫生标准的增加,而这在一些国家并不是很大问题。破坏环境的标准应当被及时定义,如噪音、正在污染与已经污染的环境、拥挤、压力与推动力、社会空间的缺失等。这些在社会个体的居住的需求中,将聚集建造形式的确立。

《论坛》7,1959. A/PS①

7.7.1 "适配"

在史密森夫妇对基础设施系统的研究中,"长期变化"与"短期变化"的要素成为决定基础设施建设中,重要的影响因素。其中,时间概念成为影响建造的主要因素之一。长期变化的要素,作为一种现实的存在,以"适配点"的角色,决定了在不断变化中,建设主体的特性与发展方向,如道路、河流、广场等。1955 年史密森夫妇在关于城市道路的研究中写道:"……在道路穿过公园,与历史建筑或地区相联系的时候,将会提供一系列的'适配点'(fixes),而这些道路将会在这些点的影响下,产生对当地特性的影响。"可见,在应对"大量性"问题中,基础设施的建设,将在一种全面的网络化特性系统中,建立全面与潜在的联系。

1957—1959 年间,在与"簇群城市"理念相关的柏林首都规划(1958)与伦敦道路研究中,史密森夫妇对道路系统进行了进一步探索。作为一种路径,道路在一系列"长期不变"的"适配点"影响下,串联成一个具有地区性特性的网路。史密森夫妇希望在各种不同功能的设置中,以"适配点"支撑下的"簇群"建立功能内部的系统(图 7 - 22),进而再以一种"布鲁贝克图示"的方式,建立相互之间的关联。我们从史密森夫妇关于道路发展模式的图示中,可以初步看出"适配点"在城市结构组织中的基本意义(图 7 - 23,图 7 - 24)。"适配"概念,讲述了城市空间通过建筑手段进行场所感逐步认知与营造的概念。在巴克玛和史密森夫妇共同关注下,"适配"成为史密森夫妇放弃巨型结构的同时,主张通过建筑来创造的无机动交通的地方性"孤岛"(enclaves)。而大市区方案中架空平台的运用,即在反映了对公众流动性关注的同时,建筑层面城市情景的革新带来的全新图景(图 7 - 25)。

---

① Alism Smithson,1968:48 - 52

图 7-22 路易·康呈现的多重功能组织的环境。
以"适配点"支撑下的"簇群"建立功能内部的系统

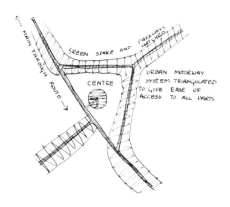

图 7-23 交通适配点的研究

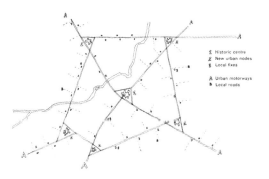

图 7-24 适配点决定下的道路系统

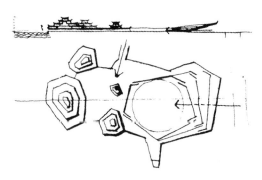

图 7-25 城市孤岛的情景

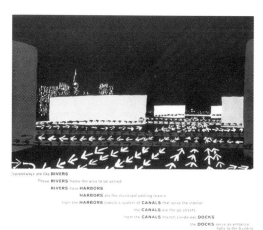

图 7-26 费城研究中各种途径对流动性的解释

此外,路易·康也通过一系列"适配点"(河流、港口、河道、船坞等)要素的诠释,以另一种方式逐步建立了城市高速路与建筑之间的多层级联系(图 7-26)。作为一种介入要素与事件,具有长期纪念性的"适配点"在城市与社会的发展中,表达相互之间互为影响的互惠作用,并将在时间维度,产生不同的作用力与影响力。

在城市与人类活动的联系中,当人们过于关注物质环境的同时,将会逐渐抛弃具有"适配"功能的传统美学要素。由此对笛卡儿美学的反对将在一种"改变的美学"中,找寻一条应对流动性的弹性化解决途径。

凡·艾克认为,整体特性一定蕴藏于个体之中,而个体特性也将在整体中得到体现。基础设施的建设,将在保留特性的基础上,以空间与时间的确立建立一种全新秩序。可见,大规模人口居住的空间,将在各种点状"适配点"的链接下建立全新的人际关联。而这种关联,将形成一种多层级复合的构型系统,在数量与质量的层级中，以一种构型原则，完善全新、多层级、多韵律肌理的建立。在此，基础设施的建立，不仅是一种个性化的体现，还是对应于人们日常生活即时对应物的表达。合理的变化将在自身与相似的城市肌理中逐步进行。而建立于"适配点"之上全新的城市基础设施，本身也作为一种"适配"角色，融入了城市发展之中。

总体看来，在"十次小组"的研究中，"适配点"主要包括：

（1）城市中一系列"长期"或"短期"影响城市特质的决定性要素；

（2）外来对城市具有潜在影响力的介入要素。

在此，"适配点"以一种动态的特性，在时间的变化中，在不同层面，扮演不同的城市功能与角色。

7.7.2 柏林首都规划

柏林首都规划竞赛（图4-75，图7-27～图7-32）旨在围绕曾被盟军轰炸的区域，在各片区有效组织的前提下，建立城市中心。在此，史密森夫妇与彼特·西格蒙德（Peter Sigmond）围绕"流动性"、网络化与战后现代城市的主题，从社会、物质等方面进行多维度介入。由此，全新的都市模式在设计中，承载了适应城市功能变化与发展的需求，以建立一种碎片的联系系统。

图7-27　柏林首都竞赛总平面

图7-28　柏林首都竞赛总平面北部中心

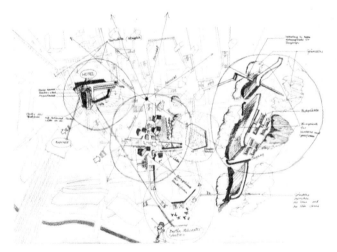

图7-29　柏林首都竞赛南部各平面之间的关联

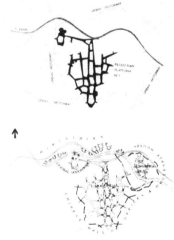

图7-30　柏林首都竞赛步行系统

｜ 现世的乌托邦

图 7 - 31　垂直交通联系各城市车行、步行各层面

图 7 - 32　城市中轴线图景

在此,"步行甲板"成为他们规划中的重要因素,悬浮于老城之上,并以一些小型的高层,建立传统街道与全新系统之间的联系。政府机关设置在城市中心的北面,而一些文化设施则设置在冯建基大道(Friedrichtrasse)与菩提树下大街(Unter den Linden)的结交区域,并由波浪型板式建筑作为边界的限定。他们试图在一种全新的流动系统中,建立城市基础设施,并在社会变迁中建立另一种美学标准。其中,全新的基础设施与城市历史遗存之间的并置,并非着眼于历史建筑遗存的保护与突出下,历史空间的重建,而是在一种特质的现代干预中,建立的大量性流动与城市之间结合的现代方式。

该项目中,道路系统以非传统表现形式,将城市现存碎片进行了系统化整合,并同时预留了历史遗存更新的可能。城市密度在全新的城市干预下,建立了传统与现代两套系统叠加中的"复合密度"。任何一套系统的变化,将对整体城市特性带来全新改变。而由都市"适配点"支撑下的全新系统的建立,也在变化中,完成对全新"适配点"的搜集与融合,并随着不断变化的系统更新,塑造全新的城市环境。在此,史密森夫妇遵循分散原则,重新梳理城市的肌理、密度以及全新的交流模式。作为一种开放而具有弹性的城市过渡性模式,机动系统与人行系统的理想化与理性结合,形成一种水平向层面的增替。这种开方式系统在城市发展中形成多层级的流线矩阵,使城市基础设施成为较为自然的城市与边缘郊区的过渡,而非简单的隔离与排斥。

7.7.3 作为基础设施的巨构意义

在"十次小组"对城市基础设施的研究中,巨构作为城市与建筑的结合体,成为他们关注的焦点。无论是巴克玛的线形巨构(1960年代中特拉维夫以及阿姆斯特丹的巨型结构)(图4-111~图4-113),还是坎迪利斯-琼斯-伍兹关于"毯式建筑"间隙性空间的组织,抑或1960年代在毕尔巴鄂、卡昂与图卢斯的实践,均体现了一种社会对应物的表达。从柯布西耶的奥比斯规划到巴克玛对其主要概念的延伸,"巨构"试图被转化为准地域性的尺度,解决面临的"大量性"问题。"大量性"的社会对应形式成为巴克玛在对巨型尺度城市的探讨过程中试图解决的主要问题。其中,"微型城市"(city-in-miniature)作为一种形式化的引导,改变了中心发散的旧制,建立了均衡的层级表现,并在从"茎"到"网"的理念转换中展现了双重交互系统。作为一种全新范例,这不仅对坎迪利斯-琼斯-伍兹的苏黎世以及1971年图卢斯设计产生影响,而且也同时验证了柯布西耶与朱利安的威尼斯医院在巨型结构下不同的表达方式以及与不同环境、肌理之间的关联。除了基本的复杂性与规律性,巨型系统似乎在城市的新旧肌理之间解决界面的相互融合,并试图接纳全新要素对原有城市肌理之间的干预与融合。其主要策略在于使城市空间在垂直方向建立公共与私密的分层,在水平向设置各种公共设施的结构。

在艾莉森·史密森的关于"毯式建筑"的论题中,汉堡-史迪什普可视为"十次小组"关于大量性机动化社会设想的展现。相对于巴克玛和史密森夫妇关于大尺度的研究,伍兹更倾向以一种简洁的街道表达一种基于凡·艾克的双胎效应下的"静谧"与"活跃"的结合。自史密森夫妇的"金巷"设计之后,我们可以将其视为两种对立的社会阶层与尺度范式:一种是城市与大都市的起源的状态,一种是郊区化与特大都市之间形式对应物。

通过"金巷"设计,史密森夫妇希望在不同的流动性之间找到合适的中介点。这个中介点在巴克玛的特拉维夫(1964)巨型结构设计中,也以一种大尺度的核心墙(core wall),垂直链接了高速路与其他城市设施,并起到了核心转换的作用(图4-114)。这使柯布西耶奥比斯规划中高速路与住宅之间的结合产生某种理念上的呼应与借鉴。巴克玛认为"大量性"在大规模社会中起到了代表与适应社会文明的作用。简言之,即密集的社会建造对应物成为备受关注的主要问题之一。在特拉维夫与丹下健三1960年东京湾规划的启示下,巴克玛自身延续了核心墙的概念,形成准地域性的尺度。

"十次小组"关于基础设施的研究,可以看做是一个处于建筑与城市之间"中间状态"的探索。怎样在日常生活中消减都市的基础设施与建筑和环境之间的差别成为他们关注的主要话题。如2008年威尼斯建筑双年展的主题一般:建筑不再是传统意义上的建筑,而是融入日常生活中不可或缺的形式要素。

7.8 发展与改变——另一种美学的建立

CIAM 10会议中,"发展与变化"作为主要的话题,成为居住与城市发展中主要的发展规律与实质性现象。作为"城市建筑师"需要认知的事物本质,该主题保持个体的长期性与建造形式的生长节奏之间的关联,在人们生活中的去与留,节奏的快与慢中,以"大量性""需求"为基础,逐渐形成一种发展的规律,从而激发即时或长期发生的社会特性表达。在此,巴克玛强调的"建筑-规划师"角色,将在"规划师规划建筑"与"建筑师设计城市"的双重作用下,以可变的元素,建造各种分离或整体的目标。技术的发展、大众交流的推进将成为"发展与变化"的主要推动力。弹性,作为重要的要素之一,在科学调研与建造环境得到促进的基础上,表达不同的发展趋势与个性表述。

以居住为例,从居住本身到居住使用关注的转变,是发展视角下的关键所在。基于建造物质性基础上非物质属性的提升,从创造、替换、空间的预留与转化中,得到更为有效与积极的建造结果。当变化与发展成为永恒的主题,设计者将面对各种复杂的需求,适应这种变化的动态原则。而这种原则,足以表明变化的规模、动态属性以及弹性形式的意义。

在"适配"的概念下,史密森夫妇提及的"改变的美学"成为在长期性与短期性要素之间的转换标准。长期与短期、变化与恒久在不同的标准下阐释了不同的体现价值。短期的要素,或"即时要素",以不断变化的状态,建立于长期性的适配系统中。而这种"改变"也使我们在认知系统联系与规律性的基础上,同时表达了一种稳定的特性。流动的稳定性在史密森夫妇的研究中,应对了人们的日常需求,并据此建立了稳固的表达方式。而建筑也在城市的环境中,应对适当的变化特性。变化与恒久属性,在建筑作为"适配"的同时,以稳固的变化循环的持续属性,保持自身的"恒久"或者"长期"特性。

面对大量性,"改变的美学"强调了改变的不同韵律的表达。在主韵律与次韵律之间,个体的美学与群体的美学在改变过程中,在具体的场所与场合,呈现了空间与时间的意义。不断变化与快速变革的社会中,"改变"的重点已不再局限于建筑本身的建造,而转为一种适宜环境的营造,以建立大量性建筑之间适宜的联系。"大量性"建筑的表达结果不再是一种长久性的主体,而是处于不断适应中自我调节与完善的变化主体。因此,建筑作为一种基础设施的载体,携带着改变的基因,扮演短期恒定,而长期变化的角色。随着时间的变化,该建筑将以建筑与城市的综合表达呈现长久的恒定状态。

可见,"十次小组"的"发展与变化",强调了一种原型发展与生长的发展思路,而变化的可能似乎基于"结构主义"理性生长的理论,成为网状或重复的系统。这些为当时百废待兴的城市发展带来了高效率与可实施性。然而在日常生活的特性之下,重复的美学似乎又缺乏足够的证据以证明其发展主题中的长久价值。人们在乏味的重复空间与联系体中逐渐厌倦。由此,"变化"成为"十次小组"中强调的主题。"发展与变化"的时代意义也在不断的发展中不断更新。其中,临时性与长期性的要素在建筑或城市发展的过程中不断组合与更迭,将"发展与变化"作为一种城市与建筑遵循的范式,并时刻以动态与非恒久的眼光,着眼于城市与建筑的进程中。

此外,关于"发展与变化"的讨论,不仅在于改变,还在于动态特性的确立。赫兹博格在"弹性与多价性"(flexibility and polyvalency)中认为,功能主义与结构主义的差异性在于预留可以改变与想象的空间。当然,"弹性"也不是解决所有问题的唯一途径,除此之外还应在"多价"性层面进行多角度探讨。这就好比一部完美的乐章,可以被不同的演奏者,进行不同角度与方式的演奏。他所理解的"多价"概念汇集于前文提及的两个罗马时期的圆形剧场,每一个场所以自己独特的方式说明了"弧形的结构"(arch-form)在不同的地点,以不同的方式,链接了不同的特殊意义。

在发展的过程中,"十次小组"往往选择在矛盾的相遇中,进行"中介"式干预,而这种二分法视角的思维方式,往往在日常性的实践中,能够找到真正的答案。改变作为一种恒久的话题,在发展的进程中,成为动态的模式与教义。框架、主体与明确的目标在不断的二元对立之中,重新建立全新的概念与发展途径。在面临"大量性"的问题中,非预设性的发展,在地区与层级化居住传统中,找寻现代发展的对应模式。而应对居住的"大量性"也只有在动态的发展中,才能真正体现其生命力与潜在发展的可能。社会与物质属性的相互作用,以及更大范围内的分析,将使问题显现得更为清晰,更具说服力。

7.9 "大量性"问题的反思

"大量性"问题,往往来源于快速发展的社会现实和需求与无法满足的供给之间的矛盾,如大量性的人口膨胀、大量性消费、大量性生产需要、大量性居住需求以及大量性流动与交流需要等。而在快速发展的过程中出现的问题,往往又必须经历长期发展才能解决。因此,"大量性"问题的出现,也就是短期与长期矛盾共存的出现。

雅各布斯对 1950—1960 年代美国城市中的大规模计划(主要指公共住房建设、城市更新、高速路计划等)深恶痛绝,并在《美国大城市的死与生》中用了大量篇幅对这些计划进行批判。她指出:大规模改造计划缺少弹性和选择性。排斥中小商业,必然会对城市的多样性产生破坏,这是一种极大的浪费。首先,耗费巨资却贡献不大;其次,并未真正减少贫民窟,而仅仅是将贫民窟移动到别处,在更大的范围将造就新的贫民窟;再次,使资金更多更容易流失到投机市场,给城市经济带来不良影响。因此,大规模计划只能使建筑师们心潮澎湃,使政客、地产商们热血沸腾,而广大普通居民则成为最终的牺牲品。她主张必须改变城市建设中资金的使用方式,从追求洪水般的剧变转向连续、渐进、复杂和精致的转化。

我们不妨用"十次小组"中波兰建筑师汉森 1961 年提出的建筑"开放形式"(open form)作为思路的准则,将个体特性融入整体的表达之中,从宏观、中观与微观三层级考察"大量性"在不同的层级带来的问题。可以看出,解决"大量性"问题的方法并不是一种普适性的原则。这需要在生活实践中找寻事物的复杂性、人的自然属性以及世界的本质特性,才能有效而循序渐进地解决矛盾。

简言之,应对"大量性"问题,我们可以从"十次小组"得到以下启示:

其一,树立"大量性"理念,以此为关注视角,建立城市与建筑之间的有效关联。

其二,以发展与变化的眼光看待长期与短期变化的要素,找寻相互之间的联系。

其三,物质要素与空间实践相结合,在视觉与非视觉要素叠合与本质的复杂性中,建立发展原则,杜绝盲目的单项性追求导致的失衡。

其四,以"适配"的观点,找寻混乱中的秩序与确定的要素。将"大量性"在现存与将来的"适配要素"中,配置适当的节奏,以"点"的长期性确立,建构短期性"表皮"的发展与更新。

其五,在整体的集群中,以非层级眼光,建立层级概念,即以一种对事物本体重要性同样的关注,聚焦于相互之间有效关联网络的建立,以不同尺度结构的建立,最终完善整体的结构形成。

其六,流动性将以一种动态的意义,缓解与疏散"大量性"矛盾,成为创造与保持个体与群体之间动态平衡的重要媒介。

8

"As Found"①美学：
现实的真实认知

> "'As Found'是一件需要密切关注的微不足道
> 的小事。"

——彼特·史密森

从彼得·史密森对"As Found"的描述，我们可以感受到：

其一，"As Found"是一种平常而细微的事物；

其二，"As Found"同时具有被密切关注的需求；

其三，"As Found"是一种具有双重属性的辩证世界观。

8.1 "As Found"与"发现"（Found）

"十次小组"之前，作为"独立小组"成员的史密森夫妇以"As Found"的意义，从艺术与日常生活的表达，阐述了对社会存在现象的关注态度。他们希望以城市与建筑的并置，找寻理想化乌托邦构想中，恒久不变的社会特质，而这种特质也在不断的变化中，保持其恒久特性。

之初，史密森夫妇以敏锐的眼光，从1950年代亨德森对绿贝斯诺地区的调研中得出"As Found"启示，并于1980年代将"As Found"与"Found"之间进行区分：

"Found"：是艺术处于被关注与过程之中的状态。

"As Found"：是艺术在被提及、转承与再度结合的状态。②

"As Found"可理解为一种形容词，这不是一种事物的专属或某种创造的结论，而是在更广泛层面人们进行事物探究的背景，是对现存事物事实的发现与线索的追溯。当人们以"Found"眼光看待世界的时候，"As Found"即以一种积极身份，出现于城市与建筑的发现与发展序列之中。"As Found"代表了建筑与艺术的融合，代表了真理与现实之间的转换，代表了普遍与平庸之间的跨越。这是一种在日常生活观察中，生活质量与乐趣的发现；一种对现实存在的另一种视角的考察方式与全新形式的介入；一种自信的环境中，以不同视角看待各种特性事物的存在。此时，美学评价不仅是美丽，道德标准不仅是优秀，而洞察的结果不仅是真

---

① 鉴于"As Found"在"十次小组"理念中的特殊意义以及与"Found"的对应区分，本书倾向于以"As Found"代替中文的翻译，贯穿全文。

② David Robbins(ed.)，1990:201

实。"As Found"可视为乌托邦的对立,是对直接、刻不容缓、新鲜以及材料性真实存在的感知。如史密森夫妇所言,"这是对现实感知性的认知,对平常属性的全新视角,以及对平庸事物的开放性的活力重现。"①"As Found"是"意向"在脑海中成型的过程,这不是一种单纯的主观性,而是在感知与创造之间的"中介"状态,是意向从静态向动态的转变。

而"Found"则是一种对现实任意信息的截取,是一种非目标性的发现状态。如果事物是一种"As Found"的表现,其首次接触的意义已经明确。而对于该事物的评价,则源于对事物二次诠释。这不是一种源于"白纸"的创造,而是基于特定目标再次深省的过程。如卡雷尔·雷兹(Karel Reisz)所言,"这是一种对你的所得进行接受的过程,并非追寻与得到你所需求的过程。"可见,事实的接受,是"As Found"的本质属性。而在此基础之上的再次革新,是其意义的延伸。

如史密森夫妇的萨格登(Sugden)别墅(图 8-1,图 8-2)的设计,其首次印象是对现有环境特性保护式的重建,一种对传统建造模式的遵从与延续。而近距离的观察,才可以发现是一种与现代主义安静的嫁接。松散的开窗方式,建立了一种非地域性自由立面的表达,而底层平面则是开放式的流动空间,一种非传统房间的创造。

图 8-1　萨格登(Sugden)别墅

图 8-2　萨格登(Sugden)别墅传统材料的表达

在亨德森的摄影世界里,儿童嬉戏的人行道,各种类型作为街道标示的门等(图 8-3),成为 1950 年代重新审视建筑的过程中,对场所认知的重释。从某种视角来看,场地的现存要素是环境的"结构",建筑则成为一种外来的干预,需要在"As Found"的概念中,将自身作为一种特殊物体,介入场所之中。其中,相互之间的关联成为研究对象的重要关注目标,其美学标准不再是形式视觉本身,而是忠于现实真实表达的非乌托邦追求。

由此,"As Found"可视为对日常性的全新态度,将一些"平庸"的事物,融入创造性的设计活动之中。价值

图 8-3　各种关于门牌的关注

的重估,为事物在设计中呈现的角色,带来了全新的评判标准。方位、材质、原始属性、改变

---

① 参见 A & P Smithson 的 the "As Found" and the "Found" 一文。

的可能，以及作为一种静态或动态、物质性与非物质性的恒久与即时的属性，为设计带来了原始信息。史密森试图在"簇群"的理念中，融入"As Found"美学，从而将一种"随意"的美学，领入日常性的轨道。

"发现"（found）在"给定"（given）的基础上，以一种朴实的思维，藉以自然属性，呈现了主观与客观之间的联动。"As Found"就是在这种联动中，追寻一种对事物本质全新发现、思辨与融入的过程。如果我们将设计视为一种片段综合与转化表达的两步走，那么，"As Found"在第一步中，承载了事物发展推动力要素中"给定"基本属性中"发现"与"编织"的主要角色。在 1953 年"生活与艺术的并行"以及 1856 年"这就是明天"的展览中，亨德森的摄影展览以及史密森夫妇"院与亭"的展出提供了在居住场所中，对于建筑的另一种思维切入方式的强调。真实的"新粗野主义"论调，以抽象与局部显现的方式，从细节化与艺术的方式，对事物属性进行集中表达。

"实际上，建筑不仅是艺术，也不仅是科学。建筑融入了人类生活实践的每一个角落。几乎在野蛮社会到达自我意识的程度之后，建筑开始产生。……建筑师将生活、市场、朴素与神秘的艺术紧密地联系……"[①]《建筑设计》认为，建筑专业与非专业者对于建筑的理解有着巨大差异，对于"As Found"哲学的理解即可说明。其他艺术形式可以在空想空间中存在，而建筑则是现实的载体。

可见，"As Found"不仅是客观的"图示"意义，而且表达了基于主观观察之上具有生命力的"意向"表达。这是在客观接受基础上生产创造的过程。在对外界信息的采集中，对传统价值观的颠覆与批判，在不同的观察世界的视角中，呈现了全新的时代意义。在此，相对于目标的明确追求，"As Found"更多地是一种对于现实的介入、认知以及重新创造的逐渐清晰的连续过程，对现实与传统方式具有颠覆性的反思意向。因此，彼特·史密森在 2001年的展览中以一句话概括："'As Found'是一件需要密切关注的微不足道的小事。"

8.2 新粗野主义

8.2.1 词源

"the new brutalism"来源大致可追溯至"the new empiricism"（新经验主义）的形成。为了描述斯坎迪纳维亚地区建筑脱离"国际主义类型"的显著特性倾向，"the new empiricism"中以"new"描述了"empiricism"重新审视某种主义与流派而发展的全新视角与革新途径。由此，英文中"the new x-ism"中的"x"就以一种被批判或被革新的身份，重新审视城市与建筑发展的方向与动势。1956 年，随着《建筑评论》中汉斯·阿斯普伦德（Hans Asplund）对于"野兽派"（brutalist）字眼的重新提出，"新野兽派"（neo-brutalist）也在发展中在英国得到了广泛传播。当然，"新野兽派"与"新粗野主义"（new brutalism）还是有很大差别的。前者，就好像一种标签式的风格，而后者则是一种伦理道德规范下的美学标准。

其实，早在 1953 年，艾莉森·史密森即以一种"结构的充分展示，没有内在完结"[②]的特点，在其"搜户"（Soho）住宅设计（图 8-4）中，以"新粗野主义"类似的描述："仓库美学"（the

---

① Opinion 在 *Thoughts in Progress*：*Summing Up 3* 中提及。
② 参见 Architectural Design 的相关文章叙述。

warehouse aesthetic)，于"新粗野主义"正式出现之前加以陈述；同年，同属"独立小组"成员的史密森夫妇与艺术家爱德华多·保罗齐(Eduardo Paolozzi)、摄影师亨德森在伦敦现代艺术中心以及 AA 学院组织了名为"生活与艺术的并行"的展览；次年，随着展览影响的延续，史密森夫妇完成的诺德克(Norfolk)现代亨斯坦顿(Hunstanton)中学(图 8-5)，在汉斯·阿斯普伦德第一次将"新野兽派"概念引入英国之前，以一种"真实"的建造①，成为他们"新粗野主义"的标志性开端。也正是该竞赛的成功，标志了他们真正职业生涯的开端。

图 8-4 "搜户"(Soho)住宅设计

图 8-5 亨斯坦顿(Hunstanton)中学

1957 年，史密森夫妇在关于"新粗野主义"的讨论中说道："如果学院派可视为对今天问题而言昨日的答案，那么很明显，真正建筑的目标与美学技术将会处于不断的变化中。……'新粗野主义'希望面对大量生产的社会，并在强大与混杂中，找寻一种'粗糙'的诗意美学。"

可见，"新粗野主义"试图将现代主义建筑中的语言视为一种从"新人性主义"(the new humanism)的起始标杆，重新审视建筑作为人的需求，而并非作为装饰负载的特性呈现。

8.2.2 发展与反思

从柯布西耶的马赛公寓开始，"新粗野主义"似乎被烙上了柯布式的"粗混凝土"印记。史密森夫妇认为柯布西耶的纯粹空间美学，流动界面的应用，连续空间的展示，白色与土地色彩的协调充分展示了"新粗野主义"的主要特征。而对于材料的尊重，成为人与建筑之间的纽带。班汉姆在进一步的阐述中认为"新粗野主义"是在个体与群体间，源于"新人道主义"和理想图景诉求的一种口号式理念。随后，班汉姆定义"新粗野主义"为结构、平面的展示以及材料的"As Found"美学下的非妥协态度："其主要方式即在对'As Found'材料品质与清晰结构关注基础上，对整体性的追求。"②由此，历史学家班汉姆(Reyner Banham)在其"粗野主义"探索中认为，带有第一个"新粗野主义"标识的是密斯的钢与玻璃的技术性表现。无论什么材料，真实的表现即是"新粗野主义"追求的主要特性之一。相对于装饰性的"当代"设计理念。"新粗野主义"理念不仅集中于结构的清晰，其装饰的真实性也在材料表达的理念、原则、精神中，做出对自然属性尊敬的极致表达。

---

① 《建筑评论》认为这是当时英国真正的现代建筑。
② Opinion 在 1957 年《建筑评论》杂志中提及。

同时,古特凯特(Gutkind)对现代建筑教条的质疑,激发了人们对现代建筑大量需求的思考与关注。他希望建筑师在建造过程中结合各种需求、传统与消费,进行全面考虑。正是古特凯特的影响,激发了史密森夫妇对"新粗野主义"的思考,并感受到了"新"的意义。这不是存在于历史建筑中的形式,而是一种根植于现有居住类型中的再现,一种将建筑视为来自于生活的直接对应物。1956年《建筑评论》中,班汉姆就"新粗野主义"的诠释,认为现代主义的历史学家们在研究现代主义运动的同时,将"主义"(-isms)分为两类:其一是一种描述性的标签,用于历史与批判性的工作之中,而另一类则是被现代主义运动拿来作为一种实践性的标语式口号。"新粗野主义"将其合二为一,在现代主义运动中逐渐萌生。

于是,"新粗野主义"宣言不久,便在CIAM 9会议中成为CIAM城市理念批判的强大武器之一。虽然CIAM老一辈成员知道"功能主义"的不足,但却没有将其推翻,而是以其他全新功能的植入进行补充:如《我们的城市能否生存?》(*Can Our Cities Survive?*)中的"历史中心"(the historic centre)、CIAM 8会议中的"核心"等。而年轻成员则以一种颠覆性的理念,在"新粗野主义"本质性的描述中,挖掘城市中的层级关联,将"新粗野主义"的应用从建筑转向城市等各层面,以本真的描述,阐明其理念在不同尺度与层面描述的广泛性。

史密森夫妇以"活跃的社会弹性"(active socioplastics)的阐述,试图引领人们在"丑"与"美"的对立中挖掘其相对价值与意义。他们希望人们摆脱规则与束缚,在设计与建造中体现生活的本质属性。他们认为"事实"依据是"新粗野主义"理念中的唯一标准。由此,以一种发现的眼睛去探索,成为美的再组织与再提炼的有效途径。而社会现实的价值与目标,将在美学定义的更广泛的范围内变得更加清晰。

1955年,班汉姆认为"粗野主义"建筑应具有四重特性[①],即:

(1)"平面形式的可识别性";

(2)"结构的清晰度";

(3)"材料价值的'本源'性利用"(图8-6);

(4)"服务设施的清晰展现"(图8-7)。

图8-6　材料本源的使用

图8-7　管道的直接流露作为装饰

在《新粗野主义:道德还是美学?》(*The New Brutalism：Ethic or Aesthetic?*)中,他将1950年代中期的"新粗野主义"定义为三个方向:(1)以"布扎"(Beaux-Arts)为背景的建筑现代运动;(2)建立于自身价值观之上的英国的实用主义;(3)具体的音乐(musique con-

---

① Helena Webster,1997:30

crete)①与抽象的"表现主义"等成熟美学标准下对现实发展的意识。这是一种在物质与精神生活实践中创造性的过程,一种对传统生活与艺术批判性的重建②。对于班汉姆来说,"粗野主义"在1953—1955年间,表达了"一种完全不限制的功能主义"。而这种粗野主义融于柯布西耶的粗糙混凝土与严格忠实的细节表述,讲述了对于材料真实性、内在本质意义的追求,一种对"As Found"材料的"直接"运用。粗野主义表达了从鉴赏标准到材料属性的包容,但它的价值和目标显得十分模糊,不能确保一致性。班汉姆最初认为"新粗野主义"仅是对古典主义的批判,而1966年之后他逐渐将其视为自己的认知准则。

史密森夫妇在日本现代建筑中发现,"新粗野主义"在东方建筑中表达为:"对自然世界和建造世界材料的尊敬。"这种尊敬表达了一种生活态度,并引导史密森夫妇对建筑观点的巨大突破:"我们视建筑为生活方式的直接结果。"③爱任纽·斯卡贝特(Irénée Scalbert)在其文章《建筑作为一种生活方式:新粗野主义 1953—1956》(*Architecture as a Way of Life：The New Brutalism 1953—1956*)中认为,"新粗野主义"为史密森夫妇提供了较为有力的现代运动舞台,为他们的建筑生涯奠定了坚实、纯粹的理论方向。

当然,"新粗野主义"不是对手工艺、过去形式以及特定模式乡愁式的膜拜,而是在不断发展的生活关注下,对不断更新的日常生活与"自然"属性的表达。史密森认为:"建筑即是一种生活方式最为直接的表达。""任何脱离'现实'存在对于建筑的讨论,将失去'新粗野主义'的本质属性与内涵。"④在史密森夫妇代表性的"金巷"设计以及谢菲尔德大学(图8-8)竞赛中,前者"空中街道"联系下居住的集中单元,在强调人类活动空间垂直发展的同时,以街道朴素化的转变,表达了相对于建筑来讲人类存在意义的重要性;而后者则强调了类型的重要性,形式的构成成为其附属的原则。流线的内外穿梭与渗透,以一种对于

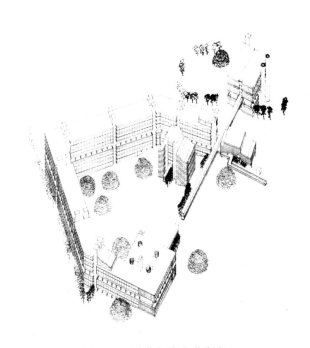

图8-8 谢菲尔德大学竞赛

场地的记忆,表述了在"生活与艺术的并行"展览中陈述的"记忆的意向"原则。此外,坎迪利斯的北非低收入住宅实践在其特殊的社会传统与文化背景下,也被史密森夫妇视为一种"新粗野主义"具体的表达。而巴克玛与凡·德·布鲁克(Van de Broek)在鹿特丹设计的

---

① (原法语翻译为"concrete music"),基于声音记录的一种先锋派音乐创作方式,记录的声音中包含了环境声音和其他非内在性的杂音。

② New Brutalism,文章中提及"新粗野主义"的三种分类。

③ Reyner Banham, 1966:45

④ 见《建筑评论》杂志的1955年第4期。

林班(Lijnbaan)步行街中对人们日常购物活动行为的关注(图8-9)以及路易·康的耶鲁大学艺术中心(图8-10)与亨斯坦顿中学中对于"塑性理论"(plastic theory)的匹配,在班汉姆眼中,成为"新粗野主义"追求的不同表达。"……在'居住'理念的原则之下,我们提供了一种结构,使每个人成为设计者,能够自由地找寻适合自己的生活模式。"在此,"新粗野主义"思考模式不仅在于对现实生活的关注与理解,而且在社会伦理思考的基础上,体现了融于时代转化的过程与可行性。"原生艺术"(I'art brut)与"都市改革"成为重要的提炼于历时年代属性中的重要特性。

图8-9　鹿特丹林班(Lijnbaan)步行街

图8-10　路易·康设计的
耶鲁大学艺术中心

图8-11　小组五(Atelier 5)设计的 Halen Siedlung

亨德森认为,材质化的世界中,传统意义上孩童式"幼稚"眼光的表达与人们刻意的创造具有同样的意义。对于史密森夫妇来看,所谓的"物质性"(the materiality thing)就是"粗野主义"本质的内涵。"新粗野主义"意义在于美丽、语言与形式的统一,其内涵远远超越了真实性与细部的追求。班汉姆认为"粗野主义"是功能主义的改革,是整个社会的隐匿,一种非形式或无形式的类型,是非形式主义(a-formalism)和拓扑学相互干预的结果。因此,"粗野主义"应比其表面形式展现更具深层内涵。路易·康的耶鲁艺术学院、斯特林和告恩(Gowan)的汉姆康门公寓(the Ham Common flats)以及小组五(Atelier 5)设计的 Halen Siedlung(图8-11)等对于形式、秩序的追求从本质上与粗野主义意义背道而驰。

当然,这种空间自然与本质性追求虽然表达了"新粗野主义"特色,但似乎也放弃了对事物发展的动态视角。事物之间的互动,在技术层面成了单向的批判。今日,材料与结构的真实性诉求虽然在建筑设计中,已不是新鲜话题。建筑的形式逻辑与空间实践,在建筑的逐渐成形中,产生了较为显著的启示意义。但"新粗野主义"强调的超越了材料与结构之上的社会真实性与内在本质属性的探索,仍旧是在城市与建筑发展的相互关联中不可忽视的焦点。"新粗野主义"除了强调对"As Found"材质的真实使用,还从社会层面希望建立经济、社会、文化与建筑之间的联系。当城市趋向于网络化发展，建筑逐渐呈现城市化倾向的同时，事物与生活"真实性"的缺失，在各种城市"巨构"逐渐在生活中上演的同时，以"形式化"的单一追求，失去其本质属性与理由。因此，"新粗野主义"在时代的发展中，以视觉与实践的体验，体现了对于关联性的强调。

8.2.3 （无）装饰：形式的辩证之解

"新粗野主义"之后，"十次小组"成员如史密森夫妇、迪·卡罗等认为"建筑是生活直接的写照"，无修饰的"形式语言"（form-language）与"形式化的语言"（formal language）在他们看来，是在与凡·艾克相似的"By us，For us"相似的"源于大众，理解于大众"（understood by all，contributed by all）的理念之下，对不同时代现存本质与肌理的尊重。他们认为，只有在现有层面价值得到清晰解读的前期下，才有可能进行全新层面的创新。肌理本身，则是设计最终形式叠加的一部分。

由此，本质属性，超越了"风格"带来的形式意义。真实、无修饰、匿名建筑的追求，正是在超越客观之上的主观内涵。迪·卡罗将主观与客观视为一堆相互补充，而非相排斥的要素。罗伯特·麦克斯韦尔（Robert Maxwell）在《没有修饰的真理》（*Truth without Rhetoric*）（1994）中认为，史密森夫妇对于主观性的排斥，将无法理解一个基本的事实，因为修饰是在人造物的存在中无法回避的现象与属性。他指出，对于美学的评价，重要在于修饰的使用方式与途径，而不在于一种外露的管道与服务设施的呈现。

可见，事物本质追求，并不代表对于修饰的放弃。美学的需求不仅在于事物真实属性表露，还在于一定程度的整合与平衡。"As Found"美学意义中，主观的修饰，将成为客观真实性表达的前提与手段。史密森夫妇在寻求基于客观现实真实表现结果的同时，希望在"秩序"或者在超越"秩序"的基础上创造形式，即一种直接来源于现有肌理的复杂性与特殊性的"直接"表达。

迪·卡罗在史密森完全极端化非装饰的理念中认为，建筑始终要面对空间的组织与整合的协调，并最终在直觉、创造、语言与激情中面对形式问题。成功的建筑是在组织与形式之间完美平衡追求的结果，其内在属性将呈现非稳定的动态特征。可见，与史密森夫妇不同，迪·卡罗主张主观与客观之间存在一种相互补充的联系，而非相互对立。

于是，修饰在客观与主观的基础上，呈现可视与不可视的城市特性。一系列"不可视"或是"不经意"的城市生活要素，在史密森夫妇看来，逐渐成为城市发展中不断变化的装饰要素，如管道、标志、汽车的流动、公共交通、婚礼、葬礼、人们行走的方式、着装以及街道的售货员等。这些看似稀疏平常的事物，由于其不断变化的特性，在城市的发展中，成为主要的影响因子，而这些，却往往被设计者所忽略。

可见，生活中长期与即时的要素，在日常性层面，为基本的城市与建筑之间的协调发展提供可能。而将土地转化为景观和将日常生活转化为装饰的过程，不仅在于一种田园式的理想，还在于"装饰"意识的不断拓展与对不经意事件意义理解的不断成熟之中。

8.2.4 亨斯坦顿中学与萨格登住宅

亨斯坦顿中学（图 8-12～图 8-15）作为史密森夫妇的成名之作，被视为"新粗野主义"的代言。史密森夫妇将对于事物客观"真实性"的追求，作为该设计的灵魂理念，从整体贯穿至细节的每个角落。玻璃、钢、混凝土等材质以本真的面貌，体现材料的真实属性。水与屯的排布也不会从毫无来由的孔洞排出。这似乎与日后巴黎蓬皮杜美术馆有着潜在的关联。人们在真实的建造中，轻松而真实地解读其中任何可以观察与寻觅的存在。从该设计，我们也不难联想到密斯在"少即是多"的理念中对材质简约与清晰的强调。而史密森夫妇更是将一种建造的伦理理性，融入对事物本质的理解与表现之中。班汉姆认为他们那种激进的"超密斯"式论调，使他们在避免形式主义的同时，在日常性的文化要素中找寻可能的元素与灵感。建造中，理念的实行试图证明各要素之间潜在的联系，以彻底表达两种要素的集合：即与教学、噪音、家具等相结合的日常生活和相对应真正能够表达"学校"的建筑要素之间的真实、毫无修饰的关联。

图 8-12　亨斯坦顿中学院落

图 8-13　亨斯坦顿中学简洁的楼梯

图 8-14　亨斯坦顿中学中设施中
"新粗野主义"的基本表达

图 8-15　亨斯坦顿中学的基本结构

史密森夫妇在沃特福德（Watford）的萨格登住宅（图 8-1，图 8-2）则是在"另一种建筑"的理念中，放弃了学院派"构成、对称、秩序、模数以及比例"等约束的另一种实践的典范。该住宅在平面、结构以及外在表现的"无知"①中，放弃了功能至上严格而死板的分区原则，以社会形式、人类活动以及文化目标作为出发点，在空间与活动中，寻求另一种"自然"的设计理念与出发点。其中，所有立面开窗秩序，只是以室内需要而开启。所有平面与建造，没有真实需求之外的多余。所有的房间，依据年龄的需要，创造不同的环境，以达到

①　Fred Lasserre 认为该建筑在平面、建造以及表现中是一种无知的体现。

"另一种"以日常"需求"本体为设计思路的纯净与本质。富勒(Buckminster Fuller)的结构设计在他们看来是一种技术的外皮,在塑性中产生的空间副产品,而不是一种自然、本质、日常性空间生成的自然过程。

8.3 展览中的"真实"美学

8.3.1 "生活与艺术的并行"

1953年,四名具有同样对科学、人类学、社会学以及原生艺术(art brut)感兴趣的"独立小组"成员:史密森夫妇、亨德森以及保罗齐在保罗齐的发起下,主办了在当代艺术学会(ICA)①的"生活与艺术的并行"展览。在开幕词中,彼特·史密森用"非和谐与非均衡"(doing without harmony and proportion)作为主要展览的主题口号,表达的不是一种方式,也不是一种解决问题的手段,而是一种在现代主义原动力消耗殆尽的时刻还原连续性的一种策略。在"十次小组"的话语中,"无形式"(without form)与"无定形"(formless)有着不同的意义。形式对于他们来说不是唯一的诉求。空间实践与相互之间的真实性关联才是他们真正关心的事物发展的本质规律与内在属性。展览中,日常生活元素被拍摄为粗颗粒黑白胶片用以表达日常生活的实际环境。这些在时代变迁中展现的现代生活的改变,真实反映了城市生活现状和设计者真正应当关注的现实。他们以"As Found"美学态度,将关注点从中产阶级转向工人阶级的生活状态的真实与平实,以原生艺术、非层级、非秩序、反艺术的理念,看待城市发展。

班汉姆在《新粗野主义》一文中以他们作品为例进行了深入探讨。而"新粗野主义"话题也对巴黎艺术产生了深远影响。建筑与艺术的结合,表达了"新粗野主义"在时代发展中,融于随性悬挂的作品中最为自发的展现。最终的出版物放弃了设计概念,希望在一些非意识技法、非专业、朴实的真实表现中寻求日常生活的真正内涵。

此次展览对不同的参与者有着不同的意义。对史密森夫妇来说,艺术与生活并行就是"As Found"的真实展现。其主要观点为:"艺术起源于选择的行为,而不是设计行为。"②而对亨德森来讲,"生活与艺术并行"的展览表达了无所不在的周边生活的表达。他认为展览从各方面带来了全方位影响。亨德森于1948—1952年在伦敦绿贝斯诺(Bethnal Green)邻里社区的摄影作品完全来源于他实际居住的日常生活,他妻子也在社会学家彼得森(J. L. Peterson)的领导下进行了人类学的调研。亨德森认为这是一种正常的日常生活体验,一种对没有判断与定论的日常性文化素材的真实探索。另外,安德烈·马尔多(André Mal-raux)有关"没有墙的艺术馆"(Musée Imaginaire)展现激发了人们对法国艺术的神秘感,他所创建的艺术博物馆的世界通过摄影艺术在不同艺术之间建立了自觉与不自觉的关联,在超越艺术的空间中展现了艺术广泛的影响。

独立小组相关的日常生活素材源于19世纪人类学的讨论:现代主义清晰的历史教训在于学术化的遗存对主流阶层日常生活产生的巨大影响。独立小组成员来自于不同阶层、

---

① Institute of Contemporary Arts,1952—1955,伦敦。由班汉姆组织,通过先锋艺术、建筑、科学与哲学,旨向现代主义的批判。
② David Robbins (ed.), 1990:201

不同背景。保罗齐具有意大利血统,玛格达·科德(Magda Cordell)来自中欧,哈密尔顿(Hamilton)、班汉姆和阿罗威(Alloway)来自平民中产阶级。由此,不同领域不同日常生活要素的融入,在艺术的谈论中呈现了多元化的交织。

除了展览本身,班汉姆认为通过摄影技术的充分使用,内在与外在的表征方式建立了丰富的关联性。该展览用以展示原本属于自然的事物与要素,反映现实中生活、自然、建筑、艺术中本源的事物。照相技术的发明,使人们观察事物的角度产生了翻天覆地的变化。这也同时让人们在较高效率之下进行多方位比较,更为深入地把握生活的瞬间,使人们对于生活的细节更为敏感。随着技术的提高,其成果在各种媒介成为主流话题。自然与人造艺术之间的视觉类比,X线技术在摄影中的新探索,以及摄影技术对瞬间精华的捕捉等,均有效体现了日常生活在新时代,新技术变迁中不断凸显的生命力。期刊、杂志、电影、街道、树木等,充满了人们对生活的观察,而这些正是城市发展与建筑设计中需要关注的问题。由此,人们开始从日常视角去观察生活,观察生活带来的社会变迁、审美差异以及在时代发展中不断变化与保留的要素。这种历时性眼光在任何行业、任何领域中均成为主要的评价标准,也成为人们在观察事物中主要的出发点与价值观的体现。

在保罗齐、亨德森和史密森夫妇的努力下,"新粗野主义"逐渐成为具有英国标签的内容,而班汉姆则将"生活与艺术的并行"视为他经常引用的案例。就保罗齐而言,"新粗野主义"建筑是一种奢侈的期待,就像超现实主义(建造建筑完全的自动化)与达达主义(设计会成为生活自发燃烧后的剩余物)追求的现实一样。将建筑视为生活的残骸,还是生活方式的结果?这是一种不可消除的矛盾,而这种矛盾在实际中需要存在,并将成为消除矛盾的主要动因。

8.3.2 "未来房屋"与"天井与亭"

1950 年代中期,史密森夫妇以另两个展览持续表述了他们对"平庸"(ordinary)与"丑陋"(ugly)的意义,即:在伦敦为"每日邮报理想家居"(daily mail ideal home)展览设计的"未来房屋"(1955—1956)以及在为"这就是明天"(This is tomorrow)展览设计的"天井与亭"的展览(1956)。他们希望在过去与现在之间找寻合适的表达方式。他们将技术性未来与人类早期自然属性同样视为重要元素,以寻求理念模型的塑造过程。他们在向传统现代主义发出质疑,并对早期先锋派事物进行深思的同时,将其融入日常生活与大众文化之中,致力于"生活的设计与道路"的追求。

在史密森夫妇"As Found"概念的影响下,艺术家们在先锋派与日常生活的关注中,创造影像、物体与结构的理想化结合。他们认为应脱离于老一辈故作矜持的旧俗,以更为开放式的眼光看待"建筑"问题。在此,建筑已不是一种狭义的建造物,而表达了任何事物。"建筑电讯派"在展览中大胆认为"任何事都是建筑"(everything is architecture),而"As Found"美学的意义,似乎就是在于将各种事物的原始意义充分表达,创造在生活中不断涌现的原型的转化途径。这种互换式的思路,使城市中孩童在内的非专业"演员"的角色被视为重要的城市要素,一同融入了思考与统筹之中。

劳伦斯·阿洛韦(Lawrence Alloway)就在《设计作为人类活动》(*design as a human activity*)中写道:"这个展览就是为了反对艺术的权威。在'这就是明天'中,访问者置身于空间的效果之中,在各种信号、材料结构中进行体验。这些综合的结果将艺术与建筑描绘为一种多渠道的活动,使事物变得更加真实,更加远离理想化的层面。"

"未来的房屋"(图 5 - 10,图 8 - 16～图 8 - 21),在一种无法回避的大量性建造与美国当代流行文化的现实影响下,选择以一种时代的材料与技术手段,表述传统庭院的居住模式。虽然在柯布西耶看来,这是工业产品下非建筑化的建筑,但史密森夫妇在汽车工业与波普文化盛行的时代,以一种动态眼光与对时代脉络与现实进行把握,为 30 年后的居住做出了现代化的设想。史密森夫妇以 1:1 的真实样板的工业化建造,将现代化技术、产品,结合于传统的院落居住模式,创造了未来居住视觉印象。班汉姆认为该作品以表现上的革命性创造,推进了处于襁褓中的居住模式的发展①。连续的界面在基本使用性的基础上,以塑性的连续,探索具有来自自动化工业的"大量性"制造。由于外形体量的完整与规则性,其单元在不断的重复中以史密森夫妇理想化的方式,对其大批量的融入日常性实践进行考虑,试图完成一种技术支持下的乌托邦实践。

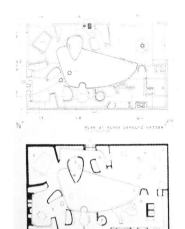

图 8 - 16　未来房屋单元的平面

图 8 - 17　未来房屋客厅与院落- 1

图 8 - 18　未来房屋客厅与院落- 2

图 8 - 19　未来房屋厨房

图 8 - 20　未来房屋卫生间

图 8 - 21　未来房屋内景

　　"天井与亭"的"茅屋"设计(图 5 - 11,图 8 - 22~图 8 - 25),则以自然木质为主要材料,其余以二手材料为主进行建造。内部铝质材料形成的墙面通过反射,表达了室内"光"的要素。在铺满沙子的院落中设置为黏土瓦、砖、石以及塑料褶皱材料做成的雕塑等。他们用与"未来的房屋"完全不同的理念,以抽象的展现,表述人们最为基本的需求。其中,代表了运动的车轮(图 8 - 26)与沉思的雕塑,也以一种最为朴实的方式,表达了人类的基本活动。各种标识性的要素,在有序的成列中,将过去与传统以一种拼贴式的手法,展现了院落的美学。

　　①　Reyner Banham,1956:25

图 8－22 "天井与亭"的"茅屋"材质

图 8－23 "天井与亭"的"光"

图 8－24 "天井与亭"内景

图 8－25 "天井与亭"墙面材质

图 8－26 "天井与亭"屋顶

8.4　基于"As Found"的秩序认知

8.4.1　"布鲁贝克图示"①

对于各种作品与理念的评价与综合,史密森夫妇在《"十次小组"启蒙》中,以一种图示化的"布鲁贝克图示"(图 3 - 10),说明了"十次小组"的普遍理念中,介于清晰与模糊之间综合纬度的特性。该图示说明:

"人际关联是在巨大的复杂网路中,各种不同价值不断交织与再交织形成的星群般的综合。这就是 Brubeck! 一种模式的产生。"

这种来自于爵士乐结构、氛围以及联系的启示,激发了史密森夫妇在城市与建筑之间复杂性的综合协调的比拟。他们希望以一种诗意、休闲而具有启示性的方式,描述对城市发展的总体特征。"布鲁贝克图示"中点与线之间的联系,可以看作建立于"As Found"基础上,关联抽象的综合体表达。从其描述的图示来看,一种三维的联系特性,在空间的发展中,阐述了不断变化的发展状态中,融入了时间要素的拓扑关联的整体性与开放性表述。其网络密度的不断变化,也正说明了城市静态中心化趋势在不断的减弱。多中心与变化的中心特性,在不断的变化中,呈现了一种音乐节奏式的内在韵律。

"布鲁贝克图示"不仅表达了一种聚合秩序下的城市结构,而且还将日常性要素视为空隙的填充介质。各种体量的意义,在包含了物质特性的同时,也表述了在空间与领域的确立中,日常生活流动渗透的动态意义。

"策略与细节""聚合化秩序""途径""转变轨迹"(shifting the track)等一系列的分析模式成为在"布鲁贝克图示"的影响下,具有日常性与普遍性模式的探索。其中,在细节的关注下聚合形式的表达,展现了网络化复杂系统的整体。在城市现存的要素中,史密森夫妇热衷于地标性的设计与确立。而这种地标的选择也在不同尺度与环境中不断发生变化。从人工基础设施到各种自然与季节性的景观,均在不断变化中相互吸收,相互协调。新的地标在对场所重新聚焦的同时,成为随后行为的驱动。

8.4.2　聚合化秩序

在"As Found"美学与"新粗野主义"的逻辑中,秩序的需求,在建筑与城市对于"As Found"要素的整合中起到了至关重要的作用。这不是一种奇特有趣的视觉感受,而是与情境相联系的拓扑秩序的表达。1953 年史密森夫妇在谢菲尔德大学竞赛中,就以一种秩序化的陈述,展现了与场地和自身建造逻辑的呼应。这种逻辑与秩序表达了以本土地域化的设计手段,解决现实特殊场所的特定问题,并赋予了不同建筑特有的秩序与逻辑。例如"未来的房屋"与萨格登住宅之间就讲述了完全不同的内在逻辑。

对于"新粗野主义"的理解,不是对现代主义的背离,而是另一种"现代"的陈述。其中,对于特定肌理形式化的呼应成为"十次小组"坚守的信条。在《史密森夫妇:转变》(*A + P Smithson:The Shift*)(1982)中,"居住"的艺术,将建筑师的职责重新限定于环境的塑造与

---

① 布鲁贝克(Dave Brubeck)是美国的爵士琴手,他的作品闻名于非普通的节拍,和一种叠合而相互对比的节奏、音律与音调。下文以原英文表示对其理念的引用。

"真实"性的考量之中。迪·卡罗在 ILAUD 教育学院，以及史密森夫妇在巴斯(Bath)学院的重建中，即以一种"聚合化秩序"的梳理，表达了对客观存在之上的主观性的体现。

"聚合化秩序"首先出现于艾莉森·史密森在 1984—1985 年 ILAUD 年鉴的文章《界》(*On the Edge*)中，随后她在 1986—1987 年的年鉴中以《聚合化秩序》(*Conglomerate Ordering*)进行了阐述。该理念在他们圣·玛丽亚·德拉·斯卡拉(Santa Maria della Scala)(图 8-27)与拉·古瑞西娅·迪·库纳(La Grancia di Cuna)建筑(图 8-28)的分析中，将集群状态的秩序化分析，视为在城市肌理中重新整合的系统。这种外表混乱的秩序，被史密森夫妇视为一种生活的本质属性。每日的阳光、街道的景象等组织形成空间存在与变化的主要特色(图 8-29)。这些秩序在人们还没有认知之前，已经通过某种秩序成为了现实的存在，一种每日变化的现实存在。这在凡·艾克的"迷宫式的清晰"中，是被人们不断认知而外表"杂乱"的内在秩序。彼特·史密森在《界》中认为，"人们也许无法清晰知道自己真实的存在状态，但是可以通过对光线、温暖等自然现象的感知，感受周边环境的意义，了解墙后人们的状态。"①在史密森看来，"聚合"化的建筑具有的空间存在比实体存在更有意义。而其"聚合"化的状态，具有吸取、自动排除以及技术上的更新与修改的功效，是一个自组织系统。他们将巴塞罗那展览馆视为典型的现代"集合化秩序"的代表。领域感在各种体验中，随着时间的变化，将产生不同感受。"聚合化秩序"的建筑，没有特定的形式规则，是各种人类感受集中的整体，并在水平与垂直方向具有不同的选择。

图 8-27　圣·玛丽亚·德拉·斯卡拉平面的聚集　　图 8-28　拉·古瑞西娅·迪·库纳形态的聚集　　图 8-29　阳光在街道空间中的组织

就"聚合化秩序"而言，其特性总体可以归纳为：

(1) 一种既不便理解也无法准确把握的自然与本质属性的体现。

(2) 空间性属性更强于实体属性。

(3) 主要特性难以捕捉，难以留存于记忆。

(4) 各种可能感受的控制性与综合性的表达。

(5) 相当"厚度"的实体，形成一种系统化村落式整体。其中，各面具有相同的重要性，没有前、后之分，各种方向具有相同的价值与控制性。

(6) 在平面与剖面具有相同密度，并具有变化的灵活性。非规则的柱与墙之间没有显著的区别。

(7) 网状的编织于整体环境与肌理之中，并可以接受不同即时的外在干预。②

可见，基于"聚合化秩序"的考虑，建筑的第一职责在"十次小组"看来，是一种肌理的编

① 1984—1985 年 ILAUD 年鉴中提及。

② 史密森夫妇在 *Ltalian Thevyits* 中提及。

织过程。"金巷"设计、柏林都市规划是在"聚合"中寻求"秩序"的主要实践探索。"聚合化秩序"相对于流行的现代主义浪潮,具有对现状发现与聚合属性。这在对地域性特性的理解中,提出了地域建筑现代性转化的基本特性。而对于当代建筑与城市的发展来看,其"网络化"秩序,不仅适用于建筑本身,其聚合状态也在城市的发展与变迁中,进行了"功能"的重新编织,关联性的重新梳理,以及可视与非可视、物质与非物质(艺术、人的行为与活动等)之间的相互影响,最终形成整体。这种秩序体现了对现有城市"混乱"特性的提炼与综合整理的启示性原则。不同聚合密度的不断变化,将引发其形态动态的自然转变。

8.4.3 东6建筑

巴斯(Bath)大学位于英国的巴斯维柯(Bathwick)山(Bath周边的7座山之一)。当史密森夫妇1978年初到此处,就意识到风行的"巨构"式"毯式建筑",在这里已经不再适用。在ILAUD中对意大利城市分析的实践与研究,在他们的设计理念中起到了积极的启示作用。"在IL-AUD多年的城市肌理的'介入'中,……意大利历史城市乌比诺、锡耶纳以及热那亚、皮斯托雅(Pistoia)……。对原有城市肌理的理解,将在全新的肌理干预(巴斯大学)的过程中更为清晰。"[①]

在其设计的东6建筑(1982—1988)、第二艺术楼(1981)、娱乐设施(1985)以及艺术巴恩(Barn)报告厅四栋巴斯大学的建筑中,东6建筑作为一种示教性的范例,成为秩序分析下的实践性探索,以事实诠释"聚合化秩序"。

东6建筑(图8-30~图8-33)的设计以各种需求的聚合为主要设计策略与方法,在场所与肌理阅读的基础上,建造作为引导人们进入校区的标志性建筑。"群集"(group mass)的形态在声学与温度等考虑的基础上,成为一种"聚合"状态。"差异"成为设计中克服呆板与教条的主要被关注特征。同时,建筑内部进行"聚合"化绑定的"街道",决定了各种房屋尺寸、平面以及房屋结构的控制,并以一种相对恒久的要素联系可以灵活变化的各种服务的室内空间。一种放松的逻辑与层级,在其中决定了材料、门窗及方位的特性。而各种要素的"传统使用"方式在该建筑中以全新范式进行体现。我们从其平面(图8-34)与圣·玛丽亚·德拉·斯卡拉平面进行比较可以看出,自然的聚集,正在以一种现代的方式,体现于水平与垂直之间。"自由落体原则"(free-fall-ordering)与"聚合化秩序"的原则,成为取代形式主义的主要理念。建筑作为一种路径、一种教学的装置、一种气候的

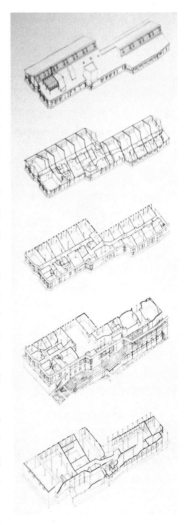

图8-30 东6建筑各层轴侧

---

① Peter Smithson,1992:3

反映、一种"居住艺术"的延伸与创造，呈现了"聚合"状态下的形态组织原则。

图 8-31　东 6 建筑外部
的形态聚合

图 8-32　东 6 建筑廊道

图 8-33　东 6 建筑内部
的空间聚合

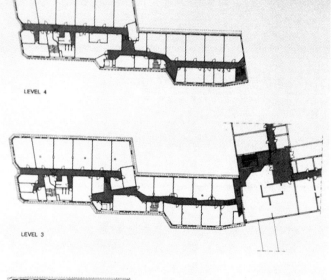

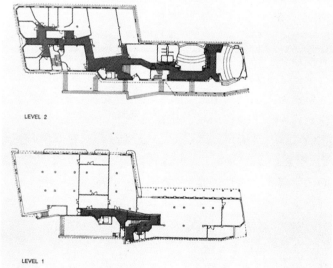

图 8-34　东 6 建筑廊道空间的组织

　　"自然的聚集""空间的存在""肌理的融合"等特性在"居住艺术"的引导下，建立了一种看似混杂、复杂而自然的秩序，一种非形式化秩序的聚合，一种来源于生活、体现现实、相对于现代主义运动的自由。

8.5　孩童与孩童般游戏

　　"孩童被忽视的城市，是一个可悲的城市，是一种不完备与具有压迫性的表达，如果城市不能发现孩童,那么孩童将不能发现城市。"①

——凡·艾克

8.5.1 孩童的观察

在史密森夫妇眼中,"十次小组"仿佛孩童一般,在挣脱了功能主义枷锁之后揭示了一切的矛盾与抗争。他们在"家庭"式的会议中以一种松散的关联,进行孩童式畅所欲言的交流。

同时,他们也确实以社会问题的关注,集中观察了社会与孩童的生存状态。如"都市重构"格网中,孩童在邻里与街道间的嬉戏场景,成为"十次小组"研究中的重要特写与强化(图 4 - 117,图 4 - 118)。这些照片也集中反映了一种即时性和创造性的"城市舞蹈"、可塑性的领域以及即时的社会属性。因此,这种集中的关注在"重要的人际关联"的社会意义中体现了"难以触及,无法估量,不易表达的人际关联"。② 在此,对于孩童图片放大式的说明,自然提升了人类学在建筑与城市领域的特殊地位。人种史学家米歇尔·扬(Michael Young)和彼特·威尔莫特(Peter Willmott)认为 1950 年代对于绿贝斯诺地区的调研在评估了工人阶层社会生活模式的基础上,建立了人类学关注与实际操作的重要关联的开端。他们在 1957 年的《伦敦东区的家庭与血缘关联》(*Family and Kinship in East London*)中认为该地区人际家庭之间关联所反映的社会纽带与集群,在血缘联系的基础上,集中演变为一种如雅各布斯描述的地缘的紧密结合,一种自发的社会形式与人际间的调和。威尔莫特与扬在此强调了邻里间安逸的社会性相互分担了对年轻一代的关注。他们认为旧有的生活模式为人们生活带来了自发的人际关联,而新的人居模式将完全打破其中潜在的规律与联系。我们不难看出对于孩童的关注,体现了一种矛盾状态:一方面,充满活力的人类潜在技能可以在空无中被发觉 ——自发性的孩童可以在城市的基本特性中挖掘用以游戏的要素,就像人类能够在社会中自发创造生活空间与潜在关联;另一方面,却可以发现这种潜在的关联却正在城市的不断发展中逐渐消亡。

孩童在城市中被关注,是战后社会学家普遍关注的话题。海伦·莱维特(Helen Levitt)拍摄的孩童在纽约废弃广场的游戏,W. 尤金·史密斯(W. Eugene Smith)关注的孩童在匹兹堡的游戏,炎热夏季孩童在哈莱姆(Harlem)开放消防栓前玩水,凡·艾克对于阿姆斯特丹游戏场所的集中设计,以及伦敦、柏林、鹿特丹等,在战后成为充斥了报纸与杂志的主要内容之一。莱拉·伯格(Leila Berg)的《看看孩子们》(*Look at Kids*)集中反省了孩童在城市中玩耍带来的城市影响力。在他的书中,营养不良、邋遢的孩童在被废弃的城市角落开心玩耍的景象,对社会产生了极大震撼。街道游戏中的孩童完全没有安全的保证,其威胁不仅在于其街道车辆的来往与环境的污染造成的身体上的侵害,而且城市社会环境的惨淡,也给孩童带来儿时记忆中对生活的失落与对孩童时代的叹息。

在此,亨德森镜头下关于孩童游戏真实而具有说服力的重新展现,以及他妻子在战后的"大众考察"课题研究,进一步证实了人们对"日常性大众"的关注。他们在早期现代主义

---

① Alison Smithson,1968:7—8
② Shadrach Woods 在 *What U Can Do* 一文中加以说明。

的发展中，以社会的"原始"属性，表述了对贫瘠的环境表达出的顽强韧性。他们以"独立小组"①的"As Found"美学视角，观察、发展、转化、延续着生活中的本质特性。如亨德森所言，"有限的方式产生了一种原始的谦卑"。这可以看做是先锋派以一种激进的保护主义理念，进行着社会最为基本特性的追踪。他在照片中以一种反语手法，反映了他对社会现实的认知。一方面，他们揭示了一种完全负面的社会现象；另一方面，又以一种单纯的开心孩童创造性的游戏能力，反衬急需改观的社会现状。然而，"十次小组"、雅各布斯等对孩童的关注似乎又表述了一种矛盾状态：一方面在批判社会现实的同时，一方面又不希望社会的变革改变原有的具有深刻意义的社会关联，甚至是贫穷。

从某种角度讲，"十次小组"对日常生活的关注仿佛在寻求对于生活的一种乐观与积极的态度。他们希望在各种希望的碎片中找寻生活与城市结合的意义，希望在人文、乌托邦的源头充斥具有实践意义与确实感受的日常生活轨迹，从而寻求一种日常层面乌托邦的梦想。他们虽然会遭遇乌托邦理念无法避免的境地：如规划没有规划的，改编没有预料的，具体化无法触及的概念，但是，他们由始至终以"家"作为无法回避的创作之源，一种包容与激励共同驱使的核心话语。

可见现实主义题材作为建筑主要因素被逐渐引入"CIAM 格网"架构的同时，也成为"十次小组"在设计中不可忽视的重要因素之一。"新粗野主义"在班汉姆眼中，被视为理解生活的策略。这与"As Found"美学在认知层面，为乌托邦的日常性实践探索开辟了现实主义视角。当生活与艺术在认知层面决定了与视觉艺术的关联，那么在城市与建筑层面外在几何形态构型的准则将不再是充分的评价标准。

孩童在凡·艾克的眼中被作为与艺术家、城市相提并论的三个重要的主题之一。孩童的关注反映了一种社会精神背景的转移，并使建筑师、科学家以及哲学家在另一个层面产生了新的共鸣。在城市与建筑中，一种新的语言与现实的需要在发展的洪流中逐步形成。

8.5.2　游戏

"我的目标不在于定义各种文化表意中的游戏场所，而是要确认文化中自身呈现的游戏性质的程度。"

——约翰·赫伊津哈（Johan Huizinga）②

约翰·赫伊津哈在其著名的《游戏人：文化中的游戏要素研究》（*Homo Ludens：a study of the play element in culture*）中，以游戏理论的讨论定义了游戏发生的空间概念，并将文化与社会要素视为游戏的重要影响要素。他认为，定义文化现象中的游戏要素，并不是主观的目标，而是文化的客观存在对游戏意义的表达。游戏也由此成为文化生产的重要诱因。在他看来，"游戏历史比文化更为长久，文化即使没有足够确定，也通常源于人类社会，但动物却没有等待人们去教它们游戏。"③他认为游戏是一种外在的日常生活，没有直接的目的或物质需求，并以某种潜在的秩序，以显性与隐性特性并存的方式，存在于特定的时间与空间中。

---

① 亨德森与彼特·史密森均为"独立小组"成员。
② Johan Huizinga，2000：6
③ Johan Huizinga，2000：6

对于游戏特性的描述,赫伊津哈认为主要包含三个方面:

(1) 游戏具有自由属性;

(2) 游戏不是"平常"或"真实"的生活,是一种模仿与"假装";

(3) 游戏在场所与持续性上,与"平常"生活有所区别。

当然,赫伊津哈并没有将游戏完全视为一种文化,而是认为游戏与文化具有并行的特征。其中,游戏具有更为原始的特性。而游戏在基于生活与环境之上对事件进行描述的过程中,逐渐表达了一种"神秘化"(mythopoiesis)要素,其"概念源于意念的行为"。由此,游戏在浅层面视为一种日常生活的同时,又被视为一种艺术化与具有哲学意义的深层行为。

1956年杜布罗夫尼克会议上,凡·艾克提交的题为"消失的特性"(lost identity)(图8-35)作品中,将孩童作为主角,融入了城市的思考与特性的追求中。而游戏场地则被视为核心要素,成为"门阶"的延伸。其中,"公共游戏场所"与"围合场所"成为他与合作者们在建造中长期讨论的问题。

不难发现,包括凡·艾克、史密森夫妇在内的"十次小组"成员对城市日常性要素,孩童的游戏场地产生了极大关注。在对日常生活的关注中,凡·艾克与史密森夫妇在CIAM 9会议中同时将目标转向对孩童的关注,希望将其作为生活中的主要角色之一,并通过空间的转述,以一种激情而富有说服力的话语冲击当时僵化的现代主义霸权。其中,为保证每个邻里单元中孩童游戏场所的需求,阿姆斯特丹成为凡·艾克前后长达30年进行近700个孩童游乐场所实践的重地(图8-36~图8-42)[①]。在此期间,阿姆斯特丹不仅提供了大量孩童游戏的场所,而且还塑造了高质量的城市艺术氛围。作为一种城市日常性要素,孩童的游戏场所成为邻里与城市之间的相互延伸,一种城市空隙的填充物,一种日常属性的表达。在凡·艾克"场所"(place)与"空间"(space)概念的辨析中,游戏空间在特定场合融入了游戏的场所之中。他希望以一种对场所特殊性的思考,代替一种普遍性的预设。环境、生存条件、经历、文脉等成为设计中时刻关注的对象。凡·艾克的博特曼广场(Bertelmanplein)即以场所的意义,在"游戏"的概念中,逐渐找到了合适的解释。列斐伏尔认为,大都市边缘的那些普通、被忽视和日常性的地区是社会生活与诗意实践的特殊场所。游戏场所逐渐成为人们习以为常的关注,就像路灯、长凳、报亭及垃圾箱等,成为城市中不可或缺的组成部分。该场所不仅对孩童是一种游戏场所,而且还是一种交往与多重功能的场所。这不仅属于儿童,也是成年人聚会的场所,是紧密的城市肌理中可供呼吸和休整的空间。

"当天气好的时候在室外活动,而天气差的时候在室内活动。"这句极为普通的话语,使凡·艾克对游戏场所进行了深层的反思。这种看似合乎常理观点,在进行孩童游戏场所的设计中,似乎面临了革命性的挑战。好与坏的天气在凡·艾克眼里似乎不应成为阻碍。也许所谓的"好"与"坏"在他的眼里没有绝对可言。孩童与城市的关联在其展示的雪场中,

---

① 1947—1978年大约有不少于700个游戏广场建成,其中高峰期,1960年有57个,1961年有66个建成。但是到2001年止,在比利时根特大学学生Charlotte Vermeulen与AnnWildro的调研中发现,约700个广场中,有370个已经被摧毁,237已经被大幅度地改变。在370个中,有154个被全新广场重新替代。216个已经不复存在(除了Bertelmanplein)。而在237个被改变的广场中,只留有零星的碎片与痕迹。总体看来,只有90个广场得到了保留,但基本上与全新的非凡·艾克的设计一起组成了新的广场。

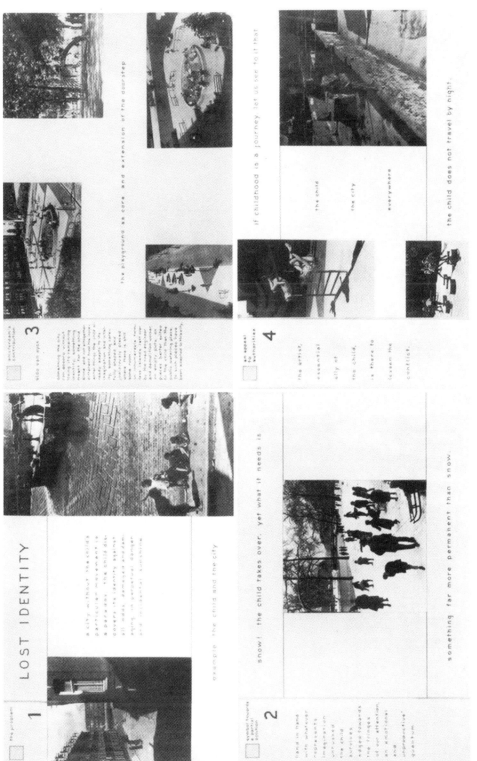

图8-35 凡·艾克提交的题为"消失的特性"格网

以一种哲学性的思考,讨论了孩童与雪场之间的恒久性话题。或许下雪天会带来诸多不便,却也正好是上天赐予的最好的礼物。对于游戏场所的塑造,是一种人们不断探索世界的过程,是城市逐步发现孩童的过程。而最终,城市似乎成为了一个游戏场,一个供儿童四处嬉戏的场所。

图 8 - 36　游戏场地 - Zeedijk amsterdam center
1955—1956

图 8 - 37　游戏场地 - Ropenburg amsterdam center
1968—1969

图 8 - 38　游戏场地 - Hasebroekstraat，Kinkerbuurt，
Amsterdam-Oudwest 1954—1955

图 8 - 39　游戏场地 - Van Boetzelaerstraat，
Staatsliedenbuurt，Amsterdam-Oudwest，1961，1964

图 8 - 40　游戏场地 - Buskenblaserstraat，
Bas en Lommer，Amsterdam-Nieuwwest，
1955，1956

图 8 - 41　游戏场地 - Van Hogendorpplein，
Staatslied-enbuurt，Aamsterdam-Oudwest，
1953—1954，1955

图 8-42　游戏场地-Laurierstraat，
Amsterdam-center 1956—1957，1965

图 8-44　孩童在抽象线性构筑物上的活动

图 8-43　孩童在抽象雕塑上的活动

图 8-45　孩童在抽象雕塑上的活动

作为建筑师，凡·艾克希望以一种建筑的语言，结合游戏装置的特性，融入孩童的游戏之中，他放弃了众多形象性的孩童表识（如动物、花草等），转向一种属于城市语言的研究与实践。其原型化的形式不仅表达了一种功能意义，而且还传达了一种更为广泛的系统表达。他希望孩童在其游戏场所进行自我发现，并逐步发展他们与生俱来的天赋与改变潜力。由此，全新生活力量从孩童注入新与旧的城市肌理之中，逐步成为城市生活不可或缺的组成部分，这也是一种超越孩童层面的城市特性。成年人在其城市化的建造中似乎也可以逐渐找寻在与孩童的互动中产生的城市归属感。

在深受蒙德里安、阿尔普等艺术家作品的影响下，凡·艾克希望在游戏场所重新基于风格派意向下的结构性视觉表达。各种原型化的基本要素，在游戏场所中的设置，带来的是对各种关联的激发与再次链接。沙坑的不同形态与柔性，抽象的圆柱体带来的游戏内容（图 8-43）等，在各种纤细的金属构筑物组织的抽象几何形态以及原木在广场的共同影响下（图 8-44），结合雕塑化抽象（图 8-45），激发了孩童不同的游戏意识与潜能。

在游戏场所的设计中，凡·艾克以一种演绎的手法，建构了现代与传统之间的融合，甚至与其立场相左的彼得·史密森也被其演绎法所吸引。他将这些游戏场所比作一些融入牡蛎中的沙子，激发了珍珠的生长，也就是城市的再生。同样，沃尔克则将其视为"城市再度融合积极的代理"，一种存在的"城市关联"的有效延伸。坎迪利斯认为凡·艾克成功地以一种适度的方式，建立了建筑的独特品质，这不仅具有坚实的可视要素，最重要还在于强化了非物质要素的存在。

在此,孩童建筑的孩童属性成为凡·艾克的研究重点,并呈现了双重属性。其一,如超现实主义追寻的"书面化的孩童"(childhood of writing)。CoBra 团体曾利用孩童的图画去研究创造力、自由的愿望与趣味(creativity, liberated desire and playfulness),而"国际情境主义"则将最初的萌发自发性作为他们研究的对象。就像凡·艾克在孩童的游戏场设计中体会的孩童初始感受一般,是一种情感与理智的结合。此外,建筑的孩童属性又具有建筑师寻求的普世性与反古特性,是一种真实性的原始文化显现与人类学的思考。这在他的"奥特罗圈"中进行了集中体现。这种"迷宫式的清晰"——城市就是家,家就是城市,是一种多元化的结论。在此,他以"建筑是否要结合基本价值?"(Is architecture going to recon-cile basic values?)为题,阐述了现实生活中要素的基本特性对建筑与城市的重要性。这些基本要素的关注,是一种寻求个体自我展示平台的途径,一种人的"对应物"的体现,一种将建筑理解为展现差异性的途径。

8.5.3 "间隙物"与"真实的脏乱"

孩童与孩童的游戏,作为一种常被城市边缘化的命题,逐渐成为"十次小组"关注的主题。这种日常性在被"忘却"的领域,不仅从其社会存在与城市发展来看,是一种"微不足道"的存在,而且从其用地的使用来看,也处于废弃、边缘或者城市空隙之间。但正是这些"零碎"空间的使用,融入了真实的社会存在。孩童的游戏使城市从一种松散独立的个体堆积,粘结成具有弹性、可呼吸的有机整体。康柏特·德·劳恩以居民的认知模式,在技术理性之上,将城市的边界、用地等被专业人士忽略的场所,以空间实践与聚集的方式,进行了重新定义。他结合"由上至下"与"由下至上"的原则,以诺伯特·维纳(Norbert Wiener)自我调节的有机控制论理论,从环境中寻求依据,试图在"中介"的往复平衡中,形成相互反馈的信息渠道。无论是达克大街(Dijkstraat)(1954)、罗蓬堡(Ropenburg)(1968—1969)或者是劳赖大街(laurlerstraat)(1956—1957)、泽迪克大街(Zeedijk)(1955—1956)(图 8-36~图 8-42)的项目等,孩童的广场在以一种城市间隙物的角色"修补"着城市的同时,在一种底层与基本的关爱中,建立了城市内部的适配点与网络化关联。其中,游戏场所不仅是一种具有自发性的空间,还是在空间引导与实践中不断优化的孩童活力的再现。

在凡·艾克的游戏场所中,事实证明了"由上至下"与"由下至上"的控制论对设计的重要影响。在此,"由上至下"表达了一种预设和预先存在的意义。而"由下至上"则是一种特殊地点,特殊存在的表达。无论是如何的粗糙,或者不规则,阿姆斯特丹的游戏场地就像是一种间隙的填充物,见缝插针地融入城市的肌理之中。不对称、歪斜、粗糙等成为"间隙"填充物的必然特性。城市与建筑在这些日常性填充物的"装饰"下,显现了一种丰满而活力的特质,成为城市人性化与平衡发展重要的"非主流"要素。这些"随意"要素的介入在不断进入城市地图的同时,也以一种史无前例的形式创造,激发了城市与建筑的协调发展,创造了"非形式"(a-formal)①的意义。

不难看出,这种粗糙、不规则、脏乱的地方性"间隙"化的追求,在现实中表达了一种"真实的脏乱"(dirty real)倾向。这种自然属性,与史密森夫妇强调的"新粗野主义"共同表达

---

① Informal:与严格的视觉原则无关、非对称的形式;a-formal:与几何形态与预设形态的视觉合成技术无关,强调了自下而上的形式策略。

了对现实的尊重与自然属性的真实表达。17 世纪英国作家安东尼·沙夫茨伯里（Anthony Shaftesbury）笔下最早以"肮脏现实"中原始、真实、自由、现实美学的发现，批判教条、规矩对于社会创造的约束与消极意向，凡·艾克即以这种敏锐而真实的眼光，在孩童与游戏场地现状的关注中，逐渐从"脏乱的真实"中提炼与追求"间隙物"的属性与全新角色。1951 年 9 月 5 日，他向阿姆斯特丹的公共工作管理署（Director of Public Works of Amsterdam）建议保留游戏场地周边围墙的现状，以积极的视角看待城市要素的现实存在。他结合在 CoBra 团体中的经历，以实验性与弹性艺术的视角，融入游戏场地的创作。他以建筑与艺术的实践性结合，表达了"脏乱"之外的另一种属性。

与毕加索、蒙德里安、保罗·克利等艺术家不同，凡·艾克将游戏场地与活动的结合，视为一种弹性艺术的创造本体和非纪念性的"平庸"艺术。在 1949 年主题为"孩童"（childhood）的 CoBra 期刊中，柯奈（Corneille）指出："美学是文明的写照。艺术与美无关，想象是获取真实的有效途径。"康斯坦特认为孩童只会遵循自身存在的感觉，而不会有任何规则的束缚，这是一种自然行为与感情的释放。对于孩童的关注与模仿，在凡·艾克的作品中，成为与史密森夫妇一种回归事物本真价值的有效途径。如同赫伊津哈在《游戏人》中对游戏的阐释，孩童作为一种公众价值的媒介，被带入了中产阶级社会生活的现实之中，而从孩童中获取的将是在游戏与场地的设置中，不断被认知的社会现实价值存在与生活创造的本源属性的再现。

8.5.4 "游戏"城市

在对孩童的研究中，凡·艾克将孩童视为城市现代主义理念的一种媒介，表达"游戏"城市的本质属性。这种游戏，代表了列斐伏尔日常生活的批判中一种"日常性"（everydayness）在重复的日常生活中表现的轻松、真实、活跃的生存状态。这种游戏相对于城市的消费与生产的功能，以娱乐与休闲的特性成为城市另一种日常性的主题。这种娱乐是在"自下而上"的过程中，城市各种权利逐渐显现的过程。在此，城市成为一种"节日"的场所。游戏的关注将人们从单调乏味的日常重复中脱离，从各种细微的表达中，迈向真实的城市愉悦。在凡·艾克与赫伊津哈共同的"游戏"理念中，"插入式"的城市集合，将编织为一个集合的整体，经历在城市中不断修缮与诊疗的过程。"十次小组"年代，战争带来的城市摧毁，在经历了"游戏"的城市疗伤之后，逐渐恢复了活力。这与赫伊津哈在《游戏人》中"游戏与战争"（play and war）中"游戏"意义一样，成为了城市复苏的催化剂。在此，不仅战争，其他各种灾难的降临均可视为对城市予以重创与毁灭性的打击。当然，日常的生活态度不会在重创之后消失。凡·艾克在游戏场所的研究中，以各种孩童的游戏照片表明，从人类的真实属性（孩童的游戏），到社会真实存在的表述，"游戏"城市的乐观主义与存在主义的理念，不仅描述了城市本真的状态，也将人的属性以积极而日常性的融入，讲述了"游戏"的填充物在城市肌理中的角色彰显与潜移默化的积极推动力。

此外，这种"游戏"城市以半层级化的高度参与的模式，以控制论的进程在系统整体化与相互之间的联系中得到不同层面的控制。而在相互之间交流与反馈中编织的网络在自组织的形式下，以自我"生产"的方式，从"游戏"场所的设置中，找寻城市"游戏"般的活力再现。在此，游戏场所由城市的现状肌理所决定，而游戏场所也同时决定了城市的形态。这种不断发展与变化的特性，以时间为变化参数，定义与链接设计过程中的动态呈现，并将城市视为暂时的现象存在，以不断的干预保证城市活力的维系。相对于 CIAM 大尺度、静态、功能化的模式,凡·艾克的游戏场所以一种适时的场所应对,强调了变化在"游戏"的主题下,不断更新的内涵。

　　随着数量的不断增多,"游戏场所"在充斥了城市每一个角落与社区的同时,逐渐成为一种整体网络,成为"簇群"中城市"适配点"的集中表达。这种非中心、开放式城市特性的建立,在游戏场地星罗棋布地出现在城市裂缝与空隙之中的同时,不断加强了城市要素之间的契合度。在此,社会现实的表达不再是一种完备的中心呈现,而是如同凯文·林奇讲述的密度化网络中的结点一般,以独特的属性,在自成体系的同时,与其他网络系统共同形成开放性、多中心的城市整体(图8-46,图8-47)。

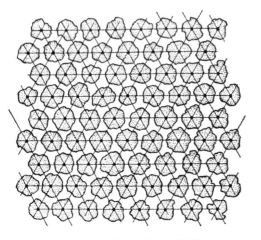

图8-46　多中心网络均质的表达　　　　图8-47　多中心网络复杂的表述

　　可见,从凡·艾克以游戏场地建立的星空般的城市网络、康斯坦特的"新巴比伦"、弗里德曼的"流动城市"、史密森夫妇所述的"毯式建筑"以及坎迪利斯-琼斯-伍兹的"网状"概念中,我们不难发现在"十次小组"内外的相互关联下,各层面的网络化聚合,成为城市发展与探索中的主要趋势,并逐渐成为建筑与城市的"场所"发展中的突破口。一种在"虚空"的存在中,注入的相互联系的"存在"要素。

8.6　地域性的"发现"

8.6.1　原始的"平庸"

　　"发现"的途径与城市建筑的理念结合,在"十次小组"的探索中,激发了一种"自下而上",来源于社会底层的关注。这种关注逐渐以地域主义建筑研究与实践为载体,强调了社会基本的文化需求。这在非主流,非名门血统的"没有建筑师的建筑"(architecture without architects)的展览[①]中,表现为各种"无名"建筑,结合最为基本的文化与技术需求,对世界上被剥夺了社会权利的人们进行的基本关怀。这种关怀,引发了"十次小组"的关注与延展性研究。我们可以发现,伯纳德·如道夫斯基(Bernard Rudofsky)在《没有建筑师的建筑》中所宣扬的各种建造类型,在"十次小组"的话语中随处可见。无论是迪·卡罗在乌比诺或

---

　　①　1964年由Bernard Rudofsky在纽约当代博物馆举办。

特尔尼(Terni)实践中对人居与地域性的关注(图8-48);还是史密森夫妇在其写作中出现的各种地域建筑的研究:如苏格兰的农庄、科威特城市规划等;或是坎迪利斯-琼斯-伍兹对摩洛哥穆斯林文化地域建筑的再现(图8-49,图8-50),以及凡·艾克对孩童活动的关注,均以一种对"原始"或"原型"要素的研究,着眼于有依据的创造,并以"发现"的自然状态,构筑"十次小组"在城市、建筑与日常生活中充分的交织。他们在对人们日常生存状态的思考中,找寻独立的真实存在,建立思考的基本原则,以生活细节的关注,得到西方社会伦理道德层面的回应。

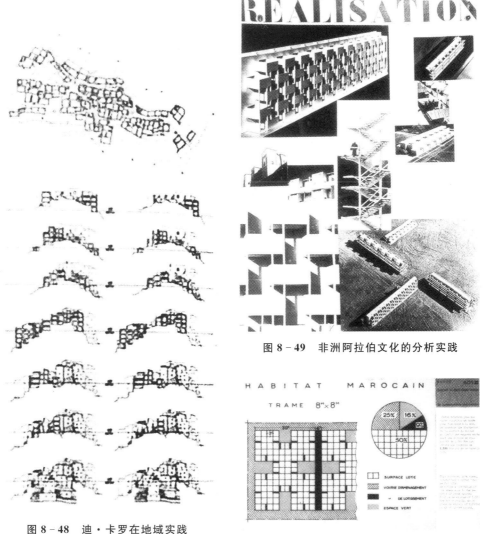

图8-49 非洲阿拉伯文化的分析实践

图8-48 迪·卡罗在地域实践中对肌理的关注

图8-50 摩洛哥穆斯林文化地域建筑的再现

结合现代主义的技术发展,"十次小组"将这种"原始"属性,转移为一种现代的表达,在不同时代,以不同的方式,表现了地域建筑持续性的发展可能。他们以对日常性"平庸"关注的集合,表述了在"历史"环境中现代信息的传递。他们在传统细节的强调中,结合其独有的乌托邦思路,放弃了夸耀的建筑时尚,以适度与乐观的表现形式,传递建筑中本真属性与道德特性。他们在传统生活与现代希望的碎片中,以"怀旧"与"非主流"的信息,填充了时代发展中的文化空缺。他们着眼于实践性的解决方式,在各种关联的基础上,热衷于建立矛盾与非理想化的,集中于不可触及的各种"乌托邦"理想,建造不仅适合居住,而且能够激发活力的场所与客观存在。如巴克玛所言,他们以不确定的事件的发生,定义一种城市化的建筑。

8.6.2　乌比诺实践解读

在"十次小组"的研究中,迪·卡罗的乌比诺实践在历史与地域性的研究中,堪称独树一帜。迪·卡罗几乎将其大部分精力投入到了这个意大利中世纪老城的研究与现代主义实践之中。他自 1951 年开始,在其朋友,也是乌比诺自由大学(Libera University of Urbino)校长卡罗·博(Carlo Bo)的委托下,在乌比诺进行了大量的校区建筑实践。迪·卡罗在乌比诺的历史环境中,逐渐以"发现"为途径,基于对肌理与环境长期性的考量,在"需求、创造与占据"(needed, created and occupied)的关注下,融入现代主义的表现之中。

从乌比诺的解读,我们不难发现,"十次小组"的地域性实践,融入了历史的连续性、场所的阅读、类型的认知以及城市化建筑的各种趋势。而这些基于"发现"的设计理念,在特殊性中,对普遍规律进行了生动的写照。

1) 连续性 ——历史的角色

迪·卡罗在乌比诺的调研中,不断有两个问题在脑中回旋:

其一,旧有形式在城市的快速发展中是否能够保持其原有的活力与重要性?

其二,现代建筑的形式能否有效地编织于传统的建筑肌理之中?

1966 年,凡·艾克在 *Zodiac* 期刊 16 期中介绍了迪·卡罗在意大利乌比诺的居住实践。这在 CIAM 会议上被沃根斯基视为"背离"现代主义的实践典型,并认为其美学与形式的表达是对人们接受能力臆断的预设,是一种很难被未受教育的民众接受的诗意。但凡·艾克认为,这种典型实践带给我们的不是表面形式化的颂扬,而是建筑与人类之间关联的关注。历史与现代之间的延续,新建筑与公众之间的互动,以及建筑与城市结构之间的契合应是在社会复杂性与多元性下,不断引起关注的主要方面。在此,人类在城市与建筑中的角色与相互影响,以及实践的参与,成为其重要的城市社会要素。

凡·艾克以对道根文化的相关研究融于乌比诺实践的分析,将历史视为一个认知过去、现在与未来,并消解矛盾的途径,使时间维度与不同视角的关联在建造中成为必备条件。时间由此成为各种外在要素与内在本质广泛包容与链接的媒介。他在历史的追溯中表明,传统建筑具有极大的矛盾包容与容忍度,并以"双胎现象"将"大与小、多与少、近与远、整体与局部、单一与多样"等融为一体。这在乌比诺的学生公寓中以鲜明的特性展现 ——"统一与多样性的含混与矛盾",表达了时间连续要素相互依赖与混合的最终状态。

此外,凡·艾克、迪·卡罗等还以弗朗切斯科·迪·乔治·马提尼(Francesco di Giorgio Martini)①的理念与类型的变形影响,融入"十次小组"对历史问题的思考,他们在他的作品中发现。其形式不拘于教条,而是与地形和现有的建筑肌理相结合。他以现实的聆听为首要原则,将理论假设置后,这就是"十次小组"对《雅典宪章》进行抨击与反对的主要观

---

①　1439—1502,意大利的画家、雕塑家、建筑家与理论家,生于锡耶纳。凡·艾克认为他最为人本主义和具有功能主义想象力的意大利建筑师。

点。一种面对当代城市日益增长的复杂性的对策。

我们从乌比诺的校舍设计可以看出，该设计与周边环境和肌理形成了完美结合，一种系统化的挑战在迪·卡罗的实践中逐渐成为历史与现代建筑之间共融的话题。凡·艾克从马泰拉（Matera）的讨论开始，转向对历史城市的关注。形式与风格在历史环境肌理中的创造已不再是重点，历史与真实的需求在城市肌理中形成稳固系统，用以理解生活中物质与空间形态动态和谐的共存。凡·艾克将历史与普通人关注的问题，融入怎样在社会与现代性之间形成平衡的话题之中："时间不能结合所有外在的要素，但是足以结合一些永恒和意义深远的内涵。人们在熟悉的环境中以精神与物质的方式相互适应上千年，很难在与过去的隔离中得到对环境的全部认知。"[①]可见，他所推崇的不是对历史痴迷的依赖，而是一种追根溯源的理念。

作为一种对相互关联的关注，罗杰斯在其编辑的杂志 *Casabella* 中以连续性的视角阐述："历史的连续性是在现代运动中历史意识的表述，是作为与历史经验相联系的关键特性。"他在希区柯克和吉迪翁提倡的"传统"宣言中，强化了理想的层级结构，并将其视为与年轻一代联系的纽带。历史连续性的讨论作为一种方法论，将独立地存在于不同预先存在的环境之中。作为一种思想工具，历史的连续性将传统、现代与现存的肌理有效结合，以一种道德的意识，贯穿于城市的发展与时代的进步中。

图 8-51　翁格斯在科隆的"翁格斯住宅"的设计（1958）

迪·卡罗则以一种辩证而批判性的眼光，在他联合编辑的 *Casabella* 中认为："历史是我们获取问题的途径。在连续的现实与进程中，历史不再是单纯的过去，而是现在与未来的方向。"他认为危机与矛盾是不可忽视的现实，而历史的连续性应当在一种批判性的语境下，在不断的矛盾与对立的面对与解决中，达成历史真正的连续性。他将历史的连续性作为主要的话题，希望在建筑与传统的空间中得到串联式的结合，即一种意识形态的方法论与文化途径。对于建筑现代语言广泛的触及，使迪·卡罗在希尔学院（College del Colle）学生公寓的建造中，形成了根植于现代主义实践与传统转化的独特风格，这在斯特林、翁格斯等的作品中（图 8-51），能够寻找到相同血脉的独特联系。

2）场所阅读

在迪·卡罗的乌比诺实践中，场所意义成为他在舒尔茨理念的启示下，进行环境深省与建筑实践的关注重点。他认为许多事件虽没有记录在案，却在历史发展中以城市与建筑的建造与发展途径，流传甚久。对于城市肌理与建筑建造中实践性的介入，人们生活状态的探究，各种碎片化信息与网络化联系的整合，需要在"阅读"的基础上，进行进一步的阐释。而阅读，即成为在进行分析与实践之前备受关注的程序。各种根深蒂固的意义、信息

---

① 　Aldo van Eyck 在 *University college in Urbino* 一文中提出。

的转化,以及物质空间的特殊信号,将在破译的过程中,重新建立新时代的价值取向与启示性价值。而事件带来的信息层级特性,在时间的维度相互编织,寻求在不同时间的特殊意义。

阅读的重点不在于建造客体的形态,而在于整个社会体系与网络的完善与强化,一种联系的表达。建筑作为一种变化性的干预手段,在物质环境中,影响了人工与自然,历史与现在之间的关联。整体系统网络的发展趋势来源于基于形式和人类行为与空间的编织。这不是一种绝对性的限定,而是在场所的记忆中逐渐挖掘与综合的成果,也是一种向日常生活传递活力、目标与分歧的过程。城市阅读不仅在于历史、经济、人类学的感知,还在于对未来表达的预测,一种融入设计的理解、关注与方法。

此外,场所特性"阅读"的广度与深度将决定人们发现在设计中起到作用的程度。而这种"阅读"往往连带者一系列假设与预设,用以开启进行转化的前提。这不仅是路易·康表示的选择性聆听场所的意义,还在于选择性地"聆听"当下的需求与信息的结合。这不仅是一种具有目标性的设计前提,还是一种积极的关注与参与。对于人们需求与建议的"阅读",也将在选择性的理解中,不断的巩固设计过程并决定其结果的质量。

在场所"阅读"的认知中,迪·卡罗仍旧偏向于情感的关注,而非纯理性的建立。ILAUD的教学中,社会现实的数据分析,以一种科学的方式进行对话,而非程序化的保护。形式本身在"阅读"的过程与关联的确立下,作为重要的表现角色,决定了在确立的平衡中,连续的持续性状态。其中,乌比诺的城市肌理、历史、生态与人文阅读,在注入情感的思考之后,呈现的不再是理性而按部就班的改变,而是具有激发性与推动力的"重组"。

从某种程度来看,阅读与参与有着不可隔离的关联。迪·卡罗在盖迪斯的《城市的演化》中得到启示:公众不断参与的重要性显现于各种环境转化的层面。而城市意识的共识,将在自然的解读中,以不断变化的有机体解析场所的基因代码。对他来说,城市规划的目的在于社会普遍层面环境的改变,而这种变化与人们整体意识的提升与参与性的加强紧密相连。场所中的代码,在迪·卡罗看来,是决定场所生命力的主要因素。任何复合代码的干预,将完善建筑、规划与社会关联的进一步发展。融入参与性的"阅读"将成为场所基因挖掘的重要途径。轮廓、光线、风向、水文、路径、树木的客观基因与公众参与的主观代码,在建筑的建造中,贯穿于建成空间与开放空间、私密与公共、休闲与工作等之间,找寻技术、材料、系统等之间的相互作用。当然,这种基因不是唯一的决定要素,如唐·林登(Don Lyndon)在ILAUD中所言,特殊的形式与个体的特性来源于基因,以及外界环境与生命历史之间的相互作用。而干预将在非线性的曲折、摇摆与流动中建立自身的有效途径。

3) 类型认知

在塑造强烈的标志性特性的同时,彼特·史密森将迪·卡罗的建筑与1966—1968年炙手可热的话题"类型"相联。类型学的拥护者认为城市是纪念性建筑与城市肌理相互矛盾冲突的场所,罗西将其视为接近事物本质的长久性属性。

"所有城市不可预知的价值在于其特殊性与普遍性的权利。"迪·卡罗将研究中的乌比诺视为一种特殊场所,一种将方法论与理论原则融入实践的特例。他不认为类型是一个包罗万象的理论陈述。他将"类型"的功能重新归结于弗朗切斯科关于类型研究与建造的启发。类型不是一个可以随意复制的产品,而是一种在不同的背景与环境下不同城市建造形

图 8-52 弗朗切斯科·迪·乔治设计的曼达维尔(Mondavio)堡垒带来的地域性的启示

式的基本模型。迪·卡罗从弗朗切斯科设计的曼达维尔(Mondavio)堡垒(图 8-52)中得到启示,希望以一种现实的融入对抗来自于新理性主义对形式的控制。

乌比诺实践与研究让迪·卡罗逐渐清晰,城市是一张联系形式与环境、非强制性系统化的网络,一个现实与理想、思想与感受、惊奇与恐惧等聚合的场所,是复杂性与矛盾性、人工与自然结合的统一整体。类型的发现将在一种普遍与经验的驱使下,消除地域本身的特殊性与自我彰显。任何唯一的形式表达,在类型的归类中将显得苍白而失去活力。类型作为个性的提炼,最终将失去建造的本质意义。

当然,迪·卡罗认为的唯一性,是在某一类型下的唯一。而各种唯一的聚合,将形成类型统一的表达,一种结构的最终呈现(图 8-53)。结构的清晰呈现,将致使旧有模式在废除与全新模式的重建中,扮演长期性的角色。空间的虚实、要素的变化的可能与强弱,在“具体—抽象—具体”的发展序列中逐渐演化成稳固的乌比诺类型。

4) 建筑与场地的“混淆”

在凡·艾克“城市化建筑与建筑化城市”的影响下,迪·卡罗以一种共存共生的切入,将“双胎”现象,融入建筑与场地之间的辩证思考之中。建筑与场地界限,在其乌比诺的思考中,逐渐模糊。建筑即是场地,而场地也能转化为建筑。掩映于环境中的第二教育大学(Ⅱ Magistero)综合楼(1958—1964)(图 4-13),与历史建筑新与旧的更迭的法学院(1966—1968)(图 8-54)和经济学院(1996—1999)(图 8-55),以及顺应山势的学生宿舍(图 8-56),以建筑和自然以及城市历史肌理环境的“混淆”,将不同时代的语言在中世纪小镇肌理、历史建筑的缝隙

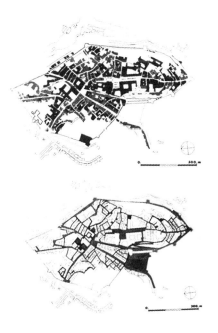

图 8-53 迪·卡罗对乌比诺城市现有建筑与道路结构的认知

以及自然景观间并置,以全新的姿态重新塑造小镇氛围与生活模式。历史形式的恢复,已不再是历史城市保护的有效途径,全新组织模式在历史环境中的发现与历史的并存和对话以及在历史环境中建筑的态度,在迪·卡罗的设计中,充分体现了矛盾与冲突之间的和谐共存。大学生公寓即在自然与城市的肌理之间,创造建筑与景观、居住者与使用空间、居住者与环境体验之间的有效联系。

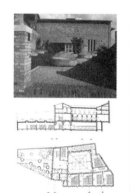
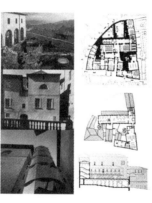

图 8-54 乌比诺
第二教育大学法学院

图 8-55 经济学院

图 8-56 沿环境地形而建的学生宿舍

凡·艾克认为"建筑与城市"化的结果,是一种两极化之间的"中介"产物,一种归属于"建筑",同时也归属于"场所"的建造方式。迪·卡罗试图在乌比诺实践中破译现实存在与潜在建造以及自然之间的关联系统,探寻自然融入城市肌理形式与韵律的整体考虑。而这种"混淆"的理念,在坎迪利斯-琼斯-伍兹的柏林自由大学、苏黎世大学、图卢斯住宅、史密森夫妇的金巷设计,以及凡·艾克的纳盖利(1954)与阿姆斯特丹孤儿院(1956)中得到了具体的体现。这成为"十次小组"研究与实践中普遍存在的城市与建筑相互转化的重要属性。

5)(非)秩序

1945年,意大利无政府主义相互之间的激进批判,在迪·卡罗将其国际化建筑形式与秩序进行结合的实践中,灌输了全新的异化元素。秩序化、分区明确、严格地区分在他的不断实践与思考中,逐渐成为质疑与批判的对象。矛盾与冲突在现实的生活中成为不可避免的要素,而秩序化的预设,表面为了防止其发生的可能,但现实规律的违背,带来了日常生活活力的衰退。同样,当类型作为关注的热点时,虽然罗西认为类型是最为接近真实属性的建筑理念,但迪·卡罗认为这种守旧、严格的秩序化方式,将阻碍人们对于现实社会的真实理解。类型化的秩序,作为一种僵化的守旧,代表了对于改变的限制,阻碍了人们在参与中进行改变的可能。他强调的"差异性"作为其基本的理念根基,否定了模式化的积极意义,并视这种"差异性"为一种"非公式化的假设、非特性化的结构信息,以及非一成不变的比拟"。秩序的意义不在于外在的重复,而在于内在的模仿与内涵的重现。

在社会整体性与多元的目标之间,整体性代表了效率的组织化清晰,而多元性则真实地表达了存在于物质环境中,个体之间相互关联系统的尖锐矛盾与冲突。动态、流动或矛盾的发展过程,远比中心化的秩序更具说服力。"建筑应当从权利的梳理中逐渐显现。建筑师不可避免地将面对调节公众、权力机构以及使用者的利益。"这种矛盾的梳理,将是在"非秩序"的前提下真正秩序化建立的过程。

建筑需要个体与群体在过程的初始、生产与最终的使用中,各自承担责任。而建筑在使用中的逐渐衰退将是其中最为重要的一环。其中,积极的衰退,作为其最高目标,将代表一种交流与自我表达体系的逐渐成熟。在社会层面的触及中,内在隐性矛盾的表露与伪装的剥离呈现了一种多样性,并将在其对秩序的批判中逐渐清晰。"我们应当尽全力使当代建筑更多地表达使用者的意愿,更少地标榜设计者的自我主义理想。"在他看来,存在于非秩序中利益的代表主要呈现两个方面:其一,脱离于制度化的自由的建立;其次,支撑最终控制的含混和异化的规则。前者是创造性参与的非秩序,而后者则是探究的必然属性。在此,非秩序不是系统化的非功能的集中,而更强调了功能性的细节与复杂的多样性聚集。系统的组织结果将决定于过程的相互影响,而非权威的行为。其美学的评价标准也将不再晦涩,而表现为开放的全面性。

可见,非秩序的原则,将面临更为辩证的思考,更为复杂交错的社会问题,并将重新审视建筑各种维度,在预设秩序的批判下,获取自下而上形成的秩序的重建。而这种非秩序基础上秩序的重现,将基于日常性的轨迹重组,呈现真实的复杂现实。

8.6.3 北非实践

1)贫民区与地方宗教的关注

在 CIAM 9 会议中,CIAM-摩洛哥(CIAM-Morocco)(GAMMA)提交的"CIAM 格网""摩洛哥人居:大量性居住建筑"(图 1-2),以及 CIAM-阿尔及尔(CIAM-Algiers)研究的"玛海迪恩贫民窟"在"人们生存权利"的话题中,以"发现"为基础,进行第三世界"大量性"人口居住和现代主义实验性实践的研究。前者以卡萨布兰卡"职业中心"邻里单元的复兴为主题,以现场调研、居住类型的归纳和组织原则的生成为主要线索,在传统的物质与非物质文化基础上,融入混凝土与预制要素的抽象表达;后者则是在特有的脏乱、贫穷的居住区中,调研与发现不同的生活方式,并进行归纳与整合,以相同的肌理,在经济与社会的共同考量中,表述传统生活在现代技术下的重现。在此,居住是社会与建筑的交集。没有环境的组织,就没有适宜的生活模式的生长与存在。全新混杂的居住与建筑模式、全新的城市形态决定了这不是单纯的传统或乡土建筑与城市的调研,而是更偏向社会性的综合案例。

以"十次小组"坎迪利斯-琼斯-伍兹成员为核心的 GAMMA 和 CIAM-Alger 在北非地区的研究与实践,一方面结合超现实主义理念,将现代主义融入地域性特征。他们在特定的自然、文化、政治环境中,以生活中形式的还原,找寻现代主义与传统之间恰当的平衡;另一方面他们还在多重混居聚落、混合城市功能以及不同的乡村住宅类型的结合中,找寻日常生活在不断变化中的平衡点的转移与变革。此外,随着史密森夫妇对日常性的关注与凡·艾克与赫尔曼·哈恩(Herman Haan)(1914—1996)对突尼斯和阿尔及尔乡土建筑的研究(1940 晚期—1950 早期),大家将北非的关注不自觉地融入"十次小组"共同的关注之中。史密森夫妇在艾克斯的讲演中宣称,现代法国理想的自由,将在北非得以实现。

图 8-57 空中的祈祷院落剖面

前文提及的摩洛哥卡萨布兰卡穆斯林建筑的探索,如塞米勒米斯(Semiramis)和"蜂窝"(Nid d'Abeille)中,坎迪利斯-琼斯-伍兹遵从于地方性的宗教与生活传统,基于热带气候与伊斯兰宗教的现代研究,以祈祷院落作为主要的私密与宗教仪式空间,融入了现代语言(图 8-57,图 8-58)。这在建筑的现代表达中同时起到主要的形式与结构的美学意义。院落在建筑立面上的错动在满足人们空间与功能需求的基础上,完成了现代性与日常生活的有效结合,并在 CIAM 特性的基础上融入系列化、多领域交叉的研究。在此,形式已不再是他们的唯一目标,"贫穷"与"平凡"的生活模式成为他们讨论的对象。而 CIAM-Alger 成员则以一种假设,将其研究融入室内合理的安置与个体单元聚合之后形态之间的整合,以合理的个体日常生活的再现,表达贫民区复兴的有效途径(图8-59)。

图8-58　由空中的祈祷院落组织而成的现代建筑形式

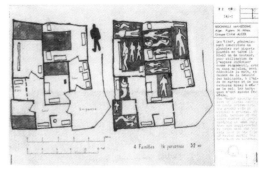

图8-59　阿尔及尔格网中个体单元聚合

在现代主义与当地穆斯林文化融和的同时,坎迪利斯-琼斯-伍兹在"混乱"的城市肌理中挖掘其传统的居住模式,并赋予其全新的形式与艺术表现形式。而CIAM-Alger小组的摩洛哥实践则代表了多学科领域的社会、政治、经济、文化作用力的相互影响下,现代主义动态、适应性、弹性、综合性的特性综合。他们将当地特有的低矮房屋的表现形式,结合现代主义简洁、轻巧以及纯粹几何化线条,以特有的复杂性与空间适用性,再现地域自发的"原始"特性。在此,纯粹的笛卡儿坐标系统已不是唯一的评价标准。建筑师试图在各种复杂的节奏与发展系统中解放、找寻与社会现状与基地的联系。建筑师试图将居住引入城市维度,以此避免非人性尺度、单调性、僵化以及对个性的压抑,以此达到最终的动态平衡。他们遵循现代主义简洁、明亮、几何化的特征,以一种功能化、弹性的社会空间,表述穆斯林庭院在现代建筑中的理解。他们在解决大量性居住的问题中,从生活中汲取日常素材,与设计相结合,通过批判性的视角,展现对社会生活与传统习俗的重新审视。

2)个性尺度

在贫民区生活方式与地域宗教性的尺度受到关注的同时,其更具开拓性的个性尺度也得到了CIAM其他建筑师的集中关注。基于人体尺度的柯布西耶模式虽然在当时成为建筑设计的标杆,但是值得注意的是他们没有盲目地追随柯布西耶的模数,而是根据他们自己的观察与研究,建立了"阿尔及尔模数"(图8-60)。他们认为,对于伊斯兰世界的深入研究,能够帮助他们确立建筑尺度、布置以及视觉的层级等最为基本的准则。他们在借鉴柯布西耶著名的男性尺度研究方法的基础上,研究麦黑敦(Mahieddine)居民尺度,进行不同姿态尺度的考证,形成一套特有的模数。该模式是一种协调化的产物,一种人体平衡下的个性尺度。他们坚信,"人体平衡"主要在于个性化人体尺度为基础的具体分析。凡·艾克认为,脱离了该原则,"建筑将不再建筑,街道将不再街道,村庄将不再村庄,城市将不再城市。这些必须建立在高度秩序的创造之上,这样适宜性与人类细微尺度的

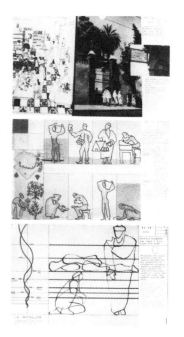

图8-60　阿尔及尔格网中对于地域人体尺度的集中研究

确立就会得到更高尺度的认可。"①

CIAM-Alger建筑师排列的两排照片依次说明：其一，室内生存与需求状态；其二，狭窄街道的空间现实。在家庭的调研中，阿尔及尔妇女以及一位欧洲年轻人图片的并置与相互的交流，则说明了两种不同文化的交织形成的"中介"状态的始端。欧洲人在当地居民的家中通过煮咖啡过程的亲身感受，逐渐将其地域尺度融入了研究范围，从而建立真实的现实存在。

随后将焦点集中到另一种家庭形式单身公寓的发展中。其总人口占据了贫民区人口的5.3％～16％。基于社会调查的结果，三分之一女性与三分之二的男性具有这种公寓的需求。CIAM-Alger建筑师以高效、经济性为目标，试图在北非寻求满足多方位、大量性的大众需求。他们希望在真实的调研中，以一种个性化"尺度"的感知，确立最为有效的适用单元，在公共与私密的合理分区下，达到最终平衡。其中，特有的寮屋（Squatter）居住形式逐渐演化为一种现代的解读。

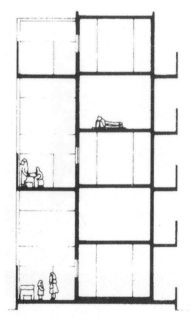

图8-61 建筑剖面中对人们
不同的活动行为研究

此外，从地域宗教的尺度来看，清真寺在成为居民生活中不可缺少的元素，成为城市要素中的主要对象。即便是在贫民区，其中的元素也以不同的建造方式，不同的尺度与不同的形式，展现了人们对于信仰的虔诚。而这种几乎和居民住宅相似的清真寺祈祷院简版的表达，正体现了在现代主义与地域性结合的过程中，基于日常生活的环境与需求可能产生的状态（图8-58，图8-61）。

作为一种地域性的特征，无论从人、居住空间、生活习惯或是宗教的尺度，CIAM-Alger成员以一种"个性"的强调，舍弃了"经典"，希望以真实的融入探寻其中真实的尺度以及在现代主义影响下的真实再现。

3）途径的差异

在北非的实践中，以米歇尔·埃克沙尔为核心，包括工程师、城市规划师、地形学家、绘图员等组成的"流动"调研小组，从不同视角，对其地域的特殊性进行调研。他们从社会学家罗伯特·蒙太奇（Robert Montagne）和安德鲁·亚当（André Adam）对贫民区"新无产阶级"的调研工作中得到启示，以照片的记录，将文化的差异性与现代性的融合，作为其发展的主要目标。如汤姆·艾维迈特对坎迪利斯-琼斯-伍兹的研究中认为，"十次小组"力图将"客观现实"融入"日常现实的重建"之中，将经济、人口统计、法律、社会问题、艺术文化等，与城市设计原则、建筑形式以及建造技术、环境问题并举，以此加强全新创造物的可识别度与清晰脉络。他们以现代主义的真实性一面，看待在CIAM"理性"而普遍性的策略下，被掩盖的事物复杂性与多样性，并在现代主义弹性的表现下，以看似杂乱的设计策略，传达穆斯林特有的启示意义。他们希望以这种穆斯林与欧洲文化撞击下产生的全新文化形式的表达，强调日常生活带来的全新居住形式的改变。

① Francis Strauven，1998：150

而凡·艾克则以另一种途径对北非文化进行理解。他专注于一种静态、长期性的文化遗存，以一种对道根文化（图8-62）与新墨西哥祖尼（Zuni）地区的艺术视角，看待人们的生活方式带来的诗意冲击。这与GAMMA与CIAM-Alger的现实主义路线产生了极大反差，却也在其中探寻了严谨与适用之外，艺术化"发现"的地域性特色之路。这两种"发现"方式的结合，在古代文明与现实问题的撞击中，讲述了来源于不同哲学思辨与观察视角下的抽象方式。

凡·艾克的相机以不同于米歇尔·埃克沙尔的角度，没有完全聚焦于日常生活的复杂性与多样性，而是怀着一种对美发现的心态，关注于非洲地域文化的体验与哲学思考。从GAMMA

图8-62　凡·艾克对道根民居文化的研究

与CIAM-Alger的北非实践到凡·艾克的突尼斯与阿尔及尔研究，无不表述了地域性观察带来的启示作用。其中，CIAM-Alger格网的照片中洁白的墙面限定下的街道中，连续低矮的长凳与建筑投下的阴影相互映衬交错，在内与外、私密与公共之间，将建筑融入了城市轨迹，呈现另一种环境下的"中介"属性。

可见，在现实的观察中，不同的视角与心态，带来了启示性差异，而这种差异，正如迪·卡罗所述是现实真实性与复杂性的另一种表达。在此，"As Found"的意义不取决于带有倾向性的评价标准，而取决于在客观中，以及不断深入的积极与消极之间本体倾向性界限的消失，和作为启示要素的均等价值。

4）CIAM-Alger的阿尔及尔社会调查

阿尔及耳是北非发展中国家，作为曾经的法国领土，柯布西耶以及"十次小组"成员伍兹和坎迪利斯等法国建筑师在此进行了丰富的地域性现代建筑实践。穆斯林宗教信仰与贫困的生活质量成为城市与建筑设计中主要的考量因素。柯布西耶一系列乌托邦式的城市建筑设想即选择在阿尔及尔作为试验场所，毫无约束的向心中的巴比伦靠近。但阿尔及尔城市并非一张白纸，其社会矛盾、宗教信仰以及经济原因导致其环境的复杂性。1953年，CIAM-Alger在CIAM 9会议上着眼于"居住"主题，展示了对阿尔及尔贫民窟的研究。他们提出形式、多重表达以及日常生活的现实问题，决定了建筑与人们之间生活应当建立于对自发生活的关注，以及现代建筑对日常生活的影响。CIAM-Alger成员将关注的主要内容归结为"城市""法制""建造技术""塑性艺术"和"社会问题"，并希望用全新的技术手段寻求新建筑在非洲的表现方式，以此缓解贫民区的处境。他们以"经济房"的项目结合穆斯林特性，在建筑塑性表达的基础上表现宗教、道德以及艺术在日常生活中的结合。在特别的穆斯林生活方式引发的对新社会生活模式的思考与革命的基础上，日常性的生活关注形成最终主要的设计依据。而"伊斯兰式"与"欧式"的结合则被期待形成全新的艺术与生活的表现形式，以全面理解有效适应社会生活变革的未来发展。

CIAM-Alger认为异国文化的融入应是一条和谐路径，因此坚持以和谐的古老文明的表达代替技术至上对城市发展的干预。他们集中于地区整体性发展，主要表现为形式，多重表现与生活的整体融合。学科交叉的研究方式被用于城市设计过程中经济、人口、法律与社会问题以及文化艺术要素的关注,以此决定建筑形态、建造技术及环境塑造。例如在他们的人口分析中涉及了不同种族,不同年龄,男女比例以及孩童数量等。而在社会问题中,孩童上学成为当地的主要矛盾之一。据调查,1200孩童只有360人可以进行半天的学习,其他的只能靠卖报、擦鞋、乞讨度日。社会的极不平等在学校与贫民区之间竖起了一道难以逾越的高墙。这种自然学科的交叉研究激发了社会学家的极大关注。

CIAM-Alger成员将居民的聚集区定义为一种城市化的概念,进行人口指标如出生地、年龄等指标的统计。他们指出来自边远地区的移民面临巨大经济问题:男性由于工作的机会,很快适应了城市生活,而女性仍旧被困于家中,进行与乡村变化不大的生活。与社会的结合程度取决于家庭的适应能力,社会集群的重新分组似乎自然地取决于移民的来源地。其中,人口来源的混杂,导致社会形态差异性的转变。

由此,众多问题在调查的基础上逐渐显现:

(1)这些居民是否应当按照其来源地的不同重新进行集群划分?或保持现状混合?

(2)如果按照来源地进行划分,都市生活融合的问题可能会得到解决,但原有的社会矛盾是否会重新被激发?

(3)分散的方式是否会促成只有在家庭单元基础上才能形成的健康社区?

这些问题对于建筑师与规划师来说超越了技术与传统的设计因素,成为困扰设计与规划的主要因素。由此,在他们的"CIAM格网"中,充斥了关于地区各种传统要素的分析(场地、单元平面、剖面分析等),以及建筑与城市的分析架构(不同角度与尺度的单个或者集群的描述)。他们以孩童与居民的图画和专业的出版物,描绘了在传统习俗与社会生活中的现状矛盾。其中,"拼贴"成为其主要的展示方式,并在图像技术的支持下进行社会现实的展示。"CIAM-Alger格网"对麦黑敦(Mahieddine)贫民区基本特性的艺术性表达,以众多图片展示了繁杂的表象背后不安定的因素与深层形式。其中,零星的色彩混杂使用传达了特殊的信息,以此深化表述的重点。而插图的说明伴随着对该地区的设计策略,完成了一个大尺度拼贴的表述过程,由此表达了对贫民区的设计意向与理解。

在全新设计中,城市肌理就像其他的"阿拉伯城镇"。城市肌理的发生器来源于"人尺度的细胞",这些服务细胞的综合在为人服务的基础上,形成了内与外的和谐。为了反映阿拉伯城市的花园特色,自然要素被引入贫民区中,形成一个个小的开放空间,并在自然发展的过程中,导致了许多城市不规则尽端路的出现。阿尔及尔成员从此受到很大启发,认为笛卡尔坐标不再是城市设计的唯一方法,多样化途径下的基地关联与社会关系为建筑师带来了革命性的转变,"一种弹性的识别力,一种新的节奏与感知方式",以及一种新的"空间体量"的理解,使设计过程从居住单元转向邻里之间,进而转向城市,而这种研究尺度的扩大将避免"非人性尺度""趋同性""僵化"以及"个性泯灭"的出现。

在新城市中,人行系统成为建筑师空间想象的主要依据,出现在两组照片集成的拓扑分析轴线中。其中,不同方面的表述导致了整体概念理解的可能。场地的规划项目促使了街道景观发展。"中介"要素将公共与私密空间有效地编织在一起。第三类空间被展示于内与外之间,扮演着凡·艾克提出的"特性策略"的空间角色,成为建筑师与居民共同的理想空间表述。从阿尔及尔的格网中我们可以看出,包括健康、环境等一系列问题的提出集中指向了阿尔及尔社会的不平等问题。居住的拥挤、冬冷夏热的室内环境,以及开窗的不足导致了室内的昏暗等问题,均以蒙太奇的拼贴为我们展示了建筑师追求的理想与现实之间的差距。可见,贫民区的重建,与其说是建筑与规划的项目,不如说是一个更为社会性的研究课题。

当然这些困苦的生活现状的揭露并没有埋没贫民区元素对建筑师的积极启示作用。例如,"自发性"的建造材料与技术为现代建筑师提供了重要的设计依据,这就像"没有建筑师的建筑"一般充满了神奇色彩与说教意义。因为这些基于最为普通的设计、纪念墙的运用,空间细节的展示以及多样性与统一性,呈现了一种看似混乱的建造技术造就的一种"经济房"建设的可能。其中,"建筑化的弹性表达"揭示了 CIAM-Alger 对地域性特征的关注和敏感度。

可见,一种可持续的建筑类型展示了特殊的空间、建造细部和建筑特性。在他们最后的注释中,穆斯林的空间特色要素包含了房间、院落、有顶的露台、池塘和小水槽。在聚落建筑的设计中,院落成为较为重要的因素,并在结合自然与建筑形式的基础上,成为自然与生活的化生。这种美学与当地气候之间有效链接的产物,描绘了具有地域特色的图景,也同时成为进行烹饪的重要空间。另外,树木在院落中形成控制性的要素之后,作为家庭结构的比拟,在社会性的分析中成为主要的结构。新建筑的形成,不仅满足了宗教的需求,也在一定程度上满足了现代建筑的简约、明亮以及几何形。设计中,他们将现代建筑干净的线脚、粉白的表面材质以及抽象的细部融入其中,并将内嵌式家具作为主要的室内要素,形成具有功能性、可变形及轻便的高效空间。这种来自于本土的日常性现代要素成为建筑设计中的主要亮点。其影响从某方面超越了史密森夫妇在"这就是明天"的展览中对建筑与居住的探讨。史密森夫妇的目的在于创造一种符号式的基本"居住"①,而 CIAM-Alger 的研究与实践则基于人的基本需求与特殊文化特性,创造了具有实践性的研究结果。史密森夫妇"庭院与亭"的建筑师风格和 CIAM-Alger 关于都市平民的基本生活研究共同反映了日常生活中人们最基本的状态。"亭"与"庭院"是一组"充满了不一致和明显区别的要素,充分表达了生活意义"②;而 CIAM-Alger 研究问题则开启了殖民主义居住问题,以及研究方法论的研究。他们以一种非抽象、非普遍性的具体呈现,拓展了当时现代主义实践与日常生活更为紧密的关联。③

5)代尔夫特研讨会

在 2007 年荷兰代尔夫特工业大学(TU Delft)举办的非洲年的会议中,笔者有幸在其举办的"十次小组"成员坎迪利斯-琼斯-伍兹北非项目(cité Verticale, Carrières Centrales)改造的研讨会中,体验了在时代的发展中,不同需求带来的重新思考。

来自于卡萨布兰卡大学学生实地的调研表明,经过约半个世纪的变迁,其建造之后使用的不便促使人们开始寻找"修补"的可能。这种"修补"就仿佛是在其建造初始提出的"自发性"一样,仍旧以"原始"生活态度对现代建筑进行了当代非专业的"解构":炎热带来的对建筑开窗的填补、楼道向晾衣走廊的转化、现代生活需求下各种设备与天线的外置,以及起到防盗作用的铁窗设置(图 8 - 63)等,成为另一番具有生命气息的混乱景象。无论从"As

---

① "A kind of symbolic 'Habitat', in some form or other, the basic human needs—a piece of ground, a view of the sky, privacy, the presence of nature and animals—when we need them—and symbols of the basic human urges—to extend and control, to move."这可以看做是史密森夫妇对于居住最基本的理解和进行研究的主要基调。他们在展会中将一个亭子立于小的沙滩庭院中,以基本的建筑师的语言来修饰最基本的居住的可能。

② Alison Smithson,1991:64

③ Alison and Peter Smithson, the Charged Void: Architecture, New York, 2001,178 会议中 Peter Smithson 表达了材料与光线等基本要素作为"As Found"的意义(Schermerhorn, Hall, Columbia University, 12 March 2002)。

图8-63 卡萨不兰卡大学学生对现状生活的状态研究

Found"美学的何种角度,这种"真实的脏乱"的呈现,带来的是建筑师时代批判式的思考与重建的启示。可见,这种非专业带给专业的启示,在于以一种动态发展与变化的视角,看待生活方式的变化、不同年龄人的需求、不同时代人们的关注,以及那些仍旧没有改变但存在着被改变的危机或希望的要素。

来自比利时鲁汶大学、摩洛哥卡萨布拉卡大学以及荷兰代尔夫特工业大学的学生分为四组,以一种合作的方式,共同对坎迪利斯-琼斯-伍兹建筑进行模型的推敲与分析,希望从不同的出发点,找寻在各种不同的角度进行优化的可能。

笔者所在小组以其独特的"阳台"要素作为出发点,打开了建筑改造与功能拓展的途径。

问题:我们需要什么? 更多的空间、阳光、关联、还是……?

于是,随着问题的提出,四重干预的驱使带来了建筑优化意向。

(1)干预一:楼梯

全新楼道与坡道的外置介入,使得居民能够更为直接与便利地从公共空间到达自己的私密空间。走道由此成为公共与私密的"中介"空间。外在交通体系的介入,使得原本的走道成为自家入口的过渡空间。避免了万国晾衣走廊的杂乱景象。

(2)干预二:室内空间的重新划分

原本室内空间的划分,在实际的生活中,已不能满足日益发展的需求。公共与私密空间的混杂,使人们的生活时刻处于混乱状态,因此,墙体与门洞的重新开启,以最小的改动,换来了最大的空间划分与必要的联系。

(3)干预三:有效的空间构型

在原本两层高的阳台之间,增添另一种空间的需求。该空间的介入,不仅拓展了室内的使用空间,而且使人们的活动在室内空间得以延伸的同时,更接近于室外的开放空间。

于是,空间成为室内与室外有效接触的媒介,也让原本空间层高"奢侈"的使用,产生全新技术与理念下的一种集约化的增值效应。

(4)干预四:肌理的延续与形式的塑造

基于实用功能的需求与原有建筑形式肌理的延续,建筑改造中原有形式要素的再次使用与更新成为建筑形式改造的思路之源。新要素的介入,以一种前后的错动展现了时代要素带来的活跃与生动的气息。

在有效空间的体块生长中,各种有效控制下的联系、开窗,以及不同的需求,在不同尺度组合的同时,为邻里居住创造了不同的视觉影响。新与旧的交接与并置,也以一种历史的印记,表达了时间维度下,建筑发展趋势与变化的可能。由此,形式塑造的干预强调了形式在时间作用下，应对于需求的表达结果，而并非纯粹形式追求下单向性的追求（图 8 - 64）。

图 8 - 64　研讨会学生与评审教授之间的讨论。桌上模型为我们对现有建筑的改造，白色为原有建筑，灰色为根据分析进行的加建部分

荷兰代尔夫特大学的研讨会，带来的不仅是设计上的思考，而且还是对于人们日常生活理念下，环境塑造的又一次尝试。这种环境的塑造如坎迪利斯-琼斯-伍兹所言，是居住与建造的行为框架、物质要素与最终结果。在此，广义的环境意义不仅是物质性的创造，还是在其不断变化的需求中，社会性的体现。个体与群体之间的互动，带来的环境变化，将是一种"自发""自下而上"具有说服力的结果。

8.7　"As Found"的诗意几点

从凡·艾克与坎迪利斯-琼斯-伍兹的北非探究、迪·卡罗的乌比诺实践，以及史密森夫妇的伦敦工人街区的调研等"十次小组"对城市与建筑日常属性的诠释中可见，日常性的关注，在包含基本需求的同时，也同样产生了一种诗意的追求。这种诗意，部分来自于凡·艾克哲学式的思考，部分来自于史密森夫妇对于街道与邻里生活的关注，部分来自于迪·卡罗在历史城市中肌理的延续，部分还来自于坎迪利斯-琼斯-伍兹北非的实践。这种诗意，引发了人们对"建筑城市"中一种含混的思考，一种跨界而真实存在的"中介"诉求，一种在理想的乌托邦与现实的日常性之间，动态的存在。

在此，本书希望以日常性中"As Found"诗意几点，描绘对未来设计的启示意义：

（1）基于人类居住与自然之间的本质关联对现代工业时代的批判。无论是史密森夫妇"空中街道"、罗宾住宅，还是迪·卡罗的乌比诺实践，或是凡·艾克、坎迪利斯-琼斯-伍兹对于北非文化的研究，安静、绿色、城市肌理、潜在的开放性空间结构的建筑特性，成为他们关注的首要因素。

（2）成熟的文明、碎片式的集合，在城市发展的过程中，以地域的语言与方式，展示了在手工工艺与文化之间传递的时代信息。"生活与艺术的并行"与"这就是明天"的展览中，建造技术日常性的集中、关注与使用,成为建造文化在不断发展中,集中化处理的表现。

（3）在微小的细节中找寻愉悦的本质,在未受关注的不经意中,挖掘生命化的魔力。无论是街道中孩童的行为,原始文化中装饰纹路的发觉,还是清晨一缕阳光在街道的投影,或是在时间的推移中,不断变迁的特性与恒久的内在本质之间的差异,均成为"十次小组"在细节的关注中,逐渐放大与优化的"非细节"。

（4）关爱、保护、"破坏"的意识,成为在现实的发掘中,建筑师与设计者必备的品质之一。文化依存的耕耘、培育与保护,成为一种长期塑型的过程。海德格尔在《建造、居住与思考》(Building, Dwelling and Thinking)中,对于居住的描述,认为生活是一种关爱的体现。过去在现在的表现,将以一种关爱的途径,展现不一样的现实意义。不论是史密森的伦敦街道调研还是考文垂花园,或是城市高速基础设施的发展,关爱带来的"破坏"性的力量,将成为发展的主要动力。

（5）多领域结合下界的模糊,成为日常性本质属性挖掘的前提。艺术、文化、社会科学的融入,有助于增强人们对于事物本质属性认知的广泛性与全面性。自我的融入,使设计者与使用者之间的界限逐渐模糊。来自于社会,还原于社会的理念,在凡·艾克"By us, For us"理念中,以史密森夫妇式的理解进行展示:"形式语言由大众创造,被大众理解"。

（6）全新时代、全新风格、全新的诠释,将是在时间的维度,概念变化的基本特性。"新粗野主义""新功能主义"以及"流动性"在不同时代的关注焦点,将在日常生活的更新中,体现全新的诠释。而新与旧的比较与并置,也将在过去与现在的探索中,逐渐追溯其发展的轨迹。

9
批判性重建

> "去了解事情的前提是了解事物相互之间的
> 关联。"

——J. B. 巴克玛①

  "十次小组"的本体论研究带来的历史追溯，体现的是不同关注视角、启发式思维与策略推进。而"原始"理念的变化在时间的推进中，将表述不同的时代内涵。

  融于现代性思考的乌托邦与日常生活关注在成为"十次小组"主题的同时，日常生活的发展与变化，全新城市格局的变迁，以及自发发展模式的需求，在"十次小组"时期与当代及将来均是不可忽略的话题。"十次小组"年代，欧洲城市发展的主要论题来源于战后城市的复兴与重建。而今日发展中城市的复兴，在面临同样问题的同时，包含了更为广泛的内容拓展。传统与现代语境下，相同话题的不同表述，以及现代性的批判性重构，将重新审视城市和建筑的发展与变化原则。这也意味着在特殊情况下独特的处理方式与普遍原则之间的转化，一种技术理性与社会文化共同驱使下的城市变革。

  "十次小组"研究，伴随个人化的现实实践与理想社会模型之间的相互转化，激增自我深省的道德约束。如《"十次小组"启蒙》中阐述的，"十次小组"是一种存在于现实中的乌托邦，其实践性强于理论性，其目的在于通过与社会的结合建造现实的乌托邦理想。他们通过强制性的道德约束进行个体与群体的建造，以强调总体结构的真实性与归属性。这种寻求建筑群体多重内涵的"社会自我实现"，体现了相互延伸的建筑个体与群体之间的相互编织，表达了个体之间技术性结合带来的整体效应的不同表达。

  与 CIAM 的决裂以及 1970 年代后现在主义的出现对"十次小组"的影响，在伴随了对福利社会、消费社会批判以及对城市层级重组的重新审视的同时，伴随了建造与居民之间民主关联的建立，以及建造的全新意义与特性的重塑。他们的活动在现代主义发展中成了积极的催化因素。

  在现代艺术与建筑的讨论中，乌托邦理念伴随着怀疑与批判被逐渐接受，并成为一定程度下的现实存在。其中包含了一种"高尚的无用性"（sublime uselessness）与日常性实践及道德问题的集中考量。而关于建筑实践中道德与乌托邦的思考，希尔德·海伦与莎拉·威廉斯·戈德哈根在《现代主义期待》中基于现代建筑的研究有所表述："文化、政治以及社

---

① J. B. Bakema, edited by Marianne Gray, 1781:138

会维度的相互链接将共同建立现代主义在建筑中的基础地位。"希尔德·海伦在《乌托邦的回归》(*Back from Utopia*)中将乌托邦的理解集中于现代主义的日常生活实践之中,并试图重新定义乌托邦在日常生活理念中不断更新的时代意义。她认为部分现代建筑社会性宣言的失败,并不能说明社会性因素被完全置于建筑实践的领域之外。对她来讲,乌托邦的意义主要在于日常建筑实践中作为批判与活跃的要素。

在对"十次小组"本体论的研究与反思中,无论是对被批判的"功能主义"、风行一时的"巨构建筑"、城市发展中"大量性"问题,还是理性研究方法"CIAM 格网",或者是对社会本质属性与真实存在的把握,均呈现了在时代发展与科技进步下理念不断更新的必要性。而藉以"十次小组"关注的"关联"主题,理念之间潜在与表象的联系将在不断的自我更新中,彰显开放性的触及带来的网络化发展与思辨前景。

9.1　"功能主义"突破

当代建筑与城市的发展中,功能的需求并没有因为"功能主义"的缺陷而被忽略。设计师仍旧肩负着功能组织的重任漫漫前行。但今日城市的"功能"诉求,已与半个世纪之前的概念大相径庭。社会学理论的功能主义,从生物学进化论开始,以英国的社会学赫伯特·斯宾塞(Herbert Spencer)为起始,强调了不同社会功能组织满足不同社会需求之现象,就如同人体器官满足不同的生理机能。法国社会学家爱米尔·杜尔凯姆(Émile Durkheim)也在其理论的影响下,以《社会分工论》指出了人类社会组织分化与功能特殊化之间的关联。而美国社会学家帕森斯(Talcott Parsons)在整合这些社会功能主义理念的基础上,奠定了结构性功能主义理念(Structural functionalism)。

可见,在"功能主义"盛行的时代,其核心理念建立于对客观社会世界认知的科学途径,以及个体机能与社会组织的相互作用。而这种跨越社会、人类、行为的理念,在斯马特(J. J. C. Smart)看来是一种"中庸话题"(topic-neutral)。在物质世界与非物质世界中,"功能主义"承载的双重属性:以物质范畴,激发对精神纬度的思考,并在"心理—物质"特性理念(psycho-physical identity thesis)的引导下,在唯物主义与双重性之间产生有效的平衡。而这种心理与精神的产物,在人们的感知、信念以及欲望的驱使下,呈现了多重实现的特性,一种在包容性的前提下,进行的更为合理的表达。

如今的功能,首先代表了基于社会现实考证与尊重基础上的进一步优化与延伸,而不是"白纸化"的理想主义;其次,僵化的机械主义功能联系,已彻底脱离了城市与建筑发展的时代步伐。动态关联,超越了理论化的预设,在不同的情况下,显现特殊的变化与特征。如今的"功能",包含了对于矛盾的接纳与斡旋。而对于城市与建筑不断的探索、变化、发展与流动性,形成了一种新时代的"教条",从而保证社会活力的持久性。

9.1.1　《新雅典宪章》①

2003 年,"城镇规划师欧洲理事会"(European Council of Town Planners,简称 ECTP)经历了 7 年的准备(1995 年末开始),在葡萄牙首都里斯本国际会议中发表了《新雅典宪

---

① 详见 http://www.ceu-ectp.org/e/athens/(见附录 4)

章》①。在这约 400 名规划者、官员及学者参加的会议中,人们探讨的问题涉及:为什么发表该宪章? 新旧雅典宪章之间如何链接? 新宪章背后的内容与视角是什么? 这在人们的日常空间实践中起到什么样的意义? ……会议希望借用与《雅典宪章》构架,建构应对性的发展措施,以明确发展与研究方向,展现新时代社会的发展原则与设计使命。

图 9-1 《新雅典宪章》(2003)封面

《新雅典宪章》(图 9-1)指出,柯布西耶影响下的《雅典宪章》已早不能适应社会发展的现实需求。自《雅典宪章》被签署起,社会的巨大变迁在现代主义发展中,在经济、社会、文化以及环境要素的结合中,逐渐显现其时代缺陷。综合式的发展在取代分区式的思路进行城市发展的过程中,社会的全新发展主要体现了以下几个方面:

其一,新技术带来了生产与交通危险性以及污染的降低;

其二,现代经济强烈受到服务性活动的影响;

其三,普遍的自然能源限制性的意识与广泛的可持续发展目标相结合;

其四,民主原则的阐述,包含了在决策过程中强烈的公众参与成分;

最后,人口发展面临着不同人群利益的矛盾冲突。相比《雅典宪章》,新版首先认为因为不同地区具有不同特性,法规应因地制宜,以地域化的道路,融入不同的国家与地区文化。而由此带来的矛盾与差异,使得职业与空间发展的欧洲体系,需要建立一种广泛性的标准,以确立 21 世纪甚至更长时间城市发展的目标与原则。他们在非理想化的讨论中,以对现实的考量,集合欧洲各规划组织的意见,从分歧中讨论具有规划特性的空间发展原则。其中,可持续的结构以经济、社会与生态论题结合为原则,在网络化的都市结合中,以规划过程中设计者不同角色的认知,体现了新时代城市规划的主要特点。

就其内容来看,《新雅典宪章》包含了 A、B 两个部分。其中,A 部分以网络化城市为主要基调,讲述了"连通城市"(the connected city)、"社会连通性"(social connectivity)、"经济连通性"(economic connectivity)、"环境连通性"(environmental connectivity)、"空间综合"(spatial synthesis)五方面;B 部分则以"问题与挑战"(issue and challenges)②以及"规划者的任务"(the commitments of planners)③为主要内容,针对 A 部分城市特色的阐述,描绘了未来城市的问题、实施框架与设计者职责。

《新雅典宪章》基于"连通"特性,在内与外的联系中,以无法隔离的城市、社会、环境的关联,在触觉、功能、信息提及的虚拟信息维度,阐明了城市不同尺度的意义。此外,《新雅

---

① 讨论委员会由葡萄牙的规划教授 Paulo Correia 主持。
② 其中包含了对于"社会与政治的变化""经济与技术的变化""环境的变化""城市变化"四项内容的讨论。
③ 其中包含了规划者作为科学家、设计者、政策的建议者、城市的管理者等不同角色下的不同任务。

典宪章》在时间维度,进行现有城市特性与过去和未来的比较研究。人们普遍认同,空间规划的角色在城市整体的发展中非常有限,各种城市角色之间的互动,才是整体发展的主要途径。会中,社会连通性、经济连通性及环境连通性三重要素的发展,成为连通城市的主要特色。

《新雅典宪章》中,空间规划者以全新方法的设计,在科学、设计、政治、策划、协调、管理等各方面扮演不同的角色,权衡利益之间的协调。他们在领土的重新配置与重组的基础上,以当代网络化的城市特性,讲述未来的城市发展状态。全文以城市、空间、规划者、关联、网络、结合为关键词,将《雅典宪章》的功能分区原则,转化为完全不同的时代标准与设计策略,以网络化的整体与中介模糊的特性,阐述了当代城市发展的主要趋势。

9.1.2　基于分析的功能主义

我们不妨在"功能主义"的理解下,看待从不同层面划分的三种"功能主义"的发展趋势:"机械主义的功能主义""心理学的功能主义"以及"基于分析的功能主义"。而其相互之间的叠加与相互影响,将在一种"中介"空间中,寻找到在理性逻辑与感性认知之间的"功能"领地(图9-2)。

就机械主义功能而言,希拉里·帕特南(Hilary Putnam)在《功能主义的机械状态》(*machine state functionalism*)中认为,任何具有思想的生物可以被视为一种形式化设置的"图录机"(turing machine)中,证明直接功能的呈现与推理过程。信息的输入与输出在其机械化的进程中,呈现一致化的结果。这是一种物质空间决定论的结果。

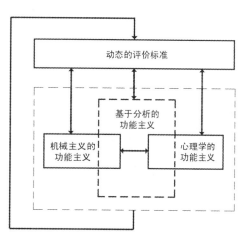

图9-2　各种功能之间的权衡关联

而心理学的功能主义则来源于行为与心理学认知下复杂的情感与心理对功能性的定义。认知心理学在生态学的比拟中,以心理定位,确立分离的物质结构之间联系的紧密程度。人类的心理判断与行为,在机械主义科学的分离中,以人为的情感,进行再一次的分离。而两次分离的叠加将呈现另一种物质与非物质下的明确与"含混"的功能结合。人们在普遍性的认知感受与理解中,以科学化的依据与心理评判,解释功能的属性。在此,城市"功能分区"中"居住、工资、娱乐、交通"的分离,在人类学与现实的评价中,展现的是一种两者或三者之间的重合。"中介"性的评价逐渐消减了相互之间的界限。而"十次小组"对于其功能主义的彻底颠覆,虽然表现了彻底的名词化替换,但其城市分层化的层级中,仍无法回避具体的功能植入带来的社会结果在人们心理中的发展趋势与潜在意义。

而作为另一种与环境、心理及行为相一致的"基于分析的功能主义",仍旧在一种先验的精神层面特性下,达成了重要的功能概念。该理念在逻辑行为的形式下以各要素的聚集,以及物质与非物质的综合属性,建立了分析与推理的重要链接。至此,我们可以将其视为一种对社会存在属性的综合观察下,导致的功能综合的结果。同时,我们也可以将分析化的功能主义趋向,视为在主观与客观的基础上,建立"适配"原则,一种在理性中结合非理性的表达方式。"基于分析的功能主义"将在人类行为的基础上,呈现自然世界中,客观的观察与无可争议的社会现实呈现。从人类行为出发被认为是一种科学的途径,以基本层面的现象,解释"高级"层面的科学。相对于心理学的行为主义,逻辑的行为主义表达了人类思维的运作过程。各种社会的本质现象可以用行为逻辑进行推理,并在一种互惠的交互中,呈现之间的转化作用。如人们的行为特性以及人们作为行为习惯的时段、地点、频率等,足以判断人们在某种特殊的地区、特定的时间、特别的功能需求。如果我们将人们对于城市功能的认知决定于人类行为方式的驱使,那么,建造的意义即突破了建筑与城市之间的界限,并且强调在普遍环境的认知,技术方法与研究策略上的行为准则之上,追求"改变"对人类本体的关注和功能的另一种人本化的诠释。这种诠释脱离了孤立的分离式展现,并以人们行为与心理界限的另一种划分,表述现实生活中城市发展的功能确立。

我们可以将"十次小组"对于功能批判下产生的另一种都市重建的层级分析方式,视为另一种"功能化"的分离。而"功能"将在更为广泛的层面,以分析而综合的途径,取代传统的具体指代。

9.1.3 已知与未知

在功能主义的发展中,社会逐渐呈现在人们已知的基础上,对未知属性的想象与预留。这种未知在环境的变迁与时代的发展中,表述为动态的发展趋势。这种动态的预留,可视为功能语境下的代理,并以不同的时代意义,诠释城市功能分析的发展趋势。在此,我们可以以一种"功能"的代言,在城市的各种已知而未知矛盾中,表达对一致性与结合的关注。

由此,功能的意义,在各种层级化的标准下,呈现了不同的分类结果,并在已知的城市现状的分类系统的交织与重叠下,通过不同的选择途径,建立全新的评价标准。各种系统的矛盾倾向与解决途径,将以其不同的特质,引导城市与社会的不同分类方式,或导致更为系统与全面的系统化深入。

在此,"十次小组"对已知功能分区的批判,也可视为对未知的另一种广义"功能"特性的分类体系的"门阶"性探索的开启。源于盖迪斯"生态"标准的纵向"功能"分类方式的初步涉及,为人们进一步的"功能"探索,开创了思维突破式选择。各种"功能"的意义,可以在场所、时间、事件、形态、冲突或者联立中,找寻更为广泛的营建标准,成为未来城市分析与评价体系中又一全新理念性的策略引导。

可见,"功能主义"的批判,带来的不仅是"十次小组"提及的关于分类方式的由横向并置向纵向序列的转化,还是在于人的行为与感知下,评价系统的多样化与"功能"意义的复合化表达。不同的评价标准下,机械属性、心理属性以及两者交织下呈现的分析属性的聚合,将反向影响其评价标准的变迁,由此循环式的影响,成为功能主义发展的可能的主要趋势之一。

9.2 整体与个体的角色乌托邦

对整体与个体的反思,不在于规模与数量的分析,而是存在于"As Found"要素的聚合中,宏观与微观、显性与隐性、关联与隔离之间的关联分析。"十次小组"在整体性的研究中,注入了对理想城市乌托邦的设想,而整体与个体之间角色的互换,为城市与建筑角色的反思与定位,预留了微妙的发展空间。

9.2.1　个体角色下的整体意义

从凡·艾克的"双胎现象"的关注,到"构性原则"的发展,个体要素的特性组合建立的整体链接系统成为人们逐渐关注的主要问题之一。整体集中的显影效应极大超越了个体相互拼接的结果。如伍兹在康奈尔的教学中所言:"'十次小组'更导向于建筑的城市元素,而非城市的建筑元素。"个体与整体之间角色的权重在不同的时代,不同的语境,不同的认知策略中,将呈现不同的方向。

在"构型原则"的驱使下,凡·艾克认为建筑与城市作为个体与整体的对应显现,应在构型的场所中建立情绪、感官及理智的集合。其中确定和可识别模式的展现,在建筑与城市整体发展中,将呈现可理解与可认知度。这种多维编织的肌理与相互间建筑与城市局部之间的关联,可以看作凡·艾克所指的"对应形式"在人类复杂性与相互的联系之中,逐渐被认知与理解,以及在相符与矛盾中建立存在的可能。这种"构型"化的场所不是特定要素之间特殊结合的模式,而是在物质与心理的维度,超越了社会形式建立的各要素之间相互关联与依靠的推理思考。在整体完形的过程中,个体的聚集超越了简单的累加。就像凡·艾克的孤儿院在单元个体与群体之间建立的相互编织网络。个体要素的"构型"超越了个体本身的意义,这些要素在表述自身特性的同时,建立的是场所与人类行为的意义。

但是,大量的城市发展,不是一种白纸状的突变,而是在肌理的不断成型与改变中,逐渐缝隙化黏结形成的整体呈现。在此,整体性的表达,不应是理想化蓝图中全新的呈现,而是新旧个体结合的整体。在此,整体性结合包含了以下三个方面:

其一,物质性的新旧个体结合的整体协调;

其二,内在个体关联的新旧缝合;

其三,物质新与非物质性个体的新旧整合。

可见,所谓整体,代表了个体要素相互插接的集中呈现,而不是乌托邦理想化系统的非塑性整体,不完全是为巴克玛强调的"视觉群集",也不是布洛姆"诺亚方舟"的密集化而"无懈可击"的整体。

9.2.2　显性与隐性

至此,在城市整体性的表述中,整体组织中个体要素的表象个性与潜在关联集合化的整体效应,以整体性结构为媒介,强调了对城市显性与隐性之间的有效编织。这种编织,以"关联性"的凸显为主要途径,将存在于物质层面与非物质层的显性与隐性特性,以开放的动态趋势,进行具体展示。

首先,在个体或整体的现象呈现中,其本体意义在不同的语境与视角下,呈现不同的定义准则。其视觉显性与其非视觉的隐性内涵,基于不同视角,表达了截然相反的意义。如"十次小组"中的焦点化主题:"毯式建筑""簇群"及"茎状""网状"等,在一种整体化聚合的表象呈现下,表述了结构性编织的整体意义。他们以一种开放性原则,容纳了不同个体的干预与融合。但是,在不同尺度的环境下,这些显性的整体呈现,表达了在另一范畴下个体化的隐性特性。如柏林自由大学内在本体化的组织整体性,在其城市环境的肌理中,即呈现了整体肌理编织体系中的个体化特质。而这种特质,在人们的可视范围内,不易触及,只有将自身放置于更为宏观而关联化的系统之外,才能清晰可辨。

此外,关联特性,在对整体与个体进行链接的同时,也以显性与隐性的两条脉络,构建了个体要素相互之间(横向)以及整体与个体之间(纵向)的双向联系。而在此双向的联系中,各自又以不同的显性与隐性表达,将四种不同的关联(横向显性、横向隐性、纵向显性、纵向隐性),以空间化的组织和不同信息化的转化,呈现于城市与建筑、乌托邦理想与日常生活之间的联系之中。

由此,我们可以看出,在任何个体与整体表达的数据化信息中,其客观存在的联系背后,始终以隐性的关联,引导其发展方向的主要途径。外界环境的变化,将影响人们对信息读取的范围与深度。例如,当迪·卡罗在乌比诺实践中,以历时性的肌理阅读和时间连续性作为其设计的发展前提的同时,基于时间和环境的整体性,以不同的视角,阐释了干预性个体在不同的"整体"中担当的角色与起到的决定作用。迪·卡罗在对历史与城市"数据"进行阅读的同时,以显性的视觉环境与隐性的时间向量的编织,体现了全新的现代干预在乌比诺的表述趋势。

可见,整体的关联,在不同视角,不同立场、不同维度,以及显性与隐性之间,承载了作为结构本体与角色转化要因等多重角色。这种基于可视与不可视之上的角色认知,也将成为人们对理想城市与"乌托邦"全新认知的重要前提。

9.2.3 新"乌托邦"

在1964年1月德国杂志《建造与生活》(*Bauen＋Wohnen*)中,约根·约迪克(Jürgen Joedicke)以题为"城镇规划的现实与乌托邦"(reality and Utopia in town planning)将乌托邦版本归结为以下几个层面:其一,是从托马斯·莫尔(Thomas More)中沿袭而来的传统的理想,并试图通过颠倒现存的人与社会两级的现状,推翻其真实存在;其二,是法国与美国未来主义理想的全新乌托邦,通常具备放大社会现状的倾向;其三,就是约迪克所述的"盲目幻想"(blind visions),这与一些已知或被预测的社会情况完全没有关联。

对于乌托邦式的城市理解,人们通常会将其与"巨构"相连。对于"巨构"乌托邦的理解,约迪克认为:"丹下健三开始于今日的问题,面向明天的问题,试图在不断技术发展中解决问题。"[①]托马斯·马尔多纳多(Tomás Maldonado)则将"巨构"视为"今日的怀旧乌托邦",并试图将其与未来主义的"全新乌托邦"加以区分。其中:"旧"乌托邦:也可以称其为传统的乌托邦,一方面,他们不愿与周边整体环境和现实压力产生妥协;另一方面,他们仍旧停留在一种个性化的假象中,并未将其转化为现实的轨迹与途径。黑川纪章的"螺旋体"以及"建筑电讯派"的"行走城市"等,就马尔多纳多看来,即是在巨构基础上的理想城市模型。对于文艺复兴的先驱如阿尔伯蒂(Alberti)或费拉来特(Filarete)来说,一个理想的城市,是一种柏拉图式的传统形式。这通常是一种有意识的对社会系统发展的漠视。20世纪,"乌托邦"的社会属性与建筑冒险主义逐渐结合,形成一种人们心理上的乌托邦实践途径。

真正的乌托邦,在柯林·罗(Colin Rowe)与弗朗索瓦·肖艾眼中,时常关注于日常性实践中社会的整体关联系统,而非建筑的个体形式。这是建立在广泛的关联之上,理想化的全新突破在现实环境中相互协调的过程。从托马斯·莫尔向包豪斯的转变,即可视为一种"乌托邦"的理想实现。麦施特里德·施物浦(Mechthild Schumpp)在《城镇规划的乌托

---

① 原文为"Tange begins with the problems of today, proceeds to the problems of tomorrow, and seek to solve them on the basis of an ever-evolving technology …"。

邦与社会》(*Stadtbau-Utopien und Gesellschaft*)中告诉我们,乌托邦主要集中表现为三种特性:其一,是持久与暂时之间描述的差异性;其二,是城市的技术梦幻;其三则是关于"流动的休闲人口"(mobile leisure population)的概念,一种未来城市发展的走向模型。这不仅是未来主义者强调的后工业时代人们的生活特性,也是一种从弗里德曼到"建筑电讯派"更广范围的整体概念。可见,这种"乌托邦"不会由于其初始功能或结构的终结而改变。休闲的娱乐生活,将在其巨构的生活中呈现主要的生活模式与特点。①

可见,"乌托邦"城市特性,如赫伊津哈与"国际情境主义"所想,是个体与整体发展的一种松弛的"游戏"状态,一种康斯坦特所述的"新巴比伦"理念。城市在此不仅进入了连续、复杂而不断生长的环境,而且还是在自然与行为密切相关的优化中进行的"心智地图的转移"。其中,传统理念的建筑与交通等形式的建造不能构成城市的主要特性,而是在一种广义的城市环境下的"片区"(section)建造,一种全新地面覆盖的创造,一种"游戏场"状的非功能化内在逻辑的展现,一种保证人们的运动、情绪以及行为自由方式。

可见,"十次小组"城市理念在希望将城市建筑的整体与个体关联融入巨构的同时,还希望将人们的行为轨迹与其相结合,创造生活中乌托邦的生活模式。但这种"游戏"中的城市,并没有在"十次小组"的语境下,以一种成熟的实践,完成其具体的设想。除了"柏林自由大学"理想的整体性"城市化"建筑牵强的探究,以及"金巷"中对城市肌理分析下,"枝杈状"的对城市的侵袭,很难看到在城市的分析中,相互联系的全新个体联立下的群体表达。布洛姆的"诺亚方舟"以及凡·艾克的孤儿院,在一种结构理性的作用下,孕育的是一种理想化完整结构的表述,一种内在的深刻自省下复杂系统的呈现,但令人遗憾的是,这种"开放式"、"自组织"或"结构化"的理想化模型,在达到内在完美呈现的同时,仍旧很难让人看出其强调的"内"与"外"的协调,怎样在一种插接表达中,给人们描绘一种自然、有机与新"乌托邦"式的整体呈现。

可见,一种真正存在于现实社会的乌托邦的城市建造,并不是一种整体或个体形式化的诉求,而是一种行为与日常生活方式的革新在整体与个体之间起到的链接作用。现世的乌托邦,带来的不局限于城市巨构的震撼规模与奇异造型带来的视觉冲击,更重要是在时代的网络中,基于社会体制革新中人们生活态度的转变。这种整体城市或建筑的形态,脱离了类似于功能分区的形式,是一种多点,均衡发展的网络化系统。其中所有建造的人工与自然的环境,具备了可改变、复杂的动态属性。

9.3 群集设计"第三类"空间

在整体与个体的讨论中,聚合理念下的群集状态,在"十次小组"的"簇群"与"大量性"讨论中,成为不断关注的话题,而其建构原则,在不同的语境与原则中,同样以"第三类"的空间组织,以开放性特性,在"As Found"美学的原则下,创建了聚合下的形式对应原则。

9.3.1 聚合理念

在吉地翁的《建筑与过渡现象》中,群集形式成为第三类空间的表达。他认为"当建筑师将建筑视为一种雕塑特性的同时,群集设计开始出现,虽然它们像雕塑一样联系,但空间

---

① Reyner Banham, 1976:79

上具有显著差异。"他认为,这种空间的聚合超越了"内"与"外"的意义,以一种"松散"的空间定义,形成了实与虚、体量与空间之间的有效集中。

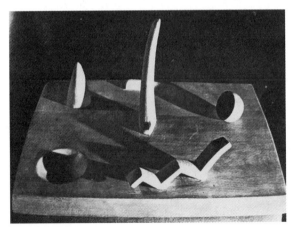

图9-3　阿尔伯特·贾柯梅蒂的雕塑

我们从吉迪翁在最后一章介绍的阿尔伯特·贾柯梅蒂(Alberto Giacometti)的雕塑作品"一个地方"(pour une place)(1930—1931)(图9-3)的聚合中不难发现,平台上四个看似不相关的不同雕塑,自我扭曲地在平台上各自展现。虽然个体非正常形态的聚合表达看似仿佛一种随意的堆砌,但不同个体之间制衡下的平衡,以一种内在特性的平衡,创造了叙事般的传统结构与先锋式的外在表达之间的重新表述。这种内在句法的延续,在不同个体的聚合中,超越了个体的本体属性,建立了全新语义的整体。这种整体,被视为要素并置中,"第三类"空间的自然呈现,这不仅决定于设计者本身的表达,更重要来源于观察者的态度。在阿多诺(Adorno)看来,事物之间"有散落(shattering)与重新聚合(regrouping),但是没有瓦解(dissolution)……"①

可见,这种聚集意义下"中介空间"的产生,以一"核心"的聚合,表达了群集带来的"非此非彼"而又涵盖彼此的空间特性。在此,事物之间的"间隙"也正好是事物关联的特殊"粘贴剂"。个体要素的"任意"聚合带来的不是凌乱,而是空间的生成。可以看出,现代性实践的本质,不局限于事物本身,还存在于事物之外与他者之间的空间实践之中。这种体验,以另一种"理想化"乌托邦,游离于"确定"与"含混"之间的空间流动之中。

同样,这样的聚集在桢文彦"聚合形式"中,以对城市环境的切入,通过"构成形式""巨构"向"群集形式"转化。其中,从几何向非几何,从建筑与空间的聚合体向意图、内涵与关联的共同作用,无不体现了建筑或城市可能的发展趋势。但是,这种聚合状态,在他看来缺乏变化与发展弹性。他希望以一种技术化的手段,一种基于"反馈回路"(feedback loop)②的半自主的控制系统,建立对整体系统的控制。虽然班汉姆认为桢文彦首次定义了"巨构"意义,但在桢文彦看来,"巨构"作为一种过于技术的基础上自我封闭的整体,成为他批判的对象。而他真正所青睐的是在各种生活细节的关注下,呈现的一种逻辑激增的城市模型,而不是在美学的评价中展现的城市形态。

9.3.2　(平)面形式:面对大量性聚合

群集的形式,从某种程度解释了在面对大量性问题的过程中,亟待解决的数据与信息的梳理以及有效的集中呈现的问题。而这种群集的表达,在外在整体性表达的同时,以一

---

①　Adorno 在 *Looking back on Surrealism* 中提及。
②　反馈回路描述了过去输出事件或者现象的形式或信息在今天或者未来进行同样的影响。当事件成为因果链中的一环,将形成一个环状形式,而事件将最终"反馈"向自己(参见 http://en.wikipedia.org/wiki/ Feedback_loop)。

种动态的内部个体的变化,支撑了集群发展与更新的主要特性。

槙文彦在黑川纪章的"农业城市"(agricultural city)中认为,他将可塑性与未知属性融入其中,以"变化的周期"考虑其整体的持久性与暂时性。就其平面的形式而言,为了防止整体结构的僵硬表达,有机的变化过程将通过聚合现实,以一种不同于任意、碎片化的组织并置的方式,呈现城市扩展现实的发展趋势。其聚合方式已不再仅是弹性与发展的动态系统,而是建立于"联动"(linkage)效应的整体性。这种"联动"主要包含以下几个方面:

其一,调节。以空间形式建立要素之间与周边的相关联系。

其二,定义。用一种参数(如墙等各种物体)作为构成要素整体认知的媒介。

其三,重复。以非形式化、本质性的重复建立设计的有效认知。

其四,路径。连续路径的建立以一种灵魂式的模式与准则,贯穿于整个设计过程。

其五,选择。选择适合的场所,建立有效的综合单元。

由此,几何化具体图像的消失,散落要素的整体关联性的聚合,以实体的连立与相互之间的空间预留,为城市肌理中的插入式设计创造了弹性的灵活机制(图9-4),以满足非"白纸化"的实际建造环境与现实。同时这也以实验性秩序原则的理解,将有机美学融入自然变化。

当然,平面化的发展并不能满足空间需求,群集整体平面形式的调节、定义、重复、路径以及选择的过程,也将传统的平面概念逐渐转化为空间任意角度界面的形式,及其在各种视角呈现的不同表达方式。空间的点、线之间的结合,组成的水平或曲折面,在相互层叠与组合的同时,组织形成面状聚合的整体。而其中的组织个体在面的交织过程中形成重合,为集群的形态发展趋势,创造了多重可能。

随着面空间属性的建立,其个体属性,也将随之发生改变。其中如凯文·林奇所述的区域、路径、点、边界等各种个性的组合,在三维中逐次呈现,并在时间的变化中,以一种动势强调其空间属性中变化与发展的特性。而面的组合要素,将潜在的隐性特性在不断的有机组合下,以不同的物质与精神力量,传递整体组合的特殊气质。

由此,在一种面状表述的大量性聚合中,确立的个体特性要素在其整体的聚合中,以特有的可识别性与可变性,决定了面的表达,并为面状形变带来的空间塑造与网络化集群的形成提供了有效的依据。

图9-4 城市肌理中的弹性的灵活机制的转变

9.3.3 开放性

"十次小组"时代在表述了与生活持续不断的变化动势接轨的同时,还以一种"开放形式"成为个体与群体研究的主要策略。奥斯卡·汉森在为"连续线性系统"(the continuous linear system)(LCD)和"连续形式"(continuous form)提出的"开放空间"概念中认为:"开放形式的目的在于在群体中找寻个体,在自身环境的形式中确立自身的唯一性。可见社会应当使个体的发展更加完善,并需要客观、群体、社会要素以及主观和个体要素的综合,而不是像封闭形式一样强加于形式之中。""连续线性系统"旨在从人居住宅、自然、服务以及产业四方面出发,消除城市与社区之间的差异而改变城市结构。该系统希望人与工作和自然两者之间形成共同对话,以一种线性的城市模型反对中心化的传统城市。

桢文彦在变化与发展以及视觉美学的需求之上,建立了相互联系下的开放美学。这种开放,逐渐成为功能延伸意义下各种持续变化形式中的主要特性之一,也成为整体各异性与多样性的主要实施原则。

我们可以将这种开放形式视为一种自我聚合的前提下实现的美学途径。个体的考量,不足以表述群集所具有的整体开放性特征。个体的表达,将在开放性的系统中,逐渐显现其属性的特质性与单一性,成为空间的聚合下,不断拓展的发展趋势。

时代的变迁,使开放美学在不断的技术进步中,以人与自然不同的聚合状态,展现了开放系统的重要意义。人为与非人为的要素,在非线性的连续中逐渐成型。差异性也在不同的时间表达不同的理念。中心化的反对与多维层级形式的提倡,使各种聚合下触角的延伸与预留成为不断发展的重要保障。

9.4 层级推进

> 当一建筑与城市的某一要素找到适宜其拥有者的有效途径,以符合他们爱好、技巧和感知度,这种肌理的形成将具有特殊的形式特征。在各种层级不同特性的基础上,层与层之间的空间是一种模糊与积极空间的结合。层级可以看作现代建筑现有语言正式使用中的一种理想的显现的形式……①
>
> ——史密森夫妇

在"十次小组"对 CIAM 的批判中,层级批判成为其主要的目标。而层级的出现、清晰、更迭、叠合及其中非层级的探索,成为各层级意义结合与思维模式的建立下,系统网络化相互影响与渗透的思考模式与价值观。从批判初始,层级概念即以理想化的蓝图,为当今城市的发展模式,提出了一系列有待探索的方向,也逐步在技术的发展中,让人们逐渐清晰。

9.4.1 演进

总体看来,以当代视角看待"十次小组"讲述的层级概念的演化,可以认为在其不断的发展中,主要经历了"平面网格""毯式簇群""网络系统",并逐步向"非定型"以及"流动形式"的演进路径。

①　Alism Smithson (ed.), 2001:39

1）"平面网格"

结构工程师赛希尔·贝尔蒙得（Cecil Balmond）在对基于笛卡儿坐标的"平面网格"系统的描述中认为，"网格"的建立，不是为了限制一种秩序的教条，而是组织了一种"链状"模式动态平衡的变化过程。其中格网"时而被拉缩，时而被移动。……但其中的每个点都承载了一个活力的生命。"①传统的"十次小组"时代理性与静态的"网格模式"，在现代发展的无法预期与即时改变的形式与空间中，被注入可延展的基因。在物质形态的扭曲与旋转的同时，联系周边的物质性与非物质性要素，呈现了内在与外在因素的介入下，新时代"网格"的复杂性与可塑性。埃森曼的形变准则即以初始的笛卡儿坐标为基准，在各种要素融合的过程中，不以个体的强势为目标，而强调其整体意义，建立"网格"的系统化与有效的形变可能。随着面状的形变与转化，空间的特殊形式与特定的功能，逐渐形成未知但可以预期的表现形式。

在此，抽象的"平面网格"在具体的现实中，表述为一种层级的个体单元。层级概念超越了史密森夫妇提及的"人际关联"的四个城市分区，在包含了真实物质世界的存在与人们思想意识的共同介入的同时，依据不同的原则，以不同的层级分类，表述不同主题下平面网格的形变带来的属性的突变。亨利·伯格森在《物质与记忆》（*Matter and Memory*）中认为，事物周边物体的活动将反映其物体的主要行为。可见，建筑将在各种对外交界的属性（如表皮、材料等）变化中，传达自身属性的不断变化。城市中各层级的自身变化将同时在整体的系统中，影响其他层级的变化，并由此带来其他层级和自身的反作用。

2）"毯式簇群"

随着"平面网格"的形变、叠加与"外在"非物质要素的影响，二维形态的三维叠加使今日的"毯式簇群"较"十次小组"严格的网格化空间系统有所突破。"场""模式""矩阵"等名字逐渐成为"毯式簇群"形象化的代言。在一种雕塑化与大量性覆盖的复杂综合系统中，没有形式化的夸张，而是在现代建筑逻辑中，满足周期规律性的规模与形式需求，并在弹性的使用与功能的混合中，建立城市、建筑以及景观之间的融合。

平面化的层级系统作为一种个体存在，可视为一种独立的个体表现。不同平面化层级的相互叠加，将逐渐形成不可预测的特殊形态与综合影响。在此，"平面格网"成为群集化的个体要素，并在相互叠加中，以相似信息之间的相互补充，形成全新的聚合系统。而这里的"平面网格"将以现实的真实存在，与人们的主观精神在叠加的组织中形成综合的物质与非物质厚度的"毯式簇群"。例如，建筑"结构"与城市"结构"特性的相互融合，呈现的是在层级的逐渐模糊中，"毯式簇群"模式跨越不同层级带来的相互之间的综合效应。在通属化的形式之上，设计者将在积极的都市生活中，并置而游离于传统的轨道，创造一种非形式化的聚合式形式秩序。

其中"十次小组"对现代主义批判带来的对"人际关联"的关注，在全新的"毯式簇群"中起到了重要的启示作用。不论是社会性还是建筑性的关注，让他们在城市与建筑的发展，以及社会属性与自然属性之间，建立了现代主义与历史实证之间的有效链接。由此，"毯式簇群"在其眼中逐渐成为一种多层级与混合层级相结合，一种混杂、非连续的非线性联系。空间属性的领域感、流动性、"景观"特质以及基础结构的层级关联，在新时代的重新定义中，呈现不同的角色。"十次小组"的"簇群"（1957—1959）与"聚合秩序"（1987）理念将城市"空隙"空间融入建筑的成型之中，开启全新的层级化秩序。

---

① 详见 *Lotus international* 导论第127页。

3）"网络系统"

"'十次小组'的理论研究将网络化定义为城市演化的主要结构,并以特定的形式,在'建筑电讯派'、塞德里克·普锐斯(Cedric Price)以及新城代谢派的舱体结构中,以流通、技术以及控制论的全新主流,建立城市景观的未来。"①

随着城市、建筑与人文和自然环境之间关联的紧密,二维延展下的系统化网络,逐渐以史密森夫妇的"布鲁贝克图示"影响,被三维与多维网络化的联系系统替代。随后,1963年希腊建筑与规划师康斯坦丁·杜克塞迪斯(Constantinos Doxiadis)在与马歇尔·麦克卢汉(Marshall McLuhan)和巴克敏斯特·富勒(Buckminster Fuller)的合作中,进一步研究怎样将可视与不可视的现象,通过运动的交流,在不同的个体与群体之间,建立网络化的物质与非物质之间的联系。

1972年第10次得洛斯(Delos)会议后,"网络"在 Ekistics② 的城市设计中,以 Ekistics 格网(Ekistics Grid)(基于 CIAM 格网的展示)中网络化逻辑,表述了"网络"特性中的五个重要的元素,即:自然(nature)、人类(anthropos)、社会(society)、外壳(shells)与网络(network)。杜克塞迪斯认为网络是日常生活的基础,也是人们生存最值得考虑的问题。网络涉及了从建筑到城市的各个层面,如:建筑可看作是"一种墙的网络",而影剧院则是"演员与观众之间的物质网络"。网络在不同的状态下可以显示其可见与不可见的双重特性。其中显现的物质性与隐匿的社会性结合,导致了网络的复杂性。这也恰能真实地反映现实的本质。他在城市的全球化延伸中,将城市作为一种有机体化网络,一种具有脉络、神经以及心脏中枢比拟城市中基于行为的形式演化。同时,他还以一系列"电磁化地图"(electromagnetic map)与计算机化的"绘图语言"(cartographatrons)挖掘潜藏在流动模式与潜在力场中的相互作用力,以生物学与技术图像的结合,创造动态生物技术的有机系统。

在网络化的系统中,发展的轨迹比形式表达更有意义。传统静态的自足式城市发展模式在此被一种动态模式取代,每一栋建筑的内在生活属性被不断扩张的网络化关联逐渐影响与收纳。随着电子信息化时代的发展,杜克塞迪斯希望将网络系统化特性中的电子化量度与人类尺度进行结合,以此使得计算机技术的发展带来的城市流动的发展、建筑形式设计的革命,以及各种社会影响因子对城市与社会的即时反馈,在城市的信息化网络时代成为主要的探索方向。他将建筑基本形式的对应物视为一种半圆的弧线,其内在的生活模式将以随意的行走轨迹向外延展。这些网络化的轨迹,即是一种"功能"轨迹的表达,不会集中于半圆的弧线,而将主要集中于由此发散出的轨迹之中(图9-5)。

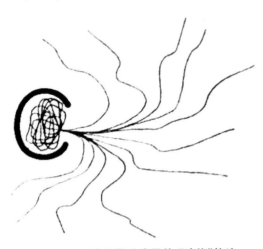

图 9-5　延发散轨迹发展的 "功能"轨迹

---

① Pier Vittorio Aureli 在 2003 年提及的网络化的结构意义。

② Ekistics:是由 Konstantinos Apostolos Doxiadis 于 1942 年组建的团体,旨在人居科学的研究,包含了宗教、城市、社区规划、住宅设计等,涉及地理、生态、物质环境、心理学、人类学等各种方向。Delos 会议是他们的常规会议。

可见,层级的不断演化,带来的网络化途径,表达了层级从二维向多维,从本体向外在延展的实际流动属性。这种网络不仅是"布鲁贝克图示"表达的整体系统,而且还在杜克塞迪斯对建筑网络化的理解中,以由内而外的流动性触角,表述了其外向性的动态属性。

4)非定型

在网络化的全新城市状态中,一种隐性的基因代码在层级的流动、形变与叠加等各种活动中,发挥了自始至终的原则性控制作用。历史中携带的城市特性基因,在其特定的文化、经济及社会环境中,成为城市肌理的网络化不断成熟与完善的控制要因。随着时间的发展,基因重建将成为城市发展的重要主题。每个城市具有自己的特色与不可复制的代码,而这种非模式化特性的不断转变,将在人们的需求及基因特性的更新中,逐渐增加城市的质量、复杂性与兼容性。

随之,多样性与矛盾属性的并存,在城市复杂性与兼容性的增强中,显现一种非定制的理念带来的结构特质。赛希尔·贝尔蒙得(Cecil Balmond)在对"非正式"(informal)的讨论中认为,各种不同的起点,将产生一系列全新的秩序。一系列层级秩序下的行为,以多样性的解决途径,解决同样问题,看待同样的目标。这种非定型的解决思路在层级的演化中,以变化作为永久的基调,在不断的多视角探索中,完成对形式关注的消减,从而转向对层级的相互影响。它以自然形式的推理输出,表达层级关联带来形式促成的有效推进作用。

随着多样与矛盾性的兼容并置,各种外在要素带来的解决途径的变化,在延展的领域逐渐展开。1979年罗莎琳德·克劳斯(Rosalind Krauss)在杂志《十月》(October)中以题为"扩展领域的雕塑"(sculpture in the expanded field)的文章,在艺术领域中,将边缘化空间的定制,视为超越三维想象的艺术领域。物质与现象共同的聚合影响,以艺术的视角形成理论化地看待"给定"现实的有效途径。而这种边缘化的视角,在建筑与景观维度,建立了非决定性与潜在制约的并置影响力。层级的演进,在这种潜在制约中,以多项度的影响力与多可能性的结果,在衍生与重新定义的领域,重新审视"As Found"带来的现实观察的变迁与层级转化的另一种途径。这就像"构型原则"在时间维度下的参与对城市状态的影响,这种"流动性"的变化与发展带来的对"社会对应物"各种视角的定义,强调的是系统化的网络中,共同的意向呈现的趋于平衡的无定型状态。

于是,建筑基本原则与多样性的确立,以流动性、网络化与图形化,逐渐融入网格、结构与纯粹的历史信息。柏格森(Henri Bergson)与德勒兹(Gilles Deleuze)的非形式化研究,突破了传统形式的表达,将雕塑与建筑、建筑与城市、城市与网络之间的界限模糊,在各种纵向与横向的层级联系中,挖掘非形式化的边缘性带来的模糊界域关联编织的逐渐清新。这种关联的清晰,就像无数条无形的"弦",在不同的层级中,以不同的原则,串联相同与相似的信息,并在相互之间组织为网络状旋律控制的纽带,以相互之间的共振,完成和谐之音。

9.4.2 层级与非层级

在层级的演进中不难发现,从二维向多维,从具体向抽象,从微观个体联系向宏观网络关联的转变中,层级的演变带来了清晰向模糊逐渐过渡的转变。这种模糊,不是关联的缺失造成的层级消解,而是层级的独立属性逐渐在弹性与复杂的发现与变化中,逐渐向多维的联系性转化的过程。

基于联系的整体性,我们能够感受来自史密森夫妇对社会分区的重新审视下全新的层级化分区,和凡·艾克提倡的非层级化的社会特性,在批判史密森夫妇层级化的同时,表达的另一种层级概念。这种层级在其系统化表达中,融入了整体形式。这不是各层级的一一对应,而是一种全新的层级状态。整体的形式表达,将在层级与非层级的结合,和多维网络化的簇群中,呈现非定型开放式的表述结果。其中,个体与整体概念的角色互换,带来层级意义差异。例如,个体作为整体的考虑,着重于本体的内在性考量,此时的可视与不可视层级意义将局限于特定的环境与条件之中。而当个体(无论其体量与规模的大小)在组织整体的过程中,其层级意义将以不断扩展与外向性触及的特性,组织网络化的联系。这种网络的形成,将从个体自身层级的归类逐渐转向层级的相互影响带来的非层级化属性。

德勒兹在"思维的意向"(image of thought)中以"根茎"(rhizome)的哲学比拟中,以多样化与非层级的方式,讨论了网络化形成的基本体系的认知。而史蒂芬·肯德尔(Stephen Kendall)提出的层次结构的设计方法,主要以自身的适应性去容纳全新功能,或者为某些部分的改变提供可能性与纳新功能。他认为建筑复杂性不能由单一的社会力量支配。在各种力量同时控制建筑中某一部分的情况下,采用层级结构的方法有助于避免"纠缠"。而这种层级,也以一种非教条化的递进,在确定与不确定中,以刚性与弹性的相互补充,呈现了与非层级之间的协调。随着时代的发展,这种层级的递进,将在网络化的结构中,呈现不断的革新潜力,以自我的批判性与变革,组织不同的城市与建筑形态的转变。

随着流动性的进一步关注,动态层级的变化,表达了层级内在的清晰中非层级的外在表达。自动力的驱使,将社会层级的平衡视为最终目标。从"毯式簇群"的建立到"网络系统"的编织,城市意义逐渐在各种维度呈现不同的思维方式的表达。以建筑为例,建筑作为建筑、景观、人类的行为媒介,或者是城市本体,本身已不属于某一层级。其层级的意义只会在特定的需求与环境中,以自身具体个体属性的强调,表达与周边环境的层级关联,而建筑作为抽象个体,将以不同层级的涉及,编织整体网络。随着建筑与城市界限的模糊,两者之间层级概念也逐渐失去意义。流动性带来城市化个体的变化属性,在基于人类行为、信息、需求以及各种未知属性的聚合作用下,体现层级的相互融合和层级内在更为紧密的联系与外在的逐渐模糊。

9.4.3 层级"透明"

层级的演进中,非层级化的趋势,体现了相互叠加与作用下的综合表达。这也同时表现为柯林·罗笔下"透明性"特性的显现。这来源于"立体主义"形体的相交、重叠、连锁与建构带来的"模棱两可",并在层级个体特性的逐渐模糊中,赋予了全新意义。

要素之间的叠加过程以一种相互之间的补充,呈现了个体非独立性及相互之间的互给属性。建筑的城市化发展过程,表现的是层级不断介入的过程。其影响力的差异由于参照系与评价标准不同,最终产生具有多样化的评价准则。如霍斯利在《透明性》中的评价:"透明性总是产生于空间中可以归属于两个或多个参照系的地方。在这里,保留着归属的不确定性和单一归属可能性的选择的可能。"

层级聚合物内部系统的复杂性与关联性表达,产生了层级叠加后整体系统的同质化趋势。而这种同质不再是纯粹的原型化同质,而是在各种要素的叠加中,形成的全新综合肌理。这种肌理,在要素影响力的不同侧重下呈现不同的表达趋势。叠合的状态在部分保留原始个体层级的属性之外,更多呈现了内在混合与反应之后的外在表达。人们似乎可以从其外在表达的肢解,追溯其本源属性,但不同的途径将得到迥乎不同的结果。

在此,叠合后直白的现象显现,不是直接的层级互逆,而是在不断的变化中,呈现的相异结果。这种直白的表述,以物质化要素的营造,建立非物质化"透明性"现象的呈现。"中介"属性下的各种二元对立中,得出的"另一种"空间的存在,即体现了在"模糊"的"透明"中,可视的聚合带来的不可视显现。层级集合下的相互消解,带来的是显性与隐性之间互补的集中呈现。凡·艾克孤儿院中"内"与"外"的空间定义(图 5-23),体现了空间属性的创造与定义,而史密森夫妇对城市发展中"空无"的强调,体现了特性肌理与历史背景下,城市发展中自发形成的空间特性的表达,一种在消极中呈现的积极反思与城市状态的革新趋势。可见这种透明性不仅呈现了在积极应对中的复杂性,也表述了消极反思中的驱动作用。

此外,层级的流动性变化,带来了透明性的动态属性。不断的变化,确立了层级的推动中现象结果的不断变化。时间要素作为重要的叠加层级,在"透明性"的持续性与暂时性之间,保持了模糊的可变性。而这种可变以一种更新的姿态,不仅体现于事物本体的变化,也强调了事物之间的相互转化。个体属性与角色的变化,将以不断变迁的聚合状态,表达层级演进中,叠加属性在各种不同周期变化的要素的动态变化下,产生的各种即时的表现结果。

9.5 "模糊"性

上述可见,层级的演进,重要的不是层级自身属性的改变,而是在其关联的紧密与系统的复杂中,带来的各种动态属性呈现的不定性,以及由此带来的对事物本质的变化与发展的思考。其中,基于"中介"理念反映的"清晰"关联下"模糊"界域的表达,不是对明确事物属性的闪躲,而是对事物多重属性的真实体现。凡·艾克认为:"在相对性思考的氛围与双胎形象的全景中,适宜尺度将在互给性意识的飞轮运转时逐渐成熟。"(1962)

"十次小组"年代,人们在向工业化发展的机械化精确性挑战的过程,产生了各种矛盾与综合要素的梳理中带来的"不确定"倾向。这种倾向在网络时代的发展中,以一种模糊与大众文化的体系,逐渐代替了清晰与精英文化。

9.5.1 "对立"的互给

"构型原则"理念,讲述了事物动态相对性的思维方式。凡·艾克认为全球化与地域化、古老与现代,以及古典与乡土等,能够同时以个体的身份,存在于整体之中。"奥特罗"圈中各种时代产物的共存,表达了相互之间影响与补充的作用。对于相对性的理解,凡·艾克强调这不是相对主义。相对性源于相互依存的关联,是统一的整体性理论,而相对主义则是一种雾化而模糊的现实存在。对于凡·艾克来说,相对性表达的互给特性构建了由对立到互补的思辨关联。而这种关联使存在的领域变得更为完整、可知,从而建立"构型"化的网络。

凡·艾克携同相对性对"双胎现象"的展示,表述了两种不同角色共存与相互补充的"中介"状态。他以关联性的强调,表达了事物的相似性与相异性之间互给的意义。相对性原则是普遍性原则,但不是绝对性原则,这种互给式的相对性原则在不同的场所、不同的自然环境与不同的对象下,揭示了不同的关联意义。这种相对性,基于个性化的表达,在互给式的存在中,建立了社会的"对应形式"。而各种相异要素的共存在激发与强化了各自要素的同时,也逐渐转化为整体积极的集群效应。

由此,"中介"空间暗喻了建筑与城市在个体与整体条件下模棱两可的状态。作为一个"矛盾"的结合体,这是社会与城市的复杂性中体现的均衡的潜在力量。这种"对立"状态是一种包容性的感知,而不是狭隘的思想理念,在"城市与建筑"的"中介"范畴内可表述为"另一种"场所的描述。其中,建筑的众多要素成为在"城市"比拟中不断呈现的特定状态。矛盾性的互给,不仅在凡·艾克孤儿院"内与外"的诠释中有所释放,而且在史密森夫妇的层级网络的尺度关联、坎迪利斯-琼斯-伍兹的"茎""网"理念的无层级,以及巴克玛的"整体城市建筑"中逐渐发展为全新的审视态度。在此,建筑与城市不再仅是视觉化形体,而且还是生态内在机能特性的诉求。"十次小组"需要表述的是一种诗意生活的建筑与城市中,基于矛盾互给存在的积极意义,而非表面化形态象征的独立属性的表达。

9.5.2 "适宜尺度"的演进

可见,"构型原则"下的"适宜尺度"在"矛盾"的互给中,逐渐失去绝对性评价,而趋向"中介"复合的状态。这种尺度的建立,基于尺度效果的正确性与合理性,建立于尺度的品质与特性。对特殊场所的理解也将增强尺度适宜性的理解。如凡·艾克在《迈向构型原则》中所述,"如果一个事物或多或少地相似,那也就是或多或少地不同。在相对性与双胎现象的氛围中,互给功能开启的同时,也是对事宜尺度进行评价的时刻,"在此,"适宜尺度"的存在建立了暂时与长期的评价标准。

基于"适宜尺度"的关注,"十次小组"对"大量性"的研究,着重于重复与变化的过程与形态表达。作为非机械化重复的原型表述,其潜在的构型意义远大于形态意义。尺度的内在属性在通过各层面、结构与构型创造的转译中,以相对性的原则,成为建筑以及每个增值层面中的一部分。在此,尺度的模糊带来的相对性思考,利于避免单调而大量性问题的出现。动态平衡的原则展示的尺度变化表明,个体不会在被重复的过程中产生特性的消减,相反应在个性的不断重复中,产生特有的集群特性。他称之为"动态和谐",一种在动态平衡的原则下进行的重复原则。由此,"相似性在不断地重复中显现了微妙的相异属性"。建筑在城市中的状态决定了相似与重复特性。互给属性不同于双重性与对立关系,这是建立在相互层面之间的积极态度,一种支撑性的驱动主旨。建筑个体的聚集在城市形态的演变中,逐渐显现构型的积极意义。构型的重要性不仅在于形态的彰显,或学术的纯洁性,而在于内在联系主体结构与建筑构型中的转化过程。建筑与城市的相互关联说明了个体与社会之间的关系,反之亦然。而建造的环境将成为社会的对应物,以此回应社会的现有形式。凡·艾克认为,只有当社会接受个体与群体之间的互给关联时,其对应物才会随即产生。而这种乌托邦式的"社会对应物"的出现,在其对城市日常性的研究中,显现了不断相互补充的过程。

由此,在城市与建筑的关联中,建筑被视为城市模型,携带了双重特性,两者角色的互换中,街道、广场等成为不同尺度之间的链接媒介。在此,适宜尺度不再机械地停留于建筑或城市模式化的独立概念中,而是在多与少、大与小、整体与局部以及简单与复杂中建立相对尺度概念。纯粹的评价标准在建筑与城市的不断融合中显现多维的发展触角与标准的恒定。就凡·艾克而言,"构型原则"的意义,在被充分挖掘与定义的传统城市中,将现有肌理作为建筑与城市的发展要素,探寻建筑对城市的继承价值,以及现在对过去价值体现的可能。在此,他脱离了模数化的工业思维,突出了意识形态与思想层面的转向。

由此,城市规划师与建筑师之间没有明显的界限,相互之间的修缮关系,被凡·艾克视为"互惠良药"(the medicine of reciprocity),其结果倾向于达成"多样性的单一"(heterogeneous monotony)。所谓的多样性与相异性,呈现的是同类的基本原则,就如"个体之间的开放空间在被无意间流露的同时,被编制为超尺度的综合体……"。多重内涵的重复,形成的是相似性中凸显的多样性。机械化的思维方式最终导致的是单调的单一性,或是一种多元单一性的集中。相对性思维,将每一个体在多重构型的基础上,具备构建分支簇群的发展倾向,并在发展自身个性的同时,逐步发展相互之间的联系特性。层级化的影响在多重表述的层级中,起到了自身与联系特性递进的特点,并在不断自我彰显中推动动态的发展进程。由此,随着尺度的变化,城市对应物在关联推进中不断呈现一种乌托邦的理想与现实结合下的交错性影响。建筑与城市发展将在事件、时间及资源的尺度延展下,不再停留于建造本身,而是基于相对性的"模糊",存在于人们的认知度与层级化网络的交互过程。

总体而言,适宜尺度,在表述了个体尺度适宜的同时,以一种对于事物理解尺度的适宜,引申为相互之间关联尺度的适宜。

9.5.3 "模糊"的清晰

在城市与建筑的交织中,理想化的城市与建筑之间的界限消除,着重体现了乌托邦式的情境下,基于社会、经济、空间环境的理解。其实现的基础在于普遍性概念的颠覆,以及对表面无关联物体进行联系的组织原则的关注。传统的评价标准将不再适用时代发展中的城市需求。构型原则理解下的互给性城市关联,将影响城市中心化或非中心化的形成。在城市的扩展与不断延续中,匀质而非中心化的肌理将成为城市发展的主要特色,并在社会的进程中建立不断演化的标准,成为整体社会构型的主要原则。这种均质的肌理,包含了人们日常性产物的对立与并置中,编织形成的"中介"空间。自发性的空间占据与网络关联的表达在此空间中呈现理性的城市自我与外力更新的交织。

在城市的整体中,个体要素及相互关联将基于经济聚集的驱使、基础设施的引导等外力影响,在网络化系统中以"点"要素逐渐清晰呈现。城市的整体体验是各点作为集群的共同理解,并在多维的"整体"与"个体"的不断递变中呈现角色交互。其中包含了城市层面紧密相联的特性要素之间建立的尺度和特质。它们在城市构型过程将表现一种磁性存在于内在情感网络编织的同时,体现于社会关联的存在。当这种联系密度不断加深,其磁性将不断增强,并在各种视觉与非视觉的层面满足日常性的基本要求。

可见,以模糊的个体建立的清晰联系关联,将引导多维空间在场所与时间的暂时与永久性之间,基于物质性网络在人类活动中的重组,重新呈现相互独立而关联的多重属性,以表达凡·艾克的"奥特洛"圈中表述的"新现实"意义。这种现实集合的意义,承载了从地域性到普遍性,将过去融入当代生活的"新现实"。就凡·艾克看来,真正的艺术家,在创新与现实之间,将寻求所有的相对性与对立属性的时代意义。这不是传统意义的对立性含混,而是潜在相互关联的对立性辨析。在他的概念中,艺术家(毕加索、克利、蒙德里安或布朗库西)、作家(乔伊斯)、建筑师(柯布西耶)、作曲家(阿诺德·施恩博格 Arnold Schönberg)、哲学家(伯格森)和科学家(爱因斯坦)等,均在不同视角的模糊感知下,以不同类型的"整体性"关联评价,逐渐达成清晰的事物本质属性的呈现。可见,这种"模糊"属性以不同角度的判断,对人们理解的偏差与单一,以及日常现实与理想化的差异,起到积极的修补作用。

9.5.4 "混沌理论"下的"模糊"性理解

谈及模糊属性,非线性科学中的混沌理论作为 20 世纪三大科学革命之一,以一种启示性力量,帮助我们从进一步理解"十次小组"在城市与建筑的研究中,基于模糊与不确定基础上的综合分析。"混沌理念"的运用,在建筑与城市设计领域的应用,具有革命性的意义。克莱特(Kellert)认为:"混沌理论是对确定性非线性动力系统中不稳定非周期性行为的定性研究。"

混沌状态,以一种动态的系统,包含了无序中的有序,阐述了具有决定性意义的随机要素的重要属性。演化式混沌的概念,以一种积极和创造性的混沌与模棱两可,讲述复杂性与矛盾性的集中表达。其中,混沌理论对城市影响的主要内容包括:

1) 初值的敏感性

强调了在不同的重要轨迹中,存在的各种系统要素相互接近的敏感性。这些初始随机的大量轨迹组成的倾向轨迹,将会影响连带发展的各种行为。其中,"蝴蝶效应"(butterfly effect),即以蝴蝶翅膀偶尔的震动带来千里之外环境的变化,说明了微妙的影响力。这对系统内部以及与其相联系的外在系统起到的重大的连锁反应。由此可见,复杂系统的塑造,往往源于极为简单的结构模式。

这就如同"十次小组"在居住、街道、公共空间与场所的关注中,以生活细节的研究(如孩童的游戏行为)为驱使,反思城市的街道状态,并由此涉及与之相关联的城市与建筑随之产生的发展关联,以此推导影响建筑城市化的初始研究。在此,被关注的初始要素,可视为整体系统的神经末梢,以细微的触动,在动态的系统轨迹中,引导另一条发展轨迹。而该轨迹是一种不可预知的非线性状态,但在一定的规律总结中,将沿袭一定的规律轨迹,与初值的效应产生"模糊"性的关联。

2) 随机性

这是一种在非确立基础上的随机属性,该特性摒弃了机械主义的分类与确定性,在各种复杂而不可预料的现实生活中,预留发展空间。因此,随机性带来了系统与空间开放性的发展属性,被视为一种内在的本质特性。一种常数或普遍现象,协调了动态的发展概念。虽然随机可能带来"混乱"与"无序"的可能,但这种由随机带来的"混乱"与"无序"在另一种发展体系中,成为必要的研究前提,并在演化中,将随机的产物,逐渐转化为城市与建筑发展中的必备条件。

"十次小组"在对 CIAM 横向的功能层级进行批判的同时,以纵向的社会关联层级诠释了功能的混杂聚集在每一层级的综合显现,而各层级内容将在不同的环境产生各种随机要素介入下的影响。这种随机性作为一种常数,也将对城市与建筑的发展起到弹性的控制作用。

3) 拓扑性层级叠合

基于系统的随机性与复杂性特质,层级叠合的显影过程,将在内在属性维持恒定的拓扑原则下,以各种不同方式,诠释城市状态的发展选择。其中,非确定性的形态随着时间变化,呈现不同的变化趋势。我们从初值的聚合中,可以推断各要素集合可能演变的轨迹路径,也将在模糊中引导弹性的发展区间。

我们从"十次小组"城市与社会的研究策略中不难发现,建筑与空间作为研究主体,并不是狭隘的单一性目标。他们对人们生活现状与行为活动研究、城市的肌理的考察、"模糊"空间的关注，以及流动性的分析等，将在理想化的目标与现实之间，以不同情况下不同要素的权重，在拓扑的系统变化中，凸显研究成果的特性与差异性。

4）奇异吸引子

吸引子是被系统吸引并最终固定于某一状态的特性。其趋势有可能是平衡而稳定的终极形态，也有可能是不断变化并没有明显规律的回转曲线。其中，奇异吸引子主要涉及了一种长期运动带来的轨迹的终极趋势系统，从而导向不同的性态。它通过诱发系统的活力，使其变为非预设模式，表述一种随机、无规律及不可预测的混沌运动特性。该吸引子将在对初值的敏感中，同时吸引周围的因子聚合，形成不同的轨迹聚合，但由于人们无法识别奇异特性的潜在规律，由此最终将产生发散式的结果。

因此，类似于奇异吸引子的城市发展要素的介入与考量，将在瞬间改变系统的发展规律。这种随机性的要素，无法为城市的长期发展带来有效预期。由此，城市的发展以一种短暂与即时性，代替长期与恒久性。这种即时性，虽然让人们无法进行科学而准确的预期，但多样性因子以及相对整体系统不同的初始敏感度，将带来系统的多触角的发展模式与方向，以及意想不到的灵感触及与随之产生的巨大变革。如同亨利·列斐伏尔在《现代世界中的日常生活》中认为："社会源于邂逅……"①这种邂逅，就是在奇异吸引子作用下产生的特有的社会特性。

5）分形特质

通过奇异吸引子的不断重复性折叠，其产生的自相似结构，在外表的混杂中，沿袭了内在的层级性与自相似性。这种现象，可以用分形理论的诠释，作为混沌学认知复杂自然形态的途径之一。这是一种具有自相似特性的现象、图像或者物理过程。也就是说，在分形中，每一系统的组成部分都在特征上与整体相似，具有相同的基因的延续。其基本的特征在于：（1）具有无限精细的结构；（2）比例自相似性；（3）分数维大于它的拓扑维数；（4）由非常简单的方法定义，并由递归、迭代产生。

"十次小组"在城市的研究中，试图以相似的基因要素，延续城市在不同层级的特质属性，他们在"建筑的城市化"与"城市的建筑化"的理论哲学中，强调了在不同规模系统中自相似性带来的系统在复杂的现实中，呈现的分形意义。虽然凡·艾克的城市树形理论受到亚历山大"城市并非树形"理论的批判，但这种外在不可预测的复杂性，在其内部具有分形化的基因链接，最终得出整体系统的发展轨迹。此外，分形系统在"大量性"的研究中，以不同程度的重复与分解，带来对相同隐性要素决定下，不同层面综合的聚合状态。分形的理论，从一种层级的理论，诠释了系统的完整性与无限分解的开放性。这种层级，在聚合状态中以相互之间跳跃式的影响，编织非层级化的整体系统。在现代城市的发展中，清晰化的分形层级带来的最终非层级化的综合表述，以一种"模糊"的系统，将隐性化秩序，表现为现实的自然状态。

从"混沌理论"对"十次小组"的理解中，我们不难看出，城市的发展以一种非确定的不可预测，带来了整体发展轨迹真实性的表达。而对于蝴蝶效应下的初值敏感，即对细节要

---

① "社会源于邂逅……他为个人与集体的聚会提供了时间与场所，这些走到了一起的人具有不同职业与不同的生存模式，城市社会必须包含差异，并由这些差异所界定。社会实现的分散要素、功能与结构、无联系的空间、强迫性时间等统一了起来：……城市那不受抑郁的自我表达和创造性（形态、背景、成型的场所、充足的空间）将重建适应，以使得适应胜过强制。"

素介入的特殊关注,以及奇异吸引子带来的不确定动态模式,将带来整体系统的革命性变化,从而体现日常生活琐碎细节中的探索,引导社会理想模式先锋理念的缘起与影响路径。可见,对于城市的发展与改造,应当持以谨慎态度。设计者的点滴行为,将对城市系统产生链接性的连锁反应,导致不可预测的结果。

9.6 真实与虚幻

9.6.1 "异托邦"关联

1)另一种空间——"异托邦"

"十次小组"在"中介"性的非此非彼之间,以事物之间的关联,折射了相互之间的镜像意义,并在"双重结合"(dual-unity)的表述中,集合了理性的思考与感性交织的并置体系。这不仅陈述了在"模糊"与"非秩序"下社会真实性的对应,也以福柯"另一种空间"——"异托邦"①的属性,表达了对城市发展的内省。这让我们可以从"另一种空间",看待"十次小组"探讨的乌托邦的理念与日常生活之间的多元化属性及他者意义的反思。

异托邦是一种自发的系统。作为一种对现实真实性的反映与补充,异托邦存在于各种城市的空间、文化系统与意识形态之中。这种起源于乌托邦,使文化与历史发展位于临界状态的异托邦产生于自下而上的自发性组织之中,用以反映、质疑乌托邦的理想化信念。福柯提出的"异托邦"概念,表明了因为各种原因导致的乌托邦的异变。此时,事物之间的变化成为事物存在的基础,变量成为了常量。异托邦可视为多层结构重叠之后产生的"另一种空间"(other space)再现。

福柯在以镜面作为对异托邦多重属性与矛盾性的表述中认为,虽然镜面中的镜像并非真实存在,但是镜面作为真实的存在反映了与成像之间真实的关系。因此镜面在其成像以"乌托邦"特性出现的同时,镜面本身以"异托邦"属性成为镜面双重属性的真实存在。可见,异托邦与乌托邦的差异在于,乌托邦是一种理想化而无法实现的虚拟幻境,本身不真实,不在场;而"异托邦"则是可以被感知真实存在。也许我们可以这样理解:异托邦是存在于真实世界的乌托邦理想的代言。

大卫·格雷厄姆·谢恩(David Grahame Shane)在《重组城市》(*Recombinant Urbanism*)中认为,城市的各种角色在相互之间的协调与发展中,一般形成三种形式,即:"围合

图 9-6 大卫·格雷厄姆·谢恩指出的三种"异托邦"的模型

---

① 福柯 1966 年出版的《词与物》(LesMots et les choses)中提出了"异托邦"概念,并于 1967 在发表的一篇题为"另一空间"(Desespaces autres)的演讲中,进一步发展了"异托邦"概念,并融入了建筑领域。

型"(enclave)、"电枢型"(armature)及"异托邦"三重状态(图9-6)。"围合"指古代的层级化的系统,如中世纪城市;"电枢"指在基础设施或现代工业社会的公共空间延展下的空间秩序;而"异托邦"则是后工业时代的网络化形态。

异托邦空间在福柯讲演中不仅关注于足够的生存空间的讨论,还在于空间的储存、流线、地点以及人类要素的分类。福柯从异托邦的六个原则①向我们展示了日常生活作为另一种社会发展的机制的可能性与必要性。主要存在以下几种可能的存在属性:

(1)"决定性异托邦"(heterotopia of crisis):一种独立而与社会和人类环境紧密联系,非地理性,任意地点的神圣领地,是主流正统的空间范畴。这种空间,在当今社会正逐渐消失,并被一种偏离进行替换。

(2)"偏离异托邦"(heterotopia of deviation):是代替"决定性异托邦"的本体,表明了一种行为与正常偏离的空间存在。人们的行为将在某种途径与需求标准的联系下,进行偏离。如精神病院、监狱等即是相对于教堂与修道院的一种偏离。

(3)"幻境异托邦"(heterotopia of illusion):是一种正统与偏离的共存状态,是在不断的变化中,矛盾性共存的空间。

(4)"时间异托邦"(heterotopia of time):一种将不同的时间汇集的空间,是存在于空间而置身于时间之外的状态。

可见,"决定性异托邦"隐藏于社会在空间的历史联系中。在空间的延续下,城市各角色在原始城市之外形成"偏离异托邦"。而作为网络化的空间"定位",最终将形成"幻境异托邦"。这三种不同的形式,可视为前工业社会、工业社会以及后工业社会的主要城市形式,并将在一种第四维的"时间异托邦"中最终形成相互的联系。

2)"十次小组"的"异托邦"呈现

通过以上异托邦的陈述可见,"十次小组"对乌托邦理想的日常性实践,与"异托邦"的理念不谋而合,找寻社会对应物的呈现。其主要表现为:

其一,日常性的重塑。他们希望在平凡的日常生活中,通过对日常性的现代重塑,挖掘并建构城市与建筑的发展动力,找寻基于乌托邦理想下的现实生活,即存在于日常生活中的"异托邦"。他们以一种对无修饰"裸露生活"(bare life)的关注,强调事物的本质以及在动态社会中存在的真实状态,并以此作为对乌托邦理想追寻的重要基础。

其二,"中介"领域的关注。如福柯的诺力(Nolli)地图在黑白属性的图底中(图9-7),白色空间作为外部空间的延续,成为城市公共空间的连续系统,而教堂,作为一种白色的预留,既非公共空间,也非私密空间,即为"异托邦"。可见"十次小组"对"中介"领域的研究与福柯的"异托邦"另一种空间,成为他们对在城市中各种游离交织与集中状态的共同关注。在他们看来,边缘、缝隙化以及潜意识的空间,成为异托邦空间的代名词,而异托邦功能在城市中成为一种特定概念。

---

① 福柯提出的异托邦的六原则:(1)多元文化的存在,决定了非单一性文化支配下的异托邦存在。(2)不同的社会具有不同的异托邦,社会的存在决定了异托邦的属性,而相同的异托邦可能会有多重的功能特性。如墓地即是相对于平常空间的另一种异托邦领地。(3)异托邦具有在一个单独真实的场所中并置多个不相容事物的能力,如花园就是一个真实的空间,但是也是各种环境在微观世界中多层面的结合。(4)异托邦与时间的切分相联系,即一种时间的异托邦。如博物馆和图书馆是一种时间异托邦的累计,而游乐场则是一种瞬间的异托邦。(5)异托邦在封闭而开放的系统组织中相互渗透。(6)两极创造出异托邦虚幻的空间,但这种虚幻空间在两极的互惠中揭示了真实的存在,如殖民地不同文化的相互冲击即是一种有力说明。

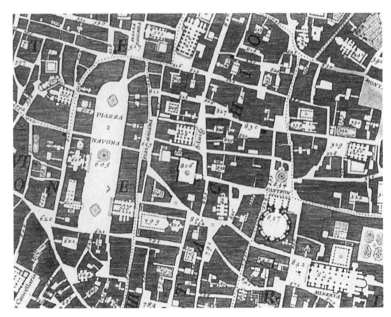

图 9-7　诺力地图中黑白之间的图底表达

其三,网络化的整体意义。"十次小组"以一种层级的演进,强调了网络化的非层级的整体意义。他们以对事物基本关联属性的强调为基础,建立理想化的关联整体的"异托邦"的呈现。

其四,动态平衡。基于事物本质的思考,"改变与发展"成为"十次小组"话语中永恒的基本话题。这种动态属性,以时间异托邦的代言,成为他们看待世界的基本原则。

"十次小组"在现代城市与建筑运动中充当了批判性的活力角色,并在"另一种空间"中找寻各自的空间与立足点,一种"现世的乌托邦"。而"异托邦"属性的立足点使乌托邦与现实之间界限逐渐模糊,并以中介属性在现代城市的演变中扮演推动性与启迪性的角色。

如果我们以"异托邦"属性来描述,那么福柯将花园、剧院、股票交易市场以及赌场等视为"幻境异托邦"的社会对应物,而"十次小组"则在"决定性异托邦"(意大利的 Urbino 古城研究、城市的孩童游戏等)与"偏离异托邦"(古城中工业化的介入、"城市空虚"的形成等)的并置中,找寻"幻境异托邦"("毯式建筑"、大量性聚合等)的社会对应物,以表达对城市与建筑发展的研究策略。

3)"异托邦"启示 ——真实与虚幻之间的协调媒介

基于"十次小组""中介"属性存在的基础,"异托邦"成为一种协调的空间哲学。福柯以影剧院作为一种协调的实例,在时间与空间的叠合中,通过相互之间的转换,承载现实与虚幻之间角色变迁。其中影剧院包含了观众的真实与荧幕的视觉虚幻。当演出开始,虚拟空间成为一种真实,而原本的真实空间消失。但演出结束,角色又回到了初始阶段。由此,荧幕的潜在真实性与观众的真实性的消失,以一种异托邦的媒介,转换相互之间的角色。

以发展的眼光看待传统城市在当代的存在状态,其物质的表象成为一种虚拟的表达,而内在的隐藏信息将会成为真实的强调。现实存在与理想化城市模型之间,前者是一种物质表象的外在显现,而后者中内在规律的隐藏信息则可视为城市可能的潜在发展。在此,潜在规律支撑下的表象现实,成为城市发展中异托邦的存在。

作为协调媒介,异托邦存在于城市的任意角落。而在"城市的对应物"中,对应空间的显现在城市结构的不断变革中,也随之发生改变。例如,传统城市的中心化结构与当代城市多中心与多层级的发展趋势,将现实的存在以一种显性呈现与隐性内聚的方式,在城市发展中随着时间的变化呈现不同的外在表达。而"十次小组"对街道状态的研究,则在不同的空间塑造中,呈现不同的街道属性,其对应物也将发生改变。街道本质公共属性,将伴随人们的行为与环境影响,成为半公共半私密或相对私密空间。坎迪利斯-琼斯-伍兹的"网状"发展,即在功能属性分离的基础上,将街道进行了公共与私密的划分,而凡·艾克孤儿院中街道式的走道,则在一种隐性的比拟中,呈现公共与私密的模糊特性。

可见,异托邦以另一种空间的描述,在空间、时间、环境、目标以及发展途径的差异中,呈现一种对表现趋势潜在的协调作用。物体本身也将在这种潜在的规律中不断转化角色,表达在真实与虚幻之间的双重并置,以及在界域的逐渐模糊中真实的对应物显现。

总言之,如果异托邦是一种在现实生活中具有对应物的真实存在,那么"十次小组"在乌托邦与现实生活之间探索,可视为一条真实的异托邦途径,以"另一种"或者"第三类"属性,存在于现实之中。异托邦是在真实与虚幻之间,起到支撑作用的系统结构,是城市发展的潜在引擎。它将以并存与动态相互转化的途径,在时间的累积中,基于虚幻的转换,呈现现实本体。

9.6.2 城市隐性肌理

在社会技术的发展决定了物质流动特性同时,也促使了隐性空间的生成。在此,场所不是由特定的边界界定的空间,而是一种短暂、交互的开放系统。城市形态不再由建筑与城市的基础设施决定,而是决定于城市之间的联系与交流系统,并由此建立一种透明的网络化联系系统,一种隐性的城市肌理。

人类的流动轨迹,以及信息、物品、资金、图像等相互之间的流动,编织了城市的不可见的隐性网络,这在与城市的物质要素(建筑、街道、基础设施等)的并置中,形成复杂、多维的综合系统。这种显性与隐性的城市状态,以一种"中介"交织,形成最终的组织结构。其形式的表达,不再是都市表层的物质形态驱使下的形态结构,而是在相互关联的基础上建立的空间与时间交错中,不断编制的网络系统。这种关联,在史密森夫妇的"人际关联"的基础上,以新时代的信息网络与后工业的社会特性,组织了超越人与人、人与环境之外的各种关联信息。这种形式的表达,将在人与非人要素的联系中,建立当代都市的隐性肌理。

曼努埃尔·迪·兰达(Manuel De Landa)在解释德勒兹关于"世界的开放体系"的理念中,认为"人类的认知与开放社会体系之间的关联,在于多样化的实现途径、集合化的生产,以及在混杂要素结合的基础上,全新结构的集中。"[①]对于非人类要素,德勒兹相对以一种积极的态度将其视为非消极和矛盾载体,一种具有成效的差异性表现。城市在被赋予多重意义的同时,社会、空间及时间三大要素,以一种空间化的时间、速度及历史观,在潜在的动态层面,创造各种可预测与不可预测的事实。它们在一种机会式的领域中,以开放性的都市结构与层级的差异,传递全新的城市信息与形态。都市的隐性肌理,将基于异托邦的路径,逐渐将全新的信息在现实中进行不断地积极呈现。

---

① 在其文章 *Deleuze and the Open-ended Becoming of the World* 中阐述。

9.6.3 缺席与在场

列斐伏尔认为："未来映射了过去，'虚幻'的可能性让我们去检验与建立现实的存在。"[1]这种现实的存在在"盲域"（blind field）中，牵涉了"黑箱"中的运动，一种暗中进行的理智与感知同时的视觉投影，以此在现实与运动中解释社会空间发生的批判性变化的可能。都市的理论与实践利用过去的工具与语言，理解"不断减少的现实呈现"（reductive of the emerging reality）。福柯在"考古学"的工作中，发现每一件事物形式表达的可能如德勒兹所表述，"没有什么事物是完全隐匿，也没有任何事物是完全显现。""……考古的意义是双重的，必须以开放策略，进行词句、见解、观点的诠释。"

在处理视觉之外事物的同时，列斐伏尔以一种语言学的方式，在其相关都市现象的研究中，形成存在与缺失之间的哲学思辨，从而关注社会实践中出现的策略性转变。对福柯来说视觉性是科学解释下的现象反映，而就列斐伏尔与德勒兹而言，视觉性不会被掩藏，虽然他们可能暂时不会被看见或发现，或当我们在进行物体的感知中不会被直接捕捉，但在"都市社会"（urban society）[2]虚拟终极的目标途径中，其非视觉的隐匿要素将逐渐被开启。

以建筑为例，其可视性不是完全由形式所赋予的各种不同的要素所决定，而是部分决定于光线的形式所确立的明与暗、透明与不透明、可视与不可视等。福柯的圆形监狱就是在光线中建立被关者之间由于光线的作用产生的相互制约，由此建立一种"监狱的机器"（machine of prison）。但作为事物的双面性与复杂性的表述，光线的环境能够包含物体的存在，但是不能包含物体的完全可视性，就像语言可以包含文字，但是不能包含陈述。"十次小组"在对城市空间属性、基础设施以及人们日常活动的关注中，以真实的发现与虚拟影像结合下的思考，结合时代技术的实践可能，以视觉观察中缺席与在场的并置，追寻时间的连续性在城市与人之间的关联作用。这里的"缺席"，代表了实践要素中被寄予关联性的理想化的建立，这也是一种持久性的缺席状态。时间的变化，将致使这种关联的即时属性成为恒久的变化。这种变化的常量，则以一种持续性和动态的"在场"，与物质性的静态要素结合，形成联系性的结构表现。这种双重属性联系的组织，从"十次小组"的工业时代向后工业时代的发展中，以信息化的趋势，在大量性的表层"缺席"中，建立真实的"在场"要素，完善城市网络化的关联属性。德国鲁尔区城市带的网络化关联，即在信息化的组织中，呈现了一种真实的存在与虚拟网络化的文化、社会、信息纽带之间双重编织的状态。两者之间的结合，以真实与虚拟的"在场"，逐步对隐性的"缺席"以一种积极的驱动进行不断的完善。

9.7 基于关联的悖论活力

在"十次小组"对城市的理解与讨论中，个体与整体、城市与建筑、日常性与乌托邦、层级与分层级等之间的矛盾性与模糊性，以一种悖论的存在，积极的推动其进一步发展。

---

[1] 列斐伏尔《都市革命》。

[2] 列斐伏尔认为，"都市社会"不仅是来自真实世界的反射、幻影或模仿，也是一种通向目标进行的全面理解的虚幻的假设，是一个与过程和实践动态发展的过程，是一种建立于理想化时空中的整体表达。

9.7.1 层级悖论下的"关联"讨论

"十次小组"对城市的构想,着重于对"关联尺度"下"都市社会"的建立。而基于"功能主义"关联性缺乏的批判,不仅在于功能之间的隔离,还在于对具有普遍性多维度要素之间的相互关联和"都市社会"理想化整体的设想,以及对现状城市的认知。史密森夫妇推崇的来源于盖迪斯的关联性层级划分,与凡·艾克在结构性基础上进行的非层级化设想之间,以一种"关联范式",嫁接两者之间的差异性与联通性。而该范式支撑下的城市发展趋势,则以对日常性关注的主要途径,强调了在"模糊"的层级概念之间,不同层级维度下,形成的非层级关联范式。例如,如前文所述,史密森夫妇提及的建筑、街道、地区与城市层级之间的层级关联,实际与布洛姆的"诺亚方舟"的整体结构殊途同归,诠释了一种非层级关联下的整体城市的发展模式。可见,城市的发展经历了从传统的中心化向网络状的多中心、层级向非层级转变的过程。这种转变后的城市理想模型,是不同的"非中心化"的个体聚集与链接基础上,拓扑聚合形成的多中心、非层级化的网络化整体。这种空间结晶状关联下的聚合,仍旧以一种层级化的"关联范式",建立了非层级化的"都市社会"的理想模型。在此,这种"关联范式"不再是城市中具体要素(街道、房屋等)的表达,而是一种抽象的"点、链接、场域"之间的联系。这里的点、链接与场域的关联意义,不再是对应的建筑、街道或者是城市,而是在组织关联下开放性城市模型的基本单元。其中,中心化与非层级化的当代城市模型中,每一层级的分解,都是一个网络化的个体(图9-8),这种基本的单元,并非局限于物质性城市要素的聚集,而是在可视与不可视的网络模型中产生的相互交织的状态。

可见,在"关联"范式的主导下,网络化城市模型的属性,需要将模型自身置于更高层级作为个体要素进行相互关联才能得以体现。而对于这个更高层级系统的阐释,则是通过将该模型本身建立于"关联"范式中的非层级化的网络特性的分析途径,才能得以反证。可见,对"关联"范式对于网络化城市模型的作用,将在这种与层级与非层级相关联的悖论中,得以清晰呈现。

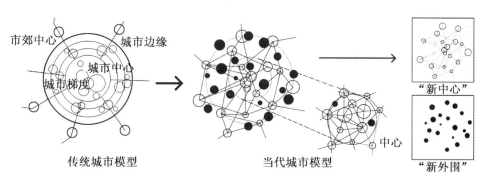

图9-8 传统城市与现代城市之间结构的区别示意

9.7.2 乌托邦活力悖论中的日常生活关注

乌托邦积极的功能是批判现实,探索各种可能,促进人类自我更新与完善。如果我们将对现代乌托邦的批判置于整个现代普遍性的框架中,那么作为人类希望与本能的乌托邦将不会死亡。乌托邦的悖论在于:它的生命力在于它的非现实性与批判性,但任何企图将这种非现实性与批判性在美好蓝图中予以实施,将会导致乌托邦生命力的僵化与现实的背离。因此,基于日常生活的乌托邦关注,将使人们在现实与理想的憧憬中徘徊的同时,保持旺盛的活力。日常生活将以具体实践,激发乌托邦的不断批判性生长,并由此反作用于人们的日常生活实践的改造。

1968 年迪·卡罗在《建筑学合法化》的文章中提出他对于 1928 年的拉萨拉兹的CIAM宣言的评述:"在大会后 40 年后的今天,我们发现这些提案已经成为了现实的房屋、街坊以及地区,甚至是整个城市。……但是许多在法兰克福会议①上被冷漠而弃之一边的'为什么',现在却不断地浮出表面。……"可见,在城市不断发展的过程中,昨日的美好理想,成为今日的问题呈现。乌托邦的理念,在时代的发展中不断的演变,成为日常生活中普遍的现象。

网络城市、流动城市、一体化建筑等标签式的城市理想将逐步成为中国或全球发展实践的主要论题。先锋性团体的理念,在如今基于生活实践的非标准(non-standard)建筑与城市的建造中得到了证实。"十次小组"对于理想城市的追求,在日常生活讨论(文化、行为、肌理、宗教等)的基础上,建立了一种城市生活的预设。他们对日常生活的关注,则融入了战后现代主义发展时期先锋性乌托邦理想生活的畅想("新巴比伦""簇群""诺亚方舟")。可见,"十次小组"在日常生活的关注基础上建立的对"整体性""大量性""社会对应物""发现的美学"以及"CIAM 格网"研究策略的探讨,无不渗透了相互"脱离"而又相互"牵引"的作用力。对于日常生活要素在城市建筑中的体现,展现了在城市生活本质要素关注的基础上,人类生活原型的探讨。而乌托邦理想的探求,需要在脱离"主流"与"正统"中,在"异托邦"的"另一种空间",进行探索与前瞻性的预设。

随着日常性的关注,代表集中、时尚、自主形态的都市艺术的"波普艺文化"逐渐融入人类活动与繁忙的城市街道之中。劳伦斯·阿洛韦(Lawrence Alloway)②在 1956 年《建筑设计》中将现代日常生活的碎片信息(电影、报纸、广告等)、短暂的图像及信号中汲取的信息,视为相异系统中的彼此关联和一种多触角延伸的重要因子。他认为这些是城市最为基本的要素。日常信息的搜集将对城市艺术与生活起到重要意义。这种日常生活细节的关注,在"十次小组"的发展中,以一种对环境的感知,建立于艺术结合的全新秩序。在"这就是明天"的展览中,大众化的技术生产与混杂拼贴的"非艺术"状态,为普遍化的平庸找寻全新意义。他们在疑惑与好奇、嘲弄与取笑中接受"就如他们发现的事物"(things as they are found)的状态。他们认为大众艺术代表了城市的真实环境,建筑师们应当认识到"城市的大众艺术就是整个城市的主要功能",如果建筑师无视这些功能的内涵,那么最终只能创造一系列脱离生活的滑稽场景。当然,他们认为,与联合相比,"敌对式的合作"对于大众艺术的表达更加有效,因为具有冲击性理念的结合在"这就是明天"这种具有先锋性的论题下显得更有说服力与批判性。

随后,基于日常生活的关注,激发了"十次小组"对事物原型意义的思考,1962 年的诺亚蒙特会议中,"十次小组"成员就基于时间的"初始原型"(archetypes)与具有典型意义的"模板原型"(prototypes)进行探讨。凡·艾克认为"模板原型"是具有权威性与原创性的产物,而"初始原型"则是一种能够启发思维的样式;史密森夫妇认为发展一种系统就是创造一种"模板原型"的繁殖过程;亚历山大认为如今建筑师们热衷于重复的只是一种"模版原

---

① CIAM 2 会议中的法兰克福会议。
② Institute of Contemporary Art〔ICA〕的副馆长、the Independent Group〔IG〕的成员。

型"而已。在"发展与变化"的过程中,建筑师的主要职责则是在"初始原型"的基础上,发展一种有组织而具有发现与变化潜力的"模板原型"。他们将日常生活中的发现视为一种"初始原型",以求在理想的建造途径中,完成具有"样板"化的模型探索。在此过程中,他们认为是否向未知的业主强加自身的理念是建筑师的道德准绳之一,"十次小组"认为建筑师不可将自身的喜好强加于社会。而应当以两种"原型"结合的解决方式,在事物最初状态的不断发展中,融入方法论的创建与发展。他们认为建筑师应当脱离图形的层面,从生活与历史中找寻原型化的形式本源,建立"大多数人能理解形式,但是鲜有人能理解方法论"的思想。①

可见,基于乌托邦活力悖论的理想与日常生活之间历时性转化,以及人们在日常生活中两种"原型"的探讨,表述了体现日常性实践活力的原则与意义。

9.7.3 悖论影响下的城市与建筑"关联"——超越房屋与建造的建筑

建筑,早已不是孤立的房屋与建造的概念。关联中的建筑,不可能孤立存在。城市与建筑自身作为层级化系统中要素的代名词在各自自成系统的同时,以一种关联范式,组织形成非层级化的整体网络。建筑本体集人的行为模式、空间塑造、建造与材料、城市系统影响及信息化系统等各要素于一体,形成理想化的整体综合表达。城市与建筑之间的差距在逐渐减小。建筑在超越了单纯的房屋与建造概念之上,与城市成为可以互换的名词。为了揭示建筑的意义,我们需要将其置于城市之中进行"关联"性考量。建筑本身只有以"城市化"的思路进行个体设计,才能使城市中角色得以体现。而城市在区域化的空间领域,也以一种建筑化的个体特色,诠释了更为广泛范围中自身与他者之间本体与关联的意义。孤立的建造性研究与建筑化的本体专注,将以一种乌托邦式的自我陶醉,脱离时代的轨迹与发展规律。今日的城市发展,将在"异托邦"的现实呈现中,寻求建立于"As Found"美学的真实日常生活中整体与个体间互动的契合点。

"十次小组"中"毯式建筑""簇群""城市建筑"等理念作为今日复杂城市网络的雏形,建构了建筑与城市状态的"模糊"表述,并在其空间的形式与使用之间,造就以列斐伏尔"空间实践"(space practice)为主要目的的行为实践(图9-9)。其中,"空间表述"(representation

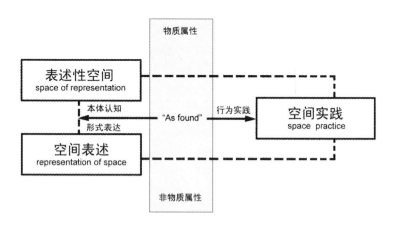

图9-9 "空间实践"为主要目的的行为实践

---

① Smithson 在 *Team 10 at Royaumont 1962* 中提及。

of space)关于使用途径的形式表达，与"表述性空间"(space of representation)关于形式表现的本体认知，在空间的流动中，以日常性的"空间实践"，串联建筑与城市之间特有的共性特质。三者在"As Found"的原则下，进行物质与非物质要素之间的转化与共融。在此，"行为实践"在建筑与城市领域，共同创造行为、物质现象、类型表述以及自然性共同影响下的"异托邦"的对应物实践，并在减少建筑的扩张对城市与自然景观压缩性影响的同时，创造建筑与建筑、景观、城市基础设施、历史遗存、数字技术的互动等相互间的影响网络。不断扩张的规模化、秩序化、关联化、网络化特性，以空间实践和超越房屋与建造的本体属性，寻求当代建筑与城市之间的有效链接。

就沃夫·D. 皮(Wolf D. Peix)看来，城市作为一种云状场域①，具有塑性格网(rubber grid)的网络特性。云，作为一种快速变化的个体，承载了非层级特性。中心与边缘作为整体中的个体要素，不断在位置的变动中，更迭自身角色。轴线、空间、中心的意义，逐渐被切线、向量、连续意向所替代。其中的个体要素，已经不再是静态而永恒，建筑作为组成城市的要素之一，以点、链接、场域的不同形式，组织城市的云状特性。

在此，建筑以融入不断变化的城市领域表述自身特性，而城市的持续变化，则在建筑的自我体现与关联中，得以展现。建筑与城市以"中介"特性的互给关联，梳理层级与乌托邦理想影响下的构型原则。

9.7.4　悖论的活力持久性

"十次小组"年代，是一个批判性与革命性共存的年代，一个实验性活跃的年代。城市的革命，始终缘起于对旧有的主题、材料、方法与策略的批判、原型的探索、形式的关注、肌理的设置、城市空间的重述等，在不同的时代，将保持持久的活力。基于关联的悖论，在"十次小组"的理念中，成为"中介"特性驱使下的活力之源。即一种建立在"矛盾"与"关联"之上的理论依据。这也是保持其活力持久性的主要支撑。悖论特性的挖掘与呈现，为事物关联带来恒久性的"冲突"，并在"敌对式"的合作中，保持不断的碰撞与作用下的活力再现。层级与乌托邦活力的悖论，在"关联"的作用下，形成了设计者在思考城市、建筑、社会生活等一系列问题的有效途径。

基于时间的讨论，将有效地增强了双方在不同的时间片段，起到的不同作用。双方"矛盾"的对立，基于不同的实践，将进行局部的有效化解。如，日常生活的关注，对理想化的"都市社会"起到了"原型"化的支撑作用，而对于理想化社会的实现，也对日常生活的实践，起到了基于变化与发展理念的把握与控制。在此同时，由于时间的变化，日常生活内容的变化，决定了理想社会模式的变迁，而理想的社会模型在不同的时间维度，对日常生活的发展内容，同时起到了外在的干预作用。悖论的作用双方，在时间的持久延续中，产生持久的变化，并以此折射不同时间片段驱动力的聚合下的持久性。

可见，"关联"成为悖论之间起到润滑作用的填充物与链接媒介。此处的"关联"超越了史密森夫妇提及的"都市重构"格网中的关联划分，并在不同的环境与不同的系统话语中呈现不同的"关联"范式。例如："地区、城市、街道、房屋"作为旧有的关联要素，逐渐被"点、链接、场域"的范式替代，用以描绘无层级的城市网络。而在日常性的讨论中，以宗教、文化、习俗、地域技术与环境为主要的考量对象，将以不同的侧重，进行不同范式的联立。因此，

---

① Wolf D. Peix 于 1996 年在布拉格国际建筑论坛中的讲演，题目为"The City as a Field of Clouds"。

悖论的成立，建立于人们对于"中介"理念的世界观与看待事物的思维方式的建立。而其持久性的发展，则是由不同的环境背景（地域、文化、视角、技术等）中，不断变化、不同侧重及不同划分的"关联"范式所决定。这种范式的建立，不仅来自于悖论双方之外的干预与影响，也源自于其内在自身的发展与变化。可见，"关联"是悖论模式发展的核心的影响要素，而悖论的活力发展，也将作为"关联"范式成立的外因，起到制约与修正的作用。

在"十次小组"对理想城市的悖论式的争论中，他们遵循的既不是绝对而正统的原则，也不是强烈批判下呈现的激进结果，而是在"中介"原则下的不断自我修正。在其城市特色与活力的维系中，以下几点阐释了发展中的一些启示：

（1）干预范围之外的领地效应，呈现内与外之间（空间、场所）的关联属性。

（2）超越建筑个体的关注，以城市建筑的整体性看待非层级化网络系统。

（3）时间要素下，中介尺度的完善。表现为动态的恒定变化，诠释关联性的历时效应。

（4）公众参与的关注，取代建筑规划师个性意愿的强加。

这些基于关联的悖论影响下呈现的来自于"十次小组"的启示，在进行进一步对城市、建筑、社会研究的深化与拓展中，将以批判式的持久性，见证悖论的模式在事物的认知中起到的思维的辨析与明确过程。

10

启示性延展:"新毯式建筑"[①]探究

"建筑是一个小的城市,城市是一个大的建筑。"

——阿尔多·凡·艾克

整体性、标准化、大量性等话题,在与传统城市肌理、传统文化、日常生活等发生矛盾或融合的同时,逐渐向非定型、流动性以及乌托邦的日常性转化。这种转化,也使"十次小组"理念在当代承载了更为广泛的内容。

在此,本章以前文阐述的"毯式建筑"(mat-building)作为"十次小组"理念特性中主要的演化载体,在前文梳理的"十次小组"五种特性基础上,以全"新"(neo-)视角和"新毯式建筑"(neo-mat-building)冠名,表明当代城市网络化特性的重新整合与理念延伸,以追寻"源"与"流"的相互关联。

"新毯式建筑"以一种超越建筑的理念,成为一种广义的当代"城市化建筑"模型。该模型承载"建筑"特性,延展于"城市"区域的认知,成为具有双重属性的发展模型。

其中,"新毯式建筑"将以不同的角色,阐释对城市与建筑发展的代言。其中主要包括:

(1)一种超越"建筑"、多维关联的整体系统;

(2)一种日常性与理想化模型的综合载体;

(3)一种基于功能、景观、空间与社会属性的基础设施;

(4)一种时间与空间共同影响下的动态发展结构。

10.1 "新毯式建筑"整体化模型初探

10.1.1 超越点线面——场域概念

从"十次小组"的城市构想探索,到"新毯式建筑"理念的提出,本书经历了"网"状编织的结构转化,阶层的关联、缝合、演进以及建立于日常性的反思过程。随着时间要素的融入,"新毯式建筑"在整体性的基础上,超越了传统的点、线、面的组合,以一种流动性编织、串联游离化的碎片要素,形成如斯坦·艾伦所述的关于场域、矩阵的描述,从而呈现非中心、非阶层化的城市与建筑状态。从柏林自由大学、法兰克福诺姆博格,到威尼斯医院,再

---

① 来自对"毯式建筑"意义扩展。在此,建筑的概念逐渐模糊与淡化,而倾向于整体化的网络概念。

到"新巴比伦",这种无中心(相对没有主要的中心)与多中心(具有多个组团的中心)的特性结合,形成更为自由的组织格局,使其更为有效的服务于各功能区域,带动整体区域的均衡发展。

这种整体化的概念并不是一种纯物质性低层低密度概念,也不同于凡·艾克的阿姆斯特丹孤儿院同一要素的组合。其中包含了空间不同层面的交织与变化,是一种潜在秩序中、复杂性的重构。森佩尔在 1980 年强调:"建筑通过肌理的组合定义社会的空间。"同时,艾莉森·史密森认为:"'网络'不仅被视为一种正确的生活模式与服务系统,还应满足我们当前文化需求的标准。"可见,整体的场域特性,以复杂而多元的系统,建立了凡·艾克提出的"迷宫式的清晰"。

"新毯式建筑"的建立,结合场域概念,以整体性的建筑形式,将潜在的矛盾化及边缘的美学标准,融入整体与复杂的构架之中。该系统在超越功能主义与形式主义的基础上,结合程序化的行为,以一种超越外在的形式,游离于功能与形式之间,建立了不同的形式与结构意义。"新毯式建筑"以现代主义全面的社会美学与实践意义的革新,进行全新的结构组织。从个体到群体,从线性到非线性,从比拟到数字化的演进过程等,体现了立体化的"云"状结构中三维关联而不断变化,以及随时分散与重组的特性。这种开放性的结构将建筑使用者复杂的动态行为,融入空间与程序的演变中,开辟了全新的城市与建筑结合的思路与方法策略。

这种整体意义,以不定性的形式与空间组合,将多元的要素进行碎片整合,并在各要素特性重组的基础上,以一种松散而相互关联的结构,进行聚集化展现。其整体高度动态的展现,在内部要素之间关联体现的基础上,决定了一种"自下而上"与"自上而下"结合的发展模式。其中,相互之间的"中介"关联相比较其事物本身,更显事物整体特性。这种整体的特性,并非一种系统化的理论体系的建立,而是在各种实践与现实结合的基础上,面对现实形成的思维模式。

10.1.2 突破几何

基于"十次小组"的整体性研究,传统几何化的集中途径,显现了现代主义初期的美学标准。早期"结构主义"的重复、并置与叠加,在"大量性"理念的驱使下,呈现了笛卡儿坐标系统中,个体与群体之间单元组合与拆分的传统意义。其中,传统的几何化秩序在整体性的组织中,对形式、人类行为及空间引导起到了程式化的限定作用。凡·艾克的孤儿院的单元组合,坎迪利斯-琼斯-伍兹的"大量性"毯式实践,以及史密森夫妇在经济大厦中坚持的几何化原则,以现代主义的语言和城市与建筑之间的交流方式,着重体现了在几何化影响下呈现的秩序特性带来的早期复杂综合特质引发的由数量不断增加带来的聚合效应。如柯布西耶的威尼斯医院,在水平的延展中,以非中心、非单一的几何原则进行的情境创造;而丹下建三与安·塔林(Ann Tying)的"明日市政中心"(Tomorrow's Town Hall)(1952—1958)(图 10-1)以及埃克哈德·舒尔茨-菲利茨(Eckhard Schultze-Fielitz)的"空间城市"(图 10-2),则以空间几何,展现了当时人们对未来城市向空间发展的憧憬。

"新毯式建筑"模型,以突破几何的方式,呈现在传统塑型方式的不断演进与变革中。如巴尼特·纽曼(Barnett Newman)[①]所言,他希望在"平面/线/平面"的序列中,"走出权威

---

① 美国艺术家,是抽象表现主义的代表人物之一,也是最早色彩派画法的创始人之一。

的立体主义空间",超越几何构成带来的时代局限。一种非视觉化的关联在复杂系统的尺度中(非大型尺度或小型尺度),以直接或间接的"连续性",展现了自由而开放的群集特性。在此,个体不再是简单整体中切分的一部分。场所与结构的形成,不完全取决于"大量性"聚合带来的群集效应,而在于场域构型的外部扩张与内部生长中动态的构型原则。"随意"与"秩序"在超越几何化立体主义的表现中,定义于"任意"点与线的编织、有形实体与无形空间以及事件序列中带来的形式表达,和动态的表达短暂的变化过程。

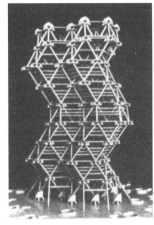

图 10-1 "明日市政中心"

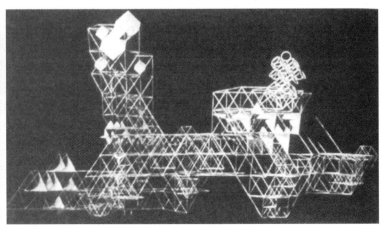

图 10-2 空间城市

图 10-3 电脑的程序模拟成群鸟类的飞行过程

在某种程度上,由点、线、面组成的秩序化格网在"新毯式建筑"中,呈现了一种可视与不可视叠加的格网系统。在此,"新毯式建筑"的意义在于场域的连续呈现的非静态场所,以及在抽象化层叠和超越三维水平与厚度的基础上,建立的不断延展的个体与整体之间的衔接过程。1980 年代,克雷格·雷诺(Craig Reynold)以电脑程序模拟成群鸟类的飞行过程,以体现秩序与混乱的边缘出现的科学性追溯模式(图 10-3)。他将大量具有鸟类特性的自由要素定义为"boids"并进行群集化集中。它们的群聚,同时遵循三种行为的简单原则:(1)在环境中保持各种物体之间的最小距离;(2)保持群体中 boid 之间速率的协同性;(3)向想象中不断稳定的中心迁移。这些原则,并不是群体的形式原则,而是其中基本要素(boid)的基本特性。正是这些特性的确立,自下而上的随机组织不同的整体形式。

这种群聚特性的电脑模拟,在生物运动的比拟中,呈现了"新毯式建筑"发展的动态意义。其超越传统几何静态的属性,使大与小的集群在基本结构相似性的表述中,呈现同一个体引导下,反复出现而非重复的群聚行为。这些相似动态影像的出现,表述了一种行为模式的不断累计过程。埃利亚斯·卡内蒂(Elias Canetti)以另一种视角认为这种动态的集群存在四种特性:(1)一种始终不变的发展趋势;(2)内部相互之间平等的角色;(3)一种动态的密度;(4)发展方向的需求。他认为这种聚合的限定,可以在动态的使用与群集的行为中,寻求不同的分配方式。

可见,"新毯式建筑"在突破几何局限之后,以建筑与城市的"解放"[①]为基础,以个体之间的关联,决定非层级化整体的组织内涵。这种突破,在体现了传统结构的基础上,在城市、景观、场域的环境中,以突破性的场域表达和超越形式的概念,在不断的变化、偶发、即兴的现实中,呈现非持续性、非静态、非确定的最终特性。

10.1.3 "新毯式建筑"模型

基于个体原则与整体构型之间的相互关联,本书希望以一种概念性的模型化探索,寻求"新毯式建筑"作为复杂系统具备的基本属性和原型化结构,从而对未来多样化的建筑与城市系统提供基础性的构型原则。

1)点、边界、关联

源于"毯式建筑"规则化的特性集中,"新毯式建筑"理念结合对立体主义与几何化突破,最终体现了"点""边界"与"关联"三者结合产生的场域特性。

"毯式建筑"联系模型,如柏林自由大学,可视为一种邻里式的联系状态,一种在笛卡儿坐标系之间的相互关联(图10-4)。而"新毯式建筑"理念的表述,在史密森夫妇"布鲁贝克图示"的启示下,以一种跨越式的联系,在不断的发展中,形成具有启示性的城市与建筑综合整体化的实体关联模型(图10-5),为网络化的城市与建筑关联提供积极的启示意义。

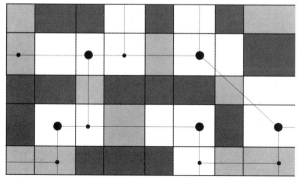

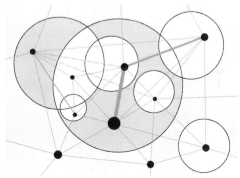

图10-4 "毯式建筑"笛卡儿坐标下的模型　　　图10-5 "新毯式建筑"模型

"点"(图10-6):系统中心化概念已经消失。"点"可视为由各种信息、需求、行为综合决定的大小不同的核心。这种点状特性,作为一种评价与测量簇群与联系的代表,突破尺度的局限,在实体与实体,或者实体与边界之间,以不同的特性,确立了各种密度与集合体的联系节点,并由此决定围绕核心产生的区域属性。图示可见,尺度各异的点,在系统中以各自影响力,对系统整体产生不同影响。"点"要素不同的位置、大小、密度以及周边环境的特性,决定了该要素在系统中存在的重要性与发展前景。

"点"作为一种信息要素,超越了"十次小组"对物质具体性的关注,包括了具体与抽象

---

① 如福柯所言,拘束的建筑没有真正意义上的"解放",解放本身就是一种实践的过程。

两个层面。其中基地现状、地理环境、气候、区位、人文、人口等组织形成具体的"点"要素；而整体性、流动系统、功能实体、空间实践、信息、行为各要素，以抽象层面，结合具体的表述，组织"新毯式建筑"的矩阵。

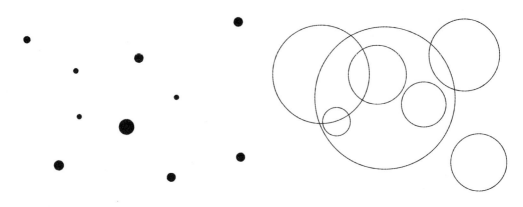

图 10-6 模型中的"点"要素   图 10-7 模型中的"边界"要素

"边界"（图 10-7）：是在由"点"决定的区域周边形成的空间、时间、行为等决定的区域之间的组织边界。这种边界在"新毯式建筑"系统中，以交织的状态，逐渐形成相互交错的联系网络。在此，边界的开放程度，在跨越边界与内部流动中影响了显性与隐性、物质与非物质的跨界与交织。其中，"边界"属性在内与外、群体与个体、秩序与迷宫、静态与动态之间，以逐渐模糊的角色特性，在"新毯式建筑"的整体系统结构中，呈现现实与虚拟的界域系统，从而体现不断相互介入的综合系统属性。边界的模糊带来的叠加区域的形成，为系统多样化属性的发展，带来弹性的发展空间。

"边界"作为一种限定要素，在一定程度上，扮演了定义"点"要素影响范围扩张区域的角色。这种定义，在清晰的"模糊"中，为"点"之间的联系，提供了适宜尺度的环境与基础。如环境、功能、社会、文化等属性的影响范围及程度，即以一种边界化（清晰或模糊）的描述，呈现了"点"在整体系统中的影响程度与发展状态。

线关联

界域关联

图 10-8,图 10-9 模型中的"关联"要素

"关联"（图 10-8,图 10-9）：是在行为、需求以及信息的流通下，以不同的联系侧重，在"点"与"边界"之间，强调的不同程度的关联体系。其关联主要涉及两种类型：其一，"线关联"，表现为点与点之间显性而直接的关联，其关联强弱以图中粗细得以表达其重要性差异；其二，"界域关联"，表现为边界与边界、边界与点之间创造的相互渗透与融合基础上，隐性与显性，直接与非直接相互交织的非决定性状态。这两种不同的"关联"类型决定于"点"之间的距离以及边界之间的交织状态。不同的"新毯式

建筑"群集在各种流动化的信息传递中,以全新的关联系统与交流方式,超越距离的界限,建立各种显性与隐性的关联,构建了整体系统。

"点""边界""关联"建立的"新毯式建筑",以多维层级为基础建立关联网络,形成从建筑向城市化递进的转化进程。该系统探索在一种开放、非均衡、非线性的个体之间的联系中,形成动态关联系统。显性与隐性之间的联系,在联系的基础上产生连锁反应,形成自组织性与系统化的基本原则。其中,各种"点""边界"以及"关联"要素涉及不同维度(经济、社会、文化等),在系统组织的基础上,以自身为点,建立层级化的递进。这种集合以一种城市与非城市、建筑与非建筑或超越建筑的方式,在具体与抽象,抽象与抽象模型的表述中,建立了建筑与城市集中发展的趋势之一。

2)适宜尺度

"新毯式建筑"模型以一种"自上而下"与"自下而上"的双重途径,在日常性与乌托邦式的理想途径的交错中,进行内在复杂与外在整体化的综合表达。

在此,"新毯式建筑"的综合效应在模糊的界限之间表现为宏观与非宏观两种不同尺度的涉及。本书在以城市概念说明建筑同样的复杂关联时,也同时体现相同模型理念在不同尺度下,相似的内在驱动力与思维原则。

宏观(自上而下为主):即以一种大型尺度展现"新毯式建筑"在宏观层面进行的表述方式。其"点"要素,主要包含两个层面:其一,以城市、城市带、区域等层级划分的地理层级;其二,以经济、政治、文化等发展为主的社会性层级。而以"点"作为起始进行的相互理解、定义与实施,将以层级与网络化叠合的方式,在全新功能化的实践中,满足多中心区域化城市的需求,建立"新毯式建筑"在宏观层面的意义。在这种宏观系统中,基础设施逐渐完备,带来了功能的特殊性与空间的差异性在整体区域中形成的关联特质性表达。以 2006 年慕尼黑地区研究为例,150 公里×180 公里范围内的发展,以功能、交通等关联层级,产生相互之间链接的不同强度表达下的各种网络化图示(图 10-10)。以一小时车行为标准的城市交互网络,在慕尼黑周边形成功能化的城市区域,并与欧洲地区其他主要城市(巴黎、伦敦、布鲁塞尔等)甚至全球形成一定的网络化城市系统。

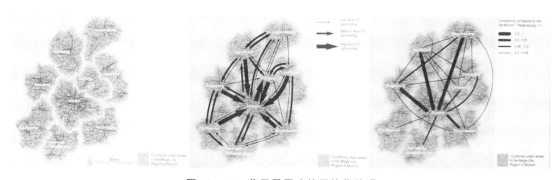

图 10-10　慕尼黑周边的网络化关联

非宏观("自上而下"与"自下而上"同步):以一种相对小型的尺度,展现"新毯式建筑"在非宏观层面的表述。其中,建筑已不再是独立个体的概念,而是以非传统意义的建筑尺度,建立了城市化建筑尺度(外向型)与个体复杂系统(内向型)两种表述方式。前者以实体化的"巨构",表述了"新毯式建筑"在城市中角色的重要意义,如基础设施、景观、空间塑造以及生活方式等。这在与城市的结合中,以"中介"属性的融入,体现跨界的"新毯式建筑"

图 10－11　横滨码头的内部流动空间

在现代"巨构"中多重角色与不同的展现途径的表达。如柯布西耶的威尼斯医院以一种与城市关联的城市化尺度，在实体化的呈现中，编织威尼斯水城肌理的全新意义（图 4－81）在此，建筑以一种外向型的融入，展现了个体在群体中的意义；而后者，则在建筑内在性的表述中，以自身的复杂系统，代表其内在属性带来的小尺度表达。理想化的"新毯式建筑"呈现，则是在两者结合的基础上，以外在与内在的双重叠加，形成丰满的时代意义。FOA 设计的横滨码头则以内在式的空间流动性，编织功能、空间、流通等要素之间的复杂性与统一性关联（图 10－11）。而"蓝天组"在维也纳的煤气罐改造项目①，则将内在的历史遗存、现代居住、学生宿舍、商业与外在的城市地铁站点相结合，在时间的变迁中，以建筑本体的表达和城市节点属性的结合，体现二者结合的产物（图 3－2，图 10－12，图 10－13）。

图 10－12　煤气罐改造后室内

图 10－13　煤气罐外部保护

---

①　该项目由让·努维尔、蓝天组、威尔海姆·霍茨鲍耶、曼弗雷德·维多恩各负责一煤气罐的改造工程。底部由商业街相联系。其中蓝天组的改造加以扭动的社会住宅，建立煤气罐本身实践性联系之外的外在关联。

可见,"新毯式建筑"在不同尺度与不同层面,以"点""边界""关联"为主要的模型要素,在抽象与具象的"点"、跨"界"的交互,以及内在与外在的"关联"中,找寻不同表述途径。本章将在两者结合的基础上,着重于非宏观层面的探究,诠释在"十次小组"的城市建筑理念启示下当代城市化建筑的发展状态。

在此,对于"新毯式建筑"尺度的理解,不仅在于其实际建设规模的大小,更在于其内在系统关联属性的规模。"关联特性"、"关联模式"等,可视为在"新毯式建筑"中一种全新规模化评价、美学标准与思维方式。

当然,适宜尺度在城市与建筑维度中的关注,也同时蕴含了一系列问题:综合体是不是一定代表了综合功能?流动性在不同尺度中的意义如何?时间维度下,这种复杂性在日常生活哪一层级具有普遍的适应性?这些范式化的理念怎样保持一种积极的动态发展态势?乌托邦理想在经过现实的实际操作后是否能够得到理想化的结果?……随着时间的变化,建筑的尺度概念在人的感知范围内不断变换。在不同的维度代表了不同功能的可行性。人类所能触及的范围在技术的发展中不断延伸。这使"新毯式建筑"的尺度概念也随之不断延展。马赛公寓的综合性尺度,在今天看来,在一种综合性的范式之中体现与城市联系的悖论。其建筑尺度成功的同时,在城市尺度层面带来一种资源的非理性配置,这是一种时间尺度下缺陷的不断暴露。因此,适宜尺度涉及的是一种历时性的视角下,不断变迁的标准,是一种在不同层面,牵涉不同层级的相对属性的测试。这与人在时间的变迁中的控制能力的强弱息息相关。"十次小组"在城市与建筑之间的讨论中,从尺度差异反思了人的控制能力与对社会不断变化的适应力。

10.2 作为基础设施的"新毯式建筑":社会对应物的启示

"新毯式建筑"在城市的演进中,将协同规模化发展,伴随复杂内部系统动态的积极呈现,在微型的转瞬中,以不同的城市角色,巩固城市的基础服务设施,出现在每一个可能的地点:如超级综合市场、高速立交互通、信息传播中心等。在此,建筑角色已不能完全胜任全新的城市发展需求,而是作为一种城市秩序的提供者,脱离表象与现象的理解,在体量与数量中,超越建筑化模式,以基础设施的特质,建立秩序化的"中介"表达。

随着系统化角色的不断引申,"新毯式建筑"在满足城市基本物质性基础设施(交通、服务、景观等)的同时,也同时建立了非物质基础设施(文化、空间流动等),赋予"新毯式建筑"可视与不可视的双重代码。该系统将以基础设施为基本角色,阐释不同衍生系统的影响力与驱动力。基础设施化的"新毯式建筑"在城市的发展中,以各种"零散"要素(功能、文化、社会等)的集中,在主体与环境之间再织城市。这种不以美化为主要目的的空间塑造,以处于"中介"状态的当代城市的状态,在各种两极之间,寻求不断变幻的基础设施带来的城市变革。

如斯坦·艾伦的《点+线》一文中,以米歇尔·塞瑞斯(Michel Serres)关于线、路径、边界的思考为开篇所言,各种要素之间,点、路径及相互之间的关联,建立了可视、可听及可触及的网络化系统。基础设施作为一种对建设"物质实践"特性的强调,表述了基础设施对形式化表征的反思及对工具化处理方式的回归。

10.2.1 "新毯式建筑"功能性基础设施

在全球化的发展脉络中,多维度网络化的城市发展,使"新毯式建筑"作为基础设施的定义范围逐渐扩大。作为一种集交通、商业、居住等功能为主的基础设施网络，"新毯式建筑"以一种功能化毯式的中心处理器，将自身及周边的"点"发展成逐渐成熟的基础设施，并相互编织，成为更成熟的网络系统。作为功能性基础设施的表述，"新毯式建筑"主要包含了网络化的"点"以及周边插接系统（流动路径）两个组成部分，其中"点"系统自身以实体化展现，在区域化的系统中，形成了各自中心，在其周边插接系统的链接与辐射范围的重叠下，形成网络化的城市系统。而"点"本身则以多功能的聚合，在史密森夫妇倡导的"聚合化秩序"中，产生宏观与微观不同层面聚合下的整体网络化关联。

图 10-14　荷兰鹿特丹的 Groothandelsgebouw 商业办公中心
内部的车行、步行、院落之间的并置

　　"新毯式建筑"表述的功能性基础设施在强调某一方面功能属性的同时，以功能多价整合的基本特性，集中展现了个性彰显的整体价值。如作为主要城市基础设施的现代交通枢纽，"新毯式建筑"在扮演重要的城市干预角色的同时，超越了单纯的交通功能，表述了多重意义的展现。人流转运的流动、特殊形态的标识、多功能特性的聚集、城市网络的编织等不同内涵，组织了一种在不断更新的"即时"特性下多元汇聚的场所。1953 年荷兰鹿特丹的 Groothandelsgebouw 商业办公中心实践（图 10-14）以及早期柯布西耶在阿尔及尔奥布斯的规划，描绘了早期城市乌托邦关于建筑、生活、商业活动与城市基础设施之间相互交织的城市构想。其中，前者庭院空间内长达 1.5 公里三层道路的组织，使城市与建筑内部产生了直接的对接。而后者人们的居住与交通成为一道长长的城市风景，被赋予不同的功能属性（图 2-23）。

　　当代的众多实例已从实践层面表述了"新毯式建筑"功能性的基础设施的发展动势。

　　冯·格康设计的柏林火车站（图 10-15，图 10-16）以办公、交通、商业以及城市与区域换乘（S-Bohn）功能的交织组织聚合化综合体。该建筑基于多层级交通流动空间的组织，在城市中心超越了城市交通基础设施的功能特性，并在功能混合的基础上，起到链接多城之间及城内网络各重要节点的作用，从而带来了柏林中心火车站地区的城市更新。

图 10-15　柏林火车站办公与交通功能的整体

图 10-16　柏林火车站上层火车、
中部商业、下层地铁的多层分置

　　法国里尔 TGV 火车站(图 10-17,图 10-18)则以国际列车节点的设计,将法国城市里尔融入了欧洲快速列车的交通核心城市网络,起到链接布鲁塞尔、巴黎、伦敦等大型欧洲城市的重要作用。而其城市则在火车站地区城市设计的基础上,将里尔城市引入区域性基础设施的核心角色加以建设,从而引发边界与周边辐射对叠合区域起到的模糊性的界定作用。里尔以此为发展契机,进行城市的中心区建设,集中以大型办公、商业、展览、交通换乘及居住功能的发展,形成不断完善的"新毯式建筑"网络。

图 10-17　法国里尔 TGV 火车站
地区总体平面

图 10-18　法国里尔 TGV 火车站地区总体鸟瞰

　　库哈斯在海牙设计的地铁站以停车、换乘、商业链接功能的聚合(图 10-19,图 10-20),结合地下文物的保护与展示,在城市中心商业步行街的地下,以流动性地下空间的营造,展示了"新毯式建筑"的非外在形式表达带来的"毯式"体验。其地面开口处,也以不同形式(人行广场、机动车出入口、地铁出入口、商场等)(图 10-21),表达了该系统与环境的交接方式。

　　此外,斯蒂文・霍尔(Steven Holl)在北京设计的"混合链接"(Linked Hybrid)(2003—2009)(图 10-22)综合体以及成都的"多空切片"(sliced porosity)街区复合建筑群(2007—2011),即在城市中以另一个小型城市,在地上与地下各层面,建立集多功能为一体的毯式覆盖。它们以城市功能的聚合,建立了"新毯式建筑"在城市与建筑之间的空间表述。

图 10-19 地铁站内部停车空间的结合

图 10-20 地铁站内部展示、等候、步行空间的组合

图 10-21 地铁出入口与步行街的结合

图 10-22 Linked Hybrid 的建筑群集组织

图 10-23 龙轨与周边建筑的交接

而北京"龙轨"(D-Rail)(图 10-23)的流动概念设计则以高速人行道与公共交通的结合,将磁悬浮技术融入永不停止的列车概念,没有车站,无需等待,随时上下,以自由的流动性,建立基于流通功能的基础设施编织的"新毯式建筑"网络。

可见,以"新毯式建筑"多维触及为驱使的大型处理器,辐射周边城市功能与肌理,在不同层面表达作为"新毯式建筑"的基础设施带来的特殊意义。其基础设施系统,以一种内部网络化信息交换(人流、物流、经济流通等)的复合重叠,与外部多触角的链接(不同方式的换乘、道路系统、外部换乘),在各种"点"独立系统扩散"边界"的重叠下,进行多层级"关联",形成作为交通换乘系统的主要结构。其中,建筑、外部换乘链接、流通网络(公路、铁路、水路等),以区域化尺度中"新毯式建筑"的结构表达,满足人们出行、购物、办公、居住、娱乐等多项功能,展现其综合性功能的基础特性。可见,"新毯式建筑"在对现有肌理进行修复和不断创造的过程中,以融入式的干预方式,进行动态的引导与辐射。

10.2.2 "新毯式建筑"景观基础设施

作为一种综合化表述,"新毯式建筑"还以一种景观意向,组织城市肌理的空间延展。这种景观意义,超越了表面化覆盖的局限,在折叠、翻转等过程中,呈现超越物质化与材质化的表象属性。如水系的建立,在起到生态调节和景观意向的同时,以交通化的景观设施和事件性的传播媒介,在网络化的编织中,建立和开启软性的景观意义。其超越表层特性厚度的表达,在层级的叠加中,以多维度的编织、延展与相互作用,展现完整的"新毯式建筑"景观系统。

在此,软质地表覆盖(绿地、树木、水面等)与硬质道路系统(公路、高架、广场等)的结合,不仅表达了传统静态生态属性和城市的组成,还体现了时间作用下不断变化与发展的过程。"新毯式建筑"作为一种景观的呈现,更多地表现为一种城市综合营造的产物,而非纯粹设计概念。这种景观式的网络系统,在 OMA,MVRDV 等设计实践中已初现端倪。

2006 年由韦斯/曼弗雷迪(Weiss/Manfredi)及查尔斯·安德森(Charles Anderson)景观公司设计的华盛顿州西雅图的奥林匹克公园与西雅图艺术博物馆设计(图10-24),即以一种链接水面与市区的景观性营造,将建筑、城市与大地景观浑然一体,融于人们行为因素引导的网络化发展中。

图 10-24 西雅图艺术博物馆设计中景观与城市、建筑的整体联系

而巴黎城市部分道路的基础设施与景观结合,形成了线状脉络化的城市绿色平台。其中围绕高速交流道设计的景观公园,同样以景观性基础设施展现了一种水平与垂直结合的"中介"性空白带来的"静默"式的关注。除了一种生态景观的主旨,该体系还以城市特色与社会和文化景观,激发了"新毯式建筑"作为新时代城市与建筑发展中基础设施特色之一的多重属性。

2002 年,鹿特丹贝尔拉格学院、代尔夫特工业大学等主办的题为"五分钟城市"(five minutes city)的研讨会中,对比利时首都布鲁塞尔中心火车站改造进行探索。他们以流动性为主要目标与驱动,将火车站、机场、城市中心等节点在火车、轻轨、大巴、人行、社会机动车等各种行动媒介链接的基础上,融入全新的"街道"系统,树立城市中心功能性下的景观要素。他们以平台、屋顶、道路等要素的集中展示,形成一系列的全景视图(图 10-25,10-26)。在此,景观意义脱离了表层的独立性思考,在结合城市内在流动性的基础上,进行"新毯式建筑""点"要素内在属性的自我修复,从而引发周边各"点"之间的相互链接,形成"新毯式建筑"的整体系统。此外,他们还以"五分钟城市"的概念对鹿特丹进行区划研究。城市中邻里中心的设置将以车行五分钟作为一种衡量标准,以速度带来区域范围的定义,建立城市多中心网络化的形成(图 10-27)。随后,"五分钟城市"引发的对"X"分钟城市的思考,在不同尺度的城市以不同的衡量标准,建立不同的城市"点"与划分状态的差异与内在联通。

图 10-25 布鲁塞尔中心火车站改造平面

图 10-26 布鲁塞尔中心火车站改造模型

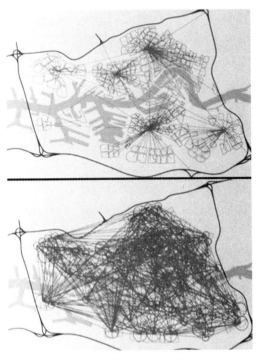

图 10-27 "五分钟城市"分析下的网络化联系

可见,作为景观基础设施的"新毯式建筑"以一种广义的城市景观概念,在各要素组织的表达中,以浅层与深层意义的集中,展现了建筑与城市之间另一种联系脉络与联通途径。

10.2.3 "新毯式建筑"空间基础设施

除了物质化的基础设施,"新毯式建筑"还以其空间属性多样化的呈现,展示以空间作为"虚幻"的基础设施带来的全新体验。空间在脱离城市与建筑传统理念的同时,以场所性建立,在自身内在关联性基础上,基于时间变化引发空间的长期性与短期性变化带来的场所感差异。

作为基础设施,空间在"新毯式建筑"中代表了最为基本的组织要素带来的城市与建筑之间关联性的变革。在"新毯式建筑"空间内在要素相互编织关联的同时,"中介"剩余或空隙,以一种非限定、非确定的关联角色,填充实体与实体之间的流动空间。人们则通过该媒介进行的信息传递,成为各"点"在网络化系统中被相互链接的主要途径。各"点"以空间为主要介质,游离于动态平衡之中,成为信息传递的主要途径。

斯蒂文·霍尔在美国设计的 MIT 学生宿舍,可视为以一种垂直向的空间"毯式"链接。

该体系在空间的变化与序列中,以空间要素组织"新毯式建筑"垂直向的链接"结构"(图10-28～图10-31)。海绵状由外及里的空间结构,将光线与人们的行为体验融为一体,让人们透过形式、材料、质感与色彩体验整体化连续空间的网络化编织路径。

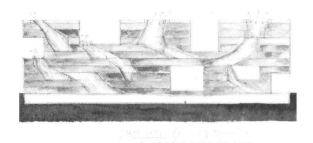

图10-28　MIT学生宿舍剖面展现的空间联系

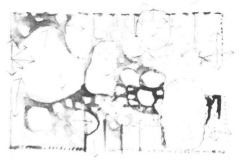

图10-29　MIT学生宿舍的海绵状的空间联系

图10-30　MIT学生宿舍内部走道

图10-31　MIT学生宿舍内部空间

而FOA的横滨码头设计,也在一种空间的流动中,建立其外在形式与功能组织的结构基础。他们以一种流动空间的编织,引发空间引导作为"新毯式建筑"生成的主要途径。该项目以一种"无回路"(no-return)的流线设计(图10-32),将不同速率的流线以集中的梳理,形成不断完备的空间系统。

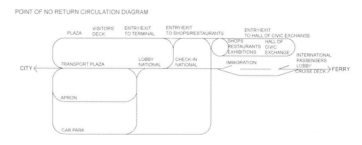

图10-32　"无回路"(no-return)的流线设计

这种流动空间融入人们进与出的流线,以人工与自然的表面与内在设置,完成在不同层级中等待、游戏与流动人群的组织与空间适应。此外,这种流动空间也以"自上而下"与"自下而上"的结合,完成交通功能的社会活动在建筑空间中城市化的延伸与表达,由此体现空间属性在事件作用下呈现的非形态驱使的构型意义及基础设施的基本特色。在空间制造的过程中,空间与事件的关联,不再是特定的程序化创建,而是特定主题在空间中的逐层显现。正如屈米描述的主体与相互之间的"暴力"（violence）关联，以空间之间强有力的关联比喻①，描述了作用力的主要特征。

由此，"新毯式建筑"空间作为一种传递的媒介和基础设施，使城市基本要素之间的边界逐渐模糊。信息的具体与抽象、真实与虚幻、空间与时间的变迁，在不同尺度下，以不同的内在属性与外在要素的制约，使空间在"新毯式建筑"中的意义逐渐清晰。一种模糊的空间特性带来了人们对空间属性的清晰认知。空间联系不仅局限于物质化的属性，而且以地域、政治、心理的空间定位，强调了"新毯式建筑"空间属性的决定与被决定意义。

此外，空间体验无法脱离事件的融入孤立说明。不同的行为、实践，在相同的空间形态中，仍旧表达了不同的空间意义。事件成为"新毯式建筑"编织特性中，不断变化的诱因。不同时间、不同环境、不同主导对象，在相同空间中，导致了不同的空间属性与归属。大卫·哈维认为：设计者关注的主要空间已不再是单纯的形式与美学，而是在城市与建筑的自由化解脱中，带来的过程与相互影响。"新毯式建筑"空间不再是束缚于某一框架中的静态体系。未来的空间发展，也不再是来自乌托邦形式带来的空间属性，而是来自于乌托邦的过程带来的空间流动与变化，以及在时间的要素下不断得以变迁的有效途径。

10.2.4 "新毯式建筑"社会性基础设施

城市网络在不断扩展的同时，人们以不断熟悉的生活节奏与密度，适应城市密集与网络化成熟带来社会、经济、文化的发展。社会化基础设施的建设，在集中了以上提及的功能、景观、空间要素的同时，协同土地组织、道路建设、水体利用、人口流动等城市社会属性的体验，以不同的尺度，完成了在"新毯式建筑"物质性实践与社会影响之间的相互作用。在此，关于"新毯式建筑"基础设施属性的反思，超越了标志性与模式化的模型意义，以集中化的意义展现带来的社会变革。"新毯式建筑"的独立意义已不再明显，其关注点逐渐转向城市与建筑之间影响的整体秩序。实践中，"新毯式建筑"以强化、转化与概念性的物质化，体现带来的社会变迁。

在社会性的表达中，"十次小组"以一种游戏的概念，将城市与建筑之间空隙属性中的实体（如建筑等）与虚体（如广场等）表述为人类的本质属性在现实中的行为表述。而"新毯式建筑"则将立足于这种游戏理念，在新时代承载不同内涵的游戏属性。如拉乌尔·宾斯霍滕（Raoul Bunschoten）在《公共空间：原型》（*Public Space：Prototypes*）中所述，"新毯式建筑"将各种空间融为一种社会性及其自我发展的游戏场所。在他进行的各城市空间研究中，柏林 Apeiron 项目在历史与现在交接下的毯式覆盖中，展现城市社会相互之间关联的编织意义（图 10-33）；卡迪夫的广场成为全新的音乐形式与影剧院结合的舞台；布宜诺斯艾利斯则是在永久性的珍藏中，各种临时展出的空间场所；而在马德里，游戏广场也表述了对教堂的纪念以及艺术收藏的始端。"新毯式建筑"作为一种社会属性的基础设施，在这种游戏空间中，履行一种在"As Found"中逐步演化的时代属性。

基于社会性"As Found"理念的延伸，著名的德国鲁尔区工业城市改造，在以城市带联系发展更新思路的驱使下，将上世纪鲁尔区逐渐衰落的工业城市（埃森、杜伊斯堡、杜塞尔多夫等）进行网络化关联，以特色塑造为更新的主要手段，引入包括展览、文化交流、音乐

---

① 在 *Architecture and Disjunction* 一文中提及相互之间的关联。

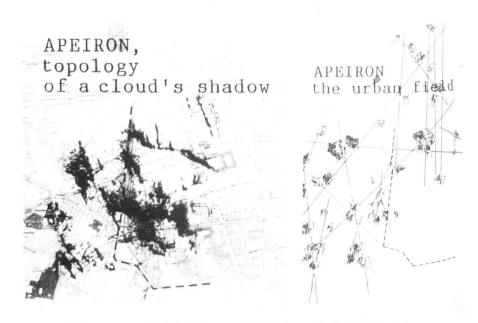

图 10-33　一种毯式的覆盖下,城市社会相互之间关联的编织意义

节、学生实践、儿童游戏场等各种不同事件性要素,建立在不同时代由特色与社会性引发的城市在区域中角色的改变和发展策略的变更。同时,集中性的发展,带来了鲁尔区旅游、文化产业链的发展。各城市因地制宜,以不同的主题,创建自身的"点"特性,并以相互之间便利的交通流动性为主要条件,形成通畅的网络化互通。他们以文化、景观、社会事件的结合发展,带动鲁尔区整体的复苏与经济拉动。在 MVRDV 以 Regionmaker 软件进行鲁尔区研究中,密集化的高速公路系统作为主要结构,以交通基础设施与流动性为起点带动一系列建设,促使社会性的基础设施带来经济、人文、地域特色的综合发展。此外,在伊丽莎白·斯其阿瑞达(Elizabeth Sikiaridi)和弗兰斯·沃居尔(Frans Vogelaar)对鲁尔区关于"软性城市"(soft urbanism)的讨论中,也将整个城市带融入信息化社会的技术讨论中。他们认为 2010 年,4435 平方公里的鲁尔区(图 10-34),将代替城市,以一种村落化的概念,成为德国的文化中心。

此外,比利时新鲁汶(Ottignies-Louvain-La-Neuve)大学城,则以学校的建造为契机,形成全新的"新毯式建筑"系统。整个城市以大型平台为主要的城市步行区域,车行全部设在平台底层(图 10-35~图 10-37)。其绝对化的交通流线分区,完善了人们步行的安全性与流动性的整体可达性。而大学城的建设作为一个主要事件,将分散的校园、住区、商业、服务、娱乐等设施融为一体,满足学校的需求,形成与老鲁汶(Leuven)完全不同的城市发展模式。全新的人工塑造(新鲁汶)与历史性保护的更新(老鲁汶)①之间产生不同的策略驱动,反映了"新毯式建筑"在社会性要素促使下形成的具有社会性基础设施特性的全新意义。

---

① 老鲁汶大学在老城鲁汶,新鲁汶大学是在与老鲁汶分裂之后,在另一个全新的区域新建的大学城。其大学城的建设,带动了一个城市"新鲁汶"的发展。

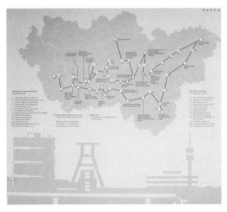

图 10 - 34　鲁尔区城市之家的村落化概念

图 10 - 35　坐落在大平台上的城市

图 10 - 36　整体城市平台上
的全步行系统

图 10 - 37　城市平台下的全车行空间

　　当然,这种社会属性的建立,应当以功能、景观、空间等属性的合理成立为前提,反之亦然。实践中应尽量避免片面的强调带来的其他层面的牺牲。如横滨码头枢纽以空间流动与景观特质的塑造为前提,在创造城市综合性基础设施的同时,忽略了功能的现实意义。其实际的使用效用,相对于其理想的形式塑造而言,显得差强人意。相对其闻名的建筑成就,其社会意义的不足令人深思。

　　可见,"新毯式建筑"在功能、景观、空间及社会属性的讨论中,以其相互之间的关联化编织,在综合叠加的基础上呈现以下基础设施的对应物特性:

　　其一,"新毯式建筑"以一种特殊构筑物在基地与场所中的表达,为未来事件进行预测。其主要的处理方式以分离、结合、表面的建造方式,提供各种可能的服务,建立运动、交流、交换的平台。

　　其二,"新毯式建筑"结合复杂性和预期性,随着时间改变不断发生改变。缓慢的变化将在自我内部及对外界的适应中,以松散的限定,引导非决定性与非预期化的状态。

　　其三,"新毯式建筑"集合城市自然与参与者的多维属性,结合秩序与代码的建立(自上

　现世的乌托邦

而下)与结构、服务和通路的修复(自下而上),建立众多参与者共同参与的领域,从自我修复和表述向集中化转变。

其四,"新毯式建筑"在建造中,以链接者的角色,在保持功能、景观、空间连续性的同时,跨越社会属性中不可逾越的鸿沟,以确立常规领域中,非常规的介入带来的变革性自由。

其五,"新毯式建筑"的物质化表现在以自身静态呈现的同时,组织与管理复杂的流动与运动系统,以流动性路径的组织,控制程序化的流动意义。乌托邦理想下建立的全新自由与全新网络化结构,在不同的尺度与相互叠合中,表述自组织下的线状表达。

其六,"新毯式建筑"以自组织的生态系统,在能量的转化中,重新引导人口的流动与社会人口的密度与分布属性,以创造不断递增的资源适应性,使生态的动态平衡在人工的环境创造中,形成相对的适应性。

最后,"新毯式建筑"在各种重复性结构与要素设计中,以特定的描述,从普遍性向特殊性转化,以表述地域特色。而形式也不再是规则与秩序下的产物,而是在社会属性的动态平衡下表现出的超出预期的构型途径。

10.3 "新毯式建筑"的流动性:"大量性"的时代之解

史密森夫妇在《大写 3》中将"流动性"视为时代主题的同时,突破了"功能主义"的交通意义,揭示了社会物质与非物质流动的动态属性。"十次小组"成员结合社会的大量性特性与基础设施的建立,强调了流动网络的意义以及"流动性"对社会的改变力量。"新毯式建筑"在"十次小组"的流动性基础上,以不断发展的时代观念,揭示了城市、建筑及城市化建筑在社会、政治、经济和环境的共同作用下,流动属性的驱动意义。

10.3.1 界域的模糊

基于网络化的整体,"新毯式建筑"带来的不是模式化语言与类型,而是以流动性驱使,结束界域僵化的设计理念。在空间的定义中,"新毯式建筑"以人们的行为方式确立内与外、公共与私密等空间在其中的属性定义。"流动性"带来的是在空间属性的定义中,对空间塑造方式的重新理解。而这种空间将超越物质性的塑造与烘托,呈现日常性编织的整体化空间。其中以各种功能类型组织的空间整体结合,产生一种社会投影,以体现空间存在价值在"新毯式建筑"中的变化趋势。如玛格丽特·克劳福德(Margaret Crawford)对洛杉矶的描述中认为,相对于流动性的都市肌理,社会肌理如同一种碎片式的集合。这不是一个独立的整体,而是在可视与不可视的各种阶级、种族、宗教等聚集下小型团体的集中。人口的流动、变迁,在整体化对象的现实中体现了"新毯式建筑"在城市角色中的流动意义。

建筑师在重新审视流动城市重组的同时,"新毯式建筑"的流动性以建筑与城市基础设施之间界限的不断弱化,成为现代建筑与城市发展主要结合趋势与相互交织的途径。建筑早已不再是简单的遮蔽物,也不是单纯的形式表达,而是在流动概念的驱使下,建筑与城市一体化带来的各种自身优化及可塑性评价结果的产物。前文提及的横滨港设计即以其特有途径表达对流动性主题进行实践。他们尽量避免建筑要素的出现,力求引导城市基础设施的空间属性与形态表达。他们希望将空间引导代替明确指示,阐述建筑的原始意义。而这种空间的引导在公共与私密、表面与结构、流线与建造的结合基础上,将建筑本体与城市

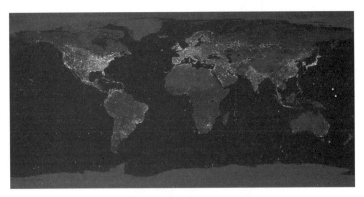

图 10-38　全球的夜间全景图显现的全景关联

通过基础设施的功能、空间、景观以及社会属性紧密结合，使流动成为空隙间游走的营造原则。

此外，从太空航拍夜间地球的全景图（图 10-38），足以看出国家的界域已经消除，以灯光密度展现的社会、经济、人口居住等特性的"毯式"表达，以另一种界域的概念，呈现人类行为带来的城市与社会的发展趋势。灯光密度的分布特性，也向我们提供了城市的基础设施、城市间的关联，以及社会网络化程度的一个缩影。"新毯式建筑"理念，在追求人们日常性表达的自然呈现中，以"俯视"的全局研究，结合内在属性的表现，完成内与外、可视与不可视、流动与静止等之间界域的模糊与动态再生。

随着界域的模糊，"新毯式建筑"的流动性逐渐以网络化组织，形成数字化信息流动与传统城市之间的嫁接。从 20 世纪 60 年代丹下健三提出的日本未来城市发展的讯息化与网络特质，及其著名的东京湾规划中交通与建筑之间的模糊带来的网络化结构，再到当代德国鲁尔区城市带的系统整合，全新的信息化系统与传统城市的相互统筹，带来了"新毯式建筑"从过去向未来发展经历的有效途径。吉迪翁认为丹下健三的东京湾以两代人理念的综合，解决了不同密度下呈现的"巨型结构"与"群集形式"的理念[1]。而史密森夫妇的柏林首都规划、路易·康与安·廷（Anne Tyng）1953 年的费城交通系统研究，以及随后日本的"新陈代谢"派，均以网络化社会、流通、生物、自然等属性的追求，预言理想化网状系统的逐渐成熟。如今的"新毯式建筑"，正在以不断的实践，证明上世纪先驱们所研究的网络化系统带来的革新与变迁。

"新毯式建筑"在城市的发展与延续中，借以"建筑电讯派"的信息流动，将建筑与流动互通之间的界限逐渐消融，沃伦·乔可（Warren Chalk）和罗恩·赫伦（Ron Herron）研究的城市交互体系，以一种网络化的形式建立不可视的流动方式：一种电子化的数据传输下的交通控制及管理，潜在支撑他们阐述的"行走城市"（罗恩·赫伦）、"插件城市"（彼特·库克）、"水下城市"（underwater city）（沃伦·乔可）（图 10-39）等理念在信息化的理想城市中的不同表达。上世纪中叶人们进行的乌托邦城市理想，以不同介质（地面、水、巨型构架）中流动与变化的方式，对

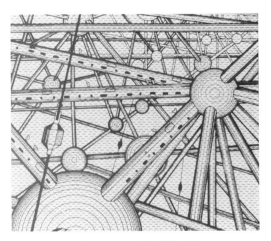

图 10-39　"水下城市"

①　S. Giedion，1965：208-209

"巨构"方式进行动态理解。空间的理想化编织在各种空间的点与连接之间,以拓展与复杂的行为方式,激发网络化联系中不可视的流动性联系(无线网络、电讯等技术方式)起到的支撑作用。

除了技术方式带来的社会、文化等不可视要素的建构,"新毯式建筑"还为我们提供了另一种重要的流动网络。物质性网络扩张,不能代替非物质化流动性编织带来的整体特性的显现。当康斯坦特与舒尔茨-菲利茨(Schultze-Fielitz)认为电子化流动在不断改变社会空间的同时,仍旧以人们居住的反馈、社会文化调研为基础,在信息化的设备中,进行重组与重释。当中国的嘉定城第一个成为大陆的无线城市的同时,带来的不仅是城市网络化对人们生活的便利,如智能交通、紧急呼救、视频监控、医疗救治、移动指挥、项目建设等,而且还是城市信息流动的初始,一种从传统向现代的流动,一种社会发展的流动。

随着流动性中物质与非物质之间界限的逐渐模糊。人的行为、机动车流线等可视流动,以及信息、社会的不可视流动在"新毯式建筑"系统中,也以界限的逐渐模糊,完成网络化多维关联的属性。随着信息系统在当今社会系统中主导地位的逐渐增强,人类意识流动逐渐在计算机的辅助下,成为可视化的物质性表现。无论是上世纪可见的网络化流动(交通、人流等)或是如今网络带来的城市内部与之间不可视的流动,均成为另一种基础设施的建设,直接影响"新毯式建筑"美学的评判。如丹下健三所言:"建造一个城市与建筑就是一种交流网络在城市空间中逐渐可视的过程。"[①]法国城市理论家保罗·维瑞里奥(Paul Virilio)也对现代建筑的日益需求做出深刻评价:"在通讯设备发展的今天,旧有的集结与聚集方式已经发生巨大改变。墙与围栏已经不再是永久的物质障碍,没有居住地的居住形式将会受到极大的关注。""新毯式建筑"即在日常性的追求中,以信息化的流动属性,试图实现自上世纪以来人们脑海中不断浮现的乌托邦理想。

曼纽尔·卡斯特(Manuel Castells)认为,在城市或地域性的尺度下,这些倾向往往会关联各种城市蔓延现状。之前对城市与乡村、中心与边缘地的批判均会在一体化的前景中荡然无存。他在 1996 年发表的著名理论"流动空间"(the space of flows)强调在全球网络化的今天,各因素连接构筑了流动性的主要特性。这种信息化的系统已不再受地理、空间上的限制,中心与边缘已经模糊,单核的历史城市的限制在城市流动化的过程中逐渐消除。流动空间原则已经超越了场所空间的牵制,促成了无定形的空间形态以及多点而综合流动网络的形成。一种涉及各领域的非静态社会活动遍及了各层级和公共领域。库哈斯将这种城市社会领域视为"广普城市"(generic city)。这种城市概念将在"新毯式建筑"一体化的基础设施基础上,建立流动性空间的可能。

从上述分析看来,在社会临时性、程序化以及人口流动的基础上,出现了全新的相互叠合的公共秩序。这种空间模型可视为后现代城市生活流动特性的全新尝试,同时也对城市景观的重新考量起到催化作用。建筑与社会结构之间的关联,建构了一系列全新张力与关注点。这种关联就流动城市空间角色来看可视为一种不受限制的流动性、相互结合的城市形态和易被接受的社会形式。城市的功能需求,在流动性的建筑体验中,拓展了静态情景下的功能,并在城市基础设施建设中产生不同的表达方式,为全新公共空间的形式探索提供了工具化的思考模式。

---

① Kenzo Tange 在 *Function*, *structure and Symbol* 中提及。

10.3.2 动态密度

就"新毯式建筑"表述的城市或建筑的密度属性而言,两者各具逻辑且不断变化,易于了解但难以掌控。当城市与建筑尺度的扩张逐渐转化为一个个被包围的"孤岛"时,"新毯式建筑"以动态密度的空间革命和联通性的载体,呈现密度作为一种相对概念在"新毯式建筑"中的动态变化。瑞士学者帕斯卡尔·安福思(Pascal Amphous)认为对密度概念的重释,在于对"极性"(polarity)、"混合"(mixity)以及"强度"(intensity)的关注。其中,"极性"在暗含某种中心化倾向的同时,体现了不同的极性表现的从中心向边缘的发展与融合;"混合"则是在密度的理念中,日常性社会属性、功能属性及多样化聚合的表达。而"强度"则以建筑化的城市空间与城市化的建筑空间的相互交织形成密度转化。我们从图(图 10 - 40)中可以看出,密度的属性分解为"终端"(点)"通道"(链接)的抽象时,"终端"的多少与"通道"效应的紧密,直接导致了密度属性的变化,而由"终端"发散的各种次级链接的强弱,则作为一种补充,强化了密度系统中的动态属性。而由此单元进行的"新毯式建筑"的物质转化,即以"终端""通道"与次级链接的不断变化,引导最终动态密度的形成。

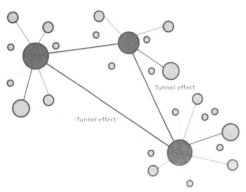

图 10 - 40　密度的属性分解

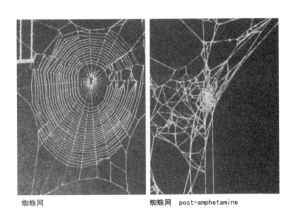

图 10 - 41　蜘蛛网比拟下的城市网络

动态密度以一种"网络化"建筑与城市内在诱因的驱使,在内在空间流动的革命与外在形式的组织中,以全新视角看待空间的组织意义。希腊城市规划师杜克塞迪斯(Constantin Doxiades)在 *Ekistics* 杂志中,以柯布西耶的 CIAM 格网为讨论平台,阐述了网络化城市的组成——自然(Nature)、人(Man)、社会(Society)、覆盖(Shells)。他以万物的相互关联,强化可视密度与不可视密度的同等重要性。1972 年,他将理想化与破坏后(post-amphetamine)的蜘蛛网图片(图 10 - 41)与"混乱网络"(the chaos of networks)进行比较,认为城市的发展应当在理想化与现实之间进行"中介"定位,链接一切网络化要素(从可视的街道到不可视的电话、网络等),组织与延续自然与社会的有机属性。

面对"新毯式建筑"系统的动态发展属性,动态密度强调了系统的生成过程,而不是最终的结果。这里的动态密度不仅在于一种密度的传输,更注重对现有流动属性的强化。系统内部长期与短期属性之间的动态变化,相对于具有长久性而不变的基地要素来说,以动态的密度混合与强度变化,表达界域的模糊发展。斯坦·艾伦在《从物体向场域》(*From Object to Field*)一文中关于个体向场域转变的动态特性,即以一种不可预知的条件与秩序加以阐述。在空间密度概念的发展中,超越静态的笛卡儿坐标下的密度标准,表述了在三维的动态空间中，时间概念的融入产生的密度动态变化。康拉德·沃克斯门（Konrad Wachsmann）的实验性结构网络（图10-42），即在电子化的控制与反馈的技术支持下，以空间化密度的不断变化与调整，预示城市化的建筑空间产生的"敏感性"网络的动态意义。

随着城市密度的变化，"新毯式建筑"在不可预知中，逐渐在原本中心地区的边缘出现，形成不断迁移的

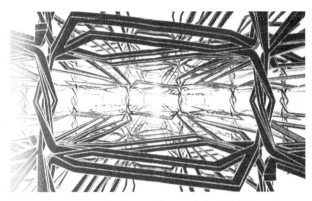

图10-42 康拉德·沃克斯门的实验性结构网络

系统。由此动态密度，带来的是能量的平衡。"新毯式建筑"系统可视为人、物品、信息等各种能量形式进与出的平衡。研究对象在使用与能量的逐渐消减中，随着外来因素的补充，形成一种最终平衡（图10-43），而这种平衡将在系统中，以密度的动态补充，转化为不断变

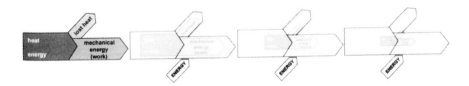

图10-43 能量的消减中达成的最终平衡

图10-44 阿姆斯特丹地区发展中的"中心"迁移

化的平衡系统。荷兰阿姆斯特丹地区的南轴项目足以说明，原本城市边缘的地区，随着新型的大型公司与企业（ABN-AMRO，ING等）的出现与自由发展，使该地区成为荷兰发展规模最大的地区。而该地区与南部的阿姆斯特丹机场联系紧密，使其城市密度产生变化，导致阿姆斯特丹地区的中心发生偏移。原本边缘的地带在城市规模、密度、发展权重的动态变化中，逐渐成为阿姆斯特丹地区的"中心"地段（图10-44）。而该"新毯式建筑"系统的内部结构，也在密度的动态变化中逐渐异化。其界域在动态的变化中，始终以一种模糊的界定，支撑重叠、转移、伸缩等变化的可能。

"动态密度"的特性，在"新毯式建筑"系统的建筑层面，也体现了同样的原则，最终导致"即时城市"或"即时建筑"的临时出现与动态迁移。建立于流通基础上的信息化"新毯式建筑"网络，从内在体验到外在表达，诠释了对动态密度不同视角的理解。密度极性的点状分布、混合化编织以及在时间维度下强度的变化，对"新毯式建筑"的"动态密度"呈现了不断变化的驱动作用。城市的组织要素被分解为动态信息，以可视与不可视的城市网络（道路网络、

人流网络、信息网络等），在蔓延与扩张中随着建筑与城市边界的化解，对空间加以动态定义，使空间在动态网络的涉及之处逐渐清晰可见。

10.3.3　高效对接

基于"十次小组"的"大量性"研究，"新毯式建筑"系统各点之间的高效对接成为其系统成熟的主要特性。其中，"大量性"涵盖了信息要素的规模、数量、变化速度、更新周期等各种特性，并在人流、物流、信息流等各要素关联性方面，呈现新时代背景下相互之间高效对接与整体化更新的问题。其模型中的"点"要素，即以人流、物流、信息流的要素综合，在不同的规模、数量、变化速度与周期的"线"状关联的编织中，形成动态的整体模式，从而以不断更新的内在与外在系统的相对平衡，传达整体化系统内部与外部的高效链接。

在此，对于"大量性"问题下高效对接的理解，主要强调了功能转换、流线通达以及技术延续的"无缝"链接。

其一，基于现实生活大量的信息处理，功能不再是传统广义的功能建筑属性（如办公建筑、交通建筑、商业建筑、图书馆建筑等），而是另一种"新毯式建筑"功能属性的划分，一种大量性功能集中下不同组合的权重表达。"新毯式"更强调了对功能混合与高效对接的结果。商业，交通、办公、居住等，将不在呈现一种功能的专属。混合中的对接，将人们日常生活的节奏，转向一种意识化的缝合与顺接，以满足人们大量性的功能需求在单一场所的实现，并在单位的用地中，产生高效的价值趋向。在此，权重的比率不同，将产生不同功能属性的城市与建筑结合下的集中展示。

其二，流动性的通达，在"大量性"动态平衡的传递中，起到了至关重要的作用。在此，城市人流成为重要的疏导因素。"新毯式建筑"作为一种基础设施的建设，不仅需要将人们有效的疏导至城市各角落，也将以一种网络化的联系方式，辐射城市。北京"龙轨"的理念，即以一种流动化的网络系统，让人们在自由的选择中，到达城市的不同角落。而德国的鲁尔区则希望在网络化的组织中，完成高效的大量性信息互通，并在整体化的信息驱使下，完成信息基础设施的流动性在整体化区域中角色重要性的不断凸显，从而以高效的方式，进行信息的互通与价值平衡。此外，综合性的交通枢纽，即在交通功能的完善中，以多功能（办公、商业、交通等）、多种人流的融入，组织集中化模式。其开放性的流通方式，在清晰的层级划分与公共属性的营造中，让人们在全方位接触的基础上，产生直接而便利的选择。外来城市的人流在统一的综合体中，可以方便地任意选择各种交通形式，如火车、有轨电车、大巴、地铁、自行车、步行等，通向机场、另一城市或城市各区域。从城市层面而言，交通枢纽成为城市的门户，以一种点状的发展，带动周边区域的繁荣。在此，这种"点"要素带来的是城市特色、流动、文化等各种要素的综合碰撞、影响与相互对接。

其三，地域化技术的延续与现代技术的互通，主要强调了在"大量性"的生产中，引发的技术革命与传统技术的延续。传统技术在应对现代大量性问题的同时凸显了技术的局限。城市发展中，"新毯式建筑"在革新与共存的并置中，强调文化的延续性以一种流动的方式，带来的现代性诠释。在此，传统的模式与现代材料的结合，在融于信息技术模拟而产生的全新形式与空间可能的同时，将再度引发人们对建筑与城市空间探索下技术不断演进的思索。就技术与文化的大量性对接而言，蓝天组在奥地利维也纳的煤气罐改造工程，则以一种对传统遗迹的保护态度，融入地铁交通、商业、住宅、办公、展览等各种功能的营造，试图在对传统文化的遗存中,以当代人们生活、休闲、购物、交通各种行为的结合,对历史性文化与技术进行重现,从而体现一种多维度的"大量性"带来的场所的综合表达。

当然,这种高效的对接,还产生于对人流开放性的融入与引导基础上的"无缝"链接,而并非限制性的流动输入。单一化的人流疏导向多元化的流动性对接的发展,将在不同的"大量性"特征中,得以选择。如现今中国特色下的"大量性"疏导(如交通枢纽的人流疏导方式),仍停留于一种单一化模式的管理与实施状态,很少能在某一特定点做到高效而多途径的对接选择。而由于选择的单一与对接的单一,也同时造成了流动方式的单一与拥塞。因此,这种单一性的"大量性"特色是否可以从欧洲多元化的"大量性"中得以借鉴,将是"新毯式建筑"在不同地域进行信息处理与协调发展的必要途径。

10.3.4　流动性的异托邦

随着时代的发展,城市流动性产生的结构与形式的构成成为城市化建筑形成的主要趋势。UN Studio,FOA 及 MVRDV 等带动了数字化城市建筑的潜在发展与实践。这种"数字景观"(datascapes)城市活力的追求塑造了城市社会空间结合的发展。福柯的流动性托邦(heterotopia of flows),以"新毯式建筑"的流动性体验带来了对城市与建筑乌托邦实践的可能。

流动性在当代实践中,已逐渐从乌托邦的理想走向了现实。康斯坦特的新巴比伦中流动的居住者以及"整体城市"概念,揭示了城市流动性在乌托邦理想中的具体表达。诺比欧(Ignasi de Sola-Morales Rubio)提出的"液态建筑"概念也试图回应流动城市所具有的实质特性。他认为:"人类的流动性与交通之间的联系存在于建筑化的表象与视觉之中。流动性代表了掌控连续事件的能力,一种建立个体、事物与信息的策略。"

在此,FOA 设计的横滨码头枢纽,UN Studio 与阿勒普(Cecil Balmond of Arup)合作设计的阿纳姆中心交通枢纽等集中展现了城市与建筑的流动性之间的相互融合。"流动都市"即在这些城市化建筑的流动空间中产生融合,以此消除了不同角色(参观者与使用者)之间的行为对立。"流动性可以真实的建造空间"成为它们主要的设计策略。

FOA 以没有机构原点的运动形式,将综合系统中各种功能相互之间的流动性形成"无回路的范例"。整个过程打破了传统港口结构的线性法则,提供了无尽端的流线系统。系统在一个折叠的表皮下,流线与结构互补,并与枢纽功能紧密结合,形成统一整体。柱、楼梯在其中转化为坡度的调节与表皮的折叠,并以流动空间的引导,打造主要的公共空间。作为公共公园、公共设施与港口多重功能的集中体。FOA 认为该建筑已经超出了入口的概念,是一种运动性的展示。

与此相似,阿纳姆中心换乘枢纽集结了不同形式的交通方式,形成集火车、公交、停车场、办公住宅等功能为一体的综合体。他们将克莱茵瓶的拓扑概念在一个闭合连续的曲线中发展为承载众多流线形式的系统,实现统一的形式中各种流线空间需求的结合。连续的表皮从室内延伸至室外,运动的节奏从"快"(行走、购物、连接)到"慢"(等待、办公、居住),将建筑、基础设施以及流动进程相结合,进行空间的发展,并在流动性最大化与流畅空间中形成最终标志性的"深度规划"(deep planning)。流动性、潜在性与空间性在各种速度界定的活动中形成社会化的潜在空间系统。

与 FOA 相似,UN Studio 试图建立一个单一的连续景观,将不同的城市功能融为一体。其中,社会性空间在城市中充当了多重的城市角色,这些建筑可视为"异托邦"目标下空间运动对城市生活的重新界定,并为流动的城市概念与城市肌理和现存结构的结合中寻找适当的结合点。横滨港与阿纳姆中心枢纽即在流动性的基础上建立了不同的实践形式。FOA 认为:"静态与封闭的系统已成为历史。动态、交接、分支状的系统成为当代城市主要的表现形式。"在此,这些"异托邦"的流动空间展示了流动城市的不同特性,这种空间的开口并不是物质化的点状静态结构,而是动态且具有强大推进力的压缩状态。其中扭曲、变换与重置融入了不同速度与流动状态,在创造性的空间中形成了统一的整体。

可见,在"异托邦"的流动性中,强度代表了流动空间的特质属性。强度、多样性以及波动状态在混合的使用中起到了控制作用。流动性试图在公共空间中找寻重新考量与空间适配的可能。不断变化的强度与弹性的空间状态(如建筑空间"快"与"慢"等)成为"异托邦"流动性空间的主要特性之一。

阿纳姆中心交通枢纽自身以一种 24 小时持续的城市景观概念,将交通、商业、办公等以信息流通的姿态,基于各层级信息变化的集合,展现了多重设计的综合表达。他们以"十次小组"中强调的"选择最大化"的意义,形成一种多途径信息集合的流动理念,突出反映了对传统空间形式的挑战。其中,相互关联的数据间联系替代了个体化数据的读取,创建了网络化的空间组织形式。其中,都市空间充当了结合复杂系统与空间占据的主要角色。形式与强度之间的关联及空间活力在流动性的系统发展过程中逐渐显现。由此,"异托邦"的流动属性在涉及网络化的整体性与复杂性同时,激发了一种城市可持续性潜能的输出。城市的基础设施建设在经济与社会网络中承载了维持社会系统职能的重要作用。流动性城

市概念代表了多重属性的公共角色在信息处理中,以流通的连续属性,强调了"在连续、不同变化的发展中的连通"以及"轨迹中的点状关联",并在空间的使用节奏、强度变化、美学标准中,完成全新的转化。

在"异托邦"的空间中,大量性的信息处理,在大规模、短期效的过程中,以一种流动的乌托邦,进行空间的梳理。我们从 UN Studio 在斯图加特设计的奔驰馆中的空间流动,同样可以看出一种编织于空间属性的流动(图 10 - 45)。在"另一种"空间的探索中,他们以一种结构性的表述,使其外在形态与内在流动相互匹配,逐渐清晰可见。

总体说来,"新毯式建筑"在面对"大量性"问题,及创造"大量性"的解决途径与模式过程中,用模式化的"大量性"(普遍的思维方式和多元化的表述方式)策略应对问题化的"大量性"(社会发展过程中各种层面出现的问题)困惑与矛盾,并试图在大众与专业性之间找到相适应的平衡点,极力将"日常性"的矛盾在"日常"的范畴中找到答案。

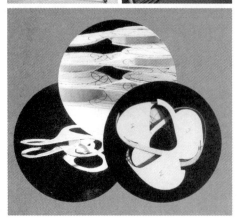

图 10 - 45 奔驰博物馆中的空间流动

10.4 基于时间的"新毯式建筑"

托马斯·品钦(Thomas Pynchon)认为:"时间就是一种看不到的空间。"①

吉迪翁在上世纪中叶以第四维空间表述时间与空间的关联。

柏格森(Henri Bergson)则于 1912 年在《物质与记忆》(*Matter and Memory*)中以"顺序的时间"(chronological time)及"时间的持久性"(duration of time)诠释了时间的不同属性。他认为,时间的意义主要在于"持久性",一种将过去、现在、未来进行相互链接与编织的时间属性。

在基于乌托邦的日常表达,基础设施的广义理解,以及流动性的时代解析中,"新毯式建筑"在内与外,整体与局部,过去、现在与未来的"第三类"②空间中表达了一种广泛的现实存在,并藉以"时间"属性,建立在四维空间中的多价、可变、跨界与互动意义。

10.4.1 多价

建立于对"功能主义"的批判,"多价"意义可视为实现复合功能与时间突进过程中功能的异变与重叠。如前文在"中介"的多价属性中提及,当人们谈及"外即是里"(outside is inside)的"中介"特性同时,赫兹博格从法国圆形剧场、意大利广场以及中国的客家土楼(图 3-3,图 3-5)中得以启示:相同的形式、尺度可以在不同的环境,建立不同的表现结果。"多重意图"导致的事物复杂性与可塑性,表明了形式本身的清晰与持久性。时间与建筑之间的关系在于对建筑临时尺度的认知,即对不同时刻以不同的角度阐述建筑之间的区别。"多价"而可变的特性,随着时间的推移,满足了人们不断变化的形式空间需求,在时间维度进行多意义的表述。

作为城市基础设施的"新毯式建筑",如前文提及的柏林的中心火车站、法国里尔 TGV 火车站等,在各种功能的并置中,以同一时间的多元化呈现,表述了基于多价特性的组织方式。而作为不同时间具有的可变功能效应的写照,纽约洛克菲勒中心广场,随着季节的变化,带来了不同活动功能(夏季为周边餐馆的室外场所,冬季为溜冰场)的展现,为我们展示了"新毯式建筑"基于时间的多价属性。

在"十次小组"的研究中,建筑与城市的多价性造就了两者之间界限的"模糊"与相互之间的拓展。城市基础设施在满足建筑基本需求的同时,表达了在城市体系中的实际意义。凡·艾克指出的"社会对应物"在"新毯式建筑"中,随着时间的变化呈现了不同的状态与内涵,这是"发展与变化"的时代"对应物"的写照。

可见,建筑与城市的关联在突破单一性的同时,在"空间可能性"(spatial possibility)的结构主义哲学探讨中,以多元化的实践,在时间维度下,追求互换的可能。相同的空间功能在不同的时期,扮演着不同的角色。在此,各要素之间并联与串联的结合,基于时间的变化,协调"多价"功能的相互更迭。"新毯式建筑"的功能聚合属性,在同一时间内的横向并存与不同时间序列中的纵向联系的双重并置中,以多价混合,体现不同功能角色在同一个体上的即时呈现。

---

① Thomas Pynchon 在《Mason & Dixon》(1997)中所述。原本出现于 Cynthia C. Davidson 编辑出版的 *Anytime* 中。
② 详见第 3 章。

10.4.2　可变与半恒久

　　由此,"新毯式建筑"的可变性与暂时性共同诠释了时间维度下,整体网络中支撑体系与可变空间之间的相互作用。在城市与建筑的发展序列中,结构性的支撑体系在一种原则性的变化轨迹中,包含了无数非预测性的发展可能。在城市各种重叠性的发展层级下,结构性发展的清晰脉络,决定了建筑与城市之间变化的主导方向,以及新概念衍生的潜在推动力。作为一个整体,城市或建筑可以划分为多个具有持久性或暂时性的层级。而各层级之间除了各自独立存在,还为相互之间的存在建立必要链接。

　　"十次小组"对城市的研究,表达了核心"结构"对内在"社会关联"的支撑作用。无论是坎迪里斯-琼斯-伍兹的"茎干"与"网络"概念,还是史密森夫妇提出的"布鲁贝克图示",或是凡·艾克的"构型原则",以及巴克玛的"社会-宇宙-空间的构成"(Social-Cosmic-Spatial Composition)①的哲学意义,均揭示了在一定时间变量的支配下,"发展与变化"中恒量与变量之间的相互制衡。这是一种在"支撑体"(support)与"躯壳"(carcass)②的比拟中,表述的现代性的可适应性与可塑性的有机变形③。作为一种弹性空间,建筑或城市的表象成为链接"内"与"外"的中间层级。而起到支撑作用的"结构"要素则作为长久性的体系,维系表象层级的不断更迭。

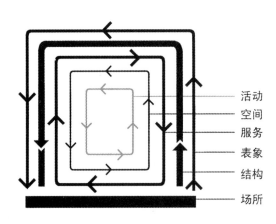

图 10 - 46　层级关联的要素可变性分析

　　在可变性的原则中,可预见与不可预见的变化成了决定要素。各种要素改变的速度在不同的环境层级、时间,以及推动力下,产生了不同的结果。而这些由于变换的速率带来的层级关联成为设计中值得考虑的因素(图 10 - 46)。从图中我们可以看出,支撑体系的结构与场所保持最为紧密的关联。其他要素随着层级的变化,速率的更迭,表述了时间的影响力。线型的粗细,代表了可变与恒久性之间的制衡。不同阶段、不同类型的建筑,面对不同的需求,决定了可变与持久的平衡关系。无论使用状态是否变化,建筑的物质状态始终保持长久变化。材料、结构、内容在各种有意识与无意识中,进行置换与更替。斯图尔特·布兰德(Stewart Brand)认为建筑可视为由六种不同期限的要素决定下的整体:场地(site)(永久)、结构(structure)(30～300 年)、表皮(skin)(20 年)、服务(services)(7～15 年)、空间规划(space plan)(3～30 年)、建筑内容(the building's contents)④。这些影响要素的不同持久性,将最终决定恒久的时间对"新毯式建筑"体系中非恒久要素的长期影响。

---

①　Francis Strauven,1998:21
②　1970 年代,在 Kader en generieke ruimte(Frame and generic space)中被广泛提及的概念。
③　Hidle Heynen,1999
④　Stewart Brand,1994:170

如今，人们在居住于"模式"产品中的同时，仍希望在城市与建筑相互延伸的交叉网络中寻求适宜的停留空间。人们将"永久性"视为一种怀旧性的话题，以此寻求城市与建筑"过路"（by pass）式的即时状态。人们所追求的弹性、多元的社会空间，在日常生活中体现了高效使用的原则。传统的建筑功能已脱离了时间轨道，传统的聚会、停留、学习的空间在不同时代代表了不同的场所表达与意义延展。人们可以在非既定的场所完成想象中不断变化

图 10-47 埃姆歇景观公园中传达的历史中的现代

的轨迹。例如，在历史环境空间，完成现代行为的过程，就是在过去与现在间找到的暂时平衡的状态。于是，半恒久成为历史意义延续的主要特性，并在变与不变之间权衡时代推进对于城市与空间的影响。拉茨（Peter Latz）在德国鲁尔区的埃姆歇景观公园（The Emscher Landschafts Park）（图 10-47）、蓝天组在维也纳的煤气罐改造项目（gasometer city），以及第十一届威尼斯双年展中对意大利罗马城提出的"非永恒城市"（uneternal city）理念①等，在保留城市与历史结构性要素的同时，加强了现在与历史的对话。它们以一种"中介"理念，强调了生活在多元化社会的人们对于不断变化的需求，一种非"白纸化"时间链接的探索。

10.4.3　时间的跨界

随着时间的推移，建筑发展在城市的演变中起到了肌理编织与特性定义的作用。城市与建筑子系统在时间的作用下，不断的相互作用，互为关联。各自的支撑体系在发展中建立了弹性系统，界定了建筑与城市之间宽泛而模糊的界限。如公共空间作为流动性的要素，在穿梭于城市与建筑之间的同时，随着时间轴的改变，成为支撑城市与建筑共同特性的载体，并在物质层面与社会人文均起到动态平衡的作用。于是，城市与建筑、个体与个体、个体与整体、物质与非物质、可变与恒久的界限在不断的变迁中逐渐模糊，时间印记在城市与建筑的演变中成为可以被保留的要素。

随着"功能主义"的逐渐消亡，建筑不再是建筑本身，道路不再是交通功能的专属，过去也不仅留存于历史。城市、景观、基础设施、建筑、空间在各层面相互叠合，在时间的推进中显现不同的意义与形式。"十次小组"中的"毯式建筑""空中街道"、结构的塑性，以及"新粗

---

① 联合设计小组包括 BIG – Bjarke Ingels Group（Copenhagen）；Centola&Associati（Salerno – Rome）；Clark Stevens – New West Land（Topanga，California）；Delogu Associati（Rome）；Giammetta&Giammetta（Rome）；Koning Eizenberg Architecture（Santa Monica，California）；Labics（Rome）；MAD（Beijing – Tokyo）；n! studio（Rome）；Nemesi（Rome）；t-studio（Rome）；West 8（Rotterdam – Brussels）。

10　启示性延展："新毯式建筑"探究　**347**

野主义"中"As Found"哲学思辨,在强调城市与建筑之间模糊性的同时,寻求事物的本质与表象中的真实内涵,即一种基于时间跨界带来的现实表述。1970年代以来,众多后现代的学者基于尼采(Friedrich Nietzsche)(1844—1900)关于反线性的历史观,回归于一种循环的模式。米歇尔·德·塞尔托和列斐伏尔将时间视为与现实生活中空间的等同要素,以诠释场所意义。时间相对于场所而言,没有可视的边界,并将依托场所中暂时而短暂的都市活动,建立在其中长期认可的都市状态。所有无连续性与自发的时刻,在相互之间的交织中,希望在清晰与模糊之间,引导社会的变革,并在时间的基础上,再次审视城市特性。列斐伏尔在日常性的基础上,以多样化的日常时间概念,强调重复、循环以及线性的融合。他以非连续性与自发的即时属性,揭示生活中的限定与真实存在。

"十次小组"关于"As Found"事物初始状态的追求,与凡·艾克"社会对应物"的思考,正是在不断的变异中找寻一种定义模糊界限的清晰原则。"新毯式建筑"由此成为除功能之外,众多附加因子综合的簇群。"内与外""过去与现在""本体与他者"已没有明显界限的分离。"另一种空间"成为一种自发的系统,一种对现实真实的反映与补充,存在于各种城市空间、文化系统与意识形态中。其中,"时间的异托邦"将不同的时间共同聚集,呈现存在于空间又置身于时间之外的状态。历史与现实的共融,以及昨日的乌托邦在现今日常生活的真实写照,体现了时间作为一种沟通的媒介将城市与建筑的过去、今天与未来进行拼贴式衔接。罗西在《城市建筑》中阐述了历史对城市全面性的展现,将过去视为一种持续的经历。他认为在时间的跨越中,其类型的属性、功能的意义,存在于特定的时间,特定的场合。他在荷兰马斯特里赫特(Maastricht)设计的Bonnefanten博物馆中(图10-48,图10-49),将不同时间的空间,以一条光廊相连,凸显跨越时间的连续。他以各种特定时间的综合与穿越,形成最终整体性的综合呈现。"新毯式建筑"将藉此时间的跨界,在同一载体中,呈现不同时代的主题在某一时间点的具体表达。

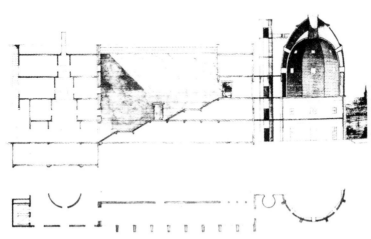

图10-48 罗西在荷兰马斯特里赫特的博物馆剖面　　　图10-49 博物馆的光廊

我们可以认为在"新毯式建筑"的时间半恒久属性中,历史性的保护带来的时间跳跃式的并置(如维也纳的煤气罐改造),或者信息社会虚拟的未来空间在当下的模拟(如MVRDV的"空间斗士"模拟工具,见后文),均以一种时间的跨界,表述了"新毯式建筑"的

"中介"特性。前者以历史的遗迹为媒介,体现现代交通、商业以及居住在历史存在中的综合并置;而后者则以计算机技术中理想场景与当代人行为意识的虚拟互动,带来"新毯式建筑"的理想状态。"新毯式建筑"即需要在真实空间的体验中,融入信息技术创造的虚拟空间,产生时间在空间转换中的跨界与并置。

10.4.4 即时的互动

在界与界逐渐模糊的状态下,以现代眼光审视时间与空间的表述过程,在与一些建筑属性如秩序、结构、体积紧密关联的同时,也与一些非建筑属性如过去、现在、感知、占据等密不可分。"十次小组"所强调的互动即立足于人类行为与社会属性的互动,事物本质与形式表现的互动,以及乌托邦理念与日常生活的互动。凡·艾克描述的"迷宫式的清晰"就是在人的行为活动与城市迷宫式的空间互动中,感知清晰的识别与本质属性。在此,时间变成即时要素,并以碎片状的结合拼接,最终完成在多重界域下创造理想与现实多维复合的理想目标。

在互动的过程中,非标准化的进程,增加了个体之间相互插接的入口。互动在此以特定参数,创造了多重变化的可能,建立"空间、时间、信息化"的关联。史密森夫妇由"人际关系"概念推导的各种"社会对应物"[①]的不同表现,即在层级互动的基础上得出不同结果。其中,层级的相互层叠创造的"中介"空间,提供了互动的空间与成像区域。

1900年,阿道夫·路斯(Adolf Loos)认为,建筑不应滞后于变化,而应为人们的日常生活提供技术性的革新。在数字技术发展的今天,"新毯式建筑"中的互动为人们在短时间内进行人与建筑的对话提供了技术支撑。人们逐渐可以在意识层面与现实实践中了解与掌控时间的推移对物质形态变化的驱使。人的行为在数字技术转化的过程中,成为建筑与城市空间形态变化的主导与推动力。

"新毯式建筑"设计,逐渐转化为一种对空间、过程等多维发展的需求。技术上平面的主导地位逐渐被连续的剖面和空间互动体验所代替。横滨码头的电影化剖面展示(图10-50),在"新毯式建筑"的发展中,描绘了全新空间即时变化需求基础上的发展前景。而荷兰的代尔夫特工业大学(TU Delft)Hyperbody工作室与奥地利格拉茨工业大学(TU Graz)相关数字技术的实践(计算机模拟与人体实践)解释了人与计算机之间互动的可能,从而展开基于数字技术的人类行为对建筑与城市形态空间影响的前沿性研究。作为研究的主体,建筑、建筑细部、城市形态或基础

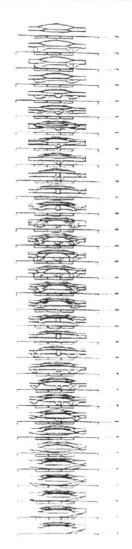

图10-50 横滨码头的
剖面电影式展示

---

① 如前文提及的他们以不同"山谷断面"为基础,研究了各种层级的居住模式:Galleon Cottages, Fold Houses, Close Housing and Terraced Houses。

设施等，均可在感应人类行为的同时，对自身形态与空间作出相应变化。这种交互的关联将显示多重因子相互作用下即时理想形态的可能。时间的变化在此充当了人的行为与城市、建筑等形态变化的载体。未知性与小单位时间内密集的切割，表述了一种复合空间对外界作出即时反映的设想。

此外，MVRDV 的"空中斗士"，基于未来"演化城市"（evolutionary city）的概念，通过游戏对理想城市与建筑空间的互动提供了蓝图式的畅想与前景研究。作为未来革新化城市，它具有即时更新、自我分析优化的功能，并可通过社会、人类统计及经济学的分析，进行互动式的即时适配，从而契合不断更新的生活方式。可见，基于时间基础上的即时互动成为现代乌托邦理想城市畅想的主要依据与载体，从而引领明日生活模式的革新方向。

史蒂芬·霍尔在文章《持续性》（Duration）中认为，时间在建筑的编织与弯曲中，表达了延展、透明与抽象属性。他和 UN Studio 成员均将时间视为一种如同电影式的压缩与延长的要素，在有效"图示"（mapping）中，揭示信息数据与后备要素之间不同形式的关联，以此寻求在公共空间、公众权力中，时间要素起到的斡旋与调节作用。基础设施、城市及各种其他相关程序的相互结合，将有可能在虚拟而抽象中，呈现在时间流动影响下，进行的抽象数据与即时呈现之间的关联互动，从而引导非笛卡儿体系与非欧几里得几何形式的繁殖与再生。

10.5　"As Found"思维模式下的"新毯式建筑"乌托邦日常表现

基于"十次小组"研究基础上建立的"新毯式建筑"模型，随着内部结构的不断更新，同样可视为基于现代主义时期乌托邦城市理想与建筑在城市中的日常性体现，以及聚焦于一种广义日常建筑的概念诉求。该理念旨在脱离纷繁的建筑口号，抛弃浮躁的建筑表象形式追求的盲目扩张，寻找安静而务实的途径，从日常角度出发，探讨建筑本源生成的"日常性"在乌托邦理想中的生存状态。

10.5.1　"新毯式建筑"乌托邦下的日常性理解

"新毯式建筑"以一种理想化的城市与建筑模型，汲取地域性人类文化与日常生活的通属性与独特性，融于匿名的建筑创作之中。日常性由于其天生的模糊性，不是一种可以完全定义的概念。列斐伏尔以"每日"（quotidian）（平凡而重复的日常生活）与"现代"（modern）（以技术理性与全球性启示下的常新而不断变化）双重属性的建立，汲取生活角落与缝隙的精髓，渗透至城市的每一个角落。"新毯式建筑"即在这种"包罗万象"的平凡与现代之间，以视觉与非视觉的触感，基于社会的基本需求，提供人们基本行为的活动场所。日常性细节与琐碎的转化，被融入城市与建筑之中，以日常化空间的探讨，在相对性、适度美学以及政治的话语中，表述对乌托邦的逃避主义与英雄主义的批判，并以更为敏感的方式建立人们日常的生活环境。他将日常性理念视为挑战"迷幻意识"（mystified consciousness）的工具，对现实存在进行现实转化。他将艺术作为日常生活的转化工具，以空间与时间的探索，激发日常生活的革命，寻求"真实"与"整体"的意义。

"新毯式建筑"的日常性，在超越了城市设计、研究、理论、规划以及各种专业化的领域之外，以一种"东拉西扯"的琐碎，和相互重叠的矛盾，寻求社会学家路易斯·沃斯（Louis Wirth）在《城市作为一种生活》（Urbanism as a way of Life）（1938）中表述的将人类实践作为社会基本属性的重要特性。这里的"日常性",在人们对乌托邦理想生活的基础上,以各种生活细节的关注,将交通、工作、休闲、购物等生活基本需求,转化为城市与建筑发展中,社会、空间、美学的内涵体现,以此在社会实践中,创造物质社会与非物质化创造之间的"中介"体现。这种"日常性"在模棱两可的跨界中,表述全新的潜在的社会秩序与形式意向。

由此,"新毯式建筑"整体意义的讨论,在"自我实现"(begetting itself)的过程之外,建立了具体化的现实对未来的开口。通过对现代主义先锋的"辉煌"和日常的"卑微"与"理所应当"相比较,列斐伏尔认为对于先锋派逃避而怪诞特性的克服,是在文化实践基础上对日常性的表述与褒扬。"国际情境主义"推崇的"漂移"(dérive)理念,以"置换"(displacement)与"错位"(dislocation),在"心智地图"(psycho-geography)中构建全新的情境环境,并在时间与空间之中,激发变革的可能。"新巴比伦"式的未来城市理念,在空间转化与实践的基础上,以"迷宫式"的空间,在具体的公寓式综合体与抽象的城市化网络结构之间,打破公共与私密之间的界限,创造全新的社会交互网络。列斐伏尔将这种网络化的变革视为一种长期而全面演化的过程,一种在历史的情境中,非理论性、非个体化的日常性参与。"新毯式建筑"即是在这种来回的"越界"中,创造日常性的繁琐与模糊中的不断清晰。其中,"新毯式建筑"模型中的"点""边界"与"关联"代表的整体结构,在不同的层级,以不同的权重等级,说明日常性的意义,以及在理想化城市建筑的发展中,动态变化的可能。其中,"点"代表了在日常性中,文化、社会、经济、习惯等要素的支撑;"边界"表述了各种"点"要素影响下产生的影响区域范围中的界域,而社会、文化、习俗等相互之间的关联,在点与点的刚性连接,以及边界与边界之间的柔性链接基础上,形成完整的日常性"新毯式建筑"网络。

这种日常性的网络可以理解为专制化自上而下与个体化自下而上的组织过程。这是以日常性的街道生活、居民参与以及自发性的机会等作为整体社会组成的集中表现,是将城市中的"多功能"与"功能跨越"在日常性变革中,进行城市交流与社会特性的转变。这种城市的变革,在人们的思想意识与行为中,创建了一种全新的以日常性为基础的乌托邦城市模式。而这种全新的城市模型,在"新毯式建筑"中,以不同于传统的纪念性表达方式,诠释都市的诗意转化与变迁。日常生活的关注与融入,成为城市结构转化的主要因素,并在大众意识、家庭生活、阶级差异、性别种族为特点的个人与社会革新的基础上,消除所谓的"高级"与"低级"以及先锋性与大众性的文化差异。这种以日常生活的融入为主导的思想工具,将形成新城市模型变革的主要要素,引发"新毯式建筑"关联的全面、丰富而复杂的转变。在此,"平凡"与"平庸"的建造环境,成为技术理性下,以"折叠""分裂""巨型"等不同的手法创造日常生活的哲学与文化,并在新先锋派理念中秩序化的延续。

此外,"新毯式建筑"中的日常性研究,是在常规的城市研究、城市规划、城市理论之上对城市多维度思考整合的结果,并强调了政治、美学、社会学、物理、经济等各种要素相互之间的叠合结果。路易斯·沃斯在《城市作为一种生活》中,以人类自身经历作为定义城市的基本原则,讲述普通的人类活动要素以及其中蕴含的复杂关联,如人类的出行、工作、休闲、街道的穿行,以及购物、餐饮等。虽然"日常性"在人们的生活中占据了绝对的主要地位,也受到了社会学家、人类学家以及哲学思考者的普遍关注,但仍旧很少有建筑与城市学者进行集中关注。每日看似重复的行为与活动,在社会、空间、美学的意义上,实际体现了基于时间流动的潜在非重复性意义。常规、意外、习惯等相互之间的交织,组成了城市在时间与空间中社会实践的最终整合。这种日常性要素的组合,强调了家庭、工作地点、公共空间等城市空间无处不在的普遍性交织状态。作为一种"中介"属性的空间表达,展现了社会的设置、转承与意向。列斐伏尔认为:"当哲学家将视角转向一种真实的生活,来源于日常生活的特殊行为与抽象的生活,将不再失去。相反,他们将在生活的实践中,以全新的方式得以展示。"①他将日常生活描述为"一面投影光与影、凹陷与水平、力量与弱点的屏幕"。② 由于"日常性"基本的模糊属性,他认为这种难以清晰诠释的理念,决定于平凡、永恒、卑微、重复性的生活节奏本质与全球化与技术支撑下的综合表述。他以一种双重属性,建立了对日常性的定义,并希望在城市各角落隐藏的平凡要素中,挖掘另一种社会均衡属性的再现。在此,"新毯式建筑"中需要的,即是一种在永动的平凡交织中突出的特殊属性。也是在日常性的矛盾、张力、裂痕的寻求中,延续的一种全新理念。一种大众文化的多重选择带来的全新潜力与动力。

10.5.2 "功能—形式—结构"的联立:日常性作为一种功能

形式、功能、结构,这些在传统的城市与建筑模型中的分散组织要素,在"新毯式建筑"的研究中,以一种完全整体的关联系统,代表了在日常功能、形式与结构之间的特殊意义。其中,生理、社会属性在自然与人工建造之间,以公共与私密、虚与实的区分,在后笛卡儿时代,决定了整体化结构在神圣与人性、权利与智慧、好与坏、长期与短暂等之间的差异。这些价值的评判在历史维度下,以"形式—功能—结构"的关联性组织,体现了以日常眼光看待城市与建筑关联的主要思路。这种关联下的多维系统,建立了一种非层级化的网络系统。从建筑维度来看,这是一种从区域、地域性的特色出发,进行的非传统性的结构与功能系统的探索。

在此,日常性成为一种潜在的功能。而其中的关联意义,产生于一种消费的创造带来"功能—形式—结构"的改变。这种功能意义以一种平常的生理(饮食、睡眠等)、社会(工作、娱乐等)的功能属性,延续了"循环的本质属性"和"线性的理性"两种模式,表述在日复一日的重复变化中,建立的"单一性"基础上显现的规律性与可持续性。其中,变化作为一种常数,在时间参数的作用下,成为一种程序化的过程。空间、关联、系统的创造与再创造,形成了在时间维度中,对不断变化与停滞的功能变化产生的积极组织。功能的转变、混合,以及时代产物下的再现,以日常行为基本模式的梳理,在不断地发现中,建立全新模式下功能的不断呈现。形式、功能、结构,在非单一性、非隔离化的综合,以一种整体的综合,建立了网络化互惠。其中,三者之间以非必然而整体化的相互关联,编织全新"新毯式建筑"系统。

柯布西耶的威尼斯医院即可视为城市结构在建筑功能中形式化的延续,并以城市化的建筑融于日常性城市肌理。在此,城市与建筑的边界逐渐消失,形成一座庞大建筑(威尼斯城市)的延展。街巷、水道、广场、桥等同时成为其医院本身形式与结构的载体。而威尼斯城市的发展,则在建筑生成中,以时间序列的发展,体现了功能、结构以及形式的逐渐强化与清晰。此外,在 MVRDV 进行的"空间斗士"的研究中,革新化的城市作为一种"功能混合器"(function-mixer),将日常性的功能融入其中,以不同角色的价值判断,汲取不同的参数,组织全新的功能与结构意义。而荷兰阿姆斯特丹斯格泊(Schiphol)机场区域的建设(图10-51),则以一种综合城市的理念,在融合了交通(飞机、汽车、火车、地铁等)、办公(世界贸易中心)、住宿(希尔顿酒店)、娱乐(高尔夫球场)、运输(货运中心)等日常功能的同时,以经济交换枢纽的地位,提供了 6 万多的工作机会,并随即激发周边地区的发展,以城市纽带

---

① Henri Lefebvre,1991:95
② Henri Lefebvre,1991:95

换乘和网络交汇点的角色,与法兰克福、巴黎、布鲁塞尔、杜塞尔多夫等,形成一个网络化的集中,展现功能多方位的日常属性。其城市特性的发展,在基本功能的组织与网络化结构的预设中,以另一种"形式"支撑城市体系"新毯式建筑"的发展。

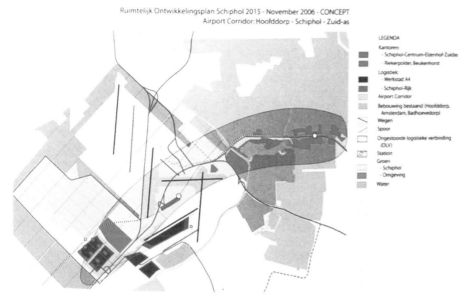

图 10-51　阿姆斯特丹机场附近的规划

　　同时,作为一种形式的激发要素,"新毯式建筑"的日常性,面临着来自于"丑陋与平庸"的挑战。这将在形式、数据以及交流的过程中,以平实的材料与技术,在展示建筑日常属性的同时,以理想化而前瞻性的组织形式,突出表现表层与内在之间的跨越。其中,"新毯式建筑"追求的主观目的不是符号性与标志性,而是在自然性与归属之间,寻求真实的特质在成熟的普通要素中形式的流露,即一种在理性框架之上感性的融入。史密森夫妇关注的人类行为从传统街道向"空中街道"的转化,以及坎迪利斯-琼斯-伍兹与传统习俗与气候中汲取的沙漠形式的转化,无不体现了日常生活在城市与建筑中的形式变化。而在当代建筑的发展中,如埃森曼在圣地亚哥设计的加利西亚文化艺术馆(图 10-52,图 10-53),则以对日常习俗的尊重,将贝壳状的象征图形、古城遗迹以及自然地貌属性的融合,同时输入圣地亚哥的卡米洛宗教迁徙以及传统人体控制的理性网格。他希望以此消解日常性作为一种形式力量的盲目,化解几何图形在建筑化的生成中产生的尴尬与牵强,从而展现形而上在现实中的真实写照,形成在"功能—形式—结构"链条中逐渐清晰的形式原则。

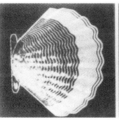

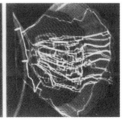

图 10-52　埃森曼的圣地亚哥
的加利西亚文化艺术馆模型

图 10-53　贝壳状的象征图形带来的建筑肌理的呈现

此外，日常性在作为功能的潜在力量及形式激发要素的基础上，以一种结构性的支撑，决定了"新毯式建筑"发展中始终如一的有效牵引，并强调了在使用者与现实呈现的对话中，不断强化的内在核心。这里，日常性以大众普遍而个体的特殊，表面显著而内在隐晦的方式，讲述了形式的可辨原则、功能的序列确立，以及结构的描述印迹中社会效应的集中显现。这种结构来源于政治、经济、人口、自然科学等决定下的非形式化流动，代表了流动化、非单一、非线性系统。潜在的日常性要素，在自我循环往复的同时，形成一种动力机制，以此建立拓扑状的动态组织结构。如荷兰阿纳姆中心交通枢纽，即以一种流动性的组织原则，形成人们日常通勤、工作、生活中不可缺少的组织结构。而横滨码头则以一种流动性的主轴，在人们运动行为的基础上，建立了整体流动属性。这种动态的变化理念，确立了日常性对"新毯式建筑"的成立起到的主要结构作用。而在 MVRDV 的"空中斗士"研究中，信息化的计算机语言，在一种游戏化的程序中，利用各种制定好的原则、参数、标准等，建立城市的革新词汇，并在不同的"玩家"角色的代理中（政府、投资者、团体、个人），形成多重代理的模型机构。在各种作用与反作用的过程中，他们试图建立技术、经济、环境、理念的调用机制和表现的语言与模式，强调即时互动的平台，将不同的游戏进行有效交互，树立自我革新的结构意义。

可见，这种"功能—形式—结构"三方联立下的"新毯式建筑"的日常显现，在积极的"不断重复"中，凸显了日常性变迁对于城市、建筑、空间自主变化的影响力，反之亦然。功能、形式或结构，以相互交织的网络整体，承载了在"新毯式建筑"的建造中，"遵循"的非原则性标准。它们以不断模糊的跨界，影响三方作用下的日常属性。其最终形式在"非形式化"（informal）与"无形式"（formless）的讨论中，呈现非形式驱使下的形式诉求。"非形式化"是基于一定秩序范围内形式的定义，而"无形式"则是完全非秩序性，不可预测的形式"原则"。"非形式化"可建立一种美学与结构建立的原则，而"无形式"则只能视为一种结果的展示。"新毯式建筑"形式的展示，将在开放式的非定型中，基于功能与结构的整合，以"非形式化"原则呈现联立体系的结果。

10.5.3　价值体现

批评家特纳（Turner）等认为，"美学的评价必须通过人类的意义与关联得以表达。"而建造环境，即是人类生活价值的表述工具。他表述的不仅是一种局限于大规模群体之中的自我关联，还是通过个体的表达逐渐完成的价值体现。其自我环境的建立，最终将引导整体环境的重组。史密森夫妇对于日常街道的兴趣，即说明他们在大量性与个体的自我实现中对日常性的关注。他们通过对非建筑几何类型的研究，完成了城市与建筑最终价值的体现。

日常性在现实的生活中，存在着两种矛盾式的价值理解：其一，建立了民主价值中的美学标准；其二，则是权利阶层特性的表达。这两种特性与日常需求的结合，则是在"新毯式建筑"的表达中，需要逐步表述的价值体现。前者以一种现代主义的表述方式，在文化的普遍价值中，注入了日常性的均等性，从而化解空间矛盾属性之间的隔离；后者则是在一种日常文化属性分化的基础上，建立的群体与个体之间的差异性，是"高雅"文化与"大众"文化联立的日常性体现。前后与两者之间的并置，将在日常性的民主特性中，体现不同层级的日常生活在"新毯式建筑"模型中的表述。我们可以将其视为一种家庭化、民间化的属性融入官方价值系统的过程，一种民主与权利之间的选择。

"新毯式建筑"在以一种集中的整体作为最终呈现的同时,也以其内在的复杂性关联,在日常性的表述中,达成不同阶层之中整体与个体之间表述的平衡。基于城市结构与自然属性之间的复杂关联,"新毯式建筑"的建造将在时间变量的信息(从前、现在、未来)中体现日常价值,在比较与分类中,强化价值在"新毯式建筑"网络中的时代体现。康斯坦特的新巴比伦即在"十次小组"的年代,将城市的社会价值,在全新技术、空间的设想中,完成全新的环境构想,满足社会关联在城市中的逐步建立。他希望在未来的城市模型中,延续和逐渐改变人们的行为与价值观念。新巴比伦所幻想的横向与垂直分区的集中,在单一的城市表达中,形成了集中的价值体现。当然,这种理想化的"未来"城市构想,在作为"未来"的今天,显现了单一化的"功能—形式—结构"的系统。层级之间的混杂与交错,以及联系之间的跳跃式跨界,在"新毯式建筑"中,将集中体现在时间维度下,四维或多维空间中形成的转化与关联。

　　面对全新的价值表述,"建筑电讯派"以及"建筑变焦小组"提出的"新人"(new man)概念,以真实的生活细节,描绘了非美学、非抽象的真实的生活表达。他们在乌托邦的理想中,将政治要素融入艺术与建筑之中,在城市扩张、高速网络建设、城市格网的建立,以及高层建筑发展的某些方面,赋予同一时代的"新人"以乌托邦使命。虽然这种"新人"理念在彼特·库克的描述中,以一种对工业化机械社会的反叛角色出现,但却表述了对大量性生产、高效、标准化以及重复等"机械美学"的批判。技术的发展,使"新毯式建筑"在"机械化"时代的发展中,以电子信息技术的进步,完成了"新人"在"新毯式建筑"中的转变。这种转变体现了 1960 年代提及的以乡土化、地域化和生活观察为主要基调的日常性。在全球化的今天,建筑师的表述媒介已不仅是建筑或模型等,而是一种在城市与建筑的意识中,描绘的未来图景。"插件城市"带来的巨构,在组织了"整体性"网络化全面服务的同时,带来了作为流动性的建筑意义,也带来了人们对视觉整体性与内在系统整体性的深思。"新毯式建筑"即以一种内在关联整体的诉求,在视觉与非视觉的整合与差异之间,完成动态变化的平衡中整体性的美学意义。

　　对于城市的定义,我们足以相信,生活实践要素比物质性形式更为重要。在列斐伏尔、特波德以及米歇尔·德·塞尔托眼中,城市就是一种人与社会的历程中,建立于抽象空间、形式、原则之上真实的人类体验。对于"城市的真实生活",雷蒙·勒德吕(Raymond Ledrut)认为"关于城市的生活与生活在城市的问题,与哲学无关,这是一种超越了美学与良好组织的途径,去进行生活的创造,而其他则均是附属产物"。① 其中,差异性是生活实质的表达。列斐伏尔认为抽象的城市空间,被首先重新创造。而所创造的是源自不同种族、历史与阶层中,从未停止的差异性的日常生活本质。这种"日常性"的目标,以其本质属性的展现,在精心的策划与安排中,产生生活与理想实践之间的对话,从而脱离所谓的"经典",表述社会的对应物。在"看待城市"与"制造城市"的主题中,日常生活的理解,例如孩童的游戏与穿梭的人群等要素一般,将潜在激发一种城市中建筑形态的建立。在此,每个人都是日常生活的专家,日常性"新毯式建筑"需要设计者在专业知识与日常经历中,融入生活的本体,唤起社会矛盾创造的生活本质属性。对于"新毯式建筑"的实践途径,将在一种细节中,体现乌托邦的平实属性,并以现有的存在,展现模型化的城市诉求。

　　对于"新毯式建筑"乌托邦理念下的日常性认知,包含了先锋标识性与日常普遍性的双

---

① Raymond Ledrut 在 *Speech and the Silence of the City* 一文中提及。

重内涵下,进行的社会、经济、文化、政治等多维度表达的意义。其特性主要表现为:

(1)整体与个体:集中化、整体化、辨识性

以非传统纪念性,非夸耀式的集中,决定日常的生活意义。以人类行为的融入,非形式化的驱使,确立建筑的标志性。集中与整体,并非单一与个体化诉求,而是在多维链接、碎片整合基础上建立的理想化动态平衡的整体。

(2)单纯与复杂:具有本能属性的平常性和家务属性的感官影响

以一种简洁、直白而天然的方式,表述复杂的内在关联。人们通过各种感知的方式(视觉、触觉、嗅觉、听觉等)建立对环境与建造本体关联以及本体内在的认知,并遵循自下而上的途径,引导理想化整体网络系统的生成。

(3)感性与理性:程序化与功能化的回应

在响应功能诉求与程序逻辑的基础上,提倡个人而自然的仪式,尽量避免一种"处方"式的流程与仪式。该系统以多样化的逻辑系统编织整体系统生成的多重依据原则。以"As Found"原则和理性的分析工具,链接现状与生成物之间的系统关联,寻求不同时期社会的对应显现。

(4)短暂与恒久:不断变化中的自然流露

如果"新毯式建筑"以一种平凡的方式引领时尚,那么这种时尚将在不同的作用力下,通过无法预测的形式、材料、视觉的更新,在部分不可预知的成分中自然形成。这种不断的变化,将成为一种恒久特性,体现真实而及时的反馈。

(5)现实与虚幻:社会的多维特性结合的基础设施

"新毯式建筑"作为一种社会基础设施的存在,在结合交通、水系、绿化等可视与物质化的基础设施,进行城市结构革新的同时,承载了社会、文化、传统等基础设施的角色,并将在非物质化与非可视层面,激发作为城市与社会的基础设施带来的城市现实与虚拟网络的相互编织与特性引导。

10.6 "新毯式建筑"设计分析策略初析

基于"新毯式建筑"整体化模型、基础设施的社会对应、流动性、时间要素的影响以及"As Found"模型的理解,本章在此希望以设计分析策略的初析,为未来的"新毯式建筑"设计带来开拓与启示。

斯坦·艾伦在从物体向场域的描述中,以"可渗透的边界"(permeable boundaries)、"复杂的内在关联"(flexible internal relationship)、"多重渠道"(multiple path)、"流动性层级"(fluid hierarchies)等,描述了在模糊的个体与场域的界限中,地域特性及系统整合中存在的主要矛盾。"新毯式建筑"即在这种描述中,试图以"自上而下"与"自下而上"的集合,将重点转向"之间的形式"而非"本体的形式"。"新毯式建筑"在被视为一种"场域"的同时,传统的建立在控制、等级与单元基础上的建筑理念,已不能满足其发展的需求。该系统不仅是空间与物体本身,且包含了动态的发展过程。"新毯式建筑"内在的连续系统,将以实际的现场条件,建立其真实属性。下文将从"图示"化信息分析工具、信息处理途径、互动设计、学科交叉以及动态变化的强调中,体现"新毯式建筑"设计策略的特质所在。

10.6.1 "图示":"新毯式建筑"信息分析工具

"图示"以一种多样性的集中工具,在汇集、反复作用、联系、揭示、筛选、深省中,逐渐将信息数据转化为现实再现。该途径脱离静态的研究方法,以不断演变的动态视角,展现了"十次小组"格网化信息展示的发展方向。

作为一种整体化的"新毯式建筑"设计的主要策略,"图示"逐渐成为在衡量与描述的过程中建造世界的工具。这不仅是一种对现实的写照,而且融入了对人们生活世界的重塑,以实现其中的潜在价值。在此,"图示"作为一种富有成效的诠释工具,在设计与规划中,呈现具有开启式的思维模式策略。

随着不断重复的信息处理,点与边界的不断变化,带来了开放形式的活跃性,并以非可视路径化的特性,开创信息的综合显现途径。同样是对未来发展的预期,相对于"规划"(planning),"图示"融入了对现存环境潜在能动力更多的研究,以寻求与揭示过程。当"规划"以一种高瞻远瞩的姿态引领未来发展的同时,"图示"则以一种循序渐进的方式,不断将现有要素的潜在意义融于未来的发展可能之中。"图示"的主要目标在于对现有环境中物质性与思维性的双重突破,从而使隐性的结构逐渐显现。

基于"十次小组"发展"格网"的分析理念,"新毯式建筑"在理论性的表达中,将以重新发现的眼光,在历史与现在中,开启建立于现有潜在路径之上的全新肌理,并在物质性(地形、河流、道路、建筑等)与非物质性(文化、经济、政治、调控机制等)的叠加中,表述不断协调的基础上,从复杂与矛盾的关注转向潜在的实践途径中不断发展的动态表述。"新毯式建筑"将以实证性的诠释,充实缺乏实证的理论化深思。

1)角色认知

"图示"在"新毯式建筑"中,主要以双重角色,展现其实证意义。

其一,"图示"的表面化信息数据再现,以不可辩驳的真实性,将意识图像注入空间意向之中。由此,为了表述一种真实的世界重现,"新毯式建筑"以"As Found"模式,展现事物的表层信息。

其二,"图示"以一种抽象途径,在选择、排除、隔离、数据化等过程中,呈现框架、比例、索引、映射的过程,并进行不断逼真的集中化呈现。搜集、联系、标识、掩饰等各种手法,将展现真实的材料信息背后存在与创造的基本结构。

可见,在显性与隐性双重角色的认知中,"图示"以城市与建筑之间的作用力,在对未来决策提供事实的准确描述的同时,将其中隐性要素逐渐显现,并发展与评价未来的城市进程。"图示"可视为一种内在设施、代码、技术和保护的设施渠道,一种在需求和批判基础上,建立的机制性革新。这在作为一种分析工具的同时,也将在设计中,呈现全新的指导意义。

2)进程分析

就结构性操作而言,"图示"主要涉及"场域""提取物""标识"三方面:

"场域":可视为一种连续的表面,并在一种数字化的系统中,涵盖了框架扩张、方位重塑、坐标清理、等价扩张、多维合成等各种不同生长要素。其中,多样化的框架系统较单一的系统,凸显了包容性的优势,并暗含了各种突发变化的可能。在此,这种"场域"结构的建立,形成了一种非层级化状态与包容的可能,并以一种"中介"属性,在更为广泛的领域相互结合,形成非特质属性的结构"域"。

"提取物"：即在给定的环境中提取全方位的要素，以此注入"场域"的全方位考量之中。由于其要素通常以隔离、汲取与筛选的方式，从其原始的情境中以"非地区化配给"（de-territorialized）的方式，涵盖数量、速率、作用力、轨迹等各种要素的综合。当其进行地区性分离研究的同时，即以另一种配置与网络化关联，在不同的场域中，引发不同的"提取物"带来的不同模式与可能性的组合。

　　"标识"：即在各种"提取物"之间，以不同的标准与环境，确立各种不同的相互关联。各种"点"状提取信息的链接，将形成一种结构性的主线，最终表述其综合信息。其中，地理学与分类学的有效应用，将最终揭示其中的潜在结构。这不是随意的罗列，而是在碎片化信息呈现的基础上，进行重组的过程，也可成为一种"地区化重塑"（re-territorialization）的过程。

　　可见，在"图示"的进程中，场域的建立、提取物的梳理以及标识化重塑，将在系统化秩序建立的基础上，以因子离散式的并置，建立在聚集、重新梳理的基础上形成的先验性的图示方式。在此，分层的分析途径将在非层级的结构系统中，逐步影响空间感知与实践。如屈米与库哈斯在1983年的拉维莱特公园设计，即在一系列"图示"的层面叠加中（图10-57），以现场肌理的分析与重塑，以及个体与相互关联层面复杂信息的综合，促使集中化的肌理与复杂结构的形成。而建立的场域系统，将在非中心、非层级、非单一性的组织原则中，以多样化、蒙太奇的拼贴，在多重韵律的节奏中，完成知识交叉的设计过程。"图示"在这种开放式的组织性场域系统中，诠释了一系列的活动与阐释信息。

　　3）根茎（Rhizome）系统

　　随着分析过程的不断深化，"图示"将作为一种开放式的"根茎"系统，被不断深入体验。在德勒兹和瓜塔里的描述中，"根茎"系统"联系了各种通往各点的要素。……没有开始也没有结束，但是通常以一种中间的状态，建立线状关联。"他们认为根茎系统"不同于树木及其根茎，根状茎保持任意两点间的互相联系……没有开始和结束，但始终处于生长和蔓延的中间状态，延续着平行的多样性"。相对于树状与层级系统而言，根茎系统以非中心化、非层级和不断繁殖的递增，建立网络化的系统。

　　作为具有"根茎"特性的系统，"图示"可视为一种开放性的联系和一种真实的实验性进程。它在一种层级化的逻辑中，以多方位的切入与出口，展现"新毯式建筑"作为城市与建筑结合的开放系统，呈现网络化表述。这种网络化系统，在德勒兹"统一性平台"（plane of consistency）的概念中，以多样化的层叠，将大地、城市、建筑等视为统一整体。以相互间的"入侵"，呈现相对统一的动态整体。

　　各层面叠合的结合，在某一要素变化的同时，将导致整体形态的变化。这种相互联系的整体系统，以一种"构型作用力"（shaping forces）的驱使，影响其空间效果。如同荷兰城市学家维尼·马斯（Winy Maas）所提出的"数据系统"（datascape），以不可视的流动与作用力的空间可视，体验其中各种作用力的集中功效。这种开放性的系统，在非线性的环境中，依托网络化空间，实现信息转化与相互关联。这正如保罗·维瑞里奥所言："我们坚持的城市本质，建立于转运、转移、传播等系统建构/解构。这些非物质化的转运与传播网络，重申了组织的地级化与建筑的纪念性。"这种在时空化的城市实践中，以基本茎状的联系概念，发展了网络化更多维度的分析与表述系统。

　　可见，"图示"作为一种信息化的分析工具，以主观、诠释、虚拟的方式，对客观存在进行网络化的编织，即一种基于意向与思维建构的事实重现。作为一种对环境、经济、社会等不同方面的反映，"图示"不是一种随意、单纯的数据堆积，而是在现实观察的基础上，来源于相互关联和交织化的事实呈现，是一种"As Found"美学基础上，乌托邦理想化系统中日常因素的重组与表达过程，一种对多重全新可能性的探索历程。在此，这种过程将伴随现代主义实践的历程，在环境的逐步改善中，突破旧有规矩，在已知与未知中，打破原有的思维桎梏，将信息借代转化为自由化驱使，在探索性的发现中，激发蛰伏环境下的活力再生。

10.6.2 "新毯式建筑"场所信息处理进程

在"新毯式建筑"的发展中，场所信息的读取，特色的评估，发展目标的确立，模型的重建，以及网络化系统的建立，在信息技术不断发展的今天，成为城市与建筑发展中对相关信息进行分析、模拟实施的重要工具。人们在对现实存在的可视信息进行搜集与罗列的基础上，通过信息技术的一一匹配与筛选，最终形成具有从信息读取向社会网络化塑造的最优路径。

基于"十次小组"研究整体性关联以社会对应物的需求，在"格网"化信息匹配的基础上，集合大量因子，在各种基础设施化的理念引导中，挖掘以"As Found"美学为基础的真实存在的意义与转乘，寻求各种要因在"新毯式建筑"中的可视与非可视之间的信息嫁接。

"新毯式建筑"的发展模型将以一种"界面"属性的定义，在各种人、基础设施、信息等要素之间，以城市与建筑为介质，传达物质与非物质、软件与硬件的综合讯息。其中以街道、建筑、地铁、公园、基础设施等为主的硬件设施，以及与社会、经济、政治结构相关的城市软件的信息化读取与分析，将在可视与不可视的边界模糊与相互介入中，引发物质性影响要素的转变。

作为一种信息处理的媒介与表现终端，"新毯式建筑"以完备的认识策略，完善整体系统的不断生成过程。

1）"新毯式建筑"场所信息的读取

信息的读取，包含了各种"点"要素形态特性的确立。生理途径、地域特性以及历史变迁等信息的观察与整合，以此描绘地域、资源利用，以及在其延伸环境中进行相互关联意义的选择。初始的观察意向，将在外部环境的观察中，由外及内逐步收缩。而"点"在其中充当了人、信息、物质密度的表达方式，融入同时性与历时性的观察与调研之中。

2）"新毯式建筑"场所建造

"新毯式建筑"的建造策略，可视为一种对场地的建造过程。基于凡·艾克对空间、场所、场合概念的理解，"新毯式建筑"场地建造的组织化系统在人造空间网络中，根据不同的空间与时间尺度，创造以邻里、城市、区域为场地的"新毯式建筑"的延续。建筑师卡罗尔·伯恩斯(Carol Burns)在她的文章《场地：建筑的关注》(On Site：Architectural Preoccupation)中区分了白纸化与场所化在建造中充当的不同角色，并视其为一种态度与建造性实践，表达场地的综合价值。"新毯式建筑"的场地建造，即以环境的本质属性为基本条件，从自身内部综合属性的关联，激发对场所的依赖感及催化因子。同时，这种场所塑造从史密森夫妇提及的"人际关联"的适宜尺度出发，进行多层级的有效关联，并在具象与抽象、物质与非物质属性之间，结合人们的日常生活与行为，在表层与深层产生叠加与互通。

3）“新毯式建筑”场所网络化系统的确立

在初步信息获取与场所建造的基础上，信息处理的途径将以“点”“边界”“关联”之间的确立，以及在其基础上规模属性的划分，完成网络化系统的确立。其中“点”的确立为边界与关联系统的最终发展，提供了不同层级的网络化整体意义。而在三要素确立的过程中，功能、景观、空间及社会属性的多维思考，以不同角色融入网络系统，并在时间的动态运动中，以可变、半恒久的跨界和即时互动，阐述动态系统的生成特点。

4）“新毯式建筑”场所特色优劣评估

随后，信息的处理以“新毯式建筑”特色的“强势”与“弱势”评价，确立“新毯式建筑”模型化的核心策略，从而确立其“强势”与“弱势”在时间变迁中的角色转化。在此，“强”与“弱”之间不再是“优”与“劣”的差距。其“弱势”也将会在今后的发展中引发潜在的推动力量，并以协同性作为网络化特色的功能属性，在人类活动、需求、资源配置、地域评价的基础上，确立最终发展目标。其中，“强”与“弱”的特色定义，在时代的发展与变化中，呈现不同的评价标准与阐述方式。两者相互之间的特性转化将基于“中介”理念，在不断的转化中，进行设计阶段的评估，从而形成其设计的主要依据。

5）“新毯式建筑”场所模型化重建

结合特定的信息要素与特色评估，“新毯式建筑”模型的重塑包括了项目的策略、行动、方法以及各种角色（职能部门、发起者等）在其中起到的不同作用。其中，社会政治要素、环境要素、经济要素等为其最终形成发挥了巨大作用。众要素将作用于与人类生活行为相关的私密与公共的确立，长期目标与短期目标的建立，以及在其持续性的发展基础上确立不断成熟与革新的模型化系统。该模型系统的重新建立，将在信息提取与网络化关联的基础上，结合场所的特色建设，重新确立其点、边界及关联要素的组织结构，并以基本模型的拓扑形变，应对不同的“新毯式建筑”系统在不同的环境与背景中呈现的特定意义。

10.6.3 互动的设计策略

在空间实践中，“新毯式建筑”将以整体系统性与即时互动，展现当代城市发展的必然趋势。

就整体系统性而言，“图示”等信息化分析下的数据支持，在“新毯式建筑”的数据处理中，呈现互动式的原始积累，并以信息化的筛选与优化，与长期性的影响因子下的互动效应，共同应对“新毯式建筑”城市化建筑的生成环境。这就如同 20 世纪 90 年代韦恩·奥图（Wayne Attoe）与唐·洛干（Donn Logan）在《美国都市建筑》中提出的城市触媒理论中所述，事物的连锁性潜力，在“蝴蝶效应”影响下对城市起到全面而稳固的发展作用。其中，这种触媒的作用在改善环境、提升价值、保持内涵的基础上，以其策略性与高辨识度，呈现分析要素对结果的积极作用。这种结构，也将以整体性的呈现，在其发展与完善中，对各要因起到积极的推动作用，以完成相互之间的长期协调与互动。

在鲁汶大学教授马塞尔·斯麦斯（Marcel Smets）关于“结构（grid）—躯壳（casco）—梳理（clearing）—拼贴（montage）”递进设计策略的（图 10-54～图 10-57）讨论[①]，经历了从基本“结构”的建立，到不断具体的“躯壳”中内在属性的完整，再到“梳理”中本质意义的澄

----

① Marcel Smets 在 Grid, casco, clearing and montage 一文中提及。

清，直至最终在蒙太奇的"拼贴"中呈现双重内涵，即剪切与结构的重组。从城市与建筑的角度，该设计序列在内在互动系统的梳理中互为基础，即一种互为支撑的态势。它们以相互叠加层面的综合陈述，将基础而简单的理性框架，融入基本要素形态的诗意化陈述之中。其中，库哈斯拉维莱特公园的方案，即在结构与表述的互动中，将确立与不确定的要素共同呈现在互动的整体化全

图 10-54　Grid-开放的城市被置于格网之中，从而保证城市发展的弹性的控制（巴塞罗那 Poble Nou 的发展）

局之中。而最终蒙太奇式的拼贴和关联化重组，将以非孤立化的相互影响，形成"新毯式建筑"中全新的外在与内在的特性表达。

图 10-55　Casco-WEST 8,Vathorst 现有景观特性在结构把握的基础上被不断具体化，并对今后的发展起到重要作用

图 10-56　Clearing-OMA 参加的 Melun-Senart 竞赛中，景观作为一种背景的集中，创造了各种不同的形态选择，并保持了森林的特性

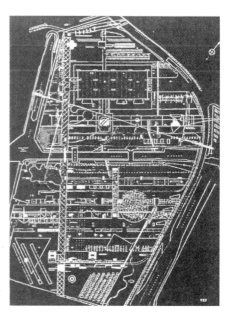

图 10-57　Montage-OMA 在拉维莱特公园的层级叠加表达了蒙太奇的概念

　　即时互动，以一种数字化的系统为支撑，反映人与自然之间的即时性关联与相互信息反馈。该技术在荷兰代尔夫特等学校已逐渐成为研究特色之一。他们希望逐渐将此从建筑引入城市，在因子参数变化的过程中完成模型的动态演变，并以自组织性（self-organization）概念，完成即时化的互动影响。我们从其研究的实例看出，建筑的空间形态，已不是一种固定结果。其形态的变迁，在人类行为的变化与影响中，产生即时互动，从而达到一种

非预期性空间形态的生成(图 10-58)。而这种互动式的空间与城市、建筑形态的生成模式,将以一种动态方式,在其发展中,以非决定性与开放性的机制,逐步引发城市化建筑与人们空间体验的非确定化、非模式化和非静态特征。

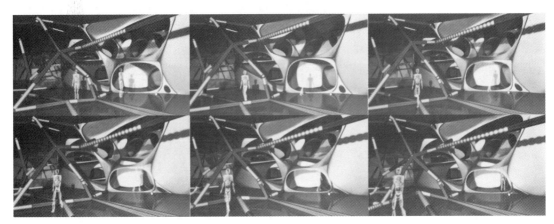

图 10-58　以上 6 个片段的截取代表了室内空间的杆件随着人的行为在不断地变化

在数字技术发展的今天,互动为人们在短时间内进行人与建筑的对话提供了技术支撑。人们逐渐可以在意识层面与现实实践中了解与掌控时间的推移对物质形态变化的驱使。人的行为在数字技术转化的过程中,成为建筑与城市空间形态变化的主导与推动力,前文提及的荷兰 Hyperbody 工作室与奥地利格拉茨工业大学(TU Graz)相关数字技术的实践(计算机模拟与人体实践)即在此过程中展现了即时互动在未来发展中的无限可能。这种即时互动不仅呈现了人类行为与建筑城市空间的互动,还将在社会结构、文化导向、经济发展中产生即时效应。这些不同侧重敏感度的培育,将在技术的发展与完备中,逐渐为人们提供有效的信息储备与发展导向预期,成为设计与发展的实践策略之一。

简言之,互动策略带来的是社会、技术、人类行为的驱使下,建筑与城市形态的长期系统性与即时变化结合的可能性研究。这种空间实践为空间的不确定性与多样性发展提供了依据与实践基础。整体化的梳理与即时互动的原则在空间、形态、结构的研究中起到了积极的推动作用。数字技术可以将人类所有行为参数输入计算机,进行参数化的响应,将空间的塑造从静态向动态延伸。

10.6.4　学科交叉

从 CIAM 格网可以看出,学科的交叉引用,带来了知识的全面转变与相互促进。如生物学的发展规律在城市的演变中找到了合适的引介途径;摄影技术为整体与局部、暂时与永恒带来了支柱力量。比拟化的城市与生命的交集使设计者在城市的发展与建筑的关联中找到了适宜而诗意的契合。

"十次小组"可谓较早涉及多学科交叉领域研究的团体之一。"十次小组"的会议即多次进行将历史、哲学研究引入其建筑与城市的讨论范畴。1962 年,坎迪利斯试图重新恢复巴黎高等美术学院(Ecole des Beaux-Arts)的教学活力,将学院派的建筑教育导向一种理论与实践结合的领域。他与琼斯(Josic)同时鼓励学生去参加列斐伏尔在楠泰尔(Nanterre)的讲演,并以"研讨会图书室"(workshop library)的建立,打破传统,以学科间的互惠,产生最终的并举。此外，迪·卡罗组织米兰三年展会议，也为其城市有关历史、艺术、人文等多维发展带来了延续性的契机。而由参加过"十次小组"会议的丹下与黑川引领的日本"新陈代谢派"的发展，则在生物学科中寻求生命的共同特性，在建筑中找寻生命迹象。

如今，网络社会的数字化技术，在城市与建筑的互动中完全引领了先锋派技术的前沿。MVRDV，UN Studio 等先锋派事务所触及的互动因子在城市"发展与变化"的主题下确立的"不确定"性设计原则，对未来城市与建筑进行了大胆的设想与预期。他们探寻的不是一蹴而就的结果，而是在不断的演变中产生的变化，以及不断的变化对人们日常生活带来的革新与美好憧憬。在现代互动数字技术中，人体运动为建筑形态发展起到了巨大作用，欧美相关数字技术实践解释了人与计算机之间互动的可能，为生活中可能的技术发展进行了前沿性的研究，并为城市与建筑之间的"复杂性"特质在数学背景下的推导产生全新注解。虽然这种研究仍处于人类行为对空间变化的影响的最初阶段，但城市形态的发展，将以同样的模式，在因子的变化中，呈现动态的即时调整。

此外，能量转化的分析，在前文提及的 MVRDV "空间斗士"的研究中，以工业生产的视角，将城市、建筑、经济、能源、生活等相互联系，在信息化系统的联系中，将城市整体变化，建立于多维度的能量消耗与创造性平衡之中，从而引发对城市与建筑的关联系统中值得关注的互动主题。

2008 年主题为"建筑超越建造"（architecture beyond building）的威尼斯双年展则充分展现了建筑作为日常性要素产生的精神层面的空间体验过程。这种过程在形式与使用之间的"中介"空间表现为一种"空间实践"（spatial practice）。这是一种使用者决定的"空间的表达"（representation of space）与设计者决定的"表达空间"（space of representation）之间的第三类空间①。"空间的生产"就可以看做是"空间实践""表达空间"以及"空间的表达"三角关系之间相互关联的产物。而"发展与变化"的主题，在学科交叉的过程中，借助人类学、数字技术、生物学的多重途径，揭示了在当代城市与建筑发展中"未知""模糊""弹性""复杂"的空间特定。这也是在"中介"理念中展现的物质性与非物质性的社会、文化、时间等要素的属性。

可见，"新毯式建筑"在启示"十次小组"对社会、人文、行为、历史等学科影响带来的交叉影响的同时，也以技术的进步，在新时代研究的学科交叉中引入了数字化考证。这种数字化带来的设计途径与策略转变，也同时回归于基本日常生活的体验，观察与新时代的认知之中。不同的观察视角、不同的理论与方法的切入以及不同的学科支撑，在"新毯式建筑"的发展中，呈现开放性的多维度触角，以体现非单一性、非绝对化、非确定性的综合产物。

10.6.5　动态变化

1）"矛盾"要素之间的动态转化

"中介"理念下的平衡，通常被理解为在众要素相互之间的支撑与补充下静态或动态情景不断演进的系统。这种平衡系统的发展，并非完全来源于积极要素的支撑与协作下的整体性表述。某些情况下，各种矛盾的激化，影响要素的制约，会以相互之间的制衡，反作用于整体系统的发展。而这种"矛盾"与"负面"的要素，往往成为影响发展的主要角色，并在

---

① 参见列斐伏尔《空间生产》（*Production of Space*）中的解释。

相互之间的激化中，产生前所未有的活力。从整体性的角度出发，局部"矛盾"的凸显，并非表明整体性的削弱。从时间的延续性与发展来看，现阶段的矛盾及不利因素，在其发展中将以不断发展的环境、结构、系统及认知变化，产生最终的积极效应。这种积极性，并非完全来源于其要因自身的固有改变，而是产生于相互之间摩擦产生的系统未来活力。

"十次小组"的研究引发的关于"中介"理念的思考，解释了动态的变化中，影响因子属性的变化带来的有利与非有利要素之间的转化。对于社会对应物的思考，让我们在对日常基本属性的发现中，逐渐以思辨的眼光，看待人们普遍认为的不利因素。凡·艾克提出的动态平衡，最终呈现的是所有有利与不利要素相互影响下的综合表述，而非建立于对现阶段不利要素根除基础上的发展策略。相反，不利要素相互之间的制衡，在某些情况下将对整体系统的发展，带来意想不到的活力。

对于"新毯式建筑"整体发展中矛盾属性的分析，将建筑与城市的发展视为一种"纯粹精神"进行正统讨论，"从粗俗且为人所不屑的日常景观中，吸取生动而有力、复杂和矛盾的法则，把我们的建筑变成文明的整体。"[①]而这种整体，将延伸至"新毯式建筑"的建筑与城市的集合之中，以一种多重角色的诉求，在矛盾中寻求网络化集成的动态变化中呈现的长期性与即时性带来的对影响要素认知与评价的变化。"矛盾"属性的动态认知将以"中介"理念，摒除理想化的绝对，以一种基于日常的现实性，打造矛盾性的重新认知与相互激化带来的"新毯式建筑"活力的重新定位、创造与认知。

2）变化与延续

欧洲 DOCOMOMO[②] 组织于 2008 年 9 月 13—20 日在鹿特丹举行了关于发展与变化主题的会议[③]。其主要议题在于：现代建筑运动通常是一种面向未来的运动，一种对于可能性的确认。20 世纪的现代建筑在此次会议中被列入被保护名单，而这种演化导致的"现代纪念性的悖论"（paradox of the modern monument）涉及的现代建筑的保护、更新与改造，将随着时代的发展，以一种全新现代性的体现和"另一种现代"的关注，涉及在不断的变化中引发的动态认知，以及在全新时代对相同概念的理解差异。例如，现代建筑中功能主义的激进理念表达的应有的时代性，无论对错与否，都将彻底改变建筑与城市的面貌。但当建筑失去了原本的功能，我们应怎样看待类似"形式追随功能"的信条？我们应怎样评价技术革新与艺术性的表述？"现代纪念性的悖论"包含了一系列"变化与延续"（change and continuity）的多重困境。在"变化"的同时，可能会以遗产的损失或违背发展内在规律为代价，进行"延续"或保留。那么怎样是一种"中介"道路？怎样在时代发展过程中保持开放的发展方向？这就是在"变化与延续"的挑战中，城市与建筑的革新亟须解决的问题。途径的多元化集中，将在基本的历史用途、城市记忆以及新旧之间的结合下，以整体化与多角色的视角对现代建筑的发展提出全新的质疑与思考。

---

① 文丘里，《建筑的矛盾性与复杂性》。

② DOCOMOMO 国际组织是一个非营利的组织，致力于建筑的文件（documentation）和保护（conservation），和现代运动（modern movement）的场地与邻里。作为对现代运动不可预测的改变与消亡的威胁的应对，该组织由 Hubert-Jan Henket 和 Wessel de Jonge 于 1988 年在荷兰的埃因霍温 Eindhoven 成立。其主要使命在于在现代运动中融入对于遗产保护的认知与意识。从其初始起，DOCOMOMO 在现代主义运动广泛的认知与评价中扮演了重要的角色。DOCO-MOMO 记录了大量的现代建筑，并在涉及了 50 多个国家，许多的现代建筑与现代主义运动的产物受到了保护。每年两次的国际会议是 DOCOMOMO 对工作进行推动的主要途径。

③ http://www.docomomo2008.nl/sub_themes_9.html

"新毯式建筑"的建立,体现了一种现实存在与历史并置与交替过程。"新毯式建筑"对现有信息系统的集中与相互关联,即以对"历史"信息的梳理为基础,以不断自我革新与演变的态度进行动态发展。"新毯式建筑"在改变与延续之间矛盾调节的基础上,在两者之间探寻与时代结合的发展途径。该系统将以一种开放式的建筑模式,讨论建筑与城市、景观、人文、经济之间的关联基础上变化与延续的发展可能。荷兰 MVRDV 事务所在集中对空间、经济、生态、社会进行考量的同时,以一种"数据城市"(datatown)(图 10-59)的概念,建立了另一种"巨构城市"(mega-city)。这种"巨构"基于信息集中处理的延续与发展,开启了建筑同景观、环境以及城市一体化的发展模式。非建筑、非城市的综合性切入,将历史、现在与未来置于同一讨论平台,从不同的切入点,讨论模糊界域下的整体化的发展前景。

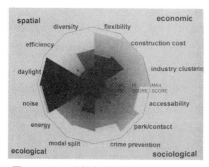

图 10-59　"数据城市"(datatown)中以空间、经济、生态、社会四方面间组织的各种要素的比重分析

图 10-60　MVRDV 通过一张椅子的研究、生产、市场与控制过程对其能量的潜在转化进行分析

　　此外,MVRDV 从能量角度阐释从家具、建筑到城市各种能量类型的集中下,呈现的可视与非可视要素带来的发展与延续理念。他们以办公椅的设计、生产、运出及使用的过程为例(图 10-60),认为其能量的产生、消耗与机械性运作,以其始端多重能量的聚集,到不断的能量消耗,直至消耗殆尽,均以能量因子维系着功能意义。由此,以能量维系为基础的分析与认知视角,将能量系统的进与出作为联系世界的主要参数,确立长期、短期以及复杂性意愿。建筑、城市或地区,可视为不同类型能量的集中、区分与转化。

　　可见,基于城市与建筑的"新毯式建筑"的讨论,将在变化与延续中,逐渐摆脱传统的切入方式,以不同的侧面,完成对主体的一体化研究。"新毯式建筑"将在各种不同视角的切入模式中,面对来自变化与延续的挑战带来的全新诠释途径,完成其最终的构型意义。

　　3)都市重组

　　基于动态城市发展的研究平台,"新毯式建筑"在城市与建筑维度,逐渐呈现基于数据信息处理基础上的重组。这种重组将打破固有的模式与教条,在时代发展中,以不同标准,确立不同的重组原则。

　　就其重组而言,主要表达以下几点主要特性:

　　(1)总平面设计的逐渐消失。绝对权威的掌控年代已经消失,单一逻辑下的原则也逐渐消亡。二维的图示语言,已不能完全满足城市复杂性的表述需求。多维因子的共同作用,将脱离平面化现实的图示。信息化的综合分析将共同影响并呈现最终结果。

　　(2)城市将成为对混乱进行反馈的系统。在非平衡的现实中,城市将面临停滞、不可转变等多重危机。各种正面与负面信息在同一层面的逐一呈现与相互交织中带来"混乱",并将致力于复杂分析系统的建立,引导多重反馈信息的并置与重组。

（3）城市将成为多重碎片组合的拼贴。设计者将在多重时空扮演不同角色，城市形态在琐碎变化的累计中不断成型。各种碎片的呈现，即以"新毯式建筑"中"点"要素的形式，在可视与不可视、真实与虚拟之间，以相互之间直接与间接的关联和碎片重组，呈现未来城市动态发展意向。

（4）多重的流动性系统。流动性已不再局限于交通的变化，而更强调人的日常行为与理想生活之间发展相对差异性的调整。社会的流动将导致城市的即时反馈，并以动态的内在秩序引导与凸显城市的流动属性。静态、闭合、入口限定的传统城市建筑的定义，逐渐被今日动态、流动连接与分支状的开放性入口的城市现象所代替。

（5）都市异托邦。作为城市特质空间与"另一种"空间的发展，都市异托邦将逐渐缩小日常性的真实生活与乌托邦之间的差距。而异托邦产生的"异质"空间，以中介姿态，在现实生活中，逐渐改变乌托邦的伪存在。另一种平台的建立，将承载相互过渡的转化路径，在城市中呈现不同时空、特质与发展状态的并置。城市将逐渐成为网络化结构中的一种异序的层级结构，伴随日常生活的变化，承载各种异质属性的建立。

10.6.6 案例："空中斗士"——一种城市的分析与研究平台

基于"新毯式建筑"模型与策略的研究，本书将以 MVRDV 的一个理想化分析平台的认知，展示基于信息时代城市与建筑的设计与发展方向的可能。

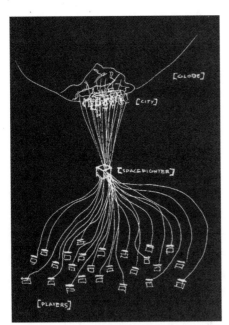

图 10-61 人们行为与城市形态的互动通过"空中斗士"媒介进行的网络化呈现

对于"空中斗士"的诠释，MVRDV 以互动式的游戏方式，建立了人与城市的互动，并在数据处理分析的基础上，以标准化的表现形式，表达不可视数据与原则在其中与城市的有效关联（图 10-61）。

该平台以游戏的形式，让人们在建设要素的选择中，完成全新的城市塑造。它将以随机游戏者趋同的表述结果，显现全新城市在不同地域基于不同基本特性（包括功能、经济、人口、规模、环境、地域性影响等）的相互影响带来的最终结果，并时刻以不同尺度视角的变化，产生全球与个性城市之间的不同。不同功能块集中的混合堆积，潜在表述了"CIAM 格网"功能属性基础上的抽象与归类。"空中斗士"为平台和信息技术的建立，完成城市属性的抽象定位，建立了不同特性驱使下的不同结果。

该平台在互动理念下的"功能混合"（function-mixer）、"地域建造"（region-maker）等处理系统的融入，可视为一种"新毯式建筑"的处理平台之一。各系统在城市与建筑、建造与游戏、可视与不可视、抽象与具体之间，找寻互动的原则，并以数据化的理性方式，建立土地评价的基础上，混合功能与驱动要素基础上的城市塑造。不同的"玩家"（政府、开发商、居民等）从各自利益出发，最终得到的相似结果以及相互之间的叠加，将成为建造者与实施者值得参考的数据依据。以开发商主体为例，不同的秩序，不同的类型，不同的环境创造，将得到不同的分值。其间，公共空间、绿地或建筑体量的创造，将为其周边地价带来不同的涨幅预期。近十轮之后，如最终较为稳定的结果与政府预期一致，其鼓励值（encouragement）为 1，若其结果低于政府预期，其鼓励值则为 0～1 之间。

作为终端处理（hub maker）的角色，不同社会团体（工人、政府、艺术家、科学家等）、层级（人、物质要素、信息、资金等）与组成部分的选择，将在不同层面的交互中，导致不同的结果，并由此进行不同策略的调整。其中，联合型与竞争型系统的选择，将导致一系列的冲突，而其最终结果将由于庞大系统无法适应快速应对的需求而最终被小型系统淘汰。

作为最终的表述方式，"空中斗士"经过大量可能性的比较，选择像素（pixels）作为最终的表述媒介，以达到最终动态城市的可视化以及信息准确与自由表达的结果。

当然，这种基于城市区块功能分析与评价的分析平台，仍处于一种抽象的数据阶段，由此阶段向真实形态的转化仍旧存在着一系列不确定因素与发展可能。从不可视向可视的转化，将在城市功能与影响要素共同催化的基础上，以此为平台形成各自不同的表述结果。

简言之，"空中斗士"作为一种城市分析与认知的工具，以 CIAM 格网般的属性，对城市各环节特性进行研究与梳理。其中，整体而不断变化的内在系统以一种数据化呈现，表述社会对应物在信息社会中的存在与表达方式。该系统以日常生活的要素，决定了在不同环境、地点、时间，对应不同的角色出现的不同城市结果。它以抽象意义，将乌托邦式的理想数据通过生活中不同"玩家"个性化的输入与协调，最终以各种多样化结果，呈现"新毯式建筑"的动态属性。这种基于互动基础上的"图示"化显现，在感性（操作者意念）与理性（现实实践结果）的结合中，以一种现实化比拟，为设计者、开发者、决策者等各社会角色提供了一定的有效参考价值。

10.7 超越建筑

基于"十次小组"理念的研究，本文对"新毯式建筑"的启示性延展试图以多维视角的切入，对未来城市与建筑的发展模式加以预设。其中，"新毯式建筑"模型、流动性、社会对应物的表达等理念，以"建筑"的冠名行使了超越建筑的责任。在此，"新毯式建筑"突破了形式化与表现化的形式，扮演了城市从现实到虚拟的不同角色。该系统超越了实体化建筑形式和开放式的程序化与系统化模式，在融合、转化、适应、重塑及入侵中，通过自发性的自我分析，克服局限于水平与垂直的堆积，以非形式化、非类型化、非尺度化的自由，呈现不断扩展的城市、社会、生活等广泛意义。

首先，"新毯式建筑"基于社会现实，以一种全新的生活方式，在不同的时间、空间使之成为可能。生动、切实、可行、愉悦或复合的概念，超越了雕塑化、严肃、同型的建筑意义，将人们的行为、生活及社会中相互作用力相互编织。静态与动态、联系与隔离的显著区别在主观感知与客观环境的区别中，以形式、使用、关联的重建，超越物质性追求，建立在不同的社会结构需求下的生活方式。横滨客运码头，即以一种对公共空间的重建，在"快"与"慢"的流动中，以人们的行为方式为主要依据，由内而外地呈现不同事件性空间实践带来的本体结构性突破。其中不同的功能以不同速率作为主要参考值，在整体的系统中得到了清晰而交织化的划分。而公园式的步入式屋顶带来了休息与等待区域的结合。门、墙、板等建筑要素的彻底解放，以一种流动式的物质实践编织系统结构，呈现人类行为与生活方式带来的实体再现。

其次，"新毯式建筑"超越了城市化建筑与建筑化城市的理念，以全新的秩序与原则，在非连续性、不断扩张的特性基础上,建立了由内至外不断变化的结构模式。如阿尔伯特·泡普(Albert Pope)所言:"……这种明显的形式建立于当代城市非控制与非秩序化的发展。城市的主要因素在一种普遍的秩序中,穿越了不同的尺度,并以完全隐逸的秩序,存在于具有大众意识的社会中。某种'透明'组织形式的表达中,最为基本的是对社会与政治的感知……"①可见,在不同层面以统一化的基本原则,建立革新与自由的多样化秩序,不仅在于其外在与内在不断协调和形式化的秩序,还在于非视觉,非物质化秩序在整体系统中不断的发展与建立。作为一种基础设施化的展现,"新毯式建筑"以功能、景观、空间及社会不同层面的涉及,承载与修订建筑与城市之间的链接,并在看似矛盾的语境中,逐渐超越所谓正统的法则,在其给定的秩序中,建立全新的秩序。

可见,"新毯式建筑"以一种广义的"中介"属性,在各种"非此非彼"的聚集中,呈现了一种多样化的巨构。从某种意义上看,"新毯式建筑"是一种"巨构"的延伸,但这不是单纯的体量"巨构",而更倾向于在规模与程序上表述。这种"巨构",在现实与虚拟、具体与抽象、秩序与混杂、主观与客观中,承载了超越单纯城市与建筑的意义。它以"巨构系统"的形成,阐释在信息化城市的发展中,超越建筑本体的实体化物质实践。

由此,基于日常生活的人类意识、行为以及社会习惯,在主观人类意识与客观信息化系统之间,建立了复合的秩序,并以不同的可能性,编织未来城市与建筑之间的关联,以解决人类的基本问题。前文提及的"龙轨"概念以一种高速化的人行道与公共交通的结合体的意向,将永不停息的列车作为一种定量的插件结合于城市的基础设施之中,没有车站,没有等待,自由出入,体现城市流动性的具象表现中人们行为方式与生活模式的逐渐改变。这似乎将"建筑电讯派"的"流动城市"在未来的今日找到了现实的写真。在此,"新毯式建筑"在基于大量性人口社会问题的基础上,以理想化交通模式的设想,展现了社会化、功能化等集于一体的全新秩序的建立,并以非形式的诉求展现未来城市肌理的主要脉络。于是,城市"再织"作为一种对城市关联关注的具体表现,强调了人们对建筑或城市个体之间关联的关注。而其相互之间交织产生的"中介"空间正是在城市的不断发展中不断更新与发展的层级属性,也将最终代替所谓"标志性"的话语,成为表征城市特性的代言。

作为一种当代与未来城市与建筑可能的发展模型之一,"新毯式建筑"以整体的理想化模式为基础,在"As Found"美学思维模式下,以现实存在的信息发现与梳理,建立基于信息综合处理的优化产物。该系统将在解决"大量性"人流、物流、信息流动态整合的基础上,产生乌托邦理想结构与现实社会的存在结合中"中介"社会基础设施的对应物,并以此阐述"新毯式建筑"对城市与建筑发展的重要整合意义。作为一种思辨与时间的综合产物,"新毯式建筑"超越了单纯的工程意义,从初始的信息处理与哲学思辨出发,以理想化模型的建立,产生现实生活状态的对应产物。该产物将以可视化的呈现模式,展现不同时代,不同地域传递的表述差异。

10.8 "新毯式建筑"质疑

作为"十次小组"研究的启示性延展,对于"新毯式建筑"的认知不免会令人产生一系列实践性问题的质疑。而对这些问题的质疑,也将在其未来的不断动态变革中,产生不断动

---

① Albert Pope,1996:222-224

态延展的突破与生长点。

对应于"新毯式建筑"系统的质疑,如大尺度、大消耗、城市的颠覆与并存的等,本书希望以整体性、系统性、多视角为原则对其进行初步的理念性认知,并以一种整体化的视角,突破建筑与城市、理想与现实之间的界限,以不同的切入方式,诠释"新毯式建筑"在新时代表达的特殊属性。

1)超大尺度?

尺度的超大,将带来理想与现实之间的差距和可行性的降低;尺度的扩张,将引发新与旧、存在与干预等之间矛盾的增加;尺度的不适宜,将脱离人们的日常生活,为人们的生活带来不便。

这份质疑,将引发"新毯式建筑"对"适宜尺度"的有效把握。

从城市的网络化到"新毯式建筑"在群集化建筑中的表达,大尺度的建筑集中逐渐被人们视为一种"巨构"表达。这种"巨构",并非对其形体超大尺度的标榜,而是其内部系统"巨构"的编织。形式的可见与系统的不可见将带来人们对系统整体性、完整性逐渐的关注与认知。而其外在形态的尺度,将伴随着系统化"巨构"性的完整,带来对形态"大"与"小"的兼容。

由此,基于"十次小组"研究的"新毯式建筑"塑型,在整体性与网络性的"大量性"探索中,建立了一种集中而多样化的整体。这种整体性将确立于建筑与城市、个体与群体(或是不同尺度的群体)的尺度中。同样的系统从建筑化实体的表达,到城市网络化的掌控,以其系统性平台的搭建和不同视角的切入,将建立同质化系统中引发的不同尺度的现实再现,从而建立基于相同或不同系统带来的形式多样化呈现。

2)高消耗?

对于高消耗的质疑,主要建立于对能源、资金、土地、人、信息系统等各种生产资料的消耗。其消耗主要涉及建造过程与维护使用的高消耗。这种高消耗,也直接影响了最终实施的可能性与普及性。

从以上尺度的适宜性涉及我们不难看出,系统化尺度的"巨构"引发的实际外在尺度表达的"大"与"小",从其形态尺度化解了对"新毯式建筑"高消耗的偏见。在该系统中没有绝对的大与小,没有绝对的高消耗与高质量之间的关联。集约式的空间发展带来的能源的消耗与循环,将在能量信息处理与系统化分配中,产生最终的优化成果。研究者在对紧缩城市与城市扩张的能源分析中表明,交通过程的缩短,将带来能源消耗的整体锐减;建筑高度、间距、形态在不同地区的合理化设置将带来其整体性的合理化能量秩序;而建筑与城市在向空中与地下的探索中,逐渐缓解了对城市用地的压力。可见,整体化的集约带来的"被动式"(passive)①的能量消耗,将在"新毯式建筑"中,成为实践的准则之一,并将以高效的系统带来低能的消耗。

欧洲的城市与建筑一体化研究表明,从能量视角进行的整体研究,将各种不同的个体以统一的能量视角进行衡量,并将引发人们对统一标准的确立带来的数据化、科学化与系统化的量度。高能耗将以合理的"被动式"策略的实施,以前期的整体性投入,带来后期使用的低耗。

---

① 被动式源于北欧的对绿色生态建筑进行设计的实施策略,寄托于形态、空间、保温等合理性的设计,带来对主动性能量的消耗,达到最终能量的最小消耗。

可见,"新毯式建筑"的建立,将以不同尺度与不同切入的分析维度,确立不同的标准。而该系统也将以非绝对化的高消耗为引导,呈现多样化可能。

3)颠覆性干预?

"新毯式建筑"的建立,是否以其整体性与大量性的组织和干预,对现有的现实存在呈现霸权式的干预? 是否会以整体性的置换,使现存的肌理与文化遭到完全的颠覆?

对此问题的质疑,来源于人们对整体性的认知途径和发展的策略。基于"十次小组"的研究可见,整体性的干预,在强调了系统化整体性同时,并不代表形态的整体性带来白纸化颠覆。"As Found"美学引发的现实层面的真实发现,呈现了新与旧、整体与个体、传统与现代、可视与不可视等之间的相互平衡。所谓"新毯式建筑"的整体,包含了在各种"矛盾"的相互作用下,呈现的多样化激发的多层面并置。

在某种方面,"新毯式建筑"作为一种当代与未来建筑与城市发展的呈现方式之一,代表了全新的认知方式和系统原则。而这种原则,并非对过去全盘否定基础上的全新入侵,而是在现实存在的分析与系统的梳理下,以信息化的整体处理,激发的全新应对策略。这是在保护与更新的基础上,呈现的具有革命性和中介性的并置。

从其多样性的发展可见,"新毯式建筑"并非停留于城市与建筑层面的实体。它带来的是包括场所肌理、文化、经济、人口等多维度干预的集中。各种干预的影响,将最终形成网络化整体,以可见与不可见要素的综合交织,建立非颠覆性干预的整体呈现。

结语

> "建筑是文化的形式表达,它不能存在于与文化对立的独立环境之中。建筑将随着社会的变化逐渐改变,达成相互的融合和理解。其不仅将追随经济、道德、政治事件的变化而变化,还将预示和参与未来,使其成为可能。"

> ——沙得拉·伍兹

基于对"十次小组"的初识、认知、解析、辩省以及批判性重建和启示性延展,本书对"十次小组"的认知逐渐从模糊转向清晰。这是在经历了资料的层层累积、阅读及梳理所带来的对其组织结构的"模糊"特性与本质的清晰认知。这是基于"中介"特性的梳理下,还原于文本的讲述,一种以多维涉及的网络化编织,承载的非单一化、开放性的系统认知。在此,这种基于"中介"理念的"模糊"属性成为一种肯定,一种在具体把握、深入分析及批判式辩省基础上建立的认知特性。

作为上世纪备受瞩目的团体之一,"十次小组"在同时涉及建筑与城市领域的基础上,以文化、社会、道德等要素的探讨,呈现了超越城市与建筑话题的研究倾向。作为一股新锐力量,"十次小组"以切入时代的转承,直袭现实弊端。他们在先锋性的质疑中,反思历史,批判正统与教条,并以活跃而前瞻性的反思与实践,寻求理想城市与社会的发展模式。而其内部迥异的研究风格与途径,在这个组织结构松散的团体和宽松自由的氛围中,展现了"年轻一代"革命性与批判性的延续与转承。

就"十次小组"而言,深入中文语境下"十次小组"全面化、新视角的分析研究,将有助于社会、文化、城市、生活多层面的进一步探索。这是一种从西方历史中认知、启示、延展的有效途径,也是动态发展不断"回首"的时代需求,这种"回首"不是本体论的局限,而是一种前瞻性与批判性的启蒙。这是一种深入历史性研究的批判性尝试;一种跳出历史之外,具有时代意义的"过期"概念的切入视角;一种随着时代发展进行动态研究的认知策略;一种设计学科正确的看待历史研究价值与可持续性的具体探究。

对这种松散组织的研究,全文串联式的主线不再是传统的时间序列,而是在归纳与综合梳理基础上建立的特性化呈现。其中,"中介"理念引导下的"整体性关联""社会对应物""CIAM 格网""大量性理念"以及"'As Found'美学"作为"十次小组"主要的特性主题,将碎片般的信息加以归纳与缝合,并在有序的并置中,凸显"十次小组"话语中特质性的研究价值。全文以对社会对应物的思考,挖掘事物本质的内在发现与大量性动态内涵的发展趋势。其中,理念的相互重叠与影响,在层级化的编织中,以理论与实践案例的结合,体现了序列串联的整体构架。"中介"作为一种认知观框架,落实于"十次小组"的研究,延展于当代发展,以此确立"中介"策略的可行性、重要性与同属性,并为今后的延展性研究如"城市化建筑""网络化城市"等带来逐渐清晰的研究渠道与方法论的拓展。

如果我们将"十次小组"视为一个特定的历史小组与历史事件,那么在不同的时期,他们将具有不同的存在意义与研究价值。"十次小组"的本体研究,以先锋派关联、组织形式、理论研究、日常性工程实践以及建筑教育的影响,产生多元化的时代意义,为上世纪初现代主义发展注入新鲜血液。作为对老一辈的革新与延续的代言人,他们在与同时代的平行相关理念进行交织的同时,以不断更新的讨论与研究及各种关联事务(展览、讲演、杂志等)的并置,激发了一定的时代影响。由此,"十次小组"处于承上启下的节点,在 CIAM 老一辈理念的批判、革新与延续的基础上,探索基于日常生活原则的乌托邦理想。而以其时代发展看来,作为一个历史小组、历史事件,随着时代的发展,"十次小组"表达了不同的内涵与延展。其具体表述,在不同时代、不同社会现状以及不同文化领域,具有不同的研究价值。无论是功能的批判、流动性的表达、整体性的意义,还是层级的推进、相同的概念,在不同年代延伸了多样化诠释。而本文也以"新毯式建筑"作为未来发展模式的代言,基于"十次小组"研究的延展与初步探索,表述对当代与未来城市与建筑发展趋势的探索性研究。可见,"十次小组"作为一个时代的历史产物,在时间的不同切片中,以多元的思维视角和动态的发展趋势启示着不断延展的历程。而当代城市、建筑与社会的发展,将在不同的历史切片中,汲取适合时代发展的精华,映射当前发展的趋势。

"十次小组"认知,不仅在于一种整体的梳理与整合,还强调了在客观而批判式的语境下带来的不同时代的思考。时代的发展,带来了本体认知立场的变迁和内容的转化。时代的局限与推进,将"十次小组"的认知,引入了一种动态的发展模式,并主要涉及其本体角色性批判与研究实践的理念性延展。对"十次小组"的批判性探索,明晰了不同时代呈现的认知差异性。颠覆还是继承,积极还是消极,先锋性理想还是务实性的实践等,从不同的视角展现了多样化的认知立场,而这种立场也将在时代的发展中,不断更新与发展。而功能主义的突破、整体与个体角色的重释、层级的推进、模糊性的展现、异托邦的关联、虚拟与真实以及基于关联的悖论视角的切入,将其本体论的认知,进行时代转译,转化为一种相互交织的网络关联。整体的对应物带来的大量性思考,在其界域的模糊中,呈现了一种乌托邦与现实日常性之间的辩证思考,并将一个个碎片式的个体,编织为具有网络特性的整体策略。大量性、整体性、流动性等持久性话题的内涵,在时代发展的今天,产生不同程度的转化与拓展。由此,该环节作为嫁接"十次小组"研究向当代理论进行转化的理论平台,在阐释了在"模糊"与"清晰"之间方法论的运用与启示性作用的同时,强调了"中介"视角下对事物的分析态度和承上启下的批判立场,从而开启了后续当代城市发展关联性的启示化讨论。于是,批判性剖析作为一种认知工具,从另一侧面揭示了"十次小组"研究的时代意义,并将理念与实践的认知,从多维视角进行完善与重建。"新毯式建筑"模型的建构和超越建筑的思索,即对未来城市的发展加以预期,并在一种抽象的意向中,附以多重生长点与发散模式,展现了一种核心理念在不同领域进行交互的可能,从而完善其理想化模型的生长需求。

历史赋予我们以不同时代的融入与跨越性链接,为未来的可持续研究打开窗口。"十次小组"的研究以明确的线索串联,将各种理念探索以特定的结构语境进行梳理,得出其多方位触角的全方位增长。"模棱两可"特性的贯穿,在对问题进行较为明确而真实的评价的同时,在不同的时间、场所、系统、悖论……中形成逐渐清晰的结论。

主要参考文献

中文专著

［1］ 弗兰姆普敦.现代建筑:一部批判的历史［M］.原山,等,译.北京:中国建筑工业出版社,1987

［2］ 根特城市研究小组［荷］.城市状态:当代大都市的空间、社区和本质［M］.敬东,译.北京:中国水利水电出版社,知识产权出版社,2005

［3］ 简·雅各布斯.美国大城市的死与生［M］.金衡山,译.南京:译林出版社,2005

［4］ 刘怀玉.现代性的平庸与神奇——列斐伏尔日常生活批判哲学的文本学读本［M］.北京:中央编译出版社,2006

［5］ 刘先觉.现代建筑理论［M］.北京:中国建筑工业出版社,2001

［6］ 王国有.日常思维与非日常思维［M］.北京:人民出版社,2005

［7］ 王建国.城市设计［M］.南京:东南大学出版社,1999

［8］ 衣俊卿.现代化与日常生活批判［M］.北京:人民出版社,2005

［9］ 衣俊卿.现代化与文化阻滞力［M］.北京:人民出版社,2005

中文期刊

［1］ 蔡勇.整体秩序与群化思维——结构主义建筑观的启示［J］.新建筑,1999(6):38－40

［2］ 程里尧.Team 10 的城市设计思想［J］.世界建筑,1983(3):78－82

［3］ 葛明.先锋札记——塔夫里阅读［J］.时代建筑,2003(5):28－33

［4］ 克·亚历山大.城市并非树形［J］.严小婴,译.建筑师,1985,11(24)

［5］ 李翔宁.作为社会批判的城市设计——60 年代与现代主义城市的危机［J］.时代建筑,2003(5):34－39

［6］ 宋昆,邹颖.整体的秩序——结构主义的城市与建筑［J］.世界建筑,2000(7):66－69

［7］ 汪原."日常生活批判"与当代建筑学［J］.建筑学报,2004(8):18－20

［8］ 汪原."生成"、"创造"以及形式化的悖论——关于《城市并非树形》的形而上学批判［J］.建筑师,2006,(3):72－75

［9］ 王楠.芒福德地域主义思想的批判性研究［J］.世界建筑,2006(12):115－117

［10］ 赵和生.十次小组的城市理念与实践［J］.华中建筑,1999(1):121－124

英文专著

［1］ Adrian Forty. Words and buildings:A vocabulary of modern architecture［M］. London:Thames & Hudson,2000

［2］ Aldo van Eyck. Collected articles and other writings 1947—1998［M］. Vincent Ligtelijn, Francis Strauven (eds). Amsterdam:SUN Publishers,2008

［3］ Alison Smithson. Climate register, four works of alison and peter smithson［M］. London:Architectural Association,1994

［4］ Alison Smithson. Team 10 Meeting 1953—1984［M］. New York:Rizzoli Interbatton Publication,

1991

[5]　Alison Smithson. Team 10 out of CIAM[M]. London：The Architecture Association，1982

[6]　Alison Smithson. Team 10 Primer[M]. Cambridge：MIT Press，1968

[7]　Alison Smithson，Peter Smithson，Chuihua Judy Chung，et al. The charged void：architecture[M]. New York：Monacelli，2001

[8]　Alison Smithson，Peter Smithson，Chuihua Judy Chung，et al. The charged void：urbanism[M]. New York：Monacelli，2001

[9]　Andrew Ballantyne. Architectures modernism and after[M]. Oxford UK：Blackwell Publishing Ltd，2004

[10]　Arnulf Lüchinger. Structuralism in architecture and urban planning [M]. Germany：Karl Kramer Verlag Stuttgart，1998

[11]　Benedict Zucchi. Giancarlo de carlo[M]. Butterworth Architecture an imprint of Butterworth-Heinemann Ltd，1992

[12]　Bernard Leupen，René Heijne，Jasper van Zwol. Time-based architecture [M]. Rotterdam：010 Publishers，2005

[13]　Christian Norberg-Schulz. Intentions in architecture[M]. Cambridge：MIT Press，1992

[14]　Claude Lichtenstein. As Found：The discovery of the ordinary[M]. Baden：Lars Müller，cop，2001

[15]　David Grahame Shane. Recombinant urbanism：conceptual modeling in architecture，urban design and city theory[M]. New York：Academy Press，2005

[16]　David Robbins，Jacquelynn Baas，Lawrence Alloway. The independent group：postwar britain and the aesthetics of plenty [M]. Cambridge：MIT Press，1990

[17]　Dirk van den Heuvel，Max Risselada，et al. From the house of the future to a house of today [M]. Rotterdam：010 Publishers，2004

[18]　Eric Mumford. The CIAM Discourse on urbanism 1928—1960[M]. Cambridge：MIT Press，2002

[19]　Espace croisé(eds). Euralille：the making of a new city center[M]. Basel：Birkhäuser，1996

[20]　Francis Strauven. Aldo van Eyck：the shape of relativity [M]. Amsterdam：Architectura & Natura，1998

[21]　Francis Strauven. Aldo van Eyck's orphanage：a modern monument[M]. Rotterdam：NAI，1998

[22]　Franz Oswald，Peter Baccini，Mark Michaeli. Netzstadt：designing the urban [M]. Basel：Birkhäuser，2003

[23]　George Baird. The space of appearance[M]. Cambridge：MIT Press，2003

[24]　Hadas A. Steiner. Beyond archigram：the structure of circulation [M]. New York：Routledge，2009

[25]　Hashim Sarkis. Pable Allard. Timothy Hyde. Le Corbusier's Venice hospital and the mat building revival[C]. New York：Harvard University Graduate School of Design，2001

[26]　Helen Meller. Patrick geddes[M]. London and New York：Routledge，1990

[27]　Helena Webster. Modernism without rhetoric：essays on the work of alison and peter smithson [M]. London：Academy editions，1997

[28]　Heracleitus. On the Universe [M]. Cambridge：Harvard University Press，1931

[29]　Hilde Heynen. Architecture and modernity，a critique [M]. Cambridge：MIT Press，1999

[30]　Iain Boyd Whyte. Modernism and the spirit of the city[M]. London：Routledge，2003

[31]　J Tyrwhitt，J L Sert，E N Rogers. The heart of the city：toward the humanization of urban life

[M]. New York: Pellegrini and Cudahy Publishers,1952

[32] J B Bakema, Marianne Gray (eds). Thoughts about architecture[C]. WebBridge, 1981

[33] Johan Huizinga. Homo ludens [M]. London: Routledge,2000

[34] John Mckean, Giancarlo De Carlo layered places[M]. Stuttgart: Axelenges, 2004

[35] Jürgen Joedicke. Candilis-josic-woods[M]. James C P (translator). Germany: Karl Kramer Verlag
     Stuttgart, 1978

[36] Kenneth Frampton. Labour, work and architecture[M]. New York, London: Phaidon Press, 2002

[37] Liane Lefaivre and Alexander Tzonis. Aldo van Eyck humanist rebel. [M]. Rotterdam: 010 Pub-
     lishers, 1999

[38] Liane Lefaivre, Ingeborg de Roode. Aldo van eyck, the playgrounds and the city [M]. Rotterdam:
     Stedelijk Museum Amsterdam NAI Publisher, 2006

[39] Lieven De Cauter. The capsular civilization: on the city in the age of fear [M]. Rotterdam: NAI
     Publishers, 2004

[40] Martin Van Schaik, Otakar Macel. Exit utopia: architectural provocations 1956—1976[M]. New
     York: Prestel Publishing, 2005

[41] Max Risselada, Dirk van den Heuvel. Team 10 – in search of a utopia of present [M]. Rotterdam:
     NAI Publishers,2005

[42] Michiel Dehaene, Lieven De Cauter (ed). Heterotopia and the city: public space in a postcivil socie-
     ty [M]. Abingdon [England]. New York: Routledge,2008

[43] Nathaniel Coleman. Utopias and architecture [M]. London. Routledge, 2005

[44] Pamela Dennis, Catherine Johnston, Philip Crompton, et al. A guide to archigram 1961—1974
     [C]. +Ernst & Sohn, 1974

[45] Pamela Johnsion, Raso Ainley, Clare Barrett (ed.). Architecture is not made with the brain, the
     labour of alison and peter smithson[M]. London: Architectural Association, 2005

[46] Peter Buchanan,Liane Leffaivre,Alexander Tzonis. Aldo van Eyck [M]. Rotterdam: Nai Publish-
     ers,2008

[47]   Reyner Banham. Megastructure: urban future of the recent past[M]. New York Harper &
     Row, 1976

[48] Reyner Banham. The new brutalism [M]. Yew York: Architectural Brutalism, 1966

[49] Roger Gaillois. Man, play and Games [M]. Urban and Chicago University of Illinois Press, 2001:
     82

[50] S Giedion. Space, time and architecture: the growth of a new tradition [C]. WebBridge, 1976

[51] Sarah Williams Goldhagen, Réjean Legault Anxious Modernisms anxious. Modernisms-experimen-
     tation in postwar architecture culture [M]. Cambridge: MIT Press, 2000

[52] Shadrach Woods. The man in the street[M]. Penguin:Australia, 1975

[53] Simon Sadler. The situationist city[M]. Cambridge, England: MIT Press, 1998

[54] Stan Allen. Points+lines: diagrams and projects for the city[M]. New York: Princeton Architec-
     tural Press, 1981

[55] Stephen Graham and Simon Marvin. Splintering urbanism: networked infrastructures, technological
     mobilities and the urban condition [M]. London, New York: Routledge, 2001

[56] Stephen Read, Camilo Pinilla (ed). Visualizing the invisible-towards an urban space [M]. Amster-
     dam: Techne Press,2006

[57] Steven Harris. Deborah Beake. Architecture of the everyday[M]. New York, NY: Princeton Architectural Press,1997

[58] Tom Avermaete, Klaske Havik, Hans Teerds (eds). Architectural positions: architecture, modernity and the public sphere[M]. Amsterdam: SUN, 2009

[59] Tom Avermaete. Another modern: the post-war architecture and urbanism of Candilis-Josic-Woods [M]. Rotterdam: NAI Publishers, 2004

[60] Véronique Patteeuw (eds). Reading MVRDV[M]. Rotterdam: NAi Publishers, 2003

[61] Vincent Ligtelijn. Aldo van Eyck, works [M]. Basel, Boston: Birkhuser Verlag, 1999

[62] Vincent Ligtelijn, Francis Strauven. Aldo van Eyck: The child, the city and the artist [M]. Amsterdam: SUN Publishers, 2008

[63] W H S Jones. "Introduction" to Heracleitus! On the Universe. Cambridge Harvard University Press, 1931

[64] Wigley Mark. Constant's New Babylon: the hyper-architecture of design[M]. Rotterdam: 010 Publishers, 1998

[65] William J R. Modern architecture since 1900[M]. London: Phaidon Press, 1996

[66] Winny Maas. Space fighter[M]. New York: Actar,2007

[67] Winy Maas, MVRDV, Berlage Institute, Institut Francais d'Architecture, Fundacio Mies Van der Rohe. Five minutes city-architecture and mobility[M]. Rotterdam: Episode,1981

英文会议专辑

[1] Alain Thierstein, Agnes Frster (eds). The image and the region-making Mega-City regions visible [C]. WebBridge, 2008

[2] Deborah Hauptmann (eds), Bart Akkerhuis (contributions). The body in architecture [C]. Rotterdam: 010 Publishers, 2006

[3] Edward Robbins, Rodolph El-Khoury (eds). Shaping the city: studies in history, theory and urban design [C]. London: Routledge, 2004

[4] Faculty of Architecture TU Delft, Chair of Architecture and Housing (organised). Team 10. Between modernity and the everyday [C]. Delft:the Faculty of Architecture TU Delft, 2008

[5] Faculty of Architecture, Delft University of Technology, Chair of Architecture and Housing (organised). Team 10. Keeping the language of modern architecture alive [C]. Delft:the Faculty of Architecture TU Delft, 2008

[6] Nethca. Inside density: international colloquium on architecture and cities [C]. La Lettre Volee, 2003

附录

附录 1 "十次小组"会议简述

1950 年代（从 1953 年开始）

1953 年 7 月 19 日—26 日,普罗旺斯(Aix en Provence)(法国)CIAM 9

组织：CIAM

出席：3000 多代表参会议,"十次小组"成员有：Jaap Bakema, Georges Candilis, Aldo van Eyck, Sandy van Ginkel, Rolf Gutmann, Bill Howell, Gill Howell, Blanche Lemco, Alison Smithson, Peter Smithson, John Voelcker, Shadrach Woods

1954—1955 年,CIAM 10 准备

1954 年 1 月 29—31 日,杜恩(Doorn)(非正式会议)

组织：Bakema,Van Ginkel

出席：Jaap Bakema, Aldo van Eyck, Sandy van Ginkel, Hans Hovens Greve, Peter Smithson, John Voelcker

1954 年 6 月 30 日,法国巴黎(非正式会议)

组织：CIAM 委员会

出席：Sigfried Giedion, Walter Gropius, Le Corbusier, José Lluís Sert, Jacqueline Tyrwhitt, Jaap Bakema, Aldo van Eyck, Georges Candilis, Rolf Gutmann, Bill Howell, Peter Smithson, John Voelcker

1954 年 8 月 28—29 日英国,伦敦 CIAM X 会议(非正式会议)

组织：CIAX

出席：Jaap Bakema, Georges Candilis, Sandy van Ginkel, Rolf Gutmann, Bill Howell, Gill Howell, Brian Richards, Alison Smithson, Peter Smithson, John Voelcker, Shadrach Woods

1954 年 9 月 14 日,法国,巴黎

柯布西耶办公室(非正式会议) Team X \ Team 10 首次提及。

组织：CIAM 委员会

出席：Sigfried Giedion, Le Corbusier, Jaap Bakema, Georges Candilis, Aldo van Eyck, Sandy van Ginkel, Bill Howell, Gill Howell, Alison Smithson, Peter Smithson

1955 年,4 月 14 日,法国,巴黎(非正式会议)

组织：Team 10

出席：Jaap Bakema, Georges Candilis, Aldo van Eyck, Alison Smithson, Peter Smithson, John

Voelcker，Shadrach Woods

1955 年，7 月 4 日，法国，巴黎 CIRPAC\CIAM 委员会
组织：CIAM 委员会
部分参与人员：Jaap Bakema, Georges Candilis, Bill Howell

1955 年 9 月 8—10 日法国拉萨拉兹(La Sarraz)，CIAM 委员会会议
组织：CIAM 委员会
部分参与人员：Jaap Bakema*，Max Bill, Giancarlo De Carlo, Cornelis van Eesteren, Paul Emery, Aldo van Eyck, Sigfried Giedion, Rolf Gutmann*，Bill Howell, Ernesto Rogers, Alfred Roth, Alison Smithson, Peter Smithson*，John Voelcker, André Wogenscky, Shadrach Woods
　＊被委任进行 CIAM 委员会的重组

1956 年 8 月 3 日—13 日，南斯拉夫，杜布罗夫尼克 Dubrovnik, CIAM 10
　"十次小组"参与成员：Jaap Bakema, Georges Candilis, Aldo van Eyck, Rolf Gutmann, Geir Grung, Bill Howell, Reima Pietilä, Alison Smithson, Peter Smithson, Jerzy Soltan, John Voelcker, Shadrach Woods

1957 年 9 月 1 日—2 日，法国，La Sarraz
拉萨拉兹宣言
CIAM 重命名：Research Group for Social and Visual Relationships

1959 年 9 月，荷兰，CIAM'59，CIAM 结束。"十次小组"会议开始
参与(来自 20 个国家的 43 名成员参加)及项目提交：
Jaap Bakema：Kennemerland 地域研究(联合 Stokla)
Aldo van Eyck：孤儿院项目(阿姆斯特丹)，议会建筑(耶路撒冷)
Georges Candilis：进化居住研究，Bagnols-sur-Cèze 扩建(联合 Josic 与 Woods)
José Antonio Coderch：Torre Valentina 住宅(近巴塞罗那)
Christopher Dean：伦敦 Soho 研究(联合 Brian Richards)
Giancarlo De Carlo：房屋设计(意大利 Matera)
Ralph Erskine：亚北极居住研究
Ch. Fahrenholtz：德国汉堡中心规划
Ignazio Gardella：Olivetti 食堂设计(意大利 Ivrea)
Sandy van Ginkel：鲍林(Bowring)公园建筑设计(加拿大)(联合 Blanche Lemco)
Geir Grung：Vettre 学校设计，Holmenkollen 住区设计
Alexis Josic：进化居住研究，Bagnols-sur-Cèze 扩建(联合 Candilis 与 Woods)
Herman Haan：沙漠生活研究
Oskar Hansen：开放形式，奥斯威辛(Auschwitz)纪念碑设计，美术馆扩建(波兰，华沙)
Hubert Hoffman：明日村落研究(奥地利，格拉茨)
Louis Kahn：费城规划，医学研究大楼设计(费城)
Arne Korsmo：冰碛景观居住(挪威，特隆赫姆)
Blanche Lemco：鲍林(Bowring)公园建筑设计(加拿大)(联合 Sandy van Ginkel)

Wendell Lovett：家庭住宅（华盛顿，贝尔维）

Vico Magistretti

McKay：岩石地区发展（华盛顿）

Luis Miquel：Henri Selliers 建筑设计（阿尔及尔）

Karoly Polónyi：季节性建筑，（巴拉顿 Balaton 湖）

Radovan Nikic：工人大学（克罗地亚，萨格勒布 Zagreb）

Brian Richards：伦敦 Soho 研究（联合 Christopher Dean）

Ernesto Rogers：托雷维拉斯加塔（Torre Velasca）（意大利，米兰）

Alfred Roth

Eduard Sekler：住房项目（维也纳）

Alison Smithson and Peter Smithson：伦敦街道研究，Hauptstadt 柏林竞赛

Jerzy Soltan：华沙运动中心，1958 年布鲁塞尔世博会博览馆

Fernando Távora：商业中心设计（葡萄牙，波尔图）

Kenzo Tange：东京市政厅，香川县办公室

Viana de Lima：医院（葡萄牙，布鲁更斯 Braganca）

John Voelcker：英国阿克里（Arkley）别墅

André Wogenscky：法国蒙特勒伊（Montreuil）总体规划

Shadrach Woods：进化居住研究，Bagnols-sur-Cèze 扩建（联合 Candilis 与 Josic）

1960 年代

1960—1968 年，从战后重建向福利社会发展的过程中，大量竞赛激发了全新概念的迸发。"十次小组"对现有城市内城（inner-city）的发展、大尺度建筑项目、新综合体项目的研究，从数量与尺度各角度阐述了城市与建筑在不同维度中表达的不同意义。Bagnols-sur-Cèze, Royaumont, Berlin 以及 Urbino"十次小组"会议见证了诸多问题变迁。

"十次小组"在开放性的保持自由、活力的同时，也出现了多次外因导致的危机。如 1966 年的 Urbino 会议，学生与居住者相关民主运动导致了人们对"十次小组"的质疑。其中 1968 年由迪·卡罗组织的米兰三年展（Triennale）开幕式由学生与艺术家正式接管，直接说明了"十次小组"与外界的接触中产生矛盾的激化。

1960 年，7 月 25 日—30 日，Bagnols-sur-Cèze（法国）反对形式主义

组织：Candilis-Josic-Woods

出席：Roger Aujame, Jaap Bakema, Aulis Blomstedt, Juan Busquets, Georges Candilis, Giancarlo De Carlo, Aldo van Eyck, Yona Friedman, Alexis Josic, Herman Haan, Oskar Hansen, Fuhimiko Maki, Karoly Polónyi, André Schimmerling, Alison Smithson, Peter Smithson, Ralph Erskine, Stefan Wewerka, John Voelcker, Shadrach Woods

简介：

1960 年夏季，是 CIAM 结束之后"十次小组"举行的第一次会议，会议目的在于继续"十次小组"在 Otterlo 会议之后的话题，其中一些看似是"十次小组"之外的成员也受到了邀请，会议地点是法国南部的小镇 Bagnols-sur-Cèze。在此，Candilis-Josic-Woods 展开了一个城市延展的项目，其中，他们对以下内容进行了重点的研究。

1）全新居住模式怎样与现存城市及地域结构相契合

2）结构转化，城市转化及地域转化的问题

Candilis-Josic-Woods 理念是对正统现代主义的革新，是"十次小组"作为转折时期的主要特征，是现代建筑发展轨迹中的重要转变，盖迪斯（Patrick Geddes）"山谷断面"（valley section）仍旧是他们革新的思路之源。其目的不在于对于城市肌理进行"白纸化"的新旧更替，而是基于现代与传统的融合，在现存肌理中寻求新旧结构相互结合的可能性。其中 Bagnols-sur-Cèze 代表了典型的案例。由于现代化的核动力基地以及大坝在 Donzere-Mondragon 的建设，Bagnols-sur-Cèze 的人口在 5 年内增加了 4 倍，建设中关注的主要内容如下：

1）当前社会现实中建筑师角色与语言的定义

城市与地域的转化

城市地域的建立

建筑中工业化的参与

建筑的大量性（单个纪念性建筑的终结）

2）当前社会建筑的核心与趋势

"连续性"（continuity）与"变化与发展"（change and growth）

"特性"（identity）与"一致性"（uniformity）

"流动性"（mobility）与"纪念性"（monument）

"机器"（machine）与"工匠"（mason）

"理念"（idea）与"意向"（image）

3）内与外抗争的持续

对于程式化（formulae）的推翻

形式主义的批判，无论是现代还是新浪漫主义

此次会议不在于个人项目的深入，而是着眼于项目产生的主要问题的讨论，这为人们对思考已久问题的提出与讨论提供了充分的展示平台。图纸、文章、电影、讲座等多元化表达将最终聚焦于实际操作层面实施的必要性与可行性。行动的方向与形式，成为会议的主要焦点，而这也成为日后会议循环讨论的主题。

汉森（Oskar Hansen）与巴克玛的展示被 André Schimmerling 在 Le Carré Bleu 出版。巴克玛写了关于"l'Architecture et la nouvelle société"，以表达对"整体生活"（total life）和"整体空间"（total space）的理解，汉森同样用他在奥特罗会议提出的"开放形式"（open form）的概念对"个体与群体"进行了研究。他在 Bagnols 认为："开放形式的目的在于从群体中找寻个体，在自身环境的形式中确立自身的唯一性。可见社会应当使个体的发展更加完善，需要客观、群体、社会要素及主观、个体要素的综合，而非封闭形式一般强加于形式之中。"

1961 年，1 月 4 日—5 日，巴黎（法国）：Team X 宣言，Team 10 Primer 的准备

组织：Candilis

出席：Jaap Bakema, Georges Candilis, Ralph Erskine, Aldo van Eyck, Alexis Josic, Alison Smithson, Peter Smithson, John Voelcker, Shadrach Woods

简介：

1960 年之后，CIAM 老一辈（Giedion, Gropius, Sert 及 Tyrwhitt）同柯布西耶一起，表述了对 CIAM 失败历程的不满。由此，"十次小组"在 Bagnols-sur-Cèze 与 Paris 集中进行了反馈总结：

1）准备发表物以表达城市与建筑的看法；

2）希望在个体与群体共同合作基础上逐渐明晰思路；

3）希望其研究成果可以面对其他团体或个人的相似问题；

4）需要一个简单明确的交流中心，以应对"人居"问题的进一步讨论；

5）C. I. A. M. 将不再满足 Team X 的需求。

由艾莉森·史密森负责编辑的发行刊物《"十次小组"启蒙》，于一年后的《建筑设计》杂志上作为特别论题发表。她向伦敦会议成员发放了初稿。A3 幅面的精装书籍，包含了"十次小组"贡献的总结、早期出版物、宣言和说明等等。第二个简短的申明是"Team X 的目标"。该论题在伦敦讨论，并作为介绍并入《"十次小组"启蒙》，宣布了一个新的开始。"我们将诱导性视为进入建筑的新鲜血液、模式的理解与感受、意愿、工具、流通模式及社会的交流，因此它代表了现代与现实自身的本质属性。"最后，"十次小组"希望创造"结合技术的作品"（working-together-technique），其目标在于"建筑群体的意义，每一个建筑均是其他建筑自然的延伸，同时将为人们自我价值的体现提供足够的空间。"the Smithsons，Candilis，Woods，Josic，Erskine，Bakema 和 Aldo van Eyck 对此签名，并将此描绘为"现实的乌托邦"。

此次会议，还确立了"核心成员"的结构：Candilis 和 Peter Smithson 是负责人，Bakema 是总体的协调者，Erskine，Aldo van Eyck，Grung，Voelcker，Woods，Alison Smithson 和 Soltan 为参与者。

1961 年，7 月 2 日—4 日，伦敦（英国）《"十次小组"启蒙》主题的延续

组织：the Smithsons

出席：Jaap Bakema，Georges Candilis，Ralph Erskine，Aldo van Eyck，Alexis Josic，Alison Smithson，Peter Smithson，Shadrach Woods

简介：

会议上许多的作品得到了讨论，其中，Candilis-Josic-Woods 的 Caen Hérouville 以及 Hamburg Steilshoop 是他们讨论的对象。Bakema，the Smithsons，and Candilis-Josic-Woods 均参与到了 Hamburg Steilshoop 这个竞赛之中。

1962 年，1 月，多汀霍姆 Drottningholm（瑞典）

诺亚蒙特 Royaumont 会议准备，1962 年《"十次小组"启蒙》(1953—1962) 在 *Architectural Design* 发表。

1962 年，9 月 12 日—16 日，诺亚蒙特（法国）城市基础设施与集群建筑的讨论

组织：Candilis-Josic-Woods

出席：Christopher Alexander，Jaap Bakema，Georges Candilis，José Antonio Coderch，Christopher Dean，Giancarlo De Carlo，Ralph Erskine，Aldo van Eyck，Amancio Guedes，Alexis Josic，Guillermo Jullian de la Fuente，Kishu Kurokawa，Luis Miquel，Brian Richards，André Schimmerling，Alison Smithson，Peter Smithson，James Stirling，Colin St John Wilson，Fernando Távora，Stefan Wewerka，John Voelcker，Shadrach Woods

简介：

此次会议在巴黎北部的修道院进行，该会议可视为对 CIAM 内容的延续，其内容主要涉及城市基础设施（urban infra-structure）与建筑集群（building group）相互之间的作用关系。其中清晰的是"结构"与"建造潜在组织"的交流系统。而不明确的是怎样在现实建筑群体中延续这种建筑组织形式的潜力，一种在基础（infra-）结构之中的上层（infri-）建筑。

1）随着基础设施结构在建筑群体中的延续，结构发展的潜在性得到沿袭，而最终形式呈现开放的未知性（如"茎状"结构即这种理想的意义上的延伸）。

2）"集群形式"（group form）中所有构成元素最终服务于预设的形式逻辑（如桢文彦 Maki 的 Shinjuku 项目）。基本目标均建立于集群的实用性与全面性。由此，"集群建造"概念成为大家研究与讨论的焦点。

如：Candilis-Josic-Woods 的"茎状"概念项目（Toulouse and Caen），Bakema 关于 Split 概念的城堡项目（Spolato），Erskine 在瑞典的专项，桢文彦的"群集"（group Form）理念，Tange 的东京规划等，均可视为群集建造的实例。

会中"城市基础设施"与"建筑集群"的核心与"大量性""密度"关联以及"发展与变化"的主题联系紧密。大多数的成员在自身的研究中融入了这方面的思考，有些人只着重交通，有些则关注于全面的建筑综合体的细节研究。

如 Bakema 展示的 Bochum 大学的作品，被视为独立建筑可延展的综合体，并被比喻为一个可以撕裂的宫殿；凡·艾克拿别·布洛姆（Piet Blom）的"诺亚方舟"解释了他的"树-叶"（tree-leaf）概念图表，以解释建筑与城市之间的相互关联。但遭到了史密森夫妇的强烈反对。后巴克玛说明这种结构呈现一种"识别性结构"（identifying structure），一种不充分的"自由的选择"（freedom of choice）；坎迪利斯和伍兹递交了 Toulouse 与 Bilbao 的大尺度规划；迪·卡罗则展示了米兰外围的发展规划。会中，随着凡·艾克对于"诺亚方舟"方案的提出，逐渐加深了与英国成员之间理念上的冲突与矛盾。

这些乌托邦的展示，在"十次小组"之中产生了质疑之音：建筑师是否有超尺度的控制能力？建筑师能量的聚焦与关注点在哪里？将设计局限于一般性结构的讨论以及在时间的进程中能自主发展的地域性干预之中，是否会导致不同的表述过程中各种误解与偏颇？如布洛姆的细节化复合建筑或 Toulouse-Le Mirail 项目，就很难判断在项目进程与完成之中，居住的居民是否会以一种个人化与自觉方式居住与适应于该综合体。除了尺度本身，也包含了时间与过程的变迁，谁又将承载其中的哪一部分？

此外，另一个集中性问题牵涉讨论之中：怎样将全新基础结构融入存在的肌理之中？史密森夫妇建议在剑桥、伦敦和柏林进行调研工作；Dean 和 Richards 提供了伦敦 Euston Station 重新发展的建议报告；而 Wewerka 则展示了巴黎的"Boulevard Buildings"的设想，用以复苏巴黎的林荫大道。从某一种程度上看，Dean 和 Richards 及 Wewerka 致力于全新城市设计与城市基础设施的整体之中。相比较而言，史密森夫妇则是希望以最小的空间干预介入历史性的城市，以便利日后发展。事实上，他们的"最小"干预根本性造成了对历史街区的极大破坏。伦敦街道研究就是一个很好的实例。

整体看来，这些对于不同方式的结合，总体在历史街区与政府战后对城市的现代化需求之间寻求最终的平衡点。

此次会议"十次小组"将志同道合的学者列为会议邀请对象，并与 CIAM 中建立持久联系的成员如 Miquel，Studer 和 Wogenscky 保持长久联系。从地理范围来看，其影响范围已逐渐扩张至东欧社会主义国家、北欧及南欧：东欧（Hansen，Polónyi and Soltan），斯堪的纳维亚（Grung and Pietilä）及南欧等（Coderch，Correa，De Oiza and Távora）。加上亚洲日本的 Tange，Kikutake，Kurokawa 和 Maki，及代表印度的 Doshi 等。

参与会议的 CIAM 老一辈成员有 Le Corbusier（最后由 Jullian de la Fuente 参加），Charles 和 Ray Eames（非建筑师），Costa（介绍巴西利亚的实践），以及 Louis Kahn 与 Hans Scharoun。两个新面孔是在于来自德国的艺术建筑师 Stefan Wewerka，以及莫桑比亚工作的葡萄牙建筑师 Amancio Guedes（通过来自南非的 Theo Crosby，《建筑设计》的技术编辑，认识了史密森夫妇）。而迪·卡罗经 Coderch 邀请，在组织 Urbino 会议之后，逐渐在"十次小组"中占据主要的核心地位。

1963 年，12 月，法国巴黎，关于 Royaumont 会议的讨论及发表。

1964 年，春季，荷兰代尔夫特，InDeSem 联合设计。

1965 年，9 月 25—29 日，德国，柏林：历史在设计中的意义（理解与过渡设计）

组织：Woods

出席：Jaap Bakema，José Candilis，Giancarlo De Carlo，Ralph Erskine，Aldo van Eyck，Arthur Glikson，Herman Hertzberger，Hans Hollein，Jean Prouvé，Alison Smithson，Peter Smithson，Jerzy Soltan，Oswald Mathias Ungers，John Voelcker，Stefan Wewerka，Shadrach Woods

简介：

该会议可视为奥特洛会议之后"核心成员"的又一次聚会，讨论"十次小组"的特性与规模：哪一种多样化的组合是最可行与最合适的？

该会议除了前一次的名单，还增加了 Oswald Mathias Ungers，Hans Hollein 和 Herman Hertzberger。这个名单表达了一种"必要的不完整与非故意的排他"（necessarily incomplete but not intended to be exclusive）。其中除了 Maki 和 Kurokawa，其他全是欧洲成员。最后只有 15 人参加，包括法国的建筑师与工程师 Jean Prouvé（柏林自由大学的工程师），及以色列建筑师 Arthur Glikson（凡·艾克的嘉宾）。

该会议从某种意义上，为庆祝 Candilis-Josic-Woods 柏林自由大学项目办公室的柏林分支成立而召开。其主要的项目负责人为 Manfred Schiedhelm，1963 年加入了 Free University 竞赛。项目的最后展示在 Hansaviertel 区的 Akademie der Künste。大家对 Märkische Viertel 区伍兹与翁格斯（Ungers）设计的住宅也进行了参观。

会中，Woods 没有发表什么全新言论，他认为这次任务是就大家对现代建筑问题的观点进行信息交流。自由的交流将对各成员大有裨益。相互之间的批判，将有助于大家清晰的认知建筑师的角色和面临的困境。

除了柏林自由大学，还有其他的作品，如 Hollein 设计的维也纳蜡烛店和 Bakema 的阿姆斯特丹 Pampusplan 也受到了大家广泛关注。其中，两件作品最终实施，即赫兹博格设计的阿姆斯特丹工业建筑，和迪·卡罗在乌比诺附近设计的 Collegio del Colle 学生公寓。所有项目均暗合了柏林自由大学提出的主题："发展与变化"。

赫兹博格在工业建筑设计中加入了一些全新混凝土预制的工作单元，所有的形式（柱、梁、板）在混合之后保持了原有特性，并预留了今后持续发展的可能。功能置换与进一步的设计是日后发展的主题。迪·卡罗的项目则是建议相似的学生房间围绕山形，进行扇形分布，以地势较高的中心作为大家共有的舒适中心。由于他对乌比诺地区与山形的研究，使得他的作品受到了大家的好评。凡·艾克对其历史融入的思路与方式大加赞赏。

凡·艾克将他的一个竞赛项目：教堂设计——"天堂的车轮"（the wheels of heaven）带到会场，该教堂是为在 Driebergen 的"教堂与世界"（Kerk en Wereld）荷兰教堂改造培训协会（training institute of the Dutch Reformed Church）设计，揭示了一种多中心的神圣空间在建筑之中聚集的形式。在此，他重新展示了数字美学原则。虽然该建筑没有建成，但是可看做是他在海牙 1974 年建成的 Pastoor Van Ars 教堂建造之前的前奏性研究。

史密森夫妇则是以他们对 Somerset 村落街道的研究，震撼了其他的成员。他们在村落周边的小路建造中，进行现有村落与周边环境质量的研究，并同时提出了一些干预性政策，以保证改善周边的质量。其中包括了新的商业中心、停车场、工业地区，以及低密度的房屋改建。这与迪·卡罗的乌比诺实践极为相似，并以树木、灌木、绿地与各种变化的景观进行分类。

来自柏林的 Ungers 和 Wewerka，集中阐述了他们在已有的柏林传统中进行的传统与现代空间的研究，以尝试更加理性与类型化的方法。Ungers 最后在 Wewerka 与 Woods 的帮助下，由 Bakema 撰写序言，将其成果由柏林工业大学出版。

会议最后，Arthur Glikson 提及了与尺度、大小与复杂性毫不相关的两个基本问题。他认为一些作品在没有正式的框架体系的基础上，在"轻描淡写"中，决定了日后事物的塑型与发展的原则。史密森夫妇、伍兹以及 Wewerka 的作品就集中说明了这个问题。他认为，荷兰成员体系化的形式概念的塑造，将有助于在过渡设计的风险中，将变化融入其中。

1966 年, 9 月 7 日—13 日, 意大利, 乌比诺（Urbino）矛盾的激化与"动"与"静"的关联

组织：De Carlo

出席：Jaap Bakema, Alba Ceccarelli, Giancarlo De Carlo, José Antonio Coderch, Federico Correa, Balkrishna Doshi, Aldo van Eyck, Ignazio Gardella, Oskar Hansen, Herman Hertzberger, Hans Hollein, Charles Jencks, Bernard Kohn, Kishu Kurokawa, Henri Liu, Karoly Polónyi, Brian Richards, Joseph Rykwert, André Schimmerling, Charles T. Stifter, Oswald Mathias Ungers, Gino Valle, John Voelcker, Stefan Wewerka, Shadrach Woods

简介：

1966 年, 迪·卡罗在乌比诺组织了两次"十次小组"会议, 他的学生公寓 Collegio del Colle 的建成, 为该小镇提供了完美的环境塑造。乌比诺会议的主题在史密森夫妇、伍兹和迪·卡罗的提议下为"机动车对建筑的干预", 或者是由巴克玛提议的"都市化进程中的动与静联系"。这次会议的准备, 史密森夫妇与凡·艾克扮演了主要的角色, 巴克玛与伍兹辅助性参与。

1966 年早期, 迪·卡罗收到关于邀请其他人的建议, 认为更多人的参与会大有裨益, 如 Guedes, Hertzberger, Glikson 以及印度的 Balkrishna Doshi 和三名俄罗斯建筑师。他建议有人能在会中提出学院式建议, 但最终造成了凡·艾克与史密森夫妇之间的矛盾。他们担心"十次小组"最终成为 CIAM 形式的翻版。迪·卡罗认为会议不应当"是一个工作集中的研讨会议"（a congress more than … a work reunion）。由此, 史密森夫妇希望迪·卡罗只是邀请与主题相关的学者参加会议, 以此避免参与者的混杂与泛滥。但是最后遭到了凡·艾克的质疑。他认为这种内与外的"标准化"的区分将使"十次小组"毫无前途。

此外, 还有一种观点产生了讨论, 就是是否让历史学家参加会议。这个观点遭到史密森夫妇、伍兹（他不希望历史学家进入）和迪·卡罗（他认为会议中评论家是没有用的）完全否定。他们捍卫"十次小组"原始精神（因为历史学家的加入会改变我们会议的特色）, 他们的观点得到了思想开放的凡·艾克的极大反对（他觉得这些有关历史学家的看法是荒谬可笑的）, 并第一个大力支持邀请 Joseph Rykwert 参会。凡·艾克写信给迪·卡罗并使 De Carlo 改变了主意, 他认为："我们的观点必须是批判的、包容的, 并不是狭隘的、排外的……由此, 这对于主题的控制不是问题, 那些有意并有能力涉及这些主题的人们理所应当应该向前发展, 那些反对者则应当依据自己的判断作出自己的贡献, 这是我们唯一可以做的事情"。

被争论弄得疲惫不堪的迪·卡罗告诉其他的成员, 凡·艾克的观点应当被接受, 他写信给史密森夫妇说所有问题应当被整理清楚。史密森夫妇起初邀请四名英国建筑师以及一名历史学家一同参会（Gowan, Nelson, Banham 和 Brawne）, 但最终他们不顾凡·艾克极力要求, 决定不参加这个会议, 他们只是发来了一段简要的声明并在公开的会议上进行了宣读, 其中说道："我们不是一个没有统一观点的团体。"

最后, 大约有 30 人参加了会议, 无论他们是否是一个团体, 整个过程像以前一样的活跃与强烈。具体的细节由他的年轻的助手起草, 被记录在迪·卡罗的文章中, 在 7 天的会议当中, 大约有 25 个正式会议召开, 经常是早上 2 个会议, 下午 2 个会议, 晚上 1～2 个会议。展示与集体对作品的讨论会伴随着短片和纪录片同时进行。周日, 他们会到乌比诺郊外进行旅行。凡·艾克提出的建议有一部分人赞同并着手准备, 一部分人则采取了逃避的政策。

Urbino 会议标志了"十次小组"转变阶段的巨大危机。在一些记录中, 记录了一条在 Team X 成员之间在第三天下午三点秘密会议的消息（最初是意大利文的）：在 Hans Hollein 进行了一个与出题毫不相干的讲演（维也纳银行）之后（这仿佛在 Team 10 之中还有另一个 Team 10 一样, 比其他的更加像 Team 10）, 第二个选择性的秘密会议在最后一个晚上举行。实际上, 乌比诺事件已经成为"有幕后工作的社会事件"（就伍兹的解释）, 基于史密森夫妇的强硬态度, 整个小组都在就此进行讨论, 而且, 从迪·卡罗随后 2 月带去巴黎文件中可以看出, 争论在 Urbino 就已经产生了。他非常犀利地指出并产生了疑惑："我们是

384 现世的乌托邦

否应当跟着 Team 10 继续走下去或者应当结束了。"就在会议召开前的几个星期,8 月初的一封信中,伍兹将他的想法写给迪·卡罗,将他带出了失望的边缘:"你不要对十次会议感到失望,成熟的过程是不可避免的,我们应当理解这点,我们已经变成了老年的一代,我们的会议已经逐渐地变成社会事件,可以将一些琐事在幕后准备中进行磋商,我很高兴在这种情况下你已经邀请了很多人参加会议。"

1967 年,2 月,法国,巴黎,信念的重申:一个政治化的会议

组织:De Carlo

出席:Giancarlo De Carlo,Alison Smithson,Peter Smithson,John Voelcker,Shadrach Woods

简介:

乌比诺会议在"十次小组"中产生了深度危机。包括组织乌比诺会议在内的迪·卡罗的核心成员,对分裂状态表示失望。而巴克玛则独自表达了对议程的满意。这激发了巴黎的内部聚会人们的重新评估,并出版《信念的重申》(Restatement of Convictions)。艾莉森·史密森收集了来信、评论及文章,并于次年将其编成新导论,收入《"十次小组"启蒙》之中。

《信念的重申》有两个很明显的影响,第一,就像 Erskine 在信中介绍,Team 10 成员不再扩大范围进行讨论,而只在现有的范围内,像家庭会议一样进行。这样可以确保总体一致的观点。迪·卡罗认为"十次小组"已经成为相对比较稳固的团体,这也正吸引非有关人士参与会议;第二,世界上不断扩张与加剧的社会抗议影响下政治立场的明确。这对其成员在美国大学的访问与讲演及对福利国家项目设计委托的经历中得到的推动,特别在建筑及校园综合体中有所呈现。在此,世界的问题仿佛构成了建筑师工作意义的必要前提。

通过了对美国的访问,巴克玛写道:"模板机器的喧闹声到处都是,频繁的报道有许多亟待解决的问题在外围徘徊,校园里的问题并没有解决,并在学生的聚会中来到了访问教师那里。设计学院应当涉及那些没有解决自己问题能力的人群。那些人通常比较贫穷,我们应当前往那些廉价住屋,去研究应当怎样帮助他们。我们应当靠近那些关键点,因为这会给问题带来答案。对于廉价房屋的问题,在解决的过程中,高密度环境的创立,是解决整个地球上城市问题的解决方式。"

艾莉森·史密森崇尚"全球眼光,区域行动"(think global, act local),而对学生激进主义热衷的本性,她说道:"尽管在剑桥学生用沙堆堆成狭窄的欢乐街道,抵挡车辆的进入,使生活变得自由,重新经历并松弛下来,但为越南问题在剑桥游行示威是一个令人惊讶而不成熟的政治闹剧。这种运动不可能真正改变世界的生活。"

她继续写道:"如果我们考察一下我们在英国的现状,我们必须站在一个普遍性的政治立场,即:为我们的生活作出选择的福利国家是否正限制了我们的生活模式。没有自由的选择,官僚机构成为一个没有生气的负荷,在此政治/规划/官僚机构将被局限于特别庞大管理机器的处理系统之中,从而与社会诚信的重新建立相抗衡。我们被牢牢地锁在与福利机构徒劳的斗争当中,与 1914 和 1918 的战争相类似。在简单日复一日的层面上,无用的挣扎显得毫无价值,浪费时间。只会在官僚权力与行为之间的摩擦逐渐减小的过程中,可利用的潜力才会得到应有的发挥。"

同样,伍兹也写道:"我们正在等待什么? 等待神奇的武器装备下的新一轮的武装进攻? 这些通过空气传播的讯息是否会通过神奇的晶体装置被我们获取,并深深根植于我们原始的住区之中? 我们的武器变得越来越成熟,我们的房子则越来越简陋,这就是发达的文明社会最终的决算表? 我们为什么要等待?"

尽管有清晰的分析与意识形态的批判的重新评价的存在,其结果还是导致了"十次小组"分歧的产生,一些成员原本认为福利制度作为英雄式的社会事业是值得支持的,现在他们却在对其文化与专制的特性进行批判。同时,他们却也正在福利制度的国家中从事着巨大的委托项目,比较著名的有 Toulouse-

Le Mirail 的城市扩建发展研究和 Robin Hood 花园居住区的建设。

1968 年，艾莉森·史密森编辑的《"十次小组"启蒙》修订版在 MIT 出版社出版。

1968 年，5 月 30 日—7 月 10 日，意大利，"米兰三年展"，"大量性"问题的讨论

参与展览：

De Carlo：年轻人的抗议(the protest of the young people)

Aldo van Eyck：蝴蝶的哀悼(mourning the butterflies)

A./P. Smithson：城市的婚礼(wedding in the city)

Woods："大量性居住"新概念下城市结构的转型(the transformation of urban structure through the new conceptions of the "habitat of the greatest number")

简介：

1968 年 5 月 30 日"米兰三年展"开幕。预定闭幕式间是同年 10 月 10 日。伍兹、史密森夫妇，凡·艾克和迪·卡罗，其中迪·卡罗主要负责"三年展"的编辑工作。

六周的展览为艺术家与学生提供了自由言论的舞台，也带来了一定的骚乱，房屋墙面遭到了尽情的涂鸦与损毁。展览与活动期间的照片被许多人关注，目录、报纸文章与宣言的影响远大于其展览与参观的原本特性。这个展览在警察的保护下，于 6 月 23 日再一次地公开举行，这也导致了对展览负责的"三年展"执行委员会的解散。

作为展览的指导，整个进程概要在 1965 年国际成员代表大会上做出了第一次讨论，并在 Centro Studi della"三年展"中得到了发展，并最终由两个分支会议加以明确。其中成员包括建筑师迪·卡罗，理论学家帕斯夸里·莫瑞诺(Pasquale Morino)教授，雕塑家卡罗·润马斯(Carlo Ramous)，建筑师阿尔贝托·罗塞利(Alberto Rosselli)，阿尔布·斯坦纳(Albe Steiner)，马可·扎努索(Marco Zanuso)教授，和建筑师阿尔多·罗西(Aldo Rossi)(最后退出)等。不可否认迪·卡罗在展览与辩论中充当了十分重要的角色，他积极地与抗议者进行着斗争，并在展览开幕的前几天内调整了"三年展"的局势。

在以"休闲"为主题的第 13 次会议与"趋势"为主题的第 15 次会议之间，1968 年的第 14 次"三年展"的主题是"大量性"，也是"十次小组"的典型话题。这次展览承认机器与工业时代的"革新力量"在本世纪早期被融入了先锋派思潮，但发展的初始动力已经耗尽，"今天，我们从实践中得知，机器与工业主义不仅不能驱除阻挡和谐社会道路的邪恶，且不具备将建筑与产品赋予神奇魔力以改造不良环境。实际上，除了一些有益的收获之外，他们同样产生了一些异常事件，危及了我们的环境，而且比以往来地更加得迅速与猛烈。"这个展览的目的在于宣扬"大量性"的主题，以明确与各种空间组织与形式相关的普遍与特殊目标，并通过强大的有利手段加以审视。该主题探究了与形式与类型相关的问题，包括"城市设计的新尺度，大规模生产，社会团体新行为，逐渐增加的灵活性、迅速退化以及物质本体探究的新道路"。

对于"十次小组"而言，第 14 届"三年展"会议提供了对主题重新审视的机会，并提出了一些全新的调查方法和问题设想。伍兹和乔吉姆·费法尔(Joachim Pfeufer)在沿袭早期 CIAM 和"十次小组"线路基础上对栖居的问题继续讨论，直袭城市规划与设计的政治层面，并随之以"都市化是每个人的事情"(urbanism is everybody's business)为题出版。

除了意大利，一些其他国家也进行了展示(尽管苏联、中国、印度没有被展示)，而且不少部分被专项委托研究，这是第 14 届"三年展"中比较重要的成果。其中包括对错误与信息的介绍(由 De Carlo 助理完成)，"领域的大型转变"(macro-transformations of the territory)(矶崎新 Arata Isozaki)，"自然环境的转型"(transformations of the physical environment)，"都市服务改变城市"(the transformation of the city through urban services)(Romualdo Giurgola, Peter Black, David Crane, Don Lyndon)和"大数量的生产"

(George Nelson)等。此外，还有一部分由 NER 组织（来自苏联）进行研究，另一部分由"建筑电讯派"研究。

其中最重要的和最有趣的部分是：专注于都市事件概念的改变（Hugh Hardy，Malcom Holzman，Norman Pfeiffer）、"景观夜曲"（nocturnal landscape）（Gyorgy Kepes，Thomas McNulty，Mary Otis Stevens）、"大尺度与小尺度的相比较的重要性"（Aldo van Eyck）以及史密森夫妇的"都市装饰"（urban ornament）。Aldo van Eyck 始终强调"非相关"元素中"大量性"文明的重要性，例如自然环境、次要物品、非连续性生产、想象中的自由和梦幻等。史密森夫妇则调研了城市的主题以及事件影响下的转变（城市中的婚姻等），或者是看不见的装饰（从高空的留痕到小汽车、马匹、降雨以及季节等）。

这些对历史环境重新评估和建筑形式的探索，提供了对展览中各种事件的重要诠释。其中备受瞩目的"年轻的抗议"（protest among the young），由迪·卡罗、电影导演马可·贝洛奇奥（Marco Bellocchio）以及画家布鲁诺·卡罗素（Bruno Caruso）组织与设计。该展览设计于一个真实的事件之后，即：在一个铺满人行道砖、路障以及站满年轻指示者的法国街道，布满了"米兰＝巴黎"和"巴黎歌剧院＝米兰三年展"的旗帜，表达了米兰抗议者的思考，而另一个声音："三年展不是巴黎——可耻的虚伪者"批判着迪·卡罗在这次展示当中的"虚伪"。

"三年展"的组织，批判"普通"，也攻击对"大量性"问题的革新。实际上，职业者与评论家真正目标是"三年展"的制度角色。在危急时刻，"三年展"不得不再等待多年去赋予新的展示。迪·卡罗希望将反对者融入机制的重新组织中从而进行富有成效的讨论。

1970 年代

1969—1977 年，乌比诺危机之后，决定性的转变见证了"十次小组"会议重归"家庭式"的会议模式，开始重新建立紧密关联。1971 年 Touleouse-Le Mirail 会议、1973 年柏林自由大学会议及鹿特丹会议中，大家对建成项目进行了集中讨论，并同时对其职业作用与福利社会的理想进行进一步讨论。凡·艾克、巴克玛以及 Erskine 项目中的居民参与及周边城市环境更新的相关辩论，为"十次小组"实践带来了全新契机。

后现代主义运动的发起在小组内产生了巨大分列式影响。其中主要案例即小组内部与翁格斯的争辩。作为"十次小组"积极的参与者，翁格斯在美国康奈尔大学组织了著名的"十次小组"讨论会，继而凡·艾克写信表达了对其不满，并认为翁格斯已脱离了"十次小组"的既定轨道。

此外，后现代主义的兴起也促使"十次小组"作为一个整体在公众场合宣扬自己的思想。其中 1977 年的 Bonnieux 的会议以及 IBA（Internationale Bau Ausstellung）Berlin 的参与正表达此。此外作为交流的平台，迪·卡罗在 1970 年代后期建立的 ILAUD 夏季学校以及 Spazio e Società 杂志成了建筑教育交流的平台。

1971 年，4 月 9 日—12 日，法国，Toulouse-Le Mirail 福利社会的质疑（重复：重申对政治环境改变的态度）

组织：Candilis

出席：Jaap Bakema，Georges Candilis，José Antonio Coderch，Giancarlo De Carlo，Ralph Erskine，Aldo van Eyck，Amancio Guedes，Alexis Josic，Reima Pietilä，Karoly Polónyi，Brian Richards，André Schimmerling，Alison Smithson，Peter Smithson，Jerzy Soltan，Kenzo Tange，Oswald Mathias Ungers，Stefan Wewerka，Shadrach Woods

简介：

在 Candilis-Josic-Woods 赢得 Toulouse-Le Mirail 新城拓展规划设计的十年之后，"十次小组"成员在

Toulouse 聚会并进行参观，以此检验被实施的"十次小组"思想的时效性与局限性。史密森夫妇建议，作为习惯，提出会议主题为：重复（REPETITION）。

会议应当解决"重复"的问题。例如：

1）当我们可以非常轻松地使物体批量化的时候，我们如何失去了"重复"作为形式技术的内在意义？

2）总体说来，工业化下的房屋建设与人工建造在哪些方面具有差距？

3）重复的系统有哪些限制性的标志？我们如何重新获得形式意义，也可以完成更多的建造实践？

……

Toulouse-Le Mirail 并不是那个时期唯一能够实施的大型项目。1972 年，经过了 10 年的规划，巴克玛工作室（Van den Broek 和 Bakema 建筑师）的 Leeuwarden North 和 Hool 项目同样建成。同年，史密森夫妇的罗宾汉花园（Robin Hood Garden）项目也同样完工。这些项目均是 20 世纪 50 年代，批判战后重建过程中开始的项目，并在 60 年代开始实施，经历了集中的福利制度下，建造矛盾性显现的时期。

会议前不久，这些矛盾又在坎迪利斯的信中作了强调，并在他担任此项目负责的建筑师的 10 年后，宣布他从该项目退出。由于现任新当选市长同意保守派对于该项目意见，从而反对该项目继续进行。由此坎迪利斯提议讨论一些关于"政治因素的改变对于我们工作影响的问题"，他在信中总结："为 2 万人服务的设施将要完工，这将为我们带来客观的评论，并以此分析实践的效果，我觉得这是唯一的机会去看待他们在残酷与复杂的过程中出现的问题，以此坚持一个强硬的立场。这对于我们'十次小组'来讲也是实施自己目标的机会，在这个批判的年代里，我们需要你们。"

1969 年在史密森夫妇家里召开的非正式会议中，矛盾已经明朗化，根据巴克玛的描述，会议主要围绕参与、共享与"开放设计"的概念展开，这次会议可视为图卢斯会议的准备会议，随着 Leeuwarden North 以及法国南部坎迪利斯设计的度假村（recreational villages）这些在福利制度下产生的项目的兴起，迪·卡罗，Erskine 以及巴克玛也各自展示了方案，包括 Rimini，Newcastle-upon-Tyne 和 Hamburg-Mümmelmannsberg 地区的住宅区，Candilis 和 Soltan 也提供了对于建筑教育的供选择的模式以及相互之间调和方式的建议。

尽管从"十次小组"自身背景看来，时常选择团结反对者，但基于学科社会地位的重新评估，建筑师的作用，以及他们努力结果所带来评论可见，他们将逐渐面临对各种形式的批判。1968 的米兰并不是"十次小组"仅有的一次面对矛盾困境的时刻，法国 1968 五月运动（uprising of May）中，坎迪利斯遭受到了同样的批判困境，在那里，身为 École des Beaux Arts 建筑学教授，他只能十分沮丧地面对学院关门的困境，巴克玛和凡·艾克，同样身为代尔夫特技术大学的教授，被谴责为"资本主义的走卒"，尽管他们已经竭尽全力力图使建筑系内部决议民主化。

在乌比诺以后 5 年的图卢斯，成员仍旧迎着这种困难的形势，在此集会，所有的核心成员均携卷参加了这次会议，这次会议没有收获太多的形成资料，即使一些参与者幸存下来，但仍旧很少提及那次会议。从一些集体照片和彼特·史密森拍的照片来看，除了一些坎迪利斯公司的新成员之外，准备下次参加会议的成员也参加了这次会议。意外的是丹下健三参加了自奥特罗会议以来第一次也是最后一次会议，而"十次小组"也基本形成家庭式的组成形式。

1972 年 John Voelcker 去世

1971—1972 年纽约伊萨卡（Ithaca），"十次小组"在康奈尔大学

1971—1972 春季与冬季学年，在纽约伊萨卡担当教授之职的翁格斯在纽约伊萨卡岛的康奈尔大学组织了一个非常广泛的"十次小组"讨论会。他邀请"十次小组"的 12 名成员，以一种接力的方式共同辅导

4～5年级学生的课程。其中巴克玛辅导了不少于6周的课程，Polónyi辅导了4周，Pietilä辅导了6周，而其他人则在Cornell度过了1—2周。由于计划的安排，每次至少有2名成员可以自由活动。

总体说来，"意识形态"成为该学期中一个主要话题。大家在讲座中得到了相互交流，由此触及了一些主要的社会的话题，例如越南战争、冷战和环境污染等。"十次小组"成员就此给出了相关现代建筑的传统性与其自身设计实践的关联，并着重于设计工作室中与学生之间的交流与互动。

其间，彼特·史密森以题为"作为城镇房屋的建筑——另一种意义上的缓慢发展"的报告，列举了一系列传统国家技术革新、城市更新，还有由此涉及的城市规划前提等。伍兹介绍了他的工作在"十次小组"会议中的影响，以及"十次小组"看待建筑与城市规划之间关系的方式，并宣称："'十次小组'已经更加导向于建筑的城市元素，而非城市的建筑元素。"然而，大多数讲演致力于社会政治问题的讨论，及多样性含混的系统建筑，建筑与城市规划实践过程中相关技术和社会科学。巴克玛竭尽所能作进行了不少于14场的系列讲座，他所讨论的问题广泛涉及了"建筑化城市"（architecturbanism）、奥特罗会议事件以及俄国构成主义历程等。这些他都在几年前与代尔夫特大学的学生有所交流。在他的讲演中，关键的内容包括"关爱替代开发"（exploitation of existence replaced by "care for" existence）、"设计中的方法论"和"调制＋分区制、开放决策的过程"。

1973年，4月2日至4日，德国，柏林：矩阵论坛 ——柏林自由大学讨论

组织：Woods和Chiedhelm

出席：Jaap Bakema, Georges Candilis, Giancarlo De Carlo, Aldo van Eyck, Amancio Guedes, Guillermo Jullian de la Fuente, Brian Richards, Manfred Schiedhelm, Alison Smithson, Peter Smithson, Jerzy Soltan, Oswald Mathias Ungers

简介：

"十次小组"内部成员于1973年在柏林自由大学和伍兹与Schiedhelm的办公室内举行了本年第二次集会。该会议正值自由大学竞赛第一阶段完成十年后的最后总结。虽然他们是项目的负责建筑师，但由于伍兹于1968年开始在美国工作，因此只能在空闲才能参与设计的实施工作。由于他疾病缠身，并于1973年前几年诊断出癌症，因此无法参与会议。

会前史密森夫妇向大家发出邀请，建议会议主题为"写下我们在科威特毯式建筑中的感想"，并讨论打击为什么这么久之后才能在自由大学会面，"矩阵"（或格网）作为一种概念和组织原则，以主线贯穿有关工程与思想观念的讨论。

伍兹在会后几个月内逝世，在他生病期间，磁带记录使他能够不断地获得对于他建筑的最新评论与讨论结果。他以幽默的方式以一首小诗来表达他的对于这些建议的愤怒（最后的录音，1973年4月4日柏林）：

I really feel I must decline

To clutter the streets with overdesign.

A door that is more than a door is much of a bore（except to the Dutch）.

An unroofed space with grass, a tree,

lightwell? courtyard? wait and see!

The intellectual grid is all in your head.

But people（& pipes）need direct routes, instead

of so much indeterminate art,

in which building is clearly to be the last part.

Enough pretentious verbiage（自命不凡的空话）& fraud（欺骗）& perversity（反常）

A modest recommendation：

When next in Berlin, go and see the university.

这些主要是对柏林自由大学材料设计，及在设计过程中作为设计组织原则的网格及矩阵功能讨论的回应，该原则由史密森夫妇首先提出，但会议录音没有对他们是否将科威特城市的"示范式建筑"(demonstration building)带到大会上来讨论表示清楚。虽然这是与自由大学完全不同的秩序原则，但迪·卡罗与凡·艾克均对这些项目中赋予的秩序原则进行了批判，主要涉及这些项目中网格系统表示的结构系统，及由此表达的空间与规程化进程。

迪·卡罗认为矩阵或者是网格是一个知识的建构——一个抽象、概念的模式。虽然这的确是对于材料、空间、各自之间的程序以及他们各自之间的逻辑的组织非常有益，但这个抽象的模式并不适合决定结构形式和空间构成。

凡·艾克对自由大学的评论主要集中于空间概念在结构系统中的次级地位。从他看来任何对于立面上的清晰诠释与定义（立面设计、内部墙体和门口），看上去都已消失，空间也形成连续的流动空间。他提到的院子功能更像是一个采光天井，而非意向中的院落。对于立面的细部，面向院落的立面与面向外面世界的立面具有同样的特征，最后，一些防火门划分了内部街道，但却没有任何视觉设计上的处理，从而对公共空间的划分产生显著影响。会上，凡·艾克以荷兰 Deventer 市政厅设计竞赛的展示，说明现存城市结构下所赋予的现状、尺度及方向展示了这个城市礼堂自身的空间组织与形式。而其最终的矩阵中的结构网格来源于空间的概念。

史密森夫妇同时也认识到这些不足的存在，但他们认为自由大学给我们的乐观大于悲观，因为他们"创造了一种建筑的语言……一种可以生长的工业化的建筑，也只有这样才可以弯曲，小心翼翼地顺着并走进内部街道，就像在英国小镇 Bath 中的古典建筑元素一样，可以支撑小镇结构和新感知。"

此外，迪·卡罗认为矩阵或网格是一个知识建构——一个抽象、概念的模式。虽然这的确对材料、空间、各自之间的程序及他们各自之间的逻辑组织非常有益，但这个抽象的模式并不适合决定结构形式和空间构成。他在意大利海边城镇 Rimini 重建的研究中利用抽象网格模式及现存城市结构方向为主导，抵消现存城市范围的模糊性与随意性。在这个格网的叠加中，被提议的单轨列车车站作为活跃节点，在没有开发的土地上安排线性紧凑的低密度，结合整个网格尺度，精心安排每一个细节，延续整体逻辑。而他对 San Giuliano 邻里住宅中的格网系统设计尤为关注，由此形成一套可变的建筑系统，便于居住者在今后改变和延伸他们的住宅。

另一个值得提到并作出贡献的是朱利安·德·拉·富恩特(Jullian de la Fuente)，他是自 1962 年 Royaumont 会议以来第一次参加，他所展示的是威尼斯医院的最终版本。该项目最初在柯布西耶工作室开始，并于 1965 年柯布西耶逝世之后在 De la Fuente 得到发展。在他的展示介绍中，对威尼斯医院影响最大的是布洛姆的"诺亚方舟"(1962 年)及自由大学竞赛的发展，而他也曾亲自参与过自由大学的设计。

坎迪利斯是唯一不说英语的参与者，他在展示 Lima 的 Barriades 设计时，该项目受到了其他参与者的众多批判。一方面，他认为该设计提及了发展与改变，但是没有真正地被允许与激励。另一方面，这种被极度限制的项目没有触及 Barriades 和居民遇到的真正问题。

1973 年 Shadrach Woods 去世

1974 年，4 月 4 日—11 日，鹿特丹 Rotterdam（荷兰）建筑责任：面向消费社会

组织：Bakema

出席：Jaap Bakema, Georges Candilis, Giancarlo De Carlo, Aldo van Eyck, Herman Hertzberger, Reima Pietilä, Brian Richards, Manfred Schiedhelm, Alison Smithson, Peter Smithson, Oswald Mathias

Ungers，Stefan Wewerka

简介：

1973 年夏季鹿特丹召开的会议被伍兹去世的消息所笼罩。史密森夫妇归纳会议的主题为：伍兹逝世后，"十次小组"思想含义及留给我们的建筑责任。

会议由巴克玛工作室组织完成，据录音机记载，讨论一般在他办公室楼下的 Posthoorn 大街上的"商店"中进行，许多来访者均对巴克玛的建成作品进行了参观，特别是他在 Terneuzen 做的市政广场和 Middelharnis 的精神病门诊部。此外，大家还参观了凡·艾克在海牙的 Pastoor Van Ars 教堂和赫兹博格在 Apeldoorn 的 Centraal Beheer 办公楼等。

本次会议讨论始于伍兹重要思想汇编成书的事宜，但该书一直没有正式发表，主要由他身后发表的另一本 Man In the Street 所耽搁。之后参与者把讨论重点转到建筑师如何合作的问题上来。其中包括"十次小组"内部及 Candilis-Josic-Woods 内部的实践。坎迪利斯非常慎重地对待了这个话题，特别对 1960 年代之后出现的不同途径，他说明与 Josic 和伍兹共同对项目理念责任，其中明显的不一致只出现于早期的合作之中。总体看来是每个合伙人各尽其责共同完成的结果，不存在突发的"哲学家的诞生"。此外，他还声称自由大学概念来源于 50 年代早期在 Morocco 已经实现的项目中。"与 Shad 在 Morocco 的时光里，我们开始为提升地位寻找特殊地位的灵感，当然，这种特殊的概念受到了 Marakesh 的 Soukhs 的影响。"设计之中，通常有两个特性同时存在，即"自发性"（spontaneity）与"多样性"（diversity）。就如同城市主要"街道"与"骨架"一样具有灵魂。

坎迪利斯和伍兹之间的重要区别在于他们对于技术的看法。坎迪利斯发表了对于自由大学立面系统问题的困惑。他认为总体设计到完全细致设计的转变十分突然。就他看来，需要一个中间调节的步骤，并在大学各系之间应由指示与颜色加以区别，技术与材料的功能上的不同建议应通过与使用者的交流提出。坎迪利斯认为这样已将最坏事情做到了最好。这种系统最初是由 Prouvé 发展而来的。在 Toulouse 用钢筋混凝土建设而成的大学建筑相对而言没有遇到这样的问题。

参观巴克玛设计的小镇礼堂和赫兹博格的办公建筑为社会与政治发展以及改变建筑师的地位提供了长谈的基础，艾莉森·史密森认为 Terneuzen 的小镇礼堂是一个具有传统风格的建筑，是为过去年代设计的。在她看来，为"自由"社会所设计，是战后民主福利制国家的特征，一种基于人与人之间、人民与政府之间相互的信任存在的标准。基于"劳动形成社会"的用户至上观念的提升已经破坏了人们相互之间的信任，作为荷兰自由社会传统的标志，她引用了 Pieter de Hoogh 的绘画加以说明："接着小镇的礼堂的第二件事情，也就是如果你看一幅 Pieter de Hoogh 的绘画，材料和财产中的喜悦和质量，屋里屋外都是绝对相等的。"

对于赫兹博格的建筑，大多产生更多批判的声音，其讨论在他缺席时候展开。由此没有受到争论与挑战。总体意见在于 Centraal Beheer 总部过于急切地面临新的消费社会。依据彼特·史密森的想法，这将逼迫你一遍又一遍地要求建筑师为使用者提供所有的可能性："在赫兹博格的建筑里，任何事情均成为了展品，所有的目标在阐述一个问题：你必须消费。"

对凡·艾克教堂，来访者意见不一，在教堂内部为"十次小组"拍照片的 Sandra Lousada 回忆道：在来访者踏入教堂的一瞬间时大家第一次陷入了寂静。

1974—2004 年乌比诺，锡耶纳，圣·马力诺和威尼斯：ILAUD

在 70 年代中期，迪·卡罗主要发起两件事情，其一，创建了《空间与社会》（Spazio e Società）杂志；其二，成立了 ILAUD（国际建筑与城市研究室 international laboratory of architecture and urban design），这是一个欧洲和美国大学的团体组织形成的国际 workshop。随着两样行动的开始，De Carlo 希望奠定通往建筑不同途径的基础，人们可以去探寻结合地域、参与和再利用的问题。

国际建筑与城市研究室（ILAUD 或 ILA & UD），于 1974 年在乌比诺大学成立，该"研究室"涉及自然环境的改变，并尝试将研究带入全新设计技术与方法中，从而促进来自不同国家、不同大学的老师与学生之间的文化联系与交流。该研究室的主要活动中心是乌比诺，但也有计划迁往别的城市，其官方语言是英语，并提供在一年中不同大学的一系列固定活动，及夏季"研究室"与工作室，以便教师、学生参与一些主题项目。

研究室在全年发行海报，予以保持学校之间的联系，交流各自的研究项目与实践。1976 年第一个夏季，研究室活动于 9—10 月在乌比诺举行，有来自 MIT、巴塞罗那、苏黎世、奥斯陆、鲁汶、乌比诺的大学教师与学生参加，从成立到 2003 年，每年都有在乌比诺、锡耶纳或圣·马里诺举行，其间 1997 年后转向威尼斯。ILAUD 全体成员来自 30 所欧洲与美国的大学，不同的时代，研究室的主持者基本都是迪·卡罗，由 Connie Occhialini 为助理。至此，大约 1000 位学生，在各自学校系科成员的陪同下，参与了活动。

虽然研究室言论、观点、比较均十分自由开放，但其核心组织仍旧是"十次小组"的成员。坎迪利斯，Erskine、凡·艾克、巴克玛、赫兹博格和 Pietilä 均以各种方式参加了会议，迪·卡罗和彼特·史密森也一直贯穿始末，但后者显得比较低调。迪·卡罗制定了讨论和研究的主要方向，彼特·史密森则每次活动（直到 2002 年）介绍一些比较次要的项目，包括通道、塔、路径、小路、次要建筑、树、停车场等。ILAUD 与"十次小组"联系不仅在于迪·卡罗与史密森的对话，而且还在于它的目标和意图。ILAUD 实际可视为迪·卡罗对"十次小组"另一平台的再现，并注入全新声音，包容 CIAM 精神延续与"十次小组"理念的灌注。艾莉森·史密森在"十次小组"与 ILAUD 之间的关联说明中指出，1966 年 Urbino 会议扩大的邀请会议成为 ILAUD 成立的序曲。

当然，组织团体的建设会面临许多问题：首先，ILAUD 的建设，是 De Carlo 建立的一个多重联系的开放性项目：以单一排他性、形式主义以及单一目标，力图探究一种新的设计手段，争取设计中不同的表达形式。关于参与与重新利用的话题最初由 De Carlo 提出并进一步得到发展，该论题及时导向对自然环境的解读行为。虽然该小组没有提供对固定老套的形式及手法的最终定义，但在较为广义的范围内，对于"文脉"的特殊关注，形成了 ILAUD 较有趣的成就。他们以"社会转化在自然空间留下了明确的印迹"为主要导向，解读"确立自然空间的标记，将它们从各层中抽取出来，在系统中秩序化后，进行重组"。这对我们今天来看也是十分重要的。

当然，这些解读形式的实施，必然以设计手段为基础，展现过去，展望未来。对于不断面临的社会现实问题的复杂性，研究室以"实验性设计"（tentative design）加以应对——一种超越特定建筑研究的多种可能性的研究。这种研究性的设计，从反复试验与错误论证中得到解决的途径。其中平衡与不平衡状态的维持与破除，在保持基本性质前提下，以不同程度的实验性改变，获取全新不同层面的平衡。

此外，ILAUD 政治上与思想上的预想，在最初原则的声明中就已经得到阐述，有时在会议和讨论中重新拿出来讨论，一些无政府主义者如 Danilo Dolce 和 Colin Ward 也加入讨论。迪·卡罗在 1991 年 9 月夏季研究室闭幕致辞中总结了 ILAUD 的计划、目标和取得的成绩。讨论了柏林墙的倒掉，回顾了他的无政府立场，以及他对所有开发形式的反对意见，并逐渐关注已经过去的"共产主义"的热情（他曾经比较反对共产主义的独裁）。他认为"共产主义"的消亡，将导致社会的弊端，并通过强权失去政治的自由。价值与热情的消失促使迪·卡罗建立全新建筑信条：各种风险使价值危机变得逐渐显著，并时常踌躇挣扎，唯一留下足以信赖的结构是自然的地域空间，人们可借此继续发现过去的印记与未来的征兆。

1976 年，6 月 2 日—6 日，意大利斯波莱托（Spoleto）"对历史意义的回顾"

组织：De Carlo

出席：Jaap Bakema，Giancarlo De Carlo，José Antonio Coderch，Aldo van Eyck，Amancio Guedes，

Brian Richards，Alison Smithson，Peter Smithson

简介：

乌比诺会议之后十年，迪·卡罗在意大利 Spoleto 组织了第二次"十次小组"的会议。会中他展示了两件具有代表性的建成作品，即 Terni 的 the Villaggio Matteotti（新粗野主义）和乌比诺教育学院的新教学楼设计，并希望通过这两个项目引导大家进行实地考察旅行，来进行会议讨论。起初大会建议 2 天在 Terni，2 天在 Urbino 举行。但由于巴克玛的心脏问题当时仍接受着药物治疗，如要保证其参会，会议周边要有冠状脑血栓研究室，因此设施齐备的 Spoleto 成为大会最终的地点。巴克玛的状况深深触动了迪·卡罗，他写道："我不能想象'十次小组'会议没有你将会怎样。"当然，简化组织过程，选择一个独立的位置进行会议开展，也是另一个比较重要的理由。

通过对迪·卡罗相应的成果判断，Spoleto 会议完全不同于造成分歧与冲突的乌比诺会议。一开始与 De Carlo 联系的人员有 16 人，但最终只有小部分成员参加，没有建筑历史学家和评论学家参加。其中一张 10 人坐在一张桌子周边的会议照片经常重复发表。其间，一些其他人员也零星参加了会议。这仿佛回到了"十次小组"会议作为工作小组的初始阶段，没有任何的公众喧闹，仿佛是一个完全私人的聚会，包含了许多非正式的小组精神。同时，一些没来参加会议的成员也能够很快从迪·卡罗发给 Reima Pietilä（他不能来参加）的短小消息中感受到这种氛围。信息中写道："相比较最初的'十次小组'传统，此次会议通过一个耐心而丰富的争论获取真正的结果，且没有像以前一样有最后文件。"同时，他对史密森夫妇写道："'十次小组'会议小到就像是好朋友见面，而优秀的建筑师就是在这样的争论环境中成长起来的。"

我们从迪·卡罗 捆 80 页手抄本文档可基本了解"十次小组"的工作会议及讨论怎样进行。不幸的是这些只是一些早期的草稿，包含初步的修改和手写段落。还有一些间隔空白，有时还夹杂比较蹩脚的英语，很难抓住其中的主要内容，由此使讨论的线索消失。从这些迹象表明，他们并不准备将这些讨论结果进行发表。

此外，在介绍主题之后（有关"过去"的意义，这是由迪·卡罗提出的开放性话题，这在史密森夫妇文章的空白处有所记录），这些打字文件有一些空白处，表明讨论与介绍曾经被打断过。毫无疑问当时讨论得非常激烈，而且有不同的论点。当打印稿继续下去的时候，我们看到的是有关凡·艾克的文字："我不知道用录音机是否意味着我们是很重要的，是否之后将要发表，作为观点，我不同意讨论中将要出现的形式。"这个声明闪耀着温和的争辩，也许是对 Royaumont 录音没有在艾莉森·史密森编辑的《建筑设计》杂志上决定出版的回应。从某种意义上，这份大约 6 页之长带有间隔的打字稿真实记录了"十次小组"的研究与生活。

至此，我们除了了解一些重要会议中的正式记录，也能深入感受其讨论氛围：没有人主持会议，发言中没有秩序的顺序，没有人建议在正文开始之前作草稿。因此每个人的讨论均是即兴发言，范围涉及很广，涵盖了争论之外出现的一系列话题。讨论的闪光点从迪·卡罗在 Terni 设计的房子的实地考察产生，该项目很早就在之前的一些文件中有所提及，他在会上涉及了居民住宅未来的趋势和怎样与他们之间产生对话的问题。Villaggio Matteotti 则提出关于全面持续参与等悬而未决的话题。总体看来，建筑师之间的交流与发展是所有成员十分关注讨论的问题。这个讨论从一些十分具体的话题开始，例如一个住宅单元应当有几个卫生间、利用道路空间的意义、墙面与地面面砖的选择、窗户的方向、家具问题、花园的规划等。这些问题开始讨论之后，他们继续研究了建筑施工过程、房地产市场的侵蚀、传统的惯性、经济因素、消费者要素、使用者对符号的需求，以及他们对不同身份标志的期望等自身局限性的问题。

会中，成员之间的讨论跌宕起伏，迪·卡罗、凡·艾克、巴克玛、史密森夫妇、Guedes 和 José Coderch（这些由录音了解）之间的交流时显强硬，相互以一些较长的声明轮流作简要回击，且讨论中经常会有一些幽默的讨论和磨合缓和争论。

文件记录到 83 页,经过了彼特·史密森的评述,打字文件戛然而止,没有任何的预兆突然结束,也许这样也非常合适。就如迪·卡罗最后告诉 Pietilä:"……没有准备正式文件,……"、"就像'十次小组'的初始传统一样",并非刻意。直率的打印稿表明所有事情均是值得思考的,一切都是真实的。

1977 年,6 月 9 日—12 日,法国 Bonnieux:"十次小组"的未来(威尼斯建筑展与 IBA)

组织:Candilis

出席:Jaap Bakema, Georges Candilis, Giancarlo De Carlo, Ralph Erskine, Aldo van Eyck, Amancio Guedes, Alexis Josic, Manfred Schiedhelm, Alison Smithson, Peter Smithson

简介:

由于坎迪利斯 1976 年无法参加 Spoleto 会议,于是次年他邀请所有"十次小组"成员一起到他法国南部 Bonnieux 的 La Croupatière 度假小屋进行进一步讨论。从其不同参与者拍的照片可以判断,这就像是一个家庭聚会。家庭氛围由于成员家属的参加习惯变得更加浓郁,除了内部成员,还有 Guedes 及年轻的 Schiedhelm 参加了会议。赫兹博格被邀请但由于事务繁重没能参加。大家交谈在轻松的假日气氛下展开,有时在屋前露台大树下谈论,有时在屋内看幻灯,为了方便讨论,图纸被挂在墙上与门上。

由于这个不大的家庭式小组,需要一个结合形式来提升作为一个团体的形象。于是会议即将结束,彼特·史密森起草了名为《Bonnieux 提案》的宣言,并认为:"'十次小组'本质是其设计道德,长期共同参与的准则是我们具备了相互合作的设计能力,且个人也具备与历史对话的能力。与过去一同工作比较容易,岁月让意义与语言变得更加具体与立体,建筑师没法对抗。现代建筑不可避免在摸索与直觉中前进,直至能够展现自己,才能出现清晰面孔。这可使建筑师之间、事物之间,得到共同的基础与意图,使同一年代的共同思想模式等得到互惠,并最终更加有效。我们相信我们有义务一同努力将各自事情做好,从而改变空虚的城市。这里将展现一条可以选择的城市理论:一条适合下一个世纪欧洲理想主义的理论。毕竟,为什么不去尝试呢?大多数我们的理想从某种方面已经实现。"

另一个任务,是在 Deutsche Bauzeitung 的"十次小组"专刊发表一个有关 Bonnieux 的会议报告,主要由 Schiedhelm 编辑。他从某种程度上看做是伍兹逝世之后的接班人,并在 Bonnieux 会议及项目中取代他的领导地位。彼特·史密森建议特别专刊主题为"现存现代城市结构中的创造与干预观念"(idea of inventions and interventions within existing urban fabrics),并能够总结那些参加了以前会议而没能参加这次会议的成员在 Bonnieux 的作品,例如 Pietilä, Richards 和 Wewerka。

在讨论翁格斯潜在贡献时,会议激起了尖锐矛盾,建筑的辩论充斥了后现代建筑的全新氛围,相对于"十次小组"而言,翁格斯仿佛进入了"新理性主义"阵营(可见"十次小组"与新理性主义无关),虽然翁格斯在被邀请在列,且已经参加过多次会议,并已经组织编辑了康奈尔专题讲稿从集,但一些人,特别是凡·艾克和迪·卡罗对他成果作出的贡献仍旧保持异议。

其他一些公共活动则围绕威尼斯双年展展开。史密森夫妇给视觉艺术导演和建筑部分的维多利欧·格里高蒂建议:如果双年展为 CIAM 举办展览(由 Joseph Rykwert 举办),也可为"十次小组"制作"现场秀",但没有实现,相反,一年之后,阿尔多·罗西被委任为双年展的执行长官,成为建筑论坛后现代主义部分的主角。此事还遭到包括 Marco Vidotto 和 Augusto Manzini 年轻一代的反对。他们在"十次小组"内逐渐占据主要地位,并主动负责"十次小组"在锡耶纳的展览,那时迪·卡罗的 ILAUD 研究室已经搬离。最后,展览因为失去了锡耶纳方面的支持而失败。

然而,那些年他们开创性的参加柏林为 1984 年规划的第二届"国际建筑展览"(IBA)(internationale bau ausstelling)(international building exhibition)。并受到了巴克玛、史密森夫妇和 Schiedhelm 的支持。"十次小组"主题中主要问题转向由城市建筑师谬勒(Müller)领导下的 IBA 发展主题。以强调与清晰说明多中心的特色柏林。谬勒还邀请建筑师为九个不同地方设计方案,每一个均有不同特色,但均遵循"作为连续元素的柏林基本历史结构"。遵从历史背景是最接近"十次小组"核心内容的主题。不管怎样，IBA 始终没有将"十次小组"作为一个整体邀请参加。Erskine，史密森夫妇、凡·艾克和赫兹博格均各自接到有限范围内的竞赛邀请。IBA 最后发展成为由新一代建筑师组成的展览组织，这些建筑师大多数受到后现代主义和非理性主义影响，"十次小组"被邀请的对象中，只有 Erskine 和赫兹博格具有实际建成的项目，这些年轻一代建筑师更加关注重点城市意向(Stadtbild)，而非城市结构。"作为连续元素的柏林基本历史结构"主要表示了重新发现的 19 世纪柏林城市街区和其外形表达。这种介入城市结构类型学的方式相对于与彼特·史密森一开始概括的"十次小组"的立场大相径庭。他认为：做建筑首先要建立与社会的深刻联系，其次建成个体一定要是整体结构中的一部分，再次视建筑的语言为一种创造的元素。

1981 年巴克玛逝世

1981 年 2 月 20 日，Jaap Bakema 去世，享年 66 岁，"十次小组"会议结束，同时凡·艾克和史密森夫妇卷入了和解调停的纷争，由此"十次小组"的核心瓦解。虽然史密森夫妇和 Jullian de la Fuente 最后在里斯本访问了 Amancio Guedes，但原本决定 1981 年秋季在 Portugal 召开的会议也没能召开。作为个人之间的交流，"十次小组"成员仍旧私下聚会、交换意见、职教、设计并进行建设实践。

附录 2　12 点建议[①]

1955 年 La Sarraz 会议中提出的《居住：原则申明》(*The Dwelling：Statement of Principles*)中，提出 12 点建议如下：

1) 居住问题只有与生活中多要素组合，即融入整体人居架构才可；
2) 关注居住的社会基础(个体、家庭、群体)；
3) 关注个体、家庭和当地社区的私有性；
4) 与历史、物质世界和地理背景的结合；
5) 与当前居住环境的关联；
6) 重复、差异、联合与多样性(单一性是错误理解问题的结果)；
7) 居住是非静态，与生俱来，应当得到发展，但最终将走向衰亡(适应性与破坏)；
8) 整体人居的相关密度，并不仅涉及公共健康的问题，这是社会问题的空间范畴；
9) 材料技术手段和管理科学发展相互协调(工业化、标准化及其限制、传统的工艺)；
10) 土地与居住不可视为商业化商品，而是一种提高人们生活水平的工具；
11) 居住的规划、建造、归属、管理需紧密配合，并相互结合考虑；
12) 居住的形式(格式塔)应是一种整体不可分离的美学个性表达。一栋优美的住宅，从该意义上看，是一个人基本的需求，就像人的物质与精神需求一样重要。

附录 3　杜恩宣言：人居主张[②]

1) 将建筑孤立于社区整体中相互之间的关联来考虑是毫无作用的。
2) 我们不应当浪费我们的时间来规范化建筑要素直到其他的关联被具体化。
3) "人居"是一个在特有的社区形式中牵涉特定建筑的问题。

---

①　The CIAM Discourse on Urbanism，1928—1960：334
②　Team 10 Primer.（second edition）MIT Press，1974（first edition 1968）

4）社区在任何地方都是相同的：

（1）独立的农场建筑；

（2）山村；

（3）各种类型的城镇（工业的/管理的/特殊的）；

（4）城市（多功能）。

5）他们将在"盖迪斯山谷断面"环境（居住）中展现其相互关联。

6）任何社区必须具有内在便利性；具有流畅的交通；最终任何形式的交通均可通行，密度将在人口增加的情况下逐渐增加。

7）我们应当由此研究居住与集群，这些在"山谷断面"中的各点提供便利社区。

8）任何处理方式的借用需基于建筑干预的影响，而非社会人类学的意义。

附录 4

新雅典宪章
（21 世纪城市远景规划欧洲委员会）

介绍

欧洲城市规划委员会（下称 ECTP）相信在 21 世纪欧洲必将实现一体化目标。带着这个发展的构架，ECTP 提出了关于欧洲城市的未来的共同和广泛的共同远景（A 部分）。这是一个关于城市网络的远景：

1）保留自己的文化的丰富性和多样性，这些文化源于悠长的历史，把过去、现在和未来连接在一起。

2）连接成为一个多意义、多种功能的网络。

3）在互补和努力合作的同时保持创造的竞争力。

4）为居民和用户创造福利。

5）将人造与自然环境元素结合。

在 2003 年雅典新宪章里，远景还包括一个执行框架（Part B），其包括：

1）一个会影响第三个千禧年开始时主要问题和挑战的简要概述。

2）空间计划在实现远景方面需要的承诺。

这个关于《新雅典宪章》的 2003 年版本主要是针对整个欧洲工作的专业规划以及与规划过程——为其行动指引方向，并在各级和个部门都更加一致的基础上，建立一个有意义的欧洲城市网络。

空间规划对于可持续发展的实施至关重要。尤其在于精明的空间管理，这是重要的而紧缺的自然资源，而人们对它的需求不断增长。它也要求在长期过程中各种规模不同的技能与跨学科的团队合作。在规划行业特定的属性是它能够考虑到一系列的问题，并转化为空间。ECTP 意识到了在欧洲进行规划工作的普及型与多样性，并将其付之于城市与地区的多样性研究之中。

PART A

远景

1."连通城市"

20 世纪下半叶，许多关于欧洲城市未来的可怕预言被提出。其中包括生产力的降低，中心地区的遗弃与内爆，犯罪猖獗，严重污染和巨大的环境退化以及特性的丧失。令人高兴的是，虽然今天古老大陆的城市与理想差距甚远且面临严峻挑战，但这些预测并未成为现实。

作为回应，在新千年来临之际，向城市规划师欧洲理事会提出的远景规划，既不是乌托邦，也不是技术创新任意的预测,它着重于连通的城市;这是我们的城市现在与将来的畅想与缩影。这是对我们欧洲策划者来说致力于工作与贡献的远景目标。一个通过在可持续城市发展和管理过程中与所有诚实的利益相关者共同联合努力实现的目标。

"连通城市"由作用于不同尺度的各种机制组成。其中包括对建造环境触觉和视觉的连接,还包括城市功能、基础设施网络和信息通信技术多样性的连接。

通过时间连接

古代人居的建立为人民提供居住、安全的场所,以交换产品。他们形成了社会组织,发展了广泛的技能,成为高产而强大的文明中心。他们建立在精心挑选的地方。即使防御工事已过时或被拆除,他们仍旧保持着城市与周围农村和自然区域明确区分。

与世界许多其他城市与地区相比,欧洲城市主要特质在于一个长期发展的历史,密切反映了各国的政治、社会和经济结构的特点。正是这种历史与多样性使他们不同。

相比之下,21世纪的欧洲城市正变得越来越难以区分。正如人类活动最初在城市中心,现正蔓延到内地、农村和广泛的自然区域。交通和其他基础设施网络则为连接这些分散、片段、低级别、非再生自然空间资源而构建。慢慢地,但不可避免,全新的复杂网络将小型和大型城市联系起来,以创造一个城市连续体,这在欧洲许多地方已经十分明显。其中,古典城市仅仅成为一个新的网络组件。这个破坏性趋势的影响将不可避免必定会被讨论任何关于城市未来的发展。

未来建立在每一个我们现在的行动上。过去为将来提供了宝贵的教训。很多方面,城市的明天已经和我们在一起了。现在的城市生活有很多特点,我们应当珍惜,而且我们应该留给后代。我们生存的城市最基本的问题是什么呢?在我们看来,是缺乏联系,不但是物质方面,而且与时间有关。时间影响了社会结构和文化的不同。这并不仅意味着建造环境的连续特点,而且在于特性的连续性。这对动态城市的建造具有重要价值。对将来来说,网络化城市概念需要强调。一系列多中心的城市网络超越国界,在欧洲建立。

2. 社会连通性

社会平衡

人类未来的福祉既要求人们以个体的角色保留自由选择的权利,而且也作为整体社区与社会相连。这是"连通城市"顺应社会整体利益的一个重要目标,并同时需要考虑到需求、权利和各种文化团体和公民个人的义务。

促进不同社会群体的多元文化的表达和交流是必要的,但仍旧不足。巨大的经济差距在欧盟中仍旧存在,这似乎是由目前自由市场、竞争制度和全球化产生。如果这种趋势继续下去,将导致社会和经济结构的破裂。为避免这种情况,新办法的治理就必须出现,让所有利益相关者和解决社会问题,如失业、贫困、排斥、犯罪和暴力。这样的城市,是连接社会将能够提供高度的安全和方便感。

虽然这些崇高的社会目标超出了规划部门职权范围的,21世纪欧洲城市也将提供一系列广泛的经济和就业机会给那些在其中生活工作的人民。同时,这将为他们保证更好地获得教育、卫生和其他社会设施。社会和经济结构的新形式将提供多样化的框架要求,以消除社会动乱造成的不平衡。

内容

未来的欧洲城市将不仅有居住的公民,还有长期或临时(乘客和游客也通过其设施和服务)的消费者。除此之外,还将有国外低技术劳工,以及受过高等教育的专业人员(居住长期或短期)。最大的可能是这两个集团将在未来的一些城市的活动突出。因此,民主制度将响应所有这些社会群体的需求和福祉。当前城市管理系统,主要被永久性居民选票所限制,这不能够公平地对新的社会状况作出反应,特别是在涉及城市发展的问题上。在连接城市中,陈述与参与新系统开发,充分利用快捷的信息与活动的公民网络更广泛地参与,从而使所有居民和用户对未来城市环境都有发言权。

必须有足够的时间建成决策过程与空间规划和发展,使社会能够建立联系,并积极互动提供便利。

同时也必须承认,在未来,尽管许多永久或临时居民团体都在不参与当地参与决策的同时,满足于使用城市设施和服务,但是他们仍会要求更好的质量,并愿意支付提供给他们的服务设施。

多元文化的丰富性

欧洲一体化将对流动和就业方式有一个缓慢但明显的影响。欧洲城市将再次成为真正的多元文化,以及多语言的发展趋势。新的连接将建立,并将涉及一种微妙的平衡性和适应性,使他们既保持自己的文化和历史遗产和品格,鼓励居住或工作在其中的人们保留其自身的社会和文化特点,并发挥在审议有关的问题相称的角色。结合变化的经济、生态和社会层面、以参与为基础的可持续发展将是使其成为可能的一个关键目标。

世代之间的连接

欧洲人口不同年龄组别不断变化的平衡带来了需要恢复世代之间的团结关系。这种新的和不断增长的社会必须正视的挑战不仅在社会和经济方面,而且在于适当的城市的支持网络和基础设施的建立,包括对所有年龄组之间的相互作用的退休老人和公共行人新的活动场所。

社会特性

公民的个人特性与其城市特性密切相关。由于连接城市内移民促使的动态特性,将促进建立与加强新的城市特性。每个城市都将发展自己的社会和文化组合,这是历史特征和新的发展结合的结果。因此,欧洲不同地方的城市和地区将在其性质和特性继续存在差异。

在"连接城市",城市环境中的文化交流以及交流的融合将给予城市生活更大的丰富性和多样性。这反过来会增加其整体的吸引力。这不仅作为居住环境,而且也是工作、教育、商业和休闲场所。

运动和移动

在未来的欧洲城市,市民将自主地选择多种交通方式及可以触及的信息网络出行。

在"连接城市"和区域腹地,新技术将被创造性地应用,以提供人员和物资运输的各种系统和信息的流动。基于当地层面,技术和交通管理将被部署,以确保私家车使用的减少。在战略规模,邻里之间的联系中,欧洲交通运输网络的发展将有助于城市和地区的发展。在工作、生活、休闲和文化各领域提供快速、舒适、可持续及经济联系。在城区网络间,流动性将通过交通工具换乘设施得到改进。这些基础设施的改善将是平衡与维护人民选择居住和工作在安静的地方的考虑因素,这与快速的交通网络无关。

"连接城市"的空间组织将包括交通运输和城市规划政策的充分融合。他们将配合更富想象力的城市设计并更容易获得信息,从而减少不必要的旅行需要。行动和进出的便利,连同更大的运输方式的选择将是城市生活的关键因素。

设施和服务

根据现在和将来公民的需要,住房和服务将变得越来越容易。他们的供给将灵活调整以符合新出现模式的需要。更多房屋、教育、商业、文化及康乐设施和服务将提供可以负担的价格。这些将得到市民可以负担的运行成本的支持,以及得到社区认同感和安全感的补充。

3. 经济连接

21世纪欧洲的城市也将在经济层面上进行紧密连接,从而诱使具有效率和生产力的紧密联系的金融网络的建立,以保持高就业水平,确保在全球舞台上的竞争力,同时适应动态地变化的内部和外部条件。

经济全球化与区域化

目前,经济活动由两个主要因素影响:全球化和专业化相结合(地方或区域)。一方面,新的经济活动将会比以往更加以知识为基础,应用生产和服务的创新技术。这些事态发展并不一定有具体地点,但将取决于经济标准的基础。另一方面,珍稀精致的产品,特别是传统生产方法和原产地的典型相关服务的需求不断增加。在第一种情况下,其质量/价格关系的发展将发挥重要的决定作用。其次,质量特性尤为突出。因此,一个平衡,必须找到发展之间的内在和外在因素,这成为欧洲城市和地区的战略挑战。随着欧洲向东部开放,更大的一体化将鼓励和加强文化的多样性,这将推动新的经济、社会和文化关系的建立。

在这种情况下,城市将被要求对他们的经济做出战略方向的选择。他们可以选择解释本地条件的全球化的要求和进程,重点在于增加机会多样化。他们还可以培养自己的经济签署权。地方和区域经济将越来越多地连接到国内和国际的其他城市和地区。经济联系的增强将有助于欧洲公民实现充分就业和富足。

竞争优势

21 世纪,那些在经济上很成功的城市将是那些能好好利用自身竞争优势的城市。为了这一目的,高度的连接性被证明是一项重要的财富。善用城市的文化和自然属性,管理其历史特性,促进其独特性和多样性将是一个很大的优势。此外,提供一个舒适、健康和安全的生活和工作环境将大大增加城市对未来需求的经济活动的吸引力。

一个成功的城市,将利用其内在和外在现有的属性,去确定其经济上的地位。它不断地学习和适应,使之在改变的情况下仍旧保持自己的优势。趋势也必须不断进行监测,并定期研究多种方案,以预测的正面和负面的力量,采取适当的行动。

城市网络

为了提高他们的竞争优势,城市个体将被融入各种网络,并或多或少地作为集中系统,在城市作为节点的同时,连接物质与虚拟属性。

这些多中心的城市网络将呈现不同类型,如:

1)相似性能的城市网络,通过功能和组织的合作形成可视。规模和生产力需要竞争或发展共同目标。

2)网络将不同专长的城市联系起来,以便互补。专业化引导,也可在同一城市指导公共项目的分配。

3)在复杂的货物和服务交换灵活的系统中,城市网络相互关联。

4)分享共同(经济/文化)利益的城市网络联系在一起,以加强自身形象与竞争优势。

不同网络节点之间的连接的类型与流动类型密切相关,这将移动物资或资料与功能元素。

这种多中心以各种方式连接的网络城市,将会支持整个欧洲经济活动的分布、生长和强化。定义新的网络和定位在其中将需要大量的专家参与,这些专家将能使那些动力转化为空间战略。

经济的多样性

欧洲城市的经济联系,将不会给其多样性带来损害,反而会有利于它。就像协作制度中的参与基于每个城市竞争优势的基础上会鼓励专业化和多样性。影响经济活动的因素(文化和自然遗产、学历和高技能的工作力的存在、宜人环境、地理位置优越等)将在每个城市以不同方式结合,从而促进城市多样化,并让每一个城市,以确定其之间的经济利益和生活质量的平衡。

4. 环境的连接

输入—输出

人作为一个生物物种,保持与自然元素接触的可能性,这不仅是人类之源,而且是生存的先决条件。但是,环境方面的可持续性,不仅受制于我们城市及周边地区自然区域的维持与扩大,它还包含其他元素。

1)也许 21 世纪最大的事件将是对能源的明智利用,特别是对自然能源、不可再生能源,尤其是空间、空气和水。

2)主要的一步将会是保护城市不被污染和降解,以便于我们能够继续利用它。

3)新千禧年的城市更加仔细而经济地管理能源的输入和输出,把它们用于真正的需要当中,使用创新技术,最大限度地再使用和再循环,以便达到最小的消耗。

4)能源生产和使用将会极大关注史无前例的高功效和越来越多的可再生能源使用。

5)除此之外,城市将会停止将废物运到周边地区,城市将会成为一个自给自足的连通系统,处理和再利用资源的大部分投入类似的环境敏感的方法，包括风险评估将会最小化自然灾害的影响。因此，地震带来的灾害，通过在地震易发的适当区域进行划分而得到控制。河流、水灾和漫滩，将通过集水区管理减轻洪水和其他极端天气现象的影响。这些天气现象是由气候变化和劣质工程引起。城市内和周围树林和绿色地区将被增加，这样他们就可以在提高空气质量和稳定温度方面发挥重大作用。这些措施同样也会有好处，可以减轻不断蔓延的城市化影响。

健康城市

环境管理和保持稳定原则的实际运用将导致城市更加健康并适合人类居住。将来受有毒物质影响的食物和材料将会大大减少。这些措施将会被健康和社会服务所补充，并且以预防为重点，公平地提供给所有公民。

自然、景观和开放空间

人在临近的地方生活和工作的机会，与文化和自然遗产良好的保存有关，如重要景观、考古遗址、纪念碑、传统的邻里社区、公园、广场和其他的开放空间、水体（湖泊，河流，湿地，海岸）、自然保护区、郊区将会被很好地保护和配备设施。空间规划将会持续成为一个保护这些自然元素和文化遗产的有力工具，也作为一种媒介，开辟一些连接城市肌理的开放空间的新领域。

人们与环境的情感联系——他们对场所的感觉，是一个圆满城市生活的最基础需要。最优良的城市与城市场所将提供丰富和良好的环境体验。环境质量是保证一个城市经济成功的主要因素——它也会对社会和文化的活力作出贡献。

能源

来源于无污染和可回收资源的新形式能源，将会被广泛用于21世纪城市能源的需要，特别是在关键部分，比如交通和小气候控制。另外，能源的传输系统和设施也将通过创新技术变得非常高效。然而，能源的消耗将会大大地减少。这些突破将会对于制止城市污染、温室气体和气候变化有积极效果。

5. 空间连接

上面所描述的经济、社会与环境的联系将会对空间计划有很大的影响。

空间联系

通过仔细地规划和其他形式的合理干预，城市周围的空间网络将会被增强。在连通城市，城市中心和其他关键节点的主要职能将得到保持和改善，通讯和交通将为这些有效服务，而不让后者削弱他们的活力。

同时，大陆的自然地区将被扩张和增多这些城市网络的有效保护，通过监管和刺激措施的联合，同时促进他们的价值的认识以及保护和增强的基本需要。

通过特性来连接——连续性和生活质量

在空间考虑的同时，欧洲城市的吸引力将会被保持和增高，从而为提高所有人的城市生活质量作出贡献，因为欧洲人口的四分之三居住在这些城市里。城市设计将会是城市复兴的重要元素，打破城市部分之间的孤立感去达到特性的保留和延续。在非人性化的均质化的趋势面前，一系列政策、措施和干预将出台，规划者将在其中扮演重要的角色。它们包括：

1）城市设计的复兴将保护和提高街道、广场、人行道和其他通道，将其视为城市框架连接的重要因素。

2）康复城市肌理中中退化了的和非人性化设计。

3）采取措施促进个人接触和休闲娱乐的机会。

4）采取措施保证个体和集体的安全感，这是保证城市福祉的关键因素。

5）通过具体位置，努力创造难忘的城市环境，从而提高多样化和特点。

6）在城市网络的各个部分维持和培养高水平的审美追求。

7)通过对自然和文化遗产的规划,对它们进行保护,并保护和扩展空间网络。

基于历史、社会和经济条件,每一个积极的发展将会通过每个国家和城市的不同方式来处理。但同时,不断扩张的欧盟中的联系将会增加,就像其行政和社会结构的成熟,有关规划方面的指导方针正在逐步纳入共同体。通过这些过程,欧洲城市的共同目标将会被广泛接受,同时他们的多样性和唯一性将会被大大地赞扬和保持。

欧洲新范例

在全球社会,人们正试图从不断发生的矛盾,有缺陷的政治和经济实验中找到共同的未来,对与21世纪的欧洲城市最主要的贡献将会是它的古老和新的城市范例:真正连接的城市,是在科学、文化、理念上真正的创新,同时维持了适宜的生活和工作条件。城市通过一个重要和充满活力的现在,连接过去和未来的城市。

PART B

B1 – 问题和挑战

长期趋势可能产生的结果应该仔细考虑到对城市的未来发展中。历史表明将来在很大程度上是由过去决定的——所以,他们目前所表现出来的趋势将会被审慎研究。同时,由于不可预见的发展将会发生大的影响,所以现在趋势的真正结果无法被预测也必须被接受。

在这一部分,趋势将会在四个重要的部分被讨论:

1)社会和政治变化
2)经济和技术变化
3)环境变化
4)城市变化

在每一组,城市被期待的影响是被考虑的,并伴随着可能的问题和挑战——为城市和规划者。

1. 社会和政治变化

趋势

随着全球化力量在整个世界的传播,"欧化"这一新说法在"老的大陆地区"变得明显了。边界呈现较少的统一进程,时间和距离的意义变得不太重要。不同国家的公民有了直接的接触,城市在全球层面相互竞争。

城市文化不仅受到技术更新的影响,而且被移民带来的文化比较所影响。而且,人口的不断老化伴随的工作平均实践的降低和城市人口与社会文化组成的变化,导致了对于服务和产品要求的多样化。第二,越来越多使用城市服务的人开始住在别的地方,这样,新的"城市消费者"和"城市使用者"正在随着居民而不断出现。

管理在整个欧洲的改变正在影响城市规划和管理的内容。放松管制和私有化正在为经济和发展提供新的方法。为了竞争投资的城市经常使用企业化的管理模式,但却缺少了时间跨度和更新经济为主导的目标,这跟地方政府活动的传统完全不同,其首先代表了政治利益,如,由于许多公共/私营伙伴关系的发展,强烈地参与城市营销,以及旗舰投资的促进。有时这也伴随着在策划程序中对公共参与的忽视。民主的鸿沟将会在城市里被打开,这将有赖于城市私有部分对社会发展利益的传递。

城市问题

尽管旅行时间看起来缩短了,这并不意味着所有人的可达性都提高了。许多贫困的城市并不被现代通讯、运输、设备和服务包含在内。高消费地区往往倾向于在控制的领域内发展,然而贫困城市居民仍然无家可归或住在衰退的城市中心区或郊区。

在欧洲西部,许多居民感到被大量的移民所威胁——产生了敌意,并且由于不同的文化产生了不理解和偏见。对犯罪的恐惧和人为和自然灾害可能会增加城市的不安全感。

欧洲人口老龄化、变化的家庭结构和家庭联系正决定新的社会挑战和新的城市基础设施需求。

许多城市面临的大量经济和社会问题导致了地方民主的不足,而公共权威为了自由市场里不断增加的利益,而不顾他们部分的责任。居民觉得被他们民主选出来的代表所遗弃,并对官方机构失去了信心。越来越不接受权威,越来越少的耐心和公共参与可能会导致自私和消费主义的态度。

对未来城市的挑战

诸如可持续发展、城市特性、社会生活,以及安全性、医疗保健和医疗援助这些关键概念开始变得对规划者和规划进程越来越关键。

由生活质量需要的不断增长带来的城市环境的健康和安宁,对城市发展未来有着巨大的挑战,这在未来社会、经济和环境可持续性是平衡发展的。在文化影响基础上发展新的特性也是城市面临的大挑战。城市生活应寻求建立一个大型的文化多样性的综合体,以此能使各种文化并存并彼此尊重对方。此外,欧洲城市应允许自由的内部迁移,使会员国的公民行动。

在不同年龄群里恢复社会的团结对于城市居民的未来福祉至关重要。

另一个重要挑战是在本地民主进程里的创新发展——找到能够包含所有利益相关者的新办法去增加参与性,以保证所有集团的共同利益。公民的参与能够对人们要求提供更好的理解,而且可以使文化进化,有利于多种解决途径的接受,还可以处理不同集团的不同需要,且保护整个城市的共同特性。

2. 经济和技术变化

趋势

21世纪初,技术发展的速度(基于研究,更新以及其在科学和技术领域的扩散)比历史上任何一个时期都快。它正在影响生活的方式、经济、空间结构和城镇质量。

知识型经济的发展和成长戏剧性地改变了推动欧洲城市发展的力量。高级"服务制造者"正成为城市的主要活动普及计算机网络基础设施,让人们在家工作和发展电子商务。全球公司都独立地组织和管理他们的商务活动,在区域和国家层面利用和部署资源,如找便宜且容易得到的劳工。由集中生产工业衍生的"本地化利益"随着城市里丰富和多样的活动也失去了重要性。城市环境的质量成为本地公司的决定性因素。国际竞争要求在城市网络内的专业化与合作,包括物质与虚拟性。知识型经济不仅改变了生产方式和雇佣结构,而且也创造了城市系统条件下的新要求。

城市问题

一方面,电子商务之类的居家网上工作可能导致城市物资设备需要的减少。另一方面,这些过程可能因为货物的移动和运输生成大量交通,影响到已经拥堵的城市中心。全世界范围内大多数的经营公司(工业和服务)通常都找到工厂而不对该地区有承诺的发展,因为国际经济考虑在不断的主导者本地的社会、环境和安全方面。

此外,经济的全球化也使外部因素对于城市发展的影响力量增大。当提供新机会的同时,也在削弱传统的本地经济,导致了当地资产的损失,从而失去了城市和区域环境之间经济和文化的联系。没有一个地方管理构架去保护弱势社会群体的利益,经济力量可能会导致社会排斥和剥夺。

对未来城市的挑战

知识型经济的重要性将比传统工业越来越大,优化效能可能导致公民有更多的实践。这可能伴随更多休闲服务和活动的选择。不论是在真实还是虚拟的环境中,新型经济活动可能会带来更少的环境污染,城市的活力、景观的增加,以及城市边缘和周围农村地区生物的多样性。文化、环境和质量一样将会更多地被认可为城市重要的竞争优势。具体的历史身份和每一个城市的质量将会在其发展中起到显著作用。城市也必将发展竞争优势,以便保证他们网络范围内的繁荣,这将会产生不同规模的发展,而且为合作提供新的形式。一个重要的挑战就是去让大多数的人口都积极主动地参与。

3. 环境变化

趋势

物质环境被不断增加的经济活动,不断进行中的城市化和土地政策,以及农业的下降和网络的基础设施和服务的扩大严重影响。城市周边自然环境正在经济扩展的压力下逐渐消失。

物质环境也被污染和对不可再生资源消费的浪费所威胁。土地、水流和空气污染的增加,严重的声光污染威胁着城市和人类环境的承载量。气候的改变导致了不稳定的大气条件,会带来更多的降雨,强风以及海平面的升高和动荡。

城市问题

由于污染和浪费造成了城市不健康的条件和环境。更少的开方空间,城市里更少的物种多样性都对城市生活的质量和公共空间是一种威胁。大多数城市周边的状态都在下降。农业和开放空间正在让位给建筑、结构和农村地区不合适的活动。

洪水正在肆虐欧洲的几乎每一个地方,并造成不安全感。具有更大威胁的海平面上升,将会使沿海城市人口向城市人口大量集中。严重的暴风雪、雪崩和山体滑坡将会增加人们对于自然灾害公共保护的考虑。

对未来城市的挑战

对城市环境影响造成的威胁会对未来产生许多挑战。预防原则和环境考虑必须在做决定的全过程中被考虑,而不只是影响评估强制性的地方。一种生态系统的途径必须被融入城市管理。在经济基础上的城市发展和健康的生存条件中,必须找到平衡。找到提高和保护自然环境的经济方式和物种多样化也是一个重要任务。对环境可持续性的需要也要求对空间仔细的管理,所以,规划是一个必要的工具。

农业在市区边缘的连续性存在对于城市发展的平衡是必备的。邻近楼宇密集区不是一个障碍,而是应该被鼓励和提高的举措。应该为保护和发展农业企业而鼓励经济,尤其是那些服务于当地市场或试用有机方法生产的企业。

4. 城市变化

趋势

城市从来就不是一个连续,密集,密集实体,但总是包含不同类型和空间。城市和区域的发展不但是现代规划技术的结果,而且是过去非正式规划的结果。城市未来发展的背景正发生变化。信息和通信技术正考虑直接和及时的全球通信。由于不断提高的基础设施和交通优化货运的良好管理与网络的迅速发展,实际可获取性提高得很快。系统应当运作的更加有效,且成本更低,从而产生新的解决方案和城市发展形态和模式。

城市问题

产生于不断提高的基础交通设施的更好的实际可获取性,将创造对更慢的交通和移动的壁垒和障碍。结果,主要的物理结构导致居民区和城市景观结构碎片化。郊区化和城市功能向周边地区的延伸导致了更长距离的旅行,最终导致设施和服务的恶化。由此带来的公共交通的减少和私有汽车使用的增加,更加重了城市这个问题。

在经济方面,全球化进程表现为世界本身生产的广泛散布,就像通过集中管理和职能大城市一样。这可能会在设置网络其他费用基础上导致大都会地区的快速增长。

不同团体不断增加的差距不但导致城市控制的变化,而且会导致大范围的剥夺,和高品质及新经济活动和发展计划对比,保存弱势社群住宅区。

对未来城市的挑战

通信、信息和交通里应采取新的技术发展方式,公民和城市生活作为一个整体应由此受益。历史和文化之间的资产和技术新的平衡,可能导致创造新的城市特性,这可能提供更具吸引力的城市环境。技术的发展应得到充分利用,以支持未来城市的可持续性。

城市设计需要一系列新规则,城市里新旧地方都必须用连接过去与将来的适当的解决方式来规划。户外和建筑用地也都应该有联系——在不同的领土范围内,从邻里到城市,从城市网络到欧洲。城市的形式应结合社会和城市的混合,提高生活质量。城市休闲有可能成为一种虚拟和物质环境与未知可能性的组合。

同时,应当承认,大量的城市使用者都是非居住者。对这些人来说,在商业基础上供应优质的环境和服务是很重要的。规划活动应产生真正的参与和维护集体利益,这是实现社会可持续发展的重要工具。

经济发展的规划标准应该和城市竞争有着重要联系,由于这个原因,应该用战略性的思维去规划政策。

最后,欧洲城市文化的独特性,部分来源于它的历史城市形式和生活方式的延续。这需要专业的规划者,他们具有警惕性和把新的城市形式与21世纪人们的需要联系起来的能力。

B2 – 规划师的承诺

宪章这一部分提出在欧洲实行专业规划的任务。它描述了一组应该建议政治家和公众,并通过努力可以达到远景的有价值的东西,为宪章的城市规划申请原则。

空间规划是跨学科协同工作,涉及不同的专业人士的复杂进程。这些信条旨在区分具体规划专业,包括区分其他组织里参与进来的规划者,同时,分类专业内的潜在力量,从而加强自信心、凝聚力和规划者之间的团结。

策划者的角色随着社会和策划法规政策的发展而演变。他们在不同国家依据不同的政策与社会结构,扮演着远景家、技术专家、经理、顾问、导师或指导者的角色。与其他学科相比较,显著的不同是空间规划者必须主要侧重于整个社会的利益,解决或作为一个实体的地区,长远的未来。

空间规划师分析、起草、执行和监测发展战略,支持政策、方案和重点项目,像每个专业一样,他们也为专业训练和研究作贡献,以便把持续性教育和现在和未来的要求联系起来。虽然规划师无法同时参与所有进程,但是他们都积极参与各个阶段和规模当中。

规划不仅与计划准备有关,这是被广泛认同的。这也是政治进程的一部分,目的是平衡所有相关利益——公共和私人的——以便解决在空间要求和发展项目当中的冲突。这说明规划者作为调解人的重要性。现在以及将来,规划者的调解和谈判技巧也将越来越重要。

这样,对规划者角色的要求将比在过去任何实践都高。要求不断提高设计、合成、管理和行政技能,以便在整个进程中支持和导向公共策划进程。它还需要科学的方法,以社会共识,承认个体差异,就像政治决定导向实施、管理、监测和审查计划和方案一样。

21世纪,这些复杂而具有挑战性的角色需要空间规划者作为政治顾问、设计师、城市管理者和科学家的特别承诺。

规划者作为科学家致力于:

1)考虑分析现有的特点和趋势,考虑广泛的地理环境和集中于长期的需要,为决策者、利益相关者和公众提供全面、清晰和准确的信息。

2)存取可用的数据,同时考虑到欧洲指标,并采取代表性的互动方式,方便公众辩论和共同理解拟议的解决方案和决策过程。

3)具有适当的关于当代规划哲学、理论、研究适当的知识和实践,其中包括持续专业发展。

4)致力于培训和教育,支持和评估涉及理论到实践的整个欧洲的行业发展规划。

5)鼓励关于规划理论和实践中健康和有建设性的批评,分享经验和研究结果促进规划的知识和能力发展。

规划者作为设计者和远景者的角色规划承诺:

1)全方位考虑,平衡地方和区域战略,顺应全球趋势(全球化考虑,区域性实施)。

2)整体上扩大选择和机会,认识到弱势群体和个人需要的特殊责任。

3）力求维护自然环境的完整性,城市设计和卓越的努力,为后代保护建筑环境遗产。

4）精心选择对于具体问题和挑战的潜在解决方案,测量承载能力和影响,提高当地的身份,并促进其实施方案和可行性研究。

5）制定和阐述空间发展展望,为城市或地区的未来发展提供机遇。

6）确定在有关(其中一个空间计划或计划的最佳定位)的城市和地区的国家网络。

7）确保所有参与组织共同分享为他们城市或地区的发展远景,超越各自利益和目标。

作为一个政治顾问和调解人规划承诺.

1）在解决方案和计划的实施时,遵守团结、辅助决策和公平的决策的原则。

2）支持民间部门去了解提案、目标、指标、影响、问题,并为提高公共福利的目标提供解决计划和解决方案。

3）推荐详细的业务立法手段,以确保在空间政策的效率和社会公正。

4）促进真正的公众参与,地方当局之间,决策者、经济利益和公民个人之间的参与,以协调和统筹发展,确保空间的连续性和凝聚力。

5）合作与协作、协调有关各方,以便找到解决的共识,或为有关当局做出的解决冲突的明确决定。

作为城市管理规划者承诺:

1）在空间发展进程中采用战略管理办法,而不是只为官僚行政的要求制订计划。

2）通过采取的建议实现效率和成效,同时考虑到经济可行性和可持续性的环境和社会方面。

3）考虑到规划的原则和目标,以及 ESDP 和其他欧盟政策文件方面的目标,为了适应当地和区域的建议的欧洲的战略和政策。

4）为了确保合作和参与,共同协调地区各级各部门,支持所有行政机构和领土当局。

5）激励公共和私有部门的伙伴关系,以便于增强投资,创造就业机会,达到社会的凝聚。

6）通过刺激地区及区域当局在空间项目和欧盟自主的项目当中的参与,从欧洲获益。

7）监控计划是为了适应无法预料的结果,提出解决方案或行动,以确保持续的确保规划之间的政策与执行持续反馈联系。

附件

历史背景

《新雅典宪章》始于 1998 年 5 月。在雅典举行的国际会议上,由城市规划师(ECTP)欧洲理事会通过。在这一事件当中,通过了 ECTP 保持对宪章的审查,并且每四年更新一次的决议。这份文件是由理事会当中的特殊工作组准备的,是审查程序的产品。

比较 ECTP 宪章与 1933 年原始雅典宪章是很重要的,这包括了一个如何发展城市的规范性意见,高密度的居住和工作区,连接着高效大量的交通系统。通过比较发现,新宪章的意见着眼于居民和城市的用户和他们的需求中迅速变化的世界。它促进了城市的连接,可通过空间规划实现远景规划,和其他领域一样。它包含着通过新形势的沟通和信息技术带来的益处,来治理的新系统以及涉及公民决策过程的方法。同时,这是一个实际的远景,在区分城市那些通过规划可以发挥真正的影响和那些只能起到有限作用的范围。

关键术语

为了方便理解,我们需解释文中的关键术语

1）城市:人类住区的一致性和连贯性程度。因此,不仅传统的紧凑型城市包括在内,而且联网的城市、城市网络和城市地区也包括在内。

2）空间(用在连接范围、角度、规划和发展上):协调地考虑到空间的不同尺度,从地方到区域、国家、大陆内外,包括土地、人民和他们的活动。

3）规划者:包括在对空间使用率的组织、管理方面的专家,专门从事理论概念的解释为空间形式和在计划的编制工作。

4）连接：在这个案例中功能与操作性的联系，功能和业务关系的要素，在这种情况下，主要的城市，在更广泛的定义。

5）网络：由连接的单位组成的柔韧性实体，带着一些共同准则以及有选择性的回应协调的方式。

6）集成：基于共同元素的组织系统，发展强烈的团结意识。

致谢

ECTP 感谢宪章专责小组，包括 Paulo V. D. Correia（协调员），Virna Bussadori, Jed Griffiths, Thymio Papayannis and Jan Vogelij，感谢 Maro Evangelidou 的支持。

ECTP 同样感谢来自于 SFU（法国），TUP（波兰），DUPPS（斯洛文尼亚），VRP（比利时），BNSP（荷兰），GPA（希腊），MaCP（马耳他），以及在后期 SRL（德国）的有价值的贡献。

2003 年雅典新宪章：21 世纪欧洲城市规划远景委员会全面修订。

索引

索引1 人名英中对照

A

Chris Abel	克里斯·阿贝尔
Adorno	阿多诺
AndréAdam	安德鲁·亚当
Leon Battista Alberti	阿尔伯蒂
Christopher Alexander	克里斯多夫·亚历山大
Stan Allen	斯坦·艾伦
Lawrence Alloway	劳伦斯·阿洛韦
Pascal Amphous	帕斯卡尔·安福思
Charles Anderson	查尔斯·安德森
Jean Arp	让·阿尔普
Archizoom	建筑变焦小组
Assemblée de constructeurs pour une renovation architecturale	ASCORAL
Hans Asplund	汉斯·阿斯普伦德
Wayne Attoe	恩·奥图
Edith Aujame	伊迪斯·奥吉姆
Tom Avermaete	汤姆·艾维迈特

B

Gaston Bachelard	加斯东·巴什拉
Mikhail Bakhtin	巴赫金
George Baird	乔治·贝尔德
Cecil Balmond	赛希尔·贝尔蒙得
Jaap Bameka	雅普·巴克玛
Reyner Banham	班汉姆
Giuliana Baracco	朱莉安娜·巴瑞科
S. U. Barbieri	巴比瑞
Charles Baudelaire	查尔斯·波德莱尔
Jean Baudrillard	尚·布希亚
Marco Bellocchio	马可·贝洛奇奥
Ruth Benedict	露丝·本尼迪克特
Benjamin	本雅明
Leila Berg	莱拉·伯格
Henri-Louis Bergson	亨利·柏格森

G

Tony Garnier	托尼·加尼尔
Patrick Geddes	帕特里克·盖迪斯
Alberto Giacometti	阿尔伯特·贾柯梅蒂
Sigfried Giedion	西格弗里德·吉迪翁
Arthur Gilkson	阿瑟·格克森
Romualdo Giurgola	罗穆尔德·朱尔戈拉
Ruth Glass	露丝·格拉斯
Johann Wolfgang von Goethe	歌德
Gowan	告恩
Jerry Goldberg	杰里·哥德堡
Sarah Williams Goldhagen	莎拉·威廉斯·戈德哈根
Giorgio Grassi	乔治格·拉西
Marianne Gray	玛丽安·格瑞
David Greene	大卫·格林
Vittorio Gregotti	维托里奥·格里戈蒂
Hans Hovens Greve	汉斯·霍文斯·格雷夫
Georges Gromort	乔治·格罗莫特
Walter Gropius	沃尔特·格罗皮乌斯
Groupe d'Architectes Modernes Morocains	GAMMA
Geir Grung	吉尔盖尔·格龙
Felix Guattari	费利克斯·瓜塔里
Amancio Guedes	阿曼西奥·格德斯
Rolf Gutman	罗尔夫·古特曼
E. A. Gutkind	古特金
Guattari	迦塔利

H

Herman Haan	赫尔曼·哈恩
Nicolaas John Habraken	尼古拉斯·约翰·哈布瑞肯
Oskar Hansen	奥斯卡·汉森
Hugh Hardy	休·哈代
David Harvey	大卫·哈维
Judith Henderson	朱迪恩·亨德森
Nigel Henderson	奈杰尔·亨德森
Heracleitus	赫拉克利特
Ron Heron	罗恩·海仑
Herman Hertzberger	赫尔曼·赫茨伯格
Dirk van den Heuvel	德克·凡登·西乌
Hilde Heynen	希尔德·海伦
Ben Highmore	本·海默尔
Peter Holl	彼特·霍尔

Raymond Ledrut	雷蒙·勒德吕
Fernand Léger	费尔南·莱热
Liane Lefaivre	利恩·勒费夫尔
Henri Lefebvre	亨利·列斐伏尔
Helen Levitt	海伦·莱维特
André Loeckx	安德鲁·卢克斯
Donn Logan	唐·洛干
Richard Paul Lohse	理查德·保罗·路斯
Adolf Loos	阿道夫·路斯
Don Lyndon	唐·林登
Jack Lynn	杰克·林恩

M

Winy Maas	维尼·马斯
Malcolm	马尔科姆
George Maciunas	乔治·马修斯
Tomás Maldonado	托马斯·马尔多纳多
Karl Mannheim	卡尔·曼海姆
Ernst May	恩斯特·梅
Maldonado	马尔多纳多
André Malraux	安德烈·马尔多
Fumihiko Maki	桢文彦
Theo Manz	居·曼兹
Fumihiko Maki	桢文彦
Filippo Tomasso Marinetti	菲利波·托马索·马里奈缔
Francesco di Giorgio Martini	弗朗切斯科·迪·乔治·马提尼
Claude Massu	克劳德·马苏
Robert Maxwell	罗伯特·麦科斯韦尔
Marshall McLuhan	马歇尔·麦克卢汉
Thomas McNulty	托马斯·麦克那尔蒂
Maurice Merleau-Ponty	梅洛-庞蒂
Piet Cornelies Mondrian	皮特·蒙德里安
Mondavio	曼达维尔
Robert Montagne	罗伯特·蒙太奇
Montessori	蒙台梭利
Thomas More	托马斯·莫尔
Robert Morris	罗伯特·莫里斯
Eric Mumford	芒福德
Joanna Mytkovska	乔安娜·麦考夫斯基

N

Moholy-Nagy	纳吉

索引 2　文章名英中对照

57. Modern Architecture Since 1900 《自 1900 年之后现代建筑》

58. Modern Movements in Architecture 《建筑的现代运动》

59. Natural Symbols 《自然符号》

60. On Site：Architectural Preoccupation 《场地：建筑的关注》

61. On the Edge 《界》

62. Progressive Architecture 《革新建筑》

63. Pioneers of Modern Design 《现代设计的先锋》

64. Public Space：Prototypes 《公共空间：原型》

65. Reality and Utopia in Town Planning 《城镇规划的现实与乌托邦》

66. Recombinant Urbanism 《重组城市》

67. Reconceptualizing the Modern 《现代的概念重塑》

68. Relation between Men and Things 《人与事物之间的关联》

69. Revolution of Environment 《环境的革命》

70. Right to the City 《城市权利》

71. Space Time and Architecture 《空间、时间与建筑》

72. Stadtbau-Utopien und Gesellschaft 《城镇规划的乌托邦与社会》

73. Steps towards a Configurative Discipline 《走向构型原则》

74. Style in the Technical and Tectonic Arts or Practical Aesthetics 《实践美学中的技术与建构艺术风格》

75. Team 10 Meetings，1953—1984 《"十次小组"会议，1953—1984》

76. Team 10 Primer 《"十次小组"启蒙》

77. Team 10 out of CIAM 《脱离 CIAM 的"十次小组"》

78. Truth without Rhetoric 《没有修饰的真理》

79. The Built World：Urban Re-identification 《建造的世界：都市重构》

80. The CIAM Discourse on Urbanism 1928—1960 《1928—1960 关于城市的 CIAM 历程》

81. The Child at CIAM：The Negotiation of Agency and Control in Postwar Architectural Discourse 《CIAM 中的孩童：战后建筑论述代理与控制的商榷》

82. The Construction of Social Reality 《社会现实的建构》

83. The Gap between Technology and Inspiration 《技术与灵感之间的鸿沟》

84. The Heart of the City：Towards the Humanisation of Urban Life 《城市核心：迈向城市生活的人性化》

85. The Man in the Street：a Polemic on Urbanism of 1975 《路人：关于 1975 年城市的激辩》

86. The Medicine of Reciprocity Tentatively Illustrated 《实验性说明的互给效应》

87. The Open Forum in Archtecture — the Art of the Great Number 《建筑的开发形式——大量性的艺术》

88. The Story of Another Idea 《另一种理念的陈述》

89. The Theory of the Avant-Garde 《先锋派理论》

90. The Works of Team 10 《"十次小组"作品》

91. Theorizing Social Space：Aldo van Eyck and the Realm of the'In-between' 《理论化社会空间：阿尔多·凡·艾克和"中介"领域》

92. Thoughts about Architecture 《思考建筑》

93. Uppercase 3 《大写 3》

94. Urbanism as a Way of Life 《城市作为一种生活》

95. Voyage à l'Orient 《东方之旅》

96. When Democracy Builds 《民主何时建立》

97. Writing on Cities 《城市写作》

索引 3　地名英中对照

图片来源

第 0 章

0 - 1 源自：Team 10：in Search of the Utopia of Present，第 9 页。

0 - 2 源自：Another Modern：The Post-War Architecture and Urbanism of Candilis-Josic-Woods，第 49 页。

0 - 3 源自：Team 10 Primer，第 79 页。

0 - 4 源自：作者自绘。

0 - 5 源自：Team 10 out of CIAM

0 - 6 源自：Team 10 Meeting

第 1 章

1 - 1 源自：Team 10：in Search of the Utopia of Present，第 34 - 36 页。

1 - 2 源自：同上，第 26 页。

1 - 3 源自：同上，第 52 页。

1 - 4 源自：作者自拍。

1 - 5 源自：Team 10：in Search of the Utopia of Present，第 1 页。

1 - 6 至 1 - 11 源自：http://www.team10online.org

1 - 12 源自：Team 10：in Search of the Utopia of Present，第 6 页。

1 - 13 源自：Engaging Modernism，第 6 页。

1 - 14 源自：Another Modern：The Post-War Architecture and Urbanism of Candilis-Josic-Woods，第 147 页。

1 - 15 至 1 - 16 源自：Aldo van Eyck：collected articles and other writing 1947—1998，第 89 - 90 页。

1 - 17 源自：Another Modern：The Post-War Architecture and Urbanism of Candilis-Josic-Woods，第 144 页。

1 - 18 源自：Team 10：in Search of the Utopia of Present，第 8 页。

第 2 章

2 - 1 至 2 - 2 源自：作者自绘。

2 - 3 源自：Team 10 Meeting

2 - 4 源自：Team 10 Primer

2 - 5 源自：Team 10：in Search of the Utopia of Present，第 198 页。

2 - 6 源自：同上，第 199 页。

2 - 7 至 2 - 8 源自：同上，第 80 - 83 页。

2 - 9 源自：同上，第 200 页。

2 - 10 至 2 - 11 源自：同上，第 180 - 181 页。

2 - 12 源自：Constant's New Babylon：the Hyper-Architecture of Design，第 177 页。

2-13 至 2-14 源自:同上，第 181-182 页。

2-15 源自：Exit Utopia：Architectural Provocations 1956—1976,第 58 页。

2-16 至 2-17 源自：Team 10 Primer,第 50-51 页。

2-18 至 2-19 源自：Team 10：in Search of the Utopia of Present,第 144 页。

2-20 至 2-21 源自：Free Berlin University

2-22 源自：http://bidoun.com/images/06_corbusier_01.jpg

2-23 源自：Megastructure—Urban Future of the Recent Past,第 8 页。

2-24 源自：Exit Utopia：Architectural Provocations 1956—1976,第 82 页。

2-25 源自:同上,第 70 页。

2-26 源自:同上,第 87 页。

2-27 源自：Constant's New Babylon：the Hyper-Architecture of Design,第 150 页。

2-28 至 2-29 源自:同上,第 151 页。

2-30 至 2-37 源自:同上,第 15-34 页。

2-38 源自：http://parole.aporee.org/files/fabri/Dirigible_Instant_City.jpg

2-39 源自：The Situationist City

2-40 源自：http://www.artinthepicture.com/artists/Jackson_Pollock/convergence.jpeg

第 3 章

3-1 源自:Aldo van Eyck：the child, the city and the artist,第 56 页。

3-2 源自:作者自拍。

3-3 至 3-5 源自:Time-based Architecture

3-6 源自：http://www.architectuurgidsdelft.nl/server/files/pages/475/05-S1-D_Gebbenlaan_2556.jpg

3-7 源自：http://faculty.virginia.edu/GrowUrbanHabitats/images/herman_hertzberger/diagoon_houses/Change_Harding%203.jpg

3-8 至 3-9 源自:作者自绘。

3-10 源自：Team 10：in Search of the Utopia of Present,第 244 页。

3-11、3-12 源自：Megastructure—Urban Future of the Recent Past。

第 4 章

4-1 源自：Man in the Street

4-2 源自：Team 10：in Search of the Utopia of Present,第 55 页。

4-3 至 4-4 源自:同上,第 170-173 页。

4-5 源自：Thought of Architecture,第 98 页。

4-6 源自:依据 Aldo van Eyck：the child, the city and the artist,第 99 页内容作者重绘。

4-7 至 4-10 源自:作者自拍。

4-11 至 4-12 源自：Giancarlo de Carlo, Layered places,第 124 页。

4-13 至 4-15 源自：Team 10：in Search of the Utopia of Present,第 236-239 页。

4-16 至 4-20 源自:同上,第 220-223 页。

4-21 至 4-22 源自：Another Modern：The Post-War Architecture and Urbanism of Candilis-Josic-Woods,第 204-205 页。

4-23 至 4-37 源自:同上,第 245-267 页。

4-38 至 4-40 源自:The Charged Void:Archtecture,第 248-261 页。

4-41 至 4-45 源自:Another Modern:The Post-War Architecture and Urbanism of Candilis-Josic-Woods,第 275-278 页。

4-46 至 4-53 源自:同上,第 267-270 页。

4-54 至 4-55 源自:同上,第 275 页。

4-56 至 4-58 源自:Team 10:in Search of the Utopia of Present,第 110-111 页。

4-59 源自:Another modern:The Post-War Architecture and Urbanism of Candilis-Josic-Woods,第 291 页。

4-60 至 4-62 源自:同上,第 296-297 页。

4-63 至 4-65 源自:同上,第 300-301 页。

4-66 至 4-72 源自:Team 10:in Search of the Utopia of Present,第 93-95 页。

4-73 至 4-74 源自:作者自拍。

4-75 源自:Team 10:in Search of the Utopia of Present,第 78 页。

4-76 至 4-80 源自:同上,第 190-193 页。

4-81 至 4-86 源自:Reading unfolding architectural form,an inquiry into the Venice hospital project by Le Corbusier,第 35-44 页。

4-87 源自:Inside Density:An International Colloquium on Architecture and Cities,第 69 页。

4-88 至 4-89 源自:The Charged Void:Architecture,第 519-529 页。

4-90 至 4-95 源自:Team 10:in Search of the Utopia of Present,第 194-197 页。

4-96 至 4-100 源自:同上,第 133-134 页。

4-101 至 4-105 源自:同上,第 135 页。

4-102 至 4-104 源自:汪坚强摄。

4-106 至 4-107 源自:Another modern:The Post-War Architecture and Urbanism of Candilis-Josic-Woods,第 257 页。

4-108 至 4-111 源自:Team 10:in search of the Utopia of present,第 146-147 页。

4-112 源自:Megastructure—Urban Future of the Recent Past,第 197 页。

4-113 源自:Megastructure—Urban Future of the Recent Past,第 122 页。

4-114 至 4-115 源自:Team 10:in Search of the Utopia of Present,第 30 页。

4-116 至 4-117 源自:Aldo van Eyck-the child,the city,and the artist,第 16 页,第 19 页。

4-118 至 4-120 源自:Team 10:in search of the Utopia of present,第 210-211 页。

4-121 至 4-125 源自:Aldo van Eyck:the child,the city and the artist,第 202-205 页。

4-126 源自:同上,第 201 页。

第 5 章

5-1 源自:Aldo van Eyck:collected articles and other writing 1947—1998,第 219 页。

5-2 源自:同上,第 201 页。

5-3 源自:Aldo van Eyck's orphanage,第 13 页。

5-4,5-5 源自:Aldo van Eyck:humanist rebel,第 73 页。

5-6 源自:Aldo van Eyck:collected articles and other writing 1947—1998,第 116 页。

5-7 至 5-8 源自:Aldo van Eyck:humanist rebel,第 26 页。

5－9 源自：作者自绘。

5－10 源自：The Charged Void：Archtecture,第 163 页。

5－11 源自：同上,第 183 页。

5－12 源自：Megastructure—Urban Future of the Recent Past,第 50 页。

5－13 源自：同上,第 56 页。

5－14 源自：同上,第 71 页。

5－15 源自：Aldo van Eyck：the shape of reality,第 96 页。

5－16 源自：Aldo van eyck：the child the city and the artist,第 169 页。

5－17 源自：同上,第 217 页。

5－18 至 5－19 源自：Team 10：in Search of the Utopia of Present

5－20 至 5－26 源自：Aldo van Eyck's orphanage,第 20－40 页。

5－27 源自：http://library.wustl.edu/units/spec/archives/photos/maki/maki－part3.pdf

5－28 至 5－34 源自：Team 10：in Search of the Utopia of Present,第 174－177 页。

5－35 至 5－36 源自：The Charged Void：Urbanism,第 203－205 页。

5－37 至 5－38 源自：Aldo van Eyck-work,第 70 页。

第 6 章

6－1 源自：Another modern：The Post-War Architecture and Urbanism of Candilis-Josic-Woods,第61 页。

6－2 源自：Another modern：The Post-War Architecture and Urbanism of Candilis-Josic-Woods,第60 页。

6－3 至 6－4 源自：Team 10：in Search of the Utopia of Present,第 254 页。

6－5 源自：同上,第 22－24 页。

6－6 源自：同上,第 38－40 页。

6－7 源自：同上,第 30－31 页。

6－8 源自：Bioplis：Patrick Geddes and the city of life,第 60 页。

6－9 源自：同上,第 32 页。

6－10 源自：The Charged Void：Urbanism,第 32 页。

6－11 至 6－15 源自：Team 10：in Search of the Utopia of Present,第 50－51 页。

6－16 源自：The shape of relativity,第 269 页。

6－17 源自：Team 10：in Search of the Utopia of Present,第 30 页。

6－18 至 6－22 源自：The Charged Void, Urbanism,第 28－29 页。

6－23 源自：The Charged Void：Architecture,第 91 页。

6－24 至 6－25 源自：同上,第 87 页。

6－26 源自：Uppercase 3,第 1－5 页。

6－27 源自：The Charged Void：Urbanism,第 27 页。

6－28 源自：Another Modern,第 80 页。

6－29 源自：参见 Uppercase 3。

6－30 至 6－33 源自：Another Modern,第 104－105 页。

6－34 源自：Another Modern,第 72－73 页。

6－35 源自：Another Modern,第 88 页。

6－36 源自：Beyond Archigram,第 97 页。

6 - 37 源自:同上,第 108 页。

第 7 章

7 - 1 源自:Team 10:in Search of the Utopia of Present,第 296 页。

7 - 2 至 7 - 3 源自:作者自拍。

7 - 4 源自:Another Modern,第 120 页。

7 - 5 源自:同上,第 140 页。

7 - 6 源自:Team 10 Primer,第 80 页。

7 - 7 至 7 - 8 源自:Another Modern,第 208 页。

7 - 9 源自:Another Modern,第 212 页。

7 - 10 源自:同上,第 213 页。

7 - 11 源自:同上,第 187 页。

7 - 12 源自:同上,第 140 页。

7 - 13 源自:同上,第 147 页。

7 - 14 源自:同上,第 168 页。

7 - 15 至 7 - 17 源自:The Charged Void:Architecture,第 264 - 269 页。

7 - 18 源自:同上,第 84 页。

7 - 19 源自:Team 10 Primer,第 70 页。

7 - 20 源自:Team 10 Primer,第 72 - 21 页。

7 - 21 源自:Team 10:in Search of the Utopia of Present,第 101 页。

7 - 22 源自:Team 10 primer,第 55 页。

7 - 23 至 7 - 24 源自:Team 10 Primer,第 57 - 59 页。

7 - 25 源自:The Charge of Void:Urbanism,第 52 页。

7 - 26 源自:Team 10 Primer,第 60 页。

7 - 27 至 7 - 32 源自:Team 10:in Search of the Utopia of Present,第 76 - 79 页。

第 8 章

8 - 1 至 8 - 2 源自:The Charged Void:Architecture,第 152 - 155 页。

8 - 3 源自:Uppercase

8 - 4 源自:Modernism without Rhetoric,第 24 页。

8 - 5 源自:The Charged Void:Architecture,第 56 页。

8 - 6 至 8 - 7 源自:Modernism without Rhetoric,第 29 - 30 页。

8 - 8 源自:同上,第 35 页。

8 - 9 源自:The New Brutalism,第 57 页。

8 - 10 源自:同上,第 54 页。

8 - 11 源自:http://www. halen. ch/mediac/400_0/media/DIR_79937/Halen_Luftbild_ ganze_Sied-lung_ETH. jpg

8 - 12 至 8 - 15 源自:The Charged Void:Architecture,第 59 - 66 页。

8 - 16 至 8 - 26 源自:The Charged Void:Architecture,第 166 - 187 页。

8 - 27 源自:Italian Thoughts,第 80 页。

8 - 28 源自:ILAUD,第 56 - 57 页。

8 - 29 源自:Italian Thoughts,第 44 页。

8-30 至 8-34 源自：The Charged Void：Architecture，第 520-530 页。

8-35 源自：Team 10-in Search of the Utopia of Present，第 56 页。

8-36 至 8-42 源自：Aldo van Eyck：the playgrounds and the city，第 16-23,52-55 页。

8-43 至 8-44 至 8-45 源自：同上，第 69 页，第 91 页，第 88-90 页。

8-46 至 8-47 源自：Aldo van Eyck：the playgrounds and the city，第 46 页，in K. Lynch, The Pattern of the Metropolis, Daedalus, Winter,1961，第 84,96 页。

8-48 源自：Giancarlo de Carlo, Layered places，第 50 页。

8-49 源自：Another Modern，第 73 页。

8-50 源自：Team 10：in Search of the Utopia of Present，第 26 页。

8-51 源自：同上，第 302 页。

8-52 源自：同上，第 304 页。

8-53 源自：Giancarlo de Carlo, Layered places，第 54-55 页。

8-54 源自：同上，第 69-69 页。

8-55 源自：同上，第 100-105 页。

8-56 源自：同上，第 90 页。

8-57 至 8-58 源自：Another Modern，第 160 页，第 164 页。

8-59 源自：Team 10：in Search of the Utopia of Present，第 276 页。

8-60 源自：Team 10：in Search of the Utopia of Present，第 278 页。

8-61 源自：Another Modern，第 164 页。

8-62 源自：Utopias and Architecture，第 217 页。

8-63 源自：拍自斯里兰卡学生调研展板。

8-64 源自：作者参与，自拍。

第 9 章

9-1 源自：http://www.byplanlab.dk/english/Image1.gif

9-2 源自：作者自绘。

9-3 源自：Architecture and the Phenomena of Transition，第 269 页。

9-4 源自：The liberal monument：a definition of urban design as the manifestation of romantic late-modernism，第 196 页。

9-5 源自：Inside Density，第 161 页。

9-6 源自：Recombination Urbanism，第 15 页。

9-7 源自：Heterotopia and the City

9-8 源自：依据 visualizing the invisible：towards an urban space，第 146 页中图示作者进行绘制。

9-9 源自：依据列斐伏尔的"空间生产"关联作者自绘。

第 10 章

10-1 源自：Inside Density，第 180 页。

10-2 源自：Inside Density，第 180 页。

10-3 源自：points+lines，第 99 页。

10-4 源自：作者自绘。

10-5 源自：Team 10：in Search of the Utopia of Present

10-6 至 10-9 源自：作者自绘。

10 - 10 源自：The image and the region，making mega-city regions visible,第 14 - 15 页。

10 - 11 源自：http://i. telegraph. co. uk/telegraph/multimedia/archive/01176/arts-graphics-2007 _ 1176016a. jpg

10 - 12 至 10 - 13 源自：作者自拍。

10 - 14 源自：http://lh6. ggpht. com/ _ Gr _ fpy1kJmA/RnQjnzUCvMI/ AAAAAAAABzI/ 0IfF8ROw9h0/2007 - 05 - 10＋Rotterdam＋(5). jpg

10 - 15 至 10 - 16 源自：作者自拍。

10 - 17 源自：Euralille：the making of a new city center,第 38 页。

10 - 18 源自：同上,第 33 页。

10 - 19 至 10 - 21 源自：作者自拍。

10 - 22 源自：http://www. stevenholl. com/project-detail. php? type＝housing&id＝58&page＝0

10 - 23 源自：http://burb. tv/view/D-Rail

10 - 24 源自：《建筑学报》,2009 - 05,第 62 页。

10 - 25 至 10 - 26 源自：Five Minutes City：Architecture and Mobility,第 81 - 89 页。

10 - 27 源自：同上,第 221 页。

10 - 28 至 10 - 29 源自：Architectural Position,第 252 页。

10 - 30 至 10 - 31 源自：http://www. stevenholl. com/project-detail. php? type ＝ housing&id ＝ 47&page＝0

10 - 32 源自：Adam Rohaly，Yokohama Port Terminal，Foreign Office Architects

10 - 33 源自：Architectural Position,第 360 页。

10 - 34 源自：作者自拍。

10 - 35 至 10 - 37 源自：作者自拍。

10 - 39 源自：A Guide to Archigram，1961—1974,第 161 页。

10 - 40 源自：Splintering Urbanism,第 201 页。

10 - 41 源自：Inside Density,第 166 页。

10 - 42 源自：同上,第 181 页。

10 - 43 源自：Space Fighter,第 39 页。

10 - 44 源自：同上,第 90 页。

10 - 45 源自：作者自拍 & UN Studio,第 187 页。

10 - 46 源自：作者依据 Frank Bijdendiljk 一文 Solids 中图示重绘。

10 - 47 源自：作者自拍。

10 - 48 源自：Architectural Position,第 260 页。

10 - 49 源自：作者自拍。

10 - 50 源自：《建筑学报》。

10 - 51 源自：the image and the region，making mega-city regions visible,第 75 页。

10 - 52 至 10 - 53 源自：Abstract space，beneath the media surface,第 132 - 135 页。

10 - 54 至 10 - 57 源自：Grid，Casco，Clearing and Montage

10 - 58 源自：作者依据影像整理。

10 - 59 源自：Reading MVRDV,第 42 页。

10 - 60 源自：Space Fighter,第 39 页。

10 - 61 源自：同上,第 163 页。

致谢

本书是基于我的博士论文《现世的乌托邦——基于"中介"(In-between)视角的"十次小组"(Team 10)城市建筑理论研究》修改完成的。在此过程中,许多人无论从学术还是生活上,都给予了我莫大帮助,没有他们很难想象有该成果的完成。

首先,我要把最诚挚的感谢献给我的导师王建国教授。师从先生六年,先生给予我的不仅是学术研究上的逐步严谨,更是一种对生活认知态度的不断成熟,从选题、结构讨论到最终细致入微的全文修改,无不倾注了先生的热诚支持与悉心指导。全文修改中字里行间的点滴注释,无不饱含先生的热情、关爱、睿智与教诲。文章的点滴进步与完善,无不凝结了先生辛勤的心血与汗水。他的渊博学识与严谨工作作风将使我在生活与学习中受益终生。

此外,感谢国家留学基金委(CSC)于 2007 年资助我赴比利时鲁汶大学做为期两年的客座研究。由于"十次小组"的讨论在当时中国基本空白,没有这次欧洲游学的经历,也就没有本书的成型。另外感谢国家自然科学基金(51138002)(50978052),感谢东南大学科技出版基金,感谢东南大学创新基金(SEUCX201111),感谢城市与建筑遗产保护教育部重点实验室 2012 年度开放基金(KLUAHC1212)的资助。

感谢比利时鲁汶大学(K. U. Leuven)建筑与城市规划系教授们的指导以及鲁汶大学图书馆的资料支持,他们对本书的完成起到了关键作用。其中,特别感谢鲁汶大学布鲁诺(Bruno De Meulder)教授,没有他热情的联系与指导,就没有我的比利时之行与随后思路的延续;感谢鲁汶大学希尔德·海伦(Hilde Heynen)教授,与她多次关于建筑、"现代性"与研究方法的讨论以及来自她批判性与建设性的指导,使我受益良多;感谢荷兰代尔夫特理工大学的汤姆·艾维迈特(Tom Avermaete)教授,关于"十次小组"研究的基本问题的讨论,使我研究思路逐渐清晰。

感谢在比利时期间的同事与朋友:感谢 Bram Cleys, Maarten Van Acker, Christian Nolf, Hanaa Motasim Mahmoud Ali, Bruce Githua, Janina Gosseye, Isabelle Putseys, Tuan Pham Anh, Maura Slootmaekers 在城堡中与我学术上的讨论和给我带来的生活上的愉悦;感谢 Dirk De Meyer 与李郁葱在比利时对论文的关注与无间的交流;感谢刘新海、李连鸣、马宁、张琳、罗薇、汪浩、吴美萍、刘铭旭、刘芳、陈彦田、张新刚、严春晓、许琳、曾翔、郭炜、何莹、张铮斌等,以及台湾好友郝玉鸿夫妇、陈俊德夫妇、曾宪阳、林秀□等在比利时一同创造的学习与生活氛围。与他们的相处与学习的经历是我人生中珍贵的经历。

还要非常感谢东南大学韩冬青教授、陈薇教授、郑□教授、南京大学的丁沃沃教授和南京工业大学的赵和生教授在我选题、写作及答辩中给予的意见与支持。感谢工作室的陈宇、高源、徐小东、张凯、王晓俊、王湘君、张愚、蔡凯臻、费移山、魏羽力、汪坚强、徐宁、蒋楠等对我论文的关心与意见。感谢好友沈旸、汤顶华、钟华颖、薛春霖、陈洁萍、蔡志昶、周霖、陈晓东、戴德胜、姚笛等,与他们交流使我获得许多有价值的启示与建议。

感谢好友巴晴不辞劳苦地为我一次次从香港带来资料,这是我论文开始的重要基础。

感谢好友朱亚萍、王刚、程佳佳帮我从美国与台湾购买珍贵的资料。

感谢汪坚强夫妇为我拍摄的珍贵照片资料。

感谢东南大学出版社徐步政先生对本书的关心与协助。

最后,我要把我的谢意献给我挚爱的家人,没有他们背后默默而有力的支持,就没有我论文的顺利完成。我要把我深深的谢意献给我的父亲母亲、岳父岳母,没有他们无私的关爱就没有我的成长与欢乐;我还要把我的谢意献给我的妻子安颖莹,她的理解与关心带给我论文写作的无穷动力,为我漫漫写作带来温馨与力量。

朱　渊